人工智慧：
智慧型系統導論(第三版)

ARTIFICIAL INTELLIGENCE:
A GUIDE TO INTELLIGENT SYSTEMS, 3/E

MICHAEL NEGNEVITSKY　原著

謝政勳、廖珗洲、李聯旺　編譯

全華圖書股份有限公司

Pearson

原著序

"The only way not to succeed is not to try."

Edward Teller

又是一本人工智慧的書...。我已經見過很多這一類書了。我爲什麼要理會它呢？它有什麼與眾不同嗎？

每年，有許許多多的書和博士論文拓展著與電腦或人工智慧相關的知識體系。專家系統、人工神經網路、模糊系統以及演化計算是應用於智慧系統的主要技術。數百個工具支援著這些技術，數以千計的科學論文持續推進著該學科的領域。事實上本書中的任何章節都可以作爲一本書數以打計的主題。然而，我想寫一本能夠闡述智慧系統基礎的書，或者更爲重要的是想消除大家對人工智慧的恐懼心理。

大多數的人工智慧文獻是採用資訊科學的專業術語進行描述的，並塞滿了複雜的矩陣代數和微分方程式。這當然給人工智慧帶來了令人敬佩的氛圍，但一直以來也令非資訊科學的科學家對其敬而遠之。然而，情況已經有所改變！

個人電腦已經成爲我們日常生活中不可缺少的部分。我們把它用作打字機、計算機、日曆和通信系統，一個互動式資料庫以及決策支援系統。然而我們還渴望更多。我們希望計算機智能化！我們發現智慧系統正快速地走出實驗室，且我們想對我們有利地使用他。

智慧系統背後的原理爲何？它們是如何被構建的？爲什麼智慧系統是有用的？該如何在工作中選擇正確的工具？這些問題都可以在本書中找到答案。

與許多介紹計算機智能的書不同，本書將秀出在智慧系統背後大部份的主意是超簡單且直接地。它是基於針對不熟悉微積分知識的學生而編寫的。讀者甚至不用去學程式語言！本書中的素材業經作者過去十五年來數個授課課程中廣泛地被測試過。學生們提出的典型問題和建議影響了本書寫作方法。

本書是一本計算機智能領域的入門書籍。內容包括基於規則的專家系統、模糊專家系統、基於框架的專家系統、人工神經網路、演化計算、混合智慧系統以及知識工程。

整體而言，本書可作爲資訊科學、電腦資訊系統和工程專業的大學部學生的入門教材。在所教的課程中，我的學生開發了小型的規則型和框架型專家系統、設計模糊系統、探索人工神經網路，並且使用基因演算法解出簡單的問題。他們使用專家系統命令解釋程式(XpertRule、Exsys Corvid 和 Visual Rule Studio)、MATLAB 的模糊邏輯工具箱以及 MATLAB 神經網路工具箱我選擇這些工具是因爲使用它們能夠容易地展示教學中的原理。然而本書並不侷限於任何特定的工具，書中給出的例子可以容易地在不同的工具中實作。

本書也適合於非電腦科學專業的相關人士自學。爲他們，本書提供了進入基於知慧最先進的管道的系統和計算智能最先進的管道。事實上，本書面向的專業讀者群十分廣泛：工程師和科學家、管理人員和商人、醫生和律師—所有那些面臨挑戰而又無法用傳統的方法解決問題的人，所有那些想瞭解在計算機智能領域已經取得的巨大成就的人。本書將幫助你實際瞭解什麼是智慧系統辦得到及辦不到的事，去發現與你的任務最相關的工具，並最終學會如何使用這些工具。

希望讀者能與我共同分享人工智慧和軟計算學科所帶來的樂趣並從本書獲益。

可以存取網址：http://www.booksites.net/negnevitsky

Michael Negnevitsky

Hobart, Tasmania, Australia

February 2001

第三版前言

本書與第 1 版的目的相同，即為讀者提供一本能夠實際理解計算機智能領域相關知識的教科書。它適合當做一學期課程的入門教材，並且假設學生僅具有些許的微積分知識以及很少或幾乎沒有程式設計經驗。

在範圍方面，這個版本加入資料探勘的新章，並展示幾個新的人工智慧工具是如何的應用於解決現實世界複雜的問題。主要的更動有：

- 在新的一章，「資料探勘與知識發掘」，我們引進資料探勘當作在大型資料庫中發掘知識的一個不可或缺的部分。我們考慮之資料轉化為知識的主要技術和工具，包括統計方法、資料視覺化工具、結構化查詢語言、決策樹和購物籃分析工具。我們還展示幾個資料探勘的應用案例。
- 在第 9 章，添加了一個新的使用競爭學習法的神經網路分類的案例。

最後，新版還擴充了參考資料和參考書目，並更新了附錄中的人工智慧工具清單和廠商名冊。

Michael Negnevitsky

Hobart, Tasmania, Australia

September 2010

本書概述

本書由 10 章組成。

在第 1 章，簡要介紹了人工智慧的歷史，從 20 世紀 60 年代的奇思妙想和大膽預測時代，到 20 世紀 70 年代早期的幻想破滅與經費削減時代；從 20 世紀 70 年代的諸如 DENDRAL、MYCIN 以及 PROSPECTOR 等第一代專家系統的開發，到 20 世紀 80 至 90 年代的成熟的專家系統技術及其在不同領域的大規模應用；從 20 世紀 40 年代的簡單二進位神經元模型的提出，到 20 世紀 80 年代的人工神經網路領域夢幻般的復甦；從 20 世紀 60 年代的模糊集理論的提出並被西方社會所忽視，到 20 世紀 80 年代日本人提供的眾多「模糊」消費產品，以及 20 世紀 90 年代的「軟」計算和字元計算在遍及全球地被廣泛接受。

在第 2 章，我們概述基於規則的專家系統。簡要討論什麼是知識以及專家如何以產品規則的形式表述他們的知識。介紹專家系統開發團隊中的主要角色並展示基於規則系統的結構。討論專家系統的基本特徵並提示專家系統也可能出錯。然後回顧一下前向和後向連結推理技術並討論衝突的解決策略。最後將考察基於規則的專家系統的優缺點。

在第 3 章，我們敘述用於專家系統的兩個不確定性管理技術：貝氏推理和確定因數。介紹不確定知識的主要來源並簡要回顧機率理論。我們思考貝氏的證據累積方法並開發一個簡單的基於貝氏方法的專家系統。然後討論確定因數理論(貝氏推理的流行的替代理論)並開發一個基於證據推理的專家系統。最後，比較貝氏推理和確定因數理論並決定最適宜它們的應用領域。

在第 4 章，我們介紹模糊邏輯並討論它背後的哲學思想。首先介紹模糊集的概念，思考如何在電腦裏表示一個模糊集並介紹模糊集的操作。定義語言變數和模糊限制語(hedge)。然後我們展示模糊規則並解釋傳統規則和模糊規則的主要不同點。探索兩種模糊推論技術--Mamdani 法和 Sugeno 法--並就它們適宜的應用領域給出建議。最後介紹開發一個模糊專家系統的主要步驟，並透過構建和除錯模糊系統的具體處理來闡明其理論。

在第 5 章，我們概述基於框架的專家系統。將考慮框架的概念並討論如何用框架去表現知識。並闡明繼承是基於框架系統的基本特徵。還將討論方法、守護程式和規則的應用情況。最後，透過一個實例去考慮一個框架型專家系統之開發。

在第 6 章，我們介紹人工神經網路並討論機器學習背後的基本思想。敘述作爲一個簡單的計算元素的感知器的概念，並思考感知器的學習規則。探索多層神經網路並討論如何提高後向傳送學習演算法的計算效率。然後介紹迴圈神經網路，思考 Hopfield 網路訓練演算法和雙向相關記憶(BAM)。最後敘述自組織神經網路並探討 Hebbian 學習和競爭學習。

在第 7 章，我們概述演化計算。考慮基因演算法、演化策略和遺傳程式設計。我們介紹開發遺傳演算法的主要步驟，討論爲什麼遺傳演算法能發揮作用，並透過實際上的應用來說明遺傳演算法的理論。然後敘述一個演化策略的基本概念並確定演化策略和基因演算法的不同點。最後考慮遺傳程式設計以及它的實際應用。

在第 8 章，我們討論以不同智慧技術相整合的混合智慧系統。首先介紹一個名爲神經專家系統的新的專家系統，它整合了神經網路和基於規則的專家系統。然後考慮一個功能上等同於 Mamdani 模糊推論模型的神經-模糊系統，以及一個功能上等同於 Sugeno 模糊推論模型的自適應神經模糊推論系統(ANFIS)。最後討論演化神經網路和模糊演化系統。

在第 9 章，我們討論知識工程。首先討論智慧系統可以解決什麼樣的問題，並介紹知識工程處理中的 6 個主要階段。然後我們檢視專家系統、模糊系統、神經網路和遺傳演算法的典型應用。我們展示了如何建構解決診斷、選擇、預測、分類、分群和最佳化問題的智慧系統。最後，我們討論用於支援和時間序列預測的混合神經模糊網路系統的應用。

第 10 章我們介紹了資料探勘並討論將資料轉換爲知識的主要技術。首先，我們約略地定義資料探勘，並解釋在大型資料庫中資料探勘和發掘知識的過程。我們引進統計的方法，包括主成份分析 (principal component analysis) 並討論它們的侷限性。我們然後檢視一關聯資料庫之結構化查詢語言的應用，並介紹資料倉庫和多維度資料分析。最後，我們討論最受歡迎的資料探勘 - 決策樹和購物籃分析工具。

本書還有一個附錄和一個術語表。而術語表則包含了 300 餘條用於專家系統、模糊邏輯、神經網路、演化計算、知識工程以及資料探勘領域的定義。附錄中提供了一系列商業人工智慧工具。

本書網址為：http://www.booksites.net/negnevitsky

致謝

在本書出版過程中，我直接或間接地得到了許多人至誠的幫助。我首先要感謝 Vitaly Faybisovich 博士，他不僅對我在軟計算領域的研究提出了許多建設性的批評意見，我們還在我過去 20 年間的奮鬥生涯中建立了真誠的友誼並給予了我大力的支持。

我還要感謝許許多多爲本書提出了有益的評估和建議的評閱者，感謝 Pearson 教育出版社的編輯們，特別是 Keith Mansfield、Owen Knight 和 Liz Johnson，他們幫助我完成了本書的出版發行工作。

我要感謝我在塔斯馬尼亞大學(譯者註： 澳大利亞的一個州立大學)的本科生和研究生們，特別是我以前的博士生 Tan Loc Le、Quang Ha 和 Steven Carter，他們對新知識的渴求對我來說既是挑戰也是激勵。

我想感謝波士頓大學的 Stephen Grossberg 教授、德國馬德堡大學的 Frank Palis 教授、日本廣島大學的 Hiroshi Sasaki 教授、美國羅徹斯特理工學院的 Walter Wolf 教授，以及日本東京技術研究所的 Kaoru Hirota 教授，提供我在他們的學生中測試書中內容的機會。

我還要衷心地感謝 Vivienne Mawson 和 Margaret Eldridge 博士對本書草稿的校對工作。

儘管該書的第 1 版僅在 2 年前才出版，但讓我不可思議的是已經有很多人用過它並向我提出了寶貴的意見和建議。在此我至少要感謝那些提出了特別有益的建議的人們：Martin Beck(英國普利茅斯大學)、Mike Brooks(澳大利亞阿德萊德大學)、Genard Catalano(美國哥倫比亞大學)、Warren du Plessis(南非比勒陀利亞大學)、Salah Amin Elewa(埃及美洲大學)、Michael Fang (中國浙江大學)、John Fronckowiak(美國 Medaille 大學)、Patrick B. Gibson (加拿大溫莎大學)、Lev Goldfarb(加拿大 New Brunswick 大學)、Susan Haller(美國威斯康星大學)、Evor Hines(英國瓦立克大學)、Philip Hingston(澳大利亞 Edith Cowan 大學)、Sam Hui(美國史丹佛大學)、Yong-Hyuk Kim (韓國光雲大學)、David Lee(英國赫特福德郡大學)、Andrew Nunekpeku (加納大學)、Vasile Palade (英國牛津大學)、Leon Reznik(美國羅切斯特理工學院)、Simon Shiu(香港理工大學)、Boris Stilman (美國科羅拉多大學)、Thomas Uthmann(德國美因茲 Johannes Gutenberg 大學)、Anne Venables(澳大利亞維多利亞大學)、Anne Venables (澳大利亞維多利亞大學)、Brigitte Verdonk(比利時安特衛普大學)、Ken Vollmar(美國西南密蘇里州立大學)、Kok Wai Wong(新加坡南洋理工大學) 以及 Georgios N. Yannakakis (丹麥哥本哈根 IT 大學)。

目錄

3 基於規則的專家系統的不確定性管理

4 模糊專家系統

5 基於框架的專家系統

6 人工神經網路

7 演化計算

8 混合智慧型系統

9 知識工程

10 資料探勘與知識發掘

附錄

1 基於知識的智慧系統導言

本章將探討智慧的含義，以及機器是否可以具有智慧。

1.1 智慧型機器概述

哲學家們花費了兩千多年的時間試圖理解並解答宇宙中的兩大疑難問題：人類是如何思考的？人類之外的物體是否有思維？然而，這兩個問題至今仍然是未解之謎。

一些哲學家已經採納了資訊科學家所提出的技術方法並接受了機器可以做人類所能做的一切的思想；而另外的哲學家則公開反對這一論點，他們認爲諸如愛、創造性發現以及道德選擇這樣高度複雜的行爲將是任何機器永遠無法達到的。

哲學的特性就是允許不同觀點的共存。但事實上工程師和科學家們已經造出了可被稱爲「智慧型」的機器。那麼到底「智慧」是什麼含義呢？我們來看一下字典中的定義：

1. 智慧是人類理解和學習事情的能力；
2. 智慧是思考和理解問題的能力而非本能和自動地處理問題。

(大英基礎詞典，柯林斯，倫敦，2008 年)

所以按照第 1 條定義，智慧是人類特有的特質，但是第 2 條定義提出了一個完全不同的方法，並且具有更大的靈活性，它並沒有特定是人還是其他事物所具有的思維和理解的能力。那麼我們應該探討一下思考的含義，再次來參考一下字典中的定義：

思考是使用大腦去考慮問題或創造新思想的行爲。

(大英基礎詞典，柯林斯，倫敦，2008 年)

所以爲了思考，無論是人類還是其他事物都必須有大腦，或者是一種器官，它能夠使人類或其他事物具有學習和理解事物的能力，能夠解決問題並做出決斷。所以智慧可以被定義爲「學習和理解事物、解決問題並做出決斷的能力」。

有關電腦是否可以具有智慧或者機器是否可以思考這一關鍵問題，最初提出於人工智慧的「黑暗時代」(20 世紀 40 年代後期開始)。作爲一門科學，人工智慧(AI)的最終目標是使機器能夠做人類智慧所能做到的事(Boden，1997)，所以「機器能否思考？」這個問題的答案對該學科而言至關重要，然而答案又不是簡單的「是」與「非」，而是屬於某種曖昧或者模糊的範疇。大家應該已經透過日常經驗或常識瞭解到了這一點。有些人可能在某些方面比別人聰明一些；有時我們處理問題會非常明智，但有時又會犯非常愚蠢的錯誤；有些人或許解決數學或工程難題時遊刃有餘，然而卻對哲學或歷史問題束手無策；一些人非常善於賺錢而另外一些人卻精於花錢。人類都具有學習、理解、解決問題和做出決定的能力，然而能力卻並不相同，並可以劃分成不同的等級，所以如果我們希望機器也可以思考的話，那麼在某種程度上它們的智慧也應該有所差別。

英國數學家艾倫．圖靈(Alan Turing)所撰寫的：「計算機與智慧」(Turing，1950)是最早和最具影響力的有關機器智慧的文章之一，雖然該文發表於 50 年前，但他的方法至今仍然通用，經得起時間的檢驗。

圖靈早在20世紀30年代初就開始了他的科學研究生涯並重新探討了中心極限理論。1937 年他發表了一篇有關可計算數字的論文，在這篇文章中提出了通用機器的概念。之後，在第二次世界大戰期間，他在破譯德國的軍用編碼機 Enigma 的工作中擔任了重要角色。大戰結束後，圖靈設計了「自動計算引擎」。他率先編寫出了可以處理完整西洋棋對弈的程式，後來在曼賈斯特大學的電腦上得以實作。圖靈的通用電腦理論以及他在構築斷碼系統中的實際經驗使他能夠切入人工智慧的關鍵基礎問題。他曾經提出這樣的問題：是否存在沒有經驗的思想？是否存在沒有交流的心智？是否存在沒有生命的語言？是否存在脫離生命的智慧？不難發現所有這些問題都是「機器能否思考？」這一人工智慧基本問題的不同表達。

圖靈並沒有給出有關機器和思維的定義，他只是透過發明了一個名爲「圖靈模仿遊戲」的方式避開了文字上的爭論，圖靈曾說過我們應該問「機器能否透過智慧行爲測試」，而不應該去考慮「機器能否思考」的問題。他曾預測到 2000 年電腦應可透過程式設計實作與人類詢問者進行 5 分鐘對話的功能，並且有 30%的機會可以使詢問者認爲在與眞人交談。圖靈定義了電腦的智慧行爲，即達到人類水準的認知行爲能力。換句話說，如果詢問者僅僅從他們所提出問題的回答上無法區分是機器還是眞人所爲的話，電腦就應該通過了測試。

圖靈提出的模仿遊戲最初包括 2 個階段。如圖 1-1 所示，在第 1 階段，一男一女兩位問詢者被安排在不同的房間，只能透過諸如遠端終端機似的中間媒介進行交流，最終要求問詢者透過提問確定對方的性別，而遊戲的規則是男方要欺騙對方自己是女性，同時女方則要盡力說服對方自己的女性身份。

圖 1-1　圖靈模仿遊戲：第 1 階段

在遊戲的第 2 階段，如圖 1-2 所示，男方被電腦所代替，透過程式模仿那位男性操作者來欺騙對方問詢者，程式甚至可以模仿一些人類常犯的錯誤，並且還可以給出一些人類會做的模稜兩可的答案。如果電腦最終可以像男性操作者做的那樣經常蒙蔽對方的話，我們或許可以認為電腦通過了智慧行為測試。

圖 1-2　圖靈模仿遊戲：第 2 階段

對人類的實際模擬並不是智慧系統的主要目的，所以在圖靈測試中問詢者並不能看見、接觸或者聽到電腦，也不會受到它的外形或聲音的影響，然而問詢者可以透過提任何問題，甚至是一些過激性的問題來確認對方是機器。比方說，問詢者可以要求人或者機器解答複雜的數學運算，期望電腦可以比人類更快地給出更加準確答案，所以電腦還需要瞭解給出錯誤答案或者延遲回答的時機。問詢者或許還會試圖發現人類的情緒特徵，所以他會問一些有關短篇小說、詩歌甚至繪畫的問題。顯而易見，在這裡我們要求電腦具備模仿人類對事物的感性的理解。

圖靈測試具備了以下兩個顯著的特質，這使它真實通用：

- 透過維持終端機間的人機溝通，該測試提供了智慧系統客觀的標準模式。其不僅避開了有關人類智慧特性的辯論，且排除了人為喜好與偏見。
- 測試本身與實驗的細節沒有任何依賴關係。測試既可以像上文描述的一樣分為兩個遊戲階段實行，也可以由問詢者在測試之前預先選擇與人還是機器進行一個階段的遊戲。問詢者還可以任意提出任何方面的問題，也可以僅僅專注於所獲答案的內容。

圖靈確信到20世紀末透過數位電腦程式設計可以實作模仿遊戲。儘管現代電腦還不能通過圖靈測試，它仍然爲我們提供了對基於知識的評估和驗證標準。透過與人類專家行爲的比對，來評估一些較爲狹窄專業領域的智慧型程式。

人類大腦儲存了相當於 10^{18} 位元的資訊，每秒可以處理相當於 10^{15} 位元的資訊。到2020年，一個糖塊大小的晶片也許就可以模擬人腦的功能，也許那時就會發明出可以與圖靈模仿遊戲對決甚至戰勝它的電腦。然而我們眞的希望機器在求解複雜數學計算的時候像人一樣遲鈍和不精確嗎？從實際的角度看，智慧型機器應該可以幫助人類做出決斷、尋找資訊、控制複雜的目標並且最終理解文字的含義。或許沒有必要去片面追求開發仿人智慧型機器這樣一個抽象和難以捉摸的目標。爲了建立一套智慧電腦系統，我們必須去捕捉、組織並利用人類在一些較爲狹窄的專業領域裡的專業知識。

1.2　人工智慧發展歷史

人工智慧作爲一門科學，最初是由3代研究者共同創立起來的，以下就各個時代的最爲重要的事件及其相關貢獻者作一一介紹。

1.2.1　「黑暗時代」，人工智慧的誕生(1943-1956)

Warren McCulloch 和 Walter Pitts 於1943年發表的研究報告被公認爲人工智慧領域最早的研究。McCulloch 擁有哥倫比亞大學的哲學和醫學學位，並擔任了美國伊利諾斯大學精神病學系基礎研究實驗室主任。他的關於中樞神經系統的研究—大腦神經元模型，最早爲人工智慧做出了主要貢獻。

McCulloch 和他的合著者、年輕的數學家 Walter Pitts 提出了一個人工神經網路模型，其中每一個神經元都被設定爲一個二進位狀態，即開或者閉狀態(McCulloch 和 Pitts，1943)。他們論證了所提出的神經網路模型事實上與圖靈機有共同的特性，證實了任何可計算函數都可以透過某個相連的神經元網路進行計算，還進一步揭示了簡單的網路結構能夠學習的奧秘。

神經網路模型從理論和實驗兩方面推動了實驗室大腦模型的研究。然而測試結果卻清楚地顯示神經元的二進位模型是不正確的。事實上一個神經元具有高度的非線性特徵而無法考慮爲僅具有簡單的兩個狀態的裝置，但是被稱爲繼 Alan Turing 之後的人工智慧第二「教父」的 McCulloch 卻爲神經計算和人工神經網路(artificial neural networks，ANN)奠定了基礎。經歷了 20 世紀 70 年代的衰落，人工神經網路領域的研究又在 20 世紀 80 年代末得以復甦。

人工智慧的第三位奠基人是聰明的匈牙利裔數學家 John von Neumann。他於 1930 年加入普林斯頓大學執教於數學物理系，是 Alan Turing 的同事和摯友。第二次世界大戰期間，von Neumann 在被命名爲曼哈頓計畫的原子彈建造中擔任了重要的角色，他同時擔任賓西法尼亞大學電子數值整合計算機(ENIAC)計劃的顧問，幫助設計一個電子離散變數自動電腦(EDVAC)，一部可以儲存程式的機器。他的思想很大程度上受到了 McCulloch 和 Pitts 的神經網路模型的影響，當普林斯頓大學數學系的兩位研究生 Marvin Minsky 和 Dean Edmonds 於 1951 年研製出了世界上第一台神經網路電腦時，他積極鼓勵並支持他們。

另一位第一代研究者的代表人物是 Claude Shannon。他畢業於麻省理工學院(MIT)並於 1941 年加入了貝爾實驗室。他繼承了 Alan Turing 機器智慧型可能性的觀點，於 1950 年發表了一篇關於棋藝對決機器的論文，指出了標準的棋藝遊戲包含著大約 10^{120} 種可能的走法(Shannon，1950)，即使是最新的 von Neumann 電腦能每微秒測試一種走法，這大約需要 3×10^{106} 年才可能完成一次移動，所以 Shannon 論證了在搜尋答案時利用啓發方式的必要性。

人工智慧的另一位奠基人 John McCarthy 也來自普林斯頓大學，他說服了 Marvin Minsky 和 Claude Shannon 在達特茅斯學院組織了一個暑期研討會，這裡也就是 McCarthy 從普林斯頓大學畢業後工作的地方。在 1956 年，他們召集了對機器智慧型、人工神經網路以及自動化理論研究領域感興趣的學者舉行了由 IBM 贊助的研討會。儘管當時與會的學者僅有 10 位，這次研討會卻催生了一門名爲人工智慧的新科學。在接下來的 20 年裡人工智慧領域的研究幾乎被達特茅斯研討會的參與者及他們的學生所支配。

1.2.2 人工智慧的上升期，大膽預測時代(1956-1960 年代末)

人工智慧發展初期的特徵可以用巨大的熱情、奇思妙想和非常有限的成果來形容。僅在幾年前電腦才被用來完成常規的數學計算，而此刻人工智慧的研究者們卻在論證電腦可以做更多的事情，眞是一個大膽預測的時代。

達特茅斯研討會的組織者之一、「人工智慧」此詞的發明者 John McCarthy 從達特茅斯搬到了麻省理工學院。他定義了最早的高級程式語言之一 LISP(FORTRAN 僅比它早 2 年)，至今仍然被使用。1958 年 McCarthy 發表了一篇名爲「基於常識的程式」的論文，文中提出了一個被稱作「建議採納者」(Advice Taker)的用以尋找日常生活難題解決方案的程式(McCarthy，1958)，基於一些簡單的公理，他演示了利用該程式如何能夠制訂一個駕車前往機場的行駛計畫範例。更爲重要的是，他設計的程式無需重新程式設計就可以接受新的公理，換句話說是可以接受不同專業領域的新知識而不需要重新設計程式，所以說「建議採納者」是第一個集知識表達和論證的中心定律於一身的完全基於知識的系統。

達特茅斯研討會的另一位組織者，Marvin Minsky 也搬到了麻省理工學院。然而他並不像 McCarthy 一樣專注於正規邏輯，而是在知識表達和論證領域發展了反邏輯的觀點，他的框架理論(Minsky，1975)爲知識工程做出了主要的貢獻。

由 McCulloch 和 Pitts 開創的神經計算和人工神經網路研究得以繼續。隨著學習方法的改良，Frank Rosenblatt 證明了感知器收斂理論，他還論證了他的學習演算法能夠調節感知器連接強度(Rosenblatt，1962)。

在這個大膽預測時代，最爲雄心勃勃的計畫之一是一個被稱爲「通用解決方案」(General Problem Solver，GPS)(Newell and Simon，1961，1972)的項目。卡內基－梅隆大學的 Allen Newell 和 Herbert Simon 開發了一個通用程式來模擬人類解決問題的方法。GPS 可能是第一次嘗試把問題的解決技術與資料分開。它基於一種現在稱爲手段-目的(means-ends)分析法的技術。Newell 和 Simon 假定要解決的問題可以根據不同的狀態來定義，然後用手段-目的分析法來判定一個問題的目前狀態和期望狀態或目標狀態之間的差異，進而透過選擇並應用不同的演算子來達到目標狀態。如果從目前狀態無法直接達到目標狀態，將會設定一個較爲接近目標狀態的新的中間狀態並重複這樣的行程直至達到目標狀態爲止，而演算子集合則決定了解決方案。

儘管如此，GPS 仍然無法解決複雜的問題。由於該程式是基於正規邏輯，就必然導致產生無數個可能的演算子，從而造成效率低下。由於 GPS 在解決實際問題時花費大量的計算時間並且佔用大量的記憶體，致使最終不得不放棄該計畫的實施。

綜上所述，在 20 世紀 60 年代，人工智慧的研究者們曾試圖透過發明解決廣義問題的通用方法來模擬複雜的思考過程，他們採用了廣義的搜尋機制來尋求問題的一個解決方案，而該類方法在現在被認爲是弱方法，即運用了問題範疇中的弱資訊，這必然造成開發出的程式效能不彰。

然而，這段時間人工智慧領域吸引了許多偉大的科學家的參與，他們引入了包括知識表現、學習演算法、神經計算和文字計算領域在內的許多新的基礎概念，儘管當時受到電腦性能的限制而無法實作這些新概念，但是他們爲 20 年之後在實際生活中應用這些概念指明了方向。

非常有趣的是加州大學柏克萊分校的 Lotfi Zadeh 教授也是在 20 世紀 60 年代發表了著名的「模糊集理論」(Zadeh，1965)。該文現在被公認爲模糊集合理論的基石，20 年之後模糊理論的研究者們構建了數以百台計的睿智機器和智慧系統。

到 1970 年，有關人工智慧的亢奮漸漸消退了，大多數的政府基金也取消了與人工智慧相關的專案。人工智慧仍然是一門新興的學科，本質上是學術性的，除了一些遊戲(Samuel，1959，1967；GreenBlatt *et al.*，1967)之外很少有實際的應用成果。所以對於外界而言，那時公認的成就也無外乎一些玩具罷了，沒有產生可以眞正解決實際問題的智慧系統。

1.2.3 無法履行的承諾，現實的衝擊(1960 年代末-1970 年代初)

20 世紀 50 年代中期起，人工智慧的研究者們就承諾到 20 世紀 80 年代可以創造出與人類智慧相當的通用智慧型機器，並且到 2000 年將超越人類的智慧，然而到 1970 年，他們意識到這樣的宣言太樂觀了。儘管有少部分人工智慧程式在解決一兩個遊戲問題方面論證了某種程度上的機器智慧，但幾乎沒有一個人工智慧項目能夠最終完成更廣泛的任務需求或解決更複雜的實際問題。

20 世紀 60 年後期人工智慧所面對的主要困難是：

- 由於人工智慧的研究者們專注於開發解決廣泛問題的一般方法，早期的程式包含了很少甚至沒有相關問題範疇的知識。爲了解決問題，程式應用了搜尋策略來嘗試每個小步驟的不同組合，直到找到正確的答案。這樣的方法對於「遊戲」問題有效，因而被順理成章地誤認爲可以經過簡單地擴展來解決龐大的問題，而且最終也會成功，然而這樣的想法是錯誤的。
- 簡單或容易處理的問題可以在多項式級的時間裡完成，例如求解一個大小爲 n 的問題所需的時間，或者說處理問題所經過的步數可以用 n 的多項式表示，另一方面，複雜而不易處理的問題所需的處理時間則是其大小的指數函數關係。一般認爲多項式級運算時間的演算法是有效的，而指數級的演算法卻效率較差，因爲隨著問題大小的增加運算時間會快速增加。產生於 20 世紀 70 年代初期的 NP 完全理論(NP-Completeness)(Cook，1971；Karp，1972)揭示了多數的非確定性多項式問題(NP problem)，即 NP 完全，如果一個問題的解決方案(假設存在)可以在多項式時間內完成估算和確認的話，該問題就是 NP；不確定性意味著沒有特定的演算法可以用來完成這一類估算。在這一層次上最難的問題就是 NP 完全問題，即使用更快的電腦和更大的記憶體也很難解決這類問題。

- 許多人工智慧試圖解決的問題都過於廣泛、過於困難了。早期人工智慧的典型問題就是機器翻譯，例如美國國家研究委員會(National Research Council，USA)在 1957 年蘇聯第一顆名為 Sputnik 的人造衛星發射成功後資助的蘇聯科學論文翻譯計畫，起初計畫小組借助電子詞典簡單地試著將俄文單詞用英文代替，然而他們很快發現翻譯過程中只有對主題理解了才可能選擇正確的辭彙，而這項工作在當時來講太難了，因此到 1966 年所有美國政府資助的翻譯計畫都被迫中止了。
- 在 1971 年，英國政府同樣中止了對人工智慧研究的支持。James Lighthill 爵士被大不列顛國家科學研究委員會任命來調查當時人工智慧的發展狀態(Lighthill，1973)，他沒能發現任何有關人工智慧的重大成果，甚至明顯的結果也沒有，因而認為沒有必要再保留一門獨立的「人工智慧」學科了。

1.2.4 專家系統技術，成功的關鍵(1970 年代初-1980 年代中)

或許人工智慧在20世紀70年代最為重要的進展就是認識到了對智慧型機器研究的問題範疇需要有充分的限制。之前，人工智慧研究者們確信可以發明一種聰明的搜尋演算法和推理技術來效仿通用的、類似於人類的解決問題的方法。其中一種通用搜尋機制可以依據於基本的推理步驟來發現完整的解決方案並可以利用弱知識範疇。然而，當這種弱方法失敗之後，研究者們終於認識到獲得實用結果的唯一途徑是透過執行更大的推理步驟來解決狹窄專業領域的特殊問題。

DENDRAL 程式是這種新興技術(Buchanan *et al.*，1969)的典型案例，該系統由史丹佛大學開發，用來分析化學問題。這項計畫得到了美國航空及太空總署(NASA)的資助，因為當時計畫發射一艘無人太空船去火星，基於質譜儀提供的大量光譜資料，需要設計程式來分析火星表面的土壤的分子結構。Edward Feigenbaum(Herbert Simon 的弟子)、Bruce Buchanan(資訊科學家)和 Joshua Lederberg(基因領域的諾貝爾獎得主)組成了解決這一極具挑戰性問題的研究團隊。

傳統上解決這一問題的方法是依賴於一種枚舉-檢測技術，即首先將與質譜圖相關的所有可能的分子結構都一一列舉出來，再針對每種結構確定或預測這些光譜並與實際光譜測試比對。然而由於存在著成千上萬可能的結構，這種方法最終宣告失敗，即使對於一般大小的分子結構，這種方法也很快變得無能爲力了。

更具挑戰性的問題是沒有一種科學演算法可以完成質譜圖與分子結構之間的對應關係。然而像 Lederberg 這樣的分析化學家可以憑藉他們的技術、經驗和專業知識解決這一問題，借助於對已知光譜波峰模式的觀察，他們可以剔除大量可能的結構，從而僅僅依據少許可行的解決方法就可以完成進一步的檢查工作。因而 Feigenbaum 的工作就是把 Lederberg 的專業知識用電腦程式來實作，使它達到人類專家的水準，這種程式後來被命名爲專家系統。爲了理解並採用 Lederberg 的知識，習慣他的專業術語，Feigenbaum 不得不學習一些化學和光譜分析的基礎知識，很明顯，Feigenbaum 不僅很好地利用了化學的規則，而且應用了基於他自己的經驗甚至是猜測的探索方法或經驗法則(rules-of-thumb)，他很快就確定了該項目中主要的困難，他稱之爲「知識獲取瓶頸」—如何從人類專家那裡抽取知識並應用在電腦裡？爲了表達他的知識，Lederberg 甚至也需要學習電腦的基礎知識。

Feigenbaum、Buchanan 和 Lederberg 以團隊方法合作開發出了第一個成功的基於知識的系統 DENDAL。他們成功的關鍵在於從一般形式到極爲特定的規則(「烹飪書中的食譜」)找到了相對應的相關理論知識(Feigenbaum *et al.*，1971)。DENDAL 的重要意義可以歸納爲以下幾點：

- DENDRAL 成爲人工智慧領域主要的「變革典範」：從一般目標、知識匱乏以及弱方法轉移到特定領域和知識密集技術的變革。
- 這個計畫的目標是開發可以達到富有經驗的人類化學家水準的電腦程式。借助於從人類專家那裡提煉出的特定高品質規則—經驗法則(rules-of-thumb)—形式的啓發式研究方法，DENDRAL 團隊證明了電腦可以在特定的問題領域裡達到與人類專家等同的能力。

- DENDRAL 計畫開創了專家系統的嶄新方法基本理論即知識工程，它包含了以專家所熟知的規則捕捉、分析和表達的技術。

實踐證明 DENDRAL 是化學家有效的分析工具，並行銷在美國市場。

Feigenbaum 和其他史丹佛大學的科學家進行的下一個主要計畫是在醫學診斷領域。這個被稱爲 MYCIN 的計畫起始於 1972 年，並最終成爲 Edward Shortliffe (Shortliffe，1976)的博士論文。MYCIN 是一個用以診斷傳染性血液疾病的基於規則的專家系統，它還爲醫生提供了方便、友善的使用者介面和治療建議。

MYCIN 具備了早期專家系統共同的特徵，這包括：

- MYCIN 達到了該領域人類專家的同等水準，並相對優於一般的實習醫生。
- MYCIN 的知識體系包含了大約 450 種相互獨立的 IF-THEN 條件規則，這些是從廣泛的專家晤談。在一個狹小的知識領域裡總結出來的。
- 這些以規則的形式組成的知識與推理機制完全分離，系統開發者因此可以輕易地透過插入或刪除一些規則來操控系統中的知識。例如史丹佛大學之後開發的被稱爲 EMYCIN(Empty MYCIN)的獨立於任何特定領域的 MYCIN 版本(van Melle，1979；van Melle *et al.*，1981)具備了傳染性血液疾病知識之外的所有功能，推動了各種其他診斷應用系統的開發，系統開發者僅需添加一些以規則表達的新知識就可以實作新的應用。

MYCIN 還引入了一些新的特徵，其中的規則組織表現了知識的不確定性，這裡特指醫學診斷方面的知識。系統測試了規則的條件部分(IF 部分)與可利用的資料或醫生要求的資料之間的關係，如果適合，系統就透過被稱爲確定因數的不確定性計算來推斷出眞實的條件，面向不確定性的推理對於系統來說至關重要的部分。

另一個獲得了廣泛關注的隨機系統是 PROSPECTOR，它是一個史丹佛研究院(Duda *et al.*，1979)開發的用於勘探礦藏的專家系統。該計畫執行於 1974 年至 1983 年，九位專家爲系統提供了專業知識和經驗。爲了表達這些知識，

PROSPECTOR 系統採用了結合規則和語意網路的混合結構，它具有上千個規則來表達廣泛的領域知識，還擁有一個包括知識獲得系統的複雜的系統支援函式庫。

PROSPECTOR 的操作規程如下。系統首先要求作爲探測地質學家的使用者輸入待檢沉澱物的特徵：地質設置、結構、岩石和礦藏的種類；然後程式將這些特徵與礦石沉澱物模型進行比對，如果需要的話還會要求使用者提供更多的資訊；最後，系統對待檢沉澱礦石物進行評估並做出結論，還可以解釋做出相關決定的步驟。

在勘探地質學領域，許多重要的決定都常常源於不確定性因素，利用不完全的或者模糊的知識。爲了處理這些知識，PROSPECTOR 在系統中採用了證據的貝氏規則來推導其不確定性，該系統表現出了與地質專家相當的水準並在實驗中得以驗證。1980 年該系統在華盛頓州的 Tolman 山脈附近確定了鉬礦，後來由一家礦業公司開採證實該礦價值超過 1 億美元。你無法想像專家系統可以做出這麼好的判斷。

上面提到的專家系統現在已經成爲了經典。20 世紀 70 年代後期不斷湧現的專家系統的成功應用範例顯示了人工智慧技術可以從實驗室成功地移植到商業應用領域。然而那個時期開發的大多數專家系統都使用了特殊的人工智慧語言，例如 LISP、PROLOG 和 OPS，並基於高性能工作站。由於需要相當昂貴的硬體設備和複雜程式語言，使得專家系統的開發只能成爲史丹佛大學、麻省理工學院、史丹佛研究院和卡內基－梅隆大學等少數幾個研究小組的挑戰特權。直到 20 世紀 80 年代，個人電腦(PC)和簡單易行的專家系統開發工具-shells 的出現才使得各個學科的普通研究者和工程師有機會來開發專家系統。

1986 年的一次普查(Waterman，1986)報告了在化學、電子、工程、地質、管理、醫學、程序控制以及軍事科學等不同領域裡大量的專家系統成功應用範例。儘管 Waterman 發現了將近 200 個專家系統，但大多數應用都集中在醫療診斷領域。7 年後另一項類似調查(Durkin, 1994)報告了超過 2500 個開發出的專家系統，新興的應用領域是商業和製造業，佔到了應用總數的 60%。專家系統技術明顯成熟了。

是否專家系統眞的是各個領域成功的關鍵呢？儘管有大量的專家系統在人類知識的不同領域得以成功地開發和運用，但過高估計該項技術的能力是不正確的。困難是極其複雜的並存在於技術和社會學範疇兩個方面，包括以下幾點：

- 專家系統侷限於非常狹小的專業領域。例如開發 MYCIN 系統是用於診斷傳染性血液疾病，它本身缺乏眞正的人體生理學知識。如果病人所患疾病不止一個，我們就無法依靠 MYCIN 了。事實上，如果患有其他疾病的話，針對血液疾病的治療處方甚至會是有害的。
- 因爲侷限於狹小的領域，專家系統不會像使用者所希望的那樣靈活而健全。甚至專家系統會很難界定領域範圍，當給定一項有別於典型問題的任務時，專家系統可能在嘗試解決它的過程中最終陷入出乎預料的失敗境地。
- 專家系統只有非常有限的解釋能力。它可以顯示用來解決問題的規則串列，但無法進行相關性累積，也不具有對問題領域更深刻理解的啓發式知識。
- 專家系統也很難進行核對和驗證。還沒有開發出通用的可以用來分析系統完整性和一致性的技術。啓發式規則表現了知識的抽象形式，缺乏對領域的基本理解，這使得確認非正確性、不完全性和不一致性知識的任務相當困難。
- 專家系統、特別是第一代專家系統不具備從它們的經驗中學習的能力。專家系統的開發相對獨立而且無法進行快速擴展，大約需要花費 5 至 10 個人年來開發一個解決中等困難問題的專家系統(Waterman，1986)，而開發像 DENDRAL、MYCIN 或 PROSPECTOR 這樣複雜的系統要花費超過 30 人年。儘管付出了如此巨大的努力，也很難判斷對專家系統性能的提升是否取決於開發者的關注程度。

儘管存在這些困難，專家系統還是實作了突破，並憑藉多個重要的應用證實了它的價值。

1.2.5 如何使機器學習，神經網路的再生(1980 年代中期至今)

在 20 世紀 80 年代中期，研究者、工程師和領域專家們發現建造一個專家系統不只是需要買一套推理系統或專家系統核心程式然後嵌入足夠多的規則那麼簡單，伴隨著人工智慧相關項目資助的嚴重削減，對於專家系統的技術可行性的醒悟甚至促使人們開始預測人工智慧的「冬季」即將來臨，人工智慧研究者決定重新審定神經網路技術。

到 20 世紀 60 年代後期，神經計算所必需的基礎理論和概念都已經形成(Cowan，1990)，然而直到 80 年代中期相對應的解決方法才出現。造成滯後的原因之一是技術層面的:那時還沒有個人電腦或高性能工作站可用來進行人工神經網的模式化和測試。其他原因還包括心理和經濟方面的，例如在 1969 年 Minsky 和 Papert 就已經用數學證明了單層感知器有根本的計算侷限性(Minsky 和 Papert，1969)，他們還說沒有理由期望更爲複雜的多層感知器會更好，這當然不會激勵任何人專注於感知器的研究，結果是 20 世紀 70 年代大多數的人工智慧研究者放棄了人工神經網路領域。

在 20 世紀 80 年代，由於仿腦資訊處理的需求、電腦科技的發展以及神經科學的進步，神經網路領域經歷了戲劇性的復甦。多個研究前沿領域在理論和設計兩方面都做出了重要的貢獻，Grossberg 建立了自我組織(adaptive resonance theory，適應諧振理論)的新原理，爲神經網路的新體系奠定了基礎(Grossberg，1980)；Hopfield 爲神經網路引入了回授—Hopfield 網路，這在 20 世紀 80 年代引產生了廣泛的關注(Hopfield，1982)；Kohonen 發表了有關自我組織對應圖的論文(Kohonen，1982)；Barto、Sutton 和 Anderson 發表了有關加強學習與其在控制中的應用的論文(Barto *et al.*，1983)。然而眞正的突破是在 1986 年，Rumelhart 和 McClelland 在(《Parallel Distributed Processing: Explorations in the Microstructures of Cognition》Rumelhart 和 McClelland，1986)一書中重新發明了後向傳遞學習演算法，該演算法由 Bryson 和 Ho 於 1969 年首次提出(Bryson 和 Ho，1969)。幾乎在同一時期，Parker(Paker，1987)和 LeCun(LeCun，1988)也發現了後向傳遞學習理論，並且自那時起它成爲訓練多層感知器最爲流行的技術。在 1988 年 Broomhead 和 Lowe 發現了使用輻狀基底函數(radial basis function)來設計前向多層神經網路的程式，它是一種多層感知器的替代結構(Broomhead 和 Lowe，1988)。

自從 McCulloch 和 Pitts 建立了早期模型以來，人工神經網路已經經歷了很長的歷程而成爲根植於神經科學、心理學、數學和工程學的跨學科主題，並將繼續在理論和實際應用方面得以發展。然而 Hopfield 的論文(Hopfield，1982)以及 Rumelhart 和 McClelland 的書(Rumelhart 和 McClelland，1986)成爲 20 世紀 80 年代神經網路再生過程中最爲偉大和最具影響力的著作。

1.2.6 演化計算，在嘗試中學習(1970 年代初期至今)

自然界的智慧是演化的產物，所以透過模擬生物演化我們或許可以發現推動生命系統演化到具有高度智慧型的原因。自然界是在嘗試中學習的，生物系統無從獲得適應特殊環境的教誨，它們只有單純地透過競爭而生存，最能適應的物種擁有更大的機會繁衍後代，從而將它們的基因傳遞給下一代。

人工智慧的演化方法基於自然選擇和遺傳學的計算模型。演化計算是透過模擬個體的族群、評估它們的性能、產生新的族群並且多次重複這種過程來完成的。

演化計算包含了三個主要的技術：基因演算法、演化策略和遺傳程式設計。

基因演算法的概念是 John Holland 在 20 世紀 70 年代早期提出的(Holland，1975)，他開發了一種操縱人工「染色體」(二進位的字串)的演算法，用於類似於選擇、交配和突變的基因操作。基因演算法是基於模示定理(Schema Theorem)堅實的理論基礎 (Holland，1975；Goldberg，1989)。

20 世紀 60 年代初期，不同於 Holland 的基因演算法，柏林工業大學的兩個學生 Ingo Rechenberg 和 Hans-Paul Schwefel 提出了一個名爲演化策略(evolutionary strategies)的新的最佳化方法(Rechenberg，1965)。演化策略是特別設計用來解決工程中參數最佳化問題的，Rechenberg 和 Schwefel 提議在參數裡採用隨機變動，就像發生自然突變一樣。事實上這種演化策略方法可以被看作是工程師直覺的一種替代方法，這一策略採用了一種數值最佳化過程，類似於一種蒙特卡羅聚焦搜尋法。

無論是基因演算法還是演化策略都可以解決廣泛的問題，它們爲解決高複雜度、非線性搜尋和最佳化問題提供了健壯、可靠的解決方案(Holland，1995；Schwefel，1995)，而這在以前是無法實作的。

遺傳程式設計代表的是學習的基因模型在程式中的應用，它的目的並不是要問題的編碼形式的演化，而是一種用以解決問題的電腦碼的演化，就是說遺傳程式設計是要產生作爲解決方案的電腦程式。

John Coza 在 20 世紀 90 年代極大地激發了人們對遺傳程式設計的興趣(Koza，1992，1994)，他採用了基因運算來控制符號編碼表示 LISP 程式。遺傳程式設計爲解決資訊科學的主要挑戰性問題提供了解決方案—使電腦可以不必透過直接程式設計來解決問題。

基因演算法、演化策略以及遺傳程式設計代表了人工智慧領域的快速成長，同時擁有巨大的潛力。

1.2.7　知識工程的新時代，文字計算(20 世紀 80 年代後期至今)

神經網路技術比基於符號推理的系統能提供更多的與眞實世界的自然互動，它可以學習，與不同的問題環境變化相適應，在規則未知的條件下也可以建立模式，並且可以處理模糊或不完整的資訊。然而，神經網路缺乏解釋功能，常常像黑盒子一樣工作，以目前的技術來處理神經網路的訓練還很耗時，而且頻繁的再訓練可能帶來致命的困難。

儘管在一些特殊情況下，特別是知識匱乏的條件下，人工神經網路可以比專家系統更能有效地解決問題，然而兩種技術現在還不存在競爭關係，反而它們成了很好的互補。

傳統的專家系統特別適合於具有精確輸入和邏輯輸出的封閉式系統的應用。它們以規則的形式利用專家知識，必要時還可以與使用者進行互動以建立特殊的事實。該系統最主要的缺點是人類專家不可能總是以規則的形式表達他們的知識或者闡明他們推理的界限，這可能會妨礙專家系統積累必要的知識，從而導致失敗。爲了克服這種侷限性，神經計算可以用來從大量的資料中抽取隱藏的知識並爲專家系統獲取規則(Medsker 和 Leibowitz，1994；Zahedi，

1993)，人工神經網路還可以用來校正傳統的基於規則的專家系統中的規則(Omlin 和 Giles，1996)。換句話說，當獲取的知識不完整時，神經網路可以改進知識；當知識與某些給定的資料不一致時，它可以修改規則。

另一項非常重要的處理模糊的、不精確或不確定知識和資料的技術是模糊邏輯。在傳統的專家系統中，大多數處理不確定性的方法都基於機率論思想，例如 MYCIN 引入了確定因數；而 PROSPECTOR 結合貝氏規則來推斷不確定性。然而專家並非總是用機率值來思考問題，而是使用諸如經常、一般、有時、偶爾和很少一類的術語。模糊邏輯則是使用模糊值來捕捉文字的涵義、人類的推理以及做出決定。作爲對人類知識進行編碼和應用的方法，模糊邏輯可以正確反映專家對困難的、複雜的問題的理解，並提供了突破傳統專家系統計算瓶頸的途徑。

模糊邏輯的核心是依存於語言變數的概念，而語言變數的值並非數值而是文字。類似於專家系統，模糊系統使用 IF-THEN 規則來融合人類的知識，然而這些規則是模糊的，例如：

IF 速度快 THEN 停止距離就長

IF 速度慢 THEN 停止距離就短

模糊邏輯或模糊集理論是由柏克萊電機工程系主任 Lotfi Zadeh 教授於 1965 年提出的(Zadeh，1965)。它提供了一種採用文字進行計算的方法。然而模糊集理論被科技社會接受的過程卻是很難、很緩慢，部分困難來自於它過激的名稱—「模糊」，似乎太隨便而難以被認眞對待。儘管模糊理論被西方所忽略，在東方卻被日本認眞地採納了，而且從 1987 年起被成功地應用到他們自己設計的洗碗機、洗衣機、空調、電視、影印機甚至汽車上。

模糊產品的推出極大地增強了人們對 30 多年前提出的這一「新」技術的興趣，成百上千的相關著作和學術論文相繼誕生。一些經典代表包括：《模糊集合、神經網路和軟計算》(Fuzzy Sets，Neural Networks 和 Soft Computing，Yager 和 Zadeh，eds，1994)；《模糊系統手冊》(The Fuzzy Systems Handbook，Cox，1999)；《模糊工程》(Fuzzy Engineering，Kosko，1997)；《專家系統和模糊系統》(Expert Systems 和 Fuzzy Systems，Negoita，1985)；以及科技書刊的銷售冠軍：《模糊思維》(Fuzzy Thinking，Kosko，1993)，這些都對模糊邏輯領域造成了普及。

大多數的模糊邏輯應用都集中在控制工程領域，然而模糊控制系統只用到了模糊邏輯的知識表達功能中的一小部分。模糊邏輯模型在基於知識和決策支援的系統中應用的益處可以歸納爲以下幾點(Cox，1999；Pedrycz 及 Gomide，2007；Turban 等人，2010)：

- 計算能力的提高：基於模糊規則的系統比傳統的專家系統運算速度快而且所需的規則少，模糊專家系統融合了相關規則，使其更爲強大。Lotfi Zadeh 確信用不了幾年，大多數的專家系統將會採用模糊邏輯來解決高階非線性和計算困難的問題。
- 認知模型的改善：模糊系統允許知識以反映專家對複雜問題的思考模式進行編碼，他們經常以一些不精確的例如高矮、快慢、輕重的術語思考，還採用諸如常常和從不、經常和很少、經常和偶爾等表達方式。爲了構建傳統的規則，我們必須定義這些術語明確的界限，從而將專門的知識分解成碎片，而這種碎片化導致傳統的專家系統在處理高複雜度問題時表現不佳。相反，模糊專家系統對不確定的資訊模式化，以更接近於專家心中的表達方式來捕捉專門的知識，從而改善了對問題的認知模型。
- 具有多個專家的表達能力：傳統的專家系統建立在被明確定義的、非常狹小的經驗範疇裡，這使系統的表現完全依賴於對專家的正確選擇。儘管一般的策略只需要一位元專家，而當需要構建更爲複雜的專家系統或專門的知識無法很好地被定義時，就需要多位元專家的參與。多位專家可以擴展領域，綜合專門的知識並且避免了對世界級大師的依賴，顯然大師的專門的知識不僅費用昂貴而且難以得到。但是多位專家往往很難達成一致，經常會有不同甚至對立的觀點，這些在商業和管理領域尤爲突顯，當其中並不存在一個簡單的解決方案，而不得不考慮對立的觀點。模糊專家系統能幫助我們表達有對立觀點的多位專家專門的知識。

儘管模糊系統允許更自然地表達專家知識，但它們仍然依賴於來自專家的規則，因而可能是聰穎或愚鈍。有些專家可以提供非常明智的模糊規則，而有些專家只能提供猜測甚至可能弄錯，所以所有的規則都必須進行測試和調整，這是漫長和繁雜的處理過程。例如，日立公司的工程師們花了幾年時間來測試和調整用於仙台地鐵引導系統僅僅 54 條的模糊規則。

借助於模糊邏輯開發工具，我們可以輕鬆地構建一個簡單的模糊系統，但之後需要花幾天、幾個星期甚至幾個月的時間來除錯新的規則及調整系統。如何可以使這項處理更快，或者說如何能自動產生優良的模糊規則？

近年來，一些基於神經網路技術的方法被用來為模糊規則尋找數值資料。自適應或神經模糊系統可以發現新的模糊規則，或者根據所提供的資料改良並調整現存的規則，換句話說是輸入資料—輸出規則，或者輸入經驗—輸出一般規律。

那麼知識工程往什麼方向發展呢？

專家、神經和模糊系統已經成熟並已經廣泛地應用於解決不同的問題，主要是在工程、醫療、財經、商業和管理領域。每項技術處理著人類知識中不同的非確定和模稜兩可的特徵，每種技術也已經找到了它們在知識工程中的位置，它們不再競爭，而是實作互補。將模糊邏輯和神經計算的專家系統作結合，提升了基於知識系統的適應性、健壯性、容錯性和執行速度。另外，利用文字進行計算使系統更「人性化」，現在構築智慧系統的通常做法是利用現有的理論而非提出一個新理論，並且應用系統去解決實際問題而非「遊戲」問題。

1.3 總結

我們生活在一個知識革命的時代，一個國家的強弱並不取決於它的軍隊的數量，而是它所掌握的知識。科學、醫藥、工程和商業推動著國家邁向更高的生活品質水準，但它們也需要具有更高素質和能力的人。我們現在正採用智慧型機器來擷取擁有這些知識的人的專門知識，並以接近於人類的方式進行推理。

直到第一台電腦發明爲止，對智慧型機器的渴望一直停留在幻夢狀態。早期的電腦可以利用預先描述的演算法高效率地處理大量的資料，但無法推理獲得資訊，這加深了人們對電腦可否思考的擔憂。Alan Turing 把電腦的智慧行爲定義成達到人類完成認知工作水準的能力。圖靈測試提供了一個對基於知識系統進行證實和驗證的標準。

1956 年，在達特茅斯學院舉行的夏季研討會聚集了 10 位對機器智慧研究感興趣的研究者，就在那時一門新的科學—人工智慧誕生了。

從 20 世紀 50 年代早期開始，人工智慧技術已經由幾位研究者的好奇發展成爲用於支持人類做出決定的有價值的工具。我們已經看到人工智慧歷史輪回：從 20 世紀 60 年代的奇思妙想、大膽預測時代到 20 世紀 70 年代早期的幻想破滅、經費削減時代；從 20 世紀 70 年代的諸如 DENDRAL、MYCIN 以及 PROSPECTOR 等第一代專家系統的開發到 80 至 90 年代的成熟的專家系統技術及其在不同領域的大規模應用；從 20 世紀 40 年代的簡單二進位神經元模型的提出到 80 年代的人工神經網路領域戲劇般的復甦；從 20 世紀 60 年代的模糊集理論的提出並被西方社會所忽視到 80 年代日本人提供的眾多「模糊」消費品，以及 90 年代的「軟」計算和字元計算在全球被廣泛接受。

專家系統的發展創立了知識工程，它是一種建立智慧系統的處理過程，今天它不僅處理專家系統，還處理神經網路和模糊邏輯問題。知識工程仍然是一門藝術而不是工程，但是人們已經做出了透過神經網路技術來從數值資料中自動抽取規則的嘗試。

表 1-1 概括了人工智慧和知識工程歷史上的主要事件：從 1943 年 McCulloch 和 Pitts 的第一項人工智慧的研究工作到近年來將專家系統、模糊邏輯以及神經計算相結合，並在現代版基於知識的系統中用以處理文字計算問題的趨向。

這一章主要學習的內容包括：

- 智慧是學習和理解的能力，用以解決問題和做出決定。

- 人工智慧是一門科學，已定義其目標爲使機器能夠具備人類工作所必需的智慧來做事。
- 如果機器能夠達到人類執行認知任務的行爲水準，就可以被認爲具有智慧。爲了構建智慧型機器，我們必須捕捉、組織並利用某些領域人類專家的智慧。
- 對智慧型機器的問題域實作必須充分的限制，爲人工智慧標註了主要的「變革典範」：從廣義的、知識稀少的、弱方法到特定領域、知識密集法。這導致了專家系統的發展—電腦程式在某一狹小問題範疇裡具備了人類專家的行爲水準。專家系統以特定規則的形式採用人類的知識和經驗，因爲將知識與推理機制明確分離而更顯卓著，它們也能解釋推理的過程。
- 構建智慧型機器或者說知識工程的主要困難之一就是「知識獲取瓶頸」，即從人類專家那裡提煉知識。
- 專家用不精確的術語思考問題，例如常常和從不、經常和很少、經常和偶爾，而且使用例如高矮、快慢、輕重等語言變數。模糊邏輯或者模糊集理論爲我們提供了用文字計算的途徑。它專注於使用捕捉文字意思、人類推理以及做出決定的涵義的模糊數值，它還提供了突破傳統專家系統計算重擔的途徑。
- 專家系統透過經驗既不能學習也無法提高它們自己。它們獨立而生，完成開發工作要付出巨大的努力，即使構建一個一般的專家系統也需要花費五到十人一年的時間。機器學習可以大大加快這一處理過程，並且可以透過增加新的規則或者修改不正確的規則來提高其品質。
- 受到生物神經網路的啓發，人工神經網路透過汲取歷史教訓，使自動產生規則成爲可能，從而避免了繁瑣和昂貴的知識獲取、驗證和更新的處理過程。
- 專家系統和人工神經網路以及模糊邏輯和人工神經網路的融合改善了基於知識系統的適應性、容錯性以及計算速度。

表 1-1　人工智慧和知識工程歷史上的主要事件一覽表

時期	主要事件
人工智慧的誕生 (1943～1956)	McCulloch 和 Pitts，神經活動潛在想法的邏輯運算，1943 Turing，計算機器和智慧，1950 電子數值積分器和計算機計畫(von Neumann) Shannon，西洋棋博弈的電腦程式設計，1950 達特茅斯學院(Dartmouth College)舉行的機器智慧、人工神經網路和自動理論暑期研討會，1956
人工智慧的成長 (1956～20 世紀 60 年代後期)	LISP(McCarthy) 通用問題解算機(GPR)計畫(Newell 和 Simon) Newell 和 Simon，人類問題解決方案，1972 Minsky，知識表達的框架結構，1975
人工智慧的幻想破滅 (20 世紀 60 年代後期～70 年代早期)	Cook，複雜性的理論證明過程，1971 Karp，複合問題的再生性，1972 Lighthill 報告，1971
專家系統的探索 (20 世紀 70 年代早期～80 年代中葉)	DENDRAL(Feigenbaum, Buchanan 和 Lederberg，史丹佛大學) MYCIN(Feigenbaum 和 Shortliffe，史丹佛大學) PROSPECTOR(史丹佛研究院) PROLOG：一種邏輯程式語言(Colmerauer, Roussel 和 Kowalski，法國) EMYCIN(史丹佛大學) Waterman，專家系統指南，1986
人工神經網路的再生 (1965～現在)	Hopfield，神經網路和具有突發整合計算能力的物理系統，1982 Kohonen，拓撲結構的正確特徵圖譜的自組織產生，1982 Rumelhart 和 McClelland，平行分散處理，1986 首屆 IEEE 神經網路國際會議，1987 Haykin，神經網路，1994 神經網路，Matlab 應用工具包(MathWork 公司)
演化計算 (20 世紀 70 年代早期～現在)	Rechenberg，演化策略-基於生物資訊理論的最佳化技術系統，1973 Holland，自然和人工系統的適應性，1975 Koza，遺傳程式設計：透過自然選擇的電腦程式設計，1992 Schwefel，演化和最佳尋找，1995 Fogel，演化計算：面向機器智慧的新哲學，1995

時期	主要事件
用文字計算 (20 世紀 80 年代後期～現在)	Zadeh，模糊集，1965 Zadeh，模糊演算法，1969 Mamdani，使用語言合成法的模糊邏輯在近似論證中的應用，1977 Sugeno，模糊理論，1983 日本的「模糊」消費品(洗碗機、洗衣機、空調、電視機、影印機) 仙台地鐵系統(日立公司，日本)，1986 Negoita，專家系統和模糊系統，1985 首屆 IEEE 模糊系統國際會議，1992 Kosko，神經網路和模糊系統，1992 Kosko，模糊思維，1993 Yager 和 Zadeh，模糊集、神經網路和軟計算，1994 Cox，模糊系統手冊，1994 Kosko，模糊工程，1996 Zadeh，用文字計算一典範轉移，1996 模糊邏輯，Matlab 應用工具包(MathWork 公司) 柏克萊軟性計算進展，http://www-bisc.cs.berkeley.edu

複習題

1. 說出智慧的定義，什麼是機器的智慧行爲？
2. 描述人工智慧圖靈測試並從現代的角度證明它的有效性。
3. 從科學的角度定義人工智慧，人工智慧何時誕生？
4. 什麼是弱方法？指出20世紀70年代初期導致人工智慧幻想破滅的主要困難。
5. 定義專家系統，什麼是弱方法及與專家系統技術間的主要區別？
6. 列舉出例如 DENDRAL、MYCIN 和 PROSPECTOR 等早期專家系統的共同特徵。
7. 專家系統的侷限性是什麼？
8. 專家系統和人工神經網路的區別是什麼？
9. 爲什麼人工神經網路領域會在 20 世紀 80 年代再生？
10. 模糊邏輯基於什麼樣的前提？模糊集理論是何時提出的？
11. 將模糊邏輯應用於基於知識的系統有哪些主要優點？
12. 將專家系統、模糊邏輯和神經計算相結合的益處有哪些？

參考文獻

[1] Barto, A.G., Sutton, R.S. and Anderson C.W. (1983). Neurolike adaptive elements that can solve difficult learning control problems, IEEE Transactions on Systems, Man and Cybernetics, SMC-13, 834–846.

[2] Boden, M.A. (1977). Artificial Intelligence and Natural Man. Basic Books, New York.

[3] Broomhead, D.S. and Lowe, D. (1988). Multivariable functional interpolation and adaptive networks, Complex Systems, 2, 321–355.

[4] Bryson, A.E. and Ho, Y.-C. (1969). Applied Optimal Control. Blaisdell, New York.

[5] Buchanan, B.G., Sutherland, G.L. and Feigenbaum, E.A. (1969). Heuristic DENDRAL: a program for generating explanatory hypotheses in organic chemistry, Machine Intelligence 4, B. Meltzer, D. Michie and M. Swann, eds, Edinburgh University Press, Edinburgh, Scotland, pp.209–254.

[6] Cook, S.A. (1971). The complexity of theorem proving procedures, Proceedings of the Third Annual ACM Symposium on Theory of Computing, New York, pp. 151–158.

[7] Cowan, J.D. (1990). Neural networks: the early days, Advances in Neural Information Processing Systems 2, D.S. Tourefzky, ed., Morgan Kaufman, San Mateo, CA, pp. 828–842.

[8] Cox, E. (1999). The Fuzzy Systems Handbook: A Practitioner's Guide to Building, Using, and Maintaining Fuzzy Systems, 2nd edn. Academic Press, San Diego, CA.

[9] Duda, R., Gaschnig, J. and Hart, P. (1979). Model design in the PROSPECTOR consultant system for mineral exploration, Expert Systems in the Microelectronic Age, D. Michie, ed., Edinburgh University Press, Edinburgh, Scotland, pp.153–167.

[10] Durkin, J. (1994). Expert Systems: Design and Development. Prentice Hall, Englewood Cliffs, NJ.

[11] Feigenbaum, E.A., Buchanan, B.G. and Lederberg, J. (1971). On generality and problem solving: a case study using the DENDRAL program, Machine Intelligence 6, B. Meltzer and D. Michie, eds, Edinburgh University Press, Edinburgh, Scotland, pp. 165–190.

[12] Fogel, D.B. (1995). Evolutionary Computation – Towards a New Philosophy of Machine Intelligence. IEEE Press, Piscataway, NJ.

[13] Goldberg, D.E. (1989). Genetic Algorithms in Search, Optimisation and Machine Learning. Addison-Wesley, Reading, MA.

[14] Greenblatt, R.D., Eastlake, D.E. and Crocker, S.D. (1967). The Greenblatt Chess Program, Proceedings of the Fall Joint Computer Conference, pp.801–810.

[15] Grossberg, S. (1980). How does a brain build a cognitive code? Psychological Review, 87, 1–51.

[16] Holland, J.H. (1975). Adaptation in Natural and Artificial Systems. University of Michigan Press, Ann Arbor.

[17] Holland, J.H. (1995). Hidden Order: How Adaptation Builds Complexity. Perseus Books, New York.

[18] Hopfield, J.J. (1982). Neural networks and physical systems with emergent collective computational abilities, Proceedings of the National Academy of Sciences of the USA, 79, 2554–2558.

[19] Karp, R.M. (1972). Reducibility among combinatorial problems, Complexity of Computer Computations, R.E. Miller and J.W. Thatcher, eds, Plenum, New York, pp. 85–103.

[20] Kohonen, T. (1982). Self-organized formation of topologically correct feature maps, Biological Cybernetics, 43, 59–69.

[21] Kosko, B. (1993). Fuzzy Thinking: The New Science of Fuzzy Logic. Hyperion, New York.

[22] Kosko, B. (1997). Fuzzy Engineering. Prentice Hall, Upper Saddle River, NJ.

[23] Koza, J.R. (1992). Genetic Programming: On the Programming of the Computers by Means of Natural Selection. MIT Press, Cambridge, MA.

[24] Koza, J.R. (1994). Genetic Programming II: Automatic Discovery of Reusable Programs. MIT Press, Cambridge, MA.

[25] LeCun, Y. (1988). A theoretical framework for back-propagation, Proceedings of the 1988 Connectionist Models Summer School, D. Touretzky, G. Hilton and T. Sejnowski, eds, Morgan Kaufmann, San Mateo, CA, pp.21–28.

[26] Lighthill, J. (1973). Artificial intelligence: a general survey, Artificial Intelligence: A Paper Symposium. J. Lighthill, N.S. Sutherland, R.M. Needham, H.C. Longuest-Higgins and D. Michie, eds, Science Research Council of Great Britain, London.

[27] McCarthy, J. (1958). Programs with common sensc, Proceedings of the Symposium on Mechanisation of Thought Processes, vol. 1, London, pp. 77–84.

[28] McCulloch, W.S. and Pitts, W. (1943). A logical calculus of the ideas immanent in nervous activity, Bulletin of Mathematical Biophysics, 5, 115–137.

[29] Medsker, L. and Leibowitz, J. (1994). Design and Development of Expert Systems and Neural Computing. Macmillan, New York.

[30] Minsky, M.L. (1975). A framework for representing knowledge, The Psychology of Computer Vision, P. Winston, ed., McGraw-Hill, New York, pp.211–277.

[31] Minsky, M.L. and Papert, S.A. (1969). Perceptrons. MIT Press, Cambridge, MA.

[32] Negoita, C.V. (1985). Expert Systems and Fuzzy Systems. Benjamin/Cummings, Menlo Park, CA.

[33] Newell, A. and Simon, H.A. (1961). GPS, a program that simulates human thought, Lernende Automatten, H. Billing, ed., R. Oldenbourg, Munich, pp.109–124.

[34] Newell, A. and Simon, H.A. (1972). Human Problem Solving. Prentice Hall, Englewood Cliffs, NJ.

[35] Omlin, C.W. and Giles, C.L. (1996). Rule revision with recurrent neural networks, IEEE Transactions on Knowledge and Data Engineering, 8(1), 183–188.

[36] Parker, D.B. (1987). Optimal algorithms for adaptive networks: second order back propagation, second order direct propagation, and second order Hebbian learning, Proceedings of the IEEE 1st International Conference on Neural Networks, San Diego, CA, vol.2, pp.593–600.

[37] Pedrycz, W. and Gomide, F. (2007). Fuzzy Systems Engineering: Toward Human-Centric Computing. John Wiley, Hoboken, NJ.

[38] Rechenberg, I. (1965). Cybernetic Solution Path of an Experimental Problem. Ministry of Aviation, Royal Aircraft Establishment, Library Translation No. 1122, August.

[39] Rechenberg, I. (1973). Evolutionsstrategien – Optimierung Technischer Systeme Nach Prinzipien der Biologischen Information. Friedrich Frommann Verlag (Gu¨nther Holzboog K.G.), Stuttgart–Bad Cannstatt.

[40] Rosenblatt, F. (1962). Principles of Neurodynamics. Spartan, Chicago.

[41] Rumelhart, D.E. and McClelland, J.L., eds (1986). Parallel Distributed Processing: Explorations in the Microstructures of Cognition, 2 vols. MIT Press, Cambridge, MA.

[42] Samuel, A.L. (1959). Some studies in machine learning using the game of checkers, IBM Journal of Research and Development, 3(3), 210–229.

[43] Samuel, A.L. (1967). Some studies in machine learning using the game of checkers II – recent progress, IBM Journal of Research and Development, 11(6), 601–617.

[44] Schwefel, H.-P. (1995). Evolution and Optimum Seeking. John Wiley, New York.

[45] Shannon, C.E. (1950). Programming a computer for playing chess, Philosophical Magazine, 41(4), 256–275.

[46] Shortliffe, E.H. (1976). MYCIN: Computer-Based Medical Consultations. Elsevier Press, New York.

[47] Turban, E., Sharda, R. and Delen, D. (2010). Decision Support and Business Intelligent Systems, 9th edn. Prentice Hall, Englewood Cliffs, NJ.

[48] Turing, A.M. (1950). Computing machinery and intelligence, Mind, 59, 433–460.

[49] van Melle, W. (1979). A domain independent production-rule system for consultation programs, Proceedings of the IJCAI 6, pp.923–925.

[50] van Melle, W., Shortliffe, E.H. and Buchanan B.G. (1981). EMYCIN: a domain-independent system that aids in constructing knowledge-based consultation programs, Machine Intelligence, Infotech State of the Art Report 9, no. 3.

[51] Waterman, D.A. (1986). A Guide to Expert Systems. Addison-Wesley, Reading, MA.

[52] Yager, R.R. and Zadeh, L.A., eds (1994). Fuzzy Sets, Neural Networks and Soft Computing. Van Nostrand Reinhold, New York.

[53] Zadeh, L. (1965). Fuzzy sets, Information and Control, 8(3), 338–353.
[54] Zahedi, F. (1993). Intelligent Systems for Business: Expert Systems with Neural Networks. Wadsworth, Belmont, CA.

基於規則的專家系統 2

本章介紹建造知識型系統最常見的選擇：基於規則的專家系統。

2.1 概述

在 20 世紀 70 年代，大家都接受了這樣的觀點，要讓機器解決一個智力問題，人必須先知道如何解決。換句話說，人必須有知識，即在某個特定領域裡「知道該怎樣做」。

什麼是知識？

知識就是對某個主題、領域，理論上或實際上的理解。知識也是目前已知資訊的總合，顯而易見，知識就是力量。掌握知識的人都被稱爲專家。專家在他們所在的組織中是最有力量和最重要的人。任何成功的企業都至少擁有幾位頂級的專家，沒有他們公司就不可能維持運作。

誰是公認的專家？

那些被認爲是領域專家的人都在特定領域內有著深厚的知識(事實和規則雙方面)和強大的實際經驗。具體的領域是有範圍的。例如：電機機器的專家可能對變壓器僅有一般的瞭解，而人壽保險的行銷專家對房地產保險政策所知不多。通常，專家能夠做別人做不了的事情。

專家如何思考？

人類的思考過程是內在的，非常複雜，不可能表示成演算法。但是，大多數專家能夠把他們的知識表達成解決問題的規則。舉一個簡單的例子，想像一下，你遇到一個外國人，他想橫穿馬路。你能幫他麼？你過馬路已是一個專家—已經做這個工作很多年了。因此你能夠教外國人怎麼過馬路。你將怎麼做到？

你向外國人解釋，如果交通指示燈是綠色的，就可以安全地穿過馬路，如果是紅色的，就必須停下來。這是基本的規則，你的知識可以表達成規則，簡要敘述如下：

IF the 'traffic light' is green
THEN the action is go

IF the 'traffic light' is red
THEN the action is stop

IF-THEN 形式中的宣告語句稱爲產生式規則或只是規則，「規則」一詞在人工智慧中是知識表達最常用的形式，可以定義成 IF-THEN 結構，IF 部分對給定的資訊或事實，THEN 部分爲相對應的動作。規則用來描述如何解決問題。規則相對容易建立，易於理解。

2.2 規則是知識表達的技巧

任何規則都包含兩個部分：IF 部分爲前項(前提或條件)，THEN 部分爲後項(結論或動作)。

規則的基本語法是：

IF <前項>
THEN <後項>

一般情況下，規則可以有多個前項，用關鍵字 AND(合取)、OR(析取)連接，或兩個兼有。但是，在同一規則中儘量避免合取和析取同時出現是一個好習慣。

IF <前項 1>
AND <前項 2>

```
              .
              .
              .
AND       <前項 n>
THEN      <後項>

IF        <前項 1>
OR        <前項 2>
              .
              .
              .
OR        <前項 n>
THEN      <後項>
```

規則的後項也可以有多個項目：

```
IF        <前項>
THEN      <後項 1>
          <後項 2>
              .
              .
              .
          <後項 m>
```

規則的前項包含兩部分：物件(語言物件)及其值。在前面過馬路的例子中，語言物件是「交通指示燈」，取值可以是紅或綠。物件和它的取值用運算子連接。運算子確定物件並賦予值。is、are、is not、are not 這樣的運算子給語言物件賦予符號值。但是專家系統也可以用數學運算子定義數值型物件並賦予數值。例如：

```
IF      'age of the customer' < 18
AND     'cash withdrawal' > 1000
THEN    'signature of the parent' is required
```

和規則的前項相同，後項也是用運算子賦予值給語言物件。在過馬路的例子中，如果交通指示燈的取值是綠，第一個規則規定語言物件的動作取值是走。規則後項還可以使用數值型物件甚至和簡單的算術運算式。

IF 'taxable income' > 16283
THEN 'Medicare levy' = 'taxable income' * 1.5 / 100

規則可以表示關係、建議、指示、策略和啓發(Durkin，1994)。

關係

IF the 'fuel tank' is empty
THEN the car is dead

建議

IF the season is autumn
AND the sky is cloudy
AND the forecast is drizzle
THEN the advice is 'take an umbrella'

指示

IF the car is dead
AND the 'fuel tank' is empty
THEN the action is 'refuel the car'

策略

IF the car is dead
THEN the action is 'check the fuel tank';
step1 is complete

IF step1 is complete
AND the 'fuel tank' is full
THEN the action is 'check the battery';
step2 is complete

啓發

IF the spill is liquid
AND the 'spill pH' < 6
AND the 'spill smell' is vinegar
THEN the 'spill material' is 'acetic acid'

2.3 專家系統研發隊伍中的主要參與者

只要專家提供了知識，我們就將其輸入電腦中。我們希望在一些特殊具有專門知識的領域中，電腦就像一個聰明的助手，或能夠像專家一樣解決問題。同樣也希望電腦可以整合新的知識，並且用容易讀懂和理解的方式表達出來，能處理自然語言中的簡單句子，而不是人工程式語言。最後，我們還希望電腦能夠解釋它是如何得出結論的。換句話說，我們必須建立專家系統，在有限問題範圍內，電腦程式有可能在一定程度上像專家一樣執行任務。

最普遍的專家系統是基於規則的系統。在商業、工程、醫療、地質、電力系統和採礦業等領域已建立了很多專家系統並得到成功應用。很多公司開發和行銷基於規則的專家系統軟體一個人電腦的專家系統框架。

對於開發基於規則的系統，專家系統框架已變得越來越普遍。這樣做的優點是系統構造者可以把注意力放在知識上，而不是在學習程式語言上。

什麼是專家系統框架？

專家系統框架可以看作是去掉知識的專家系統。因此，使用者要做的事情就是將知識以規則的形式加入系統，並提供解決問題的相關資料。

現在來看一下，開發專家系統需要什麼樣的人，以及需具備什麼樣的能力？

通常，專家系統的開發需要五種人：領域專家、知識工程師、程式師、專案經理和最終使用者。專家系統的開發成功完全取決於成員間的良好合作，開發隊伍的基本關係如圖 2-1 所示。

領域專家是知識淵博並在特定的範圍或領域中能夠熟練地解決問題的人。領域專家在給定的領域中能擁有最好的專門知識，這些專門知識會被納入專家系統中。因此，專家必須能將和他人很好地溝通知識，充分地參與到專家系統的開發中，並且投入大量的時間。領域專家是專家系統開發隊伍中最重要的參與者。

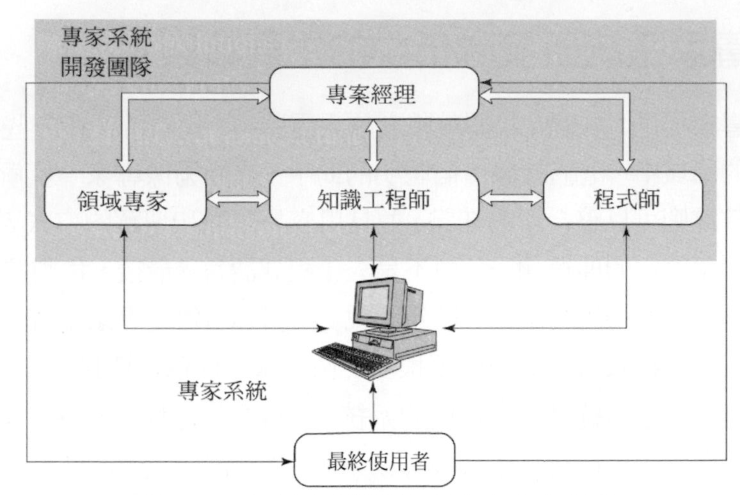

圖 2-1　專家系統開發團隊的主要參與者

知識工程師是有能力設計、構建並測試專家系統的人。知識工程師負責為專家系統選擇合適的目標。他和領域專家晤談，找到一個特定問題如何被解決的方法。透過和專家的互動，知識工程師確定專家使用什麼樣的推理方法來處理事實和規則，並決定如何在專家系統中表現出來。然後他們選擇開發軟體或專家系統框架，或尋找將知識編碼的程式語言(有時還需要自己編碼)。最後，知識工程師還要負責專家系統的測試、修正並將其整合到工作場所中。所以知識工程師需要委身於從專家系統最初的設計階段到最後的交付階段都完全負責該項目，甚至在項目完成後，他也可能參與維護這個系統。

程式師負責實際程式設計，將領域的知識表達成電腦能理解的語言。程式師必須有符號程式撰寫的能力，利用人工智慧語言，例如 LISP、Prolog 和 OPS5，並且有使用不同型式的專家系統框架的經驗。另外，程式師應該瞭解傳統的程式語言，如 C、Pascal、FORTRAN 和 Basic。如果使用專家系統框架，知識工程師可以很容易地將知識編入專家系統中，這時就不需要程式設計師了。但是，如果不能使用專家系統框架，程式設計師必須開發知識和資料表現結構(知識庫和資料庫)、控制結構(推理工具)和對話方塊結構(使用者介面)，在測試專家系統中也需要程式師。

專案經理是整個專家系統開發組的領導，負責專案按計劃進行。他和專家、知識工程師、程式設計師和最終使用者在一起互動，確保所有交付可以按照日程安排進行。

最終使用者，也就是平時所說的使用者，即專家系統開發完成後使用這個系統的人。使用者可以是決定從火星帶回的土壤分子結構的分析化學家(Feigenbaum *et al.*，1971)，診斷血液傳染病的實習醫生(Shortliffe，1976)，試圖尋找新礦床的探測地質學家(Duda *et al.*，1979)，也可以是緊急情況時需要建議的電力系統操作者(Negnevitsky，1996)。這些專家系統的使用者有著不同的需求，因此專家系統必須滿足要求，系統是否被接受取決於使用者的滿意度。使用者不僅要對專家系統的性能有信心，還要覺得系統便於使用。因此，設計專家系統的使用者介面對於專案的成功也是很重要的，在這裡最終使用者的意見至關重要。

這五種參與者都加入到隊伍中的時候，就可以開發專家系統了。但是，現在有很多專家系統都是在個人電腦上用專家系統框架開發的，這就不再需要程式設計師，而且知識工程師的任務也減少了。有些小型專家系統，專案經理、知識工程師、程式設計師甚至專家都可以是同一個人。但在開發大的專家系統時，所有的參與者都是不可或缺的。

2.4　基於規則的專家系統結構

20 世紀 70 年代初期，卡內基-梅隆大學的 Newell 和 Simon 提出了一個生產系統模型(Newell and Simon，1972)，奠定了現代基於規則的專家系統。這個生產模型的想法是基於人類如何應用他們的知識(以產生式規則的形式表達)解決一個以特定問題資訊來表示一個特定問題。產生式規則儲存在長期記憶體中，特定問題的資訊或事實儲存在短期記憶體中。生產系統模型和基於規則專家系統的基本結構如圖 2-2 所示。

基於規則的專家系統有五個部分：知識庫、資料庫、推理引擎、解釋工具和使用者介面。

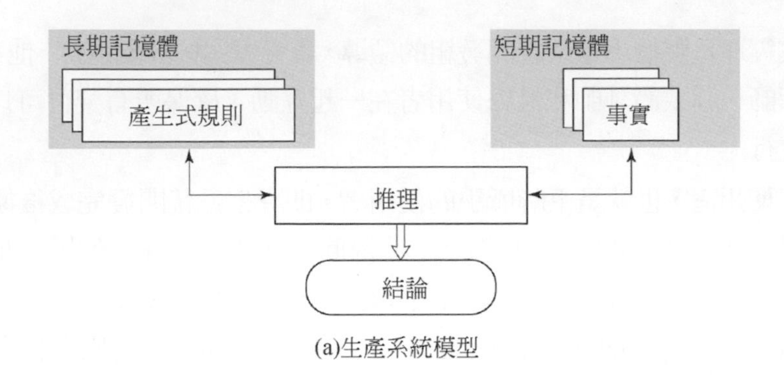

(a)生產系統模型

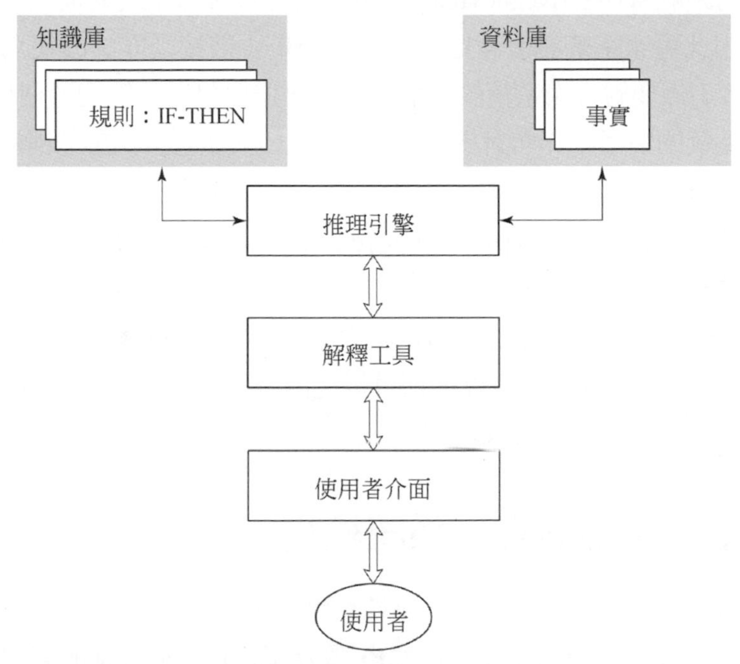

(b)基於規則的專家系統的基本結構

圖 2-2　生產系統模型和基於規則的專家系統的基本結構

知識庫包含解決問題用到的領域知識。在基於規則的專家系統中，知識表達成一系列的規則。每個規則用 IF(條件)THEN(事實)結構指定關係、建議、指示、策略或啓發。當滿足規則的條件部分時，便激發規則，執行動作部分。

資料庫包含一組的事實，用來和知識庫中儲存規則的 IF(條件)部分比對。

推理引擎執行推理，由此專家系統找到解決方法。推理引擎連接知識庫中的規則和資料庫中的事實。

使用者使用解釋工具向專家系統詢問它是如何得到某個具體的結論，以及為何需要某個特定的事實。所有的專家系統都必須能夠解釋其推理並證明其建議、分析或結論的正確性。

使用者介面是使用者為尋找問題的解決方法和專家系統間溝通的途徑，這種溝通應該盡可能的有意義並且足夠友好。

任何基於規則的專家系統都必須包含這五個部分。它們組成了專家系統的核心，但專家系統也可以有一些附加部分。

外部介面使專家系統可以引入外部的資料檔案和程式，這些程式使用傳統的程式語言，如 C、Pascal、FORTRAN 和 Basic 等語言所寫成。基於規則的專家系統的完整結構如圖 2-3 所示。

研發人員介面通常包含知識庫編輯器、除錯工具和輸入/輸出工具。

所有的專家系統框架都提供簡單的文本編輯器，以便輸入和修改規則，並且檢查它們的格式和拼寫。很多專家系統還包含記錄工具，跟蹤知識工程師或專家對規則的改變。如果規則發生了變化，編輯器要自動儲存改變的日期，並記錄是誰改變了規則，以便以後參考。如果有許多知識工程師和專家都能夠進入知識庫並且改變規則，這樣做就十分必要。

除錯工具通常包含跟蹤工具和中斷點包。跟蹤工具在程式執行時提供所有規則的激發點列表，中斷點包提前告訴專家系統在哪裡停下來變為可能，以便知識工程師或專家檢查資料庫中的目前值。

大多數專家系統還提供如運行時獲取知識的輸入/輸出工具。當專家系統在運行中，每當資料庫中沒有其需要的資訊時，系統會提出需要資訊的請求。當知識工程師或專家輸入請求的資訊後，程式接著運行。

通常，研發人員介面特別是獲取知識的工具，需要設計成領域專家能夠直接將其知識輸入專家系統中，以便減少對知識工程師的干擾。

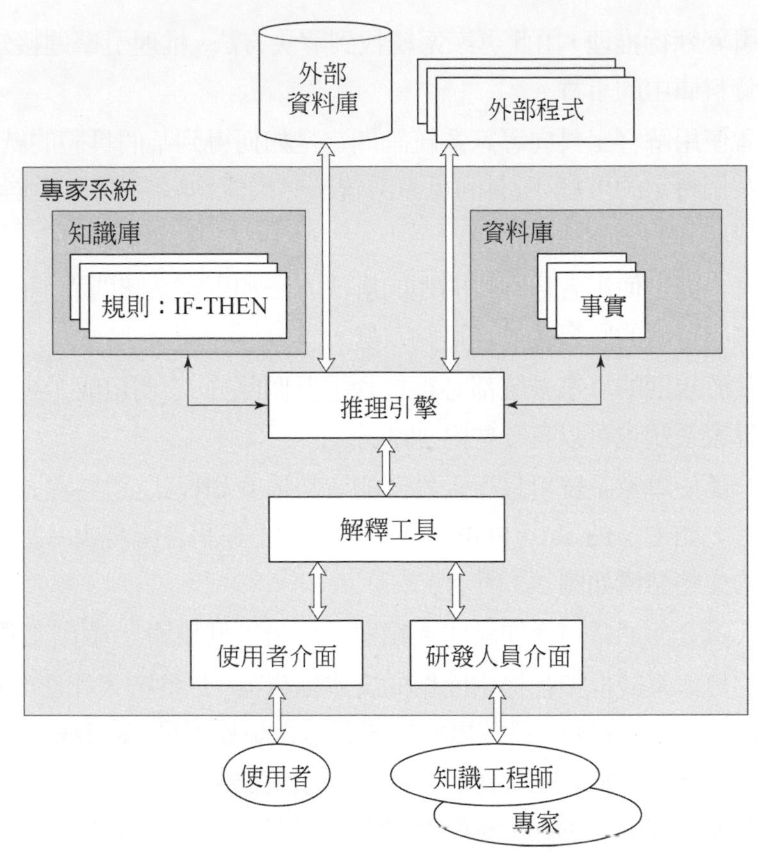

圖 2-3 基於規則專家系統的完整結構

2.5 專家系統的基本性能

建立專家系統的目的是使電腦能在狹小而有專業化的領域中履行人類專家級的職責。因此，專家系統最重要的特徵就是高品質的性能。無論專家系統解決一個問題有多快，如果結論是錯誤的，使用者就不會覺得滿意。另一方面，解決問題的速度也很重要，即使最精確的決策或診斷系統，如果結論給出的太晚也是沒有用的，例如：在患者死亡或核電廠爆炸這樣的緊急情況下。專家可以根據其經驗和對問題的理解，找到解決問題的捷徑。專家使用經驗法則的或啓發式的規則。就像人類一樣，專家系統也可以應用啓發式來指導其推論，減少對某個解決方案的搜尋範圍。

專家系統的獨特特徵是它的解釋能力。這使得專家系統可以回顧其推理過程並解釋結論。專家系統解釋功能可以在解決問題的時候有效地跟蹤規則的激發點。當然這是簡要的解釋；但是實際上的或「人類的」解釋是不可能的，因爲這需要對領域基本的理解。雖然規則激發的串列不能用來判斷結論，但是每條規則可以以文本的形式附上合適的領域中的基本原理，或至少是保存在知識庫中每條最上層的規則。這可能是解釋能力可以達到的最高程度。但是，解釋一系列推理的能力有時也不是某些專家系統所必要的。例如：爲專家建立一個科學系統就不需要提供額外的解釋，因爲得到的結論對其它專家來說是自己解釋的；簡單的規則跟蹤就可以很有效。另一方面，由於錯誤的決策代價非常高，做決策的專家系統通常需要完整的、深思熟慮的解釋。

專家系統在解決問題時使用符號推理。符號用來表示不同類型的知識，例如：事實、概念和規則。和傳統的資料處理的程式設計不同，專家系統是爲了處理知識而建立的，而且可以輕易地處理定性的資料。

傳統的程式處理資料時都使用演算法，換句話說，演算法是一系列定義好的按部就班的操作。一個演算法按照相同的順序執行相同的操作，能得到精確的結論。一般情況下程式本身不會出錯，可是有時候程式設計師會出錯。和傳統的程式不同，專家系統不遵行預先定義的步驟順序。專家系統允許不確切的推理，可以處理不完善、不確定和模糊的資料。

專家系統會出錯嗎？

最出色的專家也是人，也會出錯。這說明專家系統的建立是爲了執行人類專家水準的操作，也應該允許出錯。雖然專家有時也會出錯，但我們仍然相信專家，同樣，至少在大多數情況下，我們可以相信專家系統提供的解決方案，但出錯是有可能的，我們要注意這一點。

這是否意味著傳統程式要比專家系統優越？

理論上，傳統的程式提供完全相同的「正確」答案。但是必須記住傳統的程式僅在資料是完善和確切的情況下才能解決問題。如果資料不完善，包含些許錯誤，傳統的程式或許根本不提供答案，或許提供錯誤的答案。相反地，專家系統能識別可用的資訊，而這些資訊有可能不完整或模糊，在這種情況下專家系統仍舊能夠得到合理的結論。

專家系統區別於傳統的程式的另一個重要的特點是知識及其處理是分開的(知識庫和推理引擎是分開的)。傳統的程式的知識及處理知識的控制結構是混合在一起的，導致程式碼難以理解和再檢查，程式碼的任何更改都影響到知識和處理。在專家系統中，知識及其處理機制是完全分開的。這就使得專家系統的建立和維護都相對簡單。如果使用專家系統框架，知識工程師或專家只需將規則簡單地輸入知識庫，每個新的規則都增加了新的知識，專家系統因此也變得更聰明。透過改變或減掉規則，可以輕易地修改系統。

上面描述了專家系統、傳統系統及人類專家的區別。表 2-1 總結這些區別。

表 2-1　專家系統、傳統的系統及人類專家的對比

人類專家	專家系統	傳統的程式
在有限的領域中，使用經驗式的或啓發式的知識解決問題。	處理以規則表達的知識，在有限的領域中，使用符號推理解決問題。	處理資料以及使用演算法和事先定義好的操作步驟來解決普通的數值型的問題。
在人類的大腦中，知識以編譯的方式存在。	在處理過程中，提供清晰、分離的知識。	處理知識時，知識和控制結構不是分離的。
能夠解釋推理串列並提供細節。	在解決問題過程中跟蹤規則的激發，解釋如何得到具體的結論，爲什麼需要這些特定的資料。	對於如何得到結論和爲什麼需要這些輸入資料都不作解釋。
允許不確定的推理，可以處理不完整、不確定和模糊的資料。	允許不確定的推理，並可處理不完整、不確定和模糊的資訊。	僅在資料是完整且確切時，才能解決問題。
資訊不完整或模糊時可能會出錯。	當資料不完整或模糊時可能會出錯。	如果資料不完善或模糊，則根本不提供解決方案，或者提供的方案是錯誤的。
經過多年的學習和實際的訓練，可以提高解決問題的能力。但這個過程緩慢、效率低並且昂貴。	在知識庫中增加新規則或改進原有規則可以改進解決問題的能力。在獲得新知識時，容易實作改變。	透過改變程式碼來提高解決問題的能力，對知識及其處理都有影響，導致改變困難。

2.6 前向連結和後向連結的推理技術

在基於規則的專家系統中，領域的知識表示成一系列 IF-THEN 的產生式規則，資料表示成一系列關於目前狀態的事實。推理引擎比較每一條儲存在知識庫中的規則和包含在資料庫中的事實。當規則的 IF(條件)部分和事實匹配時，規則被激發，執行它的 THEN(動作)部分。透過增加新的事實，被激發的規則可以改變事實集合，如圖 2-4 所示。資料庫和知識庫中的字母表示狀態或概念。

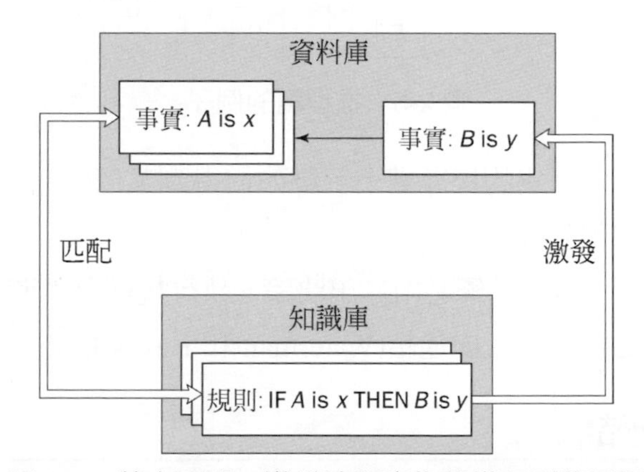

圖 2-4　藉由匹配－激發流程產生的推理引擎循環

事實規則的 IF 部分的匹配產生了推理的連結。推理連結指出專家系統如何應用規則來得到結論。爲了解釋鏈式推理技術，考慮一個簡單的例子。

假設初始資料庫包含 *A*、*B*、*C*、*D* 和 *E* 五種事實，知識庫中包含三個規則(rule)：

```
Rule 1:  IF    Y is true
         AND   D is true
         THEN  Z is true

Rule 2:  IF    X is true
         AND   B is true
         AND   E is true
         THEN  Y is true

Rule 3:  IF    A is true
         THEN  X is true
```

圖 2-5 所示的推理鏈指出專家系統如何使用規則來推斷事實 *Z*。首先規則 3 從給定的事實 *A* 激發推論出新的事實 *X*。接著執行規則 2，根據已知的事實 *B* 和 *E* 及剛推論出來的 *X*，推論出事實 *Y*。最後，執行規則 1，根據已知的事實 *D* 和剛推論出來的 *Y*，得到結論 *Z*。

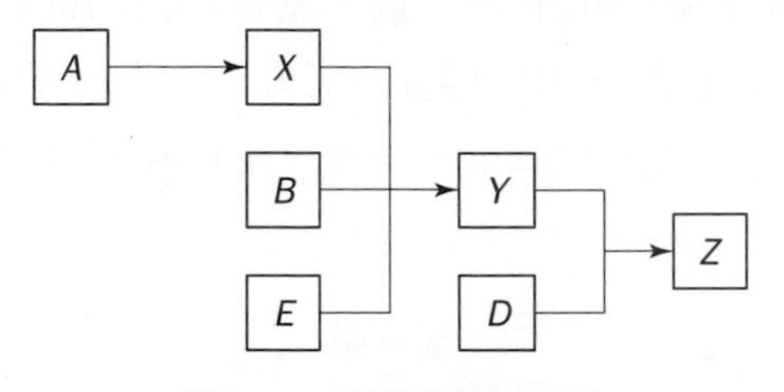

圖 2-5　推理鏈的例子

專家系統可以顯示它的推理鏈來解釋如何得到某個結論。這是專家系統解釋工具的最基本的部分。

在激發規則時，推理引擎必須作出決策。執行規則有兩個主要的方法。一個是前向連結，另一個是後向連結(Waterman 和 Hayes-Roth，1978)。

2.6.1 前向連結

上面的例子使用的就是前向連結。現在來詳細地考慮這種技術，首先把規則重新寫成下面的形式：

Rule 1:　$Y \& D \rightarrow Z$

Rule 2:　$X \& B \& E \rightarrow Y$

Rule 3:　$A \rightarrow X$

這裡箭頭是規則的 IF 和 THEN 部分。再加入兩個規則：

Rule 4:　$C \rightarrow L$

Rule 5:　$L \& M \rightarrow N$

圖 2-6 顯示本例中規則的前向連結是怎樣工作的。

前向連結是資料驅動的推理，推理從已知的資料開始，處理隨著資料向前進行。每次都只執行頂端的規則。一旦激發，規則將新的事實加入資料庫中。任何規則都僅執行一次。當沒有新的規則被激發時，匹配-激發的週期結束。

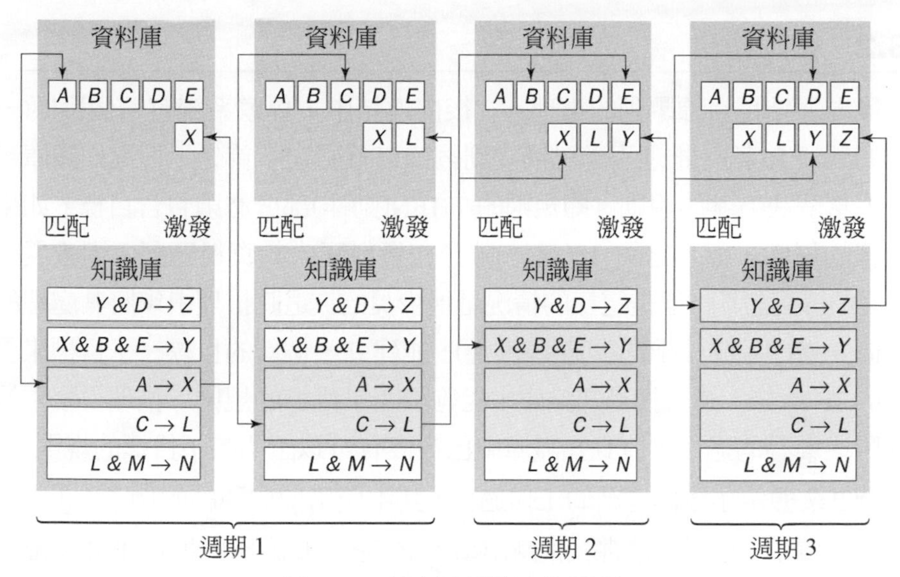

圖 2-6　前向連結的工作過程

在第一個週期中，只有兩個規則，規則 3：*A*→*X* 和規則 4：*C*→*L*，匹配在資料庫中的事實。首先激發頂端的規則 3：*A*→*X*。該規則的 IF 部分和資料庫中的事實 *A* 匹配，執行它的 THEN 部分，新的事實 *X* 加入到了資料庫中。然後激發規則 4：*C*→*L*，事實 *L* 也加入到資料庫中。

在第二個週期中，由於規則 2：*X*&*B*&*E*→*Y* 被激發並且事實 *B*、*E* 和 *X* 已經在資料庫中，推理出後項事實 *Y*，並放入資料庫中，然後執行規則 1：*Y*&*D*→*Z*，將事實 *Z* 放入資料庫中(週期 3)。現在匹配-激發的迴圈停止，因爲規則 5：*L*&*M*→*N* 沒能和資料庫中的任何事實匹配，所以沒有激發規則 5。

前向連結是蒐集資訊然後利用資訊進行推理的技術。但前向連結執行的很多規則可能和確定的目標無關。假設在上面例子中，目標是決定事實 *Z*，在知識庫中僅有五個規則，已經激發了其中的四個。但是規則 4：*C*→*L* 和事實 *Z* 完全沒有關係，也被激發了。實際上基於規則的專家系統可能有上百個規則，可能有很多被激發並產生了有效的新事實，但對於目標而言是完全無用的。因此，如果目標是推理出一個具體的事實，前向連結推理技術則可能沒有效率。

在這種情況下，後向連結就更加合適。

2.6.2 後向連結

後向連結是目標驅動的推理。在後向連結中，專家系統有一個目標(一個假設的解決方案)，推理引擎試圖找到證據來證明它。首先，搜尋知識庫尋找包含期望解決方案的規則。即規則的 THEN(動作)部分必須包含目標。如果找到這樣的規則，而且它的 IF(條件)部分和資料庫中的資料匹配，則激發該規則，目標得到證明。但是這樣的情況是很少見的。這時推理引擎將其處理的規則放置一邊(也就是說將規則壓成堆疊)，並建立一個新的目標—子目標來證明規則的 IF 部分。繼續搜尋知識庫中能夠證明子目標的規則。推理引擎重複將規則壓成堆疊的過程，直到知識庫中已經沒有可以證明該子目標的規則。

圖 2-7 顯示了後向連結的工作過程，其中使用前向連結的例子中的規則。

第 1 遍中，推理引擎嘗試推斷出事實 *Z*。它在知識庫中搜尋 THEN 部分含有目標的規則，在本例中是事實 *Z*，推理引擎找到規則 1：*Y*&*D*→*Z*，並將其堆疊，規則 1 的 IF 部分包含事實 *Y* 和 *D*，接下來建立這兩個事實。

第 2 遍中，推理引擎建立子目標，事實 *Y*，並嘗試證明它。首先搜尋資料庫，但沒有找到事實 *Y*。然後搜尋知識庫中 THEN 部分是事實 *Y* 的規則。

推理引擎定位並將規則 2：*X*&*B*&*E*→*Y* 壓成堆疊。因爲規則 2 的 IF 部分包含事實 *X*、*B* 和 *E*，接下來建立這幾個事實。

第 3 遍中，推理引擎建立新的子目標，事實 *X*。它在資料庫中搜尋事實 *X*，沒有找到時搜尋推斷 *X* 的規則。推理引擎找到規則 3：*A*→*X*，並將其堆疊。現在推理引擎必須確定事實 *A*。

第 4 遍中，推理引擎在資料庫中發現了事實 *A*，激發了規則 3：*A*→*X*，推斷出了新的事實 *X*。

第 5 遍中，推理引擎傳回到子目標事實 *Y*，再一次嘗試執行規則 2：*X*&*B*&*F*→*Y*。事實 *X*、*B* 和 *E* 都在資料庫中找到了，激發規則 2，新的事實 *Y* 加入到資料庫中。

第 6 遍中，系統傳回規則 1：*Y*&*D*→*Z*，建立最初的目標事實 *Z*，規則 1 的 IF 部分的所有事實在資料庫中都找到，執行規則 1，最初的目標得到證明。

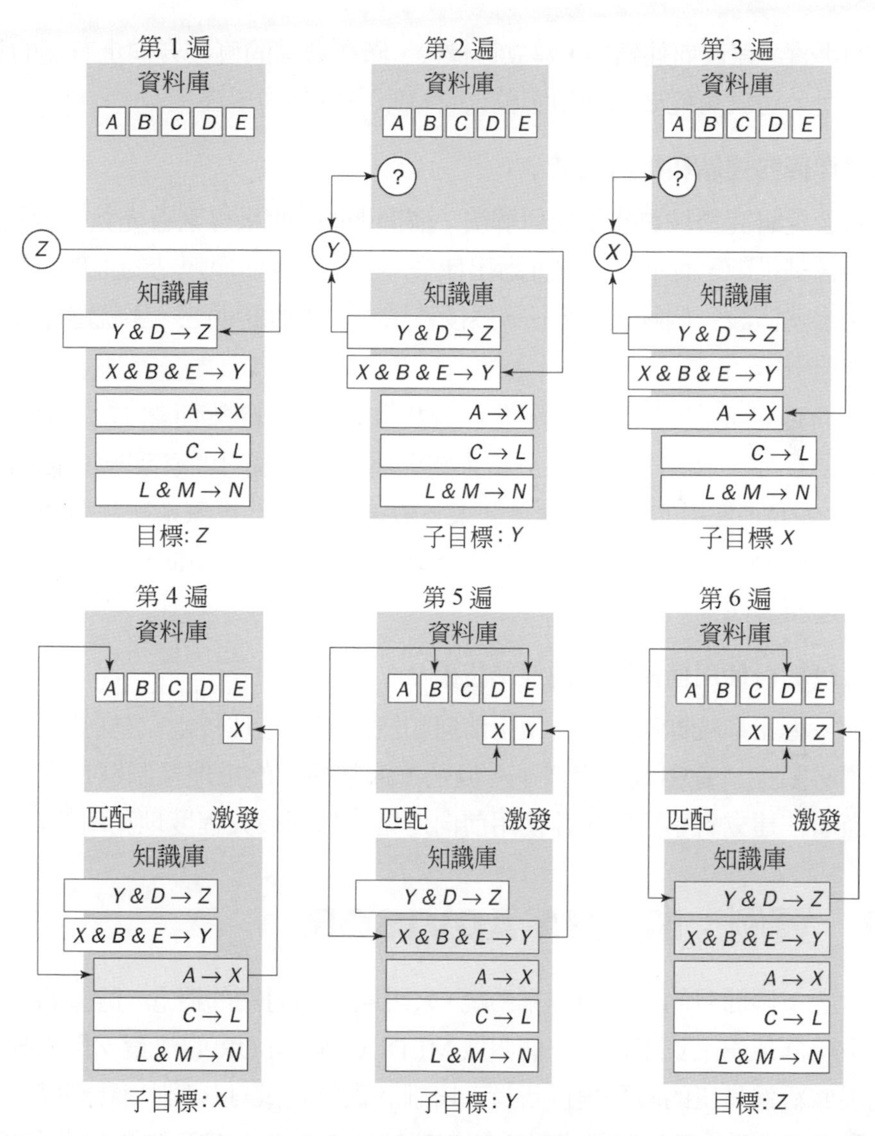

圖 2-7 後向連結的工作過程

現在來比較一下圖 2-6 和圖 2-7。如圖所示，使用前向連結技術時激發了四個規則，使用後向連結技術時僅激發了三個規則。這是個簡單的例子，展示了如果需要推斷一個具體的事實，本例中是事實 Z，則後向連結技術更加有效率。在前向連結中，資料在推理過程的開始都是已知的，使用者不需要再輸入另外的事實。在後向連結中，建立目標後，僅在搜尋的直接方向上有關的資料才被使用，這就可能要求使用者輸入資料庫中沒有的事實。

如何選擇前向連結和後向連結？

回答是研究領域專家是如何解決一個問題的。如果專家首先蒐集資訊，然後開始嘗試推斷，而不論能夠推斷出什麼，這時選擇前向連結的推理引擎。如果一開始就假設一個解決的方法，然後嘗試尋找事實證明它，那就選擇後向連結的推理引擎。

前向連結是設計專家系統進行分析和解釋的自然而然方法。例如：DENDRAL 是一個用質譜資料分析未知土壤分子結構的專家系統(Feigenbaum *et al.*，1971)，使用的是前向連結。大多數後向連結的專家系統都用於診斷。例如：MYCIN 是診斷血液傳染病的醫學專家系統(Shortliffe，1976)，使用的是後向連結方法。

是否可以綜合使用前向和後向連結技術？

很多專家系統框架都綜合使用前向和後向連結推理技術，這樣知識工程師就不用必須在二者中做出選擇了。但是，通常採用的推理機制還是後向連結的，僅僅在建立新事實時，才使用前向連結，以便最大程度地利用新資料。

2.7 實例：MEDIA ADVISOR

考慮一個簡單的規則型專家系統，來說明上面討論的概念。選擇 Leonardo 專家系統框架爲工具來建立一個叫做 MEDIA ADVISOR 的決策支援系統。該系統根據新進員工的職務提供新員工培訓計畫的建議，以供訓練計劃媒介的選擇。例如，該新員工是維護水壓系統的機械技術員，小工廠就是合適的場所，新員工可以在這裡學習如何操作水壓系統的基本元件，如何檢查水壓系統的故障並做簡單的維修。如果新員工是保險申請系統的評估員，培訓計畫應該包含任務具體問題的講座，就像家庭教師一樣，新員工可以評估實際的申請案件，對於複雜的任務，新職員可能會出錯，培訓計畫還應包含新員工績效的回授。

知識庫

```
/* MEDIA ADVISOR: a demonstration rule-based expert system

Rule: 1
if      the environment is papers
or      the environment is manuals
or      the environment is documents
or      the environment is textbooks
then    the stimulus_situation is verbal

Rule: 2
if      the environment is pictures
or      the environment is illustrations
or      the environment is photographs
or      the environment is diagrams
then    the stimulus_situation is visual

Rule: 3
if      the environment is machines
or      the environment is buildings
or      the environment is tools
then    the stimulus_situation is 'physical object'

Rule: 4
if      the environment is numbers
or      the environment is formulas
or      the environment is 'computer programs'
then    the stimulus_situation is symbolic

Rule: 5
if      the job is lecturing
or      the job is advising
or      the job is counselling
then    the stimulus_response is oral

Rule: 6
if      the job is building
or      the job is repairing
or      the job is troubleshooting
then    the stimulus_response is 'hands-on'
```

Rule: 7
if the job is writing
or the job is typing
or the job is drawing
then the stimulus_response is documented

Rule: 8
if the job is evaluating
or the job is reasoning
or the job is investigating
then the stimulus_response is analytical

Rule: 9
if the stimulus_situation is 'physical object'
and the stimulus_response is 'hands-on'
and feedback is required
then medium is workshop

Rule: 10
if the stimulus_situation is symbolic
and the stimulus_response is analytical
and feedback is required
then medium is 'lecture – tutorial'

Rule: 11
if the stimulus_situation is visual
and the stimulus_response is documented
and feedback is not required
then medium is videocassette

Rule: 12
if the stimulus_situation is visual
and the stimulus_response is oral
and feedback is required
then medium is 'lecture – tutorial'

Rule: 13
if the stimulus_situation is verbal
and the stimulus_response is analytical
and feedback is required
then medium is 'lecture – tutorial'

```
Rule: 14
if      the stimulus_situation is verbal
and     the stimulus_response is oral
and     feedback is required
then    medium is 'role-play exercises'

/* The SEEK directive sets up the goal of the rule set

seek medium
```

物件

MEDIA ADVISOR 使用 6 個語言物件：環境(environment)、刺激狀況(stimulus_situation)、工作(job)、刺激回應(stimulus_response)、回授(feedback)和方法(medium)。每個物件有一個允許的取值(例如：環境物件可取的值是文件、手冊、文件、教科書、圖片、圖表、照片、流程圖、機械、建築、工具、數字、公式、電腦程式)。一個物件及其取值構成了一個事實(例如：環境是機械，工作是修理)。所有的事實都放置在資料庫中。

物件	允許的取值	物件	允許的取值
環境	文件	工作	講解
	手冊		建議
	文件		討論
	教科書		建築
	圖片		修理
	圖表		故障排除
	照片		寫作
	流程圖		打字
	機械		繪畫
	建築		評估
	工具		推理
	數字		調查
	公式		
	電腦程式	刺激回應	口頭的
			實作的
			歸檔
			分析的
刺激狀況	言語的		
	看得見的		
	實體物件	回授	必需的
	象徵性的		不需要

選項

基於規則的專家系統的最終目標是利用輸入的資料，得到問題的解決方法。在 MEDIA ADVISOR 中，解決的方法就是從下面四個選項中選出的：

medium is workshop
medium is 'lecture – tutorial'
medium is videocassette
medium is 'role-play exercises'

對話

對話顯示如下，專家系統要求使用者輸入解決問題需要的資料(環境、工作和回授)。基於使用者提供的回應(箭頭指明回應)，專家系統使用知識庫中的規則進行推理，得出 stimulus_situation 是實體物件(physical object)，stimulus_response 是實作的(hands-on)。規則 9 從媒介中選擇一個允許的取值。

What sort of environment is a trainee dealing with on the job?
⇒ **machines**

Rule: 3
if the environment is machines
or the environment is buildings
or the environment is tools
then the stimulus_situation is 'physical object'

In what way is a trainee expected to act or respond on the job?
⇒ **repairing**

Rule: 6
if the job is building
or the job is repairing
or the job is troubleshooting
then the stimulus_response is 'hands-on'

Is feedback on the trainee's progress required during training?
⇒ **required**

Rule: 9
if the stimulus_situation is 'physical object'
and the stimulus_response is 'hands-on'
and feedback is required
then medium is workshop

medium is workshop

推理技術

Leonardo 中標準的推理技術是有前向連結機會的後向連結，這種方法是利用資訊最有效的途徑。但是 Leonardo 也允許使用者在前向連結和後向連結中切換。這樣也允許我們分別學習這兩種技術。

前向連結是資料驅動的推理，所以我們必須首先提供一些資料，假設：

the environment is **machines**
　　'**environment**' instantiated by user input to '**machines**'

the job is **repairing**
　　'**job**' instantiated by user input to '**repairing**'

feedback is **required**
　　'**feedback**' instantiated by user input to '**required**'

接下來的處理過程如下：

Rule: 3 fires	'**stimulus_situation**' instantiated by Rule: 3 to '**physical object**'
Rule: 6 fires	'**stimulus_response**' instantiated by Rule: 6 to '**hands-on**'
Rule: 9 fires	'**medium**' instantiated by Rule: 9 to '**workshop**'
No rules fire	stop

後向連結是目標驅動的推理，需要首先假設一個解決方案(目標)。例如：建立的目標如下：

'medium' is 'workshop'

Pass 1	
Trying Rule: 9	Need to find object '**stimulus_situation**'
Rule: 9 stacked	Object '**stimulus_situation**' sought as '**physical object**'
Pass 2	
Trying Rule: 3	Need to find object '**environment**'
Rule: 3 stacked	Object '**environment**' sought as '**machines**'
ask environment ⇒**machines**	'**environment**' instantiated by user input to '**machines**'
Trying Rule: 3	'**stimulus_situation**' instantiated by Rule: 3 to '**physical object**'
Pass 3	
Trying Rule: 9	Need to find object '**stimulus_response**'
Rule: 9 stacked	Object '**stimulus_response**' sought as '**hands-on**'

Pass 4
Trying Rule: 6 Need to find object '**job**'
Rule: 6 stacked Object '**job**' sought as '**building**'

ask job
⇒ **repairing** '**job**' instantiated by user input to '**repairing**'

Trying Rule: 6 '**stimulus_response**' instantiated by Rule: 6 to '**hands-on**'

Pass 5
Trying Rule: 9 Need to find object '**feedback**'
Rule: 9 stacked Object '**feedback**' sought as '**required**'
ask feedback
⇒ **required** '**feedback**' instantiated by user input to '**required**'

Trying Rule: 9 '**medium**' instantiated by Rule: 9 to '**workshop**'

medium is workshop

用樹狀圖來描述專家系統的處理過程是很直觀的。圖 2-8 為 MEDIA ADVISOR 的樹狀圖。根節點是目標；當系統啓動時，推理引擎搜尋並推斷目標的取值。

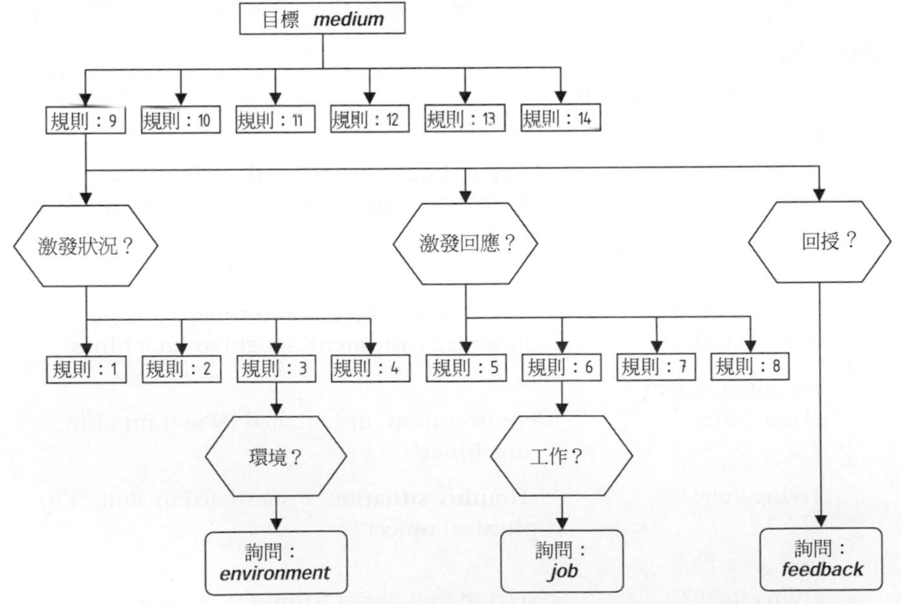

圖 2-8 基於規則的專家系統 MEDIA ADVISOR 的樹狀圖

MEDIA ADVISOR 是否能處理所有情況？

在使用專家系統時間更長時，就會發現提供的選項沒有涵蓋到所有可能的情況。例如下面的對話就可能出現：

What sort of environment is a trainee dealing with on the job?
⇒**illustrations**

In what way is a trainee expected to act or respond on the job?
⇒**drawing**

Is feedback on the trainee's progress required during training?
⇒**required**

I am unable to draw any conclusions on the basis of the data.

因此，MEDIA ADVISOR 在目前狀態下還不能處理這些特殊情況，但幸運的是，專家系統可以很容易地擴展提供更多的規則，直到它能夠完成使用者想讓它做的事。

2.8 衝突的解決方案

在本章的前面，考慮了過馬路的兩個簡單規則。現在加入第三個規則。於是得到下面的規則：

Rule 1:
IF　the 'traffic light' is green
THEN　the action is go

Rule 2:
IF　the 'traffic light' is red
THEN　the action is stop

Rule 3:
IF　the 'traffic light' is red
THEN　the action is go

將會發生什麼？

推理引擎比較規則 IF(條件)部分和資料庫中的資料，當條件滿足時，激發規則。一個規則被激發時可能會影響其他規則的激發，因此推理引擎就必須做到每次只激發一個規則。在過馬路的例子中，有兩個規則，Rule2 和 Rule3，它們的 IF 部分相同。當條件得到滿足時，兩個規則都可以激發。這些規則表示了一個衝突集，這種情況下推理引擎就必須決定激發哪一個規則。在一個給定週期中有超過一個的規則被激發時選擇只激發一個規則的方法就叫做衝突解決方案。

如果交通指示燈是紅色，執行哪個規則？

在前向連結中，兩個規則都被激發。首先激發規則 2(由於它是最上層一條)，結果是執行規則 2 的 THEN 部分，語言物件動作(action)取值爲停。但是，規則 3 也被激發，因爲它的 IF 部分也滿足‘traffic light’是紅色的條件，它也是在資料庫中，結果動作取得了新的值即過馬路。這個簡單的例子顯示，在使用前向推理技術規則的順序至關重要。

怎樣解決這樣的衝突？

解決衝突一個顯而易見的策略是建立目標，並且在達到目標時就停止執行規則。在上面的例子中，目標是爲語言物件的動作賦一個值。當專家系統爲動作推斷了一個取值的時候，它就完成了目標並停止。這樣，如果交通指示燈是紅色，執行規則 2，物件的動作取值爲停，專家系統停止。在給定的例子中，專家系統做出了正確的決定。但是如果按逆序排列這兩個規則，結論就是錯誤的。這就意味著知識庫中規則的順序也十分重要。

是否還有其他解決衝突的方法？

還可以使用其他幾種方法(Shirai 和 Tsuji，1985；Brachman 和 Levesque，2004；Giarratano 和 Riley，2004；)：

- 激發有最高優先權的規則。在簡單的應用中，可以透過簡單的將規則在知識庫中排序設定優先權。一般這種策略在大約有 100 個規則的專家系統中比較適用。在一些應用中，資料需要按照重要性除裡。例如：某個醫療決策系統(Durkin，1994)提出如下的優先權：

Goal 1. Prescription is? Prescription

RULE 1 Meningitis Prescription1
(Priority 100)
IF　　Infection is Meningitis
AND　　The Patient is a Child
THEN　　Prescription is Number_1
AND　　Drug Recommendation is Ampicillin
AND　　Drug Recommendation is Gentamicin
AND　　Display Meningitis Prescription1

RULE 2 Meningitis Prescription2
(Priority 90)
IF　　Infection is Meningitis
AND　　The Patient is an Adult
THEN　　Prescription is Number_2
AND　　Drug Recommendation is Penicillin
AND　　Display Meningitis Prescription2

- 激發最具體的規則。這種方法也被稱爲最長匹配策略。它基於的假設是具體的規則比一般的規則處理更多的資訊。例如，

Rule 1:
IF　　the season is autumn
AND　　the sky is cloudy
AND　　the forecast is rain
THEN　　the advice is 'stay home'

Rule 2:
IF　　the season is autumn
THEN　　the advice is 'take an umbrella'

如果是秋季，天空多雲並且預報有雨，則激發規則 1，因爲它的前提條件、匹配的部分比規則 2 更加具體。但是如果僅僅知道是秋季，則應該執行規則 2。

- 激發那些使用資料庫中最近輸入的資料的規則。這種方法依賴資料庫中每個事實的時間標籤。在發生衝突時，專家系統首先激發的規則是它的前項使用資料庫中最近輸入資料的規則。例如，

```
Rule 1:
IF      the forecast is rain          [08:16 PM 11/25/96]
THEN    the advice is 'take an umbrella'

Rule 2:
IF      the weather is wet            [10:18 AM 11/26/96]
THEN    the advice is 'stay home'
```

假設這兩個規則的 IF 部分都和資料庫中的事實匹配。這時，應該激發規則 2，因爲氣候潮濕的輸入時間比預報有雨晚。當資料庫中的資料是經常地被更新時，這種技術在即時的專家系統應用中特別有用。

上述的衝突解決方法都比較簡單並且易於實現。在大多數情況下，這些方法可以得到滿意的結果。但是，當一個程式變得越來越大且更複雜時，知識工程師管理和檢查知識庫中的規則就變得日益困難。專家系統本身必須分擔一些職責並理解自己的行爲。

要提升專家系統的性能，應該提供給系統一些知識去處理遇到的知識，換句話說，也叫元知識(metaknowledge)。

元知識可簡單定義成關於知識的知識。元知識是在專家系統(Waterman，1986)中使用和控制領域知識的知識。在基於規則的專家系統中，元知識用元規則來描述。元規則(mctarule)決定專家系統中使用特定任務相關規則的策略。

元知識的起源是什麼？

知識工程師將領域專家的知識轉變成了專家系統，學習如何使用問題相關的規則，並且逐漸在自己腦中建立、專家系統全面行爲知識的新體系知識。這種新的知識，或者說是元知識，很大程度上是獨立於領域的。例如，

元規則 1： 專家提供規則的優先權要高於初學者提供的規則。

元規則 2： 控制營救人類生命規則的優先權高於關心清理電力系統設備超載的規則。

專家系統能否理解並運用元規則？

有些專家系統爲元規則提供了單獨的推理引擎。但大多數專家系統不能分辨規則和元規則。因此，應該在現有知識庫中賦予元規則最高的優先權。一旦

被激發，元規則「注入」資料庫一些重要的資訊，從而改變其他規則的優先權。

2.9 基於規則的專家系統的優缺點

通常認爲基於規則的專家系統是建立基於知識系統的最佳選擇。

是什麼特點使得知識工程師覺得基於規則的專家系統特別有吸引力呢？

這些特點是：

- 自然知識的描述。專家經常用下面的描述來解釋解決問題的過程：「在什麼什麼情況下，我怎樣怎樣做」。這樣的描述可以很自然地表達成 IF-THEN 產生式規則。
- 統一的結構。產生式規則有統一的 IF-THEN 結構。每個規則都是知識獨立的一塊。產生式規則的語法使得它們易於自成文件。
- 知識及其處理過程分離。基於規則的專家系統的結構使得知識庫和推理引擎有效地分離。這就使得用相同的專家系統框架開發不同的應用成爲可能，也使專家系統變得優美並且易於擴展。爲了讓系統更聰明，知識工程師可以簡單地給知識庫加入一些規則，而不必干涉控制結構。
- 可以處理不完整和不確定的知識。大多數基於規則的專家系統可以用不完整和不確定的知識描述和推理。例如：規則

```
IF      season is autumn
AND     sky is 'cloudy'
AND     wind is low
THEN    forecast is clear       { cf 0.1 };
        forecast is drizzle     { cf 1.0 };
        forecast is rain        { cf 0.9 }
```

可以用來表達下列不確定的狀態，「如果是秋季，好像在下毛毛雨，那麼今天可能又是潮濕的一天」。

規則用數值表達了不確定性，這個數值是確定因數(certainty factors) {cf 0.1}。專家系統使用確定因數來確定規則結論正確的程度或水準。這個主題將會在第三章被詳細地敘述。

基於規則的專家系統所有的這些特徵使它們在處理實際問題的知識表達方面極受喜愛。

基於規則的專家系統和問題無關？

有三個主要的缺點：

- 規則間的關係不透明。雖然單獨的產生式規則趨向於相對簡單並可以自成文件，但大量規則間的邏輯上互動可能是不透明的。觀察單獨的規則是如何服務於全面的策略在基於規則的系統中是很困難的。這是由於在基於規則的專家系統中缺乏知識的分層表達。
- 搜尋策略的工作效率低。推理引擎在每個週期中在所有的產生式規則中執行窮舉搜尋。使得擁有大量規則(超過 100 條)的專家系統運行緩慢。因此，基於規則的大的專家系統就不適合即時應用。
- 不能自學習。通常，基於規則的專家系統沒有能力從經驗中學習。不像人類專家知道什麼時候該「打破規則」，專家系統不能自動更改知識庫，調整現有規則或增加新規則，還是由知識工程師來修訂和維護系統。

2.10 總結

本章主要描述了基於規則的專家系統的總體情況。主要討論了什麼是知識，以及專家怎麼用產生式規則來表達知識；確定了基於規則的專家系統的結構和開發隊伍的主要參與者；討論了專家系統的基本特徵，也注意到專家系統也可能會出錯。接下來回顧了前向連結和後向連結的推理技術，討論解決衝突的策略。最後探討了基於規則的專家系統的優缺點。

本章中最重要的內容有：

- 知識是針對某一主題在理論和實踐上的理解。知識是目前所知的總結。
- 專家是在某一特定領域中，對於事實和規則方面有著深厚的知識和很強的實踐能力的人。專家可以做他人做不到的事。
- 專家通常用產生式規則來表達知識。

- 產生式規則用 IF(前項)THEN(後項)表達。產生式規則是知識最常用的表達方式。規則可以描述關係、建議、指示、策略和啓發。
- 能夠在有限的問題領域中按照人類專家的水準執行的程式叫做專家系統。最常用的專家系統是基於規則的專家系統。
- 開發基於規則的專家系統時，框架已成爲最常見的選擇。專家系統框架是將知識除去後的專家系統的骨架。建立新的專家系統應用時，使用者要做的所有事情就是加入規則形式的知識和相關資料。開發系統框架可以減少大量的開發時間。
- 專家系統開發團隊中必須包含領域專家、知識工程師、程式設計師、專案經理和最終使用者。知識工程師設計構建並測試專家系統。他(她)從領域專家那裡獲取知識，確定推理方法，選擇開發軟體。在基於專家系統框架的小型專家系統中，專案經理、知識工程師、程式設計師甚至於專家都可以是同一個人。
- 基於規則的專家系統有五個基本組成部分：知識庫、資料庫、推理引擎、解釋工具和使用者介面。知識庫包含領域知識，用一系列規則的形式表達。資料庫包含一系列事實，用來和規則的 IF 部分匹配。推理引擎將規則和事實連接起來並執行推理，透過這專家系統找到解決方案。解釋工具允許使用者向專家系統詢問某個結論是怎樣得出的，爲什麼需要這些特定的事實。使用者介面是使用者和專家系統溝通的途徑。
- 專家系統中，知識庫和推理引擎分離，從而使得知識庫及其處理方法分離。這樣可以使建立和維護專家系統的任務變得更容易。如果使用專家系統框架，知識工程師或專家只需將規則輸入知識庫中。每個新規則都增加了新的知識，可以使專家系統變得更聰明。
- 專家系統在解決問題時跟蹤規則的激發，可以提供有限的解釋能力。
- 和傳統的程式不同，專家系統可以處理不完整或不確定的資料，允許不確定的推理。但是，和人類專家一樣，專家系統可能在資訊不完整或模糊時得到錯誤的結論。

- 推理和搜尋的方向有兩個基本方法：前向連結和後向連結的推理技術。前向連結是資料驅動的推理；從已知的資料開始向前推理，直到沒有規則可以激發為止。後向連結是目標驅動的推理；專家系統先假設一個解決方案(目標)，推理系統嘗試尋找能夠證明目標的事實。
- 在給定的週期中，如果激發了超過一個的規則，推理引擎必須決定激發哪個規則。決定的方法稱為衝突解決方法。
- 基於規則的專家系統的優點是：自然的知識表達方法、統一的結構、知識與其處理相分離、可以處理不完整或不確定的知識。
- 基於規則的專家系統的缺點是：規則間的關係不透明、搜尋策略效率低、不能自學習。

複習題

1. 什麼是知識？解釋為什麼在具體領域的有限範圍內專家會有詳盡的知識。啓發式對我們而言意味著什麼？
2. 什麼是產生式規則？舉一個例子，定義產生式規則的兩個基本部分。
3. 列舉並描述專家系統開發團隊五個主要的參與者。知識工程師的角色是什麼？
4. 什麼是專家系統框架？為什麼使用專家系統框架可以大量減少開發專家系統的時間？
5. 什麼是生產系統模型？列舉並定義一個專家系統的五個基本元件。
6. 什麼是所有專家系統的基本特徵？專家系統和傳統程式的區別在哪裡？
7. 專家系統會出錯嗎？為什麼？
8. 描述前向連結推理技術。舉個例子。
9. 描述後向連結推理技術。舉個例子。
10. 列舉前向連結推理技術適合解決的問題。為什麼後向連結用於診斷問題？
11. 什麼是規則的衝突？我們怎樣解決衝突？列舉並描述基本的衝突解決方法。
12. 列舉基於規則專家系統的優點和缺點。

參考文獻

[1] Brachman, R.J. and Levesque, H.J. (2004). Knowledge Representation and Reasoning. Elsevier, San Francisco.

[2] Duda, R., Gaschnig, J. and Hart, P. (1979). Model design in the PROSPECTOR consultant system for mineral exploration, Expert Systems in the Microelectronic Age, D. Michie, ed., Edinburgh University Press, Edinburgh, Scotland, pp. 153–167.

[3] Durkin, J. (1994). Expert Systems: Design and Development. Prentice Hall, Englewood Cliffs, NJ.

[4] Feigenbaum, E.A., Buchanan, B.G. and Lederberg, J. (1971). On generality and problem solving: a case study using the DENDRAL program, Machine Intelligence 6, B. Meltzer and D. Michie, eds, Edinburgh University Press, Edinburgh, Scotland, pp. 165–190.

[5] Giarratano, J. and Riley, G. (2004). Expert Systems: Principles and Programming, 4th edn. Thomson/PWS Publishing Company, Boston, MA.

[6] Negnevitsky, M. (2008). Computational intelligence approach to crisis management in power systems, International Journal of Automation and Control, 2(2/3), 247–273.

[7] Newell, A. and Simon, H.A. (1972). Human Problem Solving. Prentice Hall, Englewood Cliffs, NJ.

[8] Shirai, Y. and Tsuji, J. (1985). Artificial Intelligence: Concepts, Technologies and Applications. John Wiley, New York.

[9] Shortliffe, E.H. (1976). MYCIN: Computer-Based Medical Consultations. Elsevier Press, New York.

[10] Waterman, D.A. (1986). A Guide to Expert Systems. Addison-Wesley, Reading, MA.

[11] Waterman, D.A. and Hayes-Roth, F. (1978). An overview of pattern-directed inference systems, Pattern-Directed Inference Systems, D.A. Waterman and F. Hayes-Roth, eds, Academic Press, New York.

3 基於規則的專家系統的不確定性管理

本章主要介紹不確定管理範例、貝氏推理和確定因數，討論它們的優缺點並舉例來說明這些理論。

3.1 不確定性簡介

可供人類專家使用的資訊，其共同的特點之一就是這類資訊都是不完美的。這種資訊可能是不確定的、不一致的、不完整的，或上述三種情況都有。換句話說，這種資訊經常並不適於用來解決一個問題。但是，一個專家可以處理這些缺陷，並通常能做出正確的判斷和恰當的決策。所以，專家系統還必須能夠處理不確定性並得出有效結論。

什麼是專家系統的不確定性？

不確定性可被定義為：缺乏使我們可以得到完美可信結論的確切知識 (Stephanou 和 Sage，1987)。典型的邏輯僅允許確切的推理。它假設始終存在完善的知識，始終可應用排中律：

IF *A* is true
THEN *A* is not false

和

IF *B* is false
THEN *B* is not true

可惜的是，大多數使用專家系統的眞實世界的問題並不能提供這樣明確的知識。可用的資訊經常是不確切、不完整或甚至是不可測的資料。

什麼是專家系統中不確定知識的來源？

通常，我們可以確定四個主要的來源：薄弱的蘊含關係、不精確的語言、不知道的資料、綜合不同專家觀點的難度(Bonissone 和 Tong，1985)。下面詳細講解這幾個來源。

- 薄弱的蘊含關係。基於規則的專家系統經常遇到薄弱的蘊含關係和模糊的關聯。領域專家和知識工程師承擔著棘手且幾乎沒有希望完成的任務，即要在規則的 IF(條件)和 THEN(動作)部分建立具體的關係。因此，專家系統需要有處理模糊關聯的能力，例如，用數值型的確定因數來描述關係的程度。
- 不精確的語言。自然語言本來就是模糊和不精確的。我們描述事實時常用「often」、「sometimes」、「frequently」、「hardly ever」這樣的詞語。因此，要用產生式規則中精確的 IF-THEN 形式來表達知識就是非常困難的。但是，如果這些事實的含義可以被量化，就可以被用於專家系統。1944 年，Ray Simpson 詢問了 355 個高中和大學的學生，讓他們把 20 個諸如「often」這樣的詞語按照 1 到 100 來打分(Simpson，1944)。1968 年，Milton Hakel 重複了這個實驗(Hakel，1968)。其結果見表 3-1。

  將詞語的含義量化可以使專家系統在規則的 IF(條件)部分和資料庫中的有用資料之間建立適當的匹配。
- 不知道的資料。當資料不完整或缺失時，唯一的解決方法就是接受「不知道」的資料，並用這個資料進行近似的推理。
- 綜合不同專家的觀點。大多數專家系統經常會綜合大量專家的知識和經驗。例如，9 個專家參與了 PROSPECTOR──一個礦藏勘探專家系統的開發(Duda *et al.*，1979)。然而，專家很少能夠得到相同的結論。通常，會有專家的觀點對立，產生衝突的規則。爲了解決這種衝突，知識工程師不得不爲每個專家設定一個權重，然後計算綜合的結論。但是，就是一個領域專家通常在該領域範圍內也沒有完全一致的專業知識。另外，權重的設定也沒有系統的方法。

整體而言，專家系統應該能夠管理不確定性，因爲任何眞實世界領域都包含不確定的知識，需要處理不完整、不一致或甚至缺失的資料。現在已經開發了許多數值的和非數值的方法來處理基於規則的專家系統中的不確定性(Bhatnagar和Kanal，1986)。本章介紹最常見的不確定管理範例：貝氏推理和確定因數。首先來看一下經典機率論的基本原理。

表 3-1　時間頻率範圍上不明確和不精確的術語的量化

Ray Simpson(1944)		Milton Hakel(1968)	
術語	均值	術語	均值
Always	99	Always	100
Very often	88	Very often	87
Usually	85	Usually	79
Often	78	Often	74
Generally	78	Rather often	74
Frequently	73	Frequently	72
Rather often	65	Generally	72
About as often as not	50	About as often as not	50
Now and then	20	Now and then	34
Sometimes	20	Sometimes	29
Occasionally	20	Occasionally	28
Once in a while	15	Once in a while	22
Not often	13	Not often	16
Usually not	10	Usually not	16
Seldom	10	Seldom	9
Hardly ever	7	Hardly ever	8
Very seldom	6	Very seldom	7
Rarely	5	Rarely	5
Almost never	3	Almost never	2
Never	0	Never	0

3.2 基本機率論

機率的基本概念在我們的日常生活中扮演著很重要的角色。例如，我們總試圖確定下雨的機率、得到晉升的可能性、澳大利亞板球隊在下一屆國際板球錦標賽中取勝的機會和贏得塔特斯樂透百萬美金的機率。

機率的概念已經有很長的歷史，可以追溯到數千年前，當時，人們的口語中就出現了諸如「probably」、「likely」、「maybe」、「perhaps」和「possibly」這樣的辭彙(Good，1959)。但是，機率的數學理論是在 17 世紀才形成的。

如何定義機率？

事件的機率是該事件發生的比例(Good，1959)。機率也可以定義爲可能性的科學測量，在眾所周知 Feller(1966；1968)和 Fine(1973)所寫的教材中都可以找到現代機率論的詳細分析。本章中僅研究專家系統中與表示不確定性有關的基本概念。

機率可以表示成從 0(絕對不可能發生)到 1(絕對發生)之間內的數值指標。大部分事件的機率嚴格限定在 0 到 1 之間，這意味著每個事件至少有兩個可能的輸出：有利的結果或成功、不利的結果或失敗。

成功或失敗機率的定義如下：

$$p(\text{成功}) = \frac{\text{成功的次數}}{\text{所有可能的結果}} \tag{3-1}$$

$$p(\text{失敗}) = \frac{\text{失敗的次數}}{\text{所有可能的結果}} \tag{3-2}$$

因此，如果 s 是成功出現的次數，f 是失敗出現的次數，那麼

$$p(\text{成功}) = p = \frac{s}{s+f} \tag{3-3}$$

$$p(\text{失敗}) = q = \frac{f}{s+f} \tag{3-4}$$

並且

$$p + q = 1 \tag{3-5}$$

我們來看兩個用到硬幣和骰子的經典的例子。如果我們拋硬幣，出現正面的機率和出現背面的機率是一樣的。在某次拋硬幣時，$s = f = 1$，因此得到正面(或背面)的機率是 0.5。

現在拋擲骰子，確定在單次拋擲中得到 6 的機率。我們假設只有 6 表示成功，那麼 $s = 1$，$f = 5$，由於僅有一種情況可以得到 6，其他 5 種情況都得不到 6，因此得到 6 的機率就是：

$$p = \frac{1}{1+5} = 0.1666$$

得不到 6 的機率就是

$$q = \frac{5}{1+5} = 0.8333$$

到目前爲止，我們僅考慮了獨立的相互無關的事件(即不會同時發生的事件)。例如，在擲骰子的實驗中，出現 6 和出現 1 這兩個事件是相互排斥的，因爲我們不可能在一次投擲中同時得到 6 和 1。但是，如果事件不獨立，就可能影響其他事件發生的可能性。例如，計算擲一次骰子得到 6 的機率，已知在這次拋擲中 1 不會出現。前面說過，有 5 種情況不會得到 6，但是已經排除了其中的一個(即 1 不會出現)，所以

$$p = \frac{1}{1+(5-1)}$$

若 A 和 B 是眞實世界中的二事件，假設 A 和 B 並不相互排斥，在一個事件已經發生的情況下另一個事件也可能在一定條件下發生。在事件 B 已經發生的前提下事件 A 發生的機率稱作條件機率。條件機率的數學符號是 $p(A|B)$，其中豎線表示已發生，可以解釋爲「事件 B 已經發生的前提下事件 A 發生的機率」。

$$p(A|B) = \frac{A\text{和}B\text{同時發生的次數}}{B\text{發生的次數}} \tag{3-6}$$

A 和 B 同時發生的次數，或者 A 和 B 同時發生的機率，稱爲 A 和 B 的聯合機率。聯合機率數學符號爲 $p(A \cap B)$。若 B 可能發生的機率爲 $p(B)$，則：

$$p(A|B) = \frac{p(A \cap B)}{p(B)} \tag{3-7}$$

同樣，在事件 A 已經發生的前提下事件 B 發生的條件機率爲

$$p(B|A) = \frac{p(B \cap A)}{p(A)} \tag{3-8}$$

因此

$$p(B \cap A) = p(B|A) \times p(A) \tag{3-9}$$

聯合機率具有可交換性，因此

$$p(A \cap B) = p(B \cap A)$$

所以

$$p(A \cap B) = p(B|A) \times p(A) \tag{3-10}$$

將公式(3-10)代入公式(3-7)，產生下式

$$p(A|B) = \frac{p(B|A) \times p(A)}{p(B)} \tag{3-11}$$

其中：

$p(A|B)$是事件 B 已經發生的前提下事件 A 發生的條件機率。

$p(B|A)$是事件 A 已經發生的前提下事件 B 發生的條件機率。

$p(A)$是事件 A 發生的機率。

$p(B)$是事件 B 發生的機率。

公式(3-11)即爲貝氏規則(Bayesian rule)，18 世紀英國的數學家 Thomas Bayes 首先提出這個規則，之後就以他的名字命名這個規則。

條件機率的概念用來描述事件 A 依賴事件 B 的程度。可以擴展這個原理得到事件 A 依賴一系列互相排斥的事件 $B_1, B_2, \ldots, B_n$ 的程度。從公式(3-7)可以推導出下面的公式：

$$
\begin{aligned}
p(A \cap B_1) &= p(A|B_1) \times p(B_1) \\
p(A \cap B_2) &= p(A|B_2) \times p(B_2) \\
&\vdots \\
p(A \cap B_n) &= p(A|B_n) \times p(B_n)
\end{aligned}
$$

或合併爲：

$$\sum_{i=1}^{n} p(A \cap B_i) = \sum_{i=1}^{n} p(A|B_i) \times p(B_i) \tag{3-12}$$

如果公式(3-12)包含圖 3-1 所示的 B_i 的所有事件，就可以得到：

$$\sum_{i=1}^{n} p(A \cap B_i) = p(A) \tag{3-13}$$

公式(3-12)可簡化成以下的條件機率公式：

$$p(A) = \sum_{i=1}^{n} p(A|B_i) \times p(B_i) \tag{3-14}$$

如果事件 A 的發生僅取決於兩個相互排斥的事件，即 B 和非 B，那麼公式(3-14)就變成

$$p(A) = p(A|B) \times p(B) + p(A|\neg B) \times p(\neg B) \tag{3-15}$$

其中¬是邏輯函數非(not)。

類似的：

$$p(B) = p(B|A) \times p(A) + p(B|\neg A) \times p(\neg A) \tag{3-16}$$

將公式(3-16)代入公式(3-11)，就得到：

$$p(A|B) = \frac{p(B|A) \times p(A)}{p(B|A) \times p(A) + p(B|\neg A) \times p(\neg A)} \tag{3-17}$$

公式(3-17)爲專家系統中管理不確定性的機率理論的應用奠定了基礎。

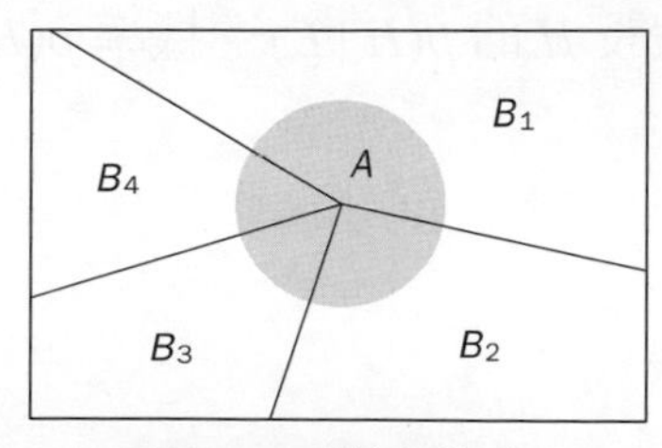

圖 3-1　聯合機率

3.3 貝氏推理

有了公式(3-17)，我們可以暫時放下基本的機率論，將注意力轉回專家系統。假設知識庫中的所有規則以下面的形式表達：

IF　　E is true
THEN　H is true {with probability p}

規則表示，如果事件 E 發生，則事件 H 發生的機率為 p。

事件 E 已發生，但不知道事件 H 是否會發生，能否計算事件 H 發生的機率？

公式(3-17)告訴我們如何計算。我們使用 H 和 E 而不是 A 和 B。在專家系統中，通常用 H 代表假設，E 表示支持該假設的證據。因此，公式(3-17)可以用假設和證據來表達，如下所示(Firebaugh，1989)：

$$p(H|E) = \frac{p(E|H) \times p(H)}{p(E|H) \times p(H) + p(E|\neg H) \times p(\neg H)} \tag{3-18}$$

其中：

$p(H)$是假設 H 為真的事前機率。

$p(E|H)$是假設 H 為真時導致證據 E 的機率。

$p(\neg H)$是假設 H 為假的事前機率。

$p(E|\neg H)$是假設 H 為假時發現證據 E 的機率。

公式(3-18)建議假設 H 的機率 $p(H)$應在驗證證據前定義。在專家系統中，解決問題需要的機率由專家提供。專家決定可能的假設的事前機率 $p(H)$和 $p(\neg H)$，如果假設 H 為真時證據 E 的條件機率 $p(E \mid H)$，以及假設 H 為假時證據 E 的條件機率 $p(E \mid \neg H)$。使用者提供證據的資訊，同時專家系統根據使用者提供的證據 E 計算假設 H 的 $p(H \mid E)$。機率 $p(H \mid E)$ 稱作假設 H 基於證據 E 的事後機率。

如果基於單個證據 E，專家不能選擇單個假設，而是要選擇多重的假設 $H_1, H_2, \ldots, H_m$，這時該怎麼辦？或者已知多重的證據 $E_1, E_2, \ldots, E_n$，專家是否會提供多重的假設？

將公式(3-18)推廣，考慮多重假設 $H_1, H_2, \ldots, H_m$ 和多重證據 $E_1, E_2, \ldots, E_n$，但假設和證據都必須是相互排斥且完全(exhaustive)的。

下面是單個證據 E 和多重假設 $H_1, H_2, \ldots, H_m$：

$$p(H_i|E) = \frac{p(E|H_i) \times p(H_i)}{\sum_{k=1}^{m} p(E|H_k) \times p(H_k)} \tag{3-19}$$

下面是多重假設 $H_1, H_2, \ldots, H_m$ 和多重證據 $E_1, E_2, \ldots, E_n$：

$$p(H_i|E_1E_2\ldots E_n) = \frac{p(E_1E_2\ldots E_n|H_i) \times p(H_i)}{\sum_{k=1}^{m} p(E_1E_2\ldots E_n|H_k) \times p(H_k)} \tag{3-20}$$

要使用公式(3-20)，必須先得到對於所有假設，證據的所有可能組合的條件機率。這個要求對於專家而言負擔太重，因此在實踐中不可行。因此在專家系統中，應忽略細微的證據，並假設不同的證據是有條件獨立的(Ng 和 Abramson，1990)。這樣，可得到下式，以代替不易使用的公式(3-20)：

$$p(H_i|E_1E_2\ldots E_n) = \frac{p(E_1|H_i) \times p(E_2|H_i) \times \ldots \times p(E_n|H_i) \times p(H_i)}{\sum_{k=1}^{m} p(E_1|H_k) \times p(E_2|H_k) \times \ldots \times p(E_n|H_k) \times p(H_k)} \tag{3-21}$$

專家系統如何計算所有的事後機率並且最後將所有潛在的眞假設排序？

考慮一個簡單的例子。假設一個專家，給出三個有條件獨立的證據 E_1、E_2 和 E_3，產生了三個相互排斥且完全假設 H_1、H_2 和 H_3，並分別提供了假設的事前機率 $p(H_1)$、$p(H_2)$ 和 $p(H_3)$。專家還要確定對於所有可能假設，每個證據的條件機率。表 3-2 爲專家提供的事前機率和條件機率。

表 3-2　事前和條件機率

概率	假設		
	$i = 1$	$i = 2$	$i = 3$
$p(H_i)$	0.40	0.35	0.25
$p(E_1\|H_i)$	0.3	0.8	0.5
$p(E_2\|H_i)$	0.9	0.0	0.7
$p(E_3\|H_i)$	0.6	0.7	0.9

假設首先觀察證據 E_3。專家系統根據公式(3-19)計算所有假設的事後機率：

$$p(H_i|E_3) = \frac{p(E_3|H_i) \times p(H_i)}{\sum_{k=1}^{3} p(E_3|H_k) \times p(H_k)}, \qquad i = 1, 2, 3$$

即

$$p(H_1|E_3) = \frac{0.6 \times 0.40}{0.6 \times 0.40 + 0.7 \times 0.35 + 0.9 \times 0.25} = 0.34$$

$$p(H_2|E_3) = \frac{0.7 \times 0.35}{0.6 \times 0.40 + 0.7 \times 0.35 + 0.9 \times 0.25} = 0.34$$

$$p(H_3|E_3) = \frac{0.9 \times 0.25}{0.6 \times 0.40 + 0.7 \times 0.35 + 0.9 \times 0.25} = 0.32$$

正如你所看到的，在觀察了證據 E_3 後，假設 H_1 的可信度下降，並和假設 H_2 的可信度相等。假設 H_3 的可信度增加，幾乎和 H_1、H_2 的可信度相等。

假設接下來觀察證據 E_1，由公式(3-21)計算事後機率：

$$p(H_i|E_1E_3) = \frac{p(E_1|H_i) \times p(E_3|H_i) \times p(H_i)}{\sum_{k=1}^{3} p(E_1|H_k) \times p(E_3|H_k) \times p(H_k)}, \qquad i = 1, 2, 3$$

因此

$$p(H_1|E_1E_3) = \frac{0.3 \times 0.6 \times 0.40}{0.3 \times 0.6 \times 0.40 + 0.8 \times 0.7 \times 0.35 + 0.5 \times 0.9 \times 0.25} = 0.19$$

$$p(H_2|E_1E_3) = \frac{0.8 \times 0.7 \times 0.35}{0.3 \times 0.6 \times 0.40 + 0.8 \times 0.7 \times 0.35 + 0.5 \times 0.9 \times 0.25} = 0.52$$

$$p(H_3|E_1E_3) = \frac{0.5 \times 0.9 \times 0.25}{0.3 \times 0.6 \times 0.40 + 0.8 \times 0.7 \times 0.35 + 0.5 \times 0.9 \times 0.25} = 0.29$$

現在認爲假設 H_2 是最有可能的一個，而假設 H_1 的可信度大大下降了。

同樣觀察證據 E_2，專家系統計算所有假設最終的事後機率：

$$p(H_i|E_1E_2E_3) = \frac{p(E_1|H_i) \times p(E_2|H_i) \times p(E_3|H_i) \times p(H_i)}{\sum_{k=1}^{3} p(E_1|H_k) \times p(E_2|H_k) \times p(E_3|H_k) \times p(H_k)}, \qquad i = 1, 2, 3$$

因此

$$p(H_1|E_1E_2E_3) = \frac{0.3 \times 0.9 \times 0.6 \times 0.40}{0.3 \times 0.9 \times 0.6 \times 0.40 + 0.8 \times 0.0 \times 0.7 \times 0.35 + 0.5 \times 0.7 \times 0.9 \times 0.25} = 0.45$$

$$p(H_2|E_1E_2E_3) = \frac{0.8 \times 0.0 \times 0.7 \times 0.35}{0.3 \times 0.9 \times 0.6 \times 0.40 + 0.8 \times 0.0 \times 0.7 \times 0.35 + 0.5 \times 0.7 \times 0.9 \times 0.25} = 0$$

$$p(H_3|E_1E_2E_3) = \frac{0.5 \times 0.7 \times 0.9 \times 0.25}{0.3 \times 0.9 \times 0.6 \times 0.40 + 0.8 \times 0.0 \times 0.7 \times 0.35 + 0.5 \times 0.7 \times 0.9 \times 0.25} = 0.55$$

雖然專家最初提供假設的順序是 H_1、H_2 和 H_3，但在觀察了所有的證據(E_1、E_2 和 E_3)後，考慮僅保留假設 H_1 和 H_3，可以放棄假設 H_2。注意，假設 H_3 的可能性要大於假設 H_1。

探勘礦藏的專家系統 PROSPECTOR 是第一個使用證據的貝氏規則，計算 $p(H|E)$ 並在系統中傳送不確定性的系統(Duda *et al.*，1979)。下面用一個簡單的例子來解釋專家系統中的貝氏推理。

3.4 FORECAST：貝氏證據累積

現在我們開發一個處理眞實問題(例如天氣預報)的專家系統。這個專家系統的功能是預報明天是否下雨，它需要一些眞實資料，這些資料可以從氣象局獲得。

表 3-3 是倫敦 1982 年 3 月的天氣情況匯總，表中給出了該月中最低和最高的溫度値，每天是雨天還是乾燥天。如果降雨量爲零則爲的乾燥天(dry day)。

表 3-3 倫敦 1982 年 3 月天氣總結

日	最低溫度/°C	最高溫度/°C	降雨/毫米	日照/小時	實際天氣	預報天氣
1	9.4	11.0	17.5	3.2	Rain	—
2	4.2	12.5	4.1	6.2	Rain	Rain
3	7.6	11.2	7.7	1.1	Rain	Rain
4	5.7	10.5	0.0	4.3	Dry	Rain*
5	3.0	12.0	0.0	9.5	Dry	Dry
6	4.4	9.6	0.0	3.5	Dry	Dry
7	4.8	9.4	4.6	10.1	Rain	Rain
8	1.8	9.2	5.5	7.8	Rain	Rain
9	2.4	10.2	4.8	4.1	Rain	Rain
10	5.5	12.7	4.2	3.8	Rain	Rain
11	3.7	10.9	4.4	9.2	Rain	Rain
12	5.9	10.0	4.8	7.1	Rain	Rain
13	3.0	11.9	0.0	8.3	Dry	Rain *
14	5.4	12.1	4.8	1.8	Rain	Dry*
15	8.8	9.1	8.8	0.0	Rain	Rain
16	2.4	8.4	3.0	3.1	Rain	Rain
17	4.3	10.8	0.0	4.3	Dry	Dry
18	3.4	11.1	4.2	6.6	Rain	Rain
19	4.4	8.4	5.4	0.7	Rain	Rain
20	5.1	7.9	3.0	0.1	Rain	Rain
21	4.4	7.3	0.0	0.0	Dry	Dry
22	5.6	14.0	0.0	6.8	Dry	Dry
23	5.7	14.0	0.0	8.8	Dry	Dry
24	2.9	13.9	0.0	9.5	Dry	Dry
25	5.8	16.4	0.0	10.3	Dry	Dry
26	3.9	17.0	0.0	9.9	Dry	Dry
27	3.8	18.3	0.0	8.3	Dry	Dry
28	5.8	15.4	3.2	7.0	Rain	Dry*
29	6.7	8.8	0.0	4.2	Dry	Dry
30	4.5	9.6	4.8	8.8	Rain	Rain
31	4.6	9.6	3.2	4.2	Rain	Rain

* 表示預報錯誤。

專家系統應該提供兩個可能的輸出－tomorrow is rain(明天有雨)或 tomorrow is dry(明天乾燥天)，並提供其可能性。換句話說，專家系統必須確定明天有雨和明天乾燥天兩個假設的條件機率。

要應用貝氏規則(3-18)，應該先提供這些假設的條件機率。

首先要做的是根據所提供的資料，寫出兩個能預報明天天氣的基本規則。

Rule: 1
IF today is rain
THEN tomorrow is rain

Rule: 2
IF today is dry
THEN tomorrow is dry

使用這個規則，我們只會犯十次錯誤一乾燥天後是雨天或雨天後是乾燥天。所以，我們要爲兩個假設分別設定事前機率 0.5，並將規則重寫如下：

Rule: 1
IF today is rain {LS 2.5 LN .6}
THEN tomorrow is rain {prior .5}

Rule: 2
IF today is dry {LS 1.6 LN .4}
THEN tomorrow is dry {prior .5}

LS 的值表示在證據 *E* 存在時，專家估計假設 *H* 的可信度，也稱作充分性的似然值(likelihood of sufficiency)，它定義爲 $p(E|H)$和 $p(E|\neg H)$的比值。

$$LS = \frac{p(E|H)}{p(E|\neg H)} \tag{3-22}$$

在我們的例子中，*LS* 是假如明天下雨那麼今天下雨的可能性除以假如明天不下雨但今天下雨的可能性的值：

$$LS = \frac{p(today\ is\ rain \mid tomorrow\ is\ rain)}{p(today\ is\ rain \mid tomorrow\ is\ dry)}$$

你可能已經猜到，*LN* 是證據 *E* 缺失時不信任假設 *H* 的度量。*LN* 也被稱作必要性的似然值(likelihood of necessity)，其定義是：

$$LN = \frac{p(\neg E|H)}{p(\neg E|\neg H)} \tag{3-23}$$

在我們的例子中，LN 是假如明天下雨那麼今天不下雨的可能性除以假如明天不下雨那麼今天下雨的可能性的值：

$$LN = \frac{p(today\ is\ dry \mid tomorrow\ is\ rain)}{p(today\ is\ dry \mid tomorrow\ is\ dry)}$$

注意，LN 的值不能由 LS 得出。領域專家應該單獨給出這二者的值。

領域專家如何確定充分性的似然值和必要性的似然值？專家需要處理條件機率嗎？

專家不需要確定條件機率的確切值就可以提供 LS 和 LN 的值。專家直接確定似然值。LS 的值高($LS \gg 1$)顯示證據存在時規則強烈支援假設，LN 的值低($0<LN<1$)顯示證據缺失時規則強烈的反對假設。

由於條件機率可以根據 LS 和 LN 的似然值很容易地計算出來，因此這個途徑可以使用貝氏規則來傳送證據。

回到倫敦的天氣的例子中。規則 1 說，如果今天下雨，那麼明天下雨的可能性很大(LS=2.5)。但是即使今天不下雨(即今天是乾燥天)，明天還是有可能會下雨(LN=0.6)。

另一方面，規則 2 闡明了乾燥天的情況。如果今天是乾燥天，那麼明天也是乾燥天的機率就很高(LS=1.6)。但是，如你所見，今天下雨明天也下雨的機率要遠遠高於今天是乾燥天明天也是乾燥天的機率。爲什麼？LS 和 LN 的值通常是由領域專家決定的。在本例中，LS 和 LN 的值也可以由氣象局公佈的統計資訊來決定。規則 2 還確定了今天下雨而明天是乾燥天的可能性(LN=0.4)。

專家系統如何獲得明天下雨還是乾燥天的全部機率？

在基於規則的專家系統中，結果的事前機率 $p(H)$轉換成事前機率：

$$O(H) = \frac{p(H)}{1 - p(H)} \qquad (3\text{-}24)$$

事前機率僅在第一次調整結果的不確定性時使用。爲了獲得事後機率，如果規則的前項(證據)爲眞，則事前機率要用 LS 來更新；如果前項爲假，則用 LN 來更新：

$$O(H|E) = LS \times O(H) \tag{3-25}$$

和

$$O(H|\neg E) = LN \times O(H) \tag{3-26}$$

然後用事後機率來還原事後機率：

$$p(H|E) = \frac{O(H|E)}{1 + O(H|E)} \tag{3-27}$$

和

$$p(H|\neg E) = \frac{O(H|\neg E)}{1 + O(H|\neg E)} \tag{3-28}$$

倫敦天氣的例子可以解釋該規則如何使用。假設使用者指出今天下雨，規則 1 被激發，明天下雨的事前機率轉換成事前機率：

$$O(\textit{tomorrow is rain}) = \frac{0.5}{1 - 0.5} = 1.0$$

今天下雨的證據把機率增加到 2.5，因此明天下雨的機率從 0.5 增加到了 0.71：

$$O(\textit{tomorrow is rain} \,|\, \textit{today is rain}) = 2.5 \times 1.0 = 2.5$$

$$p(\textit{tomorrow is rain} \,|\, \textit{today is rain}) = \frac{2.5}{1 + 2.5} = 0.71$$

規則 2 也被激發。明天是乾燥天的事前機率轉換成事前機率，但今天下雨的證據將機率減小到 0.4，反過來，明天是乾燥天的機率從 0.5 下降到 0.29：

$$O(\textit{tomorrow is dry}) = \frac{0.5}{1 - 0.5} = 1.0$$

$$O(\textit{tomorrow is dry} \,|\, \textit{today is rain}) = 0.4 \times 1.0 = 0.4$$

$$p(\textit{tomorrow is dry} \,|\, \textit{today is rain}) = \frac{0.4}{1 + 0.4} = 0.29$$

因此，如果今天下雨，則明天有 71%的可能下雨，29%的可能爲乾燥天。

進一步假設使用者輸入今天是乾燥天。按照同樣的計算方法，明天有 62%的可能乾燥天，38%的可能下雨。

目前爲止已經研究了證據的貝氏規則的基本原理，便可以把一些新的知識整合到專家系統中。爲了完成這項工作，我們需要在天氣發生改變時決定條件。分析表 3-3 提供的資料，可以開發出以下的知識庫(這裏使用 Leonardo 的專家系統框架)。

知識庫

```
/* FORECAST: BAYESIAN ACCUMULATION OF EVIDENCE

control bayes

Rule: 1
if      today is rain {LS 2.5 LN .6}
then    tomorrow is rain {prior .5}

Rule: 2
if      today is dry {LS 1.6 LN .4}
then    tomorrow is dry {prior .5}

Rule: 3
if      today is rain
and     rainfall is low {LS 10 LN 1}
then    tomorrow is dry {prior .5}

Rule: 4
if      today is rain
and     rainfall is low
and     temperature is cold {LS 1.5 LN 1}
then    tomorrow is dry {prior .5}

Rule: 5
if      today is dry
and     temperature is warm {LS 2 LN .9}
then    tomorrow is rain {prior .5}

Rule: 6
if      today is dry
and     temperature is warm
and     sky is overcast {LS 5 LN 1}
then    tomorrow is rain {prior .5}

/* The SEEK directive sets up the goal of the rule set

seek tomorrow
```

對話

根據使用者輸入的資訊，專家系統確定是否可以預測明天是乾燥天。使用者的輸入用箭頭(⇒)指出。假設降雨量低於 4.1mm 爲低降雨量，日平均溫度低於 7.0℃時天氣爲寒冷，高於 7.0℃時爲溫暖，如果日照少於 4.6 小時就是陰天。

What is the weather today?
⇒ **rain**

Rule: 1
if　　today is rain {LS 2.5 LN .6}
then　tomorrow is rain {prior .5}

$$O(tomorrow\ is\ rain) = \frac{0.5}{1-0.5} = 1.0$$

$$O(tomorrow\ is\ rain \mid today\ is\ rain) = 2.5 \times 1.0 = 2.5$$

$$p(tomorrow\ is\ rain \mid today\ is\ rain) = \frac{2.5}{1+2.5} = 0.71$$

tomorrow is rain　{0.71}

Rule: 2
if　　today is dry {LS 1.6 LN .4}
then　tomorrow is dry {prior .5}

$$O(tomorrow\ is\ dry) = \frac{0.5}{1-0.5} = 1.0$$

$$O(tomorrow\ is\ dry \mid today\ is\ rain) = 0.4 \times 1.0 = 0.4$$

$$p(tomorrow\ is\ dry \mid today\ is\ rain) = \frac{0.4}{1+0.4} = 0.29$$

tomorrow is rain　{0.71}
　　　　　　dry　{0.29}

What is the rainfall today?
⇒ **low**

Rule: 3
if today is rain
and rainfall is low {LS 10 LN 1}
then tomorrow is dry {prior .5}

$$O(tomorrow\ is\ dry) = \frac{0.29}{1-0.29} = 0.41$$

$$O(tomorrow\ is\ dry \mid today\ is\ rain \cap rainfall\ is\ low) = 10 \times 0.41 = 4.1$$

$$p(tomorrow\ is\ dry \mid today\ is\ rain \cap rainfall\ is\ low) = \frac{4.1}{1+4.1} = 0.80$$

tomorrow is dry {0.80}
rain {0.71}

What is the temperature today?
⇒ **cold**

Rule: 4
if today is rain
and rainfall is low
and temperature is cold {LS 1.5 LN 1}
then tomorrow is dry {prior .5}

$$O(tomorrow\ is\ dry) = \frac{0.80}{1-0.80} = 4$$

$$O(tomorrow\ is\ dry \mid today\ is\ rain \cap rainfall\ is\ low \cap temperature\ is\ cold)$$
$$= 1.50 \times 4 = 6$$

$$p(tomorrow\ is\ dry \mid today\ is\ rain \cap rainfall\ is\ low \cap temperature\ is\ cold)$$
$$= \frac{6}{1+6} = 0.86$$

tomorrow is dry {0.86}
rain {0.71}

Rule: 5
if today is dry
and temperature is warm {LS 2 LN .9}
then tomorrow is rain {prior .5}

$$O(tomorrow\ is\ rain) = \frac{0.71}{1-0.71} = 2.45$$

$$O(tomorrow\ is\ rain \mid today\ is\ not\ dry \cap temperature\ is\ not\ warm) = 0.9 \times 2.45 = 2.21$$

$$p(tomorrow\ is\ rain \mid today\ is\ not\ dry \cap temperature\ is\ not\ warm) = \frac{2.21}{1+2.21} = 0.69$$

tomorrow is dry {0.86}
rain {0.69}

What is the cloud cover today?
⇒ **overcast**

Rule: 6
if today is dry
and temperature is warm
and sky is overcast {LS 5 LN 1}
then tomorrow is rain {prior .5}

$$O(tomorrow\ is\ rain) = \frac{0.69}{1-0.69} = 2.23$$

$$O(tomorrow\ is\ rain \mid today\ is\ not\ dry \cap temperature\ is\ not\ warm \cap sky\ is\ overcast) = 1.0 \times 2.23 = 2.23$$

$$p(tomorrow\ is\ rain \mid today\ is\ not\ dry \cap temperature\ is\ not\ warm \cap sky\ is\ overcast) = \frac{2.23}{1+2.23} = 0.69$$

tomorrow is dry {0.86}
rain {0.69}

這就意味著有兩個可能爲眞的假設，明天乾燥天(tomorrow is dry)和明天有雨(tomorrow is rain)，第一個假設爲眞的可能性更高一些。

從表 3-3 中可以看出，專家系統僅有四次出錯，正確率爲 86%，比 Naylor (1987)爲同一個問題提供的結果的準確度更高。

3.5 貝氏方法的偏差

貝氏推理架構要求以機率值作爲主要輸入。這些值的評估通常涉及人爲的判斷。但是，心理學研究顯示，人們不是無法得到和貝氏規則一致的機率值，就是做的很糟糕(Burns 和 Pearl，1981；Tversky 和 Kahneman，1982)。這說明條件機率經常和專家給出的事前機率不一致。例如，一輛汽車無法啓動，在按下啓動按鈕時發出奇怪的雜音。那麼如果汽車發出奇怪的雜音，啓動按鈕有故障的條件機率可以表示爲：

IF the symptom is 'odd noises'
THEN the starter is bad {with probability 0.7}

很明顯，如果汽車發出奇怪的雜訊，但發動機正常的條件機率爲：

p(starter is not bad|odd noises)= p(starter is good|odd noises)=1–0.7= 0.3

因此，可以得到伴隨的規則：

IF the symptom is 'odd noises'
THEN the starter is good {with probability 0.3}

領域專家處理條件機率不是很容易，因此通常會忽略隱含機率的存在(本例中是 0.3)。

在本例中，透過可用的統計資訊和經驗學習可以推導出下面兩個規則：

IF the starter is bad
THEN the symptom is 'odd noises' {with probability 0.85}

IF the starter is bad
THEN the symptom is not 'odd noises' {with probability 0.15}

要使用貝氏規則，我們仍需要事前機率，即如果汽車不啓動時發動機故障的機率。此時需要專家的判斷。假設專家提供的值是 5%。使用貝氏規則(3-18)，得到：

$$p(starter\ is\ bad \mid odd\ noises) = \frac{0.85 \times 0.05}{0.85 \times 0.05 + 0.15 \times 0.95} = 0.23$$

得到的數字遠遠低於專家在開始時給出的估計值 0.7。

爲什麼會不一致？是專家出錯了嗎？

在出現不一致時，最顯而易見的原因是專家在評估條件機率或事前機率時使用了不同的假設。我們透過從事後機率 p (starter is bad | odd noises)倒推到事前機率 p (starter is bad)來研究一下這個問題。在本例中，可以假設：

p (starter is good) = 1 − p (starter is bad)

從公式(3-18)可得：

$$p(H) = \frac{p(H|E) \times p(E|\neg H)}{p(H|E) \times p(E|\neg H) + p(E|H)[1 - p(H|E)]}$$

其中：

$p(H)$ = p (starter is bad)；

$p(H|E)$ = p (starter is bad | odd noises)；

$p(E|H)$ = p (odd noises | starter is bad)；

$p(E|\neg H)$ = p (odd noises | starter is good)。

如果取專家提的 p (starter is bad | odd noises)的值爲 0.7 作爲正確值，則事前機率 p (starter is bad)爲：

$$p(H) = \frac{0.7 \times 0.15}{0.7 \times 0.15 + 0.85 \times (1 - 0.7)} = 0.29$$

這個值幾乎是專家給出的 5%的 6 倍。因此專家確實使用了完全不同的事前機率和條件機率的估計。

實際上，專家提供的事前機率也可能和充分性似然值 LS 及必要性的似然值 LN 不一致。有幾種方法(Duda *et al.*，1976)可以解決這個問題。最常見的技術是使用分段線性內插模型，這種技術最初應用在 PROSPECTOR 中(Duda *et al.*，1979)。

不過，要使用主觀性的貝氏規則，必須滿足一些假設，包括證據在假設及逆假設上都是有條件獨立的。但是這個條件在眞實世界的一些問題中是很難滿足的，因此只有幾個系統是建立在貝氏推理的基礎上的。最著名的一個例子是礦藏勘探專家系統 PROSPECTOR(Duda *et al.*，1979)。

3.6 確定因數理論和證據推理

確定因數理論是替代貝氏推理最常見的方法。該理論的基本原理在MYCIN—診斷治療血液傳染病和腦膜炎的專家系統中第一次引入(Shortliffe和 Buchanan，1975)。MYCIN 的開發者發現，醫學專家既不根據邏輯一致性也不根據數學一致性來表達可信度的強度。另外，沒有可用的關於問題域的可靠的統計學上資料。因此，MYCIN 的團隊不可能使用經典的機率方法。他們決定引入確定因數(certainty factor，*cf*)，這是一個測量專家可信度的數字。確定因數的最大值是+1.0(完全爲眞)，最小值是 −1.0(完全爲假)。正值代表可信度，負值代表不可信度。例如，如果專家認爲一些證據幾乎確定爲眞，那麼可給該證據賦予值 $cf = 0.8$。表 3-4 爲 MYCIN 中使用的不確定項(Durkin，1994)。

表 3-4　不確定項及其解釋

項	確定因數
完全不可能	−1.0
幾乎不可能	−0.8
可能不	−0.6
也許不	−0.4
不知道	−0.2 到+0.2
也許	+0.4
可能	+0.6
幾乎確定	+0.8
完全確定	+1.0

在具有確定因數的專家系統中，知識庫中含有一系列規則，其語法如下：

```
IF      <evidence>
THEN    <hypothesis> {cf}
```

其中 *cf* 表示證據 *E* 出現時假設 *H* 的可信度。

確定因數理論基於兩個函數：可信度的度量 MB(*H*,*E*)和不可信度的測量 MD(*H*,*E*)(Shortliffe 和 Buchanan，1975)。這兩個函數分別表示如果證據 *E* 出現，假設 *H* 的可信度增加的程度和不可信度增加的程度。

可信度和不可信度可用事前機率和條件機率來測量(Ng 和 Abramson，1990)：

$$MB(H,E)=\begin{cases}1 & \text{若} p(H)=1\\ \dfrac{\max[p(H\mid E),p(H)]-p(H)}{\max[1,0]-p(H)} & \text{其他}\end{cases} \tag{3-29}$$

$$MD(H,E)=\begin{cases}1 & \text{若} p(H)=0\\ \dfrac{\max[p(H\mid E),p(H)]-p(H)}{\max[1,0]-p(H)} & \text{其他}\end{cases} \tag{3-30}$$

其中：

$p(H)$是假設 *H* 爲眞的事前機率。

$p(H|E)$是證據 *E* 出現時假設 *H* 爲眞的機率。

MB(*H*, *E*)和 *MD*(*H*, *E*)的取值範圍是 0 到 1。假設 *H* 的信任度和不信任度的高低取決於證據 *E* 的種類。有些事實可能會增加信任度，而有些事實會增加不信任的程度。

如何才能確定假設中信任度和不信任度的總體強度？

用下面的公式把信任度和不信任度結合成一個數值，即確定因數中：

$$cf=\frac{MB(H,E)-MD(H,E)}{1-min\,[MB(H,E),MD(H,E)]} \tag{3-31}$$

因此，*cf* 在 MYCIN 中的範圍是−1 到+1，顯示假設 *H* 的總信任度。

MYCIN 的方法可以用一個例子來說明，假設有一個簡單的規則：

IF　　*A* is *X*
THEN　*B* is *Y*

通常，專家不可能絕對保證這個規則有效。假設已經觀察到在某些情況下，即使滿足規則的 IF 部分，物件 *A* 賦予值爲 *X* 時，物件 *B* 也可能爲 *Z*，換句話說，在本例中是不確定的類似統計。

在物件 *A* 的取值爲 *X* 時，專家通常給物件 *B* 的每個可能的取值一個確定因數。這樣處理後，規則變成下面的樣子：

IF　　*A* is *X*
THEN　*B* is *Y* {*cf* 0.7};
　　　B is *Z* {*cf* 0.2}

這意味著什麼？還有 10%哪裡去了？

這意味著，已知 *A* 的取值爲 *X*，則 *B* 的值是 *Y* 的可能性有 70%，*B* 的值是 *Z* 的可能性爲 20%，是其他情況的可能性有 10%。透過這種方法，專家可以保留 *B* 除了取已知的兩個值 *Y* 和 *Z* 以外的其他還沒有觀察到的值的可能性。注意，在這裏物件 *B* 被賦予了多個值。

規則指定的確定因數透過推理鏈傳送。確定因數的傳送還包含在規則前項的證據不確定時，建立規則後項的淨確定性。單個規則前項的淨確定性 $cf(H,E)$ 可以由規則前項的確定因數 $cf(E)$ 乘以規則的確定因數 cf 計算得到：

$$cf(H, E) = cf(E) \times cf \tag{3-32}$$

例如：

IF　　the sky is clear
THEN　the forecast is sunny {*cf* 0.8}

sky is dear 目前的確定因數是 0.5，那麼

$$cf(H, E) = 0.5 \times 0.8 = 0.4$$

根據表 3-4，這個結果可以讀作「也許是晴天」。

對於有多個前項的規則，專家系統如何設定確定因數？

對於如下的合取規則：

IF　<evidence E_1>
AND　<evidence E_2>
.
.
.
AND　<evidence E_n>
THEN　<hypothesis H> {*cf*}

後項的淨確定性，也就是假設 H 的確定性可按如下方法設定：

$$cf(H, E_1 \cap E_2 \cap \ldots \cap E_n) = min\,[cf(E_1), cf(E_2), \ldots, cf(E_n)] \times cf \quad (3\text{-}33)$$

例如：

IF　sky is clear
AND　the forecast is sunny
THEN　the action is 'wear sunglasses' {*cf* 0.8}

「sky is clear」的確定性爲 0.9，「forecast is sunny」的確定性爲 0.7，那麼

$$cf(H, E_1 \cap E_2) = \min\,[0.9, 0.7] \times 0.8 = 0.7 \times 0.8 = 0.56$$

根據表 3-4，這個結論可以解釋爲「今天戴太陽鏡可能是個好主意」。

對於下列的析取規則：

IF　<evidence E_1>
OR　<evidence E_2>
.
.
.
OR　<evidence E_n>
THEN　<hypothesis H> {*cf*}

假設 H 的確定性可按下面的公式計算：

$$cf(H, E_1 \cup E_2 \cup \cdots \cup E_n) = \max\,[cf(E_1), cf(E_2), \cdots, cf(E_n)] \times cf \quad (3\text{-}34)$$

例如：

IF　sky is overcast
OR　the forecast is rain
THEN　the action is 'take an umbrella' {*cf* 0.9}

sky is overcast 的確定性是 0.6，forecast is rain 的確定性是 0.8，那麼

$$cf(H, E_1 \cup E_2) = \max[0.6, 0.8] \times 0.9 = 0.8 \times 0.9 = 0.72$$

該結果可以解釋成「今天幾乎是確定要帶雨傘」。

有時兩個或多個規則會影響同一個假設。專家系統如何處理這種情況？

當執行兩個或多個規則而得到相同的後項時，每一個規則的確定因數必須合併成一個結合的確定因數用於假設上。假設知識庫中有下列規則：

Rule 1: IF *A* is *X*
THEN *C* is *Z* {*cf* 0.8}

Rule 2: IF *B* is *Y*
THEN *C* is *Z* {*cf* 0.6}

如果規則 1 和規則 2 都被激發，那麼物件 *C* 取值爲 *Z* 的確定性是多少？按照常識，如果有不同來源(規則 1 和規則 2)的兩個證據(*A* is *X* 和 *B* is *Y*)支持同樣的假設(*C* is *Z*)，則該假設的可信度比僅有一個證據時應該是增加和加強的。

用以下公式計算結合的確定因數(Durkin，1994)：

$$cf(cf_1, cf_2) = \begin{cases} cf_1 + cf_2 \times (1 - cf_1) & \text{if } cf_1 > 0 \text{ and } cf_2 > 0 \\ \dfrac{cf_1 + cf_2}{1 - min[|cf_1|, |cf_2|]} & \text{if } cf_1 < 0 \text{ or } cf_2 < 0 \\ cf_1 + cf_2 \times (1 + cf_1) & \text{if } cf_1 < 0 \text{ and } cf_2 < 0 \end{cases} \quad (3\text{-}35)$$

其中：

cf_1 是規則 1 中假設 H 的可信度。

cf_2 是規則 2 中假設 H 的可信度。

$|cf_1|$ 和 $|cf_2|$ 分別是 cf_1、cf_2 的絕對值。

因此，如果我們假設：

$$cf(E_1) = cf(E_2) = 1.0$$

那麼從公式(3-32)可以得到：

$$cf_1(H, E_1) = cf(E_1) \times cf_1 = 1.0 \times 0.8 = 0.8$$

$$cf_2(H, E_2) = cf(E_2) \times cf_2 = 1.0 \times 0.6 = 0.6$$

從公式(3-35)可以得到：

$$cf(cf_1,cf_2)=cf_1(H,E_1)+cf_2(H,E_2)\times[1-cf_1(H,E_1)]$$
$$=0.8+0.6\times(1-0.8)=0.92$$

結果說明假設的可信度增加，這和我們的預期是一樣的。

接下來考慮一個規則的確定因數是負值的情況。假如

$$cf(E_1) = 1 \text{ 及 } cf(E_2) = -1.0$$

那麼

$$cf_1(H, E_1) = 1.0 \times 0.8 = 0.8$$

$$cf_2(H, E_2) = -1.0 \times 0.6 = -0.6$$

從公式(3-35)可以得到：

$$cf(cf_1, cf_2) = \frac{cf_1(H,E_1) + cf_2(H,E_2)}{1 - min\,[|cf_1(H,E_1)|, |cf_2(H,E_2)|]} = \frac{0.8 - 0.6}{1 - min\,[0.8, 0.6]} = 0.5$$

該例說明在一個規則(即規則 1)確定了假設，但另一個規則(即規則 2)否認了假設時，如何獲得結合性的確定因數(即淨可信度)。

如果規則的確定因數都是負值時情況怎樣？假如

$$cf(E_1) = cf(E_2) = -1.0$$

那麼

$$cf_1(H, E_1) = -1.0 \times 0.8 = -0.8$$

$$cf_2(H, E_2) = -1.0 \times 0.6 = -0.6$$

從公式(3-35)可以得到：

$$cf(cf_1,cf_2)=cf_1(H,E_1)+cf_2(H,E_2)\times[1+cf_1(H,E_1)]$$
$$=-0.8-0.6\times(1-0.8)=-0.92$$

本例說明假設的不信任度增加。

確定因數理論提供了一種可替代貝氏推理的實用方法。結合確定因數的啓發式方法和在它們都是機率的情況下進行結合的方式不同。確定因數不是「純粹數學」的方法，而是模仿人類專家思考過程的方法。

要說明證據推理和確定因數在一組規則中傳遞的方法，我們再次考慮 3.4 節中的 FORECAST 專家系統。

3.7 FORECAST：確定因數的應用

專家系統要預測明天是否下雨，換句話說，就是為多值物件 tomorrow 建立確定因數。為了簡化任務，使用和 3.4 節一樣的規則。

知識庫

```
/* FORECAST: AN APPLICATION OF CERTAINTY FACTORS

control cf

control 'threshold 0.01'

Rule: 1
if      today is rain
then    tomorrow is rain {cf 0.5}

Rule: 2
if      today is dry
then    tomorrow is dry {cf 0.5}

Rule: 3
if      today is rain
and     rainfall is low
then    tomorrow is dry {cf 0.6}

Rule: 4
if      today is rain
and     rainfall is low
and     temperature is cold
then    tomorrow is dry {cf 0.7}
```

Rule: 5
if　　today is dry
and　　temperature is warm
then　　tomorrow is rain {cf 0.65}

Rule: 6
if　　today is dry
and　　temperature is warm
and　　sky is overcast
then　　tomorrow is rain {cf 0.55}

seek tomorrow

對話

為了應用基於確定因數的不精確推理技術，專家系統提示使用者不僅要輸入物件的值，還要輸入與該值對應的確定性。例如，使用 Leonardo 所規定的 0 到 1 的範圍，可能會得到下面的對話：

What is the weather today?
⇒ **rain**

Rule: 1
if　　today is rain
then　　tomorrow is rain {cf 0.5}

cf(tomorrow is rain, today is rain) $= cf$(today is rain) $\times cf = 1.0 \times 0.5 = 0.5$

tomorrow is rain　　{0.50}

What is the rainfall today?
⇒ **low**

To what degree do you believe the rainfall is low? Enter a numeric certainty between 0 and 1.0 inclusive.
⇒ **0.8**

Rule: 3
if　　today is rain
and　　rainfall is low
then　　tomorrow is dry {cf 0.6}

cf(tomorrow is dry, today is rain $\cap$ rainfall is low)
$= min\,[cf(\text{today is rain}), cf(\text{rainfall is low})] \times cf = min\,[1, 0.8] \times 0.6 = 0.48$

tomorrow is rain {0.50}
dry {0.48}

What is the temperature today?
⇒ **cold**

To what degree do you believe the temperature is cold? Enter a numeric certainty between 0 and 1.0 inclusive.
⇒ **0.9**

Rule: 4
if today is rain
and rainfall is low
and temperature is cold
then tomorrow is dry {cf 0.7}

cf(tomorrow is dry, today is rain $\cap$ rainfall is low $\cap$ temperature is cold)
$= min\,[cf(\text{today is rain}), cf(\text{rainfall is low}), cf(\text{temperature is cold})] \times cf$
$= min\,[1, 0.8, 0.9] \times 0.7 = 0.56$

tomorrow is dry {0.56}
rain {0.50}

$$cf(cf_{\text{Rule:3}}, cf_{\text{Rule:4}}) = cf_{\text{Rule:3}} + cf_{\text{Rule:4}} \times (1 - cf_{\text{Rule:3}})$$
$$= 0.48 + 0.56 \times (1 - 0.48) = 0.77$$

tomorrow is dry {0.77}
rain {0.50}

現在基本上可以推斷明天幾乎確定就是乾燥天，當然也可能會下一點雨。

3.8 貝氏推理和確定因數的比較

前幾節簡要介紹了專家系統中不確定管理的兩種最常見的技術。本節將比較這兩種技術，確定貝氏推理和確定因數適於解決的問題類型。

機率論是處理不精確知識和隨機資料的最早的和最好的技術。它在天氣預報和計畫等領域中得到滿意的應用，在這些領域中可以使用統計資料及精確的機率語句描述。

開發使用貝氏技術的專家系統 PROSPECTOR 是想幫助地質勘探學家搜尋礦藏。它開發得非常成功，例如使用地質、地球物理和地質化學資料，PROSPECTOR 預測到華盛頓州的 Tolman 山附近有鉬礦(Campbell *et al.*，1982)。但 PROSPECTOR 團隊能夠依靠已知礦藏的有效資料和可靠的統計資訊。也可以定義每個事件的機率。PROSPECTOR 團隊假設證據是有條件獨立的，這個限制必須滿足以應用貝氏方法。

但是，在很多可能應用專家系統的領域，無法得到可靠的統計資訊，或者不能假設證據是有條件獨立的。因此，很多研究人員發現貝氏方法對於他們的工作而言不實用。例如，Shortliffe 和 Buchanan 不能在 MYCIN 中使用經典的機率論方法，因爲在醫療領域通常不能提供需要的資料(Shortliffe 和 Buchanan，1975)。這種無法滿足的情況導致了確定因數方法的出現。

雖然確定因數缺乏機率論那樣的數學正確性，但在診斷領域，尤其是在醫療診斷領域，它的表現要勝過主觀的貝氏推理的方法。在 MYCIN 這樣的診斷專家系統中，專家根據自己的知識和直覺判斷提供規則和確定因數。確定因數適用於不知道機率或者獲得機率很難、代價很高的情況。證據推理機制可以管理逐漸增加的證據以及假設的合取與析取，以及可信度不同的證據。另外，確定因數的方法可以給基於規則專家系統的控制流提供更好的解釋。

貝氏方法和確定因數是互不相同的，但是它們有一個共同的問題：尋找一個能夠量化個人的、主觀的和定性的資訊的專家。人類很容易有偏見，因此，選擇不確定管理技術很大程度上依賴於現有的領域專家。

貝氏方法應該是最合適的，如果有可靠的統計資料，有知識工程師可以領導，有專家可以分析決策。如果不滿足任一個指定的條件，貝氏方法就顯得太武斷了甚至是有偏差的，以致於不能產生有效結果。還應該指出的是，貝氏可信度傳遞具有指數級的複雜度，因此，對於大的知識庫而言是不切實際的。

如果不考慮形式基礎的缺乏，確定因數技術是專家系統中處理不確定性的一種簡單方法，在很多應用中的結果都是可以接受的。

3.9 總結

本章主要介紹了專家系統中使用的兩種不確定管理技術：貝氏推理和確定因數，我們指出不確定知識的主要來源並簡要回顧了機率論。本章討論了證據累積的貝氏方法和基於貝氏方法的簡單專家系統。接下來研究了確定因數理論(貝氏推理最常見的替代方法)和基於證據推理的專家系統。最後本章比較了貝氏推理和確定因數，確定了每種方法適用的領域。

本章的主要內容有：

- 不確定性就是缺乏可使我們得出完全可靠結論的精確知識。專家系統中不確定知識的主要來源是：薄弱的蘊含關係、不精確的語言、資料缺失和綜合不同專家的觀點。
- 機率論爲專家系統中不確定管理提供了確切的、數學正確的方法。貝氏規則可以確定在已觀察到證據的情況下假設的機率。
- 用於礦藏探勘的專家系統 PROSPECTOR 是第一個成功運用證據的貝氏規則在整個系統中傳遞不確定性的專家系統。
- 在貝氏方法中，需要專家提供假設 *H* 的事前機率、充分性似然值 *LS*(該值用來測量證據 *E* 存在時假設的可信度)以及必要性的似然值 *LN*(用來測量證據 *E* 缺失時假設 *H* 的不可信度)。貝氏方法使用下面形式的規則：

  IF　　*E* is true {*LS, LN*}
  THEN　*H* is true {*prior probability*}

- 要使用貝氏方法，必須滿足證據有條件獨立這個前提，還應該有可靠的統計資料及每個假設的事前機率。這些要求在眞實世界的問題中很難滿足，因此只有少數專家系統是基於貝氏推理構建的。
- 確定因數理論是貝氏方法最常見的替代方法。該理論的基本原理在醫療診斷專家系統 MYCIN 中引入。

- 確定因數理論爲專家系統中不確定管理提供了判斷的方法。需要由專家提供確定因數 *cf*，表示在觀察到證據 *E* 的條件下，假設 *H* 的可信度水準。確定因數方法使用下面形式的規則：

  IF　　*E* is true
  THEN　*H* is true {*cf*}

- 在不知道機率或很難獲得機率的情況下使用確定因數。確定理論可以管理逐漸增加的證據、假設的析取與合取以及具有不同可信度的證據。
- 貝氏推理和確定因數理論共同的問題是：要尋找能夠量化主觀的和定性的資訊的專家。

複習題

1. 什麼是不確定性？什麼時候會出現知識不精確、資料不完整或不一致的情況？給出一個不精確知識的例子。
2. 什麼是機率？用數學方法描述在事件 *B* 已發生的條件下事件 *A* 發生的條件機率。什麼是貝氏規則？
3. 什麼是貝氏推理？專家系統如何排列潛在的眞假設？舉例說明。
4. 爲什麼 PROSPECTOR 團隊能夠使用貝氏方法作爲不確定管理的技術？在使用貝氏推理方法前必須先滿足什麼條件？
5. 什麼是充分性似然值和必要性似然值？專家如何確定 LS 和 LN 的值？
6. 什麼是事前機率？舉例說明基於貝氏推理的專家系統的規則表達方法。
7. 基於規則的專家系統如何使用貝氏方法傳送不確定性？
8. 爲什麼條件機率和專家提供的事前機率會不一致？給出一個這種情況的例子。
9. 爲什麼確定因數理論是貝氏推理在實踐中的替代方法？什麼是可信度和不可信度的測量？定義確定因數。
10. 專家系統如何確定「合取」和「析取」的規則的淨確定性？給每種情況舉一個例子。

11. 專家系統如何結合影響同一個假設的兩個或多個規則的確定因數？舉例說明。
12. 比較貝氏推理和確定因數。哪些應用使用貝氏推理最合適，哪些應用使用確定因數最合適？爲什麼？這兩種方法的共同問題是什麼？

參考文獻

[1] Bhatnagar, R.K. and Kanal, L.N. (1986). Handling uncertain information: a review of numeric and non-numeric methods, Uncertainty in AI, L.N. Kanal and J.F. Lemmer, eds,ElsevierNorth-Holland, NewYork, pp.3–26.

[2] Bonissone, P.P. and Tong, R.M. (1985). Reasoning with uncertainty in expert systems, International Journal on Man–Machine Studies, 22(3), 241–250.

[3] Burns, M. and Pearl, J. (1981). Causal and diagnostic inferences: a comparison of validity, Organizational Behaviour and Human Performance, 28, 379–394.

[4] Campbell, A.N., Hollister, V.F., Duda, R.O. and Hart, P.E. (1982). Recognition of a hidden mineral deposit by an artificial intelligence program, Science, 217(3), 927–929.

[5] Duda, R.O., Hart, P.E. and Nilsson, N.L. (1976). Subjective Bayesian methods for a rule-based inference system, Proceedings of the National Computer Conference (AFIPS), vol.45, pp.1075–1082.

[6] Duda, R.O., Gaschnig, J. and Hart, P.E. (1979). Model design in the PROSPECTOR consultant system for mineral exploration, Expert Systems in the Microelectronic Age, D. Michie,ed., Edinburgh UniversityPress, Edinburgh,Scotland,pp.153–167.

[7] Durkin, J. (1994). Expert Systems: Design and Development. Prentice Hall, Englewood Cliffs, NJ.

[8] Feller, W. (1966). An Introduction to Probability Theory and its Applications, vol. 2, John Wiley, New York.

[9] Feller, W. (1968). An Introduction to Probability Theory and its Applications, vol. 1, 3rd edn. John Wiley, New York.

[10] Fine, T.L. (1973). Theories of Probability: An Examination of Foundations. Academic Press, New York.

[11] Firebaugh, M.W. (1989). Artificial Intelligence: A Knowledge-based Approach. PWS-KENT Publishing Company, Boston, MA.

[12] Good, I.J. (1959). Kinds of probability, Science, 129(3347), 443–447.

[13] Hakel, M.D. (1968). How often is often? American Psychologist,no.23, 533–534.

[14] Naylor, C. (1987). Build Your Own Expert System. Sigma Press, Wilmslow, Cheshire.

[15] Ng, K.-C. and Abramson, B. (1990). Uncertainty management in expert systems, IEEE Expert, 5(2), 29–47.

[16] Shortliffe, E.H. and Buchanan, B.G. (1975). A model of inexact reasoning in medicine, Mathematical Biosciences, 23(3/4), 351–379.

[17] Simpson, R. (1944). The specific meanings of certain terms indicating differing degrees of frequency, The Quarterly Journal of Speech, no.30, 328–330.

[18] Stephanou, H.E. and Sage, A.P. (1987). Perspectives on imperfect information processing, IEEE Transactions on Systems, Man, and Cybernetics, SMC-17(5), 780–798.

[19] Tversky, A. and Kahneman, D. (1982). Causal schemes in judgements under uncertainty, Judgements Under Uncertainty: Heuristics and Biases, D. Kahneman, P. Slovic and A. Tversky, eds, Cambridge University Press, New York.

模糊專家系統 4

本章描述模糊集合論，以及如何建立模糊專家系統，並透過實例來說明模糊集合論。

4.1 概述

專家解決問題時常會用到常識。但他們也會用到含糊和模稜兩可的語言。例如，專家可能會說：「電源變壓器已輕微超載，但還能再堅持一會兒」。其他的專家能夠沒有任何困難地理解和解釋這句話，因爲他們都聽過以這種方式描述的問題。但知識工程師要讓電腦達到相同的理解水準就十分困難。那麼怎樣在電腦中表達專家使用含糊和模稜兩可的語言描述的知識？能做得到嗎？

透過研究模糊集合論(或模糊邏輯)，本章將嘗試回答這些問題。首先回顧模糊邏輯的哲學概念，研究其機制並考慮如何在模糊專家系統中用模糊邏輯。

本章先從淺顯的但卻是最基礎和本質的命題開始：「模糊邏輯並不是說邏輯本身是模糊的，而是指用來描述模糊的邏輯」。模糊邏輯是模糊集合的理論，模糊集合能夠校正含糊的知識。模糊邏輯的基本思想是任何事情都允許有一定的程度。溫度、高度、速度、距離和美麗—所有這些都可以在某個範圍內浮動。發動機運轉起來眞的很熱。Tom 是個很高的傢伙。電車跑不快的。高性能發動機需要快速的動力裝置和精確控制。霍巴特和墨爾本之間的路程很短。悉尼是個美麗的城市。這種可變化的尺度很難把某類的成員和非成員區別開。一個小山丘什麼時候可以變成山峰？

布林或傳統的邏輯都表達明顯的差別。它迫使我們在成員和非成員之間劃出明顯的界限。例如，可以說：「電動交通工具的最大行程很短」，這個判斷是基於行程在 300 公里以下就是短，超過 300 公里才是長這個規定做出的。按照這個標準，只有行程超過 301 公里(或者 300 公里零 500 米，甚至是 300 公里零 1 米)的電動交通工具才可被認爲是長距離的.。類似地，如果我們以 180cm 爲界限，那麼就說 Tom 很高，因爲其身高爲 181cm，David 很矮，因爲其身高爲 179cm。但是 David 眞的很矮嗎？這種分界可以這麼武斷嗎？模糊邏輯可以避免發生這樣武斷的判斷。

模糊邏輯能反映人類是怎樣思考的。它嘗試模擬人類的語感、決策制訂和常識。結果，它導致了新的、更加人性化和智慧系統的產生。

模糊或多值邏輯是波蘭的邏輯學家和哲學家 Jan Lukasiewicz 在 20 世紀 30 年代引入的(Lukasiewicz，1930)。他研究「高」、「老了」和「熱」這樣的模糊語言的數學表示。當時古典的邏輯操作僅使用兩個值 1(爲眞)和 0(爲假)，Lukasiewicz 引入了將眞值擴展到 0 和 1 之間所有的實數的邏輯。使用該範圍內的一個數值來表示某個命題爲眞或假的可能性。例如，身高爲 181cm 的男人確實是高的可能性取值爲 0.86。這個人應該是很高。導致不精確推理技術產生的工作通常稱爲可能性理論。

後來，在 1937 年，哲學家 Max Black 發表了論文「Vagueness: an exercise in logical analysis」(Black，1937)。在論文中，他討論了指示程度的連續區。他說，設想將無數的椅子排成一行。在一端是齊本德爾式的椅子，挨著它的是類似齊本德爾式的，但看上去和第一把椅子幾乎分不出差別。隨後的椅子越來越不像椅子，最後是一根圓木。椅子什麼時候變成了圓木？椅子這個概念讓我們無法在椅子和非椅子之間畫出明顯的界限。Max Black 也定義如果連續區是離散的，那麼可以爲每個元素分配一個數值。這個數值代表一種程度。問題是它是什麼的程度？Black 用數值來顯示認爲一排「椅子」中的某一個元素能夠稱爲椅子的人的百分比。換句話說，就是接受模糊的機率。

但是，Black 最重要的貢獻是在該論文的附錄中。在附錄中他定義了第一個簡單的模糊集合，並概述了模糊集合操作的基本思想。

1965 年，加州大學柏克萊分校電子工程系主任 Lotfi Zadeh 教授發表了著名的論文「Fuzzy sets」。事實上，Zadeh 是重新發現了模糊論，確定並研究它，提倡它並爲它而戰。

Zadeh 將可能性理論擴展到數學邏輯的形式系統中，更重要的是，他引入了新概念以應用自然語言的術語。這種表達和操作模糊術語的新邏輯稱爲模糊邏輯，Zadeh 也成爲「模糊邏輯之父」。

爲什麼要模糊？

就像 Zadeh 所說，術語是具體、直接和可敘述的，我們都知道這是什麼意思。但是在西方，許多人都抵制「模糊」這個詞，因爲它經常用在貶義的場合。

爲什麼要有邏輯？

模糊依賴模糊集合論，模糊邏輯只是該理論的一小部分。但是 Zadeh 在更廣泛的意義上使用「模糊邏輯」這個術語(Zadeh，1965)：

模糊邏輯的定義是：基於隸屬度而不是古典二值邏輯中清晰歸屬關係的知識表達的一組數學原理。

和二值的布林邏輯不同，模糊邏輯是多值的。它處理歸屬的程度和可信的程度。模糊邏輯使用介於 0(完全爲假)和 1(完全爲眞)之間邏輯值的連續區間。與非黑即白不同，它使用顏色的色譜，可以接受同時部分爲眞和部分爲假的事物。如圖 4-1 所示，模糊邏輯爲布林邏輯增加了許多邏輯值。古典的二值邏輯可以看作是多值模糊邏輯的特例。

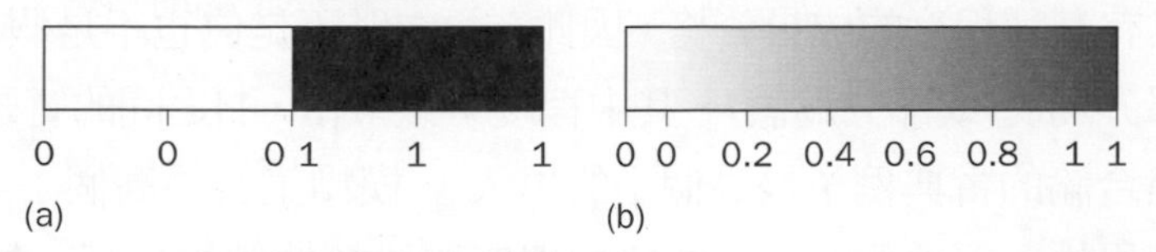

圖 4-1　布林和模糊邏輯的邏輯值範圍：(a)布林值；(b)模糊值

4.2 模糊集合

集合的概念是數學中的基本概念。但是，我們的語言是集合的最大表達。例如，汽車指的是汽車的集合，當我們說到一輛車的時候，實際上是指汽車的集合中的某一輛。

假設 X 是古典(清晰)的集合，x 是一個元素，那麼，元素 x 要麼屬於 X ($x \in X$)，要麼不屬於 X ($x \notin X$)。也就是說，古典的集合理論劃分了嚴格的界限，集合中的每個成員賦予值爲 1，不在集合中的每個成員賦予值爲 0。這就是二分法原理。下面我們就來探討這個原理。

考慮下面古典的邏輯悖論。

1. 畢達哥拉斯的學校(西元前 400 年)：

   問題：當克里特島的哲學家斷言「所有的特裏克島人都說謊」時，這句話是眞的嗎？

   布林邏輯：這個斷言自相矛盾。

   模糊邏輯：哲學家可能有也可能沒有說眞話。

2. 拉塞爾悖論：

   村子裏的理髮師只給那些不能給自己理髮的人理髮。

   問題：誰給理髮師理髮？

   布林邏輯：這個斷言自相矛盾。

   模糊邏輯：理髮師可以給也可以不給自己理髮。

清晰集合理論由僅使用兩個值(眞或假)的邏輯支配。這個邏輯不能表達含糊的概念，因此在悖論中無法給出答案。模糊集合論的基本觀點是屬於模糊集合的元素具有某種程度的成員資格。因此，命題既不是眞也不是假，而是在任何程度上部分爲眞(或部分爲假)，其中程度可以取[0，1]之間的實數。

模糊集合論的古典例子是高個子的男人。 模糊集合「高個子男人」中的元素是全體男性，但他們的成員資格的程度取決於他們的身高，如表 4-1 所示。例如，給身高爲 205cm 的 Mark 賦予程度 1，給身高爲 152cm 高的 Peter

賦予程度 0，所有身高在 152 至 205cm 之間的人取 0 至 1 之間的值。他們在一定程度上高。顯然，不同的人對某個人是否可稱爲高有不同的看法。候選人隸屬度見表 4-1。

表 4-1　「高個子男人」的隸屬度

姓名	身高(cm)	隸屬度	
		清晰的	模糊的
Chris	208	1	1.00
Mark	205	1	1.00
John	198	1	0.98
Tom	181	1	0.82
David	179	0	0.78
Mike	172	0	0.24
Bob	167	0	0.15
Steven	158	0	0.06
Bill	155	0	0.01
Peter	152	0	0.00

可以看到，清晰集合問了一個問題，「那個男人高嗎？」，並且在 180cm 處畫了一條線，比 180cm 高的人就是高個子男人，比它低的就是矮個子男人。相比之下，模糊集合的問題是，「這個男人有多高？」，回答是模糊集合中的部分成員資格，例如，Tom 高的程度是 0.82。

模糊集合提供跨越邊界時平穩過渡的能力，如圖 4-2 所示。

考慮一下其他的集合例如「很矮的男人」、「矮男人」、「中等身高的男人」和「很高的男人」。

圖 4-2 的水平軸表示論域—某一變數所有可能取値的範圍，在本例中變數是身高。按照這種表示方法，男性的身高應該包含全體男性的身高。但是，通常還有考慮的餘地，因爲論域在不同的上下文中有不同的含義。例如，「高個子男人」可能是全體人類或哺乳動物，甚至是全體動物身高論域中的一部分。

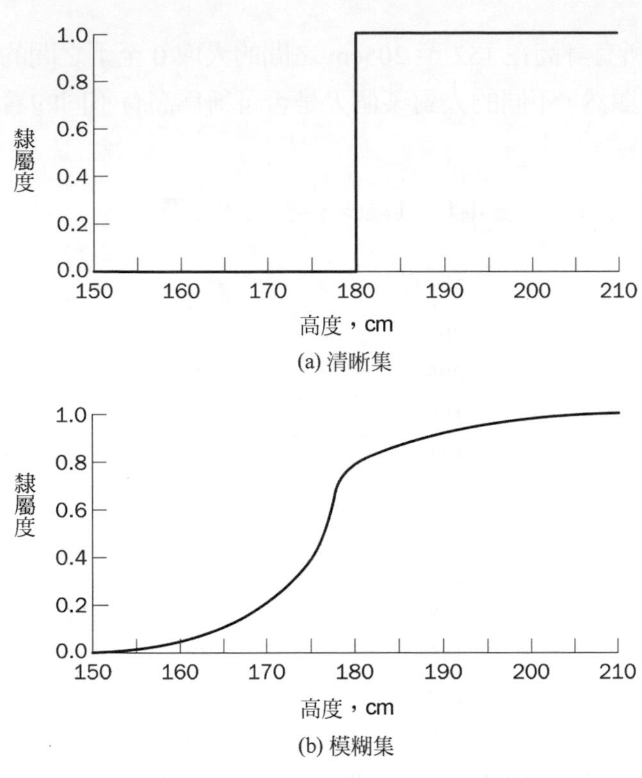

(a) 清晰集

(b) 模糊集

圖 4-2　「高個子男人」的清晰集合和模糊集合

圖 4-2 的垂直軸表示模糊集合中的隸屬度。在本例中，「高個子男人」的模糊集合將身高值對應到相對應的成員資格值。在圖 4-2 中，David 的身高為 179cm，僅比 Tom 低 2cm，不再突然地成為不高的人(或矮的人)(在清晰集合中他是矮的人)。在這裏，David 和其他人按照身高的不斷降低逐漸地從「高個子男人」的集合中移出。

什麼是模糊集合？

模糊集合可以簡單地定義為具有模糊邊界的集合。

假設 X 為論域，其中的元素可記為 x。在古典的集合論中，X 的清晰集合 A 定義為函數 $f_A(x)$，稱為 A 的特徵函數：

$$f_A(x) = X \to 0,1 \tag{4-1}$$

其中：

$$f_A(x)=\begin{cases}1, & 若x\in A\\ 0, & 若x\notin A\end{cases}$$

該集合將 X 的論域對應到兩個元素。對於論域 X 的任何元素 x，如果 x 是集合 A 中的元素，特徵函數 $f_A(x)$爲 1，如果 x 不是 A 中的元素，則特徵函數 $f_A(x)$爲 0。

在模糊論中，論域 X 的模糊集合 A 定義爲函數 $\mu_A(x)$，稱爲集合 A 的隸屬函數：

$$\mu_A(x): X \rightarrow [0, 1] \tag{4-2}$$

其中：

如果 x 完全在集合 A 中，則 $\mu_A(x) = 1$。
如果 x 不在集合 A 中，則 $\mu_A(x) = 0$。
如果 x 部分在集合 A 中，則 $0 < \mu_A(x) < 1$。

該集合允許使用可能選擇的連續取值。對於論域 X 中的任何元素 x，隸屬函數 $\mu_A(x)$等於 x 是集合 A 中元素的程度，該程度的取值爲 0 到 1，表示隸屬度，也稱作集合 A 中元素 x 的隸屬值。

在電腦中如何表達模糊集合？

首先必須定義隸屬函數。這時可以應用從知識獲取中學到的一些方法。例如，形成模糊集合的最實用的方法是依賴某一位專家的知識，詢問專家這些元素是否屬於給定的集合。另一個有用的方法是從多位專家那裏獲取知識。最近還出現了一種形成模糊集合的新技術，它基於人工神經網路，可以學習可用的系統運作資料並自動產生模糊集合。

現在回到「高個子男人」的例子。獲取了男性身高的知識後，可以產生高個子男人的模糊集合。用類似的方式，我們也可以得到矮個子男人和中等身高男人的模糊集合。這些模糊集合和清晰集合如圖 4-3 所示。我們討論的(男性身高)論域包含三個集合：short men(矮個子男人)、average men(中等身高男人)

和 tall men(高個子男人)。如你所見，在模糊邏輯中，身高爲 184cm 的男人是 average men 集合的成員，隸屬度爲 0.1，同時他也是 tall men 集合的成員，隸屬度爲 0.4。也就是說，身高爲 184cm 的男人可以部分地屬於多個集合。

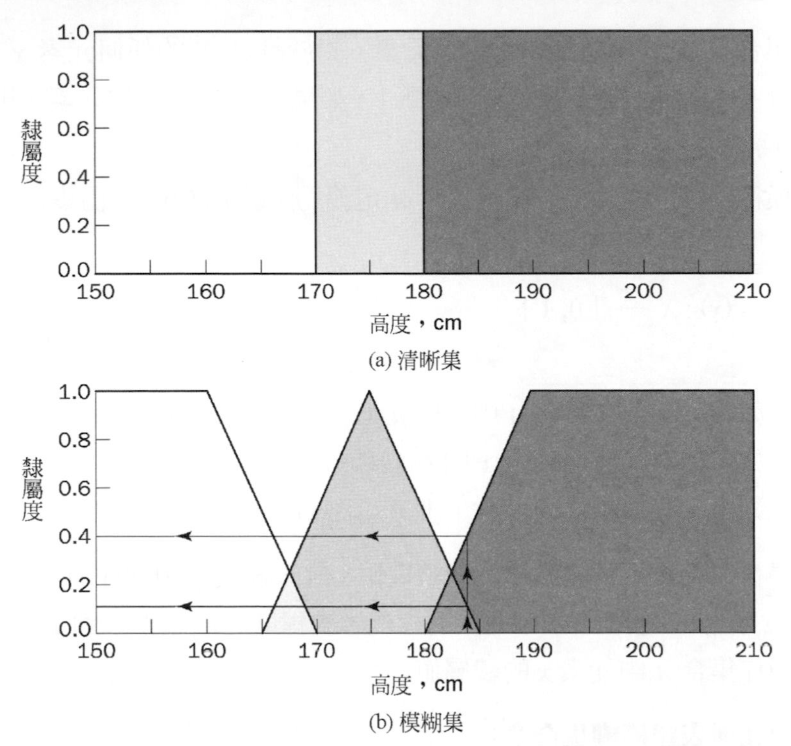

圖 4-3　矮個子、中等身高和高個子男人的清晰集合和模糊集合

假設 X 的論域(也稱作參考超集合)是包含五個元素的清晰集合 $X = \{x_1, x_2, x_3, x_4, x_5\}$。設 A 爲 X 的清晰子集合，僅包含兩個元素，即 $A = \{x_2, x_3\}$。子集合 A 可以表示成 $A = \{(x_1, 0), (x_2, 1), (x_3, 1), (x_4, 0), (x_5, 0)\}$，即爲$(x_i, \mu_A(x_i))$對的集合，其中 $\mu_A(x_i)$爲子集合 A 中元素 x_i 的隸屬函數。

問題是 $\mu_A(x)$只能取兩個值，非 0 即 1，還是取 0 和 1 之間的任何數都可以。這是 Lotfi Zadeh 在 1965 年提出的模糊集合中最基本的問題(Zadeh，1965)。

若 X 是參考超集合，A 是 X 的子集合，則 A 稱 X 的模糊子集合若且唯若，

$$A = \{(x, \mu_A(x)\} \qquad x \in X, \mu_A(x) : X \to [0, 1] \tag{4-3}$$

在特例中，用 $X \rightarrow \{0, 1\}$代替 $X \rightarrow [0, 1]$，模糊子集合 A 就變成了清晰子集合 A。

模糊子集合和清晰子集合如圖 4-4 所示。

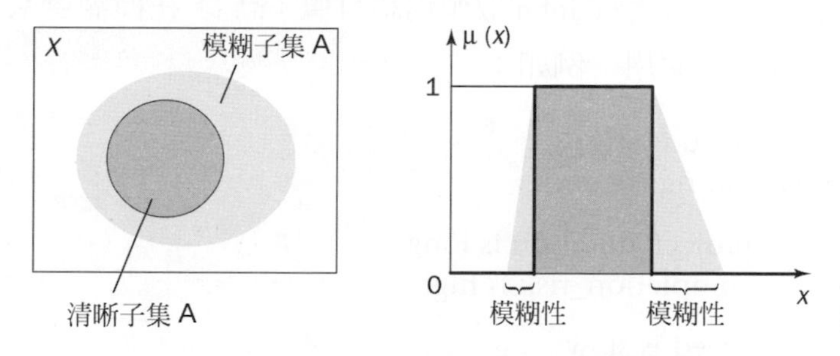

圖 4-4　X 的清晰子集合和模糊子集合的表示

有限參考超集合 X 的模糊子集合 A 可表示爲：

$$A = \{(x_1, \mu_A(x_1)\}, \{(x_2, \mu_A(x_2)\}, \ldots, \{(x_n, \mu_A(x_n)\} \qquad (4\text{-}4)$$

但是，A 表示爲下面的式子更便捷：

$$A = \{\mu_A(x_1)/x_1\}, \{\mu_A(x_2)/x_2\}, \ldots, \{\mu_A(x_n)/x_n\} \qquad (4\text{-}5)$$

其中分隔符號「/」用於將成員值和它在水平軸上的座標關聯起來。

要在電腦中表示連續的模糊集合，需要將其表達爲函數，然後將集合中的元素對應爲它們的隸屬度。可以使用的典型函數爲 S 形函數、高斯函數和 π 函數。這些函數可表示模糊集合中眞相資料，但是這樣增加了計算的時間。因此，實際上大多數應用都使用線性適配函數，它們類似於圖 4-3 使用的函數。例如，圖 4-3 中的高個子男人的模糊集合可以表示爲適配向量：

tall men = (0/180, 0.5/185, 1/190) 或
tall men = (0/180, 1/190)

矮個子和中等身高男人的模糊集合也可用相同方式表示：

short men = (1/160, 0.5/165, 0/170) 或
short men = (1/160, 0/170)

average men = (0/165, 1/175, 0/185)

4.3 語言變數和模糊限制語

模糊集合論源自語言變數的概念。語言變數是模糊變數。例如，「John 很高」這句話意味著語言變數 John 取值爲語言值「高」。在模糊專家系統中，語言變數在模糊規則中使用。例如：

IF wind is strong
THEN sailing is good

IF project_duration is long
THEN completion_risk is high

IF speed is slow
THEN stopping_distance is short

語言變數的可能値的範圍表示變數的論域。例如，語言變數「速度」的全域爲 0～220km/h，包含的模糊子集合有 very slow、slow、medium、fast 和 very fast。每個模糊子集合還表示相對應語言變數的語言值。

模糊變數帶有模糊集合限制語概念(稱作模糊限制語)。模糊限制語是可以修改模糊集合形狀的術語，包含 very、somewhat、quite、more or less 和 slightly 這樣的副詞。模糊限制語可以修飾動詞、形容詞、副詞甚至與整個句子。模糊限制語可用作：

- 通用修飾符，例如 very、quite 或 extremely。
- 眞值，例如 quite true 或 mostly false。
- 機率，例如 likely 或 not very likely。
- 量詞，例如 most、several 或 few。
- 可能性，例如 almost impossible 或 quite possible。

模糊限制語可作爲它們自己的操作。例如，very 執行集合中並建立一個新的子集合。從 tall men 的集合中衍生一個 very tall men 子集合。extremely 的作用與此相同，只是程度更高。

和集中相反的操作是擴張，它將集合擴展。more or less 執行擴張。例如，more or less tall men 這個集合的範圍比 tall men 集合的範圍更大。

模糊限制語可用於操作，也可將連續空間分解成模糊區間。例如，可以使用下面的模糊限制語描述溫度：very cold、moderately cold、slightly cold、neutral、slightly hot、moderately hot 和 very hot。很明顯，這些模糊集合是相互重疊的。模糊限制語有助於反映人們的思維，因爲人們通常無法區分 slightly hot 和 moderately hot。

模糊限制語的應用如圖 4-5 所示。先前在圖 4-3 中顯示的模糊集合用模糊限制語 very 做了數學上的改進。例如，一個身高爲 185cm 的男性，他屬於 tall men 集合，隸屬度是 0.5，但他同時也是 very tall men 集合的成員，隸屬度是 0.15。這就更加合理。

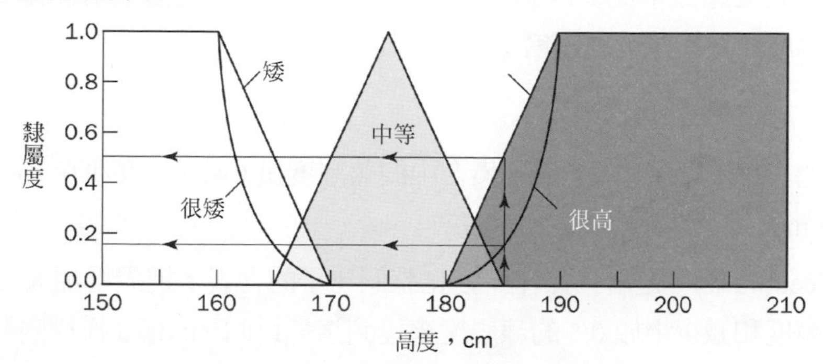

圖 4-5　帶有模糊限制語「很」的模糊集合

下面考慮在實際應用中經常用到的模糊限制語。

- very(很)，即上文提到的集合中操作，將一個集合縮小，降低模糊元素的隸屬度。這個操作可用數學中的平方來表示：

$$\mu_A^{very}(x) = [\mu_A(x)]^2 \tag{4-6}$$

因此，如果 Tom 在 tall men 集合中的隸屬度是 0.86，那麼他在 very tall men 集合中的隸屬度是 0.7396。

- extremely(非常)，和「very」的作用相同，但是程度更深。該操作可以表示成 $\mu_A(x)$的三次方：

$$\mu_A^{extremely}(x) = [\mu_A(x)]^3 \tag{4-7}$$

如果 Tom 在 tall men 集合中的隸屬度是 0.86，那麼他在 very tall men 集合中的隸屬度是 0.7396，在 extremely tall men 集合中的隸屬度是 0.6361。

- very very(太)，是集合中操作的擴展。它可以表達成集合中操作的平方。

$$\mu_A^{very\ very}(x) = [\mu_A^{very}(x)]^2 = [\mu_A(x)]^4 \tag{4-8}$$

例如，若 Tom 是在 tall men 集合中的隸屬度是 0.86，那麼他在 very tall men 集合中的隸屬度是 0.7396，在 very very tall man 集合中的隸屬度是 0.5470。

- more or less(或多或少)，屬於擴展操作，它將集合擴展並增加模糊元素的隸屬度。該操作可表達爲：

$$\mu_A^{more\ or\ less}(x) = \sqrt{\mu_A(x)} \tag{4-9}$$

因此，如果 Tom 在 tall men 集合中的隸屬度是 0.86，那麼他在 more or less tall men 集合中的隸屬度是 0.9274。

- indeed(的確)，是增強操作，強化整個句子的含義。透過增加大於 0.5 的隸屬度和減少小於 0.5 的隸屬度來達到這一目的。indeed 模糊限制語可以透過以下兩種方式給出：

$$\mu_A^{indeed}(x) = 2[\mu_A(x)]^2 \quad \text{如果} \ 0 \leqslant \mu_A(x) \leqslant 0.5 \tag{4-10}$$

或者：

$$\mu_A^{indeed}(x) = 1 - 2[1 - \mu_A(x)]^2 \quad \text{如果} \ 0.5 < \mu_A(x) \leqslant 1 \tag{4-11}$$

如果 Tom 在 tall men 集合中的隸屬度是 0.86，那麼他在 indeed tall men 集合中的隸屬度是 0.9608。相比之下，如果 Mike 在 tall men 集合中的隸屬度是 0.24，那麼他在 indeed tall men 集合中的隸屬度是 0.1152。

模糊限制語的數學和圖例的表示見表 4-2。

表 4-2 模糊邏輯中模糊限制語的表示

模糊限制語	數學表示	圖例表示
A little	$[\mu_A(x)]^{1.3}$	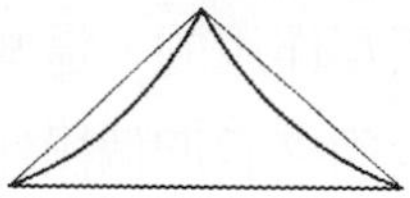
Slightly	$[\mu_A(x)]^{1.7}$	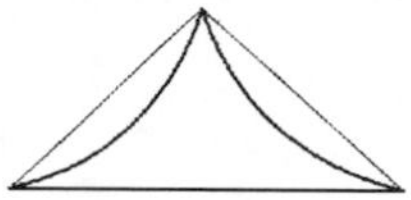
Very	$[\mu_A(x)]^2$	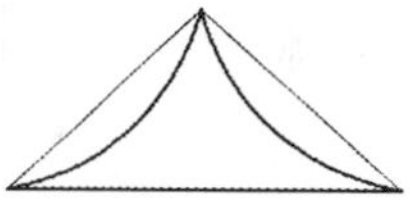
Extremely	$[\mu_A(x)]^3$	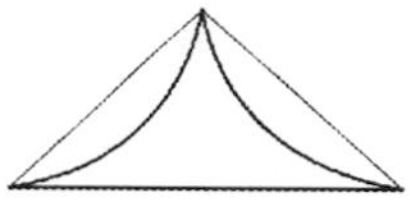
Very very	$[\mu_A(x)]^4$	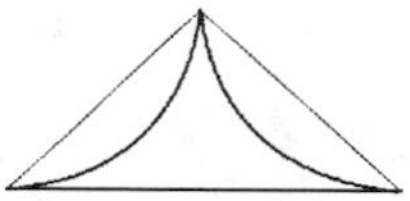
More or less	$\sqrt{\mu_A(x)}$	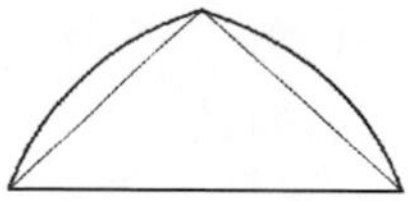
Somewhat	$\sqrt{\mu_A(x)}$	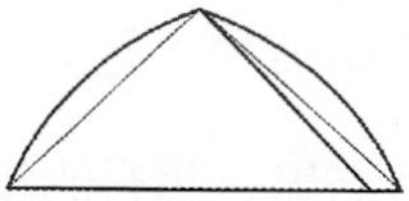
Indeed	$2[\mu_A(x)]^2$ 如果 $0 \leqslant \mu_A \leqslant 0.5$ $1 - 2[1 - \mu_A(x)]^2$ 如果 $0.5 < \mu_A \leqslant 1$	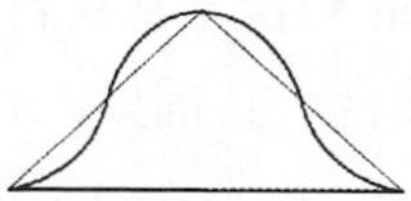

4.4 模糊集合的操作

在 19 世紀後期，由 Georg Cantor 開發的古典的集合論描述了清晰集合是如何相互作用的。這些相互作用稱爲操作。

我們來看四個操作：補集、包含、交集和聯集這些操作如圖 4-6 所示。下面比較古典集合和模糊集合中的操作。

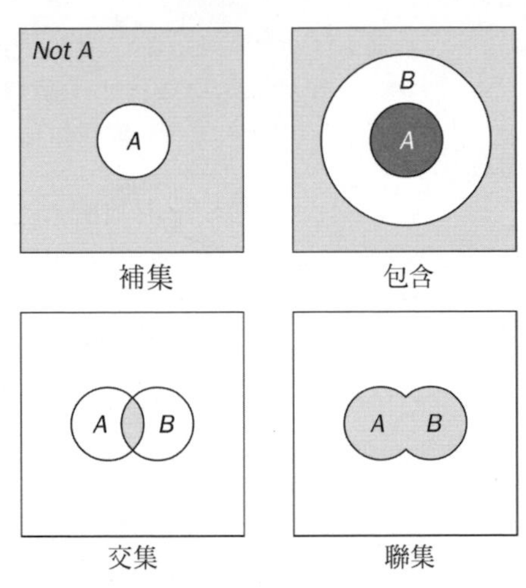

圖 4-6　古典的集合操作

補集

- 清晰集合：誰不屬於集合？
- 模糊集合：元素不屬於集合的程度？

集合的補集是集合的相反操作。例如，有一個 tall men 集合，它的補集是 NOT tall men 集合。當我們從論域中移除 tall men 集合後，就得到補集。如果 A 是模糊集合，其補集 $\neg A$ 爲：

$$\mu_{\neg A}(x) = 1 - \mu_A(x) \tag{4-12}$$

例如，如果有一個 tall men 模糊集合，可以很容易得到 NOT tall men 模糊集合：

$$tall\ men = (0/180, 0.25/182.5, 0.5/185, 0.75/187.5, 1/190)$$
$$NOT\ tall\ men = (1/180, 0.75/182.5, 0.5/185, 0.25/187.5, 0/190)$$

包含

- 清晰集合：哪個集合屬於哪個其它集合？
- 模糊集合：哪個集合屬於其它集合？

類似於中國盒子或俄羅斯套娃，一個集合可以包含另一個集合。較小的集合稱作子集合。例如，tall men 集合包含所有高個子男人，因此 very tall men 集合是 tall men 集合的子集合。但是 tall men 集合是 men 集合的子集合。在清晰集合中，子集合中的所有元素都屬於更大的集合，其隸屬值爲 1。但是在模糊集合中，每個元素屬於子集合的程度比屬於更大的集合的程度低。模糊子集合的元素在子集合中的隸屬值比在更大的集合中的隸屬值更小。

$$tall\ men = (0/180, 0.25/182.5, 0.50/185, 0.75/187.5, 1/190)$$
$$very\ tall\ men = (0/180, 0.06/182.5, 0.25/185, 0.56/187.5, 1/190)$$

交集

- 清晰集合：哪些元素同時屬於兩個集合？
- 模糊集合：元素同時屬於兩個集合的程度？

在古典的集合論中，兩個集合的交集包含兩個集合中都有的元素。例如，有 tall men 和 fat men 兩個集合，交集就是這兩個集合重疊的部分，即 Tom 屬於相交集的部分，因爲他又高又胖。但是在模糊集合中，元素可能是部分地屬於兩個集合，對於兩個集合而言隸屬度也不同，因此，模糊交集中的元素在每個集合中的隸屬度都比較低。

論域 X 上建立模糊集合 A 和 B 的交集的模糊操作爲：

$$\mu_{A \cap B}(x) = min\,[\mu_A(x), \mu_B(x)] = \mu_A(x) \cap \mu_B(x), \quad 當\ x \in X \tag{4-13}$$

例如，tall men 和 average men 模糊集合爲：

$$tall\ men = (0/165, 0/175, 0.0/180, 0.25/182.5, 0.5/185, 1/190)$$
$$average\ men = (0/165, 1/175, 0.5/180, 0.25/182.5, 0.0/185, 0/190)$$

根據式(4-13)，這兩個集合的交集是

$$tall\ men \cap average\ men = (0/165, 0/175, 0/180, 0.25/182.5, 0/185, 0/190)$$

或

$$tall\ men \cap average\ men = (0/180, 0.25/182.5, 0/185)$$

結果如圖 4-3 所示。

聯集

- 清晰集合：哪些元素屬於兩個集合？
- 模糊集合：元素在多大程度上屬於兩個集合？

兩個清晰集合的聯集由屬於兩個集合的所有元素組成。例如，tall men 和 fat men 的聯集包含所有高或胖的人。例如，Tom 在聯集中，因爲他高，他是否胖無關緊要。在模糊集合中，聯集是交集的逆操作，也就是說，聯集由兩個集合中隸屬度較大的元素組成。

形成 X 的論域上模糊集合 A 和 B 聯集的模糊操作爲：

$$\mu_{A\cup B}(x) = max\,[\mu_A(x), \mu_B(x)] = \mu_A(x) \cup \mu_B(x), \quad 其中\ \ x \in X \tag{4-14}$$

還是考慮 tall men 和 average men 模糊集合：

$$tall\ men = (0/165, 0/175, 0.0/180, 0.25/182.5, 0.5/185, 1/190)$$
$$average\ men = (0/165, 1/175, 0.5/180, 0.25/182.5, 0.0/185, 0/190)$$

根據式(4-14)，這兩個集合的聯集是：

$$tall\ men \cup average\ men = (0/165, 1/175, 0.5/180, 0.25/182.5, 0.5/185, 1/190)$$

模糊集合的操作如圖 4-7 所示。

清晰集合和模糊集合有相同的性質，清晰集合可看作模糊集合的特例。模糊集合經常使用以下性質：

交換性

$$A \cup B = B \cup A$$
$$A \cap B = B \cap A$$

例如：

tall men OR *short men* = *short men* OR *tall men*
tall men AND *short men* = *short men* AND *tall men*

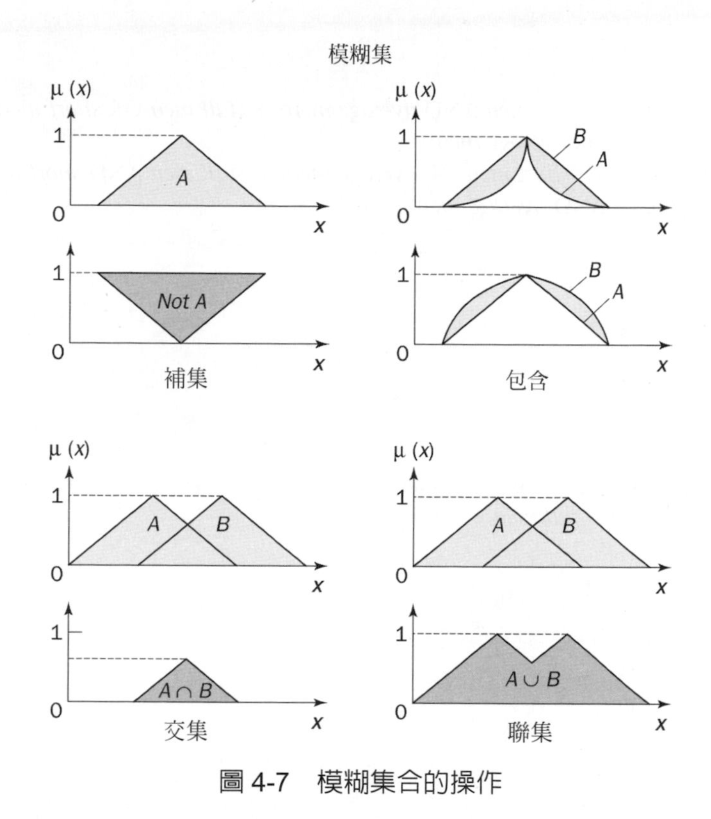

圖 4-7　模糊集合的操作

結合性

$$A \cup (B \cup C) = (A \cup B) \cup C$$

$$A \cap (B \cap C) = (A \cap B) \cap C$$

例如：

tall men OR (*short men* OR *average men*) = (*tall men* OR *short men*) OR *average men*
tall men AND (*short men* AND *average men*) = (*tall men* AND *short men*) AND *average men*

分配性

$$A \cup (B \cap C) = (A \cup B) \cap (A \cup C)$$

$$A \cap (B \cup C) = (A \cap B) \cup (A \cap C)$$

例如：

tall men OR (*short men* AND *average men*) = (*tall men* OR *short men*) AND (*tall men* OR *average men*)
tall men AND (*short men* OR *average men*) = (*tall men* AND *short men*) OR (*tall men* AND *average men*)

冪等性

$$A \cup A = A$$

$$A \cap A = A$$

例如：

tall men OR *tall men* = *tall men*
tall men AND *tall men* = *tall men*

恒等性

$$A \cup \emptyset = A$$
$$A \cap X = A$$
$$A \cap \emptyset = \emptyset$$
$$A \cup X = X$$

例如：

tall men OR *undefined* = *tall men*
tall men AND *unknown* = *tall men*
tall men AND *undefined* = *undefined*
tall men OR *unknown* = *unknown*

其中 undefined 是空集合，即集合中元素的隸屬度都為 0，unknown 是所有元素的隸屬度都為 1 的集合。

自乘性

$$\neg(\neg A) = A$$

例如：

NOT (NOT *tall men*) = *tall men*

遞移性

若$(A \subset B) \cap (B \subset C)$，則$A \subset C$。

每個集合包含它的子集合的子集合。

例如：

IF (*extremely tall men* ⊂ *very tall men*) AND (*very tall men* ⊂ *tall men*)
THEN (*extremely tall men* ⊂ *tall men*)

第摩根定律

$$\neg(A \cap B) = \neg A \cup \neg B$$
$$\neg(A \cup B) = \neg A \cap \neg B$$

例如：

NOT (*tall men* AND *short men*) = NOT *tall men* OR NOT *short men*
NOT (*tall men* OR *short men*) = NOT *tall men* AND NOT *short men*

使用模糊集合操作、它們的性質和模糊限制語，可以很容易地從現有模糊集合中得到很多模糊集合。例如，現有模糊集合 *A*(tall men)和模糊集合 *B*(short men)，則下面的操作可以產生模糊集合 C(not very tall men and not very short men)甚至模糊集合 D(not very very tall and not very very short men)：

$$\mu_C(x) = [1 - \mu_A(x)^2] \cap [1 - (\mu_B(x)^2]$$
$$\mu_D(x) = [1 - \mu_A(x)^4] \cap [1 - (\mu_B(x)^4]$$

通常，使用模糊操作和模糊限制語可以得到人類自然語言表達的模糊集合。

4.5　模糊規則

1973 年，Lotfi Zadeh 發表了他的第二篇有廣泛影響力的論文(Zadeh，1973)。該論文概述了分析複雜系統的新方法，在文中 Zadeh 建議在模糊規則中獲得人類的知識。

什麼是模糊規則？

模糊規則可定義爲以下形式的條件語句：

IF x is A
THEN y is B

其中 x 和 y 是語言變數；A 和 B 分別爲在論域 X 和 Y 上的模糊集合定義的語言值。

古典規則和模糊規則之間的區別是什麼？

古典 IF-THEN 規則使用二值邏輯，例如：

Rule: 1
IF speed is > 100
THEN stopping_distance is long

Rule: 2
IF speed is < 40
THEN stopping_distance is short

變數 speed 可取 0 至 220km/h 之間的任何數值，語言變數 stopping _distance 可取的值爲 long 或 short。換句話說，古典的規則可以用布林邏輯的非黑即白的語言來描述。但是也可以將上面的規則以模糊的形式描述：

Rule: 1
IF speed is fast
THEN stopping_distance is long

Rule: 2
IF speed is slow
THEN stopping_distance is short

在本例中，語言變數 speed 的範圍(論域)爲 0 至 220km/h。但這個範圍包含模糊集合，例如 slow、medium 和 fast。語言變數 stopping_distance 的論域是 0 至 300m，並可以包含 short、medium 和 long 這樣的模糊集合。這樣模糊集合就可以和模糊規則聯繫起來。

模糊專家系統合併規則，結果減少了至少 90%的規則數量。

怎樣用模糊規則推理？

模糊推理有兩個不同的部分：評估規則的前項(規則的 IF 部分)，並將結果應用到後項(規則的 THEN 部分)。

在古典的基於規則的系統中，如果規則的前項爲眞，那麼後項也爲眞。在模糊系統中，前項是模糊語句，所有的規則在一定程度上都被激發，換句話說，規則被部分激發，如果前項在某種程度上爲眞，那麼後項在該程度上也爲眞。

例如，有兩個模糊集合 tall men 和 heavy men，分別如圖 4-8 所示。

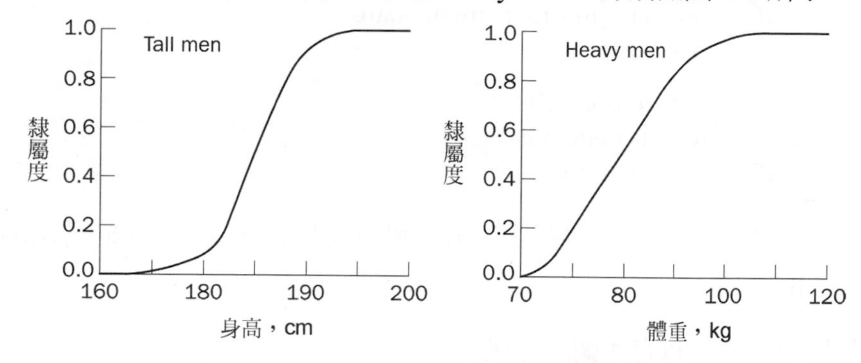

圖 4-8　tall men 和 heavy men 模糊集合

這些模糊集合提供了體重評估模型的基礎。模型是基於男人的身高和體重之間的關係的，可以用下面的模糊規則來表示：

IF　　height is *tall*
THEN　weight is *heavy*

從前項輸出值或者成員爲眞的程度可以估計後項的輸出值或者成員爲眞的程度(Cox，1999)。模糊推理的這種形式使用稱作單調選擇的方法。圖 4-9 顯示了如何透過男性的身高推導出男性體重的。

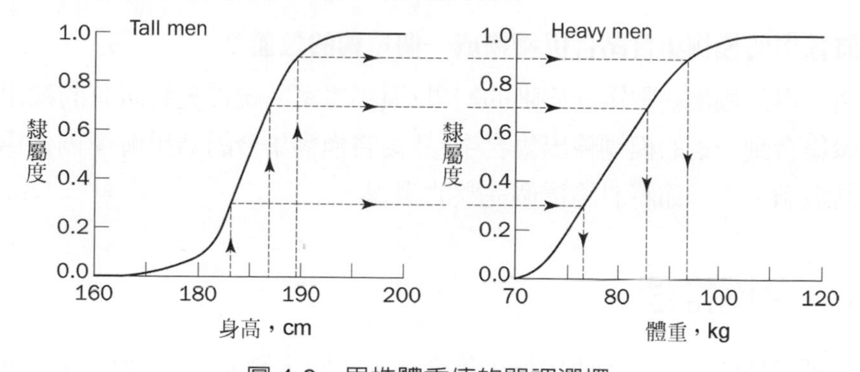

圖 4-9　男性體重值的單調選擇

模糊規則的前項可以有多個部分嗎？

模糊規則是產生式規則，因此可以有多個前項，例如：

IF project_duration is long
AND project_staffing is large
AND project_funding is inadequate
THEN risk is high

IF service is excellent
OR food is delicious
THEN tip is generous

用前面章節討論過的模糊集合操作，可以同時計算規則前項的各個部分並得到單一的數值。

模糊規則的後項可以有多個部分嗎？

模糊規則的後項也可以包含多個部分，例如：

IF temperature is hot
THEN hot_water is reduced;
cold_water is increased

本例中，後項的所有部分受前項的影響是相同的。

通常，模糊專家系統會整合描述專家知識的幾個規則(相互之間可能會有矛盾)。每個規則的輸出是一個模糊集合，但通常需要得出一個數值來表示模糊系統的輸出。換句話說，我們想要的是精確的而不是模糊的結論。

怎樣將輸出的模糊集合結合併轉換成一個單獨的數值？

為了得到輸出變數單一清晰的結果，模糊專家系統首先將所有的輸出模糊集合聚集合到一個的模糊輸出集合中，然後將模糊集合的結果解模糊化為一個單獨的數值。下一節將討論這個完整的過程。

4.6 模糊推理

模糊推理的定義是：使用模糊集合論，將給定輸入對應到輸出的過程。

4.6.1 Mamdani-style 推理

模糊推理技術中最常用的方法是 Mamdani 方法。1975 年，倫敦大學的 Ebrahim Mamdani 教授建立了第一個模糊系統來控制蒸汽機和鍋爐(Mamdani 和 Assilian，1975)。他應用了一套有經驗的人類操作員提供的模糊規則。

Mamdani-style 模糊推理過程按四個步驟執行：輸入變數的模糊化、規則評估、聚合規則的輸出以及最終的解模糊化。

在這裏用一個包含三個規則(rule)、兩輸入一輸出的簡單例子來說明每部分間如何協同工作的：

Rule: 1		Rule: 1	
IF	*x* is *A*3	IF	*project_funding* is *adequate*
OR	*y* is *B*1	OR	*project_staffing* is *small*
THEN	*z* is *C*1	THEN	*risk* is *low*
Rule: 2		Rule: 2	
IF	*x* is *A*2	IF	*project_funding* is *marginal*
AND	*y* is *B*2	AND	*project_staffing* is *large*
THEN	*z* is *C*2	THEN	*risk* is *normal*
Rule: 3		Rule: 3	
IF	*x* is *A*1	IF	*project_funding* is *inadequate*
THEN	*z* is *C*3	THEN	*risk* is *high*

其中，*x*、*y* 和 *z* (project funding、project staffing 和 risk)為語言變數；*A*1、*A*2 和 *A*3(inadequate、marginal 和 adequate)為在論域 *X*(project funding)上模糊集合定義的語言值；*B*1 和 *B*2(small 和 large)為在論域 *Y* 上(project staffing)模糊集合定義的語言值；*C*1、*C*2 和 C3(low、normal 和 high)為在論域 *Z*(risk)上模糊集合定義的語言值。

Mamdani-style 模糊推理的基本結構如圖 4-10 所示。

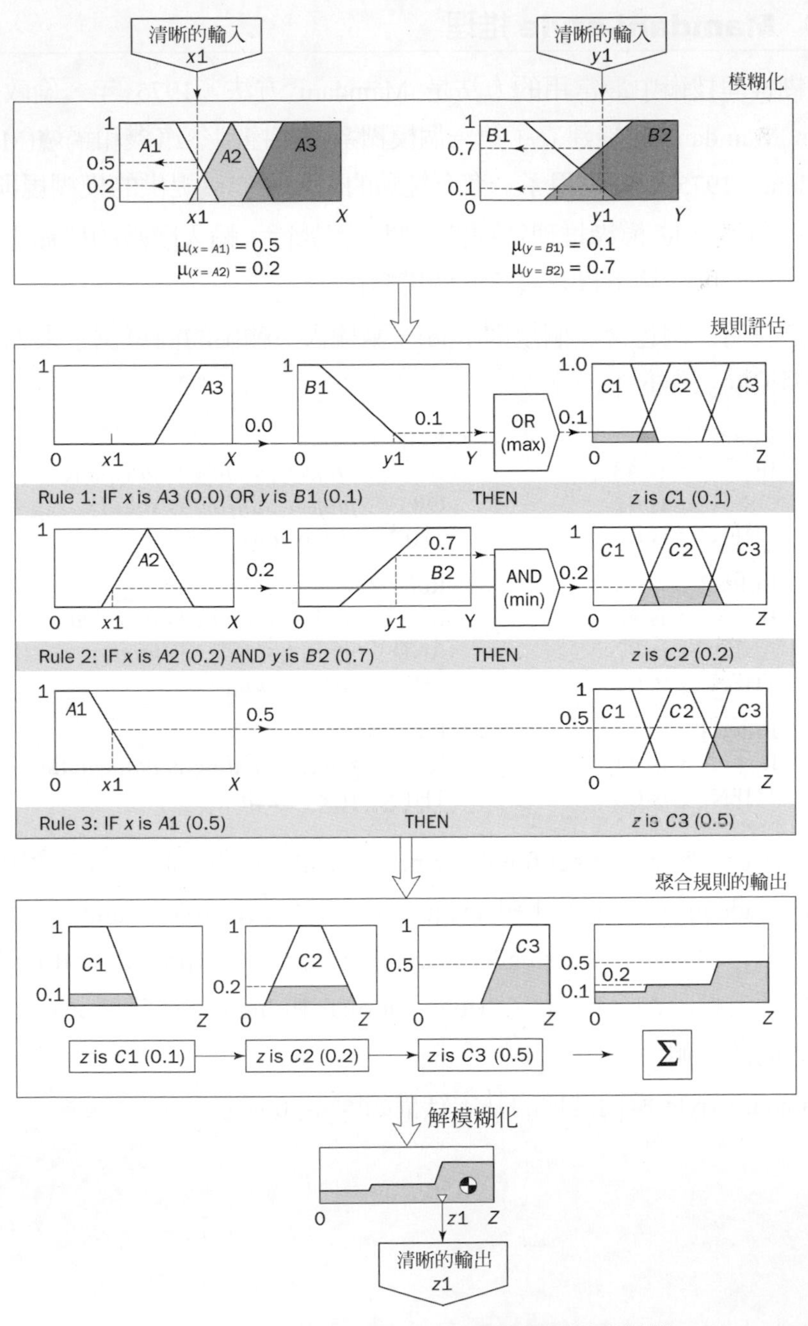

圖 4-10　Mamdani-style 模糊推理的基本結構

步驟 1　模糊化

第一個步驟是取得清晰的輸入 $x1$ 和 $y1$(project_funding 和 project_staffing)，確定每個輸入屬於每個適合模糊集合的程度。

什麼是清晰的輸入？如何確定

清晰的輸入是指位於論域內的數值型的值。在本例中，$x1$ 和 $y1$ 的值都分別位於論域 X 和 Y 中。論域的範圍可透過專家的判斷來確定。例如，如果需要考慮開發「模糊」專案的風險，可以向專家詢問並要求給出 0 至 100%之間的值分別表示專案資金和專案員工。換句話說，專家需要回答專案資金和專案員工足夠的程度。當然，不同的模糊系統使用不同的清晰輸入。其中有些輸入是可以直接測量的(身高、體重、速度、距離、溫度、壓力等)，而有些輸入只能由專家估計。

一旦獲得清晰的輸入 $x1$ 和 $y1$，就可按合適的語言模糊集合進行模糊化。清晰的輸入 $x1$(project funding，專家確定為 35%)對應於隸屬函數 $A1$ 和 $A2$(inadequate 和 marginal)，隸屬度分別為 0.5 和 0.2；清晰的輸入 y1(project stuffing，專家確定為 60%)對應到隸屬函數 $B1$ 和 $B2$(small 和 large)，隸屬度分別為 0.1 和 0.7。照這種方式，每個輸入按照模糊規則的隸屬函數進行模糊化。

步驟 2　規則評估

第二個步驟為取得模糊化後的輸入，$\mu_{(x=A1)} = 0.5$、$\mu_{(x=A2)} = 0.2$、$\mu_{(x=B1)} = 0.1$ 以及 $\mu_{(x=B2)} = 0.7$，並將它們應用到模糊規則的前項。如果給定的模糊規則有多個前項，則使用模糊操作(AND 或 OR)來得到表示前項評估結果的一個數值。這個數值(眞值)接下來應用在後項隸屬函數中。

為了評估規則前項的邏輯析取，使用 OR 模糊操作。通常，模糊專家系統使用圖 4-10(規則 1)所示的古典模糊操作「聯集」(4-14)：

$$\mu_{A \cup B}(x) = max\,[\mu_A(x), \mu_B(x)]$$

但是，如果有必要，可以很容易地定制 OR 操作。例如，MATLAB Fuzzy Logic Toolbox 有兩個內置的 OR 方法：max 和機率 OR 方法—probor。機率 OR 方法也就是代數和，計算方法如下：

$$\mu_{A\cup B}(x) = probor\,[\mu_A(x), \mu_B(x)] = \mu_A(x) + \mu_B(x) - \mu_A(x) \times \mu_B(x) \quad (4\text{-}15)$$

類似地，爲了評估規則前項的「合取」，應用圖 4-10(規則 2)所示的 AND 模糊操作交，見公式(4-13)：

$$\mu_{A\cap B}(x) = min\,[\mu_A(x), \mu_B(x)]$$

Fuzzy Logic Toolbox 也提供兩種 AND 方法：min 和乘積方法—prod。乘積的計算方法是：

$$\mu_{A\cap B}(x) = prod\,[\mu_A(x), \mu_B(x)] = \mu_A(x) \times \mu_B(x) \quad (4\text{-}16)$$

模糊操作的不同方法會產生不同的結果嗎？

模糊研究人員建議並應用不同的方法來執行 AND 和 OR 等模糊操作(Cox，1999)，當然，不同的方法可能導致不同結果。大多數模糊包也允許我們客制化 AND 和 OR 等模糊操作，使用者需要自己做出選擇。

下面再看一下規則。

Rule: 1
IF x is $A3$ (0.0)
OR y is $B1$ (0.1)
THEN z is $C1$ (0.1)

$$\mu_{C1}(z) = max\,[\mu_{A3}(x), \mu_{B1}(y)] = max\,[0.0, 0.1] = 0.1$$

or

$$\mu_{C1}(z) = probor\,[\mu_{A3}(x), \mu_{B1}(y)] = 0.0 + 0.1 - 0.0 \times 0.1 = 0.1$$

Rule: 2
IF x is $A2$ (0.2)
AND y is $B2$ (0.7)
THEN z is $C2$ (0.2)

$$\mu_{C2}(z) = min\,[\mu_{A2}(x), \mu_{B2}(y)] = min\,[0.2, 0.7] = 0.2$$

or

$$\mu_{C2}(z) = prod\,[\mu_{A2}(x), \mu_{B2}(y)] = 0.2 \times 0.7 = 0.14$$

因此規則 2 的表達如圖 4-11 所示。

現在前項評估的結果可以應用到後項的隸屬函數中。換句話說，後項隸屬函數被剪切或縮放到規則前項的眞值的水準。

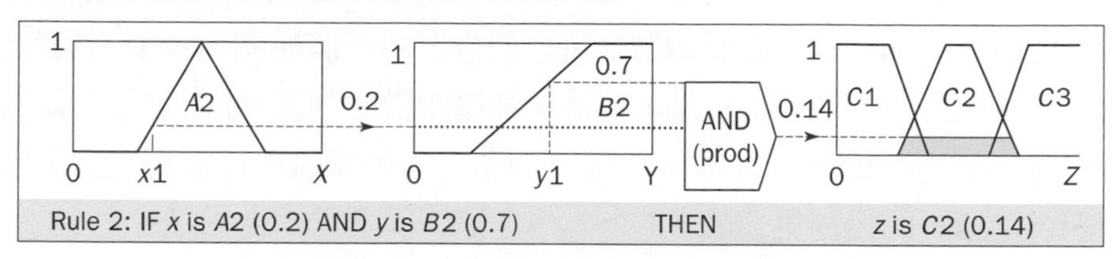

圖 4-11 模糊操作 AND 的產生式

「剪切或縮放」是什麼意思？

將規則後項和規則前項的眞值關聯起來最常見的方法是簡單地裁減後項隸屬函數，使之和前項的眞值準位一致，這種方法也叫做剪切或最小相關性。由於隸屬函數的頂層被分段，剪切後的模糊集合損失了一部分資訊。但是，剪切仍然是最常用的，因爲它的數學複雜性低、運算速度快、並且能產生易於解模糊化的聚合輸出表面。

剪切是最常使用的方法，而縮放或相關性產生式提供了保持模糊集合原始形狀的更好的方法。規則後項的原始隸屬函數透過將其所有隸屬度乘以規則前項的眞值來調整。這種方法損失的資訊較少，在模糊專家系統中非常有用。

剪切和縮放隸屬函數如圖 4-12 所示。

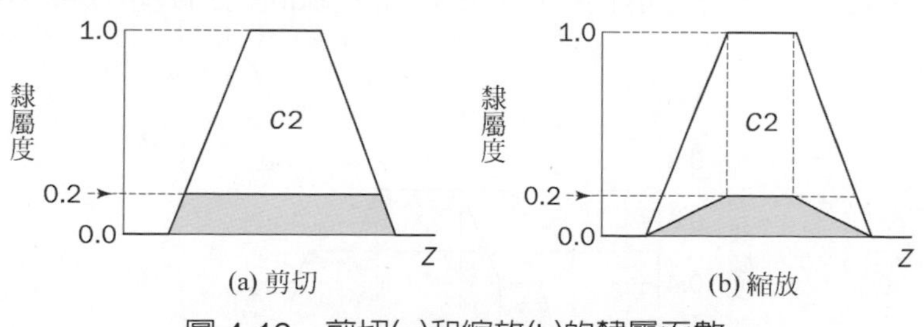

圖 4-12 剪切(a)和縮放(b)的隸屬函數

步驟 3　聚合規則的輸出

聚合是所有規則輸出進行單一化的過程。換句話說，我們取之前經過剪切和縮放的所有規則後項的隸屬函數並將它們合併到一個模糊集合中。因此，聚合過程的輸入是已經過剪切或縮放的後項隸屬函數的列表，輸出是每個輸出變數分別有一個模糊集合。圖 4-10 顯示了對所有的模糊輸出每個規則的輸出是如何聚合進單一的模糊集合的。

步驟 4　解模糊化

模糊推理過程的最後一個步驟是解模糊化。模糊化可以幫助我們評估規則，但是模糊系統的最終輸出必須是一個清晰的數值。解模糊化過程的輸入是聚合模糊集合的輸出，且輸出是單一的數值。

如何將聚合模糊集合解模糊化？

有幾種解模糊化的方法(Cox，1999)，但最常用的是質心技術。這種技術尋找一個點，這個點所在的垂直線能夠將聚合集合分割成兩個相等的部分。這個重力的質心(COG)的數學表示爲：

$$\mathrm{COG}=\frac{\int_a^b \mu_A(x)x\,dx}{\int_a^b \mu_A(x)\,dx} \tag{4-17}$$

如圖 4-13 所示，質心解模糊化方法在[*a, b*]區間找到表示模糊集合 *A* 的重力質心的點。

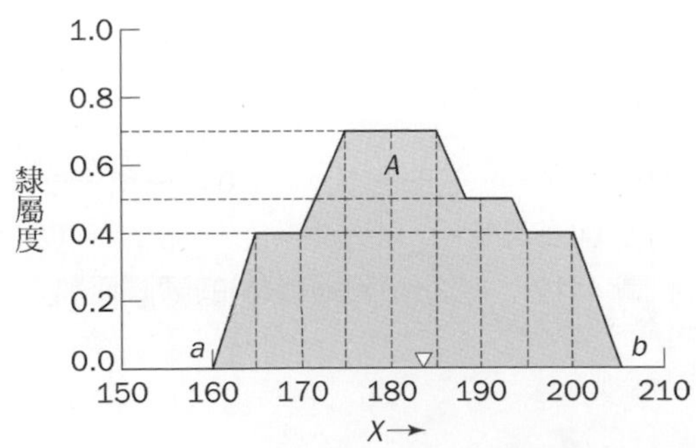

圖 4-13　解模糊化的質心方法

從理論上說，COG 是在聚合輸出隸屬函數的連續空間點上計算，但實際上，可以透過在如圖 4-13 所示的樣本點上計算 COG 來得到 COG 的合理估值。在這種情況下，使用下面的公式：

$$\mathrm{COG}=\frac{\sum_{x=a}^{b}\mu_A(x)x}{\sum_{x=a}^{b}\mu_A(x)} \tag{4-18}$$

現在計算本例中的重力質心，方法如圖 4-14 所示。

$$\mathrm{COG}=\frac{(0+10+20)\times 0.1+(30+40+50+60)\times 0.2+(70+80+90+100)\times 0.5}{0.1+0.1+0.1+0.2+0.2+0.2+0.2+0.5+0.5+0.5+0.5}$$
$$=67.4$$

因此，解模糊化的結果是，$z1$ 的清晰輸出爲 67.4，意思是該「模糊」項目的風險爲 67.4%。

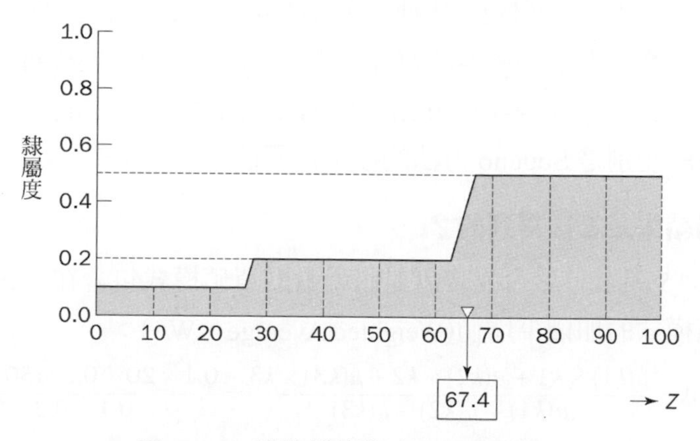

圖 4-14 變數模糊集合的解模糊化

4.6.2 Sugeno-style 推理

如前所述，Mamdani-style 推理需要透過整合連續變化的函數找到二維形狀的質心，通常這個過程計算的效率不高。

是否可以縮短模糊推理的時間？

我們使用只有一個尖峰的單值函數作爲規則後項的隸屬函數。這種方法首先由 Michio Sugeno(被譽爲日本的 Zadeh)在 1985 年首次提出的(Sugeno，

1985)。單值模式，更確切地說是模糊單值模式，是帶有隸屬函數的模糊集合，該隸屬函數在論域的某個點上為 1，在其他點上為 0。

Sugeno-style 模糊推理和 Mamdani 方法很像。Sugeno 僅改變規則的後項。他使用輸入變數(而非模糊集合)的數學函數。Sugeno-style 模糊規則的格式為：

IF x is A
AND y is B
THEN z is $f(x,y)$

其中 x、y 和 z 是語言學變數；A 和 B 分別是論域 X 和 Y 上的模糊集合；$f(x,y)$ 是數學函數。

最常用的零階 Sugeno 模糊模型應用以下形式的模糊規則，其中 k 是常數。：

IF x is A
AND y is B
THEN z is k

在這種情況下，每個模糊規則的輸出是常數。換句話說，所有的後項隸屬函數由單值尖峰來表示。圖 4-15 顯示了零階 Sugeno 模型模糊推理的過程。我們比較一下圖 4-15 和圖 4-10。Sugeno 和 Mamdani 兩種方法的相似性是顯而易見的，僅有的差別是 Sugeno 方法的後項是單值的。

清晰的輸出結果是怎樣得到的？

如圖 4-15 所示，聚合操作就是將所有的單值模式包含在一起，下面來尋找這些單值模式的加權平均值(Weighted Average，WA)：

$$\mathrm{WA}=\frac{\mu(k1)\times k1+\mu(k2)\times k2+\mu(k3)\times k3}{\mu(k1)+\mu(k2)+\mu(k3)}=\frac{0.1\times 20+0.2\times 50+0.5\times 80}{0.1+0.2+0.5}=65$$

因此，對於我們的問題，零階的 Sugeno 系統就足夠了。幸運的是，單值輸出函數通常能夠滿足問題的需要。

用 Mamdani 法還是 Sugeno 法？怎樣做決定？

在獲取專家知識時常使用 Mamdani 方法。因為這種方法可以用更直接、更接近人類的方式來描述專家的意見。但是，Mamdani 模糊推理的計算量大。另一方面，Sugeno 方法的計算效率高，並能夠與最佳化演算法和自適應技術協同工作，這使得該方法在控制問題，尤其是動態非線性系統中很有吸引力。

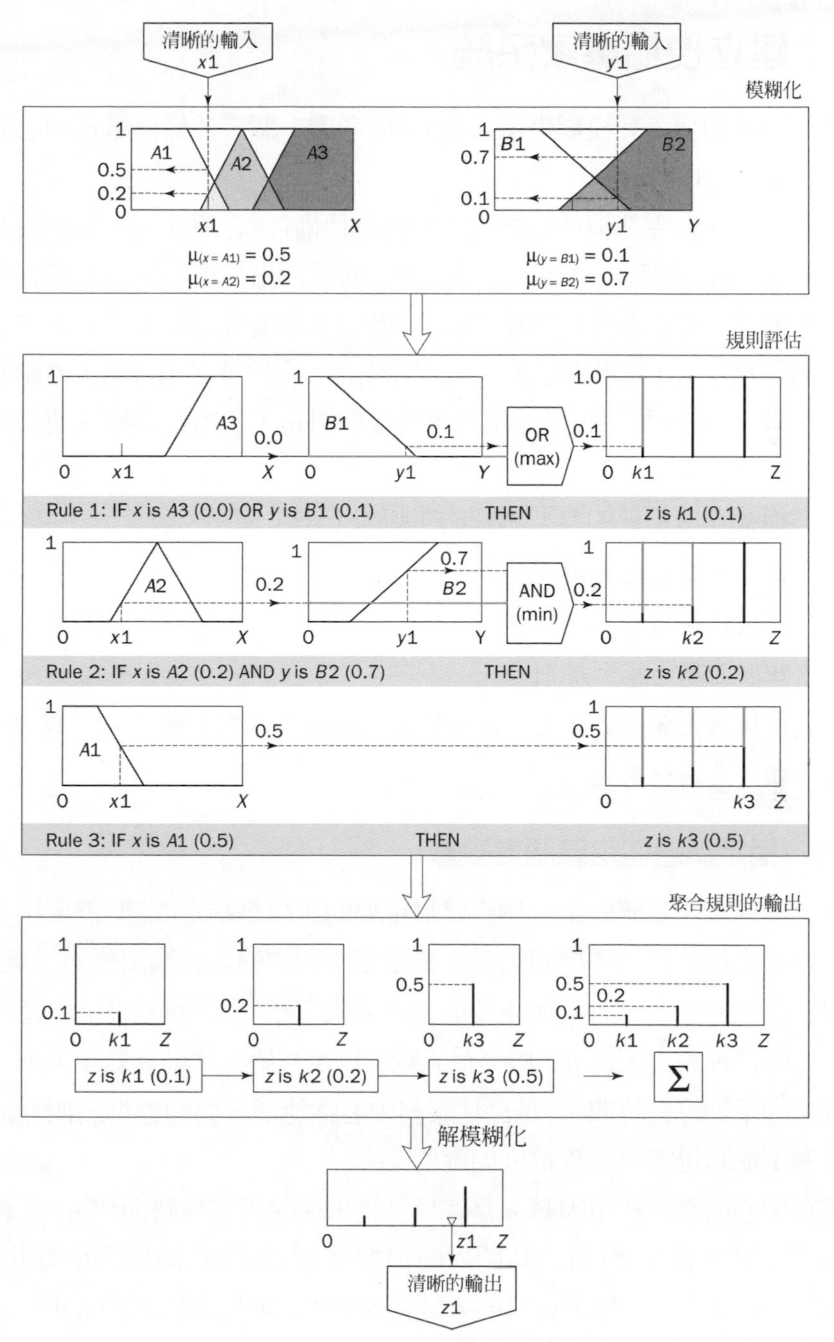

圖 4-15　Sugeno-style 模糊推理的基本結構

4.7 建立模糊專家系統

爲了說明如何設計模糊專家系統，下面考慮一個零件備件服務中心的例子(Turksen *et al.*，1992)。

服務中心保存零件備件並修復損壞的零件備件。客戶拿來一個損壞的零件備件，換走一個相同型號的零件備件。損壞的零件備件被修好後放置在架子上作爲零件備件。如果架子上有所需的零件備件，那麼客戶從架子上拿走零件備件並離開服務中心。如果架子上沒有零件備件，客戶就必須等待，直到拿到需要的零件備件爲止。我們的目標是向零件備件服務中心的經理建議使客戶滿意的決策方針。

開發模糊專家系統的典型過程的步驟如下：

1. 指定問題並定義語言變數。
2. 定義模糊集合。
3. 抽取並構造模糊規則。
4. 作模糊集合、模糊規則和過程的編碼以在專家系統中執行模糊推理。
5. 評估並調整系統。

步驟 1 指定問題並定義語言變數

建立任何專家系統的第一個也是最重要的步驟是指定問題，需要按照知識工程的方式來描述問題。換句話說，要確定問題的輸入和輸出變數及範圍。

在我們的問題中，有四個主要的語言變數：平均等待時間(平均延遲)m、服務中心的修理利用因數 ρ、服務員人數 s 以及初始零件備件數量 n。

客戶的平均等待時間 m 是評估服務中心性能最重要的標準。服務的實際平均延遲不能超過客戶可以接受的限度。

服務中心的修理利用因數 ρ 是客戶到達率 λ 除以客戶離開率 μ。λ 和 μ 的量級分別指明零件損壞(單位時間內的損壞)和修復(單位時間內的修復)的比率。顯然，修復率應該和服務員的人數 s 成正比。要提高服務中心的生產率，經理應當使修理利用率因數的值盡可能高。

服務員的人數 s 和初始零件備件數量 n 直接影響客戶的平均等候時間，對中心的性能有重要影響。如果增加 s 和 n，就可以減少平均延遲時間，但同時增加了雇傭新服務員的成本，增加零件配件的數量，就要擴展服務中心的庫存能力以容納新增零件配件。

首先確定零件備件的初始數量 n，給定客戶平均延遲時間 m、服務員的人數 s 和修理利用因數 ρ。因此，在這裏考慮的決策模型中，有三個輸入：m、s 和 ρ，一個輸出 n。換句話說，服務中心的經理應該決定在客戶可接受範圍內維持平均延遲時間所需的零件配件數量。

接下來確定語言變數的範圍。假設表 4-3 是得到的結果，其中 m、s 和 n 已標準化，即除以相對應的最大量級基本數值，得到的範圍爲[0, 1]。

表 4-3　語言變數及其範圍

語言變數：平均延遲，m		
語言值	符號	值範圍(標準化)
Very Short	VS	[0, 0.3]
Short	S	[0.1, 0.5]
Medium	M	[0.4, 0.7]
語言變數：服務員人數，s		
語言值	符號	值範圍(標準化)
Small	S	[0, 0.35]
Medium	M	[0.30, 0.70]
Large	L	[0.60, 1]
語言變數：修理利用因數，ρ		
語言值	符號	值範圍(標準化)
Low	L	[0, 0.6]
Medium	M	[0.4, 0.8]
High	H	[0.6, 1]
語言變數：零件備件數，n		
語言值	符號	值範圍(標準化)
Very Small	VS	[0, 0.30]
Small	S	[0, 0.40]
Rather Small	RS	[0.25, 0.45]
Medium	M	[0.30, 0.70]
Rather Large	RL	[0.55, 0.75]
Large	L	[0.60, 1]
Very Large	VL	[0.70, 1]

注意：對於客戶平均延遲 *m*，這裏僅考慮了三個語言值：Very Short、Short 和 Medium，因爲其他的取值，例如 Long 和 Very Long 是不實際的。服務中心的經理不可能容忍客戶等待的時間超過 Medium。

實際上，所有的語言變數、語言值及其範圍通常是由領域專家來選擇的。

步驟 2　確定模糊集合

模糊集合可以有不同的形狀。通常三角形或四邊形就足以表達專家的知識了，同時也能極大地簡化計算的過程。

圖 4-16 到圖 4-19 顯示了問題中用到的所有語言變數的模糊集合。你可能已經注意到，這裏的一個關鍵點是在相鄰的模糊集合間保持足夠的交疊，以便模糊系統能夠平滑地回應。

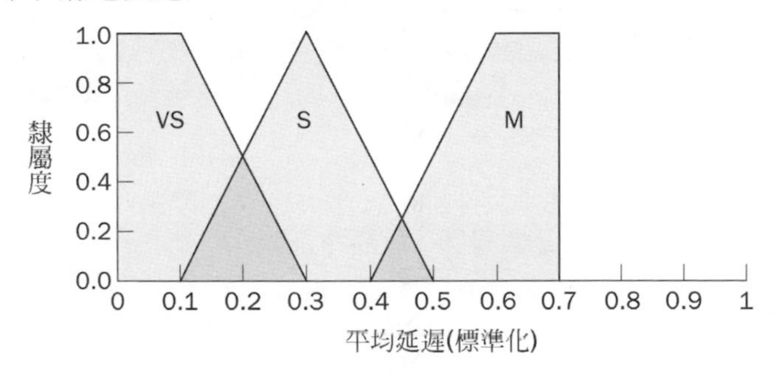

圖 4-16　平均延遲 *m* 的模糊集合

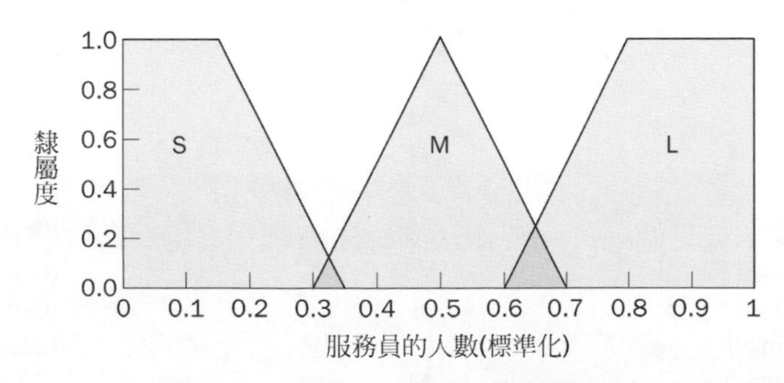

圖 4-17　服務員人數 *s* 的模糊集合

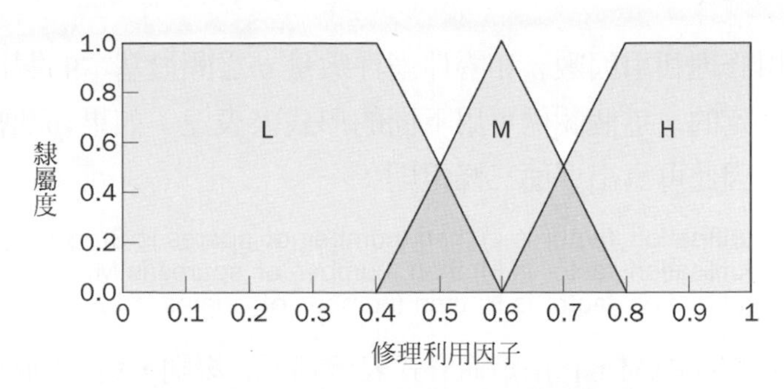

圖 4-18　修理利用因數 ρ 的模糊集合

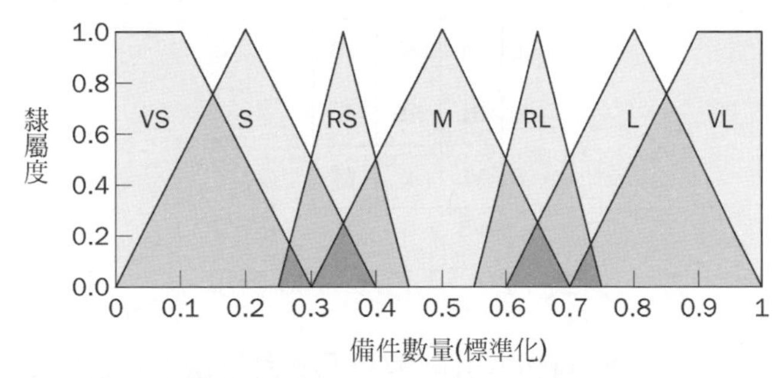

圖 4-19　零件備件數量 n 的模糊集合

步驟 3　抽取並建構模糊規則

下面要獲得模糊規則。要完成這個任務，就需要向專家諮詢如何使用前面定義過的模糊語言變數來解決問題。

所需要的知識也可以從其他管道蒐集得到，這些管道包括書本、電腦資料庫、流程圖和觀察到的人類行爲。在本例中，可以應用研究論文(Turksen *et al.*，1992)中提供的規則。

在本例中，有三個輸入變數和一個輸出變數。用矩陣形式來表示模糊規則通常十分便利。一個二對一的系統(兩個輸入和一個輸出)可描述爲輸入變數的 $M \times N$ 矩陣。橫軸爲一個輸入變數的語言值，縱軸爲另一個輸入變數的語言值，行和列的交集爲輸出變數的語言值。對於三對一的系統(三個輸入和一個輸出)，可用 $M \times N \times K$ 的立方體表示。這種表現方法稱爲模糊關聯記憶(FAM)。

首先使用修理利用因數 ρ 和零件備件數量 n 之間最基本的關係，假設其他輸入變數是固定的。這個關係可用下面的形式來表達：如果 ρ 增加，那麼 n 不應該減少。因此可寫出下面三條規則：

1. If (utilisation_factor is L) then (number_of_spares is S)
2. If (utilisation_factor is M) then (number_of_spares is M)
3. If (utilisation_factor is H) then (number_of_spares is L)

現在用 3×3 的 FAM，它用矩陣形式表示剩下的規則，結果如圖 4-20 所示。

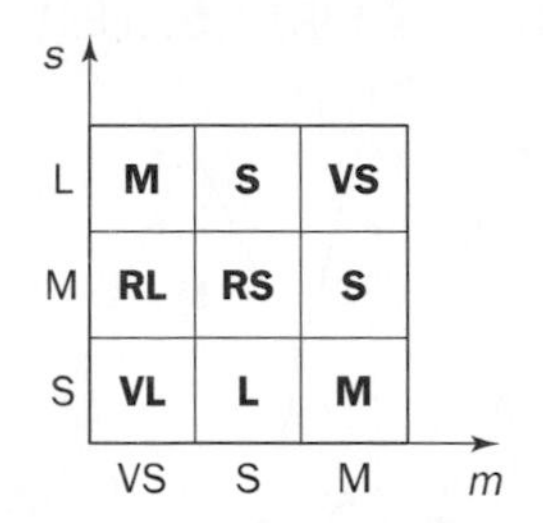

圖 4-20　正方形 FAM 表示

同時，詳細分析服務中心的操作(帶有「專家特徵」)(Turksen *et al.*，1992)，可以導出描述專家系統中使用的所有變數之間的複雜關係的 27 條規則。表 4-4 給出了這些規則，圖 4-21 顯示了立方體(3×3×3)FAM。

表 4-4　規則表

規則	*m*	*s*	*ρ*	*n*	規則	*m*	*s*	*ρ*	*n*	規則	*m*	*s*	*ρ*	*n*
1	VS	S	L	VS	10	VS	S	M	S	19	VS	S	H	VL
2	S	S	L	VS	11	S	S	M	VS	20	S	S	H	L
3	M	S	L	VS	12	M	S	M	VS	21	M	S	H	M
4	VS	M	L	VS	13	VS	M	M	RS	22	VS	M	H	M
5	S	M	L	VS	14	S	M	M	S	23	S	M	H	M
6	M	M	L	VS	15	M	M	M	VS	24	M	M	H	S
7	VS	L	L	S	16	VS	L	M	M	25	VS	L	H	RL
8	S	L	L	S	17	S	L	M	RS	26	S	L	H	M
9	M	L	L	VS	18	M	L	M	S	27	M	L	H	RS

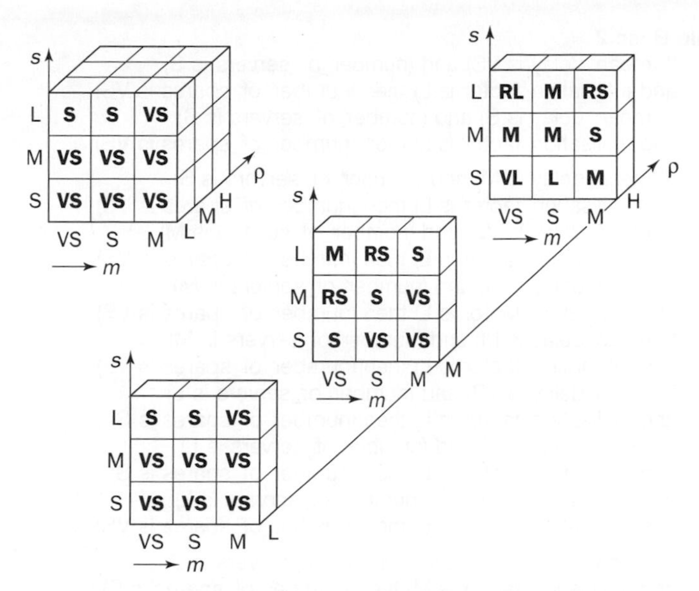

圖 4-21 立方體 FAM 和分層的立方體 FAM 表示

首先開發 12 個(3+3×3)規則，接下來得到 27 個(3×3×3)規則。如果實作了這兩個方案，就可以比較結果。只有系統的性能才能告訴我們哪個方案比較好。

Rule Base 1

1. If (utilisation_factor is L) then (number_of_spares is S)
2. If (utilisation_factor is M) then (number_of_spares is M)
3. If (utilisation_factor is H) then (number_of_spares is L)
4. If (mean_delay is VS) and (number_of_servers is S) then (number_of_spares is VL)
5. If (mean_delay is S) and (number_of_servers is S) then (number_of_spares is L)
6. If (mean_delay is M) and (number_of_servers is S) then (number_of_spares is M)
7. If (mean_delay is VS) and (number_of_servers is M) then (number_of_spares is RL)
8. If (mean_delay is S) and (number_of_servers is M) then (number_of_spares is RS)
9. If (mean_delay is M) and (number_of_servers is M) then (number_of_spares is S)
10. If (mean_delay is VS) and (number_of_servers is L) then (number_of_spares is M)
11. If (mean_delay is S) and (number_of_servers is L) then (number_of_spares is S)
12. If (mean_delay is M) and (number_of_servers is L) then (number_of_spares is VS)

Rule Base 2

1. If (mean_delay is VS) and (number_of_servers is S) and (utilisation_factor is L) then (number_of_spares is VS)
2. If (mean_delay is S) and (number_of_servers is S) and (utilisation_factor is L) then (number_of_spares is VS)
3. If (mean_delay is M) and (number_of_servers is S) and (utilisation_factor is L) then (number_of_spares is VS)
4. If (mean_delay is VS) and (number_of_servers is M) and (utilisation_factor is L) then (number_of_spares is VS)
5. If (mean_delay is S) and (number_of_servers is M) and (utilisation_factor is L) then (number_of_spares is VS)
6. If (mean_delay is M) and (number_of_servers is M) and (utilisation_factor is L) then (number_of_spares is VS)
7. If (mean_delay is VS) and (number_of_servers is L) and (utilisation_factor is L) then (number_of_spares is S)
8. If (mean_delay is S) and (number_of_servers is L) and (utilisation_factor is L) then (number_of_spares is S)
9. If (mean_delay is M) and (number_of_servers is L) and (utilisation_factor is L) then (number_of_spares is VS)
10. If (mean_delay is VS) and (number_of_servers is S) and (utilisation_factor is M) then (number_of_spares is S)
11. If (mean_delay is S) and (number_of_servers is S) and (utilisation_factor is M) then (number_of_spares is VS)
12. If (mean_delay is M) and (number_of_servers is S) and (utilisation_factor is M) then (number_of_spares is VS)
13. If (mean_delay is VS) and (number_of_servers is M) and (utilisation_factor is M) then (number_of_spares is RS)
14. If (mean_delay is S) and (number_of_servers is M) and (utilisation_factor is M) then (number_of_spares is S)
15. If (mean_delay is M) and (number_of_servers is M) and (utilisation_factor is M) then (number_of_spares is VS)
16. If (mean_delay is VS) and (number_of_servers is L) and (utilisation_factor is M) then (number_of_spares is M)
17. If (mean_delay is S) and (number_of_servers is L) and (utilisation_factor is M) then (number_of_spares is RS)
18. If (mean_delay is M) and (number_of_servers is L) and (utilisation_factor is M) then (number_of_spares is S)
19. If (mean_delay is VS) and (number_of_servers is S) and (utilisation_factor is H) then (number_of_spares is VL)
20. If (mean_delay is S) and (number_of_servers is S) and (utilisation_factor is H) then (number_of_spares is L)
21. If (mean_delay is M) and (number_of_servers is S) and (utilisation_factor is H) then (number_of_spares is M)
22. If (mean_delay is VS) and (number_of_servers is M) and (utilisation_factor is H) then (number_of_spares is M)
23. If (mean_delay is S) and (number_of_servers is M) and (utilisation_factor is H) then (number_of_spares is M)
24. If (mean_delay is M) and (number_of_servers is M) and (utilisation_factor is H) then (number_of_spares is S)

25. If (mean_delay is VS) and (number_of_servers is L)
    and (utilisation_factor is H) then (number_of_spares is RL)
26. If (mean_delay is S) and (number_of_servers is L)
    and (utilisation_factor is H) then (number_of_spares is M)
27. If (mean_delay is M) and (number_of_servers is L)
    and (utilisation_factor is H) then (number_of_spares is RS)

步驟 4 對模糊集合、模糊規則和流程進行程式編碼以便在專家系統中執行模糊推理

定義模糊集合和模糊規則後，就要對它們進行程式編碼，建立實際的專家系統。爲了達到這個目標，有兩個選擇：用 C 或 Pascal 這樣的程式語言來建立系統，或者用 MathWorks 的 MATLAB Fuzzy Logic Toolbox 或 Fuzzy Systems Engineering 的 Fuzzy Knowledge Builder 這樣的模糊邏輯開發工具來建立系統。

大多數經驗豐富的模糊系統構建者喜歡用 C/C++程式語言(Cox，1999；Li 和 Gupta，1995)，因爲這種語言有更大的靈活性。但是，爲了快速地開發並得到模糊專家系統的原型，最好的選擇是模糊邏輯開發工具。這種工具會爲建立和測試專家系統提供完善的環境。例如，MATLAB Fuzzy Logic Toolbox 有五個整合的圖形編輯器：模糊推理系統編輯器、規則編輯器、隸屬函數編輯器、模糊推理查看器和輸出介面查看器。這些功能使得設計模糊系統變得更加容易。對於沒有豐富的模糊專家系統構建經驗的初學者而言，這也是個更好的選擇。在選定了模糊邏輯開發工具後，知識工程師僅僅需要將模糊邏輯按照類似於英語的語法來編碼，並定義圖形化的隸屬函數即可。

爲了建立本例的模糊專家系統，我們選擇最常用的工具之一——MATLAB Fuzzy Logic Toolbox。它提供了處理模糊規則和使用者圖形介面的系統架構。對於構模式化糊系統的新手而言，這個工具很容易控制，並易於使用。

步驟 5 評估並調整系統

最後也是最艱苦的工作是評估和調整系統。我們要看模糊系統是否滿足開始時指定的需求。一些測試情形取決於平均延遲、服務員的人數和修理利用因數。Fuzzy Logic Toolbox 可以產生圖面來幫助我們分析系統的性能。圖 4-22 爲兩個輸入一個輸出系統的三維圖。

但是我們的系統有三個輸入和一個輸出。可以超越三維空間嗎？如果超越

三維空間，則在顯示結果時會遇到困難。幸運的是，Fuzzy Logic Toolbox 有專門的功能：它可以根據任意兩個輸入並將第三個輸入設成常數來繪製三維輸出圖面。因此，我們就可以在兩個三維圖上觀察三個輸入一個輸出的系統的性能。雖然模糊系統運轉良好，但我們還是想應用規則庫 2 來改進它。結果如圖 4-23 所示。比較一下圖 4-22 和圖 4-23，就可以看到改進之處。

即使是這樣，專家可能對系統的性能還是不滿意。爲了提高性能，專家可能建議在服務員人數的論域上增加附加的集合(Rather Small 和 Rather Large)來改進系統的性能(如圖 4-24 所示)，並依照圖 4-25 所示的 FAM 擴展規則庫。模糊系統可以很容易地進行修改和擴展讓我們能夠聽從專家的建議並很快獲得如圖 4-26 所示的結果。

通常，調整模糊專家系統花費的時間和精力遠遠超過決定模糊集合和建構模糊規則所花費的時間和精力。一般情況下，合理的解決方案是在第一次確定模糊集合和模糊規則時得到的。這是模糊邏輯公認的優勢；但是，改進系統更像是藝術而不是工程。

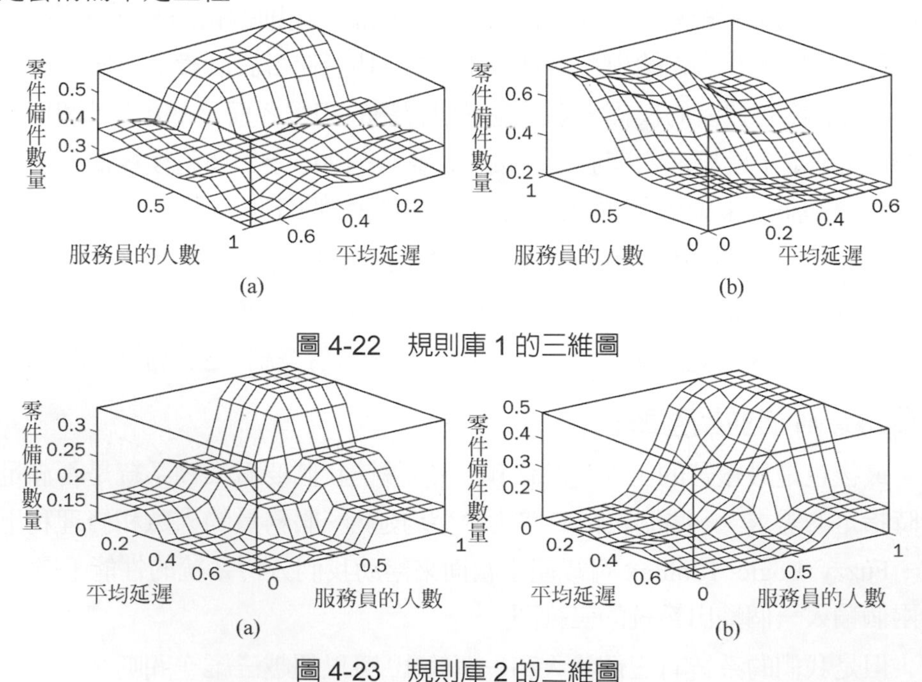

圖 4-22　規則庫 1 的三維圖

圖 4-23　規則庫 2 的三維圖

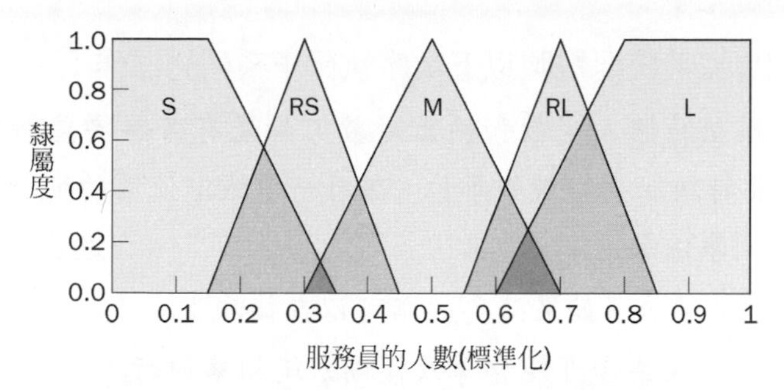

圖 4-24 改進服務員人數 s 的模糊集合

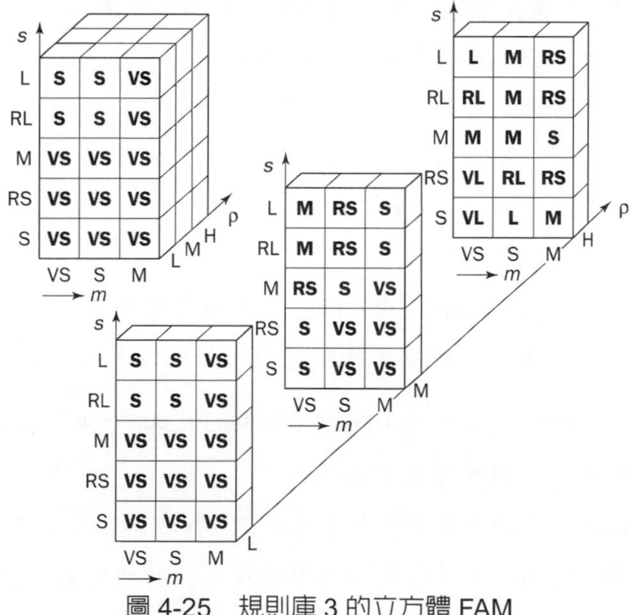

圖 4-25 規則庫 3 的立方體 FAM

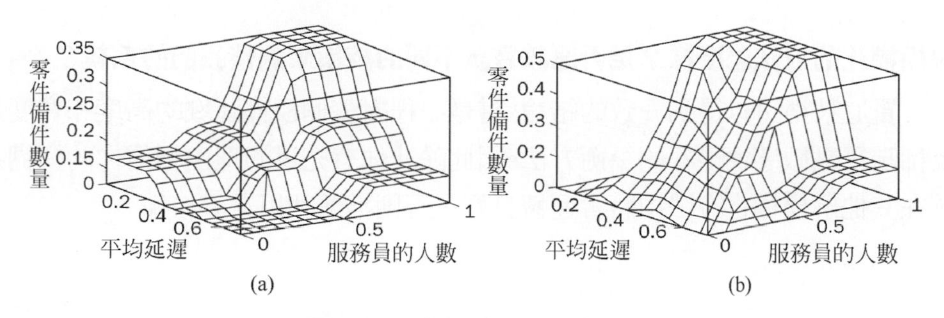

圖 4-26 規則庫 3 的三維圖

調整模糊專家系統要按照以下次序執行一系列的操作：

1. 回顧模型的輸入變數和輸出變數，如果有必要要重新定義變數的範圍。要特別注意變數的單位，在同一領域中使用的變數必須用論域上的相同單位加以測量。
2. 回顧模糊集合，如果必要的話可以在論域上定義附加的集合。使用更廣泛的模糊集合可能會導致模糊系統粗略執行。
3. 相鄰集合之間要有足夠的重疊。雖然沒有精確的方法確定合適的重疊的程度，但這裏建議三角形對三角形和四邊形對三角形的模糊系統應該有 25%～50%的重疊(Cox，1999)。
4. 回顧現有的規則，如果有必要則在規則庫中加入新的規則。
5. 檢查規則庫以便有寫規則限制語來捕捉系統的不正常行爲機會。
6. 調節規則執行的權重。大多數模糊邏輯工具允許透過改變權重乘數來控制規則的重要性。

   在 Fuzzy Logic Toolbox 中，所有的規則都有預設的權重(1.0)，但是使用者可以透過調節權重來降低規則的強制性。例如，指定

   ```
   If (utilisation_factor is H) then (number_of_spares is L) (0.6)
   ```

   那麼規則的強制性降低了 40%。
7. 修訂模糊集合的形狀。在大多數情況下，模糊系統對形狀近似是高度寬容的。因此即使模糊集合的形狀沒有精確的定義，系統也可以運轉良好。

解模糊化的方法怎麼樣？是否應該嘗試不同的技術來調整我們的系統？

質心技術可以得到一致的結論。這是一種對整個模糊區域的高度和寬度以及稀疏單點敏感性很好的平衡方法。因此除非你有充足的理由相信你的模糊系統在其他解模糊化方法中將會運轉良好，否則推薦利用質心技術。

4.8 總結

本章介紹了模糊邏輯並探討了其背後的哲學思想，介紹了模糊集合的概念以及如何在電腦中表示模糊集合，並檢查了模糊集合的操作。我們還定義了語言變數和模糊限制語，隨後介紹了模糊規則並解釋了古典規則和模糊規則的區別。本章主要研究了兩種模糊推理技術—Mamdani 和 Sugeno，並給出了它們適用的情況。最後介紹開發模糊專家系統的步驟，並詳細說明了建立和調整模糊系統的實際步驟。

本章的主要內容有：

- 模糊邏輯是描述模糊的邏輯。模糊邏輯試圖對人類的語言、決策和常識模式化，這樣會促使出現更加智慧型的機器。
- 模糊邏輯是在 20 世紀 20 年代由 Jan Lukasiewicz 提出的，在 20 世紀 30 年代由 Max Black 進行了仔細的研究，並在 20 世紀 60 年代由 Lotfi Zadeh 重新發現，並擴展到了數學邏輯的正式系統中。
- 模糊邏輯是基於隸屬度的知識表達的數學原理的集合，而非基於古典二值邏輯中清晰的歸屬關係。和二值的布林邏輯不同，模糊邏輯是多值的。
- 模糊集合是有模糊邊界的集合，例如對男性身高的 short、average 或 tall。爲了在電腦中表達模糊集合，我們用函數表示集合，並將集合中的元素對應到隸屬度。模糊專家系統中古典的隸屬函數是三角函數和梯形函數。
- 語言變數用來描述有含糊或模糊取值的術語或概念。這些值用模糊集合表示。
- 模糊限制語是模糊集合的限定詞，用來修飾模糊集合的形狀。模糊限制語包含 very、somewhat、quite、more or less 及 slightly 這樣的副詞。模糊限制語執行數學的集中操作來減少模糊元素的隸屬度(例如，very tall men)，或透過增加隸屬度來擴展(例如，more or less tall men 有點高的男人)，透過增加隸屬度在 0.5 以上的值來加強，或減少隸屬度在 0.5 以下的值來減弱(例如，indeed tall men)。

- 模糊集合之間可以相互作用。這些關係稱爲操作。模糊集合間的主要操作有：補集、包含、交集和聯集。
- 模糊規則用來獲取人類的知識。模糊規則是以下形式的條件語句：

  IF x is A
  THEN y is B

  其中 x 和 y 是語言變數，A 和 B 是模糊集合決定的語言值。
- 模糊推理是用模糊集合論將給定的輸入對應到輸出的過程。模糊推理包含四個步驟：輸入變數模糊化、評估規則、規則輸出的聚合以及解模糊化。
- 有兩種模糊推理技術：Mamdani 和 Sugeno。Mamdani 方法在模糊專家系統中應用廣泛，因爲這種方法能夠用模糊規則來獲得專家的知識。但是 Mamdani 的模糊推理的計算量非常大。
- 爲了改進模糊推理的計算效率，Sugeno 使用有尖峰的單值函數來作爲規則後項的隸屬函數。Sugeno 方法可以和最佳化及自適應技術協同作用，因此在控制尤其是動態非線性系統中非常適用。
- 建立模糊系統是一個疊代的過程，包括定義模糊集合和模糊規則、評估和調整系統，以滿足具體的需求。
- 調整是建立模糊系統中最費力和枯燥的過程，通常包括調整現有的模糊集合和模糊規則。

複習題

1. 什麼是模糊邏輯？哪些人是模糊邏輯的創始人？爲什麼說模糊邏輯促進了更加智慧型機器的出現？
2. 什麼是模糊集合和隸屬函數？清晰集合和模糊集合之間有什麼不同？定義男性體重論域上可能的模糊集合。
3. 定義語言變數和語言值。給出例子。如何在模糊規則中使用語言變數？給出模糊規則的例子。

4. 什麼是模糊限制語？模糊限制語如何修飾現有的模糊集合？給出執行集合中、擴張和增強操作的模糊限制語。給出合適的數學表示和圖形表示。
5. 定義模糊集合的主要操作。舉例說明。如何應用模糊集合操作、性質和模糊限制語從現有模糊集合中獲得大量模糊集合？
6. 什麼是模糊規則？古典規則和模糊規則之間的區別是什麼？舉例說明。
7. 定義模糊推理。模糊推理過程的主要步驟有哪些？
8. 如何評估模糊規則的多個前項？舉例說明。執行 AND 和 OR 模糊操作的不同方法會得到不同的結果嗎？為什麼？
9. 什麼是模糊集合的剪切？什麼是模糊集合的縮放？哪種方法最好地保持了模糊集合的原始形狀？為什麼？舉例說明。
10. 什麼是解模糊化？最常用的解模糊化方法是什麼？如何透過數學方式和圖形方式確定模糊系統的最終輸出？
11. Mamdani 和 Sugeno 模糊推理方法有什麼不同？什麼是單値？
12. 開發模糊專家系統的主要步驟有哪些？該過程中最費力和枯燥的步驟是哪個？為什麼？

參考文獻

[1] Chang, A.M. and Hall, L.O. (1992). The validation of fuzzy knowledge-based systems, Fuzzy Logic for the Management of Uncertainty, L.A. Zadeh and J. Kacprzyk, eds, John Wiley, New York, pp. 589–604.

[2] Black, M. (1937). Vagueness: An exercise in logical analysis, Philosophy of Science,4, 427–455.

[3] Cox, E. (1999). The Fuzzy Systems Handbook: A Practitioner's Guide to Building, Using, and Maintaining Fuzzy Systems, 2nd edn. Academic Press, San Diego, CA.

[4] Li, H. and Gupta, M. (1995). Fuzzy Logic and Intelligent Systems. Kluwer Academic Publishers, Boston, MA.

[5] Lukasiewicz, J. (1930). Philosophical remarks on many-valued systems of propositional logic. Reprinted in Selected Works, L. Borkowski, ed., Studies in Logic and the Foundations of Mathematics, North-Holland, Amsterdam, 1970, pp.153–179.

[6] Mamdani, E.H. and Assilian, S. (1975). An experiment in linguistic synthesis with a fuzzy logic controller, International Journal of Man–Machine Studies, 7(1), 1–13.

[7] Sugeno, M. (1985). Industrial Applications of Fuzzy Control. North-Holland, Amsterdam.

[8] Turksen, I.B., Tian, Y. and Berg, M. (1992). A fuzzy expert system for a service centre of spare parts, Expert Systems with Applications, 5, 447–464.
[9] Zadeh, L. (1965). Fuzzy sets, Information and Control, 8(3), 338–353.
[10] Zadeh, L. (1973). Outline of a new approach to the analysis of complex systems and decision processes, IEEE Transactions on Systems, Man, and Cybernetics, SMC-3(1), 28–44.

參考書目

[1] Arfi, B. (2010). Linguistic Fuzzy-Logic Methods in Social Sciences. Springer-Verlag, Berlin.
[2] Bergmann, M. (2008). An Introduction to Many-Valued and Fuzzy Logic: Semantics, Algebras, and Derivation Systems. Cambridge University Press, New York.
[3] Bojadziev, G. and Bojadziev, M. (2007). Fuzzy Logic for Business, Finance, and Management. World Scientific, Singapore.
[4] Buckley, J.J. and Eslami, E. (2002). An Introduction to Fuzzy Logic and Fuzzy Sets. Physica-Verlag, Heidelberg.
[5] Carlsson, C., Fedrizzi, M. and Fuller, R. (2004). Fuzzy Logic in Management, Kluwer Academic Publishers, Norwell, MA.
[6] Engelbrecht, A.P. (2007). Computational Intelligence: An Introduction, 2nd edn. John Wiley, Chichester.
[7] Galindo, J., Urrutia, A. and Piattini, M. (2006). Fuzzy Databases: Modeling, Design and Implementation. Idea Group Publishing, Hershey, PA.
[8] Ha´jek, P. (1998). Metamathematics of Fuzzy Logic. Kluwer Academic Publishers, Dordrecht.
[9] Jantzen, J. (2007). Foundations of Fuzzy Control. John Wiley, Chichester.
[10] Klir, G.J. and Yuan, B. (1996). Fuzzy Sets, Fuzzy Logic, and Fuzzy Systems: Selected Papers by Lotfi A. Zadeh, Advances in Fuzzy Systems – Applications and Theory, vol. 6. World Scientific, Singapore.
[11] Kosko, B. (1992). Fuzzy Associative Memory Systems, Fuzzy Expert Systems, A. Kandel, ed., CRC Press, Boca Raton, FL, pp. 135–164.
[12] Kosko, B. (1993). Fuzzy Thinking: The New Science of Fuzzy Logic. Hyperion, New York.
[13] Kosko, B. (1997). Fuzzy Engineering. Prentice Hall, Upper Saddle River, NJ.
[14] Kosko, B. (2000). Heaven in a Chip: Fuzzy Visions of Society and Science in the Digital Age. Random House/Three Rivers Press, New York.
[15] Lee, C.C. (1990). Fuzzy logic in control systems: fuzzy logic controller, Part I, IEEE Transactions on Systems, Man, and Cybernetics, 20(2), 404–418.
[16] Lee, C.C. (1990). Fuzzy logic in control systems: fuzzy logic controller, Part II, IEEE Transactions on Systems, Man, and Cybernetics, 20(2), 419–435.
[17] Lilly, J.H. (2010). Fuzzy Control and Identification. John Wiley, Chichester.

[18] Mamdani, E.H. (1974). Application of fuzzy algorithms for control of simple dynamic plant, Proceedings of the Institute of Electrical Engineers, 121(12), 1585–1588.

[19] Margaliot, M. and Langholz, G. (2004). Fuzzy control of a benchmark problem: a computing with words approach, IEEE Transactions on Fuzzy Systems, 12(2), 230–235.

[20] Mendel, J. and Wu, D. (2010). Perceptual Computing: Aiding People in Making Subjective Judgments. John Wiley, Hoboken, NJ.

[21] Mukaidono, M. (2001). Fuzzy Logic for Beginners. World Scientific, Singapore.

[22] Negoita, C.V. (1985). Expert Systems and Fuzzy Systems. Benjamin/Cummings, Menlo Park, CA.

[23] Negoita, C.V. (2000). Fuzzy Sets. New Falcon Publications, Tempe, AZ.

[24] Nguyen, H.T. and Walker, E.A. (2005). A First Course in Fuzzy Logic, 3rd edn. Chapman & Hall/CRC Press, London.

[25] Pedrycz, W. and Gomide, F. (2007). Fuzzy Systems Engineering: Toward Human-Centric Computing. John Wiley, Hoboken, NJ.

[26] Ross, T. (2010). Fuzzy Logic with Engineering Applications, 3rd edn. John Wiley, Chichester.

[27] Siler, W. and Buckley, J.J. (2004). Fuzzy Expert Systems and Fuzzy Reasoning. John Wiley, Hoboken, NJ.

[28] Tanaka, K. (1996). An Introduction to Fuzzy Logic for Practical Applications. Springer-Verlag, New York.

[29] Terano, T., Asai, K. and Sugeno, M. (1992). Fuzzy Systems Theory and its Applications. Academic Press, London.

[30] Von Altrock, C. (1995). Fuzzy Logic and Neuro Fuzzy Applications Explained. Prentice Hall, Upper Saddle River, NJ.

[31] Yager, R.R. and Filev, D.P. (1994). Essentials of Fuzzy Modeling and Control. John Wiley, New York.

[32] Yager, R.R. and Zadeh, L.A. (1992). An Introduction to Fuzzy Logic Applications in Intelligent Systems. Kluwer Academic Publishers, Boston, MA.

[33] Yager, R.R. and Zadeh, L.A. (1994). Fuzzy Sets, Neural Networks and Soft Computing. Van Nostrand Reinhold, New York.

[34] Zadeh, L.A. (1975). The concept of a linguistic variable and its applications to approximate reasoning, Part I, Information Sciences, 8, 199–249.

[35] Zadeh, L.A. (1975). The concept of a linguistic variable and its applications to approximate reasoning, Part II, Information Sciences, 8, 301–357.

[36] Zadeh, L.A. (1975). The concept of a linguistic variable and its applications to approximate reasoning, Part III, Information Sciences, 9, 43–80.

[37] Zadeh, L.A. (1999). From computing with numbers to computing with words – from

manipulation of measurements to manipulation of perceptions, IEEE Transactions on Circuits and Systems Science, 45, 105–119.

[38] Zadeh, L.A. (2004). Precisiated natural language (PNL), AI Magazine, 25(3), 74–91.

[39] Zadeh, L.A. (2005). Towards a generalised theory of uncertainty (GTU): an outline, Information Sciences – Informatics and Computer Science, 172(1–2), 1–40.

[40] Zadeh, L.A. (2009). Toward extended fuzzy logic–a first step, Fuzzy Sets and Systems, 160(21), 3175–3181.

[41] Zimmermann, H.-J. (2001). Fuzzy Set Theory and its Applications, 4th edn. Kluwer Academic Publishers, Boston, MA.

基於框架的專家系統　5

本章介紹專家系統中表達知識的一種常用方法：基於框架的方法，介紹如何開發基於框架的專家系統，並透過實例來說明。

5.1 框架簡介

電腦中的知識可以透過幾種技術來表示。在前面幾章中介紹了規則。本章主要用框架來表達知識。

什麼是框架？

框架是帶有關於某個物件和概念的典型知識的資料結構。框架由 Marvin Minsky 於 20 世紀 70 年代提出(Minsky，1975)，用來在基於框架的專家系統中獲得和表達知識。圖 5-1 所示的登機證即爲表達航班乘客知識的典型框架。其中兩個框架的結構是相同的。

每個框架都有自己的名字和相關的屬性(或槽)的集合。name、weight、height 和 age 是 person 框架的槽。model、processor、memory 和 price 是 computer 框架的槽。每個屬性(或槽)都有具體的值。例如，在圖 5-1(a)中，Carrier(運輸公司)的槽值是 QANTAS AIRWAYS，Gate 的槽值爲 2。在某些情況下，槽值可能不是一個值，而是由一段程式來決定它的值爲何。

在專家系統中，框架主要用於和產生式規則進行合取(conjunction)。

QANTAS BOARDING PASS	
Carrier:	QANTAS AIRWAYS
Name:	MR N BLACK
Flight:	QF 612
Date:	29DEC
Seat:	23A
From:	HOBART
To:	MELBOURNE
Boarding:	0620
Gate:	2

(a)

AIR NEW ZEALAND BOARDING PASS	
Carrier:	AIR NEW ZEALAND
Name:	MRS J WHITE
Flight:	NZ 0198
Date:	23NOV
Seat:	27K
From:	MELBOURNE
To:	CHRISTCHURCH
Boarding:	1815
Gate:	4

(b)

圖 5-1　登機證框架

爲什麼有必要使用框架？

框架爲實作知識的結構化和簡化表達提供了一種自然的方法。在單一實體中，框架包含與某個物件或概念有關所有必需的知識。框架提供了一種將知識組織成槽以描述物件的不同屬性和特徵的方法。

前面已經說過，眞實世界中的很多問題可以很自然地用 IF-THEN 產生式規則來表示。但是，基於規則的專家系統使用的系統化搜尋技術會用到散佈在整個知識庫中的事實。這樣可能會搜尋到和給定問題無關的知識，因此這種搜尋可能會耗費太多時間。例如，假如僅僅搜尋有關 Qantas 經常搭乘者的知識，就希望避免搜尋有關 Air New Zealand 或 British Airways 乘客的知識。在這種情況下，就需要框架以便在單一的結構中蒐集相關的行爲。

基本上，框架是用於專家系統之物件導向程式設計的一種應用。

什麼是物件導向程式設計？

物件導向程式設計可以定義成以物件作爲分析、設計和實作基礎的程式設計方法。在物件導向程式設計中，物件被定義成一個概念、抽象或事物，有著清晰的邊界，對所要處理的問題而言也是有意義的(Rumbaugh *et al.*，1991)。所有的物件都有特徵，可以彼此清晰地區分開來。例如，Michael Black、Audi 5000 Turbo、IBM Aptiva S35 等就是物件的例子。

物件在單一實體中將資料結構及其行爲結合在一起。這點和傳統程式設計截然不同，傳統程式設計中，資料結構和程式行爲之間的關係是隱含或模糊的。

物件導向程式設計提供了一種很自然地在電腦中描述眞實世界的方式，也具有資料依賴性問題，這一點是傳統程式設計固有的特點(Taylor，1992)。當程式師用物件導向程式語言建立一個物件時，首先要指定物件的名字，然後確定一系列描述物件特徵的屬性，最後編寫特定物件行爲的程式。

知識工程師將對象稱爲框架，這個由 Minsky 引入的框架術語已經成爲 AI 的術語。現在物件和框架是同義詞。

5.2　作為知識表達技術的框架

框架的概念透過槽的集合來定義。每個槽描述框架的某個屬性或操作。在很多方面，框架與傳統的包含與實體相關資訊的「記錄」一樣。槽用來儲存值。槽也可以包含預設值，或指向其他框架、一系列規則或程序的指標，利用指標可以得到相對應的槽值。通常，槽可能包含如下幾種資訊。

1. 框架名稱。
2. 框架之間的關係：IBM Aptiva S35 框架可能是 computer 類的一個成員，而 Computer 類可以屬於 Hardware 類。
3. 槽值：槽的值可能是符號、數字或布林值。例如，在圖 5-1 所示的框架中，槽 Name 具有符號值，槽 Gate 爲數字值。槽值可以在建立框架時指定，也可以在專家系統運行時指定。
4. 預設槽值：在沒有發現相反的跡象時，可以將預設值設爲眞。例如，汽車框架有四個輪子，椅子框架有四條腿，這些均可以作爲相對應槽的預設值。
5. 槽值的範圍：槽值的範圍決定了某個物件或概念是否符合框架定義的原型需求。例如，電腦的成本可以設定在 750 美元到 1500 美元之間。
6. 程式資訊：一個槽可附加一個程式(自我包含任意的電腦程式碼片段)，在需要槽值或槽值發生改變時執行該程式。通常有兩種類型的程式可附加到槽上：

(1) 槽中加入新資訊的時候執行 WHEN CHANGED 程式。

(2) 當解決問題需要資訊但還沒有指定槽值的時候執行 WHEN NEEDED 程式。

這種附加的程式也稱作守護程式。

基於框架的專家系統可以透過應用片面來擴展槽值的結構。

什麼是片面？

片面(facet)這種方法可提供框架屬性的知識擴展。片面用來建立屬性值，控制最終使用者的查詢，並告知推理引擎如何處理這些屬性。

通常，基於框架的專家系統允許將值、提示和推理片面附加在屬性上。值片面指定屬性的預設值和初始值。提示片面允許終端使用者在與專家系統的會話中，於線上輸入屬性值。推理片面用於在指定的屬性值發生改變時停止推理過程。

將問題恰當地分解爲框架、槽和片面的標準是什麼？

將問題分解成框架，將框架分解爲槽和片面取決於問題的本質以及知識工程師的判斷，因此沒有可以事先定義的「正確」的表示。

圖 5-2 顯示了描述電腦的框架。頂端的框架表示 Computcr 類，下面的框架描述 IBM Aptiva S35 和 IBM Aptiva S9C 兩個實例。這裡用到了兩種屬性：用於符號資訊的字串類型[Str]和用於數值的數字類型[N]。注意，Computer 類中的預設和初始值片面附加在 Floppy、Power Supply、Warranty 和 Stock 槽上，而屬性名字、類型、預設和初始值則是由實例所繼承。

什麼是類和實例？

「框架」這個詞的意思很含糊。框架可以指某個物件，如電腦 IBM Aptiva S35，也可以指一組相似的物件。爲了更精確一些，可以用實例框架來指某個物件，用類別框架指一組相似的物件。

類別框架描述一組有共同屬性的物件，animal、person、car 和 computer 都是類別框架。在人工智慧中，通常用縮寫詞「類」而不是術語「類別框架」。

基於框架的系統中的每一個框架都「知道」它的類。換句話說，框架的類是框架的隱含屬性。例如，圖 5-2 的實例在槽 Class 中標識了它們的類。

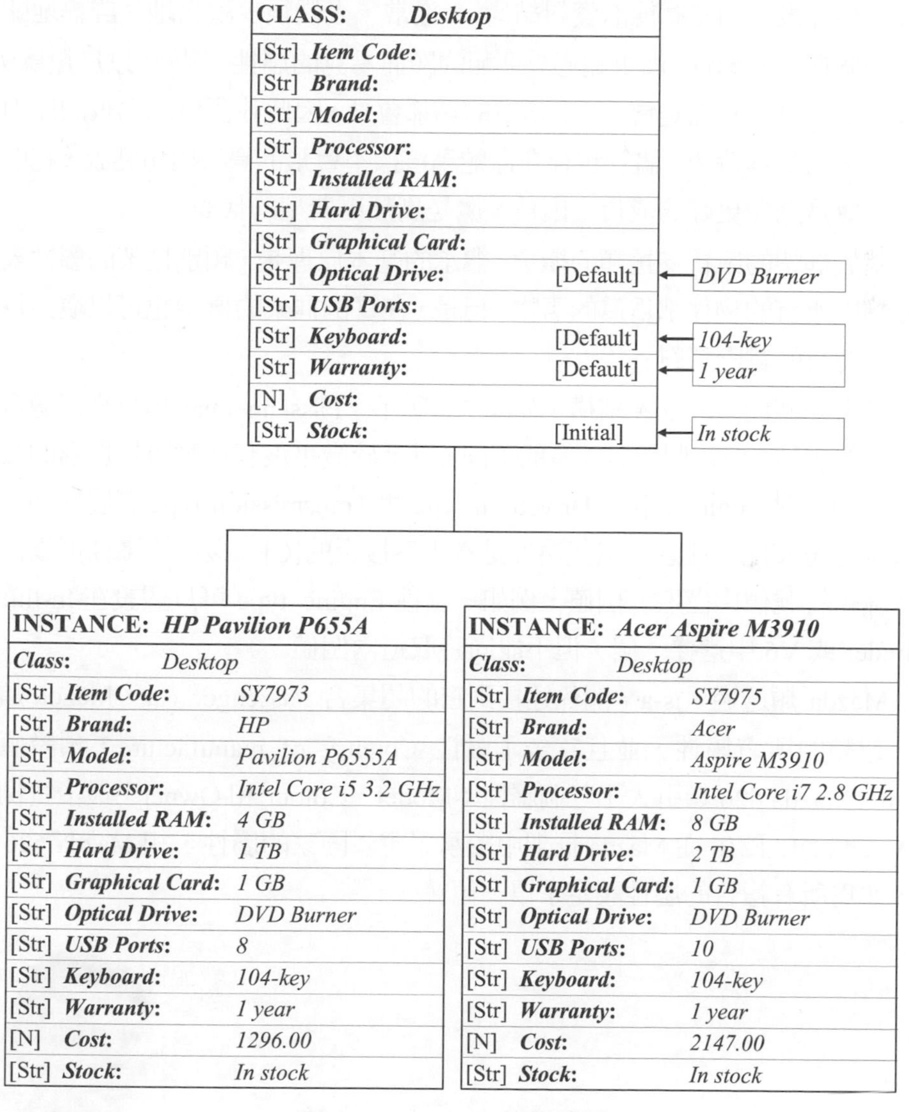

圖 5-2　Desktop 類和實例

如果物件是基於框架系統的基礎，那和類有什麼關係？

將物件組成放入類中使我們可以用抽象的形式來表示問題。Minsky 將框架描述爲「表示固定狀態的資料結構」。通常，人們很少嚴格地、詳盡地關心定義每個物件的屬性，而更關心整個類的顯而易見的屬性。例如，以鳥類爲例，鳥會飛嗎？答案當然是會。幾乎所有的鳥都會飛，因此我們就認爲飛的能力是鳥類的一個基本特徵，儘管也存在像鴕鳥這樣不會飛的鳥。換句話說，和鴕鳥相比，鷹是鳥類更好的成員，因爲，鷹是鳥類更典型的代表。

基於框架的系統支援類的繼承。繼承的基本原理是，類別框架的屬性表示對於類中所有的物件都爲眞的事物。但是，在實例框架的槽中也可以塡寫每個實例所特有的實際資料。

來看一個簡單的框架結構，如圖 5-3 所示。Passenger car 類有幾個適合所有汽車的屬性，但這個類有太多的不同，以至於幾乎沒有什麼可以塡寫的公共屬性，即使對 Engine type、Drivetrain type 和 Transmission type 等屬性加入一些限制也是如此。注意，這些屬性是宣告爲複合的[C]。複合的屬性可以假設成在一組符號值中僅取一個值，例如，屬性 Engine type 可以假設在 In-line 4 Cylinder 或 V6 中選擇一個，但不能同時取這兩個值。

Mazda 類透過「is-a」關係連接到它的超集合 Passenger car，Mazda 類繼承了超類的所有屬性，並且宣告了屬性 Country of manufacture，預設值爲 Japan。Mazda 626 類引入了三個屬性：Model、Colour 和 Owner。最後實例框架 Mazda DR-1216 從 Mazda 框架中繼承了生產國家的屬性，和 Mazda 626 一樣，並爲所有複合的屬性設定了單一值。

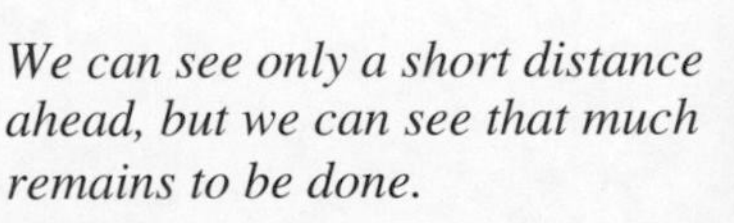

We can see only a short distance ahead, but we can see that much remains to be done.

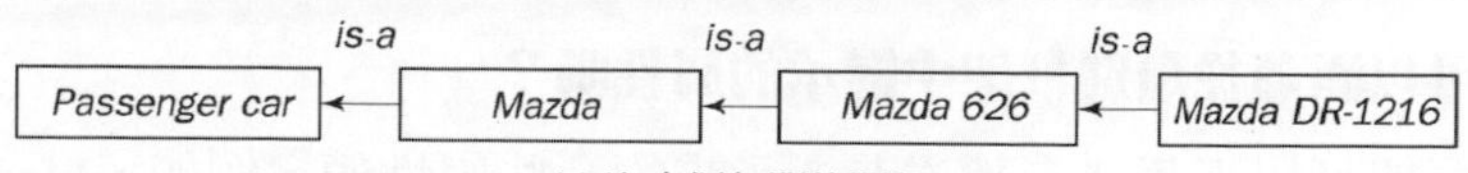

(a) 汽車框架間的關係

CLASS:	*Passenger car*
[C]	*Engine type* In-line 4 cylinder: V6:
[N]	*Horsepower*:
[C]	*Drivetrain type* Rear wheel drive Front wheel drive: Four wheel drive:
[C]	*Transmission type* 5-speed manual: 4-speed automatic:
[N]	*Fuel consumption (mpg)*:
[N]	*Seating capacity*:

Class:	*Mazda*
Superclass:	*Passenger car*
[C]	*Engine type* In-line 4 cylinder: V6:
[N]	*Horsepower*:
[C]	*Drivetrain type* Rear wheel drive Front wheel drive: Four wheel drive:
[C]	*Transmission type* 5-speed manual: 4-speed automatic:
[N]	*Fuel consumption (mpg)*:
[N]	*Seating capacity*:
[Str]	*Country of manufacture*: Japan

CLASS	*Mazda 626*	
Superclass:	*Mazda*	
[C]	*Engine type* In-line 4 cylinder: V6:	
[N]	*Horsepower*:	125
[C]	*Drivetrain type* Rear wheel drive Front wheel drive: Four wheel drive:	
[C]	*Transmission type* 5-speed manual: 4-speed automatic:	
[N]	*Fuel consumption (mpg)*:	22
[N]	*Seating capacity*:	5
[Str]	*Country of manufacture*:	Japan
[Str]	*Model*:	
[C]	*Colour* Glacier White: Sage Green Metallic: Slate Blue metallic: Black Onyx Clearcoat:	
[Str]	*Owner*:	

INSTANCE	*Mazda DR-1216*	
Class:	*Mazda*	
[C]	*Engine type* In-line 4 cylinder: V6:	 TRUE FALSE
[N]	*Horsepower*:	125
[C]	*Drivetrain type* Rear wheel drive Front wheel drive: Four wheel drive:	 FALSE TRUE FALSE
[C]	*Transmission type* 5-speed manual: 4-speed automatic:	 FALSE TRUE
[N]	*Fuel consumption (mpg)*:	28
[N]	*Seating capacity*:	5
[Str]	*Country of manufacture*:	Japan
[Str]	*Model*:	DX
[C]	*Colour* Glacier White: Sage Green Metallic: Slate Blue metallic: Black Onyx Clearcoat:	 FALSE TRUE FALSE FALSE
[Str]	*Owner*:	Mr Black

(b) 汽車框架和它們的槽

圖 5-3　簡單框架結構中槽值的繼承

實例框架可以涵蓋從類別框架中繼承的屬性嗎？

實例框架可以涵蓋或者說違背繼承來的一些屬性值。例如，Mazda 626 類的平均耗油量是每加侖 22 英里，但是實例 Mazda DR-1216 的性能可能沒那麼好，因爲它已經跑了很多里程。Mazda DR-1216 框架保留了 Mazda 626 類的實例，利用層次結構中上層的屬性，即使它和類中的標準值不同。

這種層次結構中框架之間的關係就構成了專門化的過程。層次結構頂端的類別框架表示一些通用的概念，下面的類別框架爲一些有限制的概念和更接近實際例子的實例。

物件如何關聯到基於框架的系統？關係「is-a」是唯一可用的關係嗎？

通常，物件之間有 3 種關係：一般化、聚合和關聯。

一般化顯示超類和子類之間「a-kind-of」或「is-a」關係。例如，汽車是一種交通工具，換句話說，Car 類是更通用的超類 Vehicle 的子類。每個子類從其超類中繼承所有的特徵。

聚合顯示「a-part-of」或「part-whole」關係，幾個代表組成部分的子類都爲代表整體的超類的一部分。例如，引擎類是汽車類的一部分。

關聯描述無關類之間的語意關係，例如，Black 先生有房子、車子和電腦。House、Car、Computer 三個類之間是相互獨立的，但是它們都透過語意的關聯連接到框架 Mr. Black。

關聯與一般化和聚合關係不一樣，其作爲動詞出現並雙向繼承。

電腦擁有 Black 先生嗎？當然，雙向關聯的名字可以在一個方向上解讀，如「Black 先生擁有一台電腦」，也可以反方向解讀。擁有的反義詞爲屬於，因此反方向讀應爲「電腦屬於 Black 先生」。事實上，兩個方向上的意義是等價的，都是指相同的關聯。

圖 5-4 顯示了不同物件間的 3 種關係。

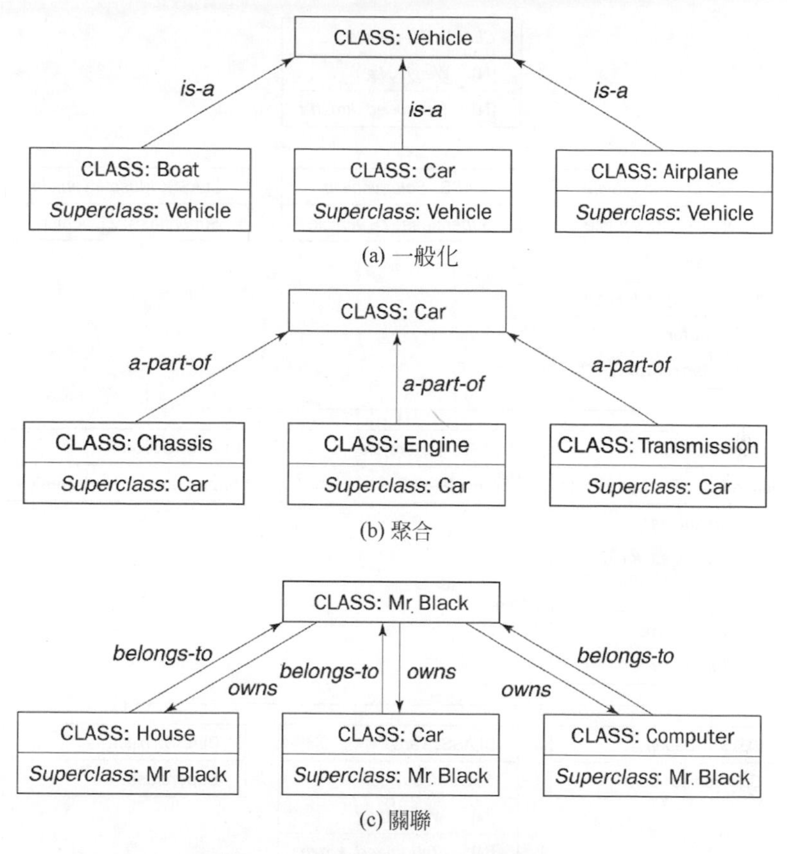

圖 5-4　不同物件間的 3 種關係。

5.3　基於框架系統中的繼承

繼承是框架系統的基本特徵。繼承的定義是：類別框架的所有特徵由實例框架確定的過程。

繼承的常規用法是向所有的實例框架傳遞預設的屬性。我們可以建立一個類別框架，它包含一些物件或概念的通用屬性，然後不須定義類別特徵就可以獲得很多實例框架。

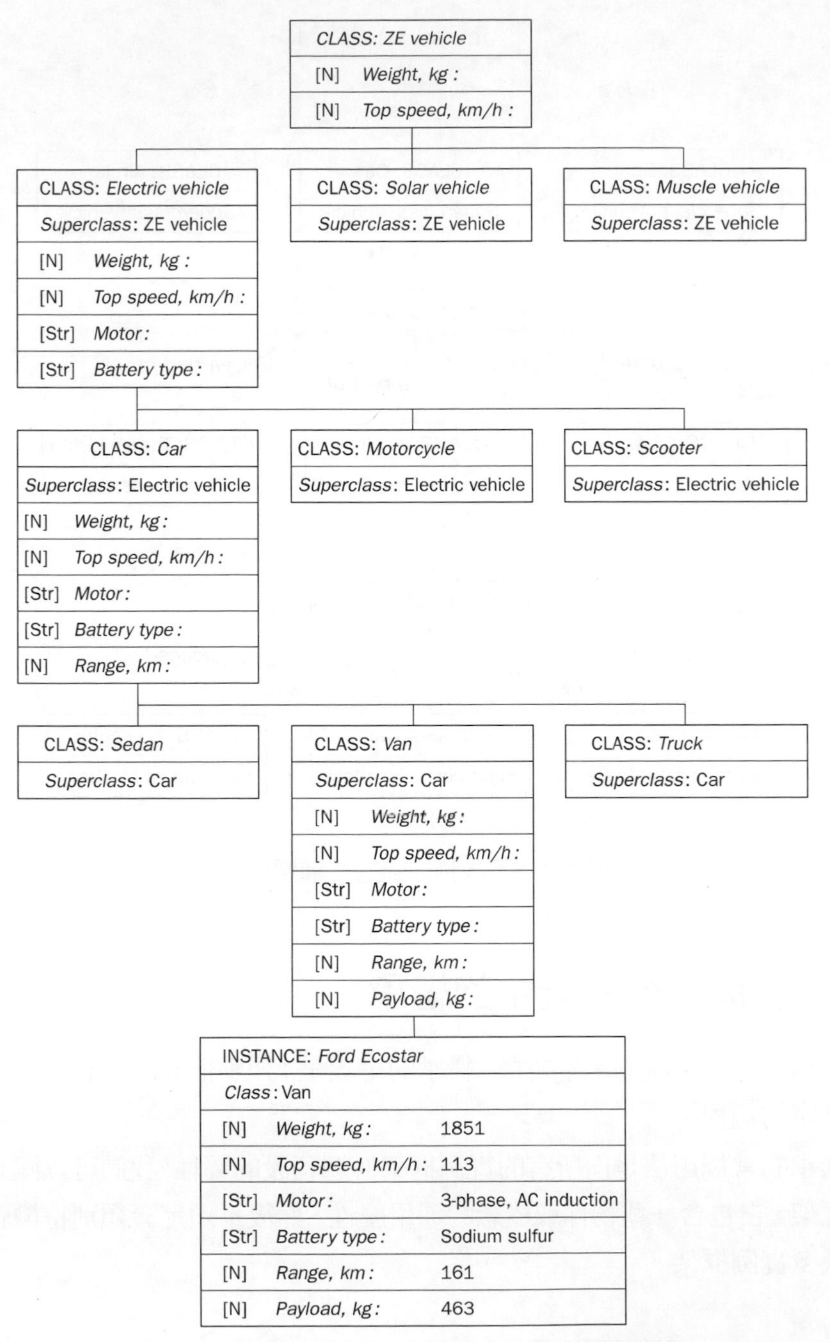

圖 5-5　無污染交通工具結構中的單父類別繼承

基於框架系統的層次結構可視爲上下顚倒的樹。最高層的抽象位於樹的根部。其下的分支的抽象級別較低，最底層的樹葉爲實例框架。每個框架都是從高層的所有相關框架來繼承特徵。

圖 5-5 爲無污染(ZE)交通工具框架的分層結構。根節點 ZE vehicle 有三個分支：Electric vehicle、Solar vehicle 和 Muscle vehicle。接下來沿著其中的一個分支 Electric vehicle 往下走，又被細分爲 Car、Motorcycle 和 Scooter。接下來 Car 又分支爲 Sedan、Van 和 Truck，最底部的葉節點爲實例框架 Ford Ecostar。實例 Ford Ecostar 從其父框架中繼承所有的特徵。

實際上，實例 Ford Ecostar 僅有一個父類一類別框架 Van。此外，在圖 5-5 中，除了根框架 ZE vehicle 外的所有框架都僅有一個父類。在這種類型的結構中，每個框架從它的父類、祖父類和曾祖父類等繼承知識。

框架可以有超過一個的父類嗎？

在很多問題中，表達與不同世界關聯的物件是很自然的。例如，我們希望建立一個人力太陽能電動汽車類。用這種車爬山的時候，人們可以透過踏踏板來啓動電力驅動系統，太陽能電池板會爲電力系統充電。因此，框架 Muscle-Solar-Electric 應該結合三個類別(Muscle vehicle、Solar vehicle 和 Electric vehicle)的特殊屬性。多個父類繼承的唯一要求是所有父類的屬性必須都是唯一的。

在基於框架的系統中，多個類別可以使用相同的屬性名稱。但在多重繼承中，所有的父類必須有唯一的屬性名。例如，要建立子類父類爲 Muscle vehicle、Solar vehicle 和 Electric vehicle 的子類 Muscle-Solar-Electric，那麼需要在父類中剔除 Weight、Top speed 這樣的屬性，只有這樣才能建立子類。換句話說，要建立多重繼承的子類，必須重新考慮系統的整個結構，如圖 5-6 所示。

在基於框架的系統中，繼承意味著程式碼再利用，同時知識工程師的工作就是將相似的類歸類，再利用共同的程式碼。繼承最重要的優點就是概念上的簡化，而透過在專家系統中減少獨立和具體特徵的數量便可達到這個目的。

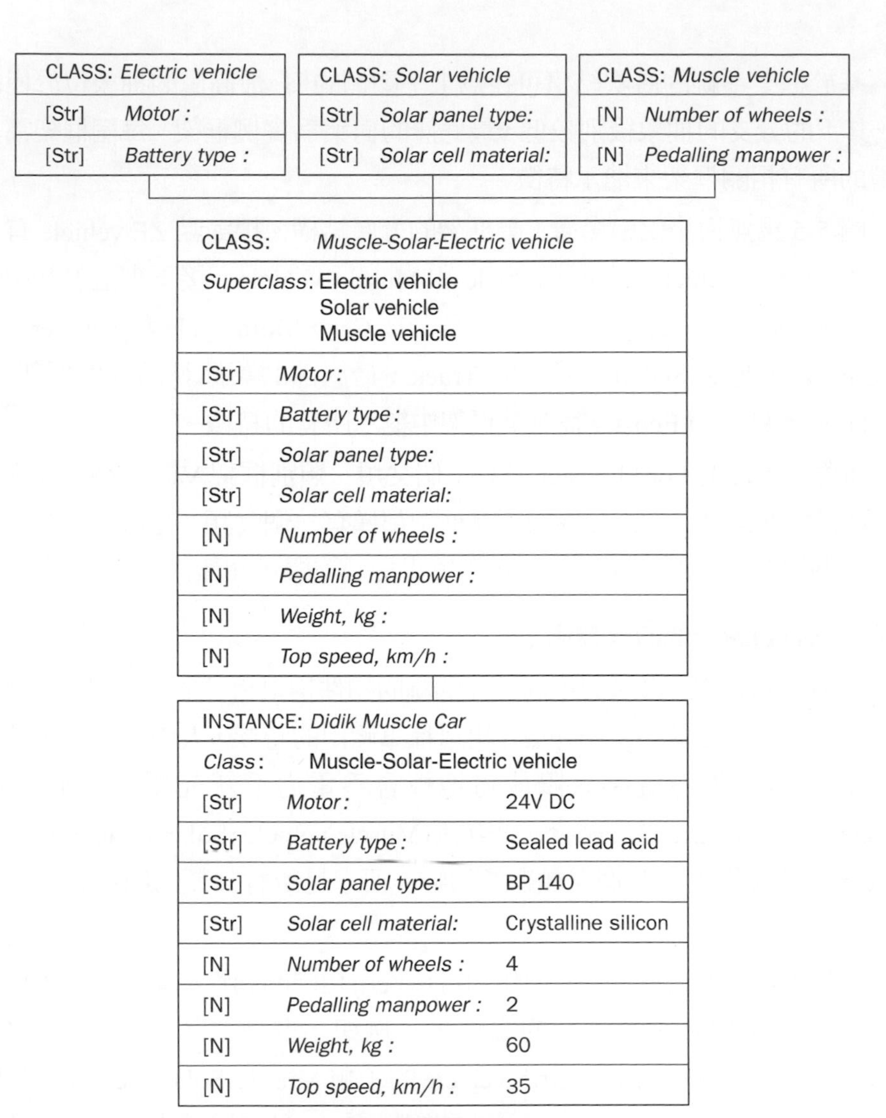

圖 5-6 多重繼承的例子

有缺點嗎？

和上面的例子一樣，基於框架的專家系統中很多簡化的想法其實在執行階段都喪失了。Brachman 和 Levesque(1985)證明，如果允許無限制地涵蓋繼承的屬性，就不可能表達確定的語句(例如：「所有的正方形都是等邊的長方形」)

或不確定的普遍條件(例如：「Kasimir Malevich 的所有繪畫作品中的正方形都是黑色、紅色或白色」)。通常，基於框架的系統不能區別本質屬性(指實例必須包含的屬性，用來區別它是否為該類的成員)和附加屬性(該類的所有實例只是正好有這樣的屬性)。實例繼承所有的典型屬性，並且因為這些屬性可以在框架層次結構中被涵蓋，因此使用多重繼承時不可能構建複合的概念。

看上去這樣破壞了整個框架知識表達的思想。然而，框架提供了一種有力的工具，可以結合陳述性知識和過程性知識，雖然這樣使知識工程師很難就系統的層次結構和繼承途徑作出決策。因此所謂的「典型」特徵並不一定實用，因為它使我們得到難以預料的結果。因此，雖然可以使用框架來表達「鴕鳥是一種鳥」這個事實，但鴕鳥並不是典型的鳥類，老鷹才是鳥類。基於框架的專家系統，例如 Level5 Object，沒有提供阻止建立不一致結構的安全保障，但是這樣的系統與傳統的程式語言相比能提供更加適合人類推理方式的資料和控制結構。此外，為了結合知識表達兩種技術(即規則和框架)的優勢，現代基於框架的專家系統會使用規則來與框架的資訊進行交作用。

5.4 方法和守護程式

前面討論過，框架提供了一種組織知識的結構化和簡潔的方法。但是我們期望專家系統是成為一個聰明的助手—不僅能儲存知識，而且可以驗證和操縱這些知識。因此，若是要在框架中增加動作，需要用到方法和守護程式。

什麼是方法和守護程式？

方法是和框架屬性相關的程序，在必要時執行(Durkin，1994)。例如，在 Level5 Object 中，一系列類似於試算表程式中之巨集的命令表示方法。為某個屬性編寫方法是為了決定屬性值或在屬性值發生變化時執行一系列動作。

大多數基於框架的專家系統有兩種方法：WHEN CHANGED 和 WHEN NEEDED。

守護程式的結構通常為 IF-THEN。它在守護程式 IF 部分的屬性值改變時執行。在這種情況下，守護程式和方法是很相似的，兩個術語通常作為同義詞。

但是，需要撰寫複雜程序時使用方法會更合適，而守護程式的使用僅限於 IF-THEN 語句中。

下面分析一下 WHEN CHANGED 方法。WHEN CHANGED 在屬性值發生變化時立即執行。爲了理解 WHEN CHANGED 如何工作，這裡用一個改編自 Sterling 和 Shapiro(1994)的簡單例子來說明。這裡使用專家系統框架 Level5 Object，因爲它提供了大多數框架專家系統和物件導向程式語言的常用特徵。

在評估小商業投資人的貸款申請書時，專家系統應該可用來輔助信貸員。貸款申請書被分爲三類：「發放貸款」(Give credit)、「拒絕貸款」(Deny credit)和「和上級協商」(Consult a superior)，具體如何分類則取決於業務擔保、金融等級、以及銀行對該筆貸款的預期收益。當信貸員爲貸款預期收益的級別定性時，專家系統比較業務擔保和貸款申請金額，並且以業務資本淨值、上年銷售增長、銷售毛利和銷售短期債務等等來評估金融等級，最後確定該貸款申請書的類別。

期望專家系統能夠提供商業投資的細節、評估使用者(信貸員)選擇的業務的貸款申請。圖 5-7 表示申請選擇的輸入顯示。依據所選擇的業務，畫面上顯示的資料也會改變。

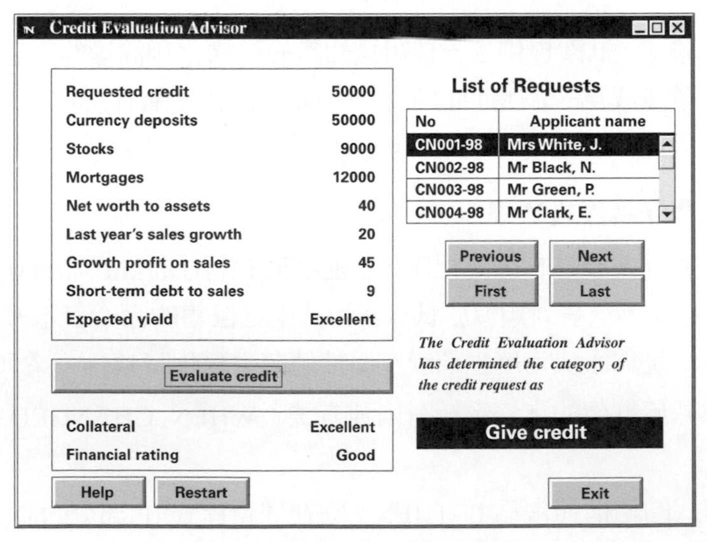

圖 5-7　申請選擇的輸入顯示

圖 5-8 所示的 Action Data 類別用來控制輸入的顯示。使用者可以移動到後一個、前一個、第一個和最後一個申請並檢查業務資料。這裡 WHEN CHANGED 方法允許我們查看申請列表審批貸款。注意，圖 5-8 中的所有屬性都宣告爲簡單型[S]，簡單屬性可以假設值爲 TRUE 或 FALSE。下面分析屬性 Goto Next 中的 WHEN CHANGED 方法。

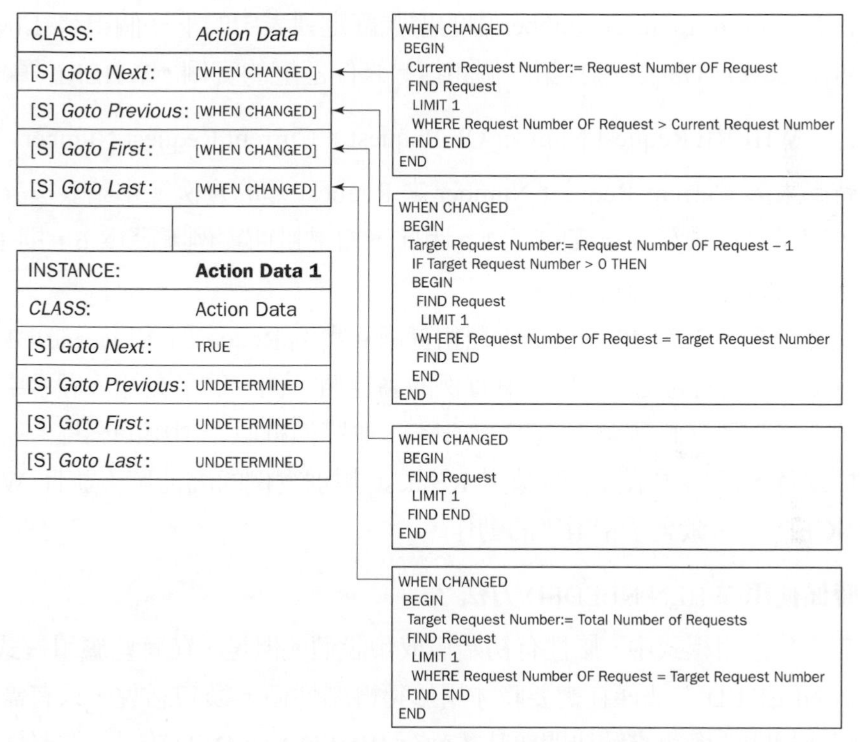

圖 5-8　Action Data 類別和 WHEN CHANGED 方法

這種方法如何工作？

在 Level5 Object 中，任何方法都從保留字 WHEN CHANGED 或 WHEN NEEDED 開始，後面緊跟著保留字 BEGIN 和要執行的一系列命令，保留字 END 表示方法結束。要引用方法中的某屬性，須指定類別名稱和屬性名稱，語法爲：

<attribute name> OF <class name>

例如，語句 Goto Next OF Action Data 引用 Action Data 類的 Goto Next 屬性。

輸入顯示中的按鈕 Next 屬於 Action Data 類的屬性 Goto Next。若執行時點選這個按鈕，屬性 Goto Next 獲得值 TRUE，激發了附加在該屬性上的 WHEN CHANGED 方法而使它執行。該方法的第一個命令將目前選擇的 Request 類別的實例的編號賦予用作參考點的 Current Request Number 屬性。命令 FIND 使用儲存在 Current Request Number 中的編號確定列表中的下一個申請。LIMIT 1 命令告訴 Level5 Object 尋找第一個和搜尋條件匹配的實例。WHERE 子句

WHERE Request Number OF Request > Current Request Number

取得號碼大於 Current Request Number 之 Request 類的實例。申請表按昇冪來排列，確保可以搜尋到正確的實例。因此，如果目前實例號碼爲 6，則 FIND 命令會找到號碼爲 7 的實例。

現在分析圖 5-9 中的 Request 類和實例。實例 Request 1 和 Request 2 有著與 Request 類相同的屬性。但每個實例的屬性值不同。爲了在輸入顯示中顯示屬性值，需要建立值框(顯示資料的項目)，並將值框賦予對應的屬性。執行該應用程式時，值框顯示目前所選擇 Request 類別實例的屬性值，並且 WHEN CHANGED 方法激發了相對應的動作。

什麼時候使用 WHEN NEEDED 方法？

在很多應用程式中，屬性有初始值或預設值。但是，在有些應用程式中，WHEN NEEDED 方法僅在需要時才用於獲得屬性值。換句話說，只有需要與某個屬性相關的資訊來解決問題時才執行 WHEN NEEDED 方法，但屬性值是不確定的。在後面討論信用評估規則的例子時會再探討這種方法。

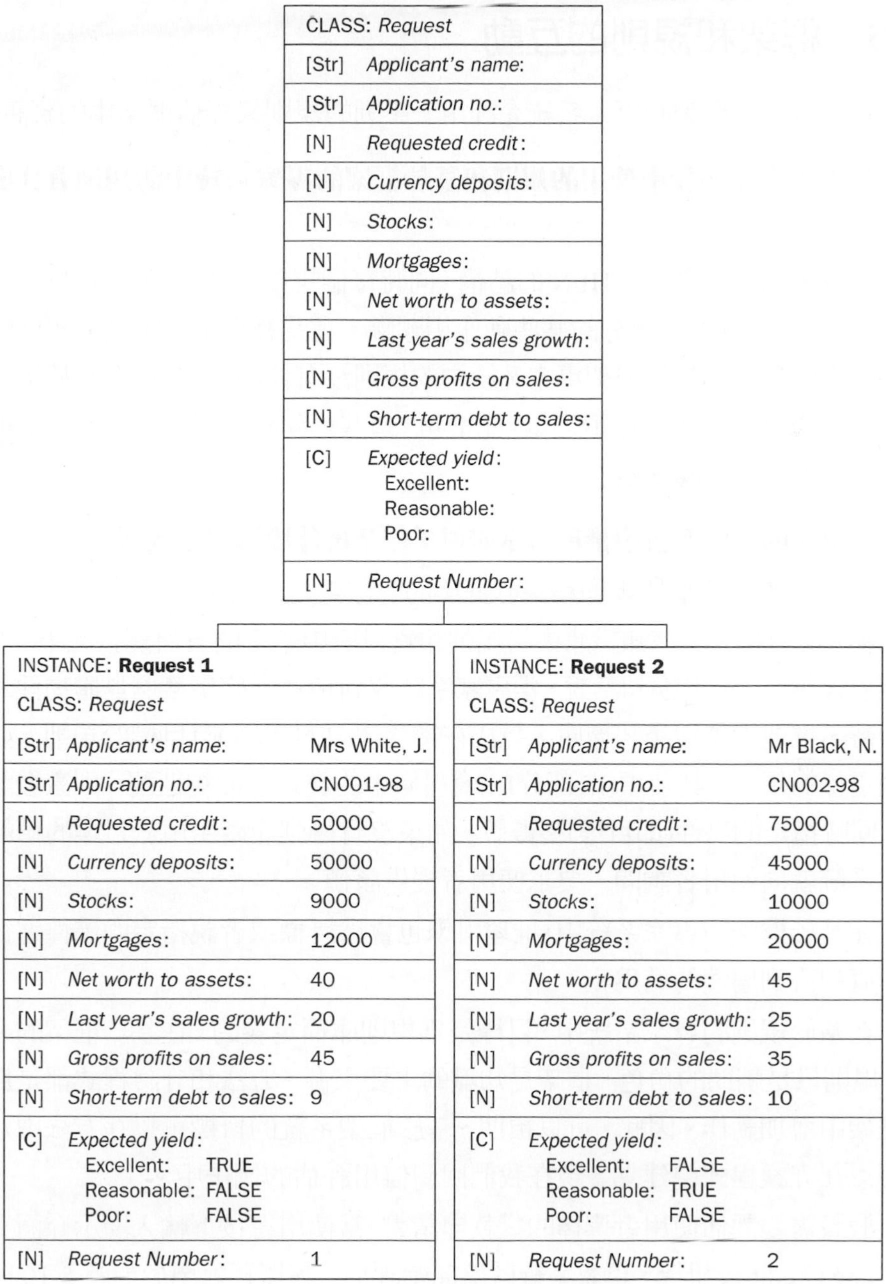

CLASS: *Request*	
[Str]	*Applicant's name*:
[Str]	*Application no.*:
[N]	*Requested credit*:
[N]	*Currency deposits*:
[N]	*Stocks*:
[N]	*Mortgages*:
[N]	*Net worth to assets*:
[N]	*Last year's sales growth*:
[N]	*Gross profits on sales*:
[N]	*Short-term debt to sales*:
[C]	*Expected yield*: Excellent: Reasonable: Poor:
[N]	*Request Number*:

INSTANCE: **Request 1**		
CLASS: *Request*		
[Str]	*Applicant's name*:	Mrs White, J.
[Str]	*Application no.*:	CN001-98
[N]	*Requested credit*:	50000
[N]	*Currency deposits*:	50000
[N]	*Stocks*:	9000
[N]	*Mortgages*:	12000
[N]	*Net worth to assets*:	40
[N]	*Last year's sales growth*:	20
[N]	*Gross profits on sales*:	45
[N]	*Short-term debt to sales*:	9
[C]	*Expected yield*: Excellent: Reasonable: Poor:	 TRUE FALSE FALSE
[N]	*Request Number*:	1

INSTANCE: **Request 2**		
CLASS: *Request*		
[Str]	*Applicant's name*:	Mr Black, N.
[Str]	*Application no.*:	CN002-98
[N]	*Requested credit*:	75000
[N]	*Currency deposits*:	45000
[N]	*Stocks*:	10000
[N]	*Mortgages*:	20000
[N]	*Net worth to assets*:	45
[N]	*Last year's sales growth*:	25
[N]	*Gross profits on sales*:	35
[N]	*Short-term debt to sales*:	10
[C]	*Expected yield*: Excellent: Reasonable: Poor:	 FALSE TRUE FALSE
[N]	*Request Number*:	2

圖 5-9　Request 類別及實例

5.5 框架和規則的互動

大多數基於框架的專家系統允許用一系列的規則來評估框架中的資訊。

基於規則的專家系統中使用的規則和基於框架的專家系統中的規則有什麼不同？

每個規則都具有 IF-THEN 的結構，同時每個規則將在 IF 部分提供相關的資訊或事實與 THEN 部分的某些動作相關聯。在這種情況下，基於規則的專家系統中的規則和基於框架專家系統中的規則沒有什麼不同。但在基於框架的專家系統中，規則通常使用模式匹配子句。這些子句包含用於在所有實例框架中來發現匹配條件的變數。

在基於框架的專家系統中推理引擎如何工作？是什麼激發了規則？

再次比較一下基於規則和基於框架的專家系統。在基於規則的專家系統中，推理引擎將包含在知識庫中的規則和資料庫中給定的資料鏈接起來。如果目標已經設定，或者換句話說，當專家系統收到指令去確定某個具體物件的屬性值時，推理引擎搜尋知識庫，尋找在後項(THEN 部分)有目標的規則。如果找到這樣的規則，其前項(IF 部分)和資料庫中的資料也能夠匹配，則激發該規則，同時指定的物件(即目標)獲得值。如果沒有得到能產生用於目標的值的規則，系統就向使用者詢問，要求使用者提供該值。

在基於框架的專家系統中，推理引擎也會為目標或者說指定的屬性進行搜尋，直到得到屬性的值為止。

在基於規則的專家系統中，目標是為規則庫而定義的。在基於框架的系統中，規則只是輔助的角色，框架是知識的主要來源，方法和守護程式都是為了在框架中增加動作。因此，可以預期，基於框架系統的目標可以在方法中建立也可以在守護程式中建立。現在我們回到信用評估的例子中。

假設需要評估使用者選擇的貸款申請書。當使用者按下輸入顯示介面上的 Evaluate Credit 按鈕後，專家系統就應開始評估。該按鈕附屬於如圖 5-10 所示的 Credit Evaluation 類的 Evaluate Credit 屬性。而 Evaluate Credit 屬性有附屬的 WHEN CHANGED 方法。當執行時按下了 Evaluate Credit 按鈕，屬性 Evaluate Credit 接收到新值 TRUE。這個改變激發了 WHEN CHANGED 方法使之執行。PURSUE 命令告訴 Level5 Object 建立 Credit Evaluation 類的屬性 Evaluation 的值。圖 5-11 顯示了確定屬性值的一系列簡單規則。

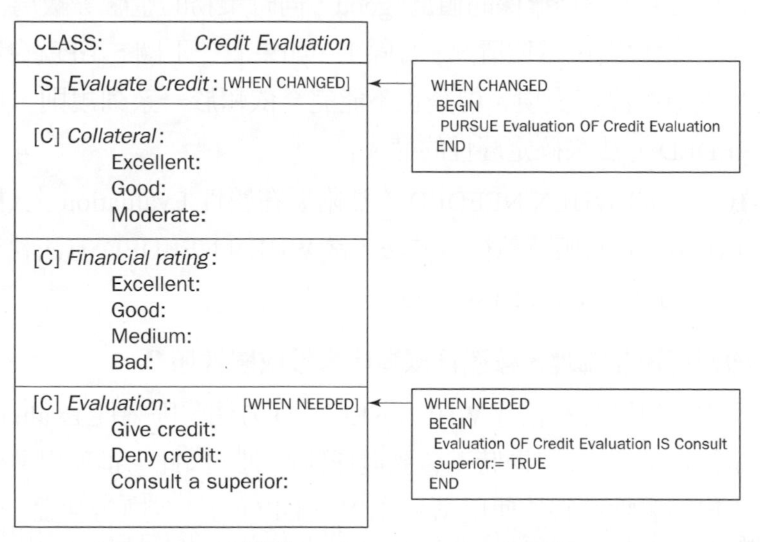

圖 5-10　Credit Evaluation 類別、WHEN CHANGED 和 WHEN NEEDED 方法

在這裡，推理引擎是如何工作的？

對於目標 Evaluation Of Credit Evaluation，推理引擎搜尋其後項包含感興趣目標的規則，並按照它們在規則庫中出現的順序逐個進行分析。也就是說，推理引擎從 RULE 9 開始，試圖證實屬性 Evaluation 是否接收到 Give credit 的值。這透過分析每條規則前項的有效性來實作。換句話說，推理引擎嘗試首先確定屬性 Collateral 的值是否爲 Excellent，其次確定屬性 Financial rating 的值是否爲 Excellent。要確定 Collateral OF Credit Evaluation 的值是否爲 Excellent，推理引擎分析 RULE 1 和 RULE 2 並確定 Financial rating OF Credit Evaluation 是否爲 Excellent，如 RULE 8 所示。如果所有規則的前項都有效，則推理引擎得到結論：Evaluation OF Credit Evaluation 是 Give credit。但是，如果前項的任何部分是無效的，那麼該結論就是無效的。在這種情況下，推理引擎會執行

下一個規則 RULE 10，它可以確定屬性 Evaluation 的值。

如果 Collateral OF Credit Evaluation 是 Good 怎麼辦？

基於信用評估的一系列規則，推理引擎在有些情況下不能確定屬性 Evaluation 的值。在業務擔保的值爲 good，同時業務的金融等級爲 excellent 或者 good 時，就會出現這種情況。實際上，如果看一下圖 5-10 就會發現，這種情況在規則庫中沒有表現。但是也不能完全依賴於一系列規則，可以使用 WHEN NEEDED 方法來確定屬性的值。

圖 5-10 所示的 WHEN NEEDED 方法附屬在屬性 Evaluation 上。推理引擎需要確定 Evaluation 的值時執行該方法。當 WHEN NEEDED 方法執行時，屬性 Evaluation 得到值 Consult a superior。

推理引擎如何得知在哪裡、按照什麼順序來獲取屬性值？

在本例中，如果首先執行 WHEN NEEDED 方法，則屬性 Evaluation 總是獲得值 Consult a superior，同時不會激發任何規則。因此，推理引擎僅在無法從規則庫中得到屬性值時才使用 WHEN NEEDED 方法。換句話說，要先確定屬性值的搜尋順序。例如，可以透過附加在屬性上的 SEARCH ORDER 片面，來告知推理引擎從哪裡(以何順序)獲得屬性值而做到這一點。

在 Level5 Object 中，每個屬性都可以指定搜尋順序，在評估信用的例子中，爲取得 Evaluation 的值，其設定的搜尋順序是 RULES、WHEN NEEDED。因此推理引擎會先從規則庫中開始搜尋。

IBM 深藍

RULE 1
IF Currency deposits OF Request >= Requested credit OF Request
THEN Collateral OF Credit Evaluation IS Excellent

RULE 2
IF Currency deposits OF Request >= Requested credit OF Request * 0.7
AND (Currency deposits OF Request + Stocks OF Request) >= Requested credit OF Request
THEN Collateral OF Credit Evaluation IS Excellent

RULE 3
IF (Currency deposits OF Request + Stocks OF Request) > Requested credit OF Request * 0.6
AND (Currency deposits OF Request + Stocks OF Request) <Requested credit OF Request * 0.7
AND (Currency deposits OF Request + Stocks OF Request + Mortgages OF Request) >= Requested credit OF Request
THEN Collateral OF Credit Evaluation IS Good

RULE 4
IF (Currency deposits OF Request + Stocks OF Request + Mortgages OF Request) <= Requested credit OF Request
THEN Collateral OF Credit Evaluation IS Moderate

RULE 5
IF Net worth to assets OF Request * 5 + Last year's sales growth OF Request + Gross profits on sales OF Request * 5 + Short term debt to sales OF Request * 2 <= -500
THEN Financial rating OF Credit Evaluation IS Bad

RULE 6
IF Net worth to assets OF Request * 5 + Last year's sales growth OF Request + Gross Profits on sales OF Request * 5 + Short term debt to sales OF Request * 2 >= -500
AND Net worth to assets OF Request * 5 + Last year's sales growth OF Request + Gross profits on sales OF Request * 5 + Short term debt to sales OF Request * 2 <= 150
THEN Financial rating OF Credit Evaluation IS Medium

RULE 7
IF Net worth to assets OF Request * 5 + Last year's sales growth OF Request + Gross Profits on sales OF Request * 5 + Short term debt to sales OF Request * 2 >= 150
AND Net worth to assets OF Request * 5 + Last year's sales growth OF Request + Gross profits on sales OF Request * 5 + Short term debt to sales OF Request * 2 <= 1000
THEN Financial rating OF Credit Evaluation IS Good

RULE 8
IF Net worth to assets OF Request * 5 + Last year's sales growth OF Request + Gross Profits on sales OF Request * 5 + Short term debt to sales OF Request * 2 > 1000
THEN Financial rating OF Credit Evaluation IS Excellent

RULE 9
IF Collateral OF Credit Evaluation IS Excellent
AND Financial rating OF Credit Evaluation IS Excellent
THEN Evaluation OF Credit Evaluation IS Give Credit

RULE 10
IF Collateral OF Credit Evaluation IS Excellent
AND Financial rating OF Credit Evaluation IS Good
THEN Evaluation OF Credit Evaluation IS Give Credit

RULE 11
IF Collateral OF Credit Evaluation IS Moderate
AND Financial rating OF Credit Evaluation IS Medium
THEN Evaluation OF Credit Evaluation IS Deny Credit

RULE 12
IF Collateral OF Credit Evaluation IS Moderate
AND Financial rating OF Credit Evaluation IS Bad
THEN Evaluation OF Credit Evaluation IS Deny Credit

圖 5-11　信用評估的規則

5.6 基於框架的專家系統實例：Buy Smart

本節透過一個簡單專家系統的例子來說明上面討論的內容。這個專家系統名為 Buy Smart，用於為購房者提供建議。

首先回顧一下開發基於框架的專家系統的主要步驟，顯示如何透過方法和守護程式來使用框架。這裡使用專家系統框架 Level5 Object。

開發基於規則的專家系統和基於框架的專家系統的主要步驟有什麼不同嗎？

開發這兩種系統的基本步驟大致相同。首先，知識工程師要先理解問題和完整的知識結構，接著確定使用什麼樣的專家系統工具來開發原型系統。然後知識工程師建立知識庫，透過運行一些測試問題來測試知識庫。最後，擴展、測試和修正專家系統，直到它能夠滿足使用者的需求為止。

設計基於規則的專家系統和基於框架的專家系統的主要區別是在系統中如何理解和表達知識。

在基於規則的專家系統中，用一系列的規則來表達解決問題需要的領域知識。每個規則都擷取問題的某些啓發，同時每次加入新的規則都會增加新的知識，系統由此變得更聰明。基於規則的專家系統可以透過改變、增加或減少規則來輕鬆地加以修改。

在基於框架的專家系統中，問題是按照不同的方式分析的。這裡，首先確定知識的完整的分層框架。然後確定類別及其屬性，同時各層框架之間的關係也要確定下來。基於框架的專家系統的體系結構不僅要提供問題的自然描述，也要允許透過方法和守護程式為框架增加動作。

基於框架系統的開發過程主要包含下面幾個步驟：

1. 指定問題並定義系統的範圍。
2. 定義類別及其屬性。
3. 定義實例。
4. 設計顯示介面。
5. 定義 WHEN CHANGED 和 WHEN NEEDED 方法及守護程式。
6. 定義規則。
7. 評估並擴展系統。

步驟 1　指定問題並定義系統的範圍

在 Buy Smart 的例子中，先蒐集本地區的一些待售房產的資訊。然後要確定相關的細節，例如房產類型、位置、臥室和浴室的數量，當然還有價格。也應該提供關於房產的簡短描述和精美照片。

可以預料有些房產會售出，新的房產會出現。因此，要建立易於修改並能從專家系統存取的資料庫。Level5 Object 允許存取、修改、刪除資料庫 dBASE III 中的資料，並執行一些其他動作。

可以在資料庫中儲存房產的描述和照片嗎？

房產的描述和照片應分開儲存，描述應儲存爲文字檔案(*.txt)，照片儲存爲影像檔(*.bmp)。接下來如果建立包含本文框和圖片框的顯示介面，就需要透過將文字檔案讀取到本文框中，將點陣圖檔讀取到圖片框中來讓使用者查看房產描述和照片。

現在使用 dBASE III 或 Microsoft Excel 建立外部資料庫檔 house.dbf，如表 5-1 所示。

接下來就要列出能夠想到的所有查詢。

- 你最多想在房產上花費多少錢？
- 你最喜歡什麼類型的房產？
- 你喜歡生活在哪個地區？
- 你想要幾個臥室？
- 你想要幾個浴室？

這些問題確定後，專家系統就要提供一系列合適的房產。

表 5-1　資料庫 house.dbf 的屬性

區域	城市	價格	類型	臥室
Central Suburbs	New Town	164000	House	3
Central Suburbs	Taroona	150000	House	3
Southern Suburbs	Kingston	225000	Townhouse	4
Central Suburbs	North Hobart	127000	House	3
Northern Suburbs	West Moonah	89500	Unit	2
Central Suburbs	Taroona	110000	House	3
Central Suburbs	Lenah Valley	145000	House	3
Eastern Shore	Old Beach	79500	Unit	2
Central Suburbs	South Hobart	140000	House	3
Central Suburbs	South Hobart	115000	House	3
Eastern Shore	Cambridge	94500	Unit	2
Northern Suburbs	Glenorchy	228000	Townhouse	4
.	.	.	.	.
.	.	.	.	.
.	.	.	.	.

浴室	結構	電話	圖片檔	文字檔案
1	Weatherboard	(03)6226 4212	house01.bmp	house01.txt
1	Brick	(03)6226 1416	house02.bmp	house02.txt
2	Brick	(03)6229 4200	house03.bmp	house03.txt
1	Brick	(03)6226 8620	house04.bmp	house04.txt
1	Weatherboard	(03)6225 4666	house05.bmp	house05.txt
1	Brick	(03)6229 5316	house06.bmp	house06.txt
1	Brick	(03)6278 2317	house07.bmp	house07.txt
1	Brick	(03)6249 7298	house08.bmp	house08.txt
1	Brick	(03)6228 5460	house09.bmp	house09.txt
1	Brick	(03)6227 8937	house10.bmp	house10.txt
1	Brick	(03)6248 1459	house11.bmp	house11.txt
2	Weatherboard	(03)6271 6347	house12.bmp	house12.txt
.	.	.	.	.
.	.	.	.	.
.	.	.	.	.

步驟 2　定義類別及其屬性

這裡要確定解決問題的主要的類別。首先從通用的或概念上的類別開始。例如，分析房產的概念並描述對大多數房產都適用的通用特徵。可以透過位置(location)、價格(price)、類型(type)、臥室(bedroom)和浴室(bathroom)的數量、結構(construction)、圖片(picture)和描述(description)等特點來介紹每一個房產。還需要列出聯繫方法，例如房子的位址(address)或電話(phone)。因此，property 類別如圖 5-12 所示。注意，圖中增加了 instance number 屬性，這個屬性不是用來描述房產的，而是輔助 Level5 Object 存取外部資料庫的。

CLASS: **Property**
[Str] *Area*:
[Str] *Suburb*:
[N] *Price*:
[Str] *Type*:
[N] *Bedrooms*:
[N] *Bathrooms*:
[Str] *Construction*:
[Str] *Phone*:
[Str] *Pictfile*:
[Str] *Textfile*:
[N] *Instance Number*:

INSTANCE: **Property 1**	
CLASS: *Property*	
[Str] *Area*:	Central Suburbs
[Str] *Suburb*:	New Town
[N] *Price*:	164000
[Str] *Type*:	House
[N] *Bedrooms*:	3
[N] *Bathrooms*:	1
[Str] *Construction*:	Weatherboard
[Str] *Phone*:	(03) 6226 4212
[Str] *Pictfile*:	house01.bmp
[Str] *Textfile*:	house01.txt
[N] *Instance Number*:	1

INSTANCE: **Property 2**	
CLASS: *Property*	
[Str] *Area*:	Central Suburbs
[Str] *Suburb*:	Taroona
[N] *Price*:	150000
[Str] *Type*:	House
[N] *Bedrooms*:	3
[N] *Bathrooms*:	1
[Str] *Construction*:	Brick
[Str] *Phone*:	(03) 6226 1416
[Str] *Pictfile*:	house02.bmp
[Str] *Textfile*:	house02.txt
[N] *Instance Number*:	2

圖 5-12　Property 類別及其實例

步驟 3　定義實例

一旦確定了 Property 類別框架，就可以很容易地透過使用儲存在 dBASE III 資料庫中的資料建立它的實例。對於大多數類似於 Level5 Object 的框架專家系統而言，需要告訴系統我們想要建立一個新實例。例如，可以使用下面的程式碼來建立 Property 類別的新實例：

```
MAKE Property
    WITH Area := area OF dB3 HOUSE 1
    WITH Suburb := suburb OF dB3 HOUSE 1
    WITH Price := price OF dB3 HOUSE 1
    WITH Type := type OF dB3 HOUSE 1
    WITH Bedrooms := bedrooms OF dB3 HOUSE 1
    WITH Bathrooms := bathrooms OF dB3 HOUSE 1
    WITH Construction := construct OF dB3 HOUSE 1
    WITH Phone := phone OF dB3 HOUSE 1
    WITH Pictfile := pictfile OF dB3 HOUSE 1
    WITH Textfile := textfile OF dB3 HOUSE 1
    WITH Instance Number := Current Instance Number
```

這裡類別 dB3 HOUSE 1 用來描述外部資料庫檔 house.dbf 的結構。如表 5-1 所示，房產資料庫的每一列表示 Property 類別的一個實例，各行表示一個屬性。新建立的實例框架從資料庫的目前記錄獲取值。圖 5-12 顯示從外部資料庫建立的實例。這些實例連結到 Property 類別中，它們繼承該類的所有屬性。

步驟 4　設計顯示介面

一旦確定了主要的類別和屬性，就可以爲應用程式設計主要的顯示介面了。需要在每個應用開始時顯示應用程式標題(Application Title Display)，告訴使用者一些通用的資訊。顯示介面可以包含應用程式標題、問題的通用描述、具有代表性的圖片和版權資訊。圖 5-13 爲應用程式標題顯示的例子。

可以想到的第二個顯示介面是查詢顯示(Query Display)。這個介面應該允許使用者藉由對專家系統所提問題的回答，而顯示使用者偏好。查詢顯示看上去如圖 5-14 所示。在這裡，要求使用者選擇他(她)在尋找房產時最重要的要求。基於這些選擇，專家系統接下來可以顯示出合適房產的完整列表。

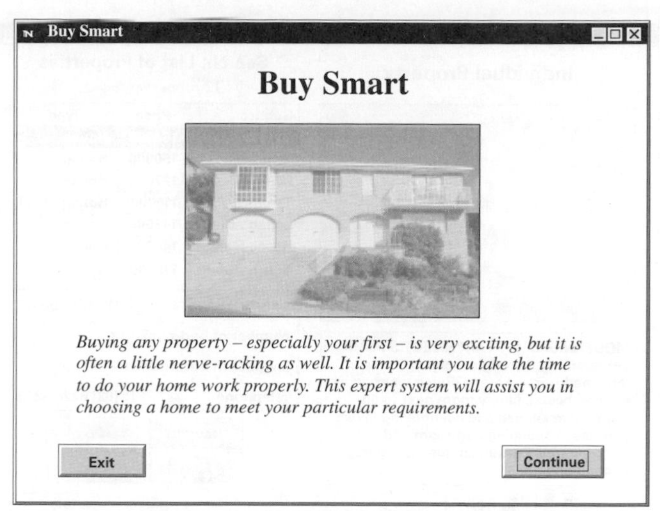

圖 5-13　應用程式標題顯示介面

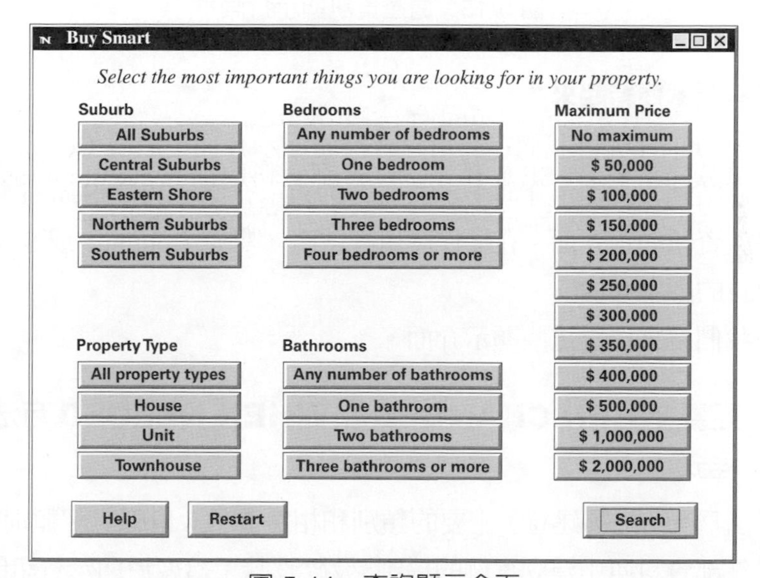

圖 5-14　查詢顯示介面

最後應該設計房產資訊顯示(Property Information Display)介面。該顯示介面可以提供一系列合適的房產，並可以移到列表中後一個、前一個、第一個和最後一個房產，還能夠看到房產的圖片和描述。該介面如圖 5-15 所示。注意，要在顯示介面中包含本文框和圖片框。

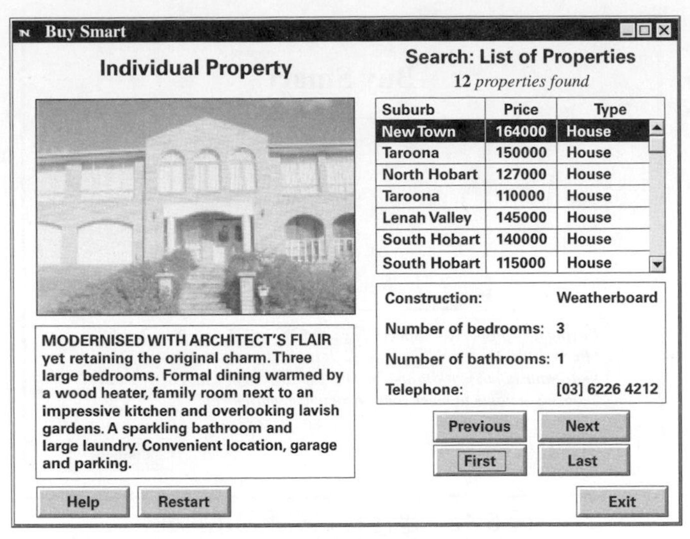

圖 5-15　房產資訊顯示介面

如何將這些顯示連結起來？

Level5 Object 允許我們在應用程式標題顯示介面上放置 Continue 按鈕，以便將其連結到查詢顯示介面上，並在查詢顯示介面上放置 Search 按鈕將其連結到房產資訊顯示介面。在操作應用程式時，點擊 Continue 或 Search 按鈕就會出現新的顯示介面。

現在我們要實作出這些顯示介面。

步驟 5　定義 WHEN CHANGED 和 WHEN NEEDED 方法和守護程式

到目前為止，已經建立了主要的類別和相關屬性，也確定了類別的實例，建立了從外部資料庫中建立實例的機制，最後設計了給客戶顯示資訊的靜態介面。接下來必須研究一種方法來實作這個應用程式。有兩種方式可以實作這個任務，第一個方式是使用 WHEN CHANGED 和 WHEN NEEDED 方法和守護程式；第二個方式與模式匹配規則有關。在基於框架的專家系統中，通常首先考慮方法和守護程式的應用。

現在要確定的是什麼時候建立 Property 類別的實例。有兩個解決方案。第一個方案是當使用者點擊應用程式標題顯示介面的 Continue 按鈕時，建立所有的實例，然後再根據使用者的喜好，當使用者選擇查詢顯示介面上的按鈕時一步步刪除使用者不合適的實例。

第二個方法是使用者在查詢顯示頁面上完成所有選擇後，僅建立相關的實例。這種方法說明了去除 Property 類別中不合適實例的必要性，但可能會增加系統設計的複雜度。

在本設計中，推薦使用第一種方法。該方法會給我們提供使用守護程式而不是使用規則的機會。不過也可以使用其他方法。

現在建立另一個類別 Action Data，如圖 5-16 所示。Load Properties 屬性附加了 WHEN CHANGED 方法，允許建立 Property 類別的所有實例。

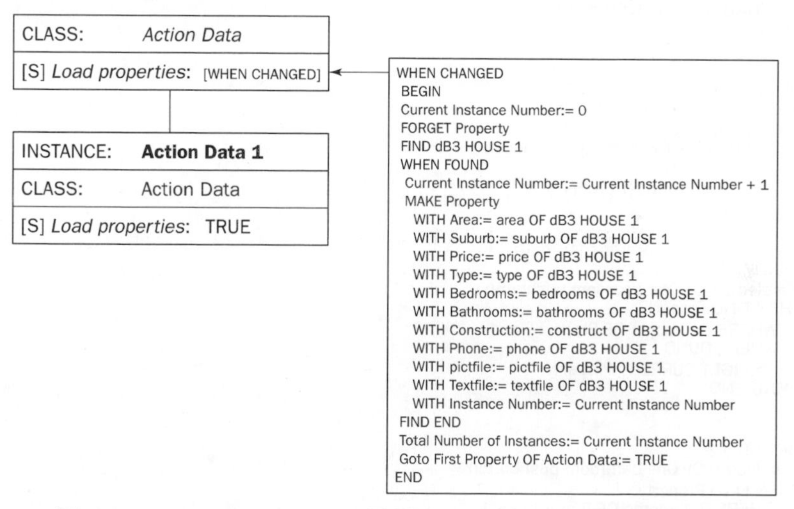

圖 5-16　Load Properties 屬性的 WHEN CHANGED 方法

如何讓這種方法運作起來？

為了讓這種方法運作起來，將應用程式標題顯示介面的 Continue 按鈕和 Load Properties 屬性連結起來。當操作時按下這個按鈕後，Load Properties 屬性被設定為 TRUE，導致 WHEN CHANGED 方法被執行，進而建立 Property 類別的所有實例。所建實例的數量和外部資料庫中記錄的數量相等。

接下來出現查詢顯示介面(記住已將應用程式標題顯示介面的 Continue 按鈕和 Load Properties 屬性連結起來)，使用者需要透過選擇合適的按鈕找到最合心意的房產特徵。這裡每個按鈕和一個守護程式連結起來，去除 Properties 類別中不合適的實例。一系列的守護程式如圖 5-17 所示。

```
DEMON 1
IF selected OF Central Suburbs pushbutton
THEN FIND Property
   WHERE Area OF Property <> "Central Suburbs"
   WHEN FOUND
     FORGET CURRENT Property
  FIND END

DEMON 2
IF selected OF Eastern Shore pushbutton
THEN FIND Property
   WHERE Area OF Property <> "Eastern Shore"
   WHEN FOUND
     FORGET CURRENT Property
  FIND END
         :
DEMON 5
IF selected OF House pushbutton
THEN FIND Property
   WHERE Type OF Property <> "House"
   WHEN FOUND
     FORGET CURRENT Property
  FIND END
         :
DEMON 9
IF selected OF One bedroom pushbutton
THEN FIND Property
   WHERE Bedrooms OF Property <> 1
   WHEN FOUND
     FORGET CURRENT Property
  FIND END
         :
DEMON 12
IF selected OF One bathroom pushbutton
THEN FIND Property
   WHERE Bathrooms OF Property <> 1
   WHEN FOUND
     FORGET CURRENT Property
  FIND END
         :
DEMON 15
IF selected OF $50000 pushbutton
THEN FIND Property
   WHERE Price OF Property > 50000
   WHEN FOUND
     FORGET CURRENT Property
  FIND END
```

圖 5-17　查詢顯示介面的守護程式

這裡的守護程式如何工作？

直到發生了某些事件守護程式才會執行。在本例中，這意味著僅在使用者按下相對應的按鈕時才觸發守護程式。

例如，DEMON 1 和 Central Suburbs 按鈕相關。當使用者點擊查詢顯示介面中的 Central Suburbs 按鈕時，觸發 DEMON 1。然後守護程式後項發出第一個命令告訴 Level5 Object 去尋找 Property 類別。WHERE 子句

WHERE Area OF Property <> "Central Suburbs"

找到 Property 類別所有的實例，但這些實例都和使用者的選擇不匹配。系統搜尋屬性 Area 的值和 Central Suburbs 不相等的所有實例。然後 FORGET CURRENT 命令從應用程式中去掉 Property 類別的目前實例。

一旦選擇了房產的特徵，使用者點擊查詢顯示介面中的 Search 按鈕，就可以獲得具有這些特徵的房產列表。該列表顯示在房產資訊顯示介面中(回憶一下，Search 按鈕已經附加到房產資訊顯示介面裡了)。

能夠看到房產的圖片和描述嗎？

首先再為圖 5-18 所示的 Action Data 類別建立兩個屬性 Load Instance Number 和 Goto First Property。同時也將查詢顯示頁面的 Search 按鈕附加在屬性 Load Instance Number 上。當執行時點擊 Search 按鈕時，屬性 Load Instance Number 被設定為 TRUE，觸發 WHEN CHANGED 方法被執行。這種方法可以確定 Property 類別中實例的總數。它還將屬性 Goto First Property 的值設為 TRUE，隨後觸發其 WHEN CHANGED 方法被執行。

將方法附加在屬性 Goto First Property 上可以保證在使用者進入房產資訊顯示頁面時總是處於第一處房產的位置上。它還將 Pictfile 屬性的值載入到介面的圖片框，並把屬性 Textfile 的值載入到本文框。因此，使用者就可以看到房產的圖片和描述，如圖 5-15 所示。

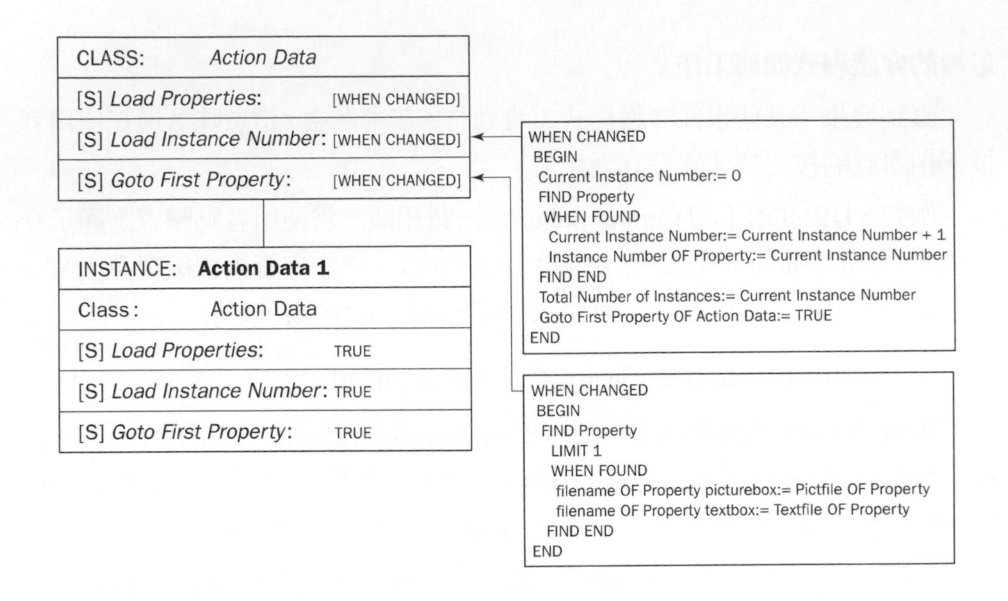

圖 5-18 屬性Load Instance Number和Goto First Property的WHEN CHANGED方法

步驟 6　定義規則

在設計基於框架的專家系統時，最重要和最困難的決策是使用規則還是用方法和守護程式進行管理。制訂這個決策主要取決於設計者自己的喜好。本例使用方法和守護程式，因爲這種方法在資訊表達過程功能強大，而且簡單。另一方面，在前面的信用評估例子中，已經使用了規則。通常，規則處理程序性的知識不是很有效。

步驟 7　評估並擴展系統

現在已經完成了 Buy Smart 專家系統的最初設計，接下來的任務就是評估它。我們要確保系統的性能和預期一致。換句話說，要執行一個測試範例。

1. 透過點擊應用程式標題顯示介面的 Continue 按鈕來開始測試。Action Data 類別的屬性 Load Properties 接收到值 TRUE，執行附加在 Load Properties 上的方法 WHEN CHANGED，並建立 Property 類別的所有實例。

2. 出現查詢顯示介面，使用者做出選擇，例如：

⇒ *Central Suburbs*

```
DEMON 1
IF selected OF Central Suburbs pushbutton
THEN FIND Property
  WHERE Area OF Property <> "Central Suburbs"
  WHEN FOUND
    FORGET CURRENT Property
 FIND END
```

⇒ *House*

```
DEMON 5
IF selected OF House pushbutton
THEN FIND Property
  WHERE Type OF Property <> "House"
  WHEN FOUND
    FORGET CURRENT Property
 FIND END
```

⇒ *Three bedrooms*

```
DEMON 10
IF selected OF Three bedroom pushbutton
THEN FIND Property
  WHERE Bedrooms OF Property <> 3
  WHEN FOUND
    FORGET CURRENT Property
 FIND END
```

⇒ *One bathroom*

```
DEMON 12
IF selected OF One bathroom pushbutton
THEN FIND Property
  WHERE Bathrooms OF Property <> 1
  WHEN FOUND
    FORGET CURRENT Property
 FIND END
```

⇒ $ 200,000

```
DEMON 18
IF selected OF $200,000 pushbutton
THEN FIND Property
  WHERE Price OF Property > 200000
  WHEN FOUND
    FORGET CURRENT Property
 FIND END
```

守護程式將不符合選擇的 Property 實例去除。

3. 點擊 Search 按鈕，Action Data 類別的 Load Instance Number 屬性被設定爲 TRUE，執行附加在 Load Instance Number 上的 WHEN CHANGED 方法，確定 Property 類別中剩餘的實例數量，指定屬性 Goto First Property 的值爲 TRUE。然後激發附加在 Goto First Property 屬性上的 WHEN CHANGED 方法，找到第一個 Property 實例，指定 Property Picturebox 的 filename 屬性值爲 house0l.bmp，Property textbox 的 filename 屬性值爲 house0l.txt(前面已在屬性資訊顯示介面中建立了 Property Picturebox 和 Property textbox)。

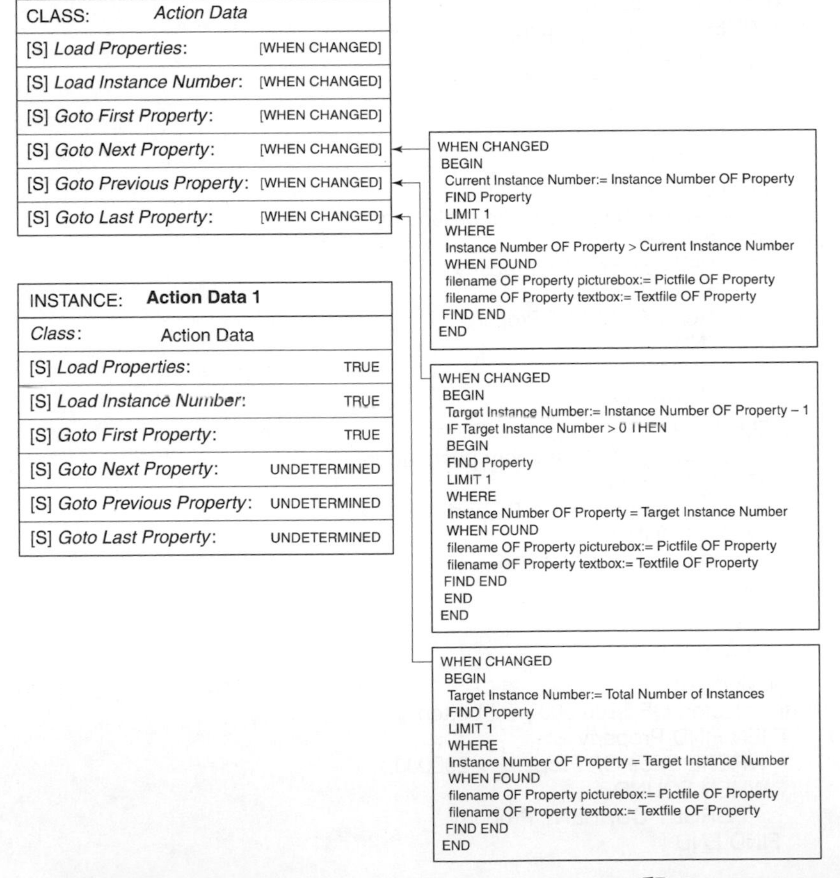

圖 5-19 屬性 Goto Next Property、Goto Previous Property 和 Goto Last Property 的 WHEN CHANGED 方法

4. 出現屬性資訊顯示介面。如圖 5-15 所示，可以分析 12 個滿足要求的房產。注意，我們首先從房產列表的第一個房產開始，房產的圖片顯示在圖片框中，房產的描述顯示在本文框中。但是，不能透過介面中的按鈕來移動到後一個、前一個、第一個和最後一個。若是想要實作移動功能，需要建立 Action Data 類別的另一個屬性，並將 WHEN CHANGED 方法附加新建的屬性上面，如圖 5-19 所示。

現在，Buy Smart 專家系統已經可以進行擴展了，可以將新的房產添加到外部資料庫中了。

5.7 總結

本章概述了基於框架的專家系統。我們介紹了框架的概念，討論了如何用框架來表達知識，並且發現基於框架專家系統的本質特徵是繼承。本章分析了方法、守護程式和規則的應用。最後透過例子來說明如何開發基於框架的專家系統。

本章的主要內容有：

- 框架是帶有關於某個物件或概念之典型知識的資料結構。
- 框架用來在框架專家系統中表達知識。框架包含給定物件的知識，其中包括名字和屬性(也叫做槽)的集合。Name、weight、height 和 age 都是 person 框架的屬性，model、processor、memory 和 price 是 Computer 框架的屬性。
- 屬性用來保存值。屬性可以包含預設值或指向其他框架、一系列規則或程序的指標，透過這個指標可以得到屬性值。
- 基於框架的系統可以透過應用片面來擴展屬性值的結構。片面用來建立屬性值、控制終端使用者查詢，告訴推理引擎如何處理屬性。
- 一個框架可以指一組相似的物件，也可以指某一個物件。類別框架描述一組有共同屬性的物件。animal、person、car 和 Computer 都是類別框架。實例框架則是描述某一個物件。

- 基於框架的專家系統支援類別繼承，即實例框架預設類別框架的所有屬性。繼承的基本思想是類別框架中的屬性對類別中所有物件都為真，但實例框架中的槽值為實際資料，對每個實例都是唯一的。
- 框架可以透過多個父類的繼承，得到多個父類的屬性。
- 框架間的溝通互動是透過方法和守護程式實作的。方法是和框架屬性相關的程序，在需要的時候被執行。大多數基於框架的專家系統使用兩種方法：WHEN CHANGED 和 WHEN NEEDED。WHEN CHANGED 方法在有新的資訊加入槽中時使用，WHEN NEEDED 在解決問題需要該資訊，但沒有指定槽值時執行。
- 守護程式和方法類似，這兩個術語可作為同義詞使用。但是，如果需要編寫複雜的程序，方法會更加適用。另一方面，守護程式一般侷限於 IF-THEN 語句。
- 在基於框架的專家系統中，規則經常使用模式匹配子句。這些子句中包含用來在所有的實例框架中定位匹配條件的變數。
- 雖然框架是結合陳述性知識和過程性知識的強大工具，但知識工程師還是很難在系統的階層結構和繼承路徑上作出決定。

複習題

1. 什麼是框架？什麼是類別和實例？舉例說明。
2. 為物件 Student(學生)設計類別框架，確定它的屬性並為該類別定義一些實例。
3. 什麼是片面？給出不同片面的例子。
4. 在將問題分解為框架、槽和片面時的標準是什麼？透過例子來證明你的答案。
5. 如何將物件關聯到基於框架的系統？什麼是「a-kind-of」和「a-part-of」關係？舉例說明。
6. 定義基於框架系統的繼承。為什麼說繼承是基於框架系統的本質特徵？

7. 框架可以從多個父類別中繼承屬性嗎？舉例說明。
8. 什麼是方法？在基於框架的專家系統中最常見的方法是什麼？
9. 什麼是守護程式？守護程式和方法之間有什麼不同？
10. 基於規則的專家系統的規則和基於框架的專家系統的規則有什麼不同？
11. 開發基於框架專家系統的主要步驟是什麼？
12. 列舉基於框架專家系統的優點。開發基於框架專家系統的難點是什麼？

參考文獻

[1] Blaha, M. and Rumbaugh, J. (2004). Object-Oriented Modeling and Design with UML, 2nd edn. Prentice Hall, Englewood Cliffs, NJ.

[2] Brachman, R.J. and Levesque, H.J. (2004). Knowledge Representation and Reasoning. Elsevier, Amsterdam.

[3] Durkin, J. (1994). Expert Systems: Design and Development. Prentice Hall, Englewood Cliffs, NJ.

[4] Minsky, M. (1975). A framework for representing knowledge, The Psychology of Computer Vision,P.Winston, ed.,McGraw-Hill,New York,pp.211–277.

[5] Sterling, L. and Shapiro E. (1994). The Art of Prolog: Advanced Programming Techniques, 2nd edn. MIT Press, Cambridge, MA.

[6] Weisfeld, M. (2008). The Object-Oriented Thought Process, 3rd edn. Addison-Wesley, Upper Saddle River, NJ.

參考書目

[1] Aikens, J.S. (1984). A representation scheme using both frames and rules, Rule-Based Expert Systems, B.G. Buchanan and E.H. Shortliffe, eds, Addison-Wesley, Reading, MA, pp. 424–440.

[2] Alpert, S.R., Woyak, S.W., Shrobe, H.J. and Arrowood, L.F. (1990). Guest Editors Introduction: Object-oriented programming in AI, IEEE Expert, 5(6), 6–7.

[3] Booch G., Maksimchuk, R.A., Engel, M.W., Young, B.J., Conallen, J. and Houston, K.A. (2007). Object-Oriented Analysis and Design with Applications, 3rd edn. Addison-Wesley, Reading, MA.

[4] Coppin, B. (2004). Artificial Intelligence Illuminated. Jones and Bartlett, Sudbury, MA.

[5] Fikes, R. and Kehler, T. (1985). The role of frame-based representation in reasoning, Communications of the ACM, 28(9), 904–920.

[6] Goldstein, I. and Papert, S. (1977). Artificial intelligence, language, and the study of knowledge,

Cognitive Science, 1(1), 84–123.
[7] Jackson, P. (1999). Introduction to Expert Systems, 3rd edn. Addison-Wesley, Harlow.
[8] Keogh, J. and Giannini, M. (2004). OOP Demystified. McGraw-Hill, New York.
[9] Kordon, A.K. (2010). Applying Computational Intelligence: How to Create Value. Springer-Verlag, Berlin.
[10] Levesque, H.J. and Brachman, R.J. (1985). A fundamental trade-off in knowledge representation and reasoning, Readings in Knowledge Representation, R.J. Brachman and H.J. Levesque, eds, Morgan Kaufmann, Los Altos, CA.
[11] Luger, G.F. (2008). Artificial Intelligence: Structures and Strategies for Complex Problem Solving, 6th edn. Addison-Wesley, Harlow.
[12] Poo, D., Kiong, D. and Ashok, S. (2008). Object-Oriented Programming and Java, 2nd edn. Springer-Verlag, London.
[13] Rosson, M.B. and Alpert, S.R. (1990). The cognitive consequences of object-oriented design, Human–Computer Interaction, 5(4), 345–379.
[14] Stefik, M.J. (1995). Introduction to Knowledge Systems. Morgan Kaufmann, San Francisco.
[15] Stefik, M.J. and Bobrow, D.G. (1986). Object-oriented programming: themes and variations, AI Magazine, 6(4), 40–62.
[16] Touretzky, D.S. (1986). The Mathematics of Inheritance Systems. Morgan Kaufmann, Los Altos, CA.
[17] Waterman, D.A. (1986). A Guide to Expert Systems. Addison-Wesley, Reading, MA.
[18] Winston, P.H. (1977). Representing knowledge in frames, Chapter 7 of Artificial Intelligence, Addison-Wesley, Reading, MA, pp. 181–187.
[19] Wu, C.T. (2009). An Introduction to Object-Oriented Programming with Java, 5th edn. McGraw-Hill, New York.

人工神經網路 6

本章介紹人腦的工作機制以及如何建立和訓練人工神經網路。

6.1 腦工作機制簡介

「電腦並沒有證明什麼」，憤怒的加里．卡斯帕羅夫(Garry Kasparov)一西洋棋世界冠軍在 1997 年 5 月敗給電腦時說：「如果是在下一盤眞正的棋，我會把深藍撕成碎片」。

儘管卡斯帕羅夫對第六局比賽的失敗表現得輕描淡寫，但是，卡斯帕羅夫一世界上最偉大的西洋棋大師輸給了電腦，還是標誌著智慧型機器探索的轉捩點。

這台叫做深藍的 IBM 超級電腦每秒可以分析 2 億條指令，看上去就好像有智慧。卡斯帕羅夫在與深藍對弈時甚至一度控告機器在搞鬼。

「在比賽中有很多發現，其中一個發現就是電腦的行爲有時候非常、非常的像人類」。

「它很懂得位置因素，這是科學的卓越成就 」。

從傳統意義上講，電腦想要在西洋棋比賽中擊敗西洋棋大師，它應該有策略，要在每走一步前每秒鐘就要計算大量的「預測」步驟。下西洋棋的程式必須能夠使用經驗來改善其性能，換言之，電腦必須有學習的能力。

什麼是機器學習？

通常，機器學習涉及自適應機制，這種機制使電腦能夠透過經驗、實例和模擬的方式進行學習。經過一段時間，學習能力可以改善智慧型系統的性能。機器學習的機制是自適應系統的基礎。機器學習最常見的方法是人工神經網路和基因演算法。本章主要介紹神經網路。

什麼是神經網路？

神經網路可定義爲基於人類大腦的推理模型。大腦由密集的相互連接的神經細胞或基本資訊處理單元(也叫神經元)組成。人類的大腦大約有 100 億個神經元，之間連接形成的突觸有 60 萬億個(Shepherd 和 Koch，1990)。透過同時使用多個神經元，大腦執行其功能的速度遠遠超過現在最快的電腦。

儘管每個神經元的結構都很簡單，但這麼多神經元結合起來，其處理能力還是非常強大的。一個神經元包含一個細胞體、一些樹突和一根很長的軸突。如果樹突伸向細胞體周圍的網路中，軸突就向樹突和其他神經元的細胞體伸展開。圖 6-1 是神經網路的示意圖。

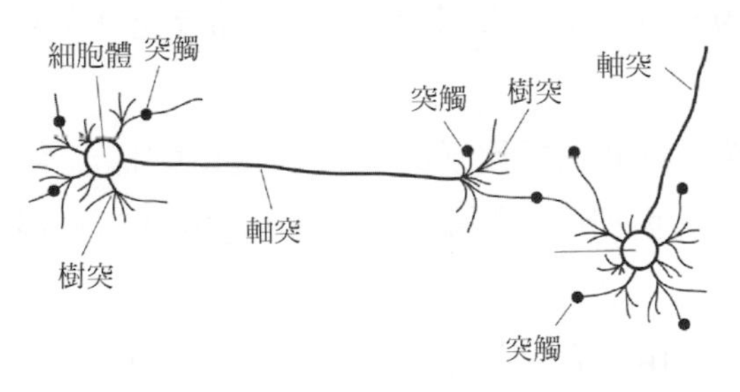

圖 6-1 生物神經網路

在神經元之間傳遞的信號是透過複雜的電化學反應而產生的。從突觸中釋放出的化學物質導致細胞體電壓發生變化。當電壓達到臨界值，就會透過軸突向下傳送一個電脈衝(動作電位)。脈衝傳播開並最終到達突觸，使突觸的電壓增加或減少。但是，最有意思的發現是神經網路表現出一定的可塑性。爲了和刺激的型樣相適應，神經元在連接處的強度有長期的變化。神經元也可以與其他神經元形成新的連接。甚至整個神經元的集合都可以從一個地方搬到另一個地方。這些機制就是大腦學習的基礎。

人類的大腦可以看作一個高度複雜、非線性、並列的資訊處理系統。神經網路中資訊的儲存和處理在整個網路中是同時進行的，而不是在某個位置上是同時進行的。換言之，在神經網路中，資料及其處理是全域而不是局部的。

正是因爲具有這種可塑性，導致「正確答案」的神經元之間的連接會被強化，而導致「錯誤答案」的連接被弱化。因此神經網路能夠透過經驗進行學習。

學習是生物神經網路的基礎和本質特徵。這種簡單和自然的方式使得在電腦中類比生物神經網路的嘗試成爲可能。

雖然現在的人工神經網路(ANN)和人類大腦相似的程度就像紙飛機和超音波噴射機相似的程度，但它發展得很快。ANN 有「學習」能力，即，ANN 可以用經驗來改進本身的性能。在接觸了足夠的實例後，ANN 可以推廣到它們還沒有遇到的情況。它們可以識別手寫體字母、識別人們話語中的單字，檢測飛機上的爆炸物。此外，ANN 還可以分析人類專家難以識別的型樣。例如，Chase Manhattan 銀行使用神經網路來檢查被盜信用卡的使用資訊，並發現最可疑的消費是 40 至 80 美金之間的女鞋。

人工神經網路如何建模大腦？

人工神經網路包含很多簡單但高度互聯的處理器，也稱作神經元，這與大腦中的生物神經網路很類似。神經元之間透過有權重的連結將信號從一個神經元傳遞到另一個神經元。每個神經元透過其連接收到幾個輸入信號，但是它不會產生多於一個的輸出信號。輸出信號透過神經元的外出連接傳送(和生物網路中的軸突類似)。外出連接又分出幾個分支傳遞相同的信號(信號不能在分支間以任何方式分割)。外出分支在網路中其他神經元的進入連接處中止。圖 6-2 爲典型 ANN 的連接。表 6-1 給出了生物和人工神經網路間的對比(Medsker 和 Liebowitz，1994)。

人工神經網路如何「學習」？

神經元透過連結相連，每個連結都有權重。權重是 ANN 中長期記憶的基本方式。它們表達每個神經元輸入的強度或者說是每個神經元輸入的重要性。人工神經網路透過不斷調整這些權重進行「學習」。

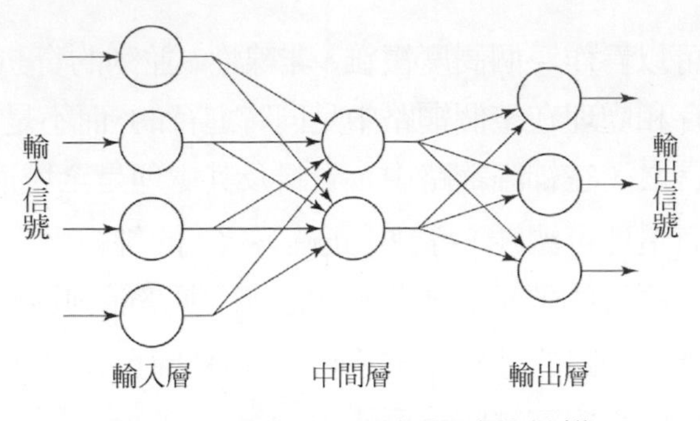

圖 6-2 典型人工神經網路的結構

表 6-1 生物和人工神經網路間的對比

生物神經網路	人工神經網路
細胞體	神經元
樹突	輸入
軸突	輸出
突觸	權重

神經網路怎麼知道該如何調整權重？

如圖 6-2 所示，典型的 ANN 是分層的結構，網路中的神經元排列在這些層中。與外部環境連接的神經元形成輸入和輸出層。透過調節權重使網路的輸入/輸出行為與環境一致。

每個神經元是資訊處理的基本單位。在給定輸入和權重時，它可以計算它的行為。

要建立人工神經網路，必須首先確定要用到多少神經元，以及如何連接神經元以形成網路。換言之，必須首先選擇網路的架構，然後決定使用什麼樣的學習演算法。最後是訓練神經網路，即初始化網路的權重，然後透過一系列的訓練實例改變權重的值。

下面先從建立 ANN 的基本元素—神經元開始。

6.2　為簡單計算元素的神經元

神經元接收來自輸入連結的一些信號,計算新的啓動準位並將其作爲輸出信號透過輸出連結進行傳送。輸入信號可以是原始資料或其他神經元的輸出。輸出信號可以是問題的最終解決方案，也可以是其他神經元的輸入信號。圖6-3 爲典型的神經元。

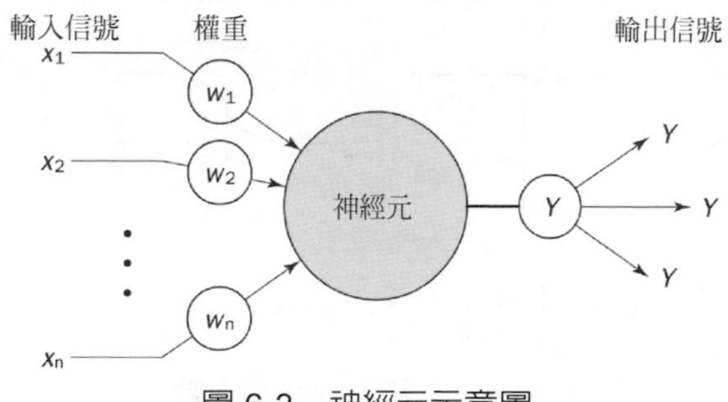

圖 6-3　神經元示意圖

神經元如何確定輸出？

1943 年，Warren McCulloch 和 Walter Pitts 提出了一種非常簡單的思想，這種思想現在仍舊是大多數人工神經網路的基礎。

神經元計算帶權重的輸入信號和並將結果和臨界值 θ 比較。如果網路的淨輸入比臨界值低，神經元輸出−1，如果網路淨輸入大於或等於臨界值，則神經元啓動並輸出+1(McCulloch 和 Pitts，1943)。

換言之，神經元使用下面的轉移或激勵函數：

$$X = \sum_{i=1}^{n} x_i w_i$$
$$Y = \begin{cases} +1 & \text{當} X \geqslant \theta \\ -1 & \text{當X} < \theta \end{cases} \tag{6-1}$$

其中 X 是神經元的淨權重輸入，x_i 是輸入 i 的值，w_i 是輸入 i 的權重，n 是神經元輸入的數量，Y 是神經元的輸出。

這種激勵函數稱作符號函數。

因此符號激勵函數的神經元的實際輸出可以表示爲：

$$Y = sign\left[\sum_{i=1}^{n} x_i w_i - \theta\right] \quad (6\text{-}2)$$

符號函數是神經元使用的唯一激勵函數嗎？

在已經測試的激勵函數中，僅有幾個在實際中得到了應用。四個常用的激勵函數—步階、符號、線性和 S 形函數如圖 6-4 所示。

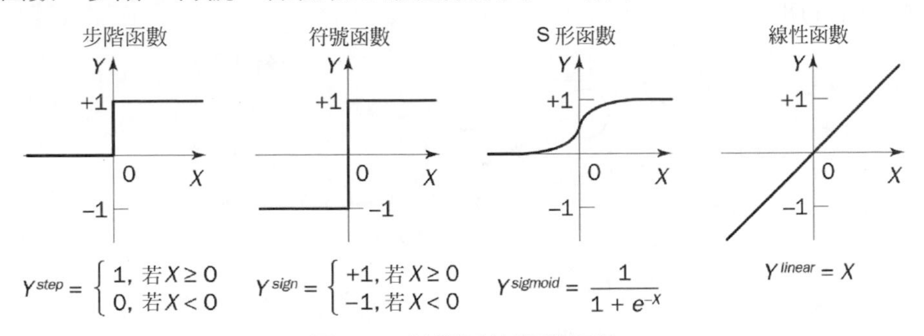

圖 6-4　神經元的激勵函數

步階和符號激勵函數，也稱作硬限幅函數，常在用於分類和型樣識別的決策制訂神經元中使用。

S 形函數可以將輸入(變化範圍在負無窮到正無窮之間)轉換成範圍在 0 至 1 之間的適當的值。使用這個函數的神經元用於後向傳遞的網路中。

線性激勵函數的輸出和神經元的權重輸入一致。使用線性函數的神經元一般用在線性近似中。

單個神經元可以學習嗎？

1958 年 Frank Rosenblatt 提出一種訓練演算法，提供第一個簡單 ANN 的訓練步驟：感知器(perceptron)(Rosenblatt，1958)。感知器是神經網路最簡單的形式。它由一個可調整突觸權重的神經元和硬限幅器組成。如圖 6-5 所示為單層雙輸入感知器。

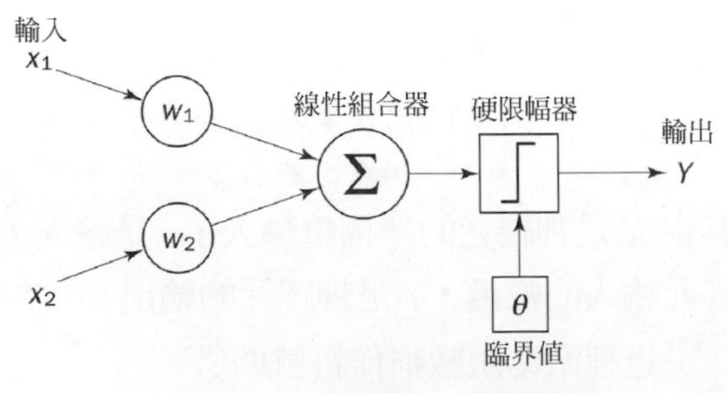

圖 6-5　單層雙輸入感知器

6.3 感知器

Rosenblatt 感知器的運算是基於 McCulloch 和 Pitts 的神經元模型。這個模型由一個線性組合器，後接一個硬限幅器組成。輸入的權重和，被施加於硬限幅器，硬限幅器當其輸入爲正時輸出爲+1，輸入爲負時輸出爲−1。感知器的作用是將輸入分類，也就是將輸入 x_1，x_2，⋯，x_n 分爲兩類，即 A_1 和 A_2，因此一個基本的感知器，用超平面將 n 維空間劃分成兩個決策區域。超平面由線性分割函數定義：

$$\sum_{i=1}^{n} x_i w_i - \theta = 0 \tag{6-3}$$

在有兩個輸入 x_1 和 x_2 時，決策邊界爲圖 6-6(a)中所示的虛直線。點 1 在邊界線的上方，屬於 A_1 類，點 2 在邊界線的下方，屬於 A_2 類。臨界值 θ 用來改變決策邊界。

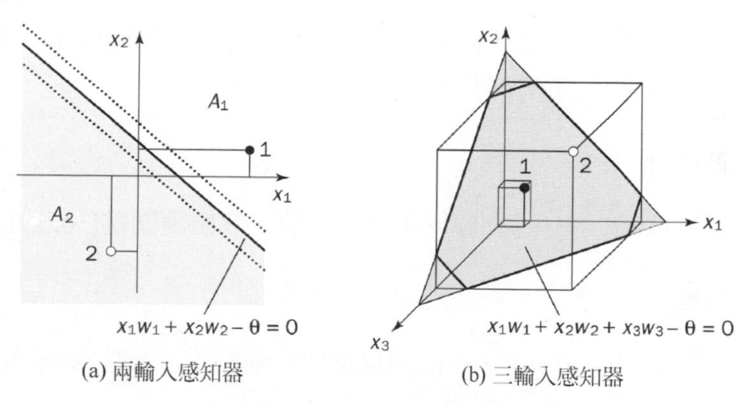

圖 6-6　感知器的線性分割

有三個輸入的超平面還是可見的，圖 6-6(b)所示爲三輸入感知器的三個維度。其中分割平面可以定義爲：

$$x_1 w_1 + x_2 w_2 + x_3 w_3 - \theta = 0$$

感知器如何學習分類任務？

透過細微地調節權重值來減少感知器的期望輸出和實際輸出之間的差別

可以完成這一任務。初始權重值可以任意指定，通常在範圍[−0.5, 0.5]內，然後透過訓練實例進行調整。對於感知器，權重調整的過程非常簡單。如果在疊代 p 中，實際輸出爲 $Y(p)$，期望輸出爲 $Y_d(P)$，那麼誤差爲：

$$e(p) = Y_d(p) - Y(p) \quad 當\ p=1, 2, 3, \cdots \tag{6-4}$$

這裡疊代 p 表示提供給感知器的第 p 個訓練實例。

如果誤差 $e(p)$爲正，就需要增加感知器輸出 $Y(p)$；如果 $e(p)$爲負，就減少感知器輸出 $Y(p)$。考慮到每個感知器對總輸入 $X(p)$的貢獻爲 $x_i(p) \times w_i(p)$，可以得知,如果輸入值 $x_i(p)$爲正,那麼增加其權重 $w_i(p)$可以增加感知器輸出 $Y(p)$的值；如果輸入值 $x_i(p)$爲負，那麼增加其權重 $w_i(p)$可以減少輸出 $Y(p)$的值。因此，可以建立下面的感知器學習規則：

$$w_i(p+1) = w_i(p) + a \times x_i(p) \times e(p) \tag{6-5}$$

其中 α 是學習率，是一個小於 1 的正常數。

感知器學習規則首先由 Rosenblatt 在 1960 年提出(Rosenblatt，1960)。使用這個規則可以得出用於分類任務的感知器訓練演算法。

步驟 1　初始化

設定權重 $w_1, w_2, \cdots, w_n$ 和臨界值 θ 的初值，取值範圍爲[−0.5, 0.5]。

步驟 2　激勵

透過用輸入 $x_1(p), x_2(p), \cdots, x_n(p)$以及期望輸出 $Y_d(p)$來啓動感知器。在疊代 p=1 上計算實際輸出爲

$$Y(p) = step\left[\sum_{i=1}^{n} x_i(p) w_i(p) - \theta\right] \tag{6-6}$$

其中 n 爲感知器輸入的數量，step 爲步階激勵函數。

步驟 3　權重訓練

修改感知器的權重。

$$w_i(p+1) = w_i(p) + \Delta w_i(p) \tag{6-7}$$

其中 $\Delta w_i(p)$爲疊代 p 上的權重校正。

透過 delta 規則計算權重校正：

$$\Delta w_i(p) = \alpha \times x_i(p) \times e(p) \tag{6-8}$$

步驟 4　疊代

疊代 p 加 1，回到步驟 2，重複以上過程直至收斂。

可以訓練感知器執行類似於 AND、OR 或 Exclusive-OR 的邏輯運算嗎？

表 6-2 爲 AND(及)、OR(或)和 Exclusive-OR(互斥或)的眞值表。表中列出了兩個變數 x_1 和 x_2 所有可能的組合和運算的結果。必須訓練感知器能分類輸入型樣。

表 6-2　基本邏輯運算的真值表

輸入變數		及	或	互斥或
x_1	x_2	$x_1 \cap x_2$	$x_1 \cup x_2$	$x_1 \oplus 2$
0	0	0	0	0
0	1	0	1	1
1	0	0	1	1
1	1	1	1	0

首先考慮 AND 運算。初始化步驟完成後，感知器由表示一個週期的四個輸入型樣的串列來啓動。每次啓動後修改感知器的權重。一直重複這個過程，直到所有的權重收斂到統一的一組取值上爲止。結果如表 6-3 所示。

類似地，感知器可以學習 OR 運算，但是，單層的感知器不能透過訓練來執行 Exclusive-OR 運算。

可以透過一個簡單的幾何例子理解其中的原因。圖 6-7 爲有兩個輸入的 AND、OR 和 Exclusive-OR 二維圖。黑點表示函數輸出爲 1 時輸入空間的點，白點表示函數輸出爲 0 的點。

表 6-3 感知器學習的例子：邏輯運算 AND

時間	輸入		期望輸出	初始權重		實際輸出	誤差	最終權重	
	x_1	x_2	Y_d	w_1	w_2	Y	e	w_1	w_2
1	0	0	0	0.3	−0.1	0	0	0.3	−0.1
	0	1	0	0.3	−0.1	0	0	0.3	−0.1
	1	0	0	0.3	−0.1	1	−1	0.2	−0.1
	1	1	1	0.2	−0.1	0	1	0.3	0.0
2	0	0	0	0.3	0.0	0	0	0.3	0.0
	0	1	0	0.3	0.0	0	0	0.3	0.0
	1	0	0	0.3	0.0	1	−1	0.2	0.0
	1	1	1	0.2	0.0	1	0	0.2	0.0
3	0	0	0	0.2	0.0	0	0	0.2	0.0
	0	1	0	0.2	0.0	0	0	0.2	0.0
	1	0	0	0.2	0.0	1	−1	0.1	0.0
	1	1	1	0.1	0.0	0	1	0.2	0.1
4	0	0	0	0.2	0.1	0	0	0.2	0.1
	0	1	0	0.2	0.1	0	0	0.2	0.1
	1	0	0	0.2	0.1	1	−1	0.1	0.1
	1	1	1	0.1	0.1	1	0	0.1	0.1
5	0	0	0	0.1	0.1	0	0	0.1	0.1
	0	1	0	0.1	0.1	0	0	0.1	0.1
	1	0	0	0.1	0.1	0	0	0.1	0.1
	1	1	1	0.1	0.1	1	0	0.1	0.1

臨界值：$\theta = 0.2$。學習率：$\alpha = 0.1$

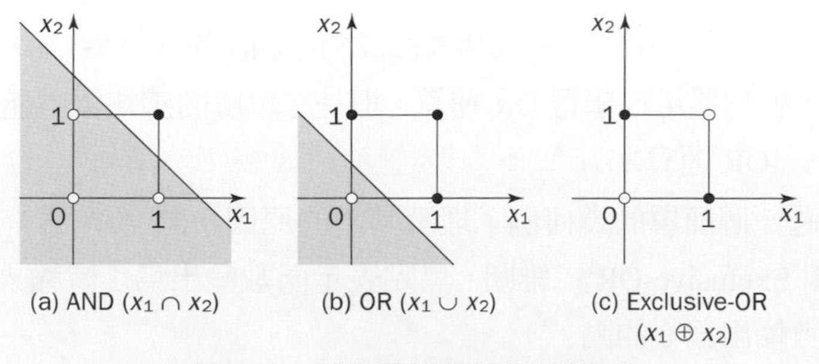

圖 6-7 基本邏輯運算的二維圖

在圖 6-7(a)和圖 6-7(b)中，可以畫一條線，讓所有的黑點在一邊，白點在另一邊，但圖 6-7(c)中黑點和白點就不能用一條線分割。感知器僅僅能夠表達這種能用一條線將所有黑點和所有白點分割開的函數。這種函數也稱作線性分割函數。因此，感知器可以學習的運算有 AND 和 OR，但不能學習 Exclusive-OR。

爲什麼感知器僅僅能學習線性分割函數？

可以從式(6-1)中推導出感知器爲什麼只能學習線性分割函數。僅當權重輸入 X 的總和大於或等於臨界值 θ 時感知器輸出 Y 才爲 1。這就說明整個輸入空間透過 $X=\theta$ 所定義的邊界分成了兩部分。例如，運算 AND 的分割線由下面的公式定義：

$$x_1 w_1 + x_2 w_2 = \theta$$

如果按表 6-3 給定權重 w_1、w_2 和臨界值 θ，就得到了一條可能的分割線：

$$0.1x_1 + 0.1x_2 = 0.2$$

或

$$x_1 + x_2 = 2$$

因此，輸出爲 0 的區域在分割線的下方：

$$x_1 + x_2 - 2 < 0$$

輸出爲 1 的區域在分割線的上方：

$$x_1 + x_2 - 2 \geqslant 0$$

感知器只能學習線性分割函數，這確實是個壞消息，因爲實際上沒有多少這樣的函數。

可以用 S 型或線性元素取代硬限幅器嗎？

不管感知器使用的激勵函數是什麼，單層感知器用相同的方法做決策(Shynk，1990；Shynk 和 Bershad，1992)。這就意味著不管是用硬限幅激勵函數還是軟限幅激勵函數，單層感知器僅僅能分類線性分割型樣。

感知器的計算限制在 Minsky 和 Papert 著名的書籍《Perceptrons》中有相關的數學分析(Minsky 和 Papert，1969)。這本書中證明了 Rosenblatt 感知器不能根據在局部學習到的實例進行全域推廣。同時，Minsky 和 Papert 總結出單層感知器的限制對於多層神經網路也適用。這樣的結論當然不鼓勵對人工神經網路更進一步的研究。

怎樣處理不能線性分割的問題？

要處理這樣的問題就需要多層神經網路。實際上，歷史已經證明了 Rosenblatt 感知器的限制可以透過改進神經網路的形式來克服，例如，用後向傳遞演算法訓練的多層感知器。

6.4 多層神經網路

多層感知器是有一個或多個隱含層的前饋神經網路。通常，網路包含一個源神經元(source neurons)的輸入層，至少一個計算神經元的中間層或隱含層，以及一個計算神經元的輸出層。輸入信號一層一層地向前傳遞。有兩個隱含層的多層感知器如圖 6-8 所示。

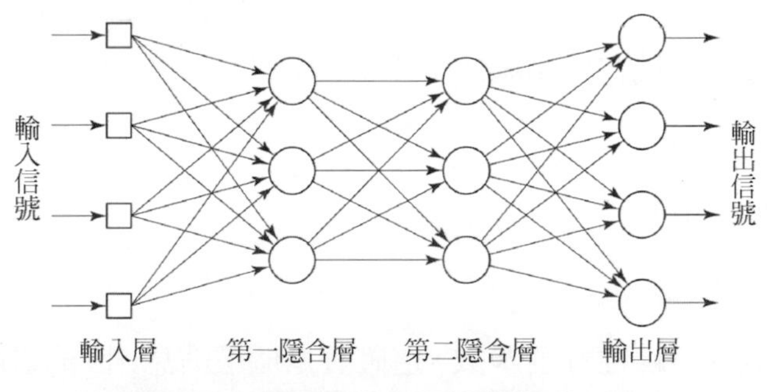

圖 6-8 有兩個隱含層的多層感知器

為什麼需要隱含層？

多層神經網路的每一層都有其特定的功能。輸入層接收來自外部世界的輸入信號，重新將信號發送給隱含層的所有神經元。實際上，輸入層很少會包含計算神經元，因此不處理輸入型樣。輸出層從隱含層接收輸出信號，或者說是刺激型樣，並爲整個網路建立輸出型樣。

隱含層的神經元發現特徵；神經元的權重表示隱含在輸入型樣中的特徵。輸出層根據這些特徵確定輸出型樣。

利用一個隱含層，我們可以表示輸入信號的任何連續函數；利用兩個隱含層甚至可以表示不連續的函數。

爲什麼多層網路中的中間層叫做「隱含層」？這個層隱藏了什麼？

隱含層「隱含」了它期望的輸出值。隱含層的神經元不能透過網路的輸入輸出行爲來分析。沒有明顯的方式可以瞭解隱含層的期望的輸出值。換言之，隱含層的期望輸出完全由該層自己決定。

神經網路可以包含 2 個以上的隱含層嗎？

商用 ANN 一般有三層或四層，包含一到兩個隱含層。每層有 10～1000 個神經元。實驗神經網路可能有五層甚至六層，包含三到四個隱含層，有數百萬個神經元，但大多數應用系統僅有三層，因爲每增加一層，計算量將呈指數倍增加。

多層神經網路如何學習？

有上百種學習演算法可供選擇，但最常用的是後向傳遞方法。這種方法在 1969 年被首次提出(Bryson 和 Ho，1969)，但是由於其對計算的要求過分苛求而被人們忽略。在 20 世紀 80 年代中期這種演算法才被重新發現。

多層網路的學習過程和感知器的一樣。要給網路提供輸入型樣的訓練集。網路計算其輸出型樣，如果有錯－也就是說實際輸出和期望輸出型樣不一致－就調節權重來減小誤差。

在感知器中，每個輸入僅有一個權重和一個輸出。但在多層網路中，有多個權重，每個權重對一個以上的輸出都有貢獻。

是否可以估計誤差並在有作用的權重中間分配？

在後向傳遞神經網路中，學習演算法有兩個階段。首先將訓練輸入型樣提供給網路的輸入端。輸入型樣在網路中一層層地傳送，直到輸出層產生輸出型樣爲止。如果輸出型樣和網路預期的輸出型樣不同，則計算誤差，然後從網路的輸出端後向傳遞回輸入端，在傳送誤差時調整權重的值。

和其他神經網路一樣，後向傳遞神經網路是由神經元的連接(網路架構)、神經元使用的激勵函數和指定用於調整權重過程的學習演算法(或學習規則)決定的。

通常，後向傳遞網路是多層網路，有三到四層，層與層之間充分連接，也就是說，每一層的每個神經元和相鄰的前一層中其他神經元都有連接。

神經元確定輸出的方式和 Rosenblatt 的感知器類似。首先計算淨權重輸入：

$$X = \sum_{i=1}^{n} x_i w_i - \theta$$

其中 n 是輸入的個數，θ 是神經元的臨界值。

接下來，輸入值透過激勵函數傳遞。和感知器不同的是，後向傳遞網路中的神經元使用 S 形激勵函數。

$$Y^{sigmoid} = \frac{1}{1 + e^{-X}} \tag{6-9}$$

該函數的導數容易計算。它保證神經元的輸出在 0 到 1 之間。

後向傳遞網路中使用的學習規則是什麼？

要推導後向傳遞的學習規則，我們考慮圖 6-9 中的三層網路。下標 i、j 和 k 分別爲輸入層、隱含層和輸出層中的神經元。

輸入信號 $x_1, x_2, \cdots, x_n$ 從網路的左側傳送到右側，而誤差信號 $e_1, e_2, \cdots, e_n$ 從右到左傳送。符號 w_{ij} 指的是輸入層的神經元 i 和隱含層的神經元 j 間連接的權重，符號 w_{jk} 指的是隱含層的神經元 j 和輸出層的神經元 k 間連接的權重。要傳送誤差信號，從輸出層開始向後傳到隱含層。神經元 k 的第 p 次疊代的誤差信號定義爲：

$$e_k(p) = y_{d,k}(p) - y_k(p) \tag{6-10}$$

其中 $y_{d,k}(p)$是神經元 k 的第 p 次疊代的期望輸出。

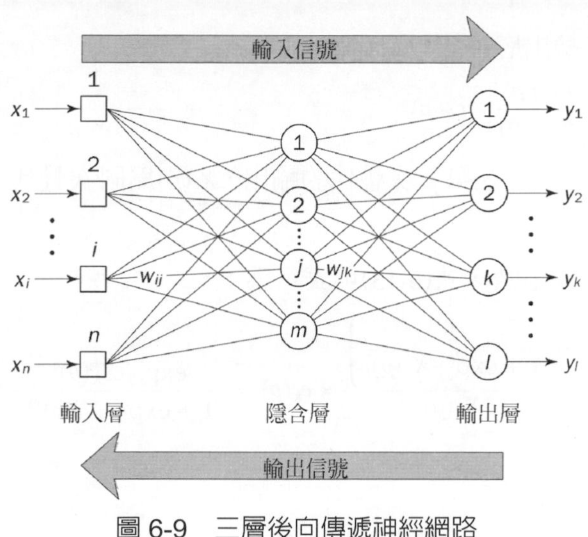

圖 6-9　三層後向傳遞神經網路

位於輸出層的神經元 k 具有自己的預期值。因此，可以用簡單方法來修改權重 w_{ij} 的值。實際上，修改輸出層權重的規則和式(6-7)的感知器學習的規則類似：

$$w_{jk}(p+1) = w_{jk}(p) + \Delta w_{jk}(p) \tag{6-11}$$

其中 $\Delta w_{jk}(p)$ 是權重校正。

確定了感知器的權重校正後，使用輸入信號 x_i。但是在多層網路中，輸出層神經元的輸入和輸入層神經元的輸入是不同的。

既然不能使用輸入信號 x_i，應該使用什麼來替代？

我們使用隱含層神經元 j 的輸出 y_j 而不是輸入 x_i。多層網路權重校正的計算方法為(Fu，1994)：

$$\Delta w_{jk}(p) = \alpha \times y_j(p) \times \delta_k(p) \tag{6-12}$$

其中 $\delta_k(p)$ 是在輸出層第 p 次疊代時神經元 k 的誤差梯度。

什麼是誤差梯度？

誤差梯度的定義為激勵函數的導數和神經元輸出誤差的乘積。

因此，對於輸出層神經元 k，有

$$\delta_k(p) = \frac{\partial y_k(p)}{\partial X_k(p)} \times e_k(p) \tag{6-13}$$

其中：$y_k(p)$是神經元 k 在第 p 次疊代的輸出，$X_k(p)$爲同次疊代中神經元 k 的淨權重輸入。

對於 S 形激勵函數，式(6-13)可表示爲：

$$\delta_k(p) = \frac{\partial\left\{\dfrac{1}{1+\exp[-X_k(p)]}\right\}}{\partial X_k(p)} \times e_k(p) = \frac{\exp[-X_k(p)]}{\{1+\exp[-X_k(p)]\}^2} \times e_k(p)$$

因此，可以得到：

$$\delta_k(p) = y_k(p) \times [1 - y_k(p)] \times e_k(p) \tag{6-14}$$

其中：

$$y_k(p) = \frac{1}{1+\exp[-X_k(p)]}$$

如何確定隱含層中神經元的權重校正？

要計算隱含層的權重校正，使用和輸出層相同的公式：

$$\Delta w_{ij}(p) = \alpha \times x_i(p) \times \delta_j(p) \tag{6-15}$$

其中 $\delta_i(p)$爲隱含層神經元 j 的誤差梯度。

$$\delta_j(p) = y_j(p) \times [1 - y_j(p)] \times \sum_{k=1}^{l} \delta_k(p) w_{jk}(p)$$

其中 l 是輸出層神經元的個數。

$$y_j(p) = \frac{1}{1+e^{-X_j(p)}}$$

$$X_j(p) = \sum_{i=1}^{n} x_i(p) \times w_{ij}(p) - \theta_j$$

n 爲輸入層神經元的個數。

現在可以導出後向傳遞的訓練演算法。

步驟 1　初始化

用很小範圍內均勻分佈的亂數設定網路的權重和臨界值(Haykin, 2008)：

$$\left(-\frac{2.4}{F_i}, +\frac{2.4}{F_i}\right)$$

其中 F_i 是網路中神經元 i 的輸入的總數。權重的初始值要一個神經元一個神經元地設定。

步驟 2　激勵

透過應用輸入 $x_1(p), x_2(p), \cdots, x_n(p)$和期望的輸出 $y_{d,1}(p), y_{d,2}(p), \cdots, y_{d,n}(p)$ 來激勵後向傳遞神經網路。

(1) 計算隱含層神經元的實際輸出：

$$y_j(p) = sigmoid\left[\sum_{i=1}^{n} x_i(p) \times w_{ij}(p) - \theta_j\right]$$

其中 n 是隱含層神經元 j 輸入的個數，sigmoid 爲 S 形激勵函數。

(2) 計算輸出層神經元的實際輸出：

$$y_k(p) = sigmoid\left[\sum_{j=1}^{m} x_{jk}(p) \times w_{jk}(p) - \theta_k\right]$$

其中 m 爲輸出層神經元 k 的輸入個數。

步驟 3　訓練權重

修改後向傳遞網路中的權重(後向傳遞網路向後傳遞與輸出神經元相關的誤差)。

(1) 計算輸出層神經元的誤差梯度：

$$\delta_k(p) = y_k(p) \times [1 - y_k(p)] \times e_k(p)$$

其中：

$$e_k(p) = y_{d,k}(p) - y_k(p)$$

計算權重的校正：

$$\Delta w_{jk}(p) = \alpha \times y_j(p) \times \delta_k(p)$$

更新輸出神經元的權重：

$$w_{jk}(p+1) = w_{jk}(p) + \Delta w_{jk}(p)$$

(2) 計算隱含層神經元的誤差梯度：

$$\delta_j(p) = y_j(p) \times [1 - y_j(p)] \times \sum_{k=1}^{l} \delta_k(p) \times w_{jk}(p)$$

計算權重的校正：

$$\Delta w_{ij}(p) = \alpha \times x_i(p) \times \delta_j(p)$$

更新隱含層神經元的權重：

$$w_{ij}(p+1) = w_{ij}(p) + \Delta w_{ij}(p)$$

步驟 4 疊代

疊代次數 p 加 1，回到步驟 2，重複上述過程直到滿足誤差要求為止。

舉個例子，考慮如圖 6-10 所示的三層後向傳遞網路，假設網路需要執行的邏輯運算是 Exclusive-OR。回憶一下，單層的感知器不能進行這樣的運算。這裡使用三層的網路。

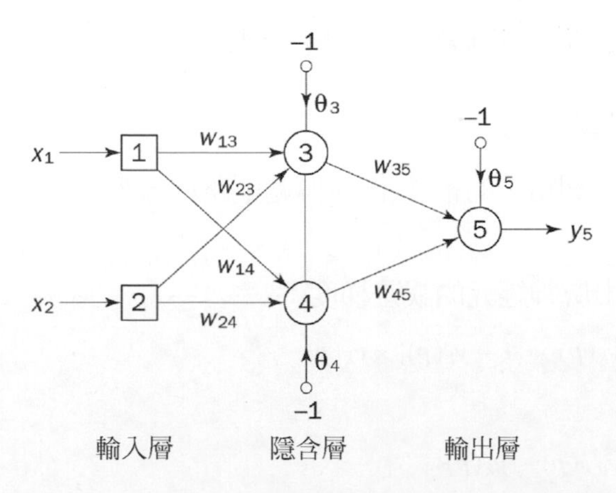

圖 6-10 執行 Exclusive-OR 運算的三層網路

輸入層中的神經元 1 和 2 分別接收輸入 x_1 和 x_2，然後並不做任何處理，而是在隱含層中重新分配輸入給神經元：$x_{13} = x_{14} = x_1$ 和 $x_{23} = x_{24} = x_2$。

隱含層或輸出層的某個神經元的臨界值的作用可用它的權重 θ 來表示，θ 與一個等於–1 的固定輸入相連。

權重和臨界值的初值可隨意設定如下：

$$w_{13} = 0.5,\ w_{14} = 0.9,\ w_{23} = 0.4,\ w_{24} = 1.0,\ w_{35} = -1.2,\ w_{45} = 1.1,$$
$$\theta_3 = 0.8,\ \theta_4 = -0.1 \text{ 以及 } \theta_5 = 0.3$$

訓練集的輸入 x_1 和 x_2 都爲 1，期望輸出 $y_{d,5}$ 爲 0。隱含層中的神經元 3 和 4 的實際輸出爲：

$$y_3 = sigmoid\,(x_1 w_{13} + x_2 w_{23} - \theta_3) = 1/[1 + e^{-(1\times 0.5 + 1\times 0.4 - 1\times 0.8)}] = 0.5250$$
$$y_4 = sigmoid\,(x_1 w_{14} + x_2 w_{24} - \theta_4) = 1/[1 + e^{-(1\times 0.9 + 1\times 1.0 + 1\times 0.1)}] = 0.8808$$

現在可以確定輸出層神經元 5 的實際輸出爲：

$$y_5 = sigmoid\,(y_3 w_{35} + y_4 w_{45} - \theta_5) = 1/[1 + e^{-(-0.5250\times 1.2 + 0.8808\times 1.1 - 1\times 0.3)}] = 0.5097$$

因此，得到誤差：

$$e = y_{d,5} - y_5 = 0 - 0.5097 = -0.5097$$

下一步是權重訓練。要更新網路中的權重和臨界值，需要從輸出層後向傳遞誤差 e 到輸入層。

首先，計算輸出層神經元 5 的誤差梯度：

$$\delta_5 = y_5(1 - y_5)e = 0.5097 \times (1 - 0.5097) \times (-0.5097) = -0.1274$$

接下來，假設學習率參數 α 爲 0.1，確定權重的校正值：

$$\Delta w_{35} = \alpha \times y_3 \times \delta_5 = 0.1 \times 0.5250 \times (-0.1274) = -0.0067$$
$$\Delta w_{45} = \alpha \times y_4 \times \delta_5 = 0.1 \times 0.8808 \times (-0.1274) = -0.0112$$
$$\Delta \theta_5 = \alpha \times (-1) \times \delta_5 = 0.1 \times (-1) \times (-0.1274) = 0.0127$$

下面計算隱含層中神經元 3 和 4 的誤差梯度：

$$\delta_3 = y_3(1 - y_3) \times \delta_5 \times w_{35} = 0.5250 \times (1 - 0.5250) \times (-0.1274) \times (-1.2) = 0.0381$$
$$\delta_4 = y_4(1 - y_4) \times \delta_5 \times w_{45} = 0.8808 \times (1 - 0.8808) \times (-0.1274) \times 1.1 = -0.0147$$

確定權重的校正值：

$$\Delta w_{13} = \alpha \times x_1 \times \delta_3 = 0.1 \times 1 \times 0.0381 = 0.0038$$

$$\Delta w_{23} = \alpha \times x_2 \times \delta_3 = 0.1 \times 1 \times 0.0381 = 0.0038$$

$$\Delta \theta_3 = \alpha \times (-1) \times \delta_3 = 0.1 \times (-1) \times 0.0381 = -0.0038$$

$$\Delta w_{14} = \alpha \times x_1 \times \delta_4 = 0.1 \times 1 \times (-0.0147) = -0.0015$$

$$\Delta w_{24} = \alpha \times x_2 \times \delta_4 = 0.1 \times 1 \times (-0.0147) = -0.0015$$

$$\Delta \theta_4 = \alpha \times (-1) \times \delta_4 = 0.1 \times (-1) \times (-0.0147) = 0.0015$$

最後，更新網路中所有的權重和臨界值：

$$w_{13} = w_{13} + \Delta w_{13} = 0.5 + 0.0038 = 0.5038$$

$$w_{14} = w_{14} + \Delta w_{14} = 0.9 - 0.0015 = 0.8985$$

$$w_{23} = w_{23} + \Delta w_{23} = 0.4 + 0.0038 = 0.4038$$

$$w_{24} = w_{24} + \Delta w_{24} = 1.0 - 0.0015 = 0.9985$$

$$w_{35} = w_{35} + \Delta w_{35} = -1.2 - 0.0067 = -1.2067$$

$$w_{45} = w_{45} + \Delta w_{45} = 1.1 - 0.0112 = 1.0888$$

$$\theta_3 = \theta_3 + \Delta \theta_3 = 0.8 - 0.0038 = 0.7962$$

$$\theta_4 = \theta_4 + \Delta \theta_4 = -0.1 + 0.0015 = -0.0985$$

$$\theta_5 = \theta_5 + \Delta \theta_5 = 0.3 + 0.0127 = 0.3127$$

重複訓練過程，直至誤差的平方和小於 0.001 爲止。

爲什麼要取誤差的平方和？

誤差的平方和是衡量網路性能的很有用的指標。後向傳遞的訓練演算法試圖把這個標準最小化。如果誤差傳遞透過全部訓練集後，誤差的平方和(或週期)達到足夠小，就認爲網路是收斂的。在本例中，誤差的平方和足夠小是指其值小於 0.001。圖 6-11 爲學習曲線，縱軸爲誤差的平方和，橫軸爲訓練使用的週期數。學習曲線可以顯示學習的速度。

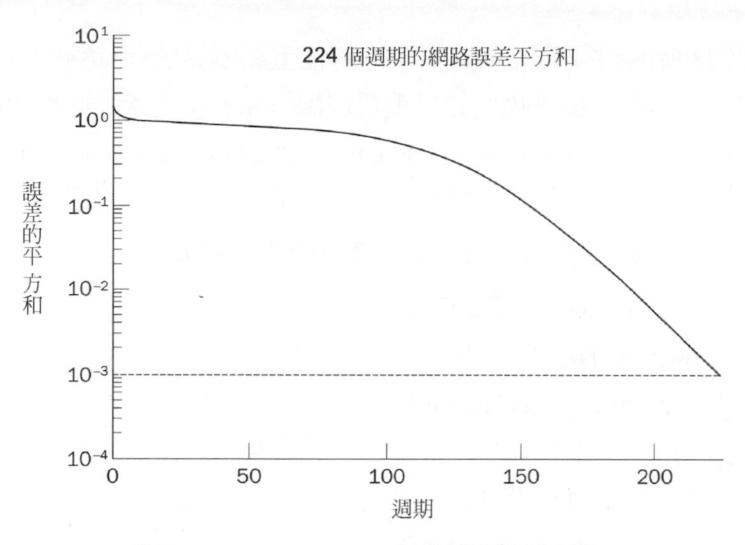

圖 6-11　Exclusive-OR 運算的學習曲線

訓練網路執行 Exclusive-OR 運算使用了 224 個週期和 896 次疊代。下面是滿足誤差標準的權重和臨界值的最終取值：

$$w_{13}=4.7621,\ w_{14}=6.3917,\ w_{23}=4.7618,\ w_{24}=6.3917,\ w_{35}=-10.3788,$$
$$w_{45}=9.7691,\ \theta_3=7.3061,\ \theta_4=2.8441 \text{ and } \theta_5=4.5589$$

網路解決了問題！現在可以測試網路，把所有的訓練集放到輸入端並計算網路輸出。結果如表 6-4 所示。

表 6-4　三層網路學習的最終結果：邏輯運算 Exclusive-OR

輸入		期望輸出	實際輸出	誤差	誤差的
x_1	x_2	y_d	y_5	e	平方和
1	1	0	0.0155	−0.0155	0.0010
0	1	1	0.9849	0.0151	
1	0	1	0.9849	0.0151	
0	0	0	0.0175	−0.0175	

初始化時權重和臨界值都是任意設定的，這是否意味著同一個網路會找到不同的解決方案？

不同的初始條件下網路將獲得不同的權重和臨界值。但透過不同次數的疊代，總能找到解決方法。例如，如果重新訓練網路，可以得到如下的解決方案：

$$w_{13} = -6.3041,\ w_{14} = -5.7896,\ w_{23} = 6.2288,\ w_{24} = 6.0088,\ w_{35} = 9.6657,$$
$$w_{45} = -9.4242,\ \theta_3 = 3.3858,\ \theta_4 = -2.8976 \text{ and } \theta_5 = -4.4859$$

現在能否畫出多層網路 Exclusive-OR 運算的決策邊界？

要畫出應用S形激勵函數的神經元的決策邊界是很困難的。但是，可以透過使用符號函數的McCulloch和Pitts 模型表示隱含層和輸出層的每個神經元。也可以訓練如圖 6-12 所示的網路來執行 Exclusive-OR 運算(Touretzky 和 Pomerlean，1989；Haykin，1999)。

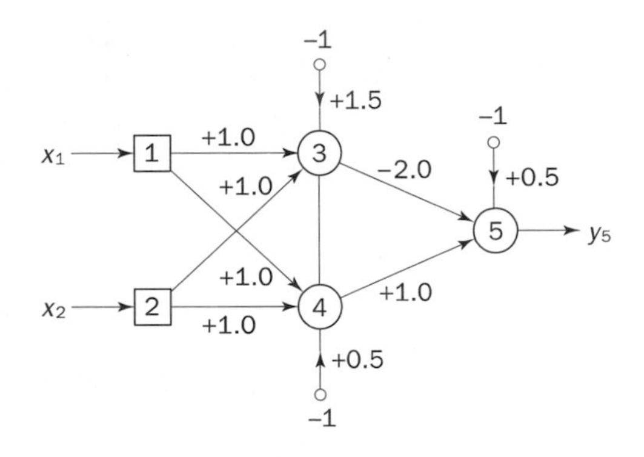

圖 6-12　解決 Exclusive-OR 運算的 McCulloch-Pitts 模型的表示

隱含層中神經元 3 和 4 構建的決策邊界的位置分別如圖 6-13a 和圖 6-13b 所示。輸出層中的神經元 5 將兩個隱含層神經元的決策邊界進行線性合併，如圖 6-13c 所示。圖 6-12 所示的網路確實將黑點和白點分隔開了，因此解決了 Exclusive-OR 問題。

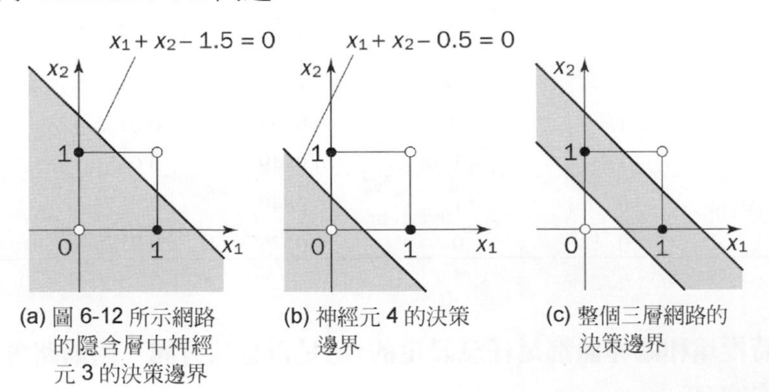

圖 6-13

後向傳遞的學習方法是機器學習的好方法嗎？

雖然後向傳遞的學習方法得到廣泛的使用，但是它並不能避免所有問題。例如，後向傳遞學習演算法似乎並不能在生物領域發揮作用(Stork，1989)。生物神經元不會向後工作來調整它們之間的連接和突觸的強度，因此不能將後向傳遞學習看作模擬人腦學習的過程。

另一個顯而易見的問題是計算量巨大，因而導致緩慢的訓練速度。實際上，純粹的後向傳遞演算法在實際中很少應用。

有一些方法可以改善後向傳遞演算法的效率(Caudill，1991；Jacobs，1988；Stubbs，1990)。下面將討論其中的幾個方法。

6.5　多層神經網路的加速學習

若用雙曲線正切來表示 S 形激勵函數，通常多層神經網路的學習率會加快。

$$Y^{tan\,h} = \frac{2a}{1 + e^{-bX}} - a \tag{6-16}$$

其中 a 和 b 都是常數。

a 和 b 的合適取值爲 $a = 1.716$，$b = 0.667$ (Guyon，1991)。

也可以透過在式(6-12)的 delta 規則中加入慣性項來加速訓練(Rumelhart *et al.*，1986)。

$$\Delta w_{jk}(p) = \beta \times \Delta w_{jk}(p-1) + \alpha \times y_j(p) \times \delta_k(p) \tag{6-17}$$

其中 β 是正數($0 \leqslant \beta < 1$)，稱作慣性常數。通常慣性常數設爲 0.95。

式(6-17)也稱作廣義的 delta 規則，在特殊情況下，$\beta = 0$，就得到了式(6-12)的 delta 規則。

爲什麼需要慣性常數？

根據 Watrous(1987)和 Jacobs(1988)所作的研究，在後向傳遞演算法中包含慣性會對訓練產生穩定的效果。換言之，包含慣性使得在垂直向下的方向上有了加速下降的趨勢，在學習表面出現峰和谷時才減緩這種趨勢。

圖 6-14 為 Exclusive-OR 運算帶有慣性的學習。和純後向傳遞演算法相比，週期數從 224 減少到了 126。

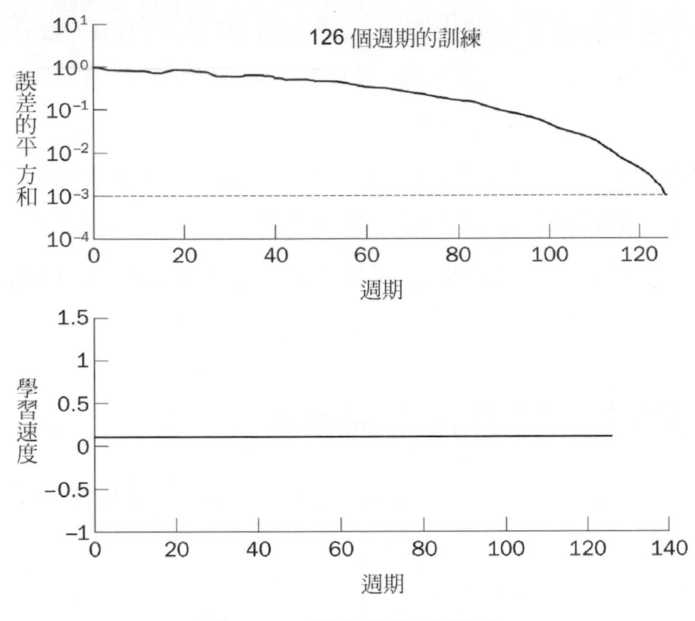

圖 6-14　帶有慣性的學習

在 delta 規則和廣義的 delta 規則中，我們使用一個較小的常數來作為學習率參數 α，是否可以透過增加這個值來提高訓練速度？

加快後向傳遞學習收斂速度的最有效的方法是在訓練過程中調節學習率參數。若學習率參數 α 小，則在一次次的疊代過程中對網路權重改變很小，從而產生平滑的學習曲線。另一方面，如果增加學習率參數 α 來加快訓練過程，可能導致權重的改變過大而變得不穩定，網路也因此變得振盪。

為了加速收斂且避免出現不穩定的危險，可以應用兩個啓發式方法 (Jacobs，1988)：

- 啓發式方法 1。如果在臨近的幾個週期中，誤差平方和變化的符號相同，則應該增加學習率參數 α 的值。
- 啓發式方法 2。如果在臨近的幾個週期中，誤差的平方和變化的符號不同，則應該減少學習率參數 α 的值。

爲了配合學習率的改變，需要對後向傳遞演算法作些改變。首先，需按初始學習率參數計算網路的輸出和誤差。如果本週期中誤差的平方和大於前一次的值的預先指定的倍數(通常爲 1.04)，這時學習率參數要減少(通常乘以 0.7)，計算新的權重和臨界值。如果誤差小於前一次，則增加學習率(通常乘以 1.05)。

圖 6-15 爲使用自適應學習率的後向傳遞訓練的範例。這個圖說明使用自適應學習率確實減少了疊代的次數。

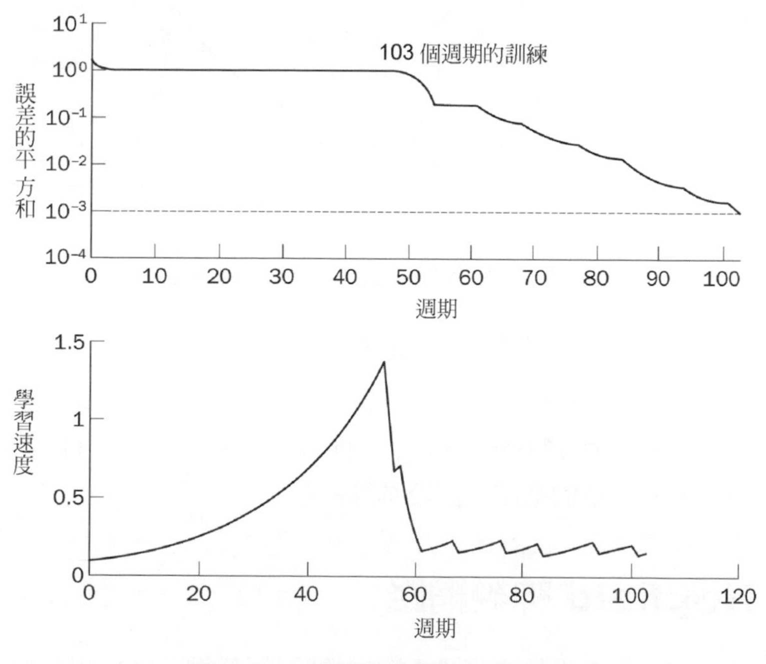

圖 6-15　使用自適應學習率學習

自適應學習率可跟慣性一起使用，圖 6-16 顯示同時用這兩種技術的優勢。

同時使用慣性和自適應學習率顯著提高了多層後向傳遞神經網路的性能，並使網路變得不穩定的機會減到最小。

神經網路是用來類比大腦的。但是，大腦的記憶透過聯想才能運轉。例如，我們可以在 100 至 200ms 內從不熟悉的環境中找到熟悉的面孔。在聽到音樂的一些片段時，我們也能夠回憶起完整的感受，包括聲音和場景。大腦可以將片段組合在一起。

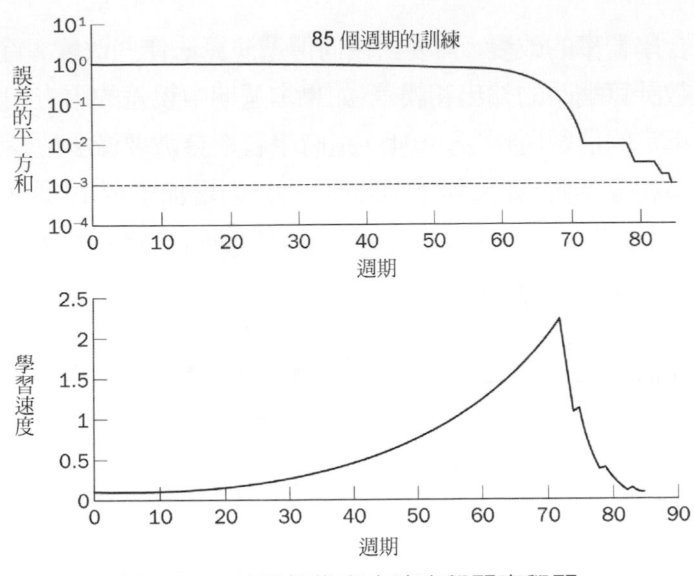

圖 6-16 使用慣性和自適應學習率學習

神經網路可以類比人類記憶的聯想功能嗎？

用後向傳遞演算法訓練的多層神經網路可用於解決型樣識別問題。但是，我們在前面提到，這樣的網路本身並不具備智慧。爲了類比人類記憶的聯想功能，需要一個不同類型的網路：回授神經網路。

6.6 Hopfield 神經網路

回授神經網路帶有從輸出到輸入回授迴路。這種迴路的出現對於網路的學習性能具有深遠的影響。

回授網路如何學習？

使用新的輸入後，計算網路輸出和回授來調節輸入。然後重新計算輸出，重複這個過程，直到輸出變成常數爲止。

輸出一定能變成常數嗎？

連續的疊代不一定能使輸出的改變越來越小，相反地，可能導致混亂。在這種情況下，網路的輸出永遠不會變成常數，可以說網路是不穩定的。

20 世紀 60 至 70 年代，很多研究者對回授神經網路的穩定性產生了興趣，但是沒有人能夠預測什麼樣的網路是穩定的，一些研究人員對找到通用的解決方案表示悲觀。當 John Hopfield 提出在動態穩定網路中儲存資訊的物理原則(Hopfield，1982)，這個問題才在 1982 年得到解決。

圖 6-17 所示爲包含 n 個神經元的單層 Hopfield 神經網路。每個神經元的輸出都回授到其他所有神經元的輸入(在 Hopfield 網路中沒有自回授)。

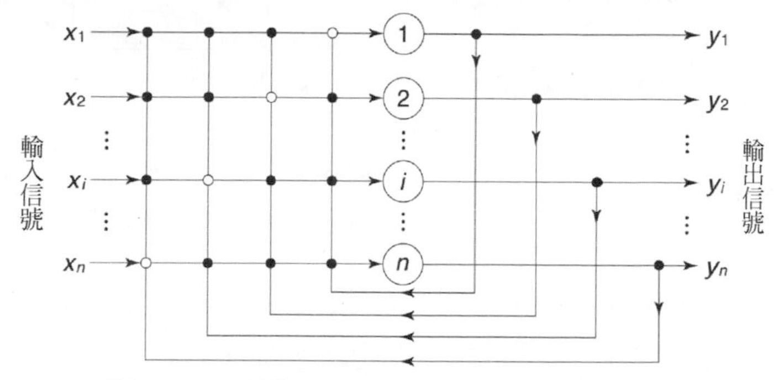

圖 6-17　單層 N 個神經元 Hopfield 神經網路

Hopfield 網路通常用帶有符號激勵函數的 McCulloch 和 Pitts 神經元作爲其計算元素。

這種函數如何工作？

它和圖 6-4 所示的符號函數的工作型樣一樣。如果神經元的權重輸入小於 0，則輸出爲−1；如果權重輸入大於 0，則輸出爲+1。但是如果神經元權重輸入等於 0，則輸出保持不變，換言之，神經元保持以前的狀態，無論是−1 還是+1。

$$Y^{sign} = \begin{cases} +1, & \text{當 } X > 0 \\ -1, & \text{當 } X < 0 \\ Y, & \text{當 } X = 0 \end{cases} \tag{6-18}$$

符號激勵函數可以用飽和線性函數來代替，它在[−1, 1]上可作爲純線性函數，在[−1, 1]之外可作爲符號函數。飽和線性函數如圖 6-18 所示。

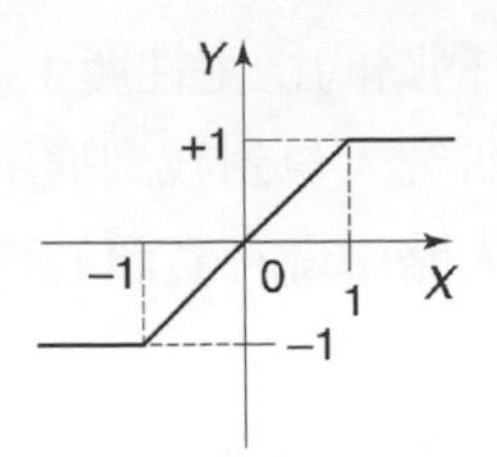

$$Y^{satlin} = \begin{cases} X, & \text{如果 } -1 < X < 1 \\ +1, & \text{如果 } X \geq 1 \\ -1, & \text{如果 } X \leq -1 \end{cases}$$

圖 6-18　飽和線性激勵函數

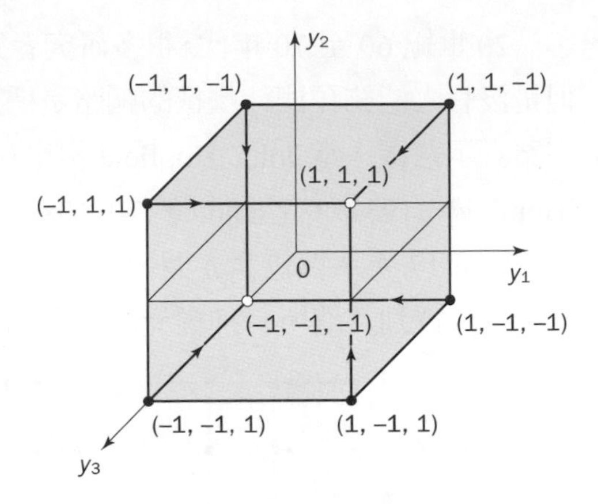

圖 6-19　三個神經元的 Hopfield 網路所有可能狀態的立方體表示

網路的目前狀態由目前所有神經元的輸出 $y_1, y_2, \cdots, y_n$ 確定。因此，對於單層 n 個神經元的網路，狀態可由下面的狀態向量定義：

$$\mathbf{Y} = \begin{bmatrix} y_1 \\ y_2 \\ \vdots \\ y_n \end{bmatrix} \tag{6-19}$$

在 Hopfield 網路中，神經元之間的突觸權重通常以下面的矩陣形式表示：

$$\mathbf{W} = \sum_{m=1}^{M} \mathbf{Y}_m \mathbf{Y}_m^T - M\mathbf{I} \tag{6-20}$$

其中：M 是網路記憶的狀態的數目，Y_m 是 n 維的二值向量，I 是 $n \times n$ 的單位矩陣，上標 T 表示矩陣轉換。

Hopfield 網路的運算方法可以用幾何學來解釋。圖 6-19 顯示了有三個神經元的網路，用三維空間的立方體表示。通常，有 n 個神經元的網路有 2^n 個可能的狀態，與 n 維超立方體相關。在圖 6-19 中，每個狀態用一個頂點來表示。當使用新的輸入向量時，網路從一個狀態頂點移動到下一個狀態頂點，直到網路穩定為止。

用什麼可以確定穩定的狀態頂點？

穩定的狀態頂點由權重矩陣 **W**、目前輸入向量 **X** 和臨界值矩陣 θ 確定。如果輸入向量有部分錯誤或不完善的地方,那麼在幾次疊代後初始狀態會收斂到穩定的狀態頂點。

例如，假設網路需要記住兩個相反的狀態(1, 1, 1)和(−1, −1, −1)，那麼

$$\mathbf{Y}_1 = \begin{bmatrix} 1 \\ 1 \\ 1 \end{bmatrix} \qquad \mathbf{Y}_2 = \begin{bmatrix} -1 \\ -1 \\ -1 \end{bmatrix}$$

其中 $\mathbf{Y}_1$、$\mathbf{Y}_2$ 是三維向量。

也可以用行來表示這些向量，即轉置：

$$\mathbf{Y}_1^T = [1 \quad 1 \quad 1] \qquad \mathbf{Y}_2^T = [-1 \quad -1 \quad -1]$$

3×3 維度的單位矩陣 **I** 為：

$$\mathbf{I} = \begin{bmatrix} 1 & 0 & 0 \\ 0 & 1 & 0 \\ 0 & 0 & 1 \end{bmatrix}$$

因此可以確定權重矩陣為：

$$\mathbf{W} = \mathbf{Y}_1\mathbf{Y}_1^T + \mathbf{Y}_2\mathbf{Y}_2^T - 2\mathbf{I}$$

或

$$\mathbf{W} = \begin{bmatrix} 1 \\ 1 \\ 1 \end{bmatrix} [1 \quad 1 \quad 1] + \begin{bmatrix} -1 \\ -1 \\ -1 \end{bmatrix} [-1 \quad -1 \quad -1] - 2\begin{bmatrix} 1 & 0 & 0 \\ 0 & 1 & 0 \\ 0 & 0 & 1 \end{bmatrix} = \begin{bmatrix} 0 & 2 & 2 \\ 2 & 0 & 2 \\ 2 & 2 & 0 \end{bmatrix}$$

接下來用輸入向量串列 $\mathbf{X}_1$ 和 $\mathbf{X}_2$ 來測試網路,$\mathbf{X}_1$ 和 $\mathbf{X}_2$ 分別和輸出(或目標)向量 $\mathbf{Y}_1$ 和 $\mathbf{Y}_2$ 相等。我們希望看一下網路能否識別相似的型樣。

如何測試 Hopfield 網路？

首先用輸入向量 **X** 來激勵網路，然後計算實際的輸出向量 **Y**，隨後將結果和初始輸入向量 **X** 比較。

$$\mathbf{Y}_m = sign\,(\mathbf{W}\,\mathbf{X}_m - \boldsymbol{\theta}), \qquad m = 1, 2, \ldots, M \tag{6-21}$$

其中 θ 為臨界值矩陣。

本例中假設所有的臨界值都爲 0。因此

$$\mathbf{Y}_1 = sign\left\{\begin{bmatrix}0 & 2 & 2\\2 & 0 & 2\\2 & 2 & 0\end{bmatrix}\begin{bmatrix}1\\1\\1\end{bmatrix} - \begin{bmatrix}0\\0\\0\end{bmatrix}\right\} = \begin{bmatrix}1\\1\\1\end{bmatrix}$$

和

$$\mathbf{Y}_2 = sign\left\{\begin{bmatrix}0 & 2 & 2\\2 & 0 & 2\\2 & 2 & 0\end{bmatrix}\begin{bmatrix}-1\\-1\\-1\end{bmatrix} - \begin{bmatrix}0\\0\\0\end{bmatrix}\right\} = \begin{bmatrix}-1\\-1\\-1\end{bmatrix}$$

可以看到，$\mathbf{Y}_1 = \mathbf{X}_1$，$\mathbf{Y}_2 = \mathbf{X}_2$。因此，狀態(1, 1, 1)和(−1, −1, −1)是穩定的。

其他狀態怎麼樣？

網路中有 3 個神經元，有 8 種可能的狀態。剩下的 6 個狀態都是不穩定的。但是，穩定的狀態(也稱作基本記憶)可以吸引它周圍的狀態。如表 6-5 所示，基本記憶(1, 1, 1)吸引了不穩定的狀態(−1, 1, 1)、(1, −1, 1)、(1, 1, −1)。和基本記憶(1, 1, 1)相比，每個不穩定的狀態表示一個誤差。另一方面，基本記憶(−1, −1, −1)吸引了不穩定的狀態(−1, −1, 1)、(−1, 1, −1)、(1, −1, −1)。再次說明，和基本記憶相比，每個不穩定的狀態表示一個誤差。因此，Hopfield 網路確定可以作爲一個誤差校正網路。現在來總結一下 Hopfield 網路的訓練演算法。

表 6-5　三個神經元的 Hopfield 網路的運算

可能的狀態	疊代	輸入			輸出			基本記憶
		x_1	x_2	x_3	y_1	y_2	y_3	
1 1 1	0	1	1	1	1	1	1	1 1 1
−1 1 1	0	−1	1	1	1	1	1	
	1	1	1	1	1	1	1	1 1 1
1 −1 1	0	1	−1	1	1	1	1	
	1	1	1	1	1	1	1	1 1 1
1 1 −1	0	1	1	−1	1	1	1	
	1	1	1	1	1	1	1	1 1 1
−1 −1 −1	0	−1	−1	−1	−1	−1	−1	−1 −1 −1
−1 −1 1	0	−1	−1	1	1	−1	−1	
	1	−1	−1	−1	−1	−1	−1	−1 −1 −1
−1 1 −1	0	−1	1	−1	−1	−1	−1	
	1	−1	−1	−1	−1	−1	−1	−1 −1 −1
1 −1 −1	0	1	−1	−1	−1	−1	−1	
	1	−1	−1	−1	−1	−1	−1	−1 −1 −1

步驟 1　儲存

n 個神經元的 Hopfield 網路需要儲存 M 個基本記憶 $\mathbf{Y}_1, \mathbf{Y}_2, \ldots, \mathbf{Y}_M$。神經元 i 到神經元 j 的突觸權重的計算方法是：

$$w_{ij} = \begin{cases} \sum_{m=1}^{M} y_{m,i}\, y_{m,j}, & i \neq j \\ 0, & i = j \end{cases} \tag{6-22}$$

其中 $y_{m,i}$ 和 $y_{m,j}$ 是基本記憶 $\mathbf{Y}_m$ 的第 i 個和第 j 個元素。神經元間的突觸權重的矩陣表示爲：

$$\mathbf{W} = \sum_{m=1}^{M} \mathbf{Y}_m \mathbf{Y}_m^T - M\mathbf{I}$$

如果權重矩陣是對稱的，其主對角線值爲 0，那麼 Hopfield 網路可以儲存一系列基本記憶(Cohen 和 Grossberg，1983)，即

$$\mathbf{W} = \begin{bmatrix} 0 & w_{12} & \cdots & w_{1i} & \cdots & w_{1n} \\ w_{21} & 0 & \cdots & w_{2i} & \cdots & w_{2n} \\ \vdots & \vdots & & \vdots & & \vdots \\ w_{i1} & w_{i2} & \cdots & 0 & \cdots & w_{in} \\ \vdots & \vdots & & \vdots & & \vdots \\ w_{n1} & w_{n2} & \cdots & w_{ni} & \cdots & 0 \end{bmatrix} \tag{6-23}$$

其中 $w_{ij} = w_{ji}$。

一旦計算好權重，它們就保持不變。

步驟 2　測試

需要確定 Hopfield 網路有能力喚起所有的基本記憶。換言之，網路必須在將任何基本記憶 $\mathbf{Y}_m$ 作爲輸入時記住它。即：

$$x_{m,i} = y_{m,i}, \qquad i = 1, 2, \ldots, n; \qquad m = 1, 2, \ldots, M$$

$$y_{m,i} = sign\left(\sum_{j=1}^{n} w_{ij}\, x_{m,j} - \theta_i\right)$$

其中，$y_{m,i}$ 是實際輸出向量 $\mathbf{Y}_m$ 的第 i 個元素，$x_{m,j}$ 是輸入向量 $\mathbf{X}_m$ 的第 j 個元素。以矩陣表示

$$\mathbf{X}_m = \mathbf{Y}_m, \qquad m = 1, 2, \ldots, M$$
$$\mathbf{Y}_m = sign\,(\mathbf{W}\mathbf{X}_m - \boldsymbol{\theta})$$

如果網路可以很好地記住所有基本記憶，我們就可以執行下一步。

步驟 3　檢索

將一個未知的 n 維向量(探測器)$\mathbf{X}$ 輸入網路並檢索穩定狀態。探測器一般情況下表示混亂或不完善的基本記憶，也就是說：

$$\mathbf{X} \neq \mathbf{Y}_m \qquad m = 1, 2, \ldots, M$$

(1) 透過下面的設定來初始化 Hopfield 網路的檢索演算法：

$$x_j(0) = x_j \qquad j = 1, 2, \cdots, n$$

並計算每個神經元的初始狀態：

$$y_i(0) = sign\left(\sum_{j=1}^{n} w_{ij}\, x_j(0) - \theta_i\right), \qquad i = 1, 2, \ldots, n$$

其中 $x_j(0)$是疊代次數 $p = 0$ 時探測器向量 X 的第 j 個元素，$y_i(0)$是疊代次數 $p = 0$ 時神經元 i 的狀態。

以矩陣形式，疊代次數 $p = 0$ 時的狀態向量為

$$\mathbf{Y}(0) = sign\,[\mathbf{W}\mathbf{X}(0) - \boldsymbol{\theta}]$$

(2) 根據以下規則，更新狀態向量的元素 $\mathbf{Y}(p)$：

$$y_i(p+1) = sign\left(\sum_{j=1}^{n} w_{ij}\, x_j(p) - \theta_i\right)$$

用於更新的神經元是非同步選擇的，也就是說，是隨機的，並且每次選擇一個。

重複疊代過程直到狀態向量不再變化為止，換言之，達到穩定狀態為止。穩定條件可定義為：

$$y_i(p+1) = sign\left(\sum_{j=1}^{n} w_{ij}\, y_j(p) - \theta_i\right) \qquad i = 1, 2, \ldots, n \tag{6-24}$$

或者以矩陣式表示為：

$$\mathbf{Y}(p+1) = sign\,[\mathbf{W}\mathbf{Y}(p) - \boldsymbol{\theta}] \tag{6-25}$$

如果檢索是非同步的，則 Hopfield 網路通常都能夠收斂(Haykin，1999)。但是，這個穩定狀態不一定非要表示一個基本記憶，如果這個狀態就是基本記憶，那麼也不一定是最接近的那個。

例如，假設要在有五個神經元的 Hopfield 網路中儲存三個基本記憶：

$$\mathbf{X}_1 = (+1, +1, +1, +1, +1)$$
$$\mathbf{X}_2 = (+1, -1, +1, -1, +1)$$
$$\mathbf{X}_3 = (-1, +1, -1, +1, -1)$$

權重矩陣按公式(6-20)構建：

$$\mathbf{W} = \begin{bmatrix} 0 & -1 & 3 & -1 & 3 \\ -1 & 0 & -1 & 3 & -1 \\ 3 & -1 & 0 & -1 & 3 \\ -1 & 3 & -1 & 0 & -1 \\ 3 & -1 & 3 & -1 & 0 \end{bmatrix}$$

假設探測器向量爲：

$$\mathbf{X} = (+1, +1, -1, +1, +1)$$

如果將探測器和基本記憶 $\mathbf{X}_1$ 進行比較，就會發現兩個向量僅在一位元上有差別。因此，我們預測探測器 $\mathbf{X}$ 會收斂到基本記憶 $\mathbf{X}_1$。但是，用上面描述的 Hopfield 網路訓練演算法時，得到了一個不同的結果。網路透過回憶產生的結果是記憶 $\mathbf{X}_3$，是錯誤的記憶。

這個例子暴露了 Hopfield 網路固有的問題。

另一個問題是儲存容量，或網路可以儲存和正確檢索的基本記憶的最大數量。Hopfield 用實驗方法(Hopfield 1982)指出最多能夠儲存在 n 個神經元的回授網路中的基本記憶個數是：

$$M_{max} = 0.15\,n \tag{6-26}$$

我們還可以定義 Hopfield 網路中幾乎全部基本記憶都可以完美檢索的儲存容量爲(Amit，1989)：

$$M_{max} = \frac{n}{2\ln n} \tag{6-27}$$

如果想讓所有的基本記憶都可以完美檢索，會發生什麼？

可以看到，要想完美地檢索所有的基本記憶，記憶數量就會減半(Amit，1989)：

$$M_{max} = \frac{n}{4\ln n} \tag{6-28}$$

正如我們所看到的，Hopfield 網路的儲存容量保持得較小以進行基本記憶檢索。這就是 Hopfield 網路的主要限制。

嚴格地說，Hopfield 網路表現出記憶的自動聯想功能。換言之，Hopfield 可以檢索混亂或不完整的記憶，但不能將它與不同的記憶聯繫起來。

相反，人類的記憶本質上是相關聯的。一件事情可能提醒我們另一件事，另一件事再提示另一件事，如此類推。我們用一連串的相關記憶來回想起忘掉的記憶。例如，如果我們想不起來把雨傘放在哪裡了，就會試圖回憶最後在什麼地方拿著雨傘，在做什麼事情，與誰在交談。我們試圖建立起聯想鏈，從而回憶起忘掉的事情。

爲什麼 Hopfield 網路不能這麼做？

Hopfield 網路是單層網路，因此輸出型樣與輸入型樣所用的神經元是相同的。要將一個記憶和其他記憶關聯起來，需要一個回授神經網路，它能夠接收一個神經元集合中的輸入型樣並且在另一個神經元集合上產生一個相關的、但與其不同的輸出型樣。實際上，需要兩層回授神經網路，雙向的相關記憶。

6.7 雙向相關記憶

雙向相關記憶(BAM)首先由 Bart Kosko 提出，它是異質相關網路(Kosko，1987，1988)。它將集合 A 的型樣和另一個集合一集合 B 的型樣關聯起來，反之亦然。和 Hopfield 網路一樣，儘管輸入含糊或不完善，但 BAM 可以歸納並產生正確的輸出。圖 6-20 爲基本的 BAM 架構。它包含兩個完全連接的層：輸入層和輸出層。

BAM 如何工作？

如圖 6-20a 所示，輸入向量 $\mathbf{X}(p)$應用到轉置權重矩陣 $\mathbf{W}^T$，產生輸出向量 $\mathbf{Y}(p)$。然後輸出向量 $\mathbf{Y}(p)$應用到權重矩陣 $\mathbf{W}$ 產生新的輸入向量 $\mathbf{X}(p+1)$，如圖 6-20(b)所示。重複這個過程，直到輸入和輸出向量都不再變化，換言之，BAM 達到了穩定狀態。

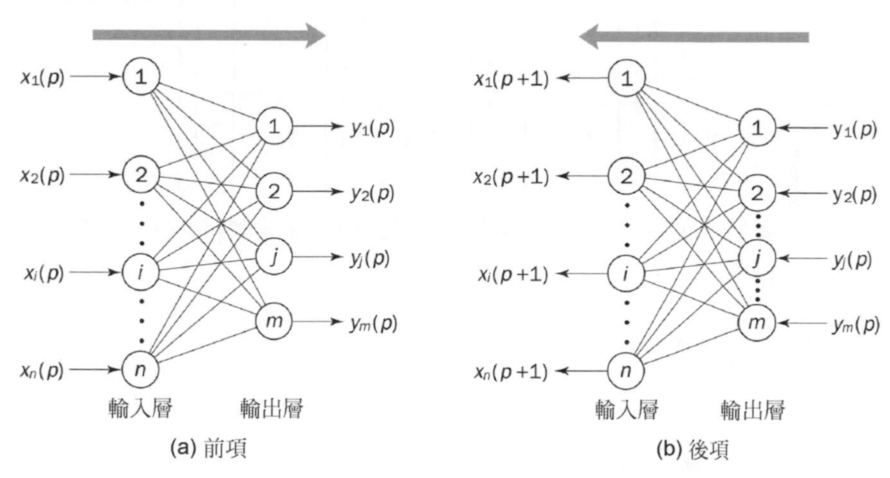

圖 6-20 BAM 運算

BAM 方法的基本思想是儲存型樣對，以便當將集合 A 中 n 維的輸入向量 $\mathbf{X}$ 作爲輸入時，BAM 方法回憶起集合 B 的 m 維向量 $\mathbf{Y}$，如果輸入爲 $\mathbf{Y}$，BAM 方法就回憶起 $\mathbf{X}$。

要開發 BAM，需要爲想要儲存的每個型樣對建立一個相關矩陣。相關矩陣是一個由輸入向量 $\mathbf{X}$ 乘以輸出向量的轉置 $\mathbf{Y}^T$ 而得到的矩陣。BAM 權重矩陣是所有相關矩陣的和，即

$$\mathbf{W} = \sum_{m=1}^{M} \mathbf{X}_m \mathbf{Y}_m^T \tag{6-29}$$

其中 M 是儲存在 BAM 中的型樣對的數量。

和 Hopfield 網路一樣，BAM 一般使用帶符號激勵函數的 McCulloch 和 Pitts 神經元。

BAM 訓練演算法可按如下方法表示。

步驟 1　儲存

BAM 需要儲存 M 對型樣。例如，希望儲存四對型樣：

$$\text{集合 } A\text{: } \mathbf{X}_1 = \begin{bmatrix} 1\\1\\1\\1\\1\\1 \end{bmatrix} \quad \mathbf{X}_2 = \begin{bmatrix} -1\\-1\\-1\\-1\\-1\\-1 \end{bmatrix} \quad \mathbf{X}_3 = \begin{bmatrix} 1\\1\\-1\\-1\\1\\1 \end{bmatrix} \quad \mathbf{X}_4 = \begin{bmatrix} -1\\-1\\1\\1\\-1\\-1 \end{bmatrix}$$

$$\text{集合 } B\text{: } \mathbf{Y}_1 = \begin{bmatrix} 1\\1\\1 \end{bmatrix} \quad \mathbf{Y}_2 = \begin{bmatrix} -1\\-1\\-1 \end{bmatrix} \quad \mathbf{Y}_3 = \begin{bmatrix} 1\\-1\\1 \end{bmatrix} \quad \mathbf{Y}_4 = \begin{bmatrix} -1\\1\\-1 \end{bmatrix}$$

本例中，BAM 輸入層必須有六個神經元，輸出層有三個神經元。

權重矩陣的定義是：

$$\mathbf{W} = \sum_{m=1}^{4} \mathbf{X}_m \mathbf{Y}_m^T$$

或者

$$\mathbf{W} = \begin{bmatrix} 1\\1\\1\\1\\1\\1 \end{bmatrix} [1\ 1\ 1] + \begin{bmatrix} -1\\-1\\-1\\-1\\-1\\-1 \end{bmatrix} [-1\ -1\ -1] + \begin{bmatrix} 1\\1\\-1\\-1\\1\\1 \end{bmatrix} [1\ -1\ 1] + \begin{bmatrix} -1\\-1\\1\\1\\-1\\-1 \end{bmatrix} [-1\ 1\ -1] = \begin{bmatrix} 4&0&4\\4&0&4\\0&4&0\\0&4&0\\4&0&4\\4&0&4 \end{bmatrix}$$

步驟 2　測試

BAM 應該能接收集合 A 的任何向量並檢索集合 B 的相關向量，並接收集合 B 的任何向量並檢索集合 A 的相關向量。因此，首先需要確定當輸入為 $\mathbf{X}_m$ 時 BAM 能回憶 $\mathbf{Y}_m$，即

$$\mathbf{Y}_m = sign\,(\mathbf{W}^T \mathbf{X}_m) \qquad m = 1, 2, \ldots, M \tag{6-30}$$

例如：

$$\mathbf{Y}_1 = sign\,(\mathbf{W}^T\,\mathbf{X}_1) = sign\left\{\begin{bmatrix} 4 & 4 & 0 & 0 & 4 & 4 \\ 0 & 0 & 4 & 4 & 0 & 0 \\ 4 & 4 & 0 & 0 & 4 & 4 \end{bmatrix}\begin{bmatrix} 1 \\ 1 \\ 1 \\ 1 \\ 1 \\ 1 \end{bmatrix}\right\} = \begin{bmatrix} 1 \\ 1 \\ 1 \end{bmatrix}$$

接下來，需要確定當輸入爲 $\mathbf{Y}_m$ 時 BAM 能回憶 $\mathbf{X}_m$：

$$\mathbf{X}_m = sign\,(\mathbf{W}\,\mathbf{Y}_m) \qquad m = 1, 2, \ldots, M \tag{6-31}$$

例如：

$$\mathbf{X}_3 = sign\,(\mathbf{W}\,\mathbf{Y}_3) = sign\left\{\begin{bmatrix} 4 & 0 & 4 \\ 4 & 0 & 4 \\ 0 & 4 & 0 \\ 0 & 4 & 0 \\ 4 & 0 & 4 \\ 4 & 0 & 4 \end{bmatrix}\begin{bmatrix} 1 \\ -1 \\ 1 \end{bmatrix}\right\} = \begin{bmatrix} 1 \\ 1 \\ -1 \\ -1 \\ 1 \\ 1 \end{bmatrix}$$

在本例中，所有的向量都被準確無誤地回憶起來，可以進行下一步。

步驟 3　檢索

未知向量(探測器)$\mathbf{X}$ 輸入到 BAM 中，檢索儲存的關聯記憶。探測器可以表示儲存在 BAM 中來自集合 A(或集合 B)的含糊、不完整的型樣。即

$$\mathbf{X} \neq \mathbf{X}_m, \qquad m = 1, 2, \ldots, M$$

(1) 透過以下設定初始化 BAM 檢索演算法：

$$\mathbf{X}(0) = \mathbf{X}, \qquad p = 0$$

並計算在第 p 次疊代時 BAM 輸出

$$\mathbf{Y}(p) = sign\,[\mathbf{W}^T\,\mathbf{X}(p)]$$

(2) 更新輸入向量 $\mathbf{X}(p)$：

$$\mathbf{X}(p+1) = sign\,[\mathbf{W}\,\mathbf{Y}(p)]$$

重複疊代直到達到平衡點爲止，此時進一步疊代時輸入和輸出向量都不再改變。輸入和輸出型樣可以成爲一個關聯對。

BAM 是無條件穩定的(Kosko，1992)。這就是說任何相關的知識都可以學習，沒有不穩定的危險。之所以有這個重要的特性，是因為 BAM 使用前向和後向的轉置關聯的權重矩陣。

回到例子中，假設使用向量 $\mathbf{X}$ 作為探測器。它和集合 A 的型樣 $\mathbf{X}_1$ 相比有一個誤差：

$$\mathbf{X} = (-1, +1, +1, +1, +1, +1)$$

探測器作為 BAM 的輸入，產生了集合 B 的輸出向量 $\mathbf{Y}_1$，將向量 $\mathbf{Y}_1$ 作為輸入來檢索集合 A 中的向量 $\mathbf{X}_1$。因此，BAM 確實能夠進行誤差校正。

BAM 和 Hopfield 網路之間的關係密切。如果 BAM 的權重矩陣是方陣且對稱的，則有 $\mathbf{W} = \mathbf{W}^T$。在本例中，輸入和輸出層大小相同，BAM 就可以簡化成自相關的 Hopfield 網路。因此，Hopfield 網路可以被看作是 BAM 的特例。

Hopfield 網路在儲存能力上的限制也可以擴展到 BAM。通常，BAM 儲存的關聯的最大數目不能超過較小的層中的神經元數目。另外，更嚴重的問題是不正確的收斂。BAM 不會總是產生最接近的關聯。事實上，一個穩定的關聯可能只是輕微地關聯到初始輸入向量上。

BAM 仍有很多可以深入研究的主題。不考慮它現有的缺點和限制，BAM 是最有用的人工神經網路之一。

神經網路沒有「老師」可以學習嗎？

神經網路最主要的特性就是具有從環境中學習的能力，透過學習改善性能。到目前為止，我們介紹的都是有監督的或主動的學習一跟隨外部給網路放入一系列訓練集的「老師」或指導員學習。但是也存在另一種類型的學習：無監督學習。

和有監督的學習相比，無監督學習或自組織學習不需要外部的老師。在訓練期間，神經網路接收到許多不同的輸入型樣，發現這些型樣的重要特點，學習如何將輸入資料分為合適的類別。無監督學習類比大腦的神經生物組織。

無監督學習演算法旨在實作快速學習。實際上，自組織神經網路的學習率要比後向傳遞網路快，因此可以用於即時的情況。

6.8 自組織神經網路

自組織神經網路在處理意外和變化的條件時是非常有效的。本節介紹 Hebbian 學習和競爭學習，這些都是基於自組織網路的。

6.8.1 Hebbian 學習

1949 年，神經生理學家 Donald Hebb 提出一個生物學學習中的關鍵思想，就是眾所周知的 Hebb 定律(Hebb，1949)。Hebb 定律提出，如果神經元 i 距離神經元 j 足夠近並能夠刺激神經元 j，重複這樣的活動，則兩個神經元之間的突觸連接就會加強，神經元 j 對來自神經元 i 的刺激就會格外敏感。

用下面兩條規則來表示 Hebb 定律(Stent，1973)：

1. 如果連接兩側的兩個神經元同時被激勵，那麼連接的權重就會增加。
2. 如果連接兩側的兩個神經元不是同時被激勵，那麼連接的權重就會減少。

Hebb 定律是無監督學習的基礎。這裡的學習是無環境回授的局部現象。圖 6-21 爲神經網路中的 Hebbian 學習。

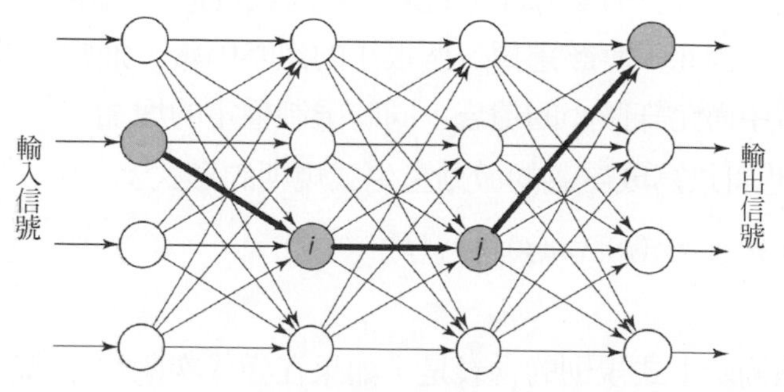

圖 6-21 神經網路中的 Hebbian 學習

使用 Hebb 定律，可以用下面的形式表達第 p 次疊代上權重 w_{ij} 的調整：

$$\Delta w_{ij}(p) = F[y_j(p), x_i(p)] \tag{6-32}$$

其中 $F[y_j(p), x_i(p)]$是前向突觸激勵和後向突觸激勵的函數。

Hebb 定律(Haykin，2008)之特例，可以表示如下：

$$\Delta w_{ij}(p) = \alpha y_j(p) x_i(p) \tag{6-33}$$

其中 α 是學習率參數。

該公式作爲激勵產生式規則，它說明了一對神經元間突觸連接的權重改變和輸入、輸出信號的產生是如何關聯的。

Hebbian 學習說明權重只能增加。換言之，Hebb 定律允許增加連接強度，但不提供連接強度減少的方法。因此，重複使用輸入信號可能導致權重 w_{ij} 飽和。要解決這個問題，可以對突觸權重的增長加以限制。要達到此目的，可以在式(6-33)的 Hebb 定律中加入非線性忽略因數(Kohonen，1989)：

$$\Delta w_{ij}(p) = \alpha y_j(p) x_i(p) - \phi y_j(p) w_{ij}(p) \tag{6-34}$$

其中，ϕ 是忽略因數。

什麼是忽略因數？

忽略因數 ϕ 係指在單次學習週期中權重的衰退。它的範圍一般介於 0 至 1 之間。如果忽略因數爲 0，則神經網路僅能夠增加突觸權重的強度，因此，權重可能增長到無窮大。另一方面，如果忽略因數接近 1，網路就幾乎記不住它要學習的內容。因此，應該選擇一個很小的忽略因數，通常介於 0.01 到 0.1 之間，在學習中僅允許微小的遺忘，同時限制權重的增加。

式(6-34)也可以寫成廣義的激勵產生式規則的形式：

$$\Delta w_{ij}(p) = \phi y_j(p)[\lambda x_i(p) - w_{ij}(p)] \tag{6-35}$$

其中 $\lambda = \alpha / \phi$。

廣義的激勵產生式規則的含義是，如果在疊代次數爲 p 時前向突觸激勵(神經元 i 的輸入) $x_i(p)$小於 $w_{ij}(p)/\lambda$，則在疊代次數爲 p+1 時修改後的突觸權重 $w_{ij}(p+1)$會減少，其減少的數量與疊代次數爲 p 時的後突觸激勵的值(神經元的輸出 j) $y_j(p)$成正比。另一方面，如果 $x_i(p)$大於 $w_{ij}(p)/\lambda$，則在疊代次數爲 p+1 時修改後的突觸權重 $w_{ij}(p+1)$會增加，結果與神經元 j 的輸出 $y_j(p)$成正比。換言之，可以按和 $w_{ij}(p)/\lambda$ 相同的變數來確定改變的突觸權重的激勵平衡點。這種方法可以解決突觸權重無限增加的問題。

下面是廣義的 Hebbian 學習演算法。

步驟 1　初始化

設定突觸權重和臨界值的初始值為[0, 1]間的小的隨機值，同時給學習率參數 α 和忽略因數 ϕ 設定一個小的正數。

步驟 2　激勵

計算疊代次數為 p 時神經元的輸出：

$$y_j(p) = \sum_{i=1}^{n} x_i(p)\, w_{ij}(p) - \theta_j$$

其中 n 為神經元輸出的個數，θ_j 是神經元 j 的臨界值。

步驟 3　學習

更新網路中的權重：

$$w_{ij}(p+1) = w_{ij}(p) + \Delta w_{ij}(p)$$

其中 $\Delta w_{ij}(p)$ 是疊代次數為 p 時的權重的校正。

透過下面的廣義的激勵產生式規則計算權重的校正：

$$\Delta w_{ij}(p) = \phi\, y_j(p)[\lambda\, x_i(p) - w_{ij}(p)]$$

步驟 4　疊代

疊代次數 p 加 1，回到步驟 2 繼續執行，直到突觸權重達到穩定的值為止。

圖 6-22a 顯示了一個單層、有五個計算神經元的完全連接前饋網路，我們透過這個圖來解釋 Hebbian 學習。每個神經元都使用帶符號激勵函數的 McCulloch 和 Pitts 模型表示。網路用下面輸入向量集的廣義的激勵產生式規則訓練：

$$\mathbf{X}_1=\begin{bmatrix}0\\0\\0\\0\\0\end{bmatrix}\quad \mathbf{X}_2=\begin{bmatrix}0\\1\\0\\0\\1\end{bmatrix}\quad \mathbf{X}_3=\begin{bmatrix}0\\0\\0\\1\\0\end{bmatrix}\quad \mathbf{X}_4=\begin{bmatrix}0\\0\\1\\0\\0\end{bmatrix}\quad \mathbf{X}_5=\begin{bmatrix}0\\1\\0\\0\\1\end{bmatrix}$$

其中：輸入向量 $\mathbf{X}_1$ 是零向量。注意，向量 $\mathbf{X}_3$ 的第四個信號 x_4 和向量 $\mathbf{X}_4$ 的第三個信號 x_3 的值爲 1，而 $\mathbf{X}_2$ 和 $\mathbf{X}_5$ 中的信號 x_2 與 x_5 均爲 1。

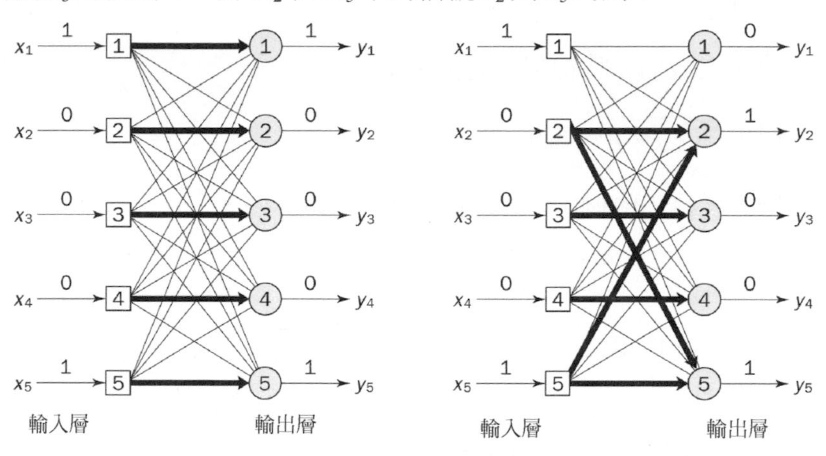

(a) 網路的初始和最終狀態

輸出層

輸入層	①	②	③	④	⑤
1	1	0	0	0	0
2	0	1	0	0	0
3	0	0	1	0	0
4	0	0	0	1	0
5	0	0	0	0	1

輸出層

輸入層	①	②	③	④	⑤
1	0	0	0	0	0
2	0	2.0204	0	0	2.0204
3	0	0	1.0200	0	0
4	0	0	0	0.9996	0
5	0	2.0204	0	0	2.0204

(b) 初始和最終的權重矩陣

圖 6-22　單層神經網路的無監督 Hebbian 學習

本例中，初始權重矩陣表示爲 5×5 的單位矩陣 $\mathbf{I}$。因此，在初始狀態下，輸入層的每個神經元和輸出層相同位置的神經元相連，突觸權重爲 1，與其他神經元間突觸的權重爲 0。臨界值是 0 到 1 之間的亂數，學習率參數 α 和忽略因數 ϕ 的取值分別是 0.1 和 0.02。

訓練後(如圖 6-22b 所示)，權重矩陣與初始單位矩陣 I 會變不同。輸入層神經元 2 和輸出層神經元 5 以及輸入層神經元 5 和輸出層神經元 2 之間的權重從 0 增加到 2.0204。神經網路學習到了新的關聯。同時，輸入層神經元 1 和輸出層神經元 1 之間的權重變爲 0，神經網路忽略掉了這個關聯。

接下來測試網路。測試的輸入向量(或探測器)的定義是：

$$\mathbf{X} = \begin{bmatrix} 1 \\ 0 \\ 0 \\ 0 \\ 1 \end{bmatrix}$$

將探測器輸入給網路，得到：

$$\mathbf{Y} = sign\,(\mathbf{W}\,\mathbf{X} - \boldsymbol{\theta})$$

$$\mathbf{Y} = sign\left\{\begin{bmatrix} 0 & 0 & 0 & 0 & 0 \\ 0 & 2.0204 & 0 & 0 & 2.0204 \\ 0 & 0 & 1.0200 & 0 & 0 \\ 0 & 0 & 0 & 0.9996 & 0 \\ 0 & 2.0204 & 0 & 0 & 2.0204 \end{bmatrix}\begin{bmatrix} 1 \\ 0 \\ 0 \\ 0 \\ 1 \end{bmatrix} - \begin{bmatrix} 0.4940 \\ 0.2661 \\ 0.0907 \\ 0.9478 \\ 0.0737 \end{bmatrix}\right\} = \begin{bmatrix} 0 \\ 1 \\ 0 \\ 0 \\ 1 \end{bmatrix}$$

毫無疑問，網路的輸入 x_5 和輸出 y_2、y_5 關聯起來了，這是因爲在訓練中 x_2、x_5 是一對。但網路不能將輸入 x_1 和輸出 y_1 連接起來，因爲訓練中單位輸入 x_1 沒有出現，因此網路把它忽略掉了。

因此，神經網路確實能夠透過學習來發現經常同時出現的關聯刺激因素。更重要的是，網路可以在沒有「老師」的情況下自己學習。

6.8.2 競爭學習

另一種常見的無監督學習是競爭學習。在競爭學習中，神經元要透過競爭才能被激勵。在 Hebbian 學習中，幾個輸出神經元可以同時被激勵，而在競爭型樣中，任意時刻僅有一個輸出神經元被激勵。在競爭中勝出的神經元叫做「勝者通吃」的神經元。

競爭學習的基本思想在 20 世紀 70 年代初期就提出了(Grossberg，1972；von der Malsburg，1973；Fukushima，1975)。但是直到 20 世紀 80 年代後期這種方法才引起注意，當時 Teuvo Kohonen 提出了一種叫做自組織特徵對應

(Kohonen, 1989)的特殊類型的人工神經網路，這種對應就是基於競爭學習的。

什麼是自組織特徵對應？

人類的大腦是由大腦皮層控制的，大腦皮層是由數十億神經元和千億的突觸組成的，結構非常複雜。大腦皮層既不統一也不均勻，它包括許多區域，這些區域透過其厚度和其中所包含的神經元的類型加以區分，不同的區域負責控制人類不同的活動(如運動、視覺、聽覺和體覺)，因此它和不同的感官輸入是相連接的。我們可以說，每個感官輸入都會對應到大腦皮層的相對應區域；換言之，人類大腦皮層是一個自組織計算對應。

可以模擬自組織對應嗎？

Kohonen 提出了拓撲對應的構成原理(Kohonen，1990)。該原理顯示，拓撲對應中輸出神經元的空間位置和輸入型樣的某個特徵相對應。Kohonen 提出了如圖 6-23 所示的特徵對應模型(Kohonen，1982)。這個模型包含了大腦中自組織對應的主要特徵，並且可以很容易地在電腦中表達出來。

Kohonen 模型提供了拓撲對應，這種拓撲對應將固定數目的輸入型樣從輸入層放置到高維輸出層(亦稱 Kohonen 層)。圖 6-23 中，Kohonen 層包含由 4×4 神經元組成的二維網格，各神經元有兩個輸入。勝出的神經元用黑色表示，周圍的神經元用灰色。勝出神經元周圍的神經元在物理上是最接近勝出神經元。

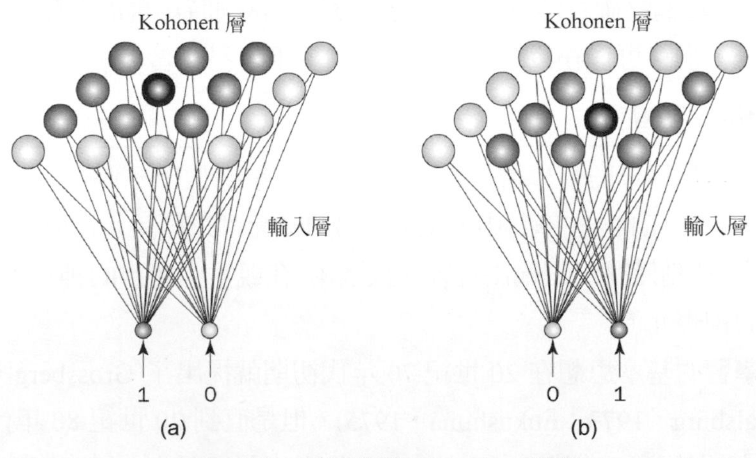

圖 6-23 特徵對應 Kohonen 模型

「物理上最接近」是多近？

物理上最接近是多近，這是由網路設計人員來決定的。勝出神經元可能在任何一邊都包含一個、兩個甚至三個神經元。例如，圖 6-23 中的勝出神經元周圍有一個神經元。通常，Kohonen 網路訓練開始時，勝出神經元周圍有大量神經元，隨著訓練過程不斷進行，周圍神經元的數量會逐漸減少。

Kohonen 網路包含單層的計算神經元，但有兩種不同類型的連接。一種是輸入層神經元到輸出神經元的前向連接，另一種是輸出層神經元間的横向連接(如圖 6-24 所示)。横向連接用來在神經元之間建立競爭。輸出層中激勵準位最高的神經元才會勝出(即成爲勝者通吃的神經元)。該神經元是產生輸出信號唯一的神經元，其他神經元的激勵在競爭中被壓制。

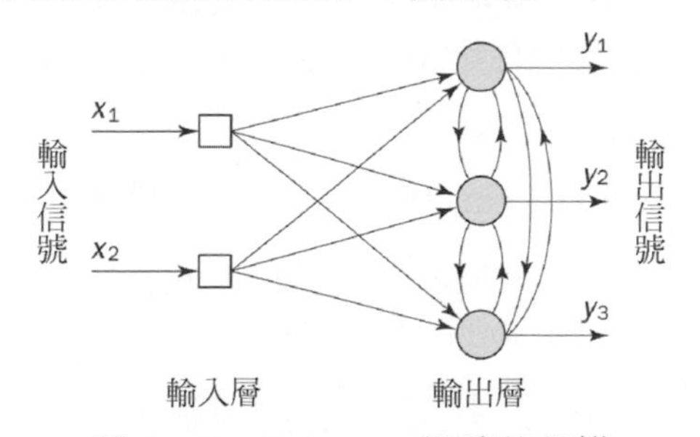

圖 6-24　Kohonen 網路的架構

當一個輸入型樣在網路上出現時，Kohonen 層上的每個神經元都會接收到該輸入型樣的完整複製，並且會被透過輸入層和 Kohonen 層之間的突觸連接權重的路徑所修正。横向回授連接根據與獲勝神經元之間的距離產生刺激或抑制的效應。實作這個功能需要使用墨西哥帽子函數(Mexican hat function)，該函數描述了 Kohonen 層神經元間的突觸權重。

墨西哥帽子函數是什麼？

圖 6-25 所示的墨西哥帽子函數表示的是勝者通吃的神經元之間的距離和 Kohonen 層內的連接的強度之間的關係。根據這個函數，最近的鄰域(短程的横向刺激區)有最強烈的刺激效應；最遠的鄰域(抑制的區域)有輕微的抑制效應；很遠的鄰域(抑制區域的周圍)有很微弱的刺激效應，因此通常被忽略。

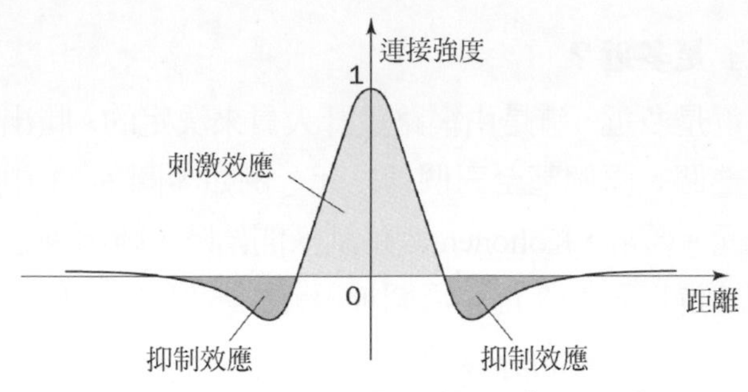

圖 6-25 邊緣連接的墨西哥帽子函數

在 Kohonen 網路中，神經元透過將權重從未激勵的連接變爲激勵的連接來學習。只有勝出的神經元和其周圍神經元可以學習。如果一個神經元不能回應給定的輸入型樣，這個神經元就不會學習。

勝者通吃神經元 j 的輸出信號 y_j 的值爲 1，其餘的神經元(競爭中失敗的神經元)的輸出信號的值爲 0。

標準的競爭學習規則(Haykin, 1999)定義了突觸權重 w_{ij} 的改變量 Δw_{ij} 爲：

$$\Delta w_{ij} = \begin{cases} \alpha(x_i - w_{ij}), & \text{如果神經元 } j \text{ 在競爭中勝出} \\ 0, & \text{如果神經元 } j \text{ 在競爭中失敗} \end{cases} \tag{6-36}$$

其中 x_i 爲輸入信號，α 爲學習率參數，學習率參數的取值範圍在 0 到 1 之間。

競爭學習規則的影響在於使勝出神經元 j 的突觸權重向量 $\mathbf{W}_j$ 向輸入型樣 $\mathbf{X}$ 趨近。匹配準則是等於向量間的最小歐幾里德距離。

什麼是歐幾里德距離？

$n \times 1$ 的向量 $\mathbf{X}$ 與 $\mathbf{W}_j$ 間的歐幾里德距離爲：

$$d = \|\mathbf{X} - \mathbf{W}_j\| = \left[\sum_{i=1}^{n}(x_i - w_{ij})^2\right]^{1/2} \tag{6-37}$$

其中 x_i 和 w_{ij} 分別爲向量 $\mathbf{X}$ 和 $\mathbf{W}_j$ 的第 i 個元素。

向量 $\mathbf{X}$ 和 $\mathbf{W}_j$ 的相似程度是歐幾里德距離 d 的倒數。在圖 6-26 中，向量 $\mathbf{X}$ 和 $\mathbf{W}_j$ 的歐幾里德距離是這兩個向量頂點間的直線距離。圖 6-26 清楚地顯示，歐幾里德距離越小，向量 $\mathbf{X}$ 和 $\mathbf{W}_j$ 就越相似。

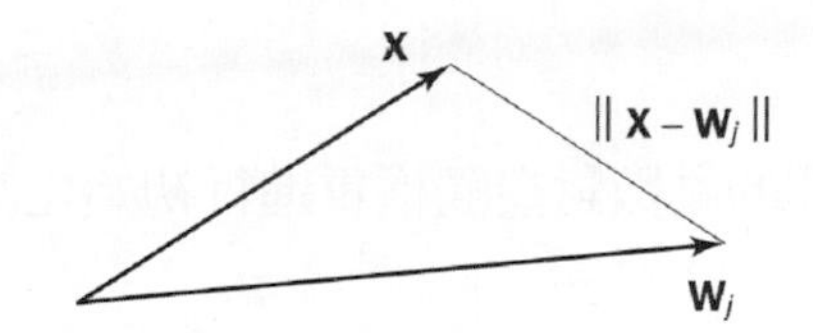

圖 6-26　用歐幾里德距離測量向量 X 和 W_j 的相似性

為了確定與輸入向量 **X** 最佳匹配的勝出向量 j_X，可使用如下條件(Haykin，1999)：

$$j_{\mathbf{X}} = \min_j \|\mathbf{X} - \mathbf{W}_j\|, \qquad j = 1, 2, \ldots, m \tag{6-38}$$

其中 m 是 Kohonen 層神經元的數量。

例如，假設二維輸入向量 **X** 輸入到有 3 個神經元的 Kohonen 網路中：

$$\mathbf{X} = \begin{bmatrix} 0.52 \\ 0.12 \end{bmatrix}$$

初始權重向量 $\mathbf{W}_j$ 為：

$$\mathbf{W}_1 = \begin{bmatrix} 0.27 \\ 0.81 \end{bmatrix} \quad \mathbf{W}_2 = \begin{bmatrix} 0.42 \\ 0.70 \end{bmatrix} \quad \mathbf{W}_3 = \begin{bmatrix} 0.43 \\ 0.21 \end{bmatrix}$$

用最小歐幾里德距離來確定勝出(最匹配)的神經元 j_X：

$$d_1 = \sqrt{(x_1 - w_{11})^2 + (x_2 - w_{21})^2} = \sqrt{(0.52 - 0.27)^2 + (0.12 - 0.81)^2} = 0.73$$

$$d_2 = \sqrt{(x_1 - w_{12})^2 + (x_2 - w_{22})^2} = \sqrt{(0.52 - 0.42)^2 + (0.12 - 0.70)^2} = 0.59$$

$$d_3 = \sqrt{(x_1 - w_{13})^2 + (x_2 - w_{23})^2} = \sqrt{(0.52 - 0.43)^2 + (0.12 - 0.21)^2} = 0.13$$

因此，神經元 3 勝出，根據公式(6-36)的競爭學習規則，對權重向量 $\mathbf{W}_3$ 進行更新。假設學習率參數 α 為 0.1，則可以得到：

$$\Delta w_{13} = \alpha(x_1 - w_{13}) = 0.1(0.52 - 0.43) = 0.01$$

$$\Delta w_{23} = \alpha(x_2 - w_{23}) = 0.1(0.12 - 0.21) = -0.01$$

在疊代次數為 p+1 時，權重向量 $\mathbf{W}_3$ 更新為：

$$\mathbf{W}_3(p+1) = \mathbf{W}_3(p) + \Delta\mathbf{W}_3(p) = \begin{bmatrix} 0.43 \\ 0.21 \end{bmatrix} + \begin{bmatrix} 0.01 \\ -0.01 \end{bmatrix} = \begin{bmatrix} 0.44 \\ 0.20 \end{bmatrix}$$

透過每次疊代,勝出的神經元 3 的權重向量 $\mathbf{W}_3$ 和輸入向量 **X** 會逐漸接近。

下面總結一下競爭學習演算法(Kohonen, 1989)。

步驟 1　初始化

用介於 0 至 1 之間的亂數對突觸權重進行初始化設定，將學習率參數 α 設爲一個小的正數。

步驟 2　激勵和相似匹配

用輸入向量 **X** 激勵 Kohonen 網路，在疊代次數爲 p 時，用最小歐幾里德距離找到勝出的神經元 $j_{\mathbf{X}}$：

$$j_{\mathbf{X}}(p) = \min_{j} \|\mathbf{X} - \mathbf{W}_j(p)\| = \left\{ \sum_{i=1}^{n} [x_i - w_{ij}(p)]^2 \right\}^{1/2}, \quad j = 1, 2, \ldots, m$$

其中 n 爲輸入層的神經元數量，m 爲輸出層(即 Kohonen 層)的神經元數量。

步驟 3　學習

更新突觸的權重：

$$w_{ij}(p+1) = w_{ij}(p) + \Delta w_{ij}(p)$$

其中 $\Delta w_{ij}(p)$疊代次數爲 p 時權重校正。

權重校正由競爭學習規則確定：

$$\Delta w_{ij}(p) = \begin{cases} \alpha[x_i - w_{ij}(p)], & j \in \Lambda_j(p) \\ 0, & j \notin \Lambda_j(p) \end{cases} \tag{6-39}$$

其中 α 是學習率參數，$\Lambda_j(p)$是勝出神經元 $j_{\mathbf{X}}$ 在疊代次數爲 p 時的鄰域函數。

鄰域函數 Λ_j 通常有一個常數幅值，這說明所有位於拓撲鄰域的神經元同時被激勵，這些神經元的關係和到勝出神經元 $j_{\mathbf{X}}$ 距離是無關的。鄰域函數的簡單形式如圖 6-27 所示。

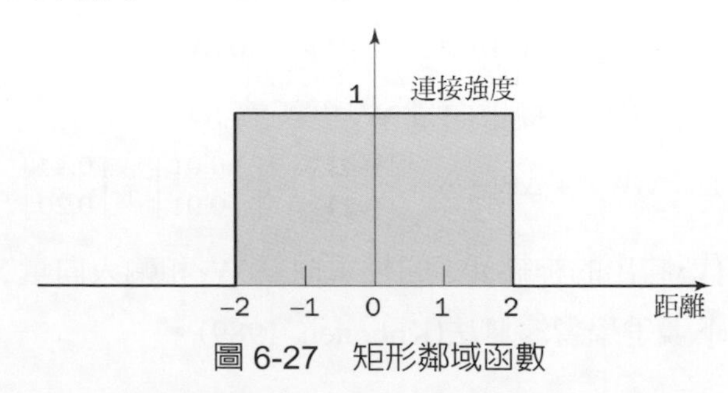

圖 6-27　矩形鄰域函數

矩形鄰域函數 Λ_j 有二值特徵，因此可以用以下方式表示神經元輸出：

$$y_j = \begin{cases} 1, & j \in \Lambda_j(p) \\ 0, & j \notin \Lambda_j(p) \end{cases} \tag{6-40}$$

步驟 4　疊代

疊代次數 p 加 1，回到步驟 2 繼續進行，直到滿足最小歐幾里德距離，或在特徵對應中沒有顯著改變爲止。

可以使用由 100 個神經元排列成 10 行 10 列的二維網格構成的 Kohonen 網路來說明競爭學習。這個網路用來對二維的輸入向量進行分類，換言之，網路中的每個神經元僅對附近的輸入向量做出回應。

網路用 1000 個二維輸入向量進行訓練，輸入向量是在−1 到+1 的正方形範圍內隨機產生的。初始突觸權重向量也設爲−1 到+1 間的隨機値，學習率參數 α 的取値爲 0.1。

圖 6-28 顯示了網路學習過程的不同階段。每個神經元用一個黑點來表示，座標分別爲權重 w_{1j} 和 w_{2j}。圖 6-28(a)爲隨機分佈在正方形區域的初始突觸權重。圖 6-28(b)、圖 6-28(c)和圖 6-28(d)分別表示經過 100、1000 和 10,000 次疊代後輸入空間中權重向量的情況。

圖 6-28 顯示的結果證明了 Kohonen 自組織網路無監督學習的特徵。在學習過程的最後，神經元按正確的順序排列並置於整個輸入空間中。每個神經元在自己的輸入空間中都能夠識別輸入向量。

透過使用下面的輸入向量來測試網路以顯示神經元是如何回應的：

$$\mathbf{X}_1 = \begin{bmatrix} 0.2 \\ 0.9 \end{bmatrix} \quad \mathbf{X}_2 = \begin{bmatrix} 0.6 \\ -0.2 \end{bmatrix} \quad \mathbf{X}_3 = \begin{bmatrix} -0.7 \\ -0.8 \end{bmatrix}$$

如圖 6-29 所示，神經元 6 回應輸入向量 $\mathbf{X}_1$，神經元 69 回應輸入向量 $\mathbf{X}_2$，神經元 92 回應輸入向量 $\mathbf{X}_3$。因此，圖 6-29 顯示的輸入空間的特徵對應是拓撲排序的，網格中神經元的空間位置與輸入型樣的某個特徵相對應。

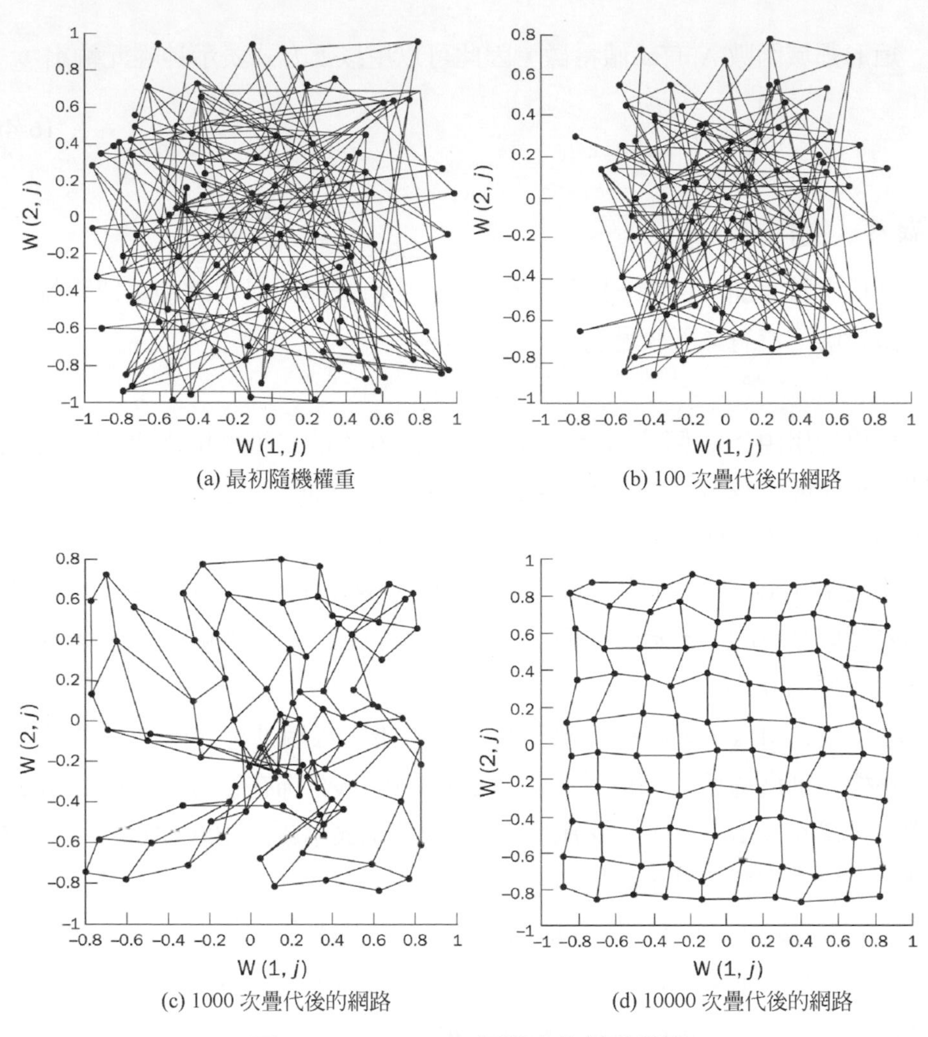

圖 6-28　Kohonen 網路中的競爭學習

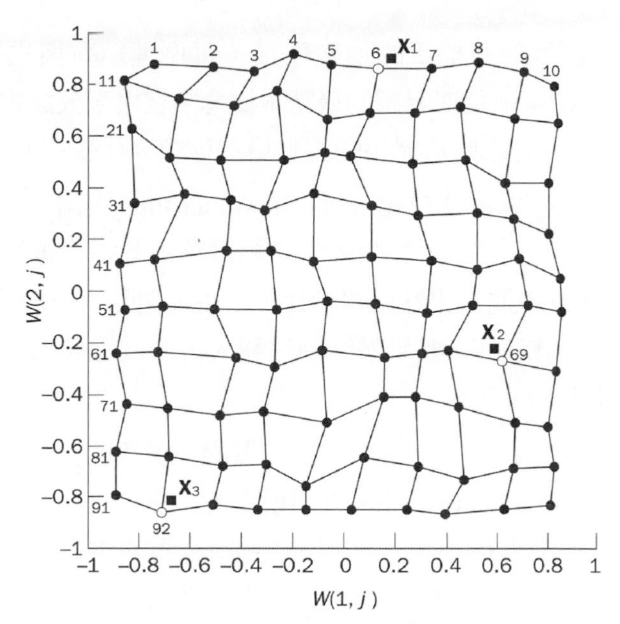

圖 6-29　輸入空間顯示的拓撲排序特徵對應

6.9　總結

本章介紹了人工神經網路，並討論了有關機器學習的基本概念。本章闡述了作爲簡單計算元素的感知器的概念，並討論了感知器的學習規則。在本章中，我們還研究了多層神經網路和如何提高後向傳遞學習演算法的計算效率。接下來介紹了回授神經網路、Hopfield 神經網路訓練演算法和雙向相關記憶(BAM)，最後，介紹了自組織神經網路並研究了 Hebbian 學習和競爭學習。

本章最重要的內容是：

- 機器學習涉及使用電腦透過經驗、實例和模擬自己來學習的自適應機制。隨著時間的推移，學習能力可以提高智慧型系統的性能。機器學習最常見的方法就是人工神經網路。
- 人工神經網路由一些非常簡單並高度互連的處理器(稱爲神經元)組成，這和人類大腦中的生物神經元類似。神經元之間由從一個神經元傳送信號到另一個神經元的有權重的連結連接，每個連結有與之相關的數值權重。權重是 ANN 中長期記憶的最基本概念，它用來表達神經元輸入的強度或重要性。神經網路透過不斷調整這些權重來「學習」。

- 20 世紀 40 年代，Warren McCulloch 和 Walter Pitts 提出了一個簡單的神經元模型，它現在依舊是大多數人工神經網路的基礎。神經元計算輸入信號的權重總和，並將結果和臨界值比較。如果網路的淨輸入小於臨界值，則神經元的輸出為-1。如果網路的淨輸入大於或等於臨界值，則神經元被激勵，且輸出為+1。
- Frank Rosenblatt 推薦了一種叫做感知器的最簡單的神經網路。感知器的運算是基於 McCulloch 和 Pitts 神經模型的。它包含一個帶有可調整突觸權重的神經元和硬限幅器。感知器透過對權重的微調來減少實際輸出和期望輸出的差別從而進行學習。初始權重是隨機指定的，然後透過調整權重，得到和訓練實例一致的輸出。
- 感知器僅僅能夠學習線性分割函數，不能在僅學習局部實例的基礎上進行全域推廣。Rosenblatt 感知器的侷限可以透過改進神經網路的形式來克服，例如用後向傳遞演算法訓練的多層感知器。
- 多層感知器是一個前饋神經網路，含有來源神經元的輸入層、至少一個計算神經元的中間層或隱含層和一個計算神經元輸出層。輸入層從外界接收輸入信號，並將信號重新分配給中間層的所有神經元。隱含層檢查特徵，隱含層神經元的權重表示輸入型樣的特徵。輸出層建立整個網路的輸出型樣。
- 多層神經網路的學習過程和感知器是一樣的。學習演算法有兩個階段。首先向網路輸入層輸入訓練型樣，網路一層層地傳送這個型樣，直到輸出層產生輸出型樣為止。如果和期望輸出不同，則計算誤差，並將誤差從輸出層傳送到輸入層。在傳送誤差時改變權重的值。
- 雖然得到了廣泛的應用，但後向傳遞方法也不是沒有問題。由於計算量巨大，因此訓練速度緩慢，純粹的後向傳遞演算法在實際中很少應用。

有幾種方法可以改善計算的效率。當雙曲正切函數代替 S 形激勵函數時，多層網路的學習會變得更快。慣性的使用和自適應學習率也能大大地改善多層後向傳遞神經網路的性能。

- 當多層後向傳遞神經網路用於型樣識別問題時，可用回授網路來模擬人類的相關記憶，回授網路是指從輸出層到輸入層有回授回授的網路。John Hopfield 首次提出了在動態穩定網路中儲存資訊的理論，並且還提出了一個使用包含符號激勵函數的 McCulloch 和 Pitts 神經元的單層回授神經網路。
- Hopfield 網路訓練演算法有兩個基本的階段：儲存和檢索。在第一個階段中，網路需要儲存一系列由所有神經元的目前輸出確定的狀態(或稱作基本記憶)，這是透過計算網路權重矩陣來實作的。權重一旦被計算出，就會保持不變。在第二個階段中，未知的含糊或不完整的基本記憶會被輸入到網路中，然後計算網路輸出並進行回授以便調整輸入。這個過程將會一直重複直到輸出爲一個常數爲止。要檢索基本記憶，Hopfield 網路就應該保持較小的儲存容量。
- Hopfield 網路表示的是一種自相關的記憶。它可以檢索含糊或不完整的記憶，但是不能將一個記憶和其他記憶聯繫起來。爲了克服這個限制，Bart Kosko 提出了雙向相關記憶(BAM)。BAM 是一種異質相關網路，它將一個集合的型樣和另一個集合的型樣關聯起來，反之亦然。就像 Hopfield 網路一樣，BAM 在輸入是含糊的或不完整的情況下仍能進行推廣並產生正確的輸出。基本的 BAM 架構包含兩個完全互連的層：輸入層和輸出層。
- BAM 的基本思想是儲存型樣對。因此，當輸入爲集合 A 中的 n 維向量 X 時，BAM 便會回憶起集合 B 中 m 維向量 Y；而當輸入爲向量 Y 時，BAM 則會回憶起輸出向量 X。Hopfield 網路儲存容量的限制也可以擴展到 BAM 中。BAM 中儲存的關聯的數量不能超過較小層中神經元的數量。另一個問題是不正確的收斂，也就是說，BAM 總是不能產生最接近的關聯。

- 與有監督學習，也就是有「老師」把訓練集輸入網路中來學習的不同，無監督學習或自組織學習則不需要老師。在訓練期間，神經網路收到許多不同的輸入型樣，然後分析它們顯著的特點，並學習如何將輸入進行分類。
- Hebb 定律由 Donald Hebb 在 20 世紀 40 年代後期提出。這個定律說明，如果神經元 i 和神經元 j 之間足夠近，以至 i 可以刺激 j 並且重複地參加 j 的活動，則這兩個神經元之間的突觸連接就會加強，並且神經元 j 對來自神經元 i 的刺激也更加敏感。該定律是無監督學習的基礎。這裡的學習是沒有來自環境回授的局部現象。
- 另一個常見的無監督學習是競爭學習。此時，神經元透過相互競爭來激勵。輸出神經元是競爭中的勝出者，也叫做勝者通吃的神經元。雖然在 20 世紀 70 年代早期就提出了競爭學習，但一直被忽略, 直到 80 年代後期 Teuvo Kohonen 提出了人工神經網路的一個特殊類別—自組織特徵對應，這種情況才得以改觀。他明確闡述了拓撲對應的原理，說明了在拓撲對應中輸出神經元的空間位置和輸入型樣的某個特徵相關聯。
- Kohonen 網路由單層的計算神經元組成，但存在兩種不同類型的連接，即輸入層神經元到輸出層神經元的前向連接，以及輸出層神經元間的橫向連接。其中後者用於建立神經元間的競爭。在 Kohonen 網路中，神經元透過從非激勵到激勵狀態的變化來改變權重進行學習。僅有勝出的神經元及其鄰域允許學習。如果神經元對給定的輸入型樣沒有回應，那麼這個神經元就不會進行學習。

複習題

1. 人工神經網路如何模擬人腦？描述兩種主要的學習範例:有監督學習和無監督(自組織)學習。兩種範例有何區別？
2. 把感知器作爲生物模型時存在什麼問題？感知器如何學習？說明感知器學習二值邏輯函數 OR 的學習過程。爲什麼感知器僅可以學習線性分割函數？

3. 什麼是完全連接多層感知器？構建一個有 6 個神經元的輸入層、4 個神經元的隱含層和 2 個神經元的輸出層的多層感知器。隱含層的用途是什麼？隱含了什麼？
4. 多層神經網路如何學習？推導後向傳遞訓練演算法。說明多層網路學習二值邏輯函數 Exclusive-OR 的過程。
5. 後向傳遞學習演算法的主要問題是什麼？在多層神經網路中如何加快學習率？定義廣義的 delta 規則。
6. 什麼是回授神經網路？它如何學習？構建一個有 6 個神經元的 Hopfield 網路並解釋其運算過程。什麼是基本記憶？
7. 推導 Hopfield 網路訓練演算法。證明如何在有 6 個神經元的 Hopfield 中儲存 3 個基本記憶。
8. delta 規則和 Hebb 規則是兩種神經網路學習的方法，比較兩種方法的不同之處。
9. 記憶的自相關和異相關類型間的差別是什麼？什麼是雙向相關記憶 (BAM)？BAM 如何工作？
10. 推導 BAM 訓練演算法。BAM 儲存容量有什麼限制？比較 BAM 和 Hopfield 網路的儲存容量。
11. 如何表達 Hebb 定律？推導激勵產生式規則和廣義的激勵產生式規則。忽略因數的含義是什麼？推導通用 Hebb 學習演算法。
12. 麼是競爭學習？Hebbian 學習和競爭學習間的差別是什麼？描述特徵對應 Kohonen 模型。推導競爭學習演算法。

參考文獻

[1] Amit, D.J. (1989). Modelling Brain Functions: The World of Attractor Neural Networks. Cambridge University Press, New York.

[2] Bryson, A.E. and Ho, Y.C. (1969). Applied Optimal Control. Blaisdell, New York.

[3] Caudill, M. (1991). Neural network training tips and techniques, AI Expert, January, 56–61.

[4] Cohen, M.H. and Grossberg, S. (1983). Absolute stability of global pattern formation and parallel memory storage by competitive networks, IEEE Transactions on Systems, Man, and Cybernetics, SMC-13, 815–826.

[5] Fu, L.M. (1994). Neural Networks in Computer Intelligence. McGraw-Hill, Singapore.

[6] Fukushima, K. (1975). Cognition: a self-organizing multilayered neural network, Biological Cybernetics, 20, 121–136.

[7] Grossberg, S. (1972). Neural expectation: cerebellar and retinal analogs of cells fired by learnable or unlearned pattern classes, Kybernetik, 10, 49–57.

[8] Guyon, I.P. (1991). Applications of neural networks to character recognition, International Journal of Pattern Recognition and Artificial Intelligence, 5, 353–382.

[9] Haykin, S. (2008). Neural Networks and Learning Machines, 3rd edn. Prentice Hall, Englewood Cliffs, NJ.

[10] Hebb, D.O. (1949). The Organisation of Behaviour: A Neuropsychological Theory. John Wiley, New York.

[11] Hopfield, J.J. (1982). Neural networks and physical systems with emergent collective computational abilities, Proceedings of the National Academy of Sciences of the USA, 79, 2554–2558.

[12] Jacobs, R.A. (1988). Increased rates of convergence through learning rate adaptation, Neural Networks, 1, 295–307.

[13] Kohonen, T. (1982). Self-organized formation of topologically correct feature maps, Biological Cybernetics, 43, 59–69.

[14] Kohonen, T. (1989). Self-Organization and Associative Memory, 3rd edn. Springer-Verlag, Berlin, Heidelberg.

[15] Kohonen, T. (1990). The self-organizing map, Proceedings of the IEEE, 78, 1464–1480.

[16] Kosko, B. (1987). Adaptive bidirectional associative memories, Applied Optics, 26(23), 4947–4960.

[17] Kosko, B. (1988). Bidirectional associative memories, IEEE Transactions on Systems, Man, and Cybernetics, SMC-18, 49–60.

[18] Kosko, B. (1992). Neural Networks and Fuzzy Systems: A Dynamical Systems Approach to Machine Intelligence. Prentice Hall, Englewood Cliffs, NJ.

[19] McCulloch, W.S. and Pitts, W. (1943). A logical calculus of the ideas immanent in nervous activity, Bulletin of Mathematical Biophysics, 5, 115–137.

[20] Medsker, L.R. and Liebowitz, J. (1994). Design and Development of Expert Systems and Neural Computing. Macmillan College Publishing, New York.

[21] Minsky, M.L. and Papert, S.A. (1969). Perceptrons. MIT Press, Cambridge, MA.

[22] Rosenblatt, F. (1958). The perceptron: a probabilistic model for information storage and organization in the brain, Psychological Review, 65, 386–408.

[23] Rosenblatt, F. (1960). Perceptron simulation experiments, Proceedings of the Institute of Radio Engineers, 48, 301–309.

[24] Rumelhart, D.E., Hinton, G.E. and Williams, R.J. (1986). Learning representations by back-propagating errors, Nature (London), 323, 533–536.

[25] Shepherd, G.M. and Koch, C. (1990). Introduction to synaptic circuits, The Synaptic Organisation of the Brain, G.M. Shepherd, ed., Oxford University Press, New York, pp. 3–31.

[26] Shynk, J.J. (1990). Performance surfaces of a single-layer perceptron, IEEE Transactions on Neural Networks, 1, 268–274.

[27] Shynk, J.J. and Bershad, N.J. (1992). Stationary points and performance surfaces of a perceptron learning algorithm for a nonstationary data model, Proceedings of the International Joint Conference on Neural Networks, Baltimore, MD, vol. 2, pp. 133–139.

[28] Stent, G.S. (1973). A physiological mechanism for Hebb's postulate of learning, Proceedings of the National Academy of Sciences of the USA, 70, 997–1001.

[29] Stork, D. (1989). Is backpropagation biologically plausible? Proceedings of the International Joint Conference on Neural Networks, Washington, DC, vol.2, pp.241–246.

[30] Stubbs, D.F. (1990). Six ways to improve back-propagation results, Journal of Neural Network Computing, Spring, 64–67.

[31] Touretzky, D.S. and Pomerlean, D.A. (1989). What is hidden in the hidden layers? Byte, 14, 227–233.

[32] Von der Malsburg, C. (1973). Self-organisation of orientation sensitive cells in the striate cortex, Kybernetik, 14, 85–100.

[33] Watrous, R.L. (1987). Learning algorithms for connectionist networks: applied gradient methods of nonlinear optimisation, Proceedings of the First IEEE International Conference on Neural Networks, San Diego, CA, vol.2, pp.619–627.

[24] Rumelhart, D.E., Hinton, G.E. and Williams, R.J. (1986). Learning representations by back-propagating errors. Nature (London) 323, 533-536.

[25] Shepherd, G.M. and Koch, C. (1990). Introduction to synaptic circuits. The Synaptic Organization of the Brain, G.M. Shepherd, ed., Oxford University Press, New York, pp. 3-31.

[26] [illegible] (1991). [illegible] surfaces [illegible] layer perceptron. IEEE Transactions on Neural Networks [illegible]

[27] [illegible]

[28] [illegible] Hebb's postulate of learning. Proceedings of [illegible]

[illegible]

演化計算 7

本章介紹演化計算，其中包括基因演算法、演化策略和遺傳程式設計以及它們在機器學習中的應用。

7.1 演化是智慧的嗎？

智慧可以定義爲系統調整本身行爲來適應不斷變化環境的能力。根據 Alan Turing 的觀點(Turing，1950)，系統的形態或外觀和智慧是沒有關係的。但是，根據常識，我們知道智慧行爲的跡象在人類社會中是很容易觀察到的。我們本身就是演化的產物，因此透過模擬演化的過程，我們可以期待建立出智慧的行爲。演化計算就是在電腦上模擬演化過程。模擬的結果是基於簡單規則集的一系列最佳化演算法。最佳化疊代改善解決方案的品質，直到找出最佳化的(至少是最可行的)解決方案爲止。

但演化眞的是智慧的嗎？我們可以考慮一個單組織生物體的行爲，歸納推理出其環境中不爲人所知的觀點(Fogel 等，1966)。如果經過連續幾代的繁衍，這種生物體存活了下來，就可以說這種生物體有學習的能力，可以預知環境的變化。從人類的角度來看，演化是一個非常緩慢而曲折的過程，但在電腦中模擬演化不會花上幾億年！

機器學習的演化方法基礎是自然選擇和遺傳的計算模型。我們稱之為演化計算，它是結合了基因演算法、演化策略和遺傳程式設計的術語。所有這些技術都是透過使用選擇、突變和繁殖過程來模擬演化的。

7.2 模擬自然演化

1858 年 7 月 1 日，Charles Darwin 在 Linnean Society of London 發表了他的演化理論。這一天標記著生物學革命的開始。Darwin 的經典演化理論、Weismann 的自然選擇理論及 Mendel 的遺傳學概念一起構成了現在的新達爾文主義(Keeton，1980；Mayr，1988)。

新達爾文主義植基於繁殖、突變、競爭和選擇的四個過程。繁殖能力是生命最本質的特徵。突變能力保證了生物體能在不斷變化的環境中繁殖自己。競爭和選擇過程通常發生在自然界，因為自然界的有限的空間限制了物種的擴張。

如果在電腦中模擬演化的過程，那麼在自然生命中什麼可以透過演化來最佳化呢？演化是一個維護或增加種群在特定環境中生存和繁殖的能力的過程(Hartl 和 Clark，1989)。這種能力也稱為演化適應性。雖然不能對適應性進行直接測量，但可以透過環境中群體的生態學和功能形態學對其進行估測(Hoffman，1989)。演化適應性也可以看作對群體預見環境變化的能力的測量(Atmar，1994)。因此，適應性或預見變化並充分做出反應的能力的定量測量，可以視為是自然生命中具有可以被最佳化的品質。

我們可以使用適應性拓撲的概念來說明適應性(Wright，1932)。以地形圖來表示一個給定的環境，每個山峰代表物種最佳的適應性。在演化過程中，給定種群的每個物種沿著斜坡向山峰前進。隨著時間的推移，環境條件不斷發生變化。因此，物種必須不斷地調整它們的路線。最後，只有最佳的適應性物種才能到達山峰。

適應性拓撲是一個連續函數。它模擬的環境或自然拓撲不是靜態的。隨著時間推移，拓撲形狀發生改變，所有的物種要不斷地經歷選擇。演化的目的就是產生適應性增加的後代。

但是如何繁殖適應性不斷增加的個體呢？Michalewicz(1996)以兔子種群作了一個簡單的解釋。有一些兔子跑得比較快，因此可以說這些兔子在適應性上具有優勢，因爲它們在逃避狐狸的追捕中存活下來並且繼續繁殖的機會更大。當然，一些跑得慢的兔子也可以存活下來。因此，跑得慢的兔子和快的兔子、跑得慢的兔子之間以及跑得快的兔子之間都可以繁殖。換言之，繁殖使這些兔子的基因相混合。如果雙親都有較強的適應性，那麼在基因混合後，遺傳給下一代良好適應性的機會就很大。隨著時間的推進，兔子這個種群能跑得更快，以適應狐狸的威脅。但是，環境條件的改變同時對肥胖但聰明的兔子也有利。爲了達到最佳的生存，兔子種群的遺傳結構也相對應的變化。同時，跑得快的兔子和聰明的兔子也導致狐狸變得更快更聰明。自然演化是沒有終點的持續過程。

是否可以在電腦中模擬自然演化的過程？

現在已經有了幾種演化計算的方法，它們都是模擬自然界的演化過程。這些方法通常是先建立某個個體的種群，然後評估它們的適應性，最後透過基因運算產生新的種群，再將這個過程重複一定的次數。但在執行演化計算時使用不同的方法。我們可以從基因演算法(GA)開始，因爲大多數其他的演化演算法都可以看作是 GA 的變體。

在 20 世紀 70 年代早期，演化計算的創始人之一 John Holland 提出了基因演算法的概念(Holland，1975)。他的目標是讓電腦完全模擬自然界。作爲電腦科學家，Holland 關注處理二進制數字字串的演算法。他將這些演算法看作是自然演化的抽象形式。Holland 的基因演算法用一系列程式步驟來表示將人造「染色體」的一個種群演化到另一個種群的過程。該演算法使用「自然」選擇機制和遺傳學的交配和突變機制。每個染色體包含許多的「基因」，每個基因用 0 或 1 表示，如圖 7-1 所示。

1	0	1	1	0	1	0	0	0	0	0	1	0	1	0	1

圖 7-1　人工染色體的 16 位元二進制字串

自然界具有在無人告知其該怎麼做時，能適應環境以及學習的能力。換言之，自然界是盲目地尋找良好的染色體。GA 也一樣。將 GA 和要解決的問題聯繫在一起的兩個機制是：編碼和評估。

在 Holland 的工作中，編碼是用 0 和 1 的數字串來表示所得到的染色體。雖然人們也發明了很多其他的編碼技術(Davis, 1991)，但沒有一種技術能夠適用於所有的問題。目前，位元字串仍是最通用的技術。

評估函數是用來針對要解決的問題，測量染色體的性能或適應性的(基因演算法中的評估函數和自然演化中環境的作用相同)。基因演算法透過測量染色體個體的適應性來完成繁殖。在繁殖時，交配運算交換兩個單個染色體中的一部分；突變運算改變染色體上某個隨機位置的基因值。因此，在經過數次連續的繁殖後，適應性較弱的染色體就會滅絕，而適應最強的染色體逐漸統治了種群。這是一個簡單的方法，但即使是最拙劣的繁殖機制也能顯示出高度複雜的行爲並能夠解決複雜的問題。

下一節將詳細討論基因演算法。

7.3 基因演算法

讓我們從定義開始：基因演算法是運用生物演化機制的隨機搜尋演算法。假定有一個定義清楚的待解問題，並用二進制數字字串表示候選的解決方案，則基本基因演算法如圖 7-2 所示。基因演算法的主要步驟如下(Davis，1991；Mitchell，1996)：

步驟 1

用固定長度的染色體表示問題變數域，選擇染色體種群數量爲 N，交配機率爲 p_c，突變機率爲 p_m。

步驟 2

定義適應性函數來測量問題域上單個染色體的性能或適應性。適應性函數是建立在繁殖過程中選擇成對染色體的基礎。

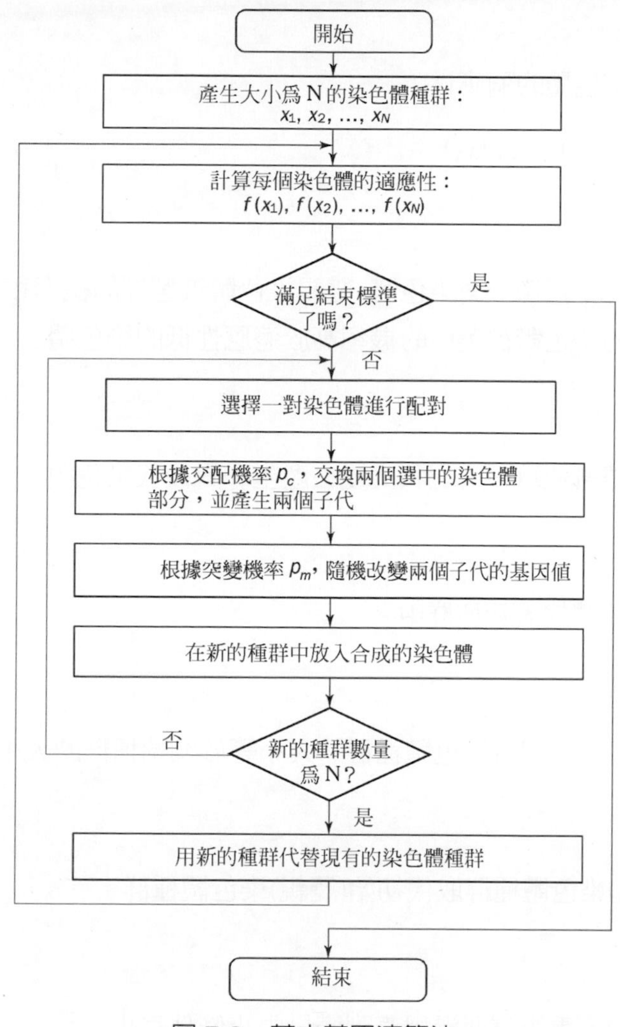

圖 7-2　基本基因演算法

步驟 3

隨機產生一個大小爲 N 的染色體的初始種群：

$x_1, x_2, \ldots, x_N$

步驟 4

計算每個染色體的適應性：

$$f(x_1), f(x_2), \ldots, f(x_N)$$

步驟 5

在目前種群中選擇一對染色體。雙親染色體被選擇的機率和它們適應性相關。適應性高的染色體被選中的機率高於適應性低的染色體。

步驟 6

透過執行遺傳運算一交配和突變來產生一對後代染色體。

步驟 7

將後代染色體放入新種群中。

步驟 8

重複步驟 5，直到新染色體種群的大小等於初始種群的大小 N 爲止。

步驟 9

用新(後代)染色體種群取代初始(雙親)染色體種群。

步驟 10

回到步驟 4，重複這個過程直到滿足中止條件爲止。

我們看到，基因演算法是一個疊代過程。每次疊代稱爲一代。簡單基因演算法的典型疊代次數在 50 至 500 代之間(Mitchell，1996)。某一代的全部集合稱爲 run。在 run 的最後，我們期望找到一個或多個高適應性的染色體。

基因演算法中有傳統的中止條件嗎？

由於基因演算法使用隨機搜尋方法，因此在超級染色體出現之前，種群的適應性可能在幾代中保持穩定。這時使用傳統的中止條件可能會出現問題。一個常用的方法，是在指定遺傳代數後中止基因演算法，並檢查種群中的最佳的染色體。如果沒有得到滿意的解決方案，基因演算法會重新啓動。

這裡透過一個簡單的例子來理解基因演算法是如何工作的。假設要求解函數($15x - x^2$)在 x 的可變範圍為 0 至 15 時的最大值。為方便起見，假設 x 僅取整數值。因此，染色體只要用 4 個基因就可以建構了。

表 7-1　編碼方式

整數	二進制編碼	整數	二進制編碼	整數	二進制編碼
1	0001	6	0110	11	1011
2	0010	7	0111	12	1100
3	0011	8	1000	13	1101
4	0100	9	1001	14	1110
5	0101	10	1010	15	1111

假設染色體種群的大小 N 為 6，交配機率 p_c 為 0.7，突變機率 p_m 為 0.001(交配機率和突變機率的數值為基因演算法的典型值)。本例中的適應性函數為：

$$f(x) = 15x - x^2$$

基因演算法用隨機產生的 0 和 1，填入 6 個 4 位元的數字串來建立染色體的初始種群。初始種群看上去如表 7-2 所示，適應性函數中染色體的初始位置如圖 7-3(a)所示。

表 7-2　染色體隨機產生的初始種群

染色體編號	染色體串	解碼後的整數	染色體適應性	適應性比率，%
*X*1	1100	12	36	16.5
*X*2	0100	4	44	20.2
*X*3	0001	1	14	6.4
*X*4	1110	14	14	6.4
*X*5	0111	7	56	25.7
*X*6	1001	9	54	24.8

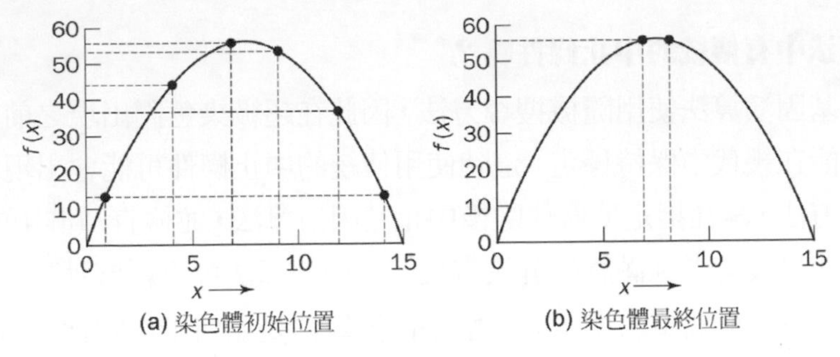

圖 7-3 適應性函數和染色體位置

在實際問題中，一個種群中一般會有數千個染色體。

接下來計算每個染色體的適應性，其結果如表 7-2 所示。初始種群的平均適應性為 36。為了改善適應性，初始種群會透過選擇、交配和突變這樣的遺傳運算而有所改變。

在自然選擇中，只有適應性最佳的個體才能存活、繁殖，並將基因傳給下一代。基因演算法使用類似的方法，但不同的是，從上一代到下一代，染色體種群的大小保持不變。

如何在改進種群平均適應性的同時，保持種群的大小不變？

表 7-2 的最後一列為單個染色體適應性和種群總適應性的比值。這個比值決定了染色體被選中進行配對的機率。因此，染色體 *X*5 和 *X*6 被選中的機率最高，而染色體 *X*3 和 *X*4 被選中的機率比較低。結果，染色體的平均適應性隨著遺傳的進行逐漸提高。

最常用的染色體選擇技術是輪盤選擇(Goldberg, 1989; Davis, 1991)。圖 7-4 顯示了本例的輪盤。如圖所示，輪盤上的每一片都代表一個染色體，每片的面積等於該染色體的適應性比值(見表 7-2)。例如，染色體 *X*5 和 *X*6(適應性最高的染色體)面積最大，而染色體 *X*3 和 *X*4(適應性最低)在輪盤上只佔據很小的一片。選擇用於配對的染色體，在[0, 100]之間隨機產生一個數，跨到該數的染色體即被選中。就像輪盤上有一個指標，每個染色體在輪盤上都有一個和本身適應性相對應的片，輪盤旋轉後，指標在某一片上停住，該片所對應的染色體就被選中了。

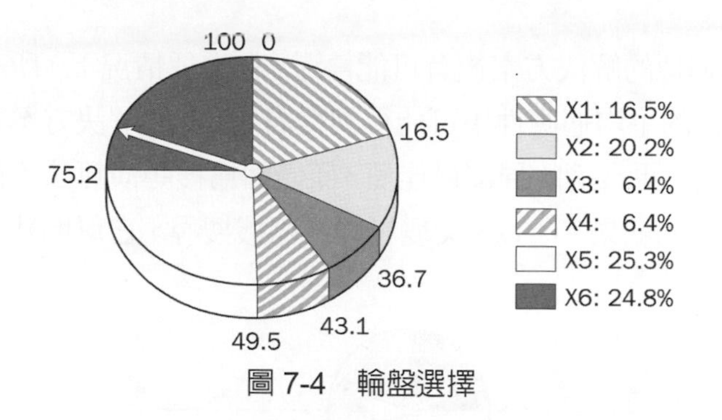

圖 7-4　輪盤選擇

在本例中，初始種群有 6 個染色體。因此，爲了保證下一代中有相同數量的染色體，輪盤應旋轉 6 次，第一對可能選擇 *X*6 和 *X*2 爲雙親，第二對可能選擇 *X*1 和 *X*5，最後一對可能是 *X*2 和 *X*5。

一旦選好雙親，就可以執行交配運算。

交配運算如何進行？

首先，交配運算隨機選擇交配點(這個交配點就是親代染色體的「斷裂」點)，並交換染色體交配點後的部分，從而產生兩個新的子代染色體。例如，染色體 *X*6 和 *X*2 在第二個基因處交換彼此交配點後的部分，產生兩個後代(如圖 7-5 所示)。

如果兩個染色體沒有交配，那麼就複製自己，子代是親代染色體的精確複製。例如，親代染色體 *X*2 和 *X*5 有可能沒有交配，那麼建立的子代就是它們本身的複製，如圖 7-5 所示。

交配機率爲 0.7 時一般可以得到不錯的結果。在完成選擇和交配後，染色體種群的平均適應性得到改善，即從 36 增加到 42。

突變是什麼意思？

突變在自然界中很少發生，它表示基因發生了改變。突變可能導致適應性顯著提高，但大多數情況下會產生有害的結果。

那究竟爲什麼要使用突變呢？Holland 是把突變當作一個不重要的運算(Holland，1975)。它的作用是確保搜尋演算法不會陷入局部最佳值。選擇和交配運算在得到類似的解決方案後有可能停滯。在這種情況下，所有的染色體都一樣，因此種群的平均適應性不可能得到提高。但是，解決方案還可能進一步最佳化，或者還有更合適的局部最佳值，僅僅因爲搜尋演算法不能再向下進行而無法得到更好的結果。所以，突變等同於隨機搜尋，它幫助我們避免遺失遺傳的多樣性。

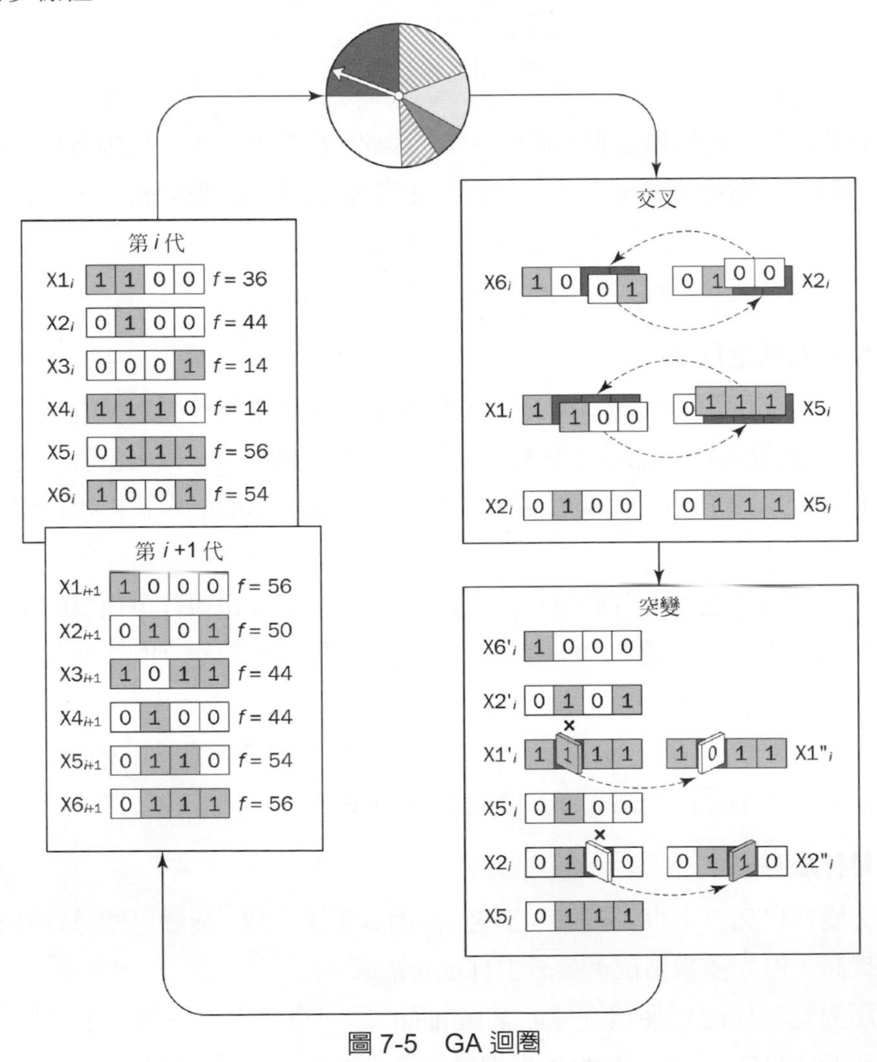

圖 7-5 GA 迴圈

突變運算如何工作？

突變運算就是隨機選擇染色體中的某個基因並將其值反相。例如，在圖 7-5 中，$X1$ 在第二位基因處突變，$X2$ 在第三位基因處突變。突變能以某個可能性發生在染色體的任何一個基因上。在自然界中，突變的機率非常小。因此，在基因演算法中也應保持很小的值，一般在 0.001 到 0.01 之間。

基因演算法確保種群的適應性能夠不斷地得到改善，在繁殖一定代數後(通常有幾百代)，種群演化到接近最佳的情況。在本例中，最終的種群中僅包含染色體 $\begin{array}{|c|c|c|c|}\hline 0&1&1&1\\\hline\end{array}$ 和 $\begin{array}{|c|c|c|c|}\hline 1&0&0&0\\\hline\end{array}$ 。圖 7-3(b)顯示了染色體在適應性函數中的最終位置。

在本例中，問題僅有一個變數，因此很容易表示。假設現在需要找到有兩個變數的「峰」函數的最大值：

$$f(x,y)=(1-x)^2e^{-x^2-(y+1)^2}-(x-x^3-y^3)e^{-x^2-y^2}$$

其中 x 及 y 的取值範圍為−3 至+3。

首先是將問題的變數表示為染色體。換言之，將參數 x 和 y 表示為連接起來的二進制數字字串。

$$\underbrace{\begin{array}{|c|c|c|c|c|c|c|c|}\hline 1&0&0&0&1&0&1&0\\\hline\end{array}}_{x}\underbrace{\begin{array}{|c|c|c|c|c|c|c|c|}\hline 0&0&1&1&1&0&1&1\\\hline\end{array}}_{y}$$

其中每個參數用 8 位元的二進制位元來表示。

然後選擇染色體種群的大小(例如為 6)並隨機產生初始種群。

接下來計算每個染色體的適應性。這分為兩個步驟來完成。第一步，將染色體解碼，將其轉換成兩個實數 x 和 y，其取值範圍在−3～+3 之間；第二步，將解碼後的 x、y 的值代入「峰」函數。

如何解碼？

首先，將 16 位元的染色體分割成兩個 8 位元的數字字串：

$$\begin{array}{|c|c|c|c|c|c|c|c|}\hline 1&0&0&0&1&0&1&0\\\hline\end{array}\quad 和 \quad\begin{array}{|c|c|c|c|c|c|c|c|}\hline 0&0&1&1&1&0&1&1\\\hline\end{array}$$

然後將這兩個字串的二進制數字轉換成十進制數字：

$$(10001010)_2=1\times2^7+0\times2^6+0\times2^5+0\times2^4+1\times2^3+0\times2^2+1\times2^1+0\times2^0=(138)_{10}$$

和

$$(00111011)_2=0\times2^7+0\times2^6+1\times2^5+1\times2^4+1\times2^3+0\times2^2+1\times2^1+1\times2^0=(59)_{10}$$

8 位元二進制表示的整數值的範圍是 0 至(2^8-1)，將其對應到參數 x 和 y 的實際範圍是−3 至+3。

$$\frac{6}{256-1}=0.0235294$$

為了得到 x 和 y 的實際值，將其十進制的值乘以 0.0235294 並減去 3：

$$x=(138)_{10}\times0.0235294-3=0.2470588$$

和

$$y=(59)_{10}\times0.0235294-3=-1.6117647$$

必要的時候還可以用其他的解碼方法，例如格雷碼(Caruana 和 Schaffer，1988)。

將解碼後的 x 和 y 值作為數學函數的輸入，基因演算法便會計算每個染色體的適應性。

為了找到「峰」函數的最大值，我們指定交配機率為 0.7，突變機率為 0.001。前面提到過，在基因演算法中通常要指定代數。假設預期的代數為 100，即基因演算法會在 6 個染色體繁殖 100 代後停下來。

圖 7-6(a)顯示了染色體在表面上的初始位置和「峰」函數的輪廓圖。每個染色體用一個球表示。最初的種群由隨機產生的個體組成，它們彼此不同且是異質的。但從第二代開始，交配運算開始將最佳的染色體的特徵重組，種群開始向包含最高點的峰值處收斂，如圖 7-6(b)所示。直到最後一代，基因演算法用突變在峰值周圍搜尋，產生多樣性。圖 7-6(c)顯示了最終的染色體情況。但是種群彙聚在位於「峰」函數的局部最大值的染色體上。

但我們要找的是全域最大值。如何確保找到最佳解決方案呢？基因演算法最嚴重的問題就是關於結果的品質，尤其在於是否找到最佳解。一種方法就是比較用不同的突變率得到的結果。本例假設將突變比率增加爲 0.01，並重新執行基因演算法。種群現在可能收斂到圖 7-6(d)所示的位置。但要確保得到穩定的結果，就要增加染色體種群的數量。

圖 7-6 所示的數學表面函數是一種方便表示基因演算法性能的媒介。但是，現實世界的適應性問題可能無法簡單地用圖來表示。因此，我們可以使用性能圖。

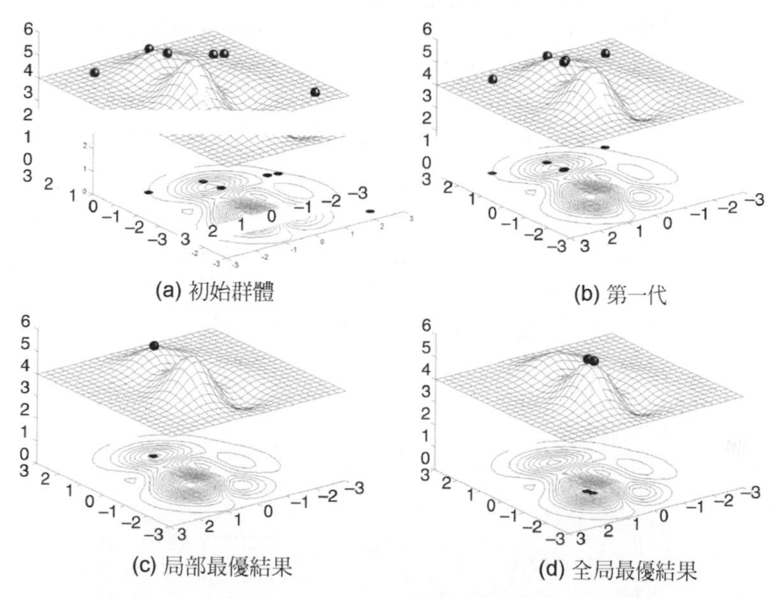

(a) 初始群體　(b) 第一代

(c) 局部最優結果　(d) 全局最優結果

圖 7-6　染色體在「峰」函數的表面輪廓圖上的位置

什麼是性能圖？

由於基因演算法是隨機的，每次執行的性能都不同。因此，用曲線表示整個染色體種群的平均性能和用曲線表示種群中最佳染色體的性能，都是檢驗基因演算法在給定遺傳代數上的行爲的有效方式。

圖 7-7(a)和圖 7-7(b)顯示了 100 代中適應性函數的最佳值和平均值。性能圖的 x 軸爲遺傳的代數，並在執行中某個點處評估，y 軸爲該點處適應性函數的值。

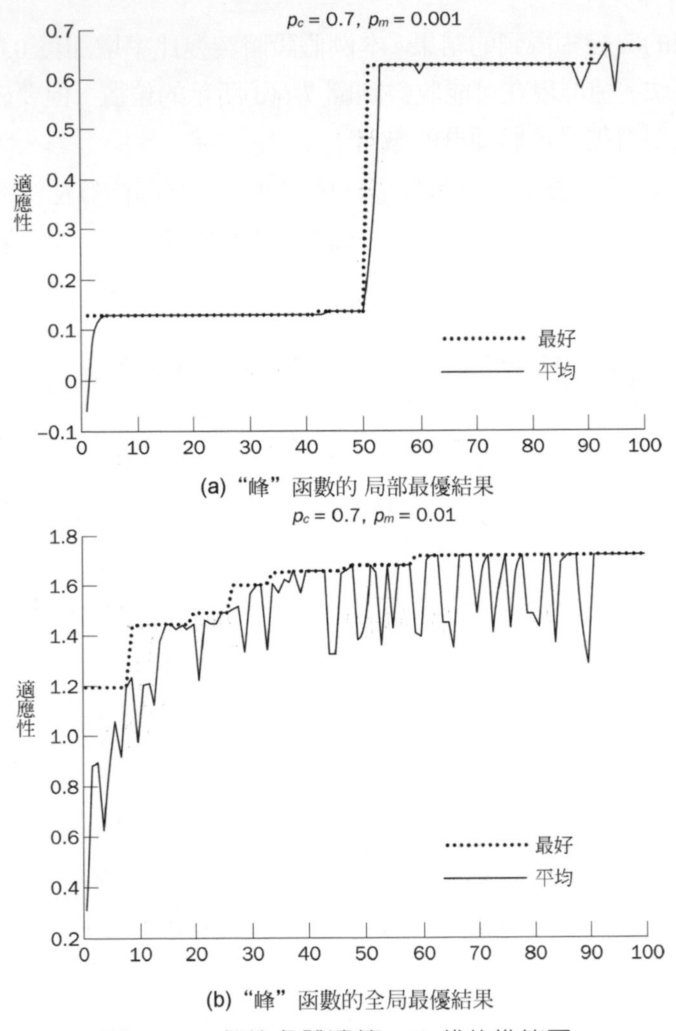

(a)“峰”函數的 局部最優結果

(b)“峰”函數的全局最優結果

圖 7-7　6 個染色體遺傳 100 代的性能圖

平均性能曲線不穩定的原因是突變。突變運算允許基因演算法用隨機的方式擴展範圍。突變可能導致種群適應性得到顯著改善，但更有可能降低適應性。對於在確保多樣性的同時，並減少突變的害處，這能以增加染色體種群的數量來達到。圖 7-8 顯示了 60 個染色體遺傳 20 代的性能圖。這是基因演算法中典型的最佳性能和平均性能的曲線。可以看出，在執行開始階段平均曲線快速上升，在種群收斂到接近最佳解時，上升變得緩慢，最後階段幾乎是平的。

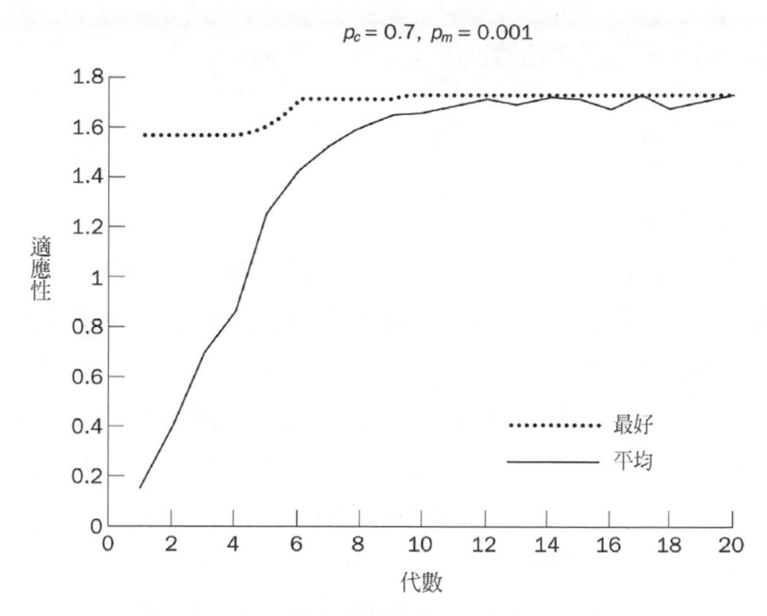

圖 7-8　60 個染色體遺傳 20 代的性能圖

7.4 基因演算法如何工作

基因演算法有堅實的理論基礎(Holland，1975；Goldberg，1989；Rawlins，1991；Whitley，1993)。這些基礎都是基於模式定理(Schema Theorem)的。

John Holland 引入了模式(schema)這個標記法(Holland，1975)，這個標記法來源於希臘語的「格式」(form)。模式是包含 0、1 和星號的位元字串，星號表示值可能是 0 也可能是 1。0 和 1 代表模式的固定位置，星號代表「萬用符號」。例如，模式 1 * * 0 表示一組 4 位元的字串的集合。集合中的每個字串都以 1 開始，以 0 結束。這些字串叫做模式的實例。

模式和染色體之間有什麼關係？

很簡單，只要模式固定位置和染色體的相對應位置匹配，染色體就可以和模式相符。例如，模式 H 如下：

1	*	*	0

和下面的一組 4 位元之染色體匹配：

1	1	1	0
1	1	0	0
1	0	1	0
1	0	0	0

每個染色體以 1 開始，以 0 結束。這些染色體叫做模式 H 的實例。

模式中定義的位元(非星號)的個數稱爲秩(order)。例如，模式 H 有兩個定義的位元，因此秩爲 2。

簡單地說，基因演算法執行時便會運算模式。如果基因演算法使用某種技術使繁殖的機率和染色體適應性成正比，那麼基於模式定理(Holland，1975)，就可以預測在遺傳的下一代會出現給定的模式。換言之，可以用給定模式之實例數量的增加或減少來描述基因演算法的行爲(Goldberg，1989)。

假設染色體的第 i 代至少包含一個模式 H 的實例。令 $m_H(i)$爲第 i 代中模式 H 實例的個數，$\hat{f}_H(i)$ 爲這些實例的平均適應性。我們想要計算的是下一代中實例的個數 $m_H(i+1)$。由於繁殖的機率和染色體適應性成正比，因此，可以很容易地計算出下一代中染色體 x 的後代預期出現的數量：

$$m_x(i+1) = \frac{f_x(i)}{\hat{f}(i)} \tag{7-1}$$

其中 $f_x(i)$ 是染色體 x 的適應性，$\hat{f}(i)$ 是染色體第 i 代的平均適應性。

然後假設染色體 x 是模式 H 的實例，於是可以得到：

$$m_H(i+1) = \frac{\sum_{x=1}^{x=m_H(i)} f_x(i)}{\hat{f}(i)}, \quad x \in H \tag{7-2}$$

由定義：

$$\hat{f}_H(i) = \frac{\sum_{x=1}^{x=m_H(i)} f_x(i)}{m_H(i)}$$

就可得到：

$$m_H(i+1) = \frac{\hat{f}_H(i)}{\hat{f}(i)} m_H(i) \tag{7-3}$$

因此，適應性高於平均值的模式在下一代染色體中出現的機率更高，而適應性低於平均值的模式在下一代染色體中出現的機率更低。

交配和突變的效果怎麼樣？

交配和突變都可以建立或破壞模式的實例。這裏我們僅考慮破壞的情況，即減少模式 H 實例個數的情況。首先將交配運算導致的破壞予以量化。僅在至少一個後代也是模式實例的情況下模式可免於被破壞。這種情況就是因爲交配運算沒有發生在模式的定義長度上而造成的。

什麼是模式的定義長度？

模式中定義位元的最遠距離稱爲定義長度。例如，| * | * | * | * | 1 | 0 | 1 | 1 |的定義長度是 3；| * | 0 | * | 1 | * | 1 | 0 | * |的定義長度是 5；| 1 | * | * | * | * | * | * | 0 |的定義長度是 7。

如果交配發生在定義長度上，則模式 H 就會被破壞，並且會建立不是 H 實例的後代(如果兩個相同的染色體交配，即使交配點在定義長度上，模式 H 也不會被破壞)。

因此，模式 H 在交配後可以倖存下來的機率爲：

$$P_H^{(c)} = 1 - p_c\left(\frac{l_d}{l-1}\right) \tag{7-4}$$

其中 p_c 是交配機率，l 和 l_d 分別是模式 H 的長度和定義長度。

很明顯，短模式交配後倖存的機率要高於長模式的倖存的機率。

現在分析突變的破壞效果。假設 p_m 是模式 H 上任意位元的突變機率，n 爲模式 H 的秩。那麼$(1-p_m)$就是某個位元不會突變的機率，因此，模式 H 突變後倖存的機率爲：

$$P_H^{(m)} = (1-p_m)^n \tag{7-5}$$

同樣很明顯，突變後短模式倖存的機率要大於長模式的倖存的機率。

下面考慮交配和突變運算的破壞效果，修正公式(7-3)爲

$$m_H(i+1) = \frac{\hat{f}_H(i)}{\hat{f}(i)} m_H(i) \left[1 - p_c\left(\frac{l_d}{l-1}\right)\right](1-p_m)^n \tag{7-6}$$

這個公式描述了模式從這一代到下一代的增長。這就是模式定理。因爲公式(7-6)僅考慮了交配和突變運算的破壞性，因此提供了下一代中模式 H 實例數量的下限。

儘管交配被證明是基因演算法的一個主要優點，但是目前還沒有足夠的理論基礎可以支援基因演算法優於其他搜尋或最佳化演算法，僅僅是因爲交配運算能夠將部分解決方法結合起來。

基因演算法是一個功能強大的工具，但需要聰明地來使用。例如，將問題編碼成位元字串可能會改變研究問題的本質。換言之，編碼法存在了將問題變得和我們需要解決的問題完全不同的危險性。

爲了證明上面討論的觀點，下面一節將討論一個應用基因演算法解決資源計畫問題的例子。

7.5 個案研究：用基因演算法來維護計畫

基因演算法最成功的應用領域之一是資源計畫的問題。資源計畫問題通常很複雜且難以解決。一般情況下都是結合使用搜尋演算法和啓發式方法加以解決。

爲什麼計畫的問題很難？

首先計畫屬於 NP 完全問題。這種問題難於管理且不可能用組合搜尋技術來解決。另外，單獨使用啓發式方法也不能保證得到最佳解。

其次，計畫問題涉及有限資源的競爭，因此，有諸多限制而導致問題難於解決。基因演算法能夠成功的關鍵在於定義能夠合併所有的限制的適應性函數。

我們這裏要討論的是現代電力系統的維護計畫。這個任務有諸多限制和不確定性，例如電力設備的故障並被迫中止運轉和獲得備料的時間延遲。這個計畫經常要在短時間內修改。人類專家通常手工處理這個維護計畫，這就不能保證產生的是最佳化或者接近最佳化的方案。

開發基因演算法的典型過程通常包含下面幾個步驟：

1. 確定問題，定義限制和最佳化標準。
2. 用染色體來表示問題域。
3. 定義適應性函數來評估染色體的性能。
4. 建構遺傳運算。
5. 執行基因演算法，調整其參數。

步驟 1　確定問題，定義限制和最佳化標準

這是開發基因演算法最重要的步驟。如果這個步驟不正確、不完善，就不可能得到可行的計畫。

電力系統的各個組成部分需要在它們整個生命週期中不間斷地工作，因此需要定期維修。制訂維護計畫的目的就是找到在給定時間週期內(通常為一年)電力設備的損耗情況，確保電力系統處於最安全的狀態。

電力系統的任何損耗都與喪失安全性相關聯。安全邊界由系統的淨儲備定義。淨儲備定義為系統設備的總容量減去計畫損耗的能量再減去維護期間預測的最大負載量。例如，假設總容量為 150 MW，週期內預期最大負載量為 100 MW 時，週期內計畫維護一個 20 MW 的設備，那麼淨儲備就是 30 MW。維護計畫必須確保在任何維修期間有充足的淨儲備以安全地供應電力。

假設在 4 個等長的時間間隔內有 7 個電力設備。在時間間隔內預期的最大負載分別為 80 MW、90 MW、65 MW 和 70 MW。表 7-3 為設備容量和維護需求。

該問題的限制條件如下：

- 任何設備的維護從間隔的起始時間開始，在本間隔尾端或相鄰間隔開始處結束。維護不能異常中止或在計畫的時間之前結束。
- 電力系統的淨儲備在任何時間間隔上必須大於或等於零。

最佳化標準是指在任何維護期間淨儲備的值必須達到最大。

表 7-3　電力設備和維護需求

電力設備編號	設備容量(MW)	一年中設備維護所需要的間隔期數量
1	20	2
2	15	2
3	35	1
4	40	1
5	15	1
6	15	1
7	10	1

步驟 2　用染色體來表示問題域

計畫問題在本質上是排序問題，需要我們列出任務的次序。一個完整計畫可能由一系列相互重疊的任務組成，但不是說所有的次序都合理，因為某些次序會違反系統的限制。我們的任務是將完整的計畫表示為固定長度的染色體。

一個顯而易見的編碼方案是給每個設備指定一個二進制編號，染色體就是這些二進制編號的字串。但是把設備按次序排列還不是一個計畫。因為某些設備要同時維護，因此要把設備維護需要的時間放入計畫中。因此，不是把設備按順序排列成串，而是應該為每個設備構建維護計畫。設備計畫可以很容易地用 4 位元字串來表示，每一位元是維護的一個時間間隔。如果該設備的維護是在某個時間間隔內進行，相對應的位元就是 1，否則為 0。例如，字串 |0|1|0|0| 表示在第二個時間間隔內維護設備的計畫。它還表示維護該設備需要的間隔數為 1。因此，問題的完整維護計畫可用 28 個位元的染色體來表示。

但是，交配和突變運算可以很容易地建立表示某些設備可能被維護多次，而其他一些設備根本不被維護的字串。另外，如果維護某個設備的間隔超過間隔數，則可以再要求更多的維護週期對其進行維護。

比較好的解決方法是改變染色體的語法。前面討論過，染色體是稱為基因的基本組成部分的集合。一般情況下，每個基因用一位元來表示且不能再分割成更小的元素。在本問題中，我們採用相同的概念，但用 4 位元來表示一個基因。換言之，在我們的染色體中，不可分割的最小單位爲 4 位元的字串。這種表示方式保證了交配和突變運算根據基因演算法的理論可以進行。接下來就是爲每個設備產生基因池：

設備 1:	1 1 0 0	0 1 1 0	0 0 1 1	
設備 2:	1 1 0 0	0 1 1 0	0 0 1 1	
設備 3:	1 0 0 0	0 1 0 0	0 0 1 0	0 0 0 1
設備 4:	1 0 0 0	0 1 0 0	0 0 1 0	0 0 0 1
設備 5:	1 0 0 0	0 1 0 0	0 0 1 0	0 0 0 1
設備 6:	1 0 0 0	0 1 0 0	0 0 1 0	0 0 0 1
設備 7:	1 0 0 0	0 1 0 0	0 0 1 0	0 0 0 1

基因演算法透過從相對應的池中隨機選擇基因來填滿有 7 個基因的染色體來建立初始染色體種群。圖 7-9 顯示了一個樣本染色體。

設備 1	設備 2	設備 3	設備 4	設備 5	設備 6	設備 7
0 1 1 0	0 0 1 1	0 0 0 1	1 0 0 0	0 1 0 0	0 0 1 0	1 0 0 0

圖 7-9 計畫問題的一個染色體

步驟 3 定義適應性函數來評估染色體的性能

染色體的評估是基因演算法中一個關鍵的部分，因爲要根據它們的適應性來選擇染色體進行匹配。適應性函數必須捕捉是什麼使維護計畫對使用者而言不是好就是壞。本例中，我們使用相當簡單的函數關注每次時間間隔中的限制因素和淨儲備。

染色體的評估從求每個時間間隔上計畫維護之設備容量的總和開始，從圖 7-9 中我們可以得到：

時間間隔 1: $0\times 20+0\times 15+0\times 35+1\times 40+0\times 15+0\times 15+1\times 10 = 50$

時間間隔 2: $1\times 20+0\times 15+0\times 35+0\times 40+1\times 15+0\times 15+0\times 10 = 35$

時間間隔 3: $1\times 20+1\times 15+0\times 35+0\times 40+0\times 15+1\times 15+0\times 10 = 50$

時間間隔 4: $0\times 20+1\times 15+1\times 35+0\times 40+0\times 15+0\times 15+0\times 10 = 50$

然後將這些值從電力系統的總容量中減去(本例爲 150 MW)：

時間間隔 1:　150 − 50 = 100
時間間隔 2:　150 − 35 = 115
時間間隔 3:　150 − 50 = 100
時間間隔 4:　150 − 50 = 100

最後，減去每個時間間隔內預期的最大負載，便可以得到各自的淨儲備：

時間間隔 1:　100 − 80 = 20
時間間隔 2:　115 − 90 = 25
時間間隔 3:　100 − 65 = 35
時間間隔 4:　100 − 70 = 30

由於結果都爲正數，這個染色體沒有違反任何限制，因此是一個合理的計畫。由淨儲備的最低值來決定其適應性，在本例中，染色體的適應性值爲 20。

但是，如果任何時間間隔上的淨儲備是負值，那麼計畫就不合適，適應函數應重置爲零。

在執行初期，隨機建立的初始群體可能全部爲不合適計畫。在這種情況下，染色體適應性值保持不變，然後按照實際適應性的值來進行選擇。

步驟 4　建構遺傳運算

建構遺傳運算具有很大挑戰性，我們必須透過實驗來設定交配和突變的值，以便使其正確地工作。對於我們的問題而言，染色體應該是以合法的方式進行斷裂。因爲我們已經改變了染色體的語法，所以可以用典型的方式來進行遺傳運算。染色體中的每個基因爲一個 4 位元的不可分割的字串，這些字串由某個設備的可能的維護計畫組成。因此，任何基因隨機的突變或來自親代染色體的許多基因的重組都可能導致設備維護計畫的改變，但不能創造「非自然的」染色體。

圖 7-10(a)爲執行基因演算法時交配運算的例子。在用垂直線表示的隨機選擇的位置截斷親代並在這之後交換親代基因，從而得到子代。圖 7-10(b)爲突變的例子。突變運算在染色體中隨機選擇一個 4 位元的基因，並用在相對應池中隨機選擇的基因進行替代。圖 7-10(b)的例子顯示，染色體在第三個基因處發生突變，在設備 3 的基因池中選擇基因 |0|0|0|1| 來代替原來的基因。

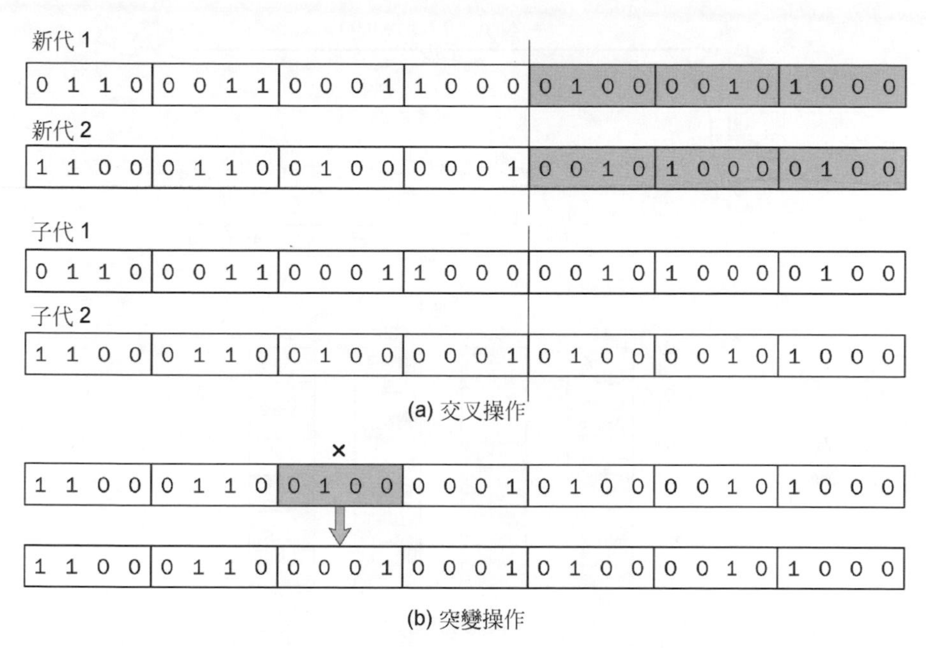

圖 7-10　計畫問題的遺傳因數運算

步驟 5　執行基因演算法並調整參數

現在該執行基因演算法了。首先必須選擇用於執行的種群大小和遺傳代數。根據常識，種群越大結果越好，但是執行速度會相對較慢。但實際上，種群大小的選擇取決於要解決的問題，特別是問題的編碼方案(Goldberg，1989)。基因演算法只可以執行有限的代數來獲得解決方案。我們可以選擇一個非常大的種群而只運算一次，或選擇較小的種群而運算多次。任何情況下都只有實驗可以給我們答案。

圖 7-11(a)為 20 個染色體 50 代產生的性能圖和最佳化計畫。可以看到，最佳化計畫的淨儲備的最小值是 15 MW。若是將遺傳代數增加到 100，比較一下結果(如圖 7-11(b)所示)。這次得到的最佳化計畫淨儲備的最小值是 20 MW。但是，在兩種情況中，最佳化的個體都出現在第 1 代中，遺傳代數的增加也不會影響最終的解決方案。這就表示我們應該增加種群的大小。

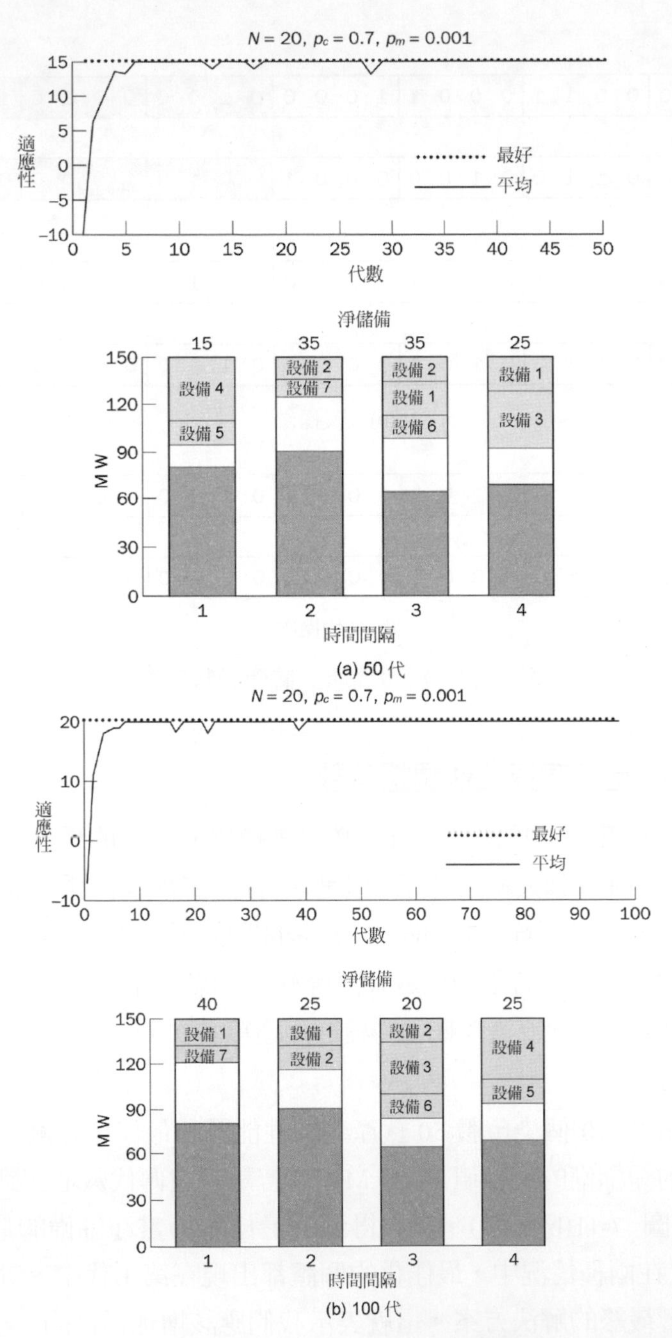

圖 7-11 有 20 個染色體之種群的性能圖和最佳化維護計畫

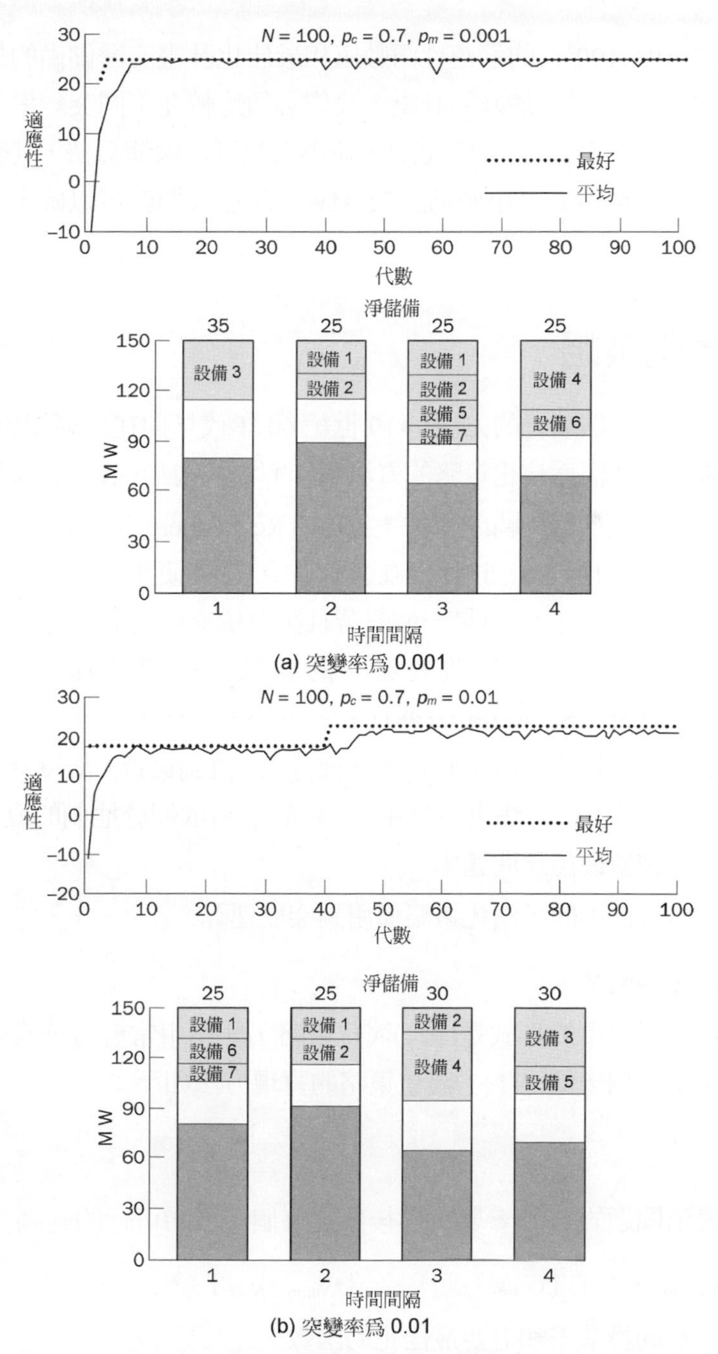

圖 7-12　有 100 個染色體之種群性能圖和最佳化維護計畫

圖 7-12(a)為 100 代的適應性函數值和最佳化計畫。淨儲備的最小值增加到了 25 MW。為了得到最好的計畫，我們必須比較在不同突變率下得到的結果。因此，假設將突變率增加到 0.01，並再次執行基因演算法，其結果顯示在圖 7-12(b)中。淨儲備的最小值仍為 25 MW。現在我們就可以確定已經找到了最佳化解決方案。

7.6 演化策略

另一個模擬自然演化的方法是 19 世紀 60 年代早期在德國提出的。和基因演算法不同，這種稱為演化策略的方法用於解決技術最佳化的問題。

1963 年，柏林工業大學的兩個學生 Ingo Rechenberg 和 Hans-Paul Schwefel 致力於研究流體的最佳化形狀。在工作中，他們使用了 Institute of Flow Engineering 的風洞。由於這是一個艱苦且需要依靠直覺的工作，他們決定按照自然突變的例子來隨機改變形狀的參數，結果便產生了演化策略(Rechenberg，1965；Schwefel，1981)。

演化策略是可替代工程師直覺的一種方法。直到最近，當沒有分析物件函數可用，傳統的最佳化方法也不存在，工程師必須依賴於他們的直覺時，演化策略才被用於技術最佳化問題中。

和基因演算法不同，演化策略僅用到突變運算。

如何實作演化策略？

演化策略最簡單的形式是(1+1)演化策略，即使用常態分佈突變使每代一個雙親只產生一個後代。(1+1)演化策略的實現方法如下：

步驟 1

選擇表示問題的 N 個參數，然後確定每個參數的可行的範圍

$$\{x_{1min}, x_{1max}\}, \{x_{2min}, x_{2max}\}, \ldots, \{x_{Nmin}, x_{Nmax}\}$$

定義每個參數的標準差和需要最佳化的函數。

步驟 2

在每個參數各自的可行範圍內隨機選擇初始值。這些參數值的集合就是親代參數的初始種群

$$x_1, x_2, \cdots, x_N$$

步驟 3

計算親代參數的解決方案：

$$X = f(x_1, x_2, \cdots, x_N)$$

步驟 4

透過增加常態分佈的隨機變數 a (其均值爲 0)及預先定義的變異數 δ 爲每個親代參數建立新的參數(後代)：

$$x'_i = x_i + a(0, \delta), \qquad i = 1, 2, \ldots, N \tag{7-7}$$

均值爲 0 之常態分佈的突變反映了演化的自然過程，即較小變化發生的機率遠遠大於較大變化發生的機率。

步驟 5

計算後代參數的解決方案：

$$X' = f(x'_1, x'_2, \ldots, x'_N)$$

步驟 6

比較子代參數和親代參數的解決方案。如果子代的解決方案比較好，就用子代種群替代親代種群。否則，保留親代參數。

步驟 7

回到步驟 4，重複這個過程，直到得到滿意的解決方案，或者達到了指定的遺傳代數爲止。

(1+1)演化策略的流程圖如圖 7-13 所示。

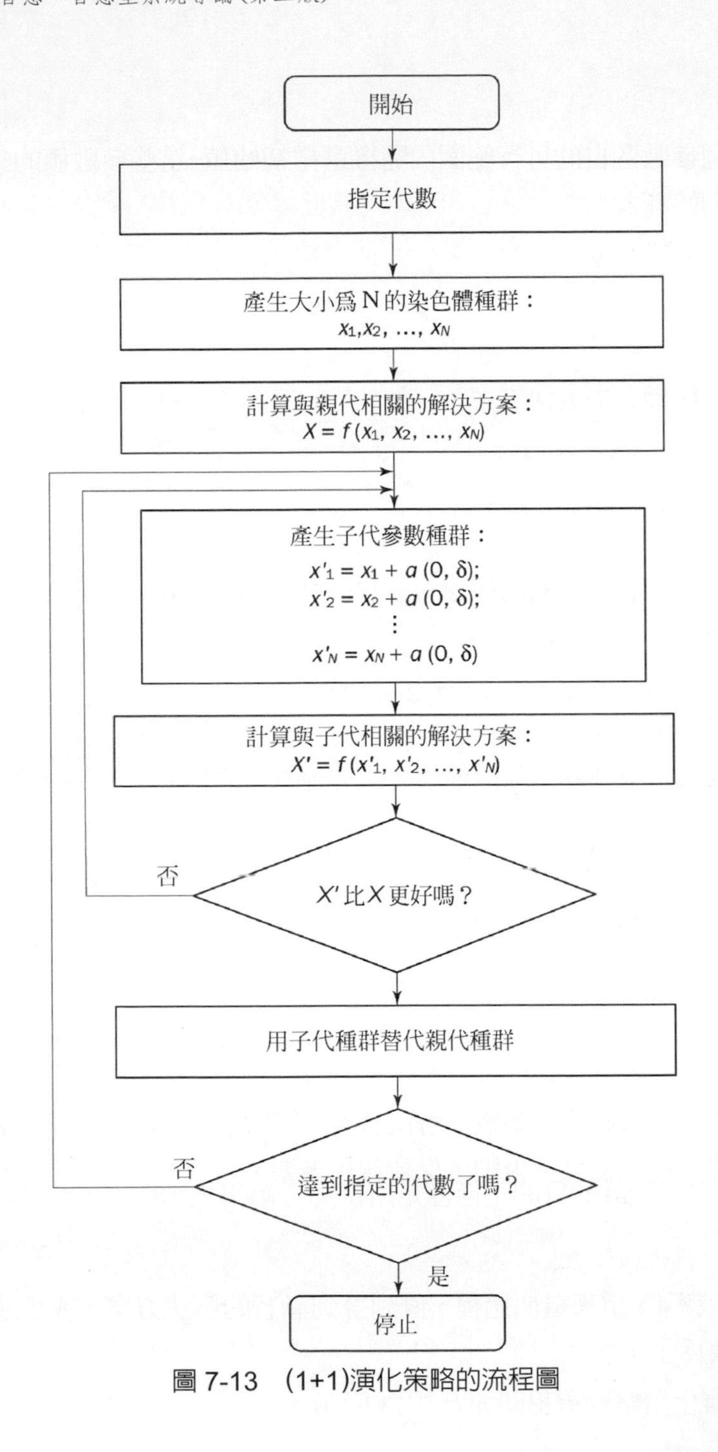

圖 7-13　(1+1)演化策略的流程圖

產生新的解決方案時，爲什麼要同時改變所有的參數？

演化策略反映了染色體的本質。實際上，單個的基因可能會同時影響到生物體的幾個特徵。另一方面，生物體的單個特徵也可能由幾個基因同時確定。自然選擇作用在一組基因而不是單一基因上。

演化策略可以解決很多受限和不受限的非線性最佳化問題，且由演化策略得到的結果通常比很多傳統、高度複雜的非線性最佳化技術所得到的結果要好(Schwefel，1995)。透過實驗還驗證了演化策略的最簡單版本，即使用單個親代得到單個子代的方法來進行搜尋最爲有效。

基因演算法和演化策略有何區別？

基因演算法和演化策略的本質區別在於前者同時使用交配運算和突變運算，而後者僅使用突變運算。另外，在使用演化策略時不需要用編碼形式來表示問題。

哪種方法更好？

演化策略使用純粹的數値最佳化計算過程，這和蒙地卡羅搜尋相似。而基因演算法則是用於更一般的應用，但應用基因演算法最困難的部分是問題編碼。一般來說，要回答哪種方法更好，需要進行實驗，這是完全取決於應用的。

7.7　遺傳程式設計

電腦科學的一個核心問題就是如何能讓電腦在沒有明確程式設計的情況下知道如何解決問題。遺傳程式設計提供了解決這個問題的方法，即透過自然選擇的方法來使電腦程式演化。實際上遺傳程式設計是傳統基因演算法的擴充，但遺傳程式設計的目的不僅僅是用位元字串來表示問題，而是要編寫解決問題的程式。換言之，遺傳程式設計建立作爲解決方案的電腦程式，而基因演算法建立表示解決方案的二進制字串。

遺傳程式設計是演化計算領域最新發展成果。在 20 世紀的 90 年代，John Koza 對遺傳程式設計的發展產生了很大的作用(Koza，1992、1994)。

遺傳程式設計如何工作？

根據 Koza 的理論，遺傳程式設計爲非常適合待解決的問題的程式搜尋電腦程式設計的可能空間(Koza，1992)。

任何的電腦程式都是應用到値(參數)的一系列運算(函數)。但不同的程式語言包含有不同的描述、運算及語法限制。由於遺傳程式設計是用遺傳運算來操作程式，因此，程式語言應該允許電腦程式可以像資料一樣運算，並且新建立的資料可以作爲程式執行。由於上述的原因，通常選擇 LISP 作爲遺傳程式設計的主要語言(Koza，1992)。

什麼是 LISP？

LISP(List Processor，列表處理語言)是最古老的程式語言之一(FORTRAN 僅比 LISP 早出現兩年)，它由 John McCarthy 在 20 世紀 50 年代晚期完成，是人工智慧的標準語言之一。

LISP 具有高度符號導向的結構。其基本資料結構是原子和列表。原子是 LISP 語法中不可分割的最小元素。數字 21，符號 *X* 和字串「This is a string」都是 LISP 原子的例子。列表是由原子或其他表組成的物件。LISP 表可以寫爲圓括號中項目的有序集合。例如：

(－(*AB)C)

此列表要求呼叫減號函數(−)處理兩個引數，也就是列表(*AB)和原子 C。首先，LISP 對原子 A 和 B 使用乘函數(*)，得到列表(*AB)的結果，然後用減函數(−)計算整個(− (*AB)C)的結果。

原子和列表都稱作符號運算式或 S 運算式。在 LISP 中，所有的資料和程式都是 S 運算式。因此，LISP 可以像運算元一樣運算程式。也就是說，LISP 程式可以修改它們自己，甚至編寫出其他的 LISP 程式。LISP 這個重要的特點對於遺傳程式設計而言非常有吸引力。

任何 LISP 的 S 運算式都可以表達成一棵用節點標記成有根的、具有有序分支的樹。圖 7-14 爲 S 運算式(−(*AB)C)的樹。這棵樹有 5 個節點，每個節點表示一個函數或一個終端。樹的兩個內部節點用函數(−)或(*)標誌。注意，樹的根是出現在 S 運算式中左端圓括號內的函數。這棵樹的三個外部的節點也叫做葉子節點，它們用終端 A、B 和 C 表示。在圖中，分支是有順序的，因爲函數參數的順序直接影響最終結果。

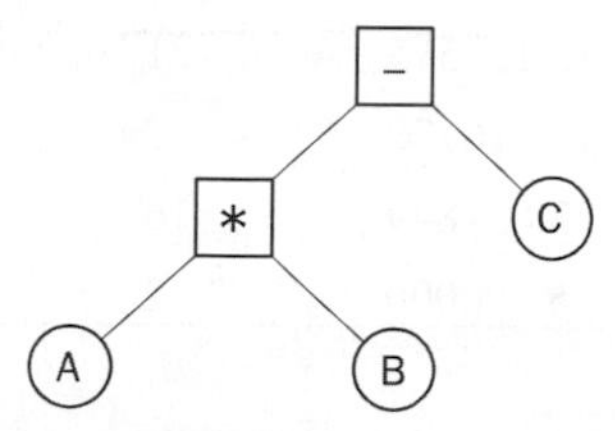

圖 7-14 LISP-S 運算式(– (*AB)C)的表示圖

如何使用遺傳程式設計來解決問題？

在使用遺傳程式設計來解決問題前，必須先執行五個預備步驟(Koza，1994)：

1. 確定終端集合。
2. 選擇基本函數集。
3. 定義適應性函數。
4. 確定控制執行的參數。
5. 選擇指定執行結果的方法。

可以用畢氏定理來說明這些預備步驟，並證明遺傳程式設計的潛力。畢氏定理說明，直角三角形的斜邊 c 和兩個直角邊 a、b 有以下關係：

$$c = \sqrt{a^2 + b^2}$$

遺傳程式設計的目的是找到和這個函數匹配的程式。爲了測量至今還未發現的電腦程式的性能，我們在這裏使用不同的適應性案例。畢氏定理的適應性案例用表 7-4 所示的直角三角形表示。這些適應性案例是在變數 a 和 b 的範圍內隨機選擇的。

表 7-4 畢氏定理的 10 個適應性案例

邊 *a*	邊 *b*	斜邊 *c*	邊 *a*	邊 *b*	斜邊 *c*
3	5	5.830952	12	10	15.620499
8	14	16.124515	21	6	21.840330
18	2	18.110770	7	4	8.062258
32	11	33.837849	16	24	28.844410
4	3	5.000000	2	9	9.219545

步驟 1 確定終端集合

找到與電腦程式的輸入相對應的終端。本例中有兩個輸入 a 和 b。

步驟 2 選擇基本函數集

函數可以用標準算術運算、標準程式設計運算、標準數學函數、邏輯函數或特定領域的函數來表示。本例使用標準算術函數 +、−、*、/ 和一個數學函數 *sqrt*。

終端和基本函數一起構成了元件，遺傳程式設計利用這些元件建構解決問題的電腦程式。

步驟 3 定義適應性函數

適應性函數用來評估某個電腦程式解決問題的能力。適應性函數的選擇取決於要解決的問題。每個問題的適應性函數可能有很大不同。本例中，電腦程式的適應性可以透過程式產生的實際結果和適應性案例給出的結果之間的誤差來衡量。一般情況下，只有一個案例時不測量誤差，而是要計算一組適應性案例的絕對誤差的總和。總和越接近於 0，電腦程式就越好。

步驟 4 確定控制執行的參數

爲了控制執行，遺傳程式設計使用的主要參數和基因演算法一樣。它包含種群大小和最大遺傳代數。

步驟 5　選擇指定執行結果的方法

通常在遺傳程式設計中指定目前最好的遺傳程式的結果作爲執行結果。

一旦這五個步驟執行完畢，就可以開始執行了。遺傳程式設計的執行從電腦程式的初始種群的隨機選擇的一代開始。每個程式由 +、-、*、/ 和 *sqrt* 以及終端節點 *a*、*b* 組成。

在最初的種群中，所有電腦程式的適應性都很差，但某些個體的適應性要比其他個體好。就像適應性較強的染色體被選中進行繁殖的機率更高一樣，適應性較好的電腦程式透過複製自己進入下一代的機率也更高。

交配運算可以運算電腦程式嗎？

在遺傳程式設計中，交配運算所操作的是兩個根據適應性而選擇的電腦程式。這些程式有不同的尺寸和形狀。兩個子代程式是兩個親代程式任意部分的組合。例如，有如下兩個 LISP 的 S 運算式：

$$(/(-\ (sqrt(+(*aa)(-ab)))a)(*ab))$$

它相當於

$$\frac{\sqrt{a^2+(a-b)}-a}{ab},$$

而

$$(+(-\ (sqrt(-\ (*bb)a))b)(sqrt(/ab)))$$

相當於

$$\left(\sqrt{b^2-a}-b\right)+\sqrt{\frac{a}{b}}$$

這兩個 S 運算式都可以表示成用帶有有序分支節點標記的有根樹，如圖 7-15(a)所示。樹的內部節點和函數對應，外部節點則是和終端對應。

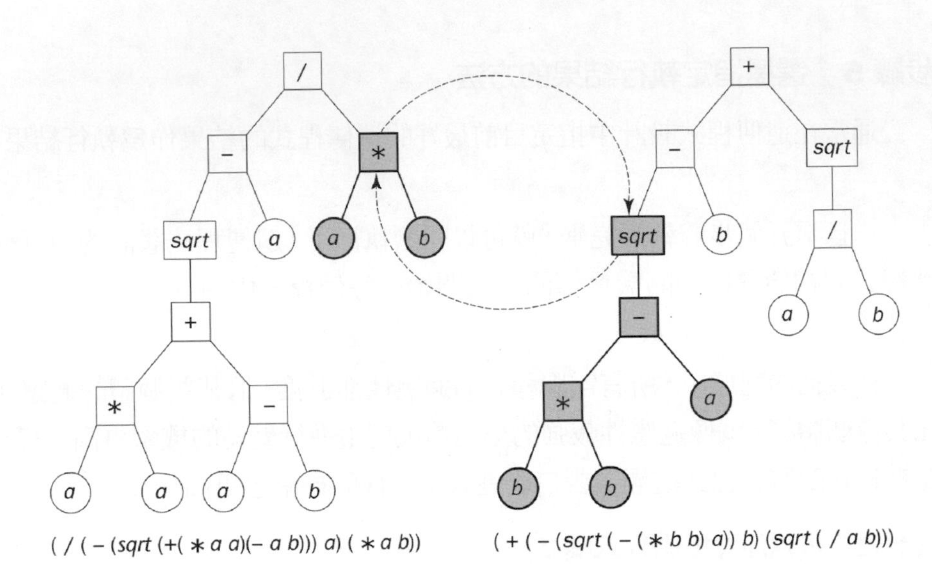
(/ (− (sqrt (+(∗ a a)(− a b))) a) (∗ a b))
(+ (− (sqrt (− (∗ b b) a)) b) (sqrt (/ a b)))

(a) 兩個新代的 S 運算式

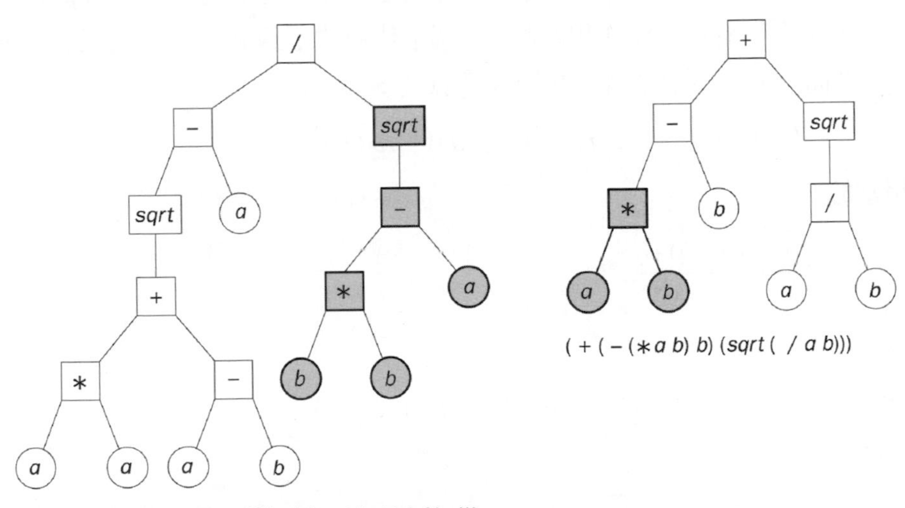
(+ (− (∗a b) b) (sqrt (/ a b)))
(/ (− (sqrt (+(∗a a)(− a b))) a) (sqrt (− (∗ b b) a)))

(b) 兩個子代的 S 運算式

圖 7-15 遺傳程式設計中的交配

內部或外部的任何點都可以作爲交配點。假設第一個親代的交配點在函數(*)處，第二個親代的交配點是函數 *sqrt*。那麼，就可以得到根在剛才的交配點上的兩個交配片斷，如圖 7-15(a)所示。交配運算透過交換兩個親代的片斷得到兩個子代。因此，第一個子代是第一個親代在交配點上插入了第二個親代的片斷來建立的，同樣第二個子代是第二個親代在交配點上插入了第一個親代的片斷建立的。兩個子代來自於兩個親代的交配，結果如圖 7-15(b)所示，這兩個子代是：

$$\frac{\sqrt{a^2+(a-b)}-a}{\sqrt{b^2-a}} \quad 和 \quad (ab-b)+\sqrt{\frac{a}{b}}$$

不管交配點怎麼選擇，交配運算都能產生有效的子代電腦程式。

遺傳程式設計中要用到突變運算嗎？

突變運算可以任意改變 LISP 的 S 運算式中的函數或終端。在突變中，函數僅能用函數取代，終端也僅能用終端取代。圖 7-16 解釋了遺傳程式設計中突變的基本概念。

總之，遺傳程式設計透過執行下述步驟來建立電腦程式(Koza，1994)：

步驟 1

指定執行的最大遺傳代數以及複製、交配和突變的機率。注意，複製、交配和突變三者機率的和必須爲 1。

步驟 2

產生長度爲 N、由隨機選擇的終端和函數組成的電腦程式的初始種群。

步驟 3

在種群中執行每個電腦程式，用合適的適應性函數計算其適應性，指定最好的個體作爲執行的結果。

步驟 4

用指定的機率選擇遺傳運算，以執行複製、交配和突變。

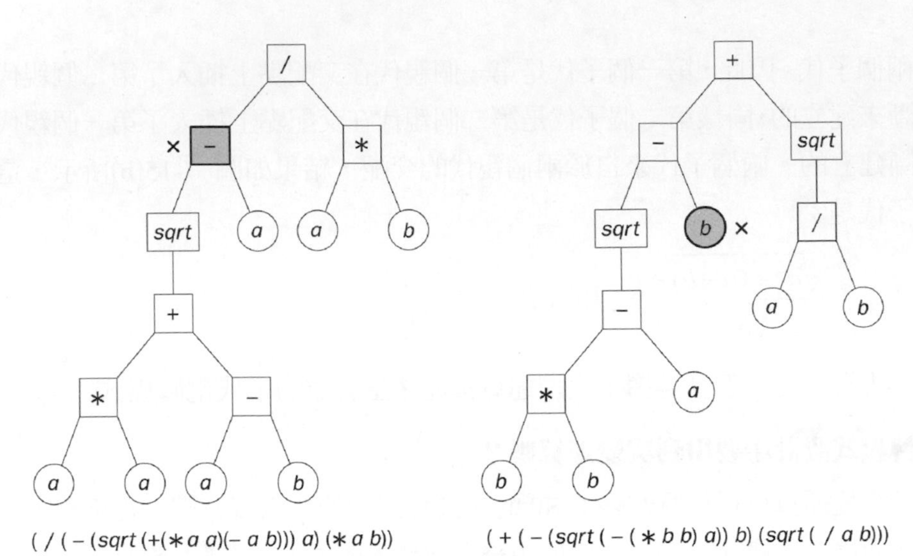

(a) 原始 S 運算式

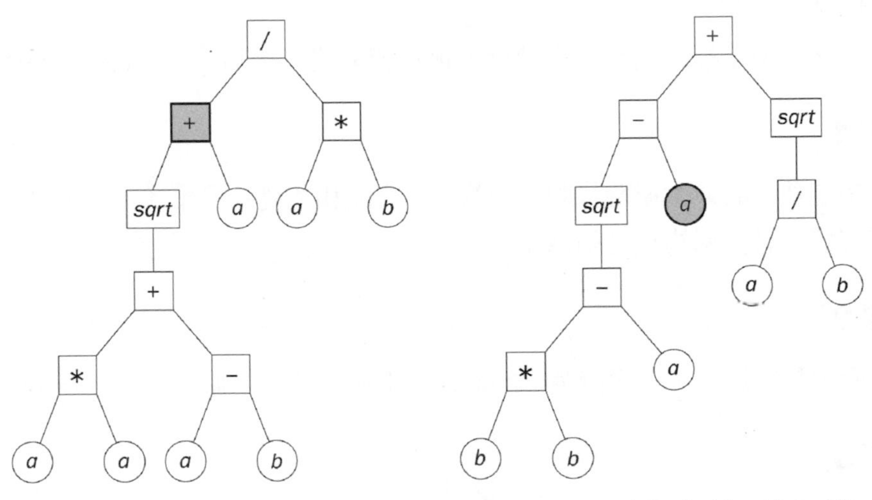

(b) 突變後的 S 運算式

圖 7-16　遺傳程式設計中的突變

步驟 5

如果選擇的是複製運算，則從現有種群中選擇一個程式，複製該程式後將其放入下一代種群中。如果選擇的是交配運算，則從現有種群中選擇一對程式，建立一對後代程式放入下一代種群中。如果選擇的是突變運算，則從現有種群中選擇一個程式，執行突變運算並將其突變的結果放入下一代種群中。所有的程式都按照其適應性的機率進行選擇(適應性越高，選中的機率就越大)。

步驟 6

重複執行步驟 4，直到新種群的程式數量和初始種群一樣多(等於 N)爲止。

步驟 7

用新的(子代)種群取代目前的(親代)種群。

步驟 8

回到步驟 3，重複執行，直到達到滿足終止條件爲止。

圖 7-17 爲上述遺傳程式設計步驟的流程圖。

現在回到畢氏定理。圖 7-18 顯示了 500 個電腦程式的種群中最好的 S 運算式的適應性。可以看到，在隨機產生的初始群體中，即使最好的 S 運算式也有很差的適應性。但適應性提高的很快，在第四代中就產生了正確的 S 運算式。這個簡單的例子證明了遺傳程式設計爲電腦程式設計的演化提供了通用和強健的方法。

在畢氏定理的例子中，使用了 LISP 的 S 運算式，但是沒有理由將遺傳程式設計限制在 LISP 的 S 運算式中。其實在 C、C++、Pascal、FORTRAN、Mathematica、Smalltalk 和其他的程式語言中都可以實作 S 運算式並且更廣泛地使用。

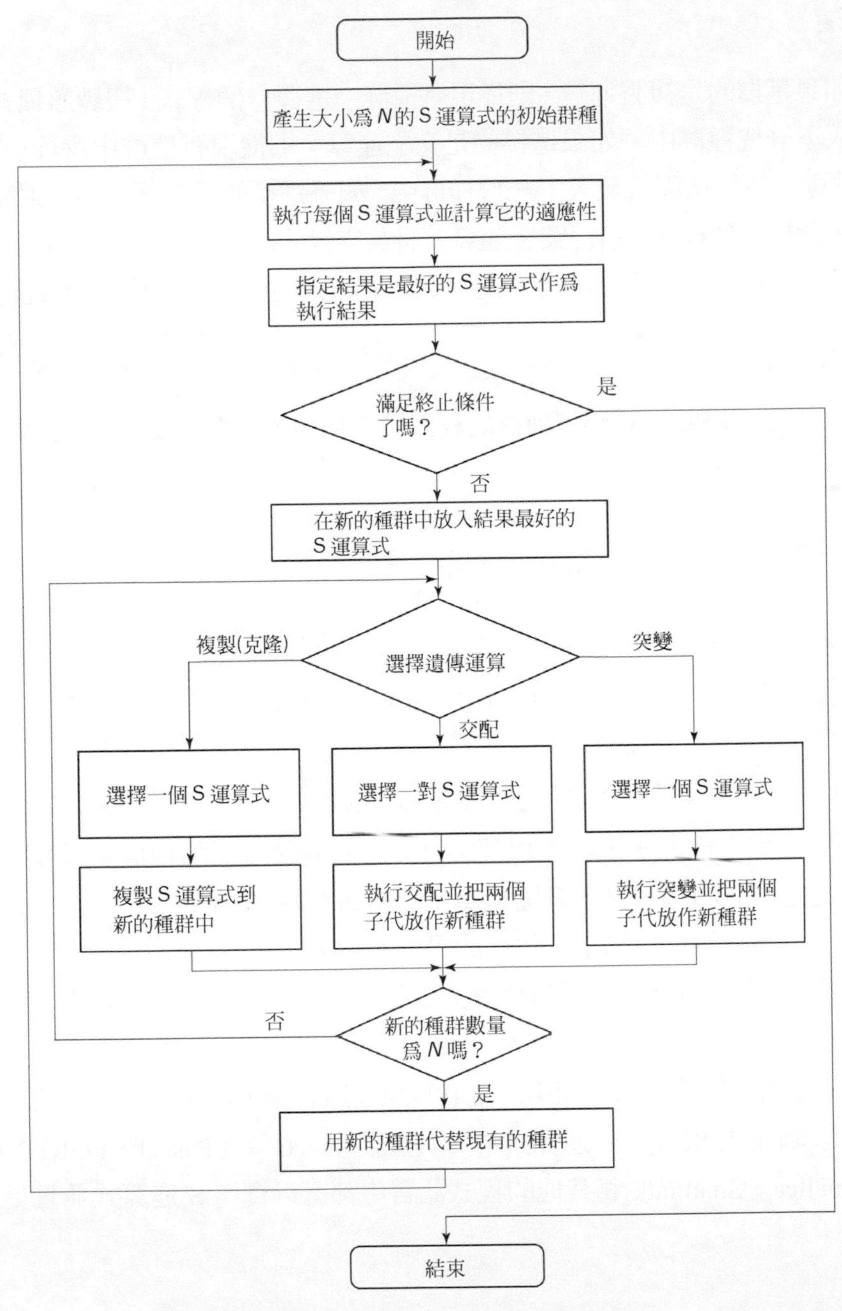

圖 7-17　遺傳程式設計的流程圖

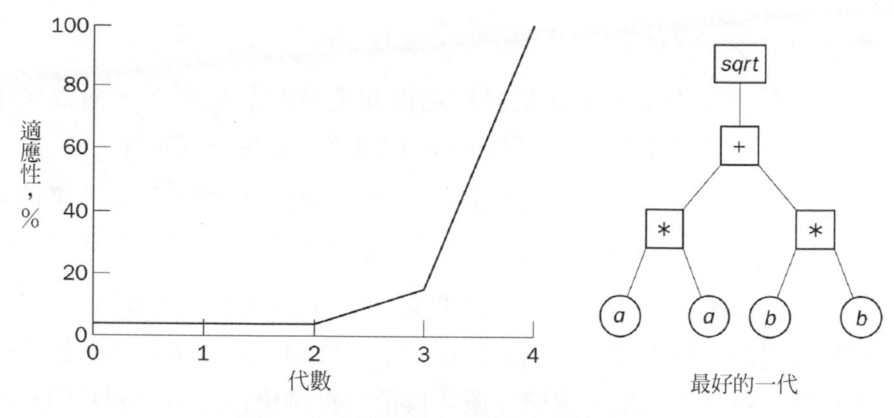

圖 7-18　最好的 S 運算式的適應性

和基因演算法相比，遺傳程式設計的優點是什麼？

遺傳程式設計和基因演算法使用相同的演化方法。但是遺傳程式設計不再用位元字串表示編碼方法，而是用完整的電腦程式解決具體的問題。基因演算法最基本的困難在於問題的表達，也就是固定長度的編碼，表達效果不佳限制了基因演算法的能力，甚至導致錯誤的結論。

固定長度的編碼相當困難。由於不能提供長度的動態變化，這樣的編碼經常會導致相當大的冗餘，從而降低了遺傳搜尋的效率。相反，遺傳程式設計使用高層可變長度的元件，其大小和複雜性可以在繁殖中改變。所以，遺傳程式設計在很多不同場合中都可以使用(Koza，1994)，它有很多具有潛力的應用。

還有什麼困難？

儘管有許多成功的應用，但沒有任何證據顯示遺傳程式設計可擴展到那些需要大量電腦程式的複雜問題中。即使能擴展，也需要大量的電腦的執行時間。

7.8　總結

本章主要介紹演化計算，其中包括基因演算法、演化策略和遺傳程式設計。我們首先介紹了開發基因演算法的主要步驟，討論了基因演算法的工作機制，並透過實際應用解釋了基因演算法的理論。接下來介紹了演化策略的基本概念，比較了演化策略和基因演算法之間的不同。最後介紹遺傳程式設計及其在解決實際問題中的應用。

本章的主要內容有：

- 人工智慧演化方法的基礎是自然選擇和遺傳的計算模型，稱為演化計算。演化計算包含了基因演算法、演化策略和遺傳程式設計。
- 演化計算所有方法的工作模式如下：建立個體的種群，計算適應性，用遺傳運算產生新的種群，重複該過程一定的次數。
- 基因演算法由 John Holland 在 20 世紀 70 年代早期建立。Holland 的基因演算法是將一代人工「染色體」移到下一代的一系列步驟，它使用的是「自然」選擇和交配、突變等遺傳技術。每個染色體由幾個基因組成，每個基因用 0 或 1 表示。
- 基因演算法使用單個染色體適應性值來產生繁殖。進行繁殖時，交配運算交換兩個單獨染色體的一部分，突變運算隨機選擇的染色體上某個基因的值。在幾次成功繁殖之後，適應性低的染色體就會滅絕，而適應性高的染色體則會在各代中佔主導地位。
- 基因演算法的工作原理是，發現好的模式，即候選方案中好的元件並將其重組。基因演算法不需要知道問題領域的任何知識，但需要適應性函數評估解決方案的適應性。
- 用基因演算法來解決問題涉及定義限制和最佳化標準、將問題解決方案編碼為染色體、定義適應性函數來評估染色體的性能，建立合適的交配和突變運算。
- 基因演算法是一個功能強大的工具。但是把問題用位元字串來表示可能會改變問題本質。這樣通常很危險，因為這樣做會導致問題變得和我們想解決的問題不同。
- 演化策略是代替工程師直覺的一種方法。Ingo Rechenberg 和 Hans-Paul Schwefel 在 20 世紀 60 年代早期對其進行了研究。演化策略在沒有分析物件函數、沒有傳統的最佳化方法且僅僅依賴於工程師的直覺的時候使用。

- 演化策略是純粹的數值最佳化過程，和蒙地卡羅搜尋方法類似。與基因演算法不同，演化策略僅使用突變運算。另外它也不需把問題用編碼的方式表示。
- 遺傳程式設計是演化計算領域最新發展成果。在 20 世紀 90 年代，John Koza 對其進行了很大的發展。遺傳程式設計使用和基因演算法相同的演化機制。但是遺傳程式設計的目的不再是用位元字串來表示問題，而是要編寫解決問題的完整的電腦程式。
- 用遺傳程式設計來解決問題包括確定引數集合，選擇函數集合，定義評估電腦程式性能的適應性函數以及選擇指定執行結果的方法。
- 由於遺傳程式設計用遺傳運算來操縱程式，程式語言應該允許電腦程式可以像資料一樣進行操作，並且新建立的資料應該像程式一樣執行。由於上述原因，通常選擇 LISP 作爲遺傳程式設計的主要語言。

複習題

1. 爲什麼基因演算法稱爲遺傳？基因演算法「之父」是誰？
2. 基因演算法的主要步驟是什麼？畫出執行這些步驟的流程圖。它的終止條件是什麼？
3. 什麼是輪盤選擇技術？它如何工作？舉例說明。
4. 交配運算如何工作？用固定長度位元字串爲例說明，再用 LISP 的 S 運算式爲例說明。
5. 什麼是突變？爲什麼需要突變？突變運算如何工作？用固定長度位元字串爲例說明，再用 LISP 的 S 運算式爲例說明。
6. 基因演算法爲什麼會起作用？什麼是模式？舉例說明模式及其實例。解釋模式和染色體之間的關係。什麼是模式定理？
7. 用一眞實問題來描述開發基因演算法的過程。基因演算法的困難點爲何？
8. 什麼是演化策略？如何實現它？演化策略和基因演算法之間有何差別？
9. 畫出(1+1)演化策略的流程圖。爲什麼在產生新的解決方案時要同時改變所有的參數？

10. 什麼是遺傳程式設計？如何使用遺傳程式設計？為什麼 LISP 能成為遺傳程式設計的主要語言。
11. 什麼是 LISP 的 S 運算式？舉例說明，用有序分支帶有標記點的有根樹表示 S 運算式。在樹中標出終端和函數。
12. 遺傳程式設計的主要步驟是什麼？畫出執行步驟的流程圖。遺傳程式設計的優點是什麼？

參考文獻

[1] Atmar, W. (1994). Notes on the simulation of evolution, IEEE Transactions on Neural Networks, 5(1), 130–148.

[2] Caruana, R.A. and Schaffer, J.D. (1988). Representation and hidden bias: gray vs. binary coding for genetic algorithms, Proceedings of the Fifth International Conference on Machine Learning, J. Laird, ed., Morgan Kaufmann, San Mateo, CA.

[3] Conner, J.K. and Hartl, L.D. (2004). A Primer of Ecological Genetics. Sinauer Associates, Sunderland, MA.

[4] Davis, L. (1991). Handbook on Genetic Algorithms. Van Nostrand Reinhold, New York.

[5] Fogel, L.J., Owens, A.J. and Walsh, M.J. (1966). Artificial Intelligence Through Simulated Evolution. Morgan Kaufmann, Los Altos, CA.

[6] Goldberg, D.E. (1989). Genetic Algorithms in Search, Optimisation and Machine Learning. Addison-Wesley, Reading, MA.

[7] Goldberg, D. and Sastry, K. (2010). Genetic Algorithms: The Design of Innovation, 2nd edn. Springer-Verlag, Berlin.

[8] Gould, J.L. and Keeton, W.T. (1996). Biological Science, 6th edn. R.S. Means, New York.

[9] Hoffman, A. (1989). Arguments on Evolution: A Paleontologist's Perspective. Oxford University Press, New York.

[10]Holland, J.H. (1975). Adaptation in Natural and Artificial Systems. University of Michigan Press, Ann Arbor.

[11] Koza, J.R. (1992). Genetic Programming: On the Programming of the Computers by Means of Natural Selection. MIT Press, Cambridge, MA.

[12] Koza, J.R. (1994). Genetic Programming II: Automatic Discovery of Reusable Programs. MIT Press, Cambridge, MA.

[13] Mayr, E. (1988). Towards a New Philosophy of Biology: Observations of an Evolutionist. Belknap Press, Cambridge, MA.

[14] Michalewicz, Z. (1996). Genetic Algorithms + Data Structures = Evolutionary Programs, 3rd edn. Springer-Verlag, New York.

[15] Mitchell, M. (1996). An Introduction to Genetic Algorithms. MIT Press, Cambridge, MA.

[16] Rawlins, G. (1991). Foundations of Genetic Algorithms.MorganKaufmann, SanFrancisco.

[17] Rechenberg, I. (1965). Cybernetic Solution Path of an Experimental Problem. Ministry of Aviation, Royal Aircraft Establishment, Library Translation No. 1122, August.

[18] Schwefel, H.-P. (1981). Numerical Optimization of Computer Models. John Wiley, Chichester.

[19] Schwefel, H.-P. (1995). Evolution and Optimum Seeking. John Wiley, New York.

[20] Turing, A.M. (1950). Computing machinery and intelligence, Mind, 59, 433–460.

[21] Whitley, L.D. (1993). Foundations of Genetic Algorithms 2. Morgan Kaufmann, San Francisco.

[22] Wright, S. (1932). The roles of mutation, inbreeding, crossbreeding, and selection in evolution, Proceedings of the 6th International Congress on Genetics, Ithaca, NY, vol.1, pp.356–366.

参考書目

[1] Affenzeller, M., Winkler, S., Wagner, S. and Beham, A. (2009). Genetic Algorithms and Genetic Programming: Modern Concepts and Practical Applications. Chapman & Hall/ CRC Press, Boca Raton, FL.

[2] Arnold, D.V. and Beyer, H.-G. (2002). Noisy Optimization with Evolution Strategies. Kluwer Academic Publishers, Boston, MA.

[3] Banzhaf, W., Harding, S., Langdon, W.B. and Wilson, G. (2008). Accelerating genetic programming through graphics processing units, Genetic Programming Theory and Practice VI, R. Riolo, T. Soule, and B. Worzel, eds, Springer-Verlag, Berlin, pp. 1–19.

[4] Beyer, H.-G. (2001). The Theory of Evolution Strategies. Springer-Verlag, Heidelberg.

[5] Brameier, M. and Banzhaf, W. (2007). Linear Genetic Programming, Springer-Verlag, New York.

[6] Cantu-Paz, E. (2000). Designing Efficient Parallel Genetic Algorithms. Kluwer Academic Publishers, Boston, MA.

[7] Cevallos, F. (2009). A Genetic Algorithm Approach to Bus Transfers Synchronization: Minimizing Transfer Times in a Public Transit System. VDM-Verlag, Saarbru· ·cken.

[8] Christian, J. (2001). Illustrating Evolutionary Computation with Mathematica. Morgan Kaufmann, San Francisco.

[9] Coello Coello, C.A., Lamont, G.B. and van Veldhuizen, D.A. (2007). Evolutionary Algorithms for Solving Multi-Objective Problems, 2nd edn. Springer-Verlag, Berlin.

[10] Crosby, J.L. (1973). Computer Simulation in Genetics. John Wiley, London.

[11] Eiben, A.E. and Smith, J.E. (2003). Introduction to Evolutionary Computing. Springer-Verlag, Berlin.

[12] Floreano, D. and Mattiussi, C. (2008). Bio-Inspired Artificial Intelligence: Theories, Methods, and Technologies. MIT Press, Cambridge, MA.

[13] Fogel, D.B. (2005). Evolutionary Computation: Toward a New Philosophy of Machine Intelligence, 3rd edn. Wiley–IEEE Press, Hoboken, NJ.

[14] Ghanea-Hercock, R. (2003). Applied Evolutionary Algorithms in Java. Springer-Verlag, New York.

[15] Haupt, R.L. and Haupt, S.E. (1998). Practical Genetic Algorithms, 2nd edn. John Wiley, New York.

[16] Haupt, R.L. and Werner, D.H. (2007). Genetic Algorithms in Electromagnetics. Wiley– IEEE Press, Hoboken, NJ.

[17] Haupt, S.E., Pasini, A. and Marzban, C. (2009). Artificial Intelligence Methods in the Environmental Sciences. Springer Science+Business Media, Berlin.

[18] Jamshidi, M., Coelho, L.S., Krohling, R.A. and Fleming, P.J. (2003). Robust Control Systems with Genetic Algorithms. CRC Press, London.

[19] Kolhe, M. (2008). Wind Energy Forecasting by Using Artificial Neural Network – Genetic Algorithm, VDM-Verlag, Saarbru··cken.

[20] Koza, J.R., Bennett III, F.H., Andre, D. and Keane, M.A. (1999). Genetic Programming III: Darwinian Invention and Problem Solving. Morgan Kaufmann, San Francisco.

[21] Koza, J.R., Keane, M.A., Streeter, M.J., Mydlowec, W., Yu, J. and Lanza, G. (2005). Genetic Programming IV: Routine Human-Competitive Machine Intelligence. Springer-Verlag, Berlin.

[22] Langdon, W.B. (1998). Genetic Programming and Data Structures: Genetic Programming + Data Structures = Automatic Programming! Kluwer Academic Publishers, Amsterdam.

[23] Langdon, W.B. and Poli, R. (2010). Foundations of Genetic Programming. Springer-Verlag, Berlin.

[24] Lowen, R. (2008). Foundations of Generic Optimization Applications of Fuzzy Control, Genetic Algorithms and Neural Networks. Springer-Verlag, Berlin.

[25] Pappa, G.L. and Freitas, A. (2009). Automating the Design of Data Mining Algorithms: An Evolutionary Computation Approach, Springer-Verlag, Berlin.

[26] Poli, R., Langdon, W.B. and McPhee, N.F. (2008). A Field Guide to Genetic Programming. Lulu Enterprises Inc.

[27] Sivanandam, S.N. and Deepa, S.N. (2009). Introduction to Genetic Algorithms. Springer-Verlag, Berlin.

[28] Steeb, W.-H. (2008). The Nonlinear Workbook: Chaos, Fractals, Cellular Automata, Neural Networks, Genetic Algorithms, Gene Expression Programming, Support Vector Machine, Wavelets, Hidden Markov Models, Fuzzy Logic with C++, Java and SymbolicC++ Programs, 4th edn. World Scientific, Singapore.

混合智慧型系統 8

本章主要介紹專家系統、模糊邏輯、神經網路和演化計算的結合，並討論混合智慧型系統的出現。

8.1 概述

前面幾章介紹了幾種智慧技術，包括機率推理、模糊邏輯、神經網路和演化計算。我們討論了這幾種技術的優點和缺點，並注意到在真實世界的應用中，不僅需要獲取不同來源的知識，而且要結合不同的智慧技術。對這種結合的需求導致了混合智慧型系統的出現。

混合智慧型系統是結合了至少兩種智慧技術的系統。例如，在混合神經-模糊系統中結合了神經網路和模糊系統。

機率推理、模糊邏輯、神經網路和演化計算的結合構成了軟計算(SC)的核心，軟計算是一種在不確定和不精確的環境中建立能夠進行推理和學習的混合智慧型系統的方法。

軟計算的潛力首先是由模糊邏輯之父 Lotfi Zadeh 實現的。1991 年 3 月，他建立了 Berkeley Initiative in Soft Computing。該組織包括學生、教授、企業和政府機構的雇員和其他對軟計算感興趣的個人。該組織的快速成長顯示，軟計算對科學與技術領域的影響在未來幾年會快速發展。

什麼是軟計算？

傳統的計算或「硬」計算使用清晰的取值或數值，而軟計算處理的是軟取值或模糊集合。軟計算能夠以反映人類思維的方式處理不確定、不精確和不完整的資訊。在眞實世界中，人類通常使用由字語而不是數值表示的軟資料。人類的感覺器官處理軟資訊，大腦在不確定和不精確的環境中使用軟聯想和軟推理。人類具有不使用數值進行推理和決策的非凡能力。人類使用字語和軟計算嘗試在決策制訂時模擬人類的感覺。

我們可以使用字語來成功地解決複雜問題嗎？

顯然，字語從本質上說不如數字那麼精確，但是精確通常會造成成本過高，所以我們在可以容忍不精確的地方使用字語。同樣地，可以在容忍不確切和不精確的環境中使用軟計算以便達到更容易處理、更強健和降低解決方案的成本的目標(Zadeh，1996)。

在可用的資料不太精確時，我們也使用字語。這在複雜的問題中經常出現。使用「硬」計算不能得到任何解決方案，而軟計算卻還能夠得到很好的解決方案。

軟計算和人工智慧之間有什麼區別？

傳統的人工智慧試圖用符號術語表達人類的知識。它的基礎是符號操作的嚴格的理論及精確的推理機制，包括前向和後向鏈接。傳統的人工智慧最成功的例子就是專家系統。但只有在獲得清晰的知識並在知識庫中表達的時候，專家系統才是好的。這就大大地限制了這種系統的實際應用。

但在過去的幾年中，人工智慧的領域快速擴展，涵蓋了人工神經網路、基因演算法甚至是模糊集合理論(Russell 和 Norvig，2002)。這就使得現代人工智慧和軟計算的邊界變得模糊、不可捉摸。然而，本章的目的不是去爭論什麼時候其中一種技術涵蓋另一種技術，而是讓讀者理解建構混合智慧型系統的主要原則。

在混合系統中應該結合哪些內容？

Lotfi Zadeh 說過：好的混血兒應該有英國人的風度、德國人的嚴謹、法國人的廚藝、瑞士人的理財能力和義大利人的浪漫。但是如果是英國人的廚藝、德國人的風度、法國人的嚴謹、義大利人的理財能力和瑞士人的浪漫就糟糕了。同樣，混合智慧型系統可以是好的也可以是糟糕的—這取決於構成該混合系統的元件。因此，我們的目標是爲建構一個良好的混合系統選擇正確的元件。

每個元件都有自己的優點和缺點。機率推理主要處理不確定性，模糊邏輯主要處理不精確性，神經網路主要用來學習，演化計算主要用來最佳化。表 8-1 是不同智慧技術的比較。好的混合系統可以把這些技術的優點集中在一起。它們的協同作用使混合系統可以容納常識、來自原始資料的確切的知識，使用像人類所用的推理機制，處理不確定和不精確的資料，學習去適應快速變化和未知的環境。

表 8-1　專家系統(ES)、模糊系統(FS)、神經網路(NN)和基因演算法(GA)的比較

	ES	FS	NN	GA
知識表示	○	●	□	■
不確定的容忍度	○	●	●	●
不精確的容忍度	□	●	●	●
適應性	□	■	●	●
學習能力	□	□	●	●
解釋能力	●	●	□	■
知識發現和資料探勘	□	■	●	○
可維護性	□	○	●	○

表中使用的術語的等級：□ 差，■ 更差，○ 更好，● 好。

8.2　神經專家系統

作爲智慧技術，專家系統和神經網路有共同的目標，它們都試圖模擬人類的智慧並最終建立出智慧型機器。但是二者達到目標的途徑是不同的。專家系統依賴邏輯推理和決策樹，它主要是模擬人類的推理。而神經網路依賴於並列

的資料處理，它主要是模擬人腦。專家系統把大腦看作一個黑盒，而神經網路觀察它的結構和功能，尤其是學習的能力。這些區別表現在專家系統和神經網路使用的知識表達和資料處理技術上。

規則庫的專家系統是透過觀察或者存取人類專家，得到用 IF-THEN 產生規則式來表達知識的。這個過程稱作知識擷取，它是很困難而且十分昂貴的。另外，一旦這些規則被存入知識庫，專家系統本身就不能再改變它了。專家系統不能透過經驗進行學習，也不能適應新的環境。只有人類透過手動方式增加、修改和刪除規則才能改變知識庫。

在神經網路中，知識儲存爲神經元之間突觸的權重。當把資料訓練集輸入到網路時，這些知識便在學習階段獲得了。網路一層一層地傳遞輸入的資料，直到產生輸出資料爲止。如果該輸出資料和預計的輸出不同，則會計算誤差並在網路中逆向傳遞回輸入端。在傳送產生誤差時還會修改突觸權重。和專家系統不同，神經網路可以在沒有人類干涉的情況下學習。

但是，在專家系統中，知識可以分解成個別的規則，使用者可以看到並理解系統使用的知識片。相反，在神經網路中，不能把個別的突觸權重看作離散的知識片。在這裏，知識嵌入到整個網路中，它不能夠分解成個別的知識片，且突觸權重的任何改變都可能導致不可預測的結果，神經網路對於使用者而言實際上是個黑盒子。

專家系統不能學習，但它可以解釋它是如何得到某個解決方案的。神經網路可以學習，但其行爲像個黑盒子。因此結合這兩種技術的優點，我們可以建立功能更強大、有效的專家系統。結合了神經網路和規則庫的專家系統的混合系統叫做神經專家系統(或關聯專家系統)。它的學習能力、歸納能力、強健性穩定和並列的資訊處理能力，使得神經網路成爲建構新型專家系統的「正確」元件。

圖 8-1 爲神經專家系統的基本結構。和規則庫的專家系統不同，神經專家系統的知識庫用訓練過的神經網路來表示。

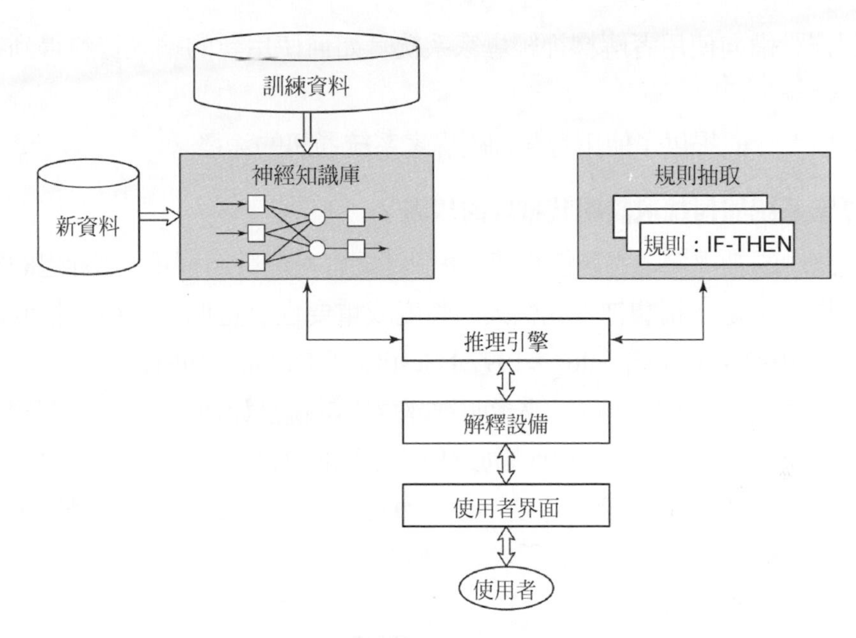

圖 8-1　神經專家系統的基本結構

神經專家系統可以抽取神經網路中的 IF-THEN 規則，從而允許它判斷和解釋其結論。

神經專家系統的核心是推理引擎。它控制系統的資訊流，並在神經知識庫中啓始推理。神經推理引擎也能確保近似推理。

什麼是近似推理？

在規則庫的專家系統中，推理引擎把每條規則的條件部分和資料庫中給定的資料進行比較。如果規則的 IF 部分和資料庫中的資料相符，則激發規則並執行其 THEN 部分。在規則庫的專家系統中，需要精確的匹配，因此，推理引擎不能夠處理模糊或不完整的資料。

神經專家系統用訓練過的神經網路取代知識庫。神經網路具有概括的能力，換言之，新的輸入資料不一定要和網路訓練中使用的資料精確匹配，這就使得神經專家系統能夠處理模糊和不完整的資料。這種能力叫做近似推理。

規則抽取單元檢查神經知識庫並產生被暗中「隱藏」在訓練過的神經網路中的規則。

解釋設備向使用者解釋神經專家系統是如何使用新的輸入資料得到某個特定的結論。

使用者介面提供了使用者和神經專家系統通訊的途徑。

神經專家系統如何抽取證明其推理的規則？

網路中的神經元透過鏈接相連，每個鏈接有一個數值權重。訓練過的神經網路的權重決定了相關神經元輸入的強度或重要性。這個特徵用於抽取規則 (Gallant，1993；Nikolopoulos，1997；Sestito 和 Dillon，1991)。

下面透過一個簡單的例子來說明神經專家系統是如何工作的。這個例子是物件的分類問題。要分類的物件屬於鳥、飛機和滑翔機之一。用於解決該問題的神經網路如圖 8-2 所示。這是一個三層網路，第一層和第二層是完全連接的，每個神經元上標記了它們所代表的概念。

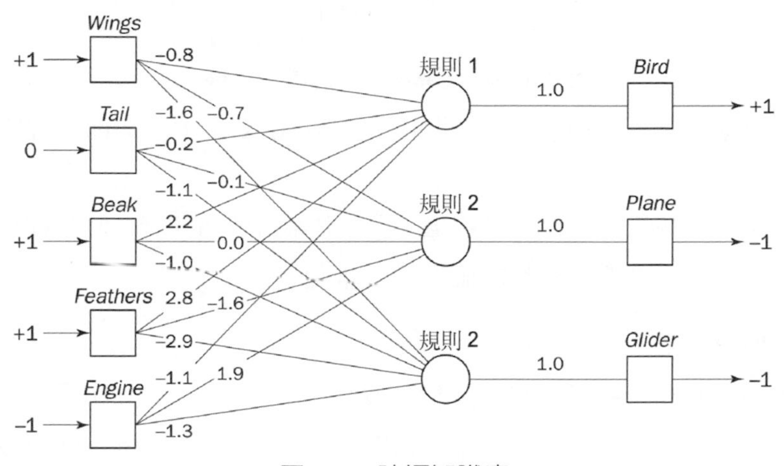

圖 8-2 神經知識庫

第一層是輸入層。輸入層的神經元簡單地將外部信號傳送給下一層。第二層是連接層，該層神經元使用的符號激勵函數爲：

$$Y^{sign} = \begin{cases} +1, & \text{if } X \geqslant 0 \\ -1, & \text{if } X < 0 \end{cases} \tag{8-1}$$

其中 X 爲神經元的淨權重輸入。

$$X = \sum_{i=1}^{n} x_i w_i$$

x_i和 w_i分別爲輸入 i 的值及其權重。n 爲輸入神經元的數量。

第三層是輸出層。本例中，每個輸出神經元接收來自於連接神經元的輸入。第二層和第三層之間的權重設成單位值。

你可能已經注意到，IF-THEN 規則可以很自然地對應到三層的神經網路中，其中第三層(非連接層)爲規則的結果部分。此外，給定規則的強度或確定因數，可以和各自連接及非連接的神經元的權重聯繫起來(Fu，1993；Kasabov，1996)。稍後我們將討論如何將規則對應到神經網路中，而現在先回到我們的例子中。

神經知識庫用訓練實例的集合進行訓練。圖 8-2 顯示了第一層和第二層之間的實際權重。假設現在將輸入層的每個輸入設定成+1(眞)、−1(假)或 0(未知)，就可以對任何輸出神經元的動作進行語意解釋。例如，如果物件有 Wing(+1)、Beak(+1)和 Feather(+1)，但沒有 Engine(−1)，則可以得出物件爲 Bird(+1)的結論：

$$X_{Rule1} = 1 \times (-0.8) + 0 \times (-0.2) + 1 \times 2.2 + 1 \times 2.8 + (-1) \times (-1.1) = 5.3 > 0$$
$$Y_{Rule1} = Y_{Bird} = +1$$

同樣，可以得到該物件不是 Plane 的結論：

$$X_{Rule2} = 1 \times (-0.7) + 0 \times (-0.1) + 1 \times 0.0 + 1 \times (-1.6) + (-1) \times 1.9 = -4.2 < 0$$
$$Y_{Rule2} = Y_{Plane} = -1$$

對象也不是 Glider：

$$X_{Rule3} = 1 \times (-0.6) + 0 \times (-1.1) + 1 \times (-1.0) + 1 \times (-2.9) + (-1) \times (-1.3) = -4.2 < 0$$
$$Y_{Rule3} = Y_{Glider} = -1$$

現在，給每個輸入神經元附加上相對應的問題：

神經元：翅膀(Wings)　　問題：對象有翅膀嗎？
神經元：尾巴(Tail)　　問題：對象有尾巴嗎？
神經元：喙(Beak)　　問題：對象有喙嗎？
神經元：羽毛(Feathers)　　問題：對象有羽毛嗎？
神經元：發動機(Engine)　　問題：對象有發動機嗎？

可以讓系統提示使用者爲輸入變數給予初始值。系統的目標首先是得到最重要的資訊，然後是儘快地得到結論。

系統如何知道最重要的資訊是什麼，以及是否有足夠的資訊得到結論？

某個輸入神經元的重要性由該輸入的權重的絕對值確定。例如，對神經元規則 1，輸入 Feather 的重要性比輸入 Wings 的重要性高。因此，可以爲系統建立下面的對話：

PURSUING:
> Bird
ENTER INITIAL VALUE FOR THE INPUT FEATHERS:
> +1

現在的任務是確認得到的資訊是否足夠做出結論。爲此，我們可以使用下面的啓發式規則(Gallant，1993)：

> 如果神經元已知的淨權重輸入大於未知輸入的權重的絕對值的和，則可以進行推理。

該啓發式的數學表達爲：

$$\sum_{i=1}^{n} x_i w_i > \sum_{j=1}^{n} |w_j| \tag{8-2}$$

其中 $i \in$ KNOWN，$j \notin$ KNOWN，n 爲神經元輸入的數量。

本例中，如果輸入 Feathers 變成已知，則可以得到：

KNOWN = 1 × 2.8 = 2.8

UNKNOWN = | −0.8 | + | −0.2 | + | 2.2 | + | −1.1 | = 4.3

KNOWN < UNKNOWN

因此，還不能進行神經元規則 1 的推導。還要求使用者提供下一個最重要的輸入的值，輸入 Beak：

ENTER INITIAL VALUE FOR THE INPUT BEAK:

> + 1

現在有：

KNOWN = 1 × 2.8 + 1 × 2.2 = 5.0

UNKNOWN = | −0.8 | + | −0.2 | + | −1.1 | = 2.1

KNOWN > UNKNOWN

因此，根據啓發式規則(8-2)，便可以得出下面的推理：

CONCLUDE: BIRD IS TRUE

其中 KNOWN 給出了神經元規則 1 的淨權重輸入，UNKNOWN 說明基於未知輸入值的最壞可能結合引起的淨輸入的改變。本例中淨權重輸入的改變不會超過±2.1。因此，無論已知輸入是什麼，神經元規則 1 的輸出都應該大於 0，所以可以推理得到 Bird 爲眞。

現在檢查如何抽取個別的規則來證明推理。在這裏，我們使用僅關注於問題中直接連接神經元的簡單演算法(Gallant，1988)。再次考慮圖 8-2 所示的例子，判斷 Bird 爲眞的推理。因爲第一層中的所有神經元都直接和神經元 Rule 1 相連，所以可以預期抽取的規則包含所有的 5 個神經元：Wings、Tail、Beak、Feather 和 Engine。

首先，確定所有起作用的輸入和每個輸入貢獻的大小(Gallant，1993)。如果輸入 i 不會在相反方向上移動淨權重輸入，就認爲其是有作用的。貢獻的大小由起作用的輸入 i 的權重的絕對值 $|w_i|$ 確定。

接下來將所有有貢獻的輸入根據其大小按降冪排列。在本例中，對推理 Bird 爲眞有貢獻的輸入列表如下：

輸入：Feathers	大小：2.8
輸入：Beak	大小：2.2
輸入：Engine	大小：1.1
輸入：Tail	大小：0.2

透過列表可以建立規則，其條件部分用貢獻最大的輸入來表示：

IF　*Feathers* is true
THEN　*Bird* is true

接下來就要證明該規則。換言之，要確保規則能夠通過有效性測試。可以用啓發式規則(8-2)來證明：

KNOWN = 1 × 2.8 = 2.8
UNKNOWN = | − 0.8| + | − 0.2| + |2.2| + | − 1.1| = 4.3
KNOWN < UNKNOWN

規則現在還是無效的，因此需要增加貢獻「次大」的輸入作爲該規則條件部分的一個子句：

IF *Feathers* is true
AND *Beak* is true
THEN *Bird* is true

現在得到：

KNOWN = 1 × 2.8 + 1 × 2.2 = 5.0
UNKNOWN = | − 0.8| + | − 0.2| + | − 1.1| = 2.1
KNOWN > UNKNOWN

規則通過了有效性測試。這也是最大通用規則，也就是說去除了所有導致無效的條件子句。

同樣，可以得到證明推理 Plane 爲假和 Glider 爲假的規則。

IF *Engine* is false
AND *Feathers* is true
THEN *Plane* is false

IF *Feathers* is true
AND *Wings* is true
THEN *Glider* is false

該例也說明了即使在資料不完整的情況下，神經專家系統也可以得出有用的結論(例如，在本例中 Tail 是未知的)。

在本例中，假設神經專家系統擁有正確且經過訓練的神經知識庫。然而，在眞實世界中，訓練資料通常是不充分的。我們也假設對問題領域沒有任何先備知識。實際上，我們通常會有一些不完善的相關知識。我們能否用領域知識來確定神經知識庫的初始結構，然後用給定的訓練資料集來訓練它，最後將已訓練的神經網路解釋爲 IF-THEN 規則集？

前面提到過，表達領域知識的 IF-THEN 規則集可以對應到多層神經網路中。圖 8-3 顯示了一組對應到 5 層神經網路的規則集。合取層和分離層的權重顯示了規則的強度，因此可以認爲它是相關規則的確定因數。

在建立起神經知識庫的初始結構後,就可以根據給定的訓練資料集來訓練網路了。可以採用合適的後向傳遞訓練演算法來完成。訓練階段完成時，檢查神經網路知識庫，提取並改進(如果需要)最初的 IF-THEN 規則集。因此，神經專家系統可以用 IF-THEN 規則以及數值資料來表示的領域知識。實際上，神經專家系統提供了神經網路和規則庫系統之間的雙向鏈接。

遺憾的是，神經專家系統仍舊受到布林邏輯的限制，要想表達連續輸入變數，可能導致規則數量的無限增加。這就嚴重限制了神經專家系統的應用領域。克服這個問題的一般方法是使用模糊邏輯。

規則 1:
IF *a*1 AND *a*3 THEN *b*1 (0.8)

規則 2:
IF *a*1 AND *a*4 THEN *b*1 (0.2)

規則 3:
IF *a*2 AND *a*5 THEN *b*2 (–0.1)

規則 4:
IF *a*3 AND *a*4 THEN *b*3 (0.9)

規則 5:
IF *a*5 THEN *b*3 (0.6)

規則 6:
IF *b*1 AND *b*3 THEN *c*1 (0.7)

規則 7:
IF *b*2 THEN *c*1 (0.1)

規則 8:
IF *b*2 AND *b*3 THEN *c*2 (0.9)

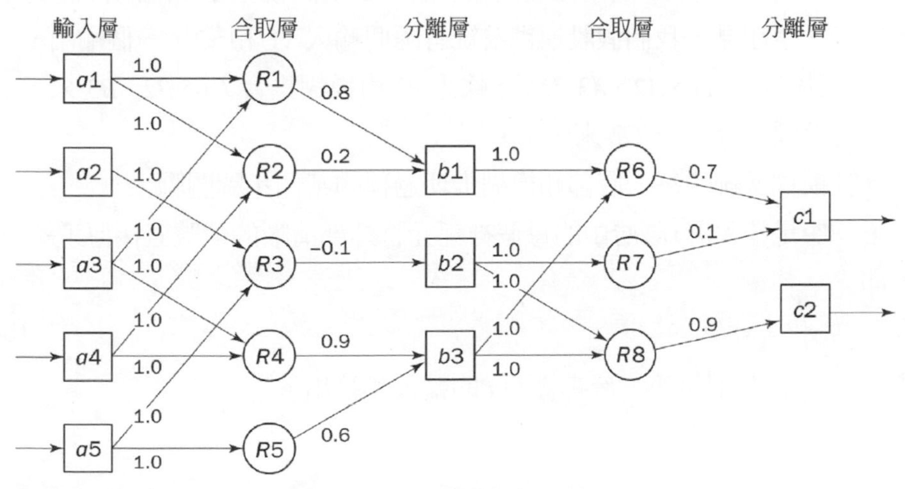

圖 8-3 多層知識庫的例子

8.3 神經模糊系統

模糊邏輯和神經網路是建構智慧型系統的兩種互補的工具。神經網路是低階的計算結構，處理原始資料時性能良好，模糊邏輯使用從領域專家那裏獲取的語言資訊進行高階推理。但是模糊系統沒有學習的能力且不能在新的環境中自我調整。另一方面，神經網路雖然可以學習，但它們對於使用者而言是不透明的。將神經網路和模糊系統融合爲一個整合的系統，提供了有希望建構智慧型系統的方法。整合的神經模糊系統可以將神經網路的平行計算和學習能力與模糊系統的類似於人類的知識表達方式和解釋能力結合起來。如此，神經網路變得更透明，而模糊系統也有了學習能力。

實際上，神經模糊系統是功能相當於模糊推理模型的神經網路。可以訓練它來開發 IF-THEN 模糊規則及確定系統輸入輸出變數的隸屬函數。專家的知識可以很容易地整合到神經模糊系統的結構中。同時，這種組合結構避免了需要大量計算的模糊推理。

神經模糊系統看上去是什麼樣子？

神經模糊系統的結構和多層神經網路很相似。通常，神經模糊系統有輸入層和輸出層以及 3 個隱含層，隱含層用來表示隸屬函數和模糊邏輯。

圖 8-4 爲 Mamdani 模糊推理模型，圖 8-5 爲該模型相對應的神經模糊系統。爲了簡單起見，我們假設模糊系統有兩個輸入 $x1$ 和 $x2$，一個輸出 y。輸入 $x1$ 用模糊集合 $A1$、$A2$、$A3$ 表示，輸入 $x2$ 用模糊集合 $B1$、$B2$、$B3$ 來表示，輸出 y 用模糊集合 $C1$、$C2$ 來表示。

神經模糊系統的每一層都和模糊推理過程的某個步驟關聯。

第一層是輸入層，該層中的每個神經元將外部清晰的信號直接傳遞給下一層，即

$$y_i^{(1)} = x_i^{(1)} \tag{8-3}$$

其中 $x_i^{(1)}$ 、 $y_i^{(1)}$ 分別是第一層神經元 i 的輸入和輸出。

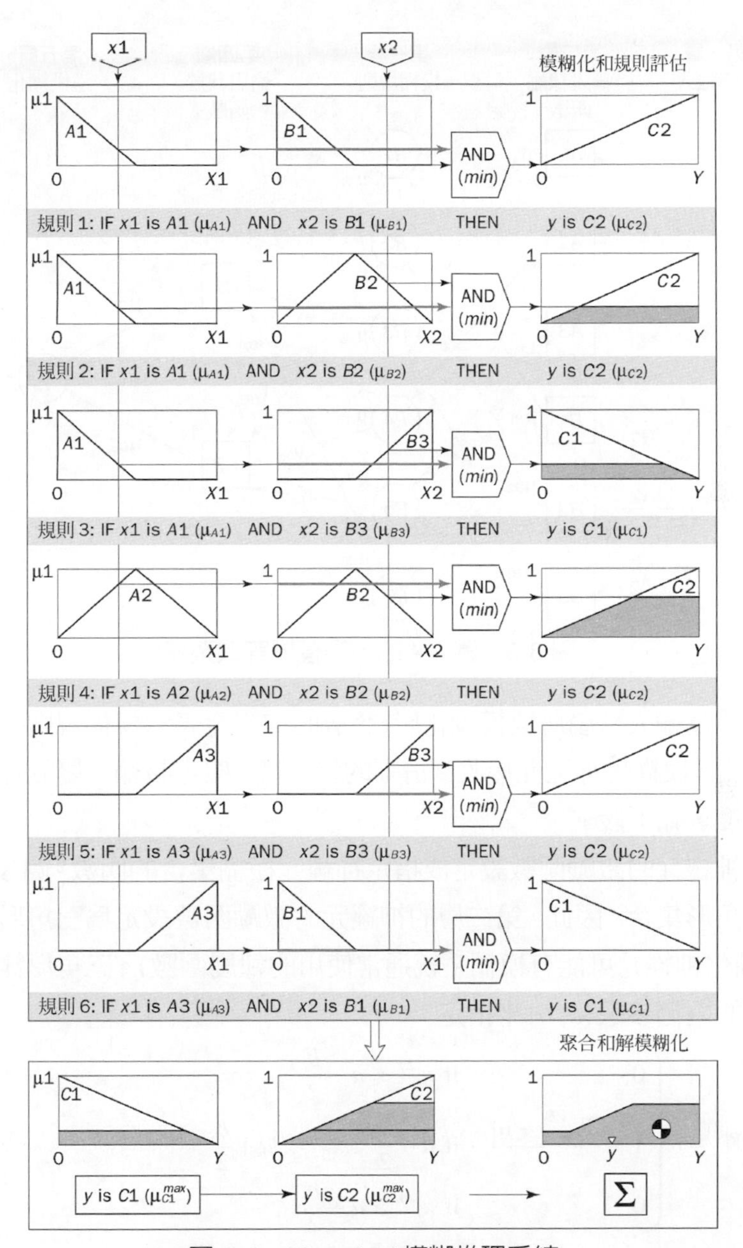

圖 8-4 Mamdani 模糊推理系統

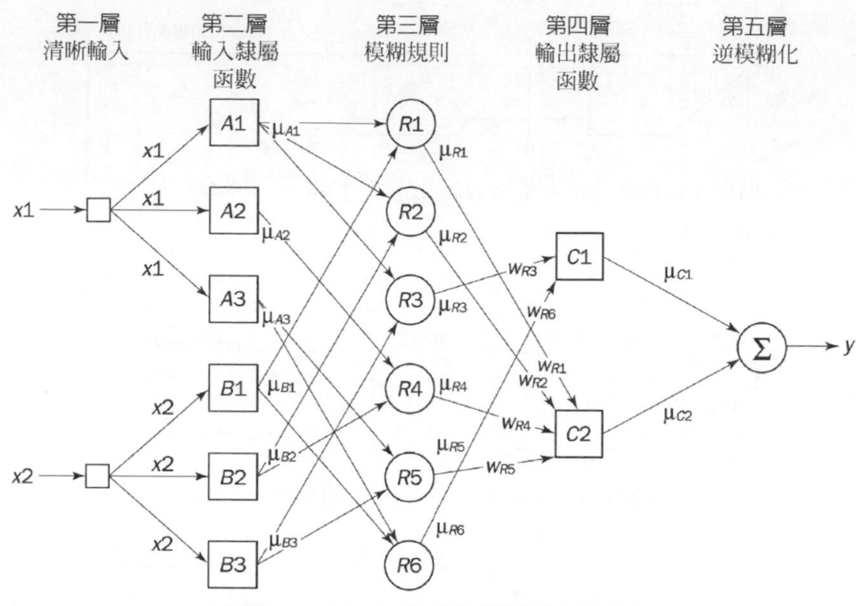

圖 8-5　圖 8-4 的神經模糊等效系統

第二層爲輸入隸屬層或模糊化層。該層的神經元表示模糊規則的前項使用的模糊集合。模糊化神經元接收到清晰的輸入後，確定該輸入屬於神經元模糊集合的程度，如下段。

隸屬神經元的激勵函數設定成指定神經元模糊集合的函數。圖 8-4 的例子中使用三角形集合。因此，第二層的神經元的激勵函數設定爲三角形隸屬函數(雖然模糊化神經元可能有模糊系統通常使用的隸屬函數)。三角形隸屬函數可以用下面的兩個參數$\{a, b\}$來指定：

$$y_i^{(2)} = \begin{cases} 0, & \text{if } x_i^{(2)} \leqslant a - \dfrac{b}{2} \\ 1 - \dfrac{2|x_i^{(2)} - a|}{b}, & \text{if } a - \dfrac{b}{2} < x_i^{(2)} < a + \dfrac{b}{2} \\ 0, & \text{if } x_i^{(2)} \geqslant a + \dfrac{b}{2} \end{cases} \tag{8-4}$$

其中參數 a 和 b 分別控制三角形的中心和寬度，$x_i^{(2)}$ 和 $y_i^{(2)}$ 分別是第二層模糊化神經元 i 的輸入和輸出。

圖 8-6 描述了三角形函數及變數 a 和 b 的變化產生的效果。可以看出，模糊化神經元的輸出不僅取決於輸入，還受三角形激勵函數的中心 a 和寬度 b 所限制。神經元輸入可以保持不變，但參數 a 和 b 的改變即可以使輸出發生變化。換言之，神經模糊系統中模糊神經元的參數 a 和 b 的作用如同神經網路中的突觸權重。

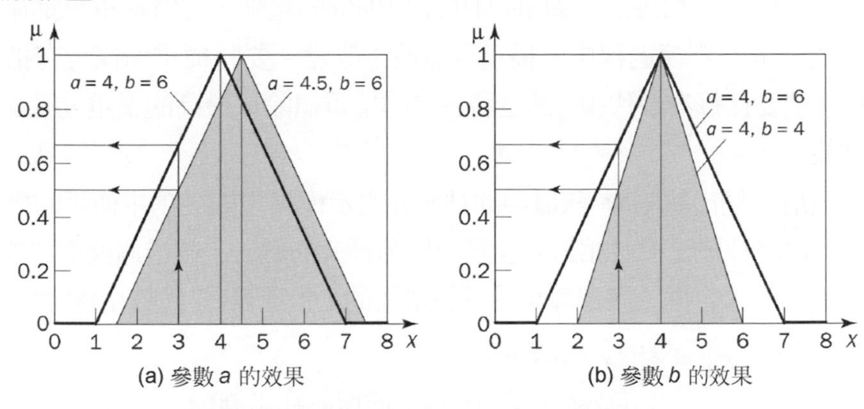

圖 8-6　模糊化神經元的三角形激勵函數

第三層是模糊規則層。該層的每個神經元都與一個模糊規則相對應。模糊規則神經元接收來自於模糊化神經元的輸入，表示模糊集合是模糊規則的前項。例如，神經元 $R1$ 和規則 1 對應，它接收來自神經元 $A1$ 和 $B1$ 的輸入。

在模糊系統中，如果給定的規則有多個前項，那麼模糊運算得出一個數值，該數值描述評估前項的結果。規則前項的連接用模糊運算「交集」來評估。使用相同的模糊運算可以合併模糊規則神經元的多個輸入。在模糊神經系統中，「交集」可以用乘積運算來實現。因此，第三層的神經元 i 的輸出爲：

$$y_i^{(3)} = x_{1i}^{(3)} \times x_{2i}^{(3)} \times \ldots \times x_{ki}^{(3)} \tag{8.5}$$

其中 $x_{1i}^{(3)}$，$x_{2i}^{(3)}$,… ,$x_{ki}^{(3)}$ 爲第三層中模糊規則神經元 i 的輸入，$y_i^{(3)}$ 爲輸出。例如：

$$y_{R1}^{(3)} = \mu_{A1} \times \mu_{B1} = \mu_{R1}$$

μ_{R1} 的值表示模糊規則神經元 $R1$ 的激發強度。

第三層和第四層之間的權重表示相對應模糊規則之可信度(即確定因數)常規化的程度。這些權重可以在訓練神經模糊系統時做調整。

什麼是模糊規則可信度的常規化程度？

神經模糊系統中的不同規則可能和不同的可信度有關。在圖 8-4 中，專家可能將可信的程度和每個模糊 IF-THEN 規則關聯起來，並將權重設定在 [0，1] 區間內。但在訓練過程中，權重可能發生改變。要將權重值保持在指定的範圍內，就要在每次疊代中，透過將各自的權重值除以最高的權重，這就是權重的常規化。

第四層是輸出隸屬層。該層中的神經元表示模糊規則後項中使用的模糊集合。輸出隸屬神經元接收相對應模糊規則神經元的輸入，並透過模糊運算「聯集」將這些輸入合併。該運算可透過機率論的 OR 運算(即代數和)來實現，即

$$y_i^{(4)} = x_{1i}^{(4)} \oplus x_{2i}^{(4)} \oplus \ldots \oplus x_{li}^{(4)} \quad (8\text{-}6)$$

其中 $x_{1i}^{(4)}$， $x_{2i}^{(4)}$,… ， $x_{li}^{(4)}$ 爲輸入， $y_i^{(4)}$ 是第四層的輸出隸屬神經元 i 的輸出。例如：

$$y_{C1}^{(4)} = \mu_{R3} \oplus \mu_{R6} = \mu_{C1}$$

μ_{C1} 的值表示模糊規則神經元 $R3$ 和 $R6$ 的整合激發強度。實際上，輸出隸屬層的神經元激發強度的合併方式和圖 8-4 的模糊規則眞值的合併方式相同。

在 Mamdani 模糊系統中，輸出模糊集合用相對應模糊規則的眞值來剪切。在神經模糊系統中，則剪切輸出隸屬神經元的激勵函數。例如，神經元 C1 的隸屬函數用整合激發強度 μ_{C1} 表示。

第五層是解模糊化層。該層中的每個神經元表示神經模糊系統的一個輸出。輸出模糊集合將各自整合的激發強度結合爲單獨的模糊集合。

神經模糊系統的輸出是清晰的，因此合併輸出模糊集合必須進行解模糊化。神經模糊系統可以使用標準的解模糊化方法，其中包括質心技術。在本例中，我們使用的是積項和的方法(Jang *et al.*，1997)，這種方法爲 Mamdani 類推理提供了計算捷徑。

積項和的方法計算清晰的輸出，並將結果作爲所有輸出隸屬函數質心的權重平均值。例如，計算剪切後的模糊集合 $C1$ 和 $C2$ 的質心平均權重爲：

$$y = \frac{\mu_{C1} \times a_{C1} \times b_{C1} + \mu_{C2} \times a_{C2} \times b_{C2}}{\mu_{C1} \times b_{C1} + \mu_{C2} \times b_{C2}} \tag{8-7}$$

其中 a_{C1} 和 a_{C2} 爲中心，b_{C1} 和 b_{C2} 分別是模糊集合 $C1$ 和 $C2$ 的寬度。

神經模糊系統如何學習？

神經模糊系統本質上是多層神經網路，因此它可以使用專用於神經網路的標準學習演算法，其中包括後向傳遞演算法(Kasabov 1996；Lin 和 Lee，1996；Nauck *et al.*，1997：Von Altrock. 1997)。在對系統應用訓練的輸入輸出例子時，後向傳遞演算法會計算系統的輸出並和該訓練例子的期望輸出作比較。它們之間的差(也稱作誤差)由輸出層後向傳遞到網路的輸入層。在誤差傳送時更改神經元激勵函數。爲了確定必要的更改，後向傳遞演算法會區分不同神經元的激勵函數。

下面我們透過一個簡單的例子來說明神經模糊系統是如何工作的。圖 8-7 爲三維輸入-輸出空間 $X1 \times X2 \times Y$ 中 100 個訓練型樣的分佈情況。這裏的每個訓練型樣用三個變數來確定：兩個輸入變數 $X1$ 和 $X2$ 及一個輸出變數 Y。輸入和輸出變數用兩個語言變數表示：small(S)和 large(L)。

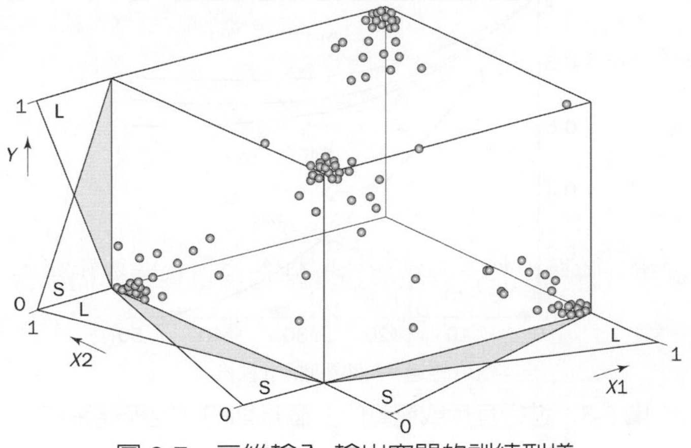

圖 8-7　三維輸入-輸出空間的訓練型樣

圖 8-7 中的資料集用來訓練圖 8-8(a)中的 5 個規則的神經模糊系統。假設系統結構中的模糊 IF-THEN 規則是由領域專家提供的。先前的或現有的知識可以顯著加快系統訓練的速度。此外，如果訓練資料的品質不佳，專家的知識就是得到解決方案的唯一途徑。但是，專家偶爾也會犯錯。因此神經模糊系統中的某些規則可能是錯誤或多餘的(例如在圖 8-8(a)中，規則 1 或規則 2 可能是錯誤的，因為它們的 IF 部分完全相同，而 THEN 部分則不同)。因此，神經模糊系統應該能夠識別這些不好的規則。

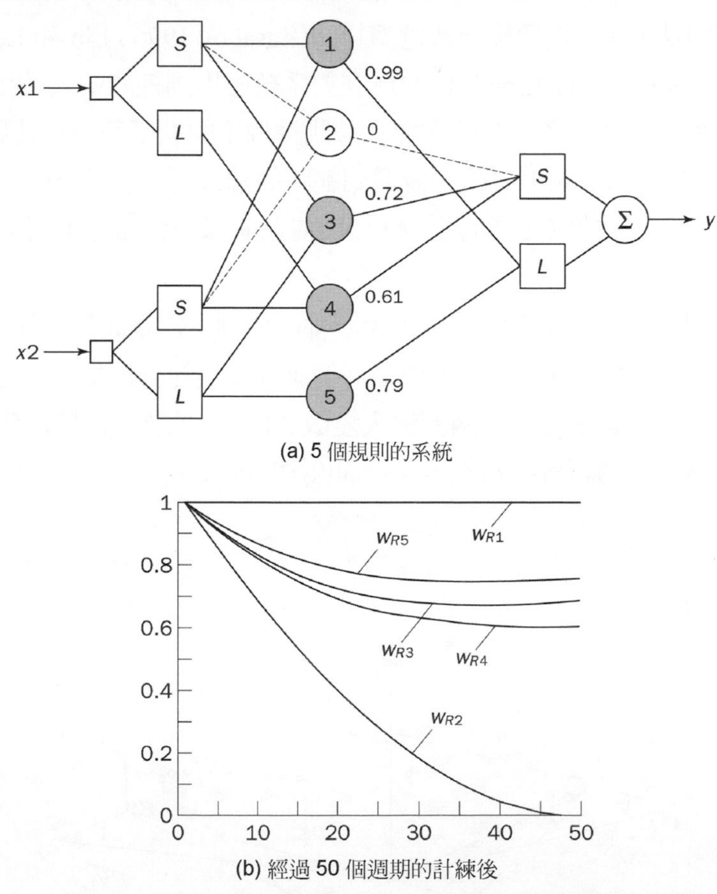

(a) 5 個規則的系統

(b) 經過 50 個週期的訓練後

圖 8-8 進行互斥或運算的五個規則的神經模糊系統

在圖 8-8(a)中，第三層和第四層間的初始權重被設定為單位值。在訓練中，神經模糊系統使用後向傳遞演算法調節權重並修改輸入和輸出隸屬函數。訓練過程會持續到誤差的平方和小於 0.001 為止。由圖 8-8(b)可以看到，權重 W_{R2} 降低為 0，而其他的權重還很高。這顯示，規則 2 是完全錯誤的，因此可以在對神經模糊系統沒有任何危害的情況下將它去除。此系統還有 4 條規則，你可能已經注意到了，這些規則顯示了互斥或運算(XOR)的行為。

本例使用的訓練資料中包含很多和 XOR 運算不一致的「壞」型樣。但是，神經模糊系統能夠識別這些錯誤規則。

在 XOR 例子中，專家給出了 5 條模糊規則，其中一條是錯誤的。另外，我們也不能確定「專家」是否遺漏了一些規則。我們該如何減少對專家知識的依賴呢？神經模糊系統能否直接從數值資料中抽取規則呢？

給定輸入和輸出的語言值，神經模糊系統就可以自動產生完整的模糊 IF-THEN 規則集。圖 8-9 證明了為 XOR 例子建立的系統。該系統包含 $2^2 \times 2=8$ 條規則。由於此次系統不包含專家的知識，因此我們將第三層和第四層的初始權重設為 0.5。訓練後，可以排除確定因數小於一個很小的數(例如 0.1)的所有規則。結果，得到了完全相同的表示 XOR 運算的有四條模糊 IF-THEN 規則的規則集。這個簡單的例子證明了神經模糊系統確實可以直接從數值資料中抽取模糊規則。

模糊邏輯和神經網路的結合是設計智慧型系統的強有力的工具。人類專家可以把領域知識以語言變數和模糊規則的形式放入神經模糊系統中。如果可以得到有代表性的例子的集合，神經模糊系統可以自動將其轉換成一組強壯的模糊 IF-THEN 規則，這樣在建構智慧型系統時就可減少對專家知識的依賴。

到目前為止，我們已經討論了實現 Mamdani 模糊推理模型的神經模糊系統。但是，Sugeno 模型才是目前資料庫模糊建模最常用的選擇。

最近，清華大學(臺灣地區)的 Roger Jang 提出了和 Sugeno 模糊推理模型功能一致的神經網路(Jang，1993)，稱為自適應性神經模糊推理系統(Adaptive Neuro-Fuzzy Inference System，ANFIS)。

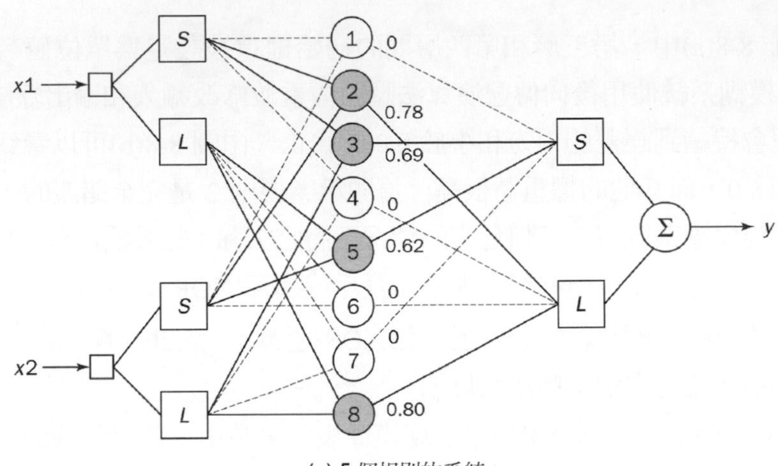

(a) 5 個規則的系統

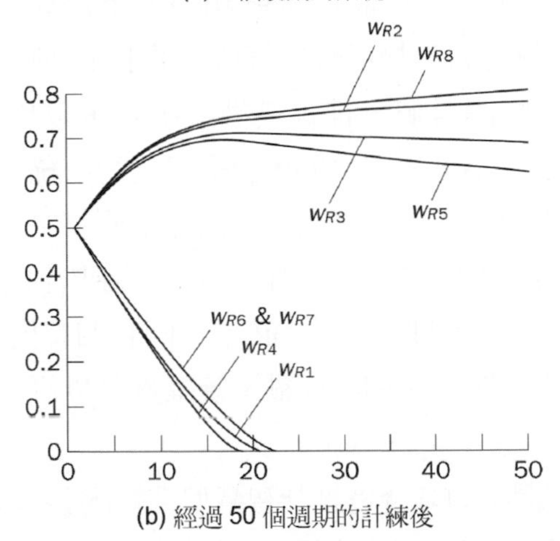

(b) 經過 50 個週期的計練後

圖 8-9　用於互斥或運算的帶有八個規則的神經模糊系統

8.4　ANFIS：自適應性神經模糊推理系統

Sugeno 模糊模型是一種用來在給定的輸入輸出資料集中產生模糊規則的系統方法。一個典型的 Sugeno 模糊規則可以表達成以下形式：

IF　　x_1 is A_1
AND　x_2 is A_2
　　　. . . . .
AND　x_m is A_m
THEN　$y = f(x_1, x_2, \ldots, x_m)$

其中 $x_1, x_2, \cdots, x_m$ 爲輸入變數，$A_1, A_2, \cdots, A_m$ 是模糊集合，y 是常數或輸入變數的線性函數。如果 y 是常數，就可以得到零階 Sugeno 模糊模型，其規則的後項是由單值型樣所表示的。如果 y 是一階多項式函數，即

$$y = k_0 + k_1 x_1 + k_2 x_2 + \ldots + k_m x_m$$

就可以得到一階 Sugeno 模糊模型。

Jang 的 ANFIS 通常用 6 層的前饋神經網路來表示。圖 8-10 爲與一階 Sugeno 模糊模型對應的 ANFIS 體系結構。爲了簡單起見，我們假設 ANFIS 有兩個輸入 $x1$ 和 $x2$，一個輸出 y。每個輸入用兩個模糊集合來表示，輸出用一階多項式表示。ANFIS 實作如下的四個規則：

Rule 1:
IF $x1$ is $A1$
AND $x2$ is $B1$
THEN $y = f_1 = k_{10} + k_{11}x1 + k_{12}x2$

Rule 2:
IF $x1$ is $A2$
AND $x2$ is $B2$
THEN $y = f_2 = k_{20} + k_{21}x1 + k_{22}x2$

Rule 3:
IF $x1$ is $A2$
AND $x2$ is $B1$
THEN $y = f_3 = k_{30} + k_{31}x1 + k_{32}x2$

Rule 4:
IF $x1$ is $A1$
AND $x2$ is $B2$
THEN $y = f_4 = k_{40} + k_{41}x1 + k_{42}x2$

其中 $x1$ 和 $x2$ 爲輸入變數，$A1$ 和 $A2$ 是論域 X_1 上的模糊集合；$B1$ 和 $B2$ 是論域 $X2$ 上的模糊集合；k_{i0}、k_{i1}、k_{i2} 爲規則 i 指定的參數集。

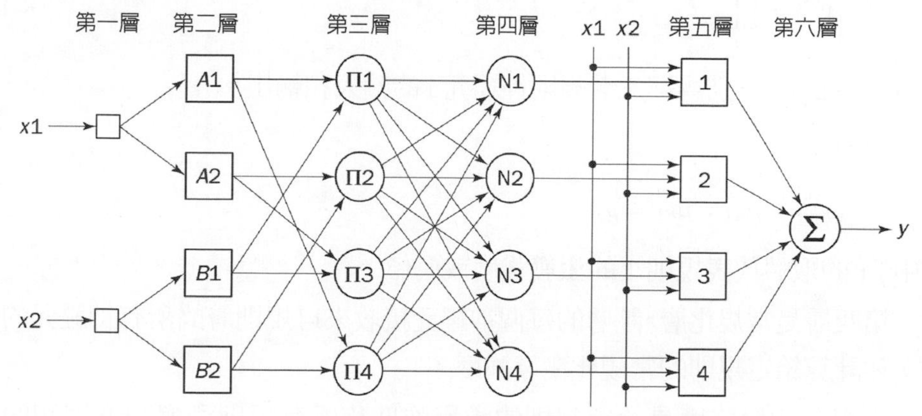

圖 8-10　自適應神經模糊推理系統(ANFIS)

下面我們將討論 Jang 的 ANFIS 中每一層的作用。

第一層是輸入層。該層的神經元僅將外部清晰的信號傳送給第二層，即

$$y_i^{(1)} = x_i^{(1)} \tag{8-8}$$

其中 $x_i^{(1)}$ 是第一層的輸入神經元 i 的輸入，$y_i^{(1)}$ 是第一層中輸入神經元 i 的輸出。

第二層是模糊化層。該層中的神經元執行模糊化運算。在 Jang 的模型中，模糊化神經元有一個鐘形激勵函數。

鐘形激勵函數爲規則的鐘形形狀，其定義爲：

$$y_i^{(2)} = \frac{1}{1+\left(\frac{x_i^{(2)}-a_i}{c_i}\right)^{2b_i}} \tag{8-9}$$

其中 $x_i^{(2)}$ 是第二層中的神經元 i 的輸入，$y_i^{(2)}$ 是第二層輸入神經元 i 的輸出。a_i、b_i、c_i 分別爲控制神經元 i 的鐘形激勵函數的中心、寬度和斜率的參數。

第三層是規則層。該層中的每個神經元和 Sugeno 類型的個別模糊規則相對應。規則神經元從各自的模糊化神經元接收輸入，並計算它表示的規則激發強度。在 ANFIS 中，規則前項的連接由運算「乘積」來評估。因此，第三層的神經元的輸出可表示成：

$$y_i^{(3)} = \prod_{j=1}^{k} x_{ji}^{(3)} \tag{8-10}$$

其中 $x_{ji}^{(3)}$ 和 $y_i^{(3)}$ 分別爲第三層規則神經元 i 的輸入和輸出。

例如：

$$y_{\Pi 1}^{(3)} = \mu_{A1} \times \mu_{B1} = \mu_1$$

其中 $\mu 1$ 的取値代表規則 1 的激發強度或眞值。

第四層是常規化層。該層的每個神經元接收來自規則層的所有神經元的輸入，並計算給定規則的常規化激發強度。

常規化激發強度是給定規則的激發強度和所有規則激發強度總和的比值。它表示給定規則對最終結果的貢獻。

因此，第四層神經元 i 的輸出爲：

$$y_i^{(4)}=\frac{x_{ii}^{(4)}}{\sum_{j=1}^{n}x_{ji}^{(4)}}=\frac{\mu_i}{\sum_{j=1}^{n}\mu_j}=\bar{\mu}_i \tag{8-11}$$

其中 $x_{ji}^{(4)}$ 是第四層神經元 i 從第三層的神經元 j 處接收的輸入，n 爲規則神經元的總數。例如：

$$y_{\mathrm{N1}}^{(4)}=\frac{\mu_1}{\mu_1+\mu_2+\mu_3+\mu_4}=\bar{\mu}_1$$

第五層是解模糊化層。該層中的每個神經元均連接到各自的常規化神經元上，同時接收初始輸入 $x1$ 和 $x2$。給定規則的後項權重値，由解模糊化神經元計算得出如下：

$$y_i^{(5)}=x_i^{(5)}[k_{i0}+k_{i1}x1+k_{i2}x2]=\bar{\mu}_i[k_{i0}+k_{i1}x1+k_{i2}x2] \tag{8-12}$$

其中，$x_i^{(5)}$ 和 $y_i^{(5)}$ 分別爲第五層解模糊化神經元 i 的輸入和輸出，k_{i0}、k_{i1}、k_{i2} 是規則 i 的後項參數的集合。

第六層表示爲一個總和神經元。該神經元計算所有解模糊化神經元輸出的總和，並產生最後的 ANFIS 輸出 y：

$$y=\sum_{i=1}^{n}x_i^{(6)}=\sum_{i=1}^{n}\bar{\mu}_i[k_{i0}+k_{i1}x1+k_{i2}x2] \tag{8-13}$$

因此，圖 8-10 所示的 ANFIS 在功能上確實相當於一階 Sugeno 模糊函數。

但是，以多項式形式指定規則後項非常困難，甚至是不可能的。因此，在 ANFIS 處理問題時，沒有必要給出規則後項參數的任何先備知識。ANFIS 會學習這些參數並調節隸屬函數。

ANFIS 如何學習？

ANFIS 使用混合學習演算法，這種演算法融合了最小平方估測法和梯度下降法(Jang，1993)。首先，將初始激勵函數指定給每個隸屬神經元。設定連接到輸入 x_i 的神經元中心的函數，以便 x_i 的域被均等分割，且各自函數的寬度和斜率被設定成可以充分重疊。

在 ANFIS 訓練演算法中，每個週期由前向傳遞和後向傳遞組成。在前向傳遞中，輸入型樣的訓練集(輸入向量)出現在 ANFIS 中，神經元的輸出要一層一層地計算，規則後項參數由最小平方估測法表示。在 Sugeno 型的模糊推理中，輸出 y 為線性函數。因此，給定隸屬參數的值和 P 輸入輸出型樣的訓練集，後項參數的項次就可以形成 P 線性方程：

$$\begin{cases} y_d(1) = \bar{\mu}_1(1)f_1(1) + \bar{\mu}_2(1)f_2(1) + \ldots + \bar{\mu}_n(1)f_n(1) \\ y_d(2) = \bar{\mu}_1(2)f_1(2) + \bar{\mu}_2(2)f_2(2) + \ldots + \bar{\mu}_n(2)f_n(2) \\ \vdots \\ y_d(p) = \bar{\mu}_1(p)f_1(p) + \bar{\mu}_2(p)f_2(p) + \ldots + \bar{\mu}_n(p)f_n(p) \\ \vdots \\ y_d(P) = \bar{\mu}_1(P)f_1(P) + \bar{\mu}_2(P)f_2(P) + \ldots + \bar{\mu}_n(P)f_n(P) \end{cases} \tag{8-14}$$

或者

$$\begin{cases} y_d(1) = \bar{\mu}_1(1)[k_{10} + k_{11}x_1(1) + k_{12}x_2(1) + \ldots + k_{1m}x_m(1)] \\ \qquad + \bar{\mu}_2(1)[k_{20} + k_{21}x_1(1) + k_{22}x_2(1) + \ldots + k_{2m}x_m(1)] + \ldots \\ \qquad + \bar{\mu}_n(1)[k_{n0} + k_{n1}x_1(1) + k_{n2}x_2(1) + \ldots + k_{nm}x_m(1)] \\ y_d(2) = \bar{\mu}_1(2)[k_{10} + k_{11}x_1(2) + k_{12}x_2(2) + \ldots + k_{1m}x_m(2)] \\ \qquad + \bar{\mu}_2(2)[k_{20} + k_{21}x_1(2) + k_{22}x_2(2) + \ldots + k_{2m}x_m(2)] + \ldots \\ \qquad + \bar{\mu}_n(2)[k_{n0} + k_{n1}x_1(2) + k_{n2}x_2(2) + \ldots + k_{nm}x_m(2)] \\ \vdots \\ y_d(p) = \bar{\mu}_1(p)[k_{10} + k_{11}x_1(p) + k_{12}x_2(p) + \ldots + k_{1m}x_m(p)] \\ \qquad + \bar{\mu}_2(p)[k_{20} + k_{21}x_1(p) + k_{22}x_2(p) + \ldots + k_{2m}x_m(p)] + \ldots \\ \qquad + \bar{\mu}_n(p)[k_{n0} + k_{n1}x_1(p) + k_{n2}x_2(p) + \ldots + k_{nm}x_m(p)] \\ \vdots \\ y_d(P) = \bar{\mu}_1(P)[k_{10} + k_{11}x_1(P) + k_{12}x_2(P) + \ldots + k_{1m}x_m(P)] \\ \qquad + \bar{\mu}_2(P)[k_{20} + k_{21}x_1(P) + k_{22}x_2(P) + \ldots + k_{2m}x_m(P)] + \ldots \\ \qquad + \bar{\mu}_n(P)[k_{n0} + k_{n1}x_1(P) + k_{n2}x_2(P) + \ldots + k_{nm}x_m(P)] \end{cases} \tag{8-15}$$

其中 m 是輸入變數的個數，n 是規則層中神經元的個數。當輸入 $x_1(p), \cdots, x_m(p)$ 時，$y_d(p)$為 ANFIS 的期望輸出。

若使用矩陣形式，則有：

$$\boldsymbol{y}_d = \mathbf{A}\,\boldsymbol{k} \tag{8-16}$$

其中 y_d 是 $P\times 1$ 的期望輸出向量，

$$y_d = \begin{bmatrix} y_d(1) \\ y_d(2) \\ \vdots \\ y_d(p) \\ \vdots \\ y_d(P) \end{bmatrix}$$

A 是 $P\times n\,(1+m)$ 矩陣：

$$\mathbf{A} = \begin{bmatrix} \bar{\mu}_1(1) & \bar{\mu}_1(1)x_1(1) & \cdots & \bar{\mu}_1(1)x_m(1) & \cdots & \bar{\mu}_n(1) & \bar{\mu}_n(1)x_1(1) & \cdots & \bar{\mu}_n(1)x_m(1) \\ \bar{\mu}_1(2) & \bar{\mu}_1(2)x_1(2) & \ldots & \bar{\mu}_1(2)x_m(2) & \cdots & \bar{\mu}_n(2) & \bar{\mu}_n(2)x_1(2) & \cdots & \bar{\mu}_n(2)x_m(2) \\ \vdots & \vdots & \cdots & \vdots & \cdots & \vdots & \vdots & \cdots & \vdots \\ \bar{\mu}_1(p) & \bar{\mu}_1(p)x_1(p) & \cdots & \bar{\mu}_1(p)x_m(p) & \cdots & \bar{\mu}_n(p) & \bar{\mu}_n(p)x_1(p) & \cdots & \bar{\mu}_n(p)x_m(p) \\ \vdots & \vdots & \cdots & \vdots & \cdots & \vdots & \vdots & \cdots & \vdots \\ \bar{\mu}_1(P) & \bar{\mu}_1(P)x_1(P) & \cdots & \bar{\mu}_1(P)x_m(P) & \cdots & \bar{\mu}_n(P) & \bar{\mu}_n(P)x_1(P) & \cdots & \bar{\mu}_n(P)x_m(P) \end{bmatrix}$$

k 爲未知後項參數的 $n\,(1+m)\times 1$ 維向量：

$$k = [k_{10}\ k_{11}\ k_{12}\cdots k_{1m}\ k_{20}\ k_{21}\ k_{22}\cdots k_{2m}\cdots k_{n0}\ k_{n1}\ k_{n2}\cdots k_{nm}\ ]^T$$

通常訓練中的輸入輸出型樣 P 的數量要大於結果後項參數 $n\,(\,1+m)$的數量。這就意味著我們在處理一個超定的問題，而公式(8-16)的精確解可能並不存在。換言之，我們應該找到 k 的最小平方估計 k^*，它能使誤差平方$\|\mathbf{A}\boldsymbol{k}-\boldsymbol{y}_d\|^2$ 最小，這可以用下面的虛擬逆技術實作：

$$\boldsymbol{k}^* = (\mathbf{A}^T\mathbf{A})^{-1}\mathbf{A}^T\boldsymbol{y}_d \tag{8-17}$$

其中 A^T 爲 A 的轉換，如果$(\mathrm{A}^T\mathrm{A})$爲非奇異，則$(\mathrm{A}^T\mathrm{A})^{-1}\mathrm{A}^T$ 爲 A 的虛擬逆法。

一旦規則的後項參數被確定下來，我們就可以計算實際的網路輸出向量 y 並確定誤差向量 e：

$$\boldsymbol{e} = \boldsymbol{y}_d - \boldsymbol{y} \tag{8-18}$$

在後向傳遞中，我們使用的是後向傳遞演算法。誤差信號後向傳遞，同時根據鍊鎖律更新前項參數。

例如，要校正神經元 $A1$ 使用的鐘形激勵函數的參數 a，我們使用如下的鍊鎖律：

$$\Delta a = -\alpha \frac{\partial E}{\partial a} = -\alpha \frac{\partial E}{\partial e} \times \frac{\partial e}{\partial y} \times \frac{\partial y}{\partial(\bar{\mu}_i f_i)} \times \frac{\partial(\bar{\mu}_i f_i)}{\partial \bar{\mu}_i} \times \frac{\partial \bar{\mu}_i}{\partial \mu_i} \times \frac{\partial \mu_i}{\partial \mu_{A1}} \times \frac{\partial \mu_{A1}}{\partial a} \quad (8\text{-}19)$$

其中 α 是學習率，E 為 ANFIS 輸出神經元的誤差平方的瞬時值，即：

$$E = \frac{1}{2}e^2 = \frac{1}{2}(y_d - y)^2 \quad (8\text{-}20)$$

因此，有

$$\Delta a = -\alpha\,(y_d - y)(-1)f_i \times \frac{\bar{\mu}_i(1-\bar{\mu}_i)}{\mu_i} \times \frac{\mu_i}{\mu_{A1}} \times \frac{\partial \mu_{A1}}{\partial a} \quad (8\text{-}21)$$

或：

$$\Delta a = \alpha\,(y_d - y)f_i\,\bar{\mu}_i(1-\bar{\mu}_i) \times \frac{1}{\mu_{A1}} \times \frac{\partial \mu_{A1}}{\partial a} \quad (8\text{-}22)$$

其中

$$\frac{\partial \mu_{A1}}{\partial a} = -\frac{1}{\left[1+\left(\frac{x1-a}{c}\right)^{2b}\right]^2} \times \frac{1}{c^{2b}} \times 2b \times (x1-a)^{2b-1} \times (-1)$$

$$= \mu_{A1}^2 \times \frac{2b}{c} \times \left(\frac{x1-a}{c}\right)^{2b-1}$$

同理，我們可以校正參數 b 和 c。

在 Jang 提出的 ANFIS 訓練演算法中，前項參數和後項參數都要最佳化。在前向傳遞中，前項參數保持固定而調整後項參數。在後向傳遞中，後項參數固定而調整前項參數。但是，在某些情況下，輸入-輸出資料集比較小，隸屬函數可由人類專家描述。在這種情況下，這些隸屬函數在訓練過程中均保持固定，而僅對後項參數進行調整(Jang *et al.*，1997)。

現在我們來證明 ANFIS 在函數近似方面的應用。在本例中，ANFIS 用於理解下面公式所定義的非線性函數的軌跡。

$$y = \frac{\cos(2\,x1)}{e^{x2}}$$

首先選擇合適的 ANFIS 架構。一個 ANFIS 必須有兩個輸入 $x1$、$x2$ 和一個輸出 y。

選擇產生「令人滿意」性能的最小數量的隸屬函數，來確定指定每個輸入的隸屬函數的數量。因此測試性研究始於指定每個輸入變數的兩個隸屬函數。

要建構 ANFIS，我們需要選擇程式語言(例如 C/C++)或神經模糊開發工具。我們選擇最常見的工具—MATLAB Fuzzy Logic Toolbox，它提供了建構神經模糊推理系統的系統框架，並能基於指定每個輸入變數的隸屬函數的數量來自動定義規則。因此，在本例中，ANFIS 用 4 個規則來定義，並且實際上有如圖 8-10 所示的結構。

ANFIS 訓練資料包含 101 個訓練例子。它用 101×3 的矩陣[$x1$ $x2$ y_d]表示，其中 $x1$ 和 $x2$ 是輸入向量，y_d是期望的輸出向量。第一個輸入向量 $x1$ 從 0 開始，每次遞增 0.1，到 10 結束。第二個輸入向量 $x2$ 為向量 $x1$ 的每個元素的正弦值。最後，期望輸出向量 y_d的每個元素由函數方程式確定。

函數的實際軌跡和 ANFIS 從 1 至 100 個週期的訓練輸出如圖 8-11 所示。注意，圖 8-11(a)表示第一次用最小平方法計算規則後項參數後的結果。可以看到，即使在訓練了 100 個週期後，ANFIS 的性能仍不令人滿意。

透過增加訓練的週期數，我們可以改進 ANFIS 的性能，但是把每個輸入變數的隸屬函數增加到 3 個可以得到更好的結果。在本例中，ANFIS 模型有 9 個規則，如圖 8-12 所示。

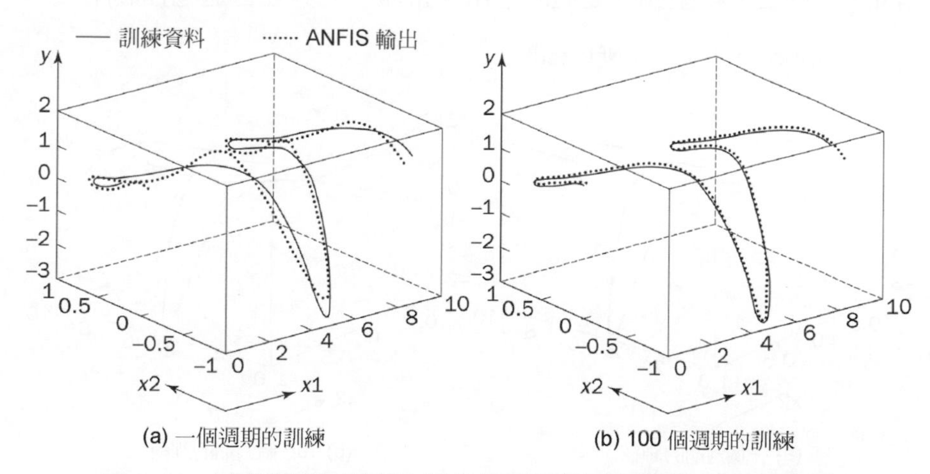

圖 8-11　具有賦予每個輸入變數的兩個隸屬函數的 ANFIS 學習

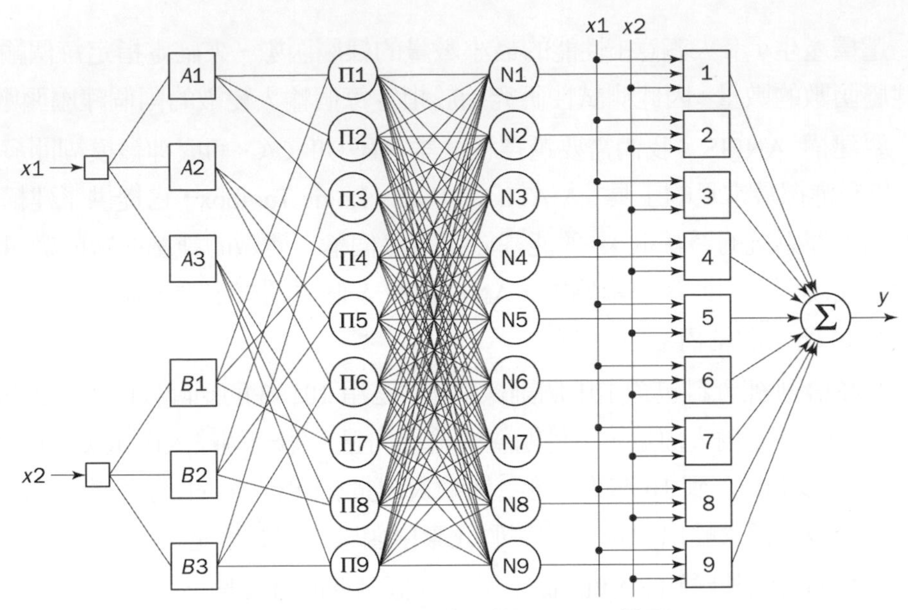

圖 8-12 有 9 個規則的 ANFIS 模型

圖 8-13 顯示 ANFIS 的性能明顯改善，即使只經過一個週期的訓練，其輸出曲線也和期望的軌跡精確吻合。圖 8-14 顯示了訓練前後的隸屬函數。

ANFIS 系統具有快速地推廣和收斂的能力。這在線上學習時是非常重要的。因此，Jang 的模型和其變體的應用非常廣，尤其在自適應控制中。

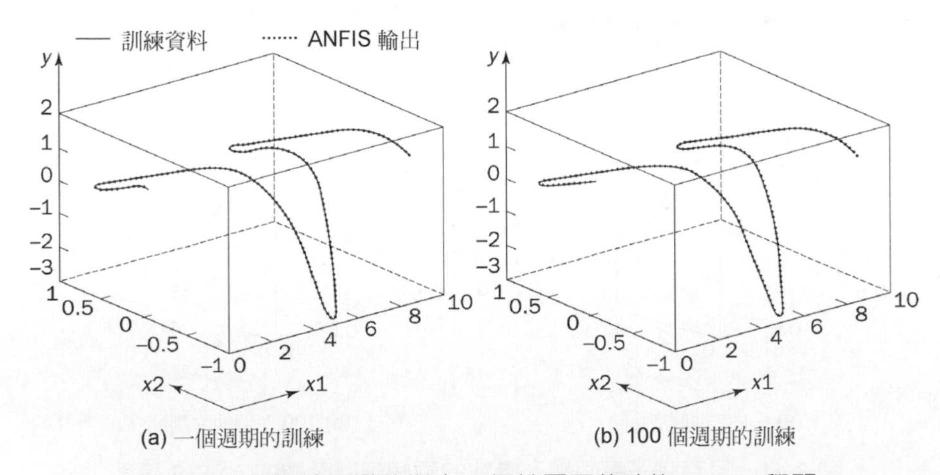

圖 8-13 每個輸入變數指定 3 個隸屬函數時的 ANFIS 學習

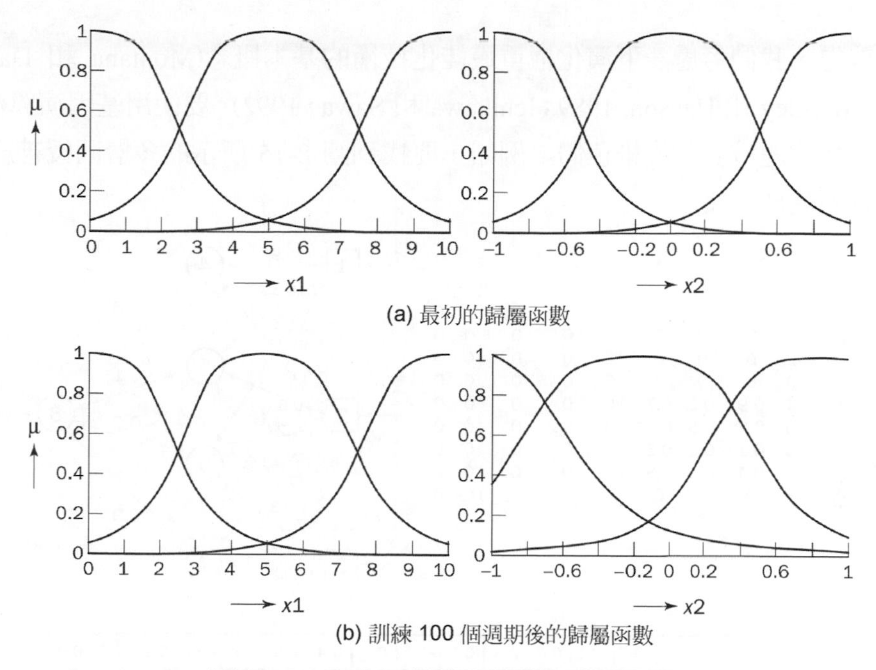

圖 8-14　ANFIS 初始和最後的隸屬函數

8-5　演化神經網路

雖然神經網路可以用來解決各種問題，但這種方法還是有一些限制的，其中最普遍的問題是和神經網路訓練有關。後向傳遞學習演算法是經常使用的，因爲這種方法靈活並容易用數學方法處理(假設神經元的轉移函數可以區分)，但這種方法也有些嚴重的缺點：它不能保證得到最佳化的解決方案。在實際應用中，後向傳遞演算法可能收斂到一系列子最佳化權重中，因此，神經網路通常不能爲問題找到最合理的解決方案。

另一個困難與爲神經網路選擇最佳化拓撲有關。某個問題「正確」網路架構通常由啓發式的方法確定，而且設計神經網路拓撲更是一門藝術而不是工程。

基因演算法是有效的最佳化技術，可以指導權重最佳化和拓撲選擇。

首先，我們考慮一下演化權重最佳化技術的基本概念(Montana 和 Davis, 1989；Whitley 和 Hanson, 1989；Ichikawa 和 Sawa，1992)。要使用基因演算法，首先要將問題域表示成染色體。例如，要找到圖 8-15 所示的多層回授神經網路權重的最佳化集。

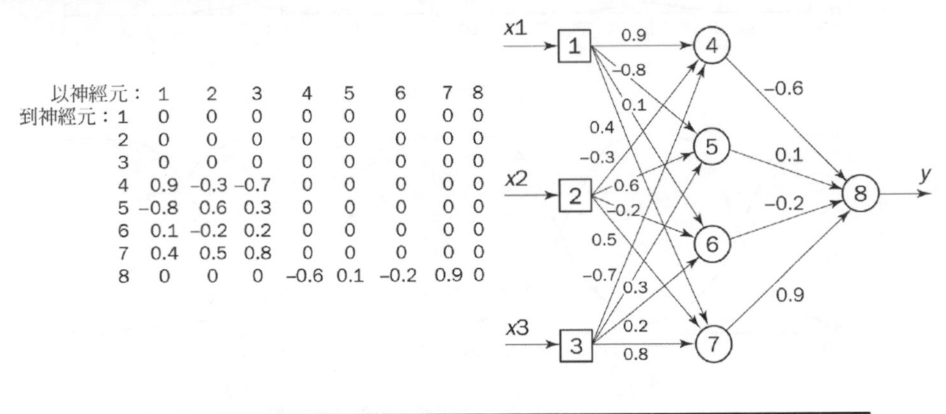

圖 8-15　染色體權重的編碼

網路初始權重是在一個很小的範圍(例如[−1，1])內隨機選擇的。權重集合可以用方陣來表示，矩陣中的實數表示一個神經元和另一個之間鏈接的權重，0 表示這兩個神經元之間沒有關係。圖 8-15 中的神經元之間有 16 個權重鏈接。由於染色體是基因的集合，因此權重可以用有 16 位基因的染色體表示，每個基因表示網路中的一個權重鏈接。因此，我們將矩陣中的列串起來並忽略 0，就可以得到染色體。

另外，每一列表示一組一個神經元所有的輸入權重鏈接。該組可被看作是網路的元件(Montana 和 Davis，1989)，因此應該放在一起以便向下一代傳遞遺傳物質。為了達到這個目標，就要將每個基因與給定神經元的所有輸入權重(不是個別權重)連接起來，如圖 8-15 所示。

第二步是定義適應性函數來評估染色體性能。該函數須評估給定神經網路的性能。這裏，我們可以使用由誤差平方和的倒數所定義的簡單函數。要評估給定染色體的適應性，染色體中包含的每個權重都應指定給網路中相對應的鏈接。然後將例子的訓練集輸入到網路中，並計算誤差的平方和。和越小，染色體越適合。換言之，基因演算法應嘗試找到可以使誤差平方和最小的權重集合。

第三步是選擇遺傳運算—交配和突變。交配運算需要兩個父代染色體，並用這兩個父代染色體的遺傳物質建立一個子代染色體。子代染色體的每個基因是隨機從父代染色體中選擇的。圖 8-16 顯示了交配運算的應用。

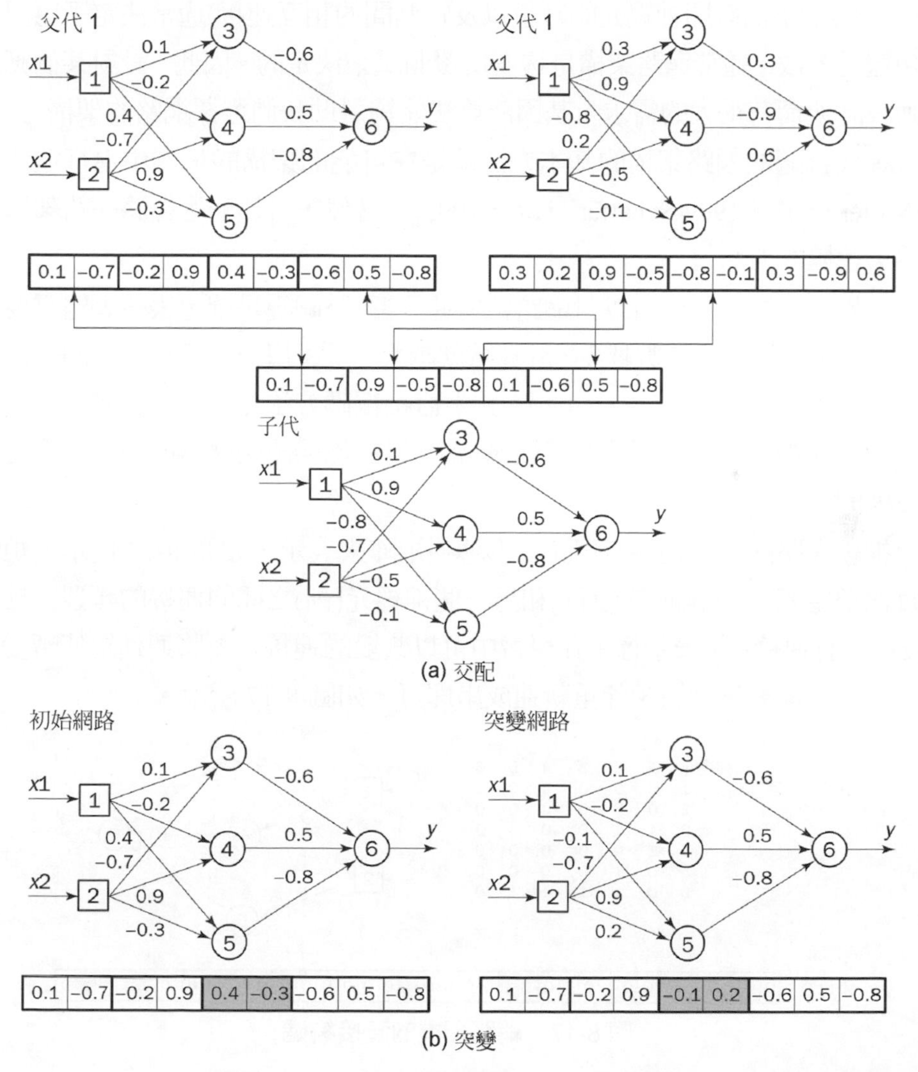

圖 8-16　神經網路權重最佳化的遺傳運算

突變運算隨機選擇染色體中的一個基因，並給該基因上的每個權重添加一個−1 與 1 之間的隨機值。圖 8-16(b)為突變的例子。

現在，可以準備應用基因演算法了。當然，還需要定義種群大小，即不同權重的網路數量、交配和突變的機率以及遺傳的代數。

前面假設網路的結構是固定的，演化學習僅用來最佳化給定網路的權重。但是，網路的架構(即神經元的數量以及它們間的相互連接)通常決定了應用是成功還是失敗。通常網路架構是透過反覆測試來決定的。因此，針對某個應用自動設計架構有很大的需求。基因演算法能夠幫助我們選擇網路的架構。

尋找合適的網路架構的基本方法就是在可能的架構的種群中進行遺傳搜尋(Miller *et al.*，1989 Schaffer *et al.*，1992)。當然，必須先選擇將網路架構編碼為染色體的方法。

有幾種不同的方法可以對網路結構進行編碼，關鍵是確定表達網路需要多少資訊。網路架構的參數越多，計算量就越大。這裏用一個簡單直接的編碼方法來進行說明(Miller *et al.*，1989)。雖然直接編碼方法是一種受限制的技術，它僅能用在神經元個數固定的前饋網路中，但它能夠證明網路的連接拓撲是如何發展的。

神經網路的連接拓撲可用正方形連通矩陣來表示，如圖 8-17 所示。矩陣的每個項定義了一個神經元(行)和另一個神經元(列)之間的連接的類型，其中 0 表示沒有連接，1 表示權重在學習中可以改變的連接。要將連通矩陣轉變為染色體，僅需要按列將矩陣重新連成串即可，如圖 8-17 所示。

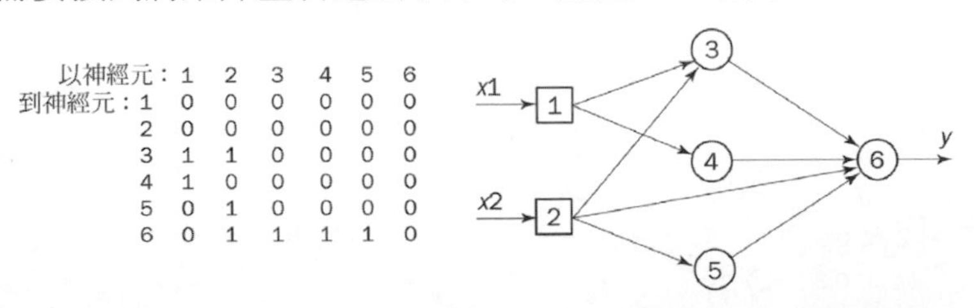

圖 8-17 網路拓撲的直接編碼

給定一組訓練實例和一個可以代表網路框架的二進制字串，一個基本的基因演算法可以透過以下的步驟來描述：

步驟 1

選擇染色體種群的大小、交配和突變的機率，並定義訓練的次數。

步驟 2

定義適應性函數來測量個別染色體的性能或適應性。通常，網路的適應性不僅取決於其精確性，還要取決於其學習率、大小和複雜度。但網路性能還是比其大小更重要，因此，還是可透過計算誤差平方和的倒數來定義適應性函數。

步驟 3

隨機產生染色體的初始群體。

步驟 4

將個別染色體解碼成神經網路。由於限定為前饋網路，因此應忽略染色體中指定的所有回授連接。用小的亂數([−1, 1]區間)來設定網路的初始權重。指定訓練次數，用一定數量的訓練實例和後向傳遞演算法訓練網路，計算誤差的平方和，確定網路的適應性。

步驟 5

重複步驟 4，直到群體中所有的染色體都被考慮為止。

步驟 6

選擇用於交配的一對染色體，選中的機率與其適應性成正比。

步驟 7

用基因的交配和突變運算建立一對子代染色體。交配運算隨機選擇一個列索引，簡單地交換雙親染色體中相對應的列，並建立兩個子代染色體。突變運算用很低的機率，例如 0.005，將染色體中的一至兩位元的值予以反相。

步驟 8

將子代染色體放入新的種群中。

步驟 9

重複步驟 6，直到新種群的大小和初始種群的大小一致爲止，然後用新的種群(子代)取代初始種群(父代)。

步驟 10

回到步驟 4，重複這個過程，直到達到指定的疊代次數爲止。

神經網路拓撲的演化過程如圖 8-18 表示。

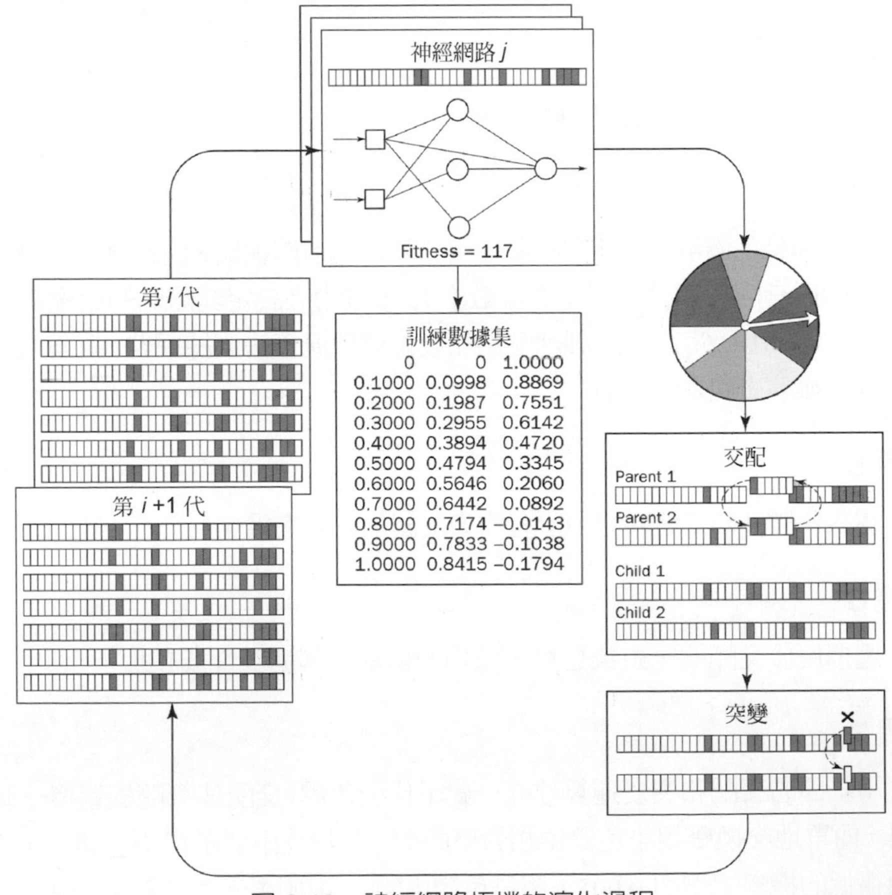

圖 8-18　神經網路拓撲的演化過程

除了神經網路訓練和拓撲選擇之外，演化計算還可以用於最佳化轉移函數和選擇合適的輸入變數。從具有複雜或未知函數關係的大量可能的輸入變數中找到關鍵輸入，是演化神經網路目前一個很有潛力的研究領域。神經系統中演化計算研究的新的主題可以在 Bäck *et al* (1997)中找到。

8.6　模糊演化系統

演化計算也可以用來設計模糊系統，特別是產生模糊規則和調整模糊集合的隸屬函數。本節主要介紹用基因演算法來爲分類問題選擇合適的模糊 IF-THEN 規則集(lshibuchi *et al.*，1995)。

要應用基因演算法，需有一個可行的解決方案的種群。本例中是模糊 IF-THEN 規則的集合。對於分類問題，模糊 IF-THEN 規則集是從數值資料中產生的(Ishibuchi *et al.*，1992)。首先，應對輸入空間使用網格類型的模糊分區。

圖 8-19 顯示了將二維輸入空間模糊分區成 3×3 的模糊子空間的例子。黑色和白色的點分別表示類 1 和類 2 的訓練型樣。網格類型的模糊分區可看作是規則表。輸入變數 $x1$ 的語言變數(A_1、A_2 和 A_3)形成水平軸，輸入變數 $x2$ 的語言變數(B_1、B_2 和 B_3)形成垂直軸。行和列的交集就是規則後項。

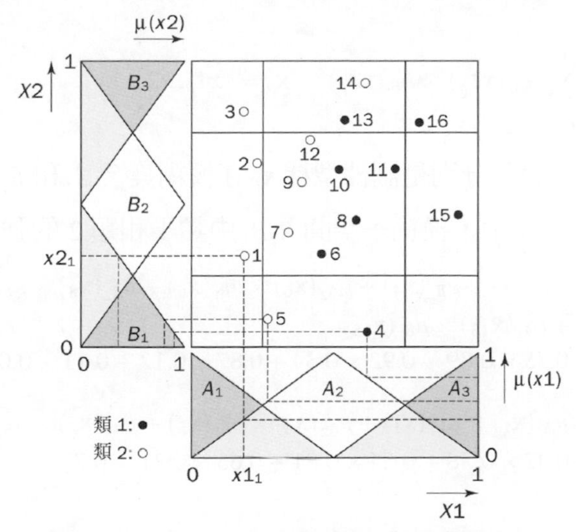

圖 8-19　由 3×3 模糊網格組成的模糊分區

在規則表中，每個模糊子空間僅有一個模糊 IF-THEN 規則，因此可以在 $K \times K$ 個網格中產生的規則的總數也是 $K \times K$ 個。和 $K \times K$ 的模糊分區相對應的模糊規則可以按如下方法表示：

$$\begin{array}{lll} \text{Rule } R_{ij}: & & \\ \text{IF} & x1_p \text{ is } A_i & i = 1, 2, \ldots, K \\ \text{AND} & x2_p \text{ is } B_j & j = 1, 2, \ldots, K \\ \text{THEN} & \mathbf{x}_p \in C_n \left\{ CF_{A_iB_j}^{C_n} \right\} & \mathbf{x}_p = (x1_p, x2_p), p = 1, 2, \ldots, P; \end{array}$$

其中 K 是每個軸上模糊間隔的數量，x_p 是輸入空間 $X1 \times X2$ 上的訓練型樣，P 是訓練型樣的數量，C_n 是規則後項(本例中是類 1 或類 2)。$CF_{A_iB_j}^{C_n}$ 是模糊子空間 A_iB_j 的型樣屬於類 C_n 的確定因數或可能性。

要確定規則後項和確定因數，可使用下面的過程：

步驟 1

將輸入空間分割成 $K \times K$ 的模糊子空間，並計算每個模糊子空間中每個類訓練型樣的強度。給定模糊子空間中的每個類用其訓練型樣來表示。訓練型樣越多，類就越強。換言之，在給定的模糊子空間中，如果某一類的型樣出現的次數要比別的類的型樣多，那麼規則後項就越確定。模糊子空間 A_iB_j 中類 C_n 的強度定義爲：

$$\beta_{A_iB_j}^{C_n} = \sum_{\substack{p=1 \\ \mathbf{x}_p \in C_n}}^{P} \mu_{A_i}(x1_p) \times \mu_{B_j}(x2_p), \quad \mathbf{x}_p = (x1_p, x2_p) \tag{8-23}$$

其中 $\mu_{A_i}(x1_p)$ 和 $\mu_{B_j}(x2_p)$ 分別是訓練型樣 $\mathbf{x}_P$ 在模糊集合 A_i 和 B_j 中的隸屬度。

例如，在圖 8-19 中，模糊子空間 A_2B_1 中類 1 和類 2 的強度爲：

$$\begin{aligned} \beta_{A_2B_1}^{Class1} &= \mu_{A_2}(\mathbf{x}_4) \times \mu_{B_1}(\mathbf{x}_4) + \mu_{A_2}(\mathbf{x}_6) \times \mu_{B_1}(\mathbf{x}_6) + \mu_{A_2}(\mathbf{x}_8) \times \mu_{B_1}(\mathbf{x}_8) \\ &\quad + \mu_{A_2}(\mathbf{x}_{15}) \times \mu_{B_1}(\mathbf{x}_{15}) \\ &= 0.75 \times 0.89 + 0.92 \times 0.34 + 0.87 \times 0.12 + 0.11 \times 0.09 = 1.09 \end{aligned}$$

$$\begin{aligned} \beta_{A_2B_1}^{Class2} &= \mu_{A_2}(\mathbf{x}_1) \times \mu_{B_1}(\mathbf{x}_1) + \mu_{A_2}(\mathbf{x}_5) \times \mu_{B_1}(\mathbf{x}_5) + \mu_{A_2}(\mathbf{x}_7) \times \mu_{B_1}(\mathbf{x}_7) \\ &= 0.42 \times 0.38 + 0.54 \times 0.81 + 0.65 \times 0.21 = 0.73 \end{aligned}$$

步驟 2

確定每個模糊子空間的規則後項和確定因數。由於規則後項是由強度最高的類來確定的，因此我們需要找到 C_m 滿足：

$$\beta_{A_iB_j}^{C_m} = max\left[\beta_{A_iB_j}^{C_1}, \beta_{A_iB_j}^{C_2}, \ldots, \beta_{A_iB_j}^{C_N}\right] \tag{8-24}$$

如果某個類取得了最大值，規則後項就確定為 C_m。例如，在模糊子空間 A_2B_1 中，規則後項就是類 1。

接下來計算確定因數：

$$CF_{A_iB_j}^{C_m} = \frac{\beta_{A_iB_j}^{C_m} - \beta_{A_iB_j}}{\sum_{n=1}^{N} \beta_{A_iB_j}^{C_n}} \tag{8-25}$$

其中

$$\beta_{A_iB_j} = \frac{\sum_{\substack{n=1 \\ n\neq m}}^{N} \beta_{A_iB_j}^{C_n}}{N-1} \tag{8-26}$$

例如在模糊子空間 A_2B_1 中，相對應的規則後項的確定因數的計算方法為：

$$CF_{A_2B_1}^{Class2} = \frac{1.09 - 0.73}{1.09 + 0.73} = 0.20$$

如何解釋這裏的確定因數？

下面解釋公式(8-25)中的確定因數。如果模糊子空間 $A_i\,B_j$ 中的所有的訓練型樣都屬於相同的類 C_m，則確定因數最大，且該子空間中任何新的型樣都是屬於類 C_m 的。但是，如果訓練型樣屬於不同的類且這些類的強度相同，則確定因數最小且不能確定新型樣屬於類 C_m。

這就意味著模糊子空間 A_2B_1 中的型樣易導致誤分類。如果模糊子空間沒有任何訓練型樣，就根本不能確定規則後項。實際上，如果模糊分區太粗糙，則很多型樣就會被誤分類。換言之，如果模糊分區非常精細，則很多模糊規則就不可能得到，因為缺乏相對應模糊子空間的訓練集。因此，選擇模糊網格的密度對於將輸入型樣正確分類是至關重要的。

同時，如圖 8-19 所示，訓練型樣沒有必要均勻地分佈於輸入空間中。因此，很難為模糊網格選擇合適的密度。為了克服這個難點，可使用多個模糊規則表(Ishibuchi *et al.*，1992)，圖 8-20 給出了一個例子，表的數量取決於分類問題的複雜程度。

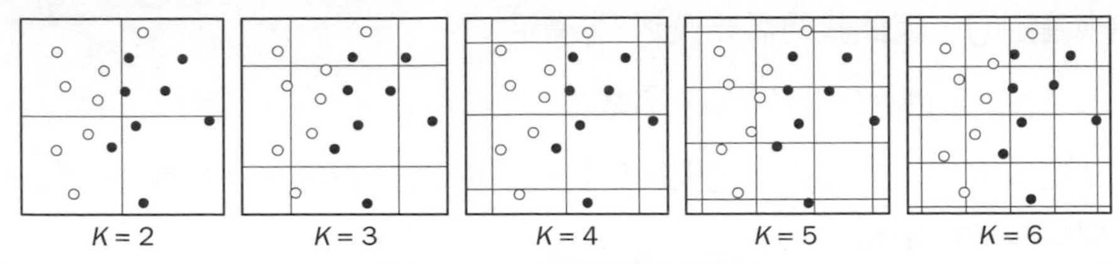

圖 8-20　多層模糊規則表

多個模糊規則表的每個模糊子空間產生模糊 IF-THEN 規則，因此完整的規則集可表示爲：

$$S_{ALL} = \sum_{K=2}^{L} S_K, \qquad K = 2, 3, \ldots, L \tag{8-27}$$

其中 S_K 是模糊規則表 K 對應的模糊集合。

如圖 8-20 所示，多個模糊規則表產生的規則集 S_{ALL} 包含 $2^2+3^2+4^2+5^2+6^2=90$ 條規則。

一旦產生了 S_{ALL} 規則集，就可按下面的步驟給新的型樣 $x = (x1, x2)$分類。

步驟 1

在多個模糊規則表的每個模糊子空間中，計算每個類新型樣的相容程度：

$$\alpha^{C_n}_{K\{A_iB_j\}} = \mu_{K\{A_i\}}(x1) \times \mu_{K\{B_j\}}(x2) \times CF^{C_n}_{K\{A_iB_j\}} \tag{8-28}$$

$$n = 1, 2, \ldots, N; \quad K = 2, 3, \ldots, L; \quad i = 1, 2, \ldots, K; \quad j = 1, 2, \ldots, K$$

步驟 2

定義每個類新型樣的最大相容程度：

$$\begin{aligned} \alpha^{C_n} = max\Big[&\alpha^{C_n}_{1\{A_1B_1\}}, \alpha^{C_n}_{1\{A_1B_2\}}, \alpha^{C_n}_{1\{A_2B_1\}}, \alpha^{C_n}_{1\{A_2B_2\}}, \\ &\alpha^{C_n}_{2\{A_1B_1\}}, \ldots, \alpha^{C_n}_{2\{A_1B_K\}}, \alpha^{C_n}_{2\{A_2B_1\}}, \ldots, \alpha^{C_n}_{2\{A_2B_K\}}, \ldots, \alpha^{C_n}_{2\{A_KB_1\}}, \ldots, \alpha^{C_n}_{2\{A_KB_K\}}, \ldots, \\ &\alpha^{C_n}_{L\{A_1B_1\}}, \ldots, \alpha^{C_n}_{L\{A_1B_K\}}, \alpha^{C_n}_{L\{A_2B_1\}}, \ldots, \alpha^{C_n}_{L\{A_2B_K\}}, \ldots, \alpha^{C_n}_{L\{A_KB_1\}}, \ldots, \alpha^{C_n}_{L\{A_KB_K\}}\Big] \end{aligned} \tag{8-29}$$

$$n = 1, 2, \ldots, N$$

步驟 3

用有最高相容程度的新型樣定義類 C_m，即：

$$\alpha^{C_m} = max\left[\alpha^{C_1}, \alpha^{C_2}, \ldots, \alpha^{C_N}\right] \tag{8-30}$$

給 C_m 指定型樣 $x = (x1, x2)$。

精確型樣分類所需的多個模糊規則表的數目會非常大。因此，完整的規則集 S_{ALL} 可能非常龐大，同時 S_{ALL} 中的規則的分類能力也不同，因此僅需要選出精確分類能力潛力很高的規則，從而大大減少規則集的數量。

選擇模糊 IF-THEN 規則的問題可以看作是有兩個目標複合的最佳化問題。首先，最重要的目標是使正確分類的型樣的數量達到最大，其次是使規則的數量達到最小(Ishibuchi *et al*., 1995)。可以應用基因演算法來解決這個問題。

在基因演算法中，每個可行的解決方案被當作一個個體，因此我們需要將可行的模糊 IF-THEN 規則表示成固定長度的染色體。染色體中的每個基因應該表示 S_{ALL} 中的一個模糊規則，假如 S_{ALL} 定義爲：

$$S_{ALL} = 2^2 + 3^2 + 4^2 + 5^2 + 6^2$$

則可將染色體指定爲 90 位元的字串。串中每個位元可爲 1，−1，0 其中一個。

我們的目標是從全部規則集 S_{ALL} 中選出合適的規則，組成模糊規則壓縮集 S。如果某個規則屬於 S 中，那麼染色體上的相對應位就爲 1。如果該規則不屬於 S 中，則相對應的位元爲 −1，假規則用 0 表示。

什麼是假規則？

如果規則的後項不能確定，那麼這個規則就是假規則。通常模糊子空間沒有訓練型樣的這種情況是正常的。假規則不會影響分類系統的性能，因此可以排除在規則集 S 以外。

我們如何確定哪個模糊規則屬於規則集 S，哪個不屬於？

在初始種群中，這個決定是基於 50%的機會做出的，也就是說，在出現於初始種群內的每個染色體中，每個模糊規則接收值 1 的可能性爲 0.5。

選擇模糊 IF-THEN 規則的基本基因演算法包含以下幾個步驟(Ishibuchi *et al.*，1995)：

步驟 1

隨機產生染色體的初始種群。種群大小可以很小，例如 10 個或 20 個染色體。染色體中的每個基因和規則集 S_{ALL} 中的某個模糊 IF-THEN 規則相對應。假規則對應的基因取值爲 0，其他基因隨機指定值爲 1 或 −1。

步驟 2

爲目前種群中的每個染色體計算性能或適應性。選擇模糊邏輯的問題有兩個目標：使型樣分類的精確度最大而規則數量最小。適應性函數必須能夠符合這兩個目標，可以在適應性函數中引入兩個權重 w_P 和 w_N：

$$f(S) = w_P \frac{P_s}{P_{ALL}} - w_N \frac{N_S}{N_{ALL}} \tag{8-31}$$

其中 P_s 是成功分類的型樣的數量，P_{ALL} 是分類系統中出現的型樣總數，N_S 和 N_{ALL} 分別是 S 和 S_{ALL} 中模糊 IF-THEN 規則的數量。

分類精確性要比規則數量重要的多，可以直接反映到指定的權重上：

$$0 < w_N \leq w_P$$

w_P 和 w_N 的典型值分別是 1 和 10。因此，可以得到：

$$f(S) = 10 \frac{P_s}{P_{ALL}} - \frac{N_S}{N_{ALL}} \tag{8-32}$$

步驟 3

選擇用來交配的一對染色體。雙親染色體是根據與其適應性相關的機率來選擇的，適應性強的染色體被選中的機率大。

步驟 4

使用標準交配運算建立子代染色體。雙親染色體在隨機選擇的交配點上進行交換。

步驟 5

在子代染色體的每個基因上執行突變運算。突變機率一般很小(如 0.01)。突變運算就是將基因值和−1 相乘。

步驟 6

將子代染色體放到新的種群中。

步驟 7

重複步驟 3，直到新種群的大小和初始種群相同爲止。用新(子代)種群代替初始(父代)種群。

步驟 8

回到步驟 2，重複上述過程，直到達到了指定的遺傳代數(通常是幾百)爲止。

上面的演算法可以大大地減少正確分類需要的模糊 IF-THEN 規則的數量。事實上，幾次電腦模擬(Ishibuchi *et al.*，1995)都證明了規則的數量可以減少到初始規則數量的 2%，這樣，留給系統的只是幾個非常重要的可以由人類專家精心設計的規則。因此我們可以使用模糊演化系統作爲知識擷取工具以便在複雜的資料庫中發現新的知識。

8.7 總結

本章主要介紹混合智慧型系統，即結合了不同智慧技術的系統。我們首先介紹了一種新的專家系統，神經專家系統，它結合了神經網路和規則庫的專家系統。然後介紹了神經模糊系統和自適應神經模糊推理系統 ANFIS，其功能分別等同於 Mamdani 模糊推理模型和 Sugeno 模糊推理模型。最後，我們討論了演化神經網路和模糊演化系統。

本章的主要內容有：

- 混合智慧型系統是至少結合了兩種智慧技術的系統。例如，神經網路和模糊系統結合的結果是混合神經模糊系統。
- 機率推理、模糊集合理論、神經網路和演化計算構成了軟計算的核心。軟計算是建構能夠在不確定和不精確環境中進行推理和學習的混合智慧型系統的方法。
- 專家系統和神經網路都嘗試模擬人類的智慧，但是使用的方法不同。專家系統依賴 IF-THEN 規則和邏輯推理，而神經網路則使用並列的資料處理。專家系統不能學習，但能夠解釋其推理過程；神經網路可以學習，但其行爲像黑盒子。這些性質決定了它們可以建構混合專家系統，稱爲神經或連接專家系統。
- 神經專家系統用經過訓練的神經網路取代知識庫。和傳統的規則庫的專家系統不同，神經專家系統可以處理模糊和不完整的資料。領域知識可以用於神經知識庫的最初結構中。在訓練後，神經知識庫就可以表達成 IF-THEN 產生式規則集。
- 對應於 Mamdani 模糊推理模型的神經模糊系統可以表示成包含五層的前饋神經網路：輸入層、模糊化層、模糊規則層、輸出隸屬層和解模糊化層。
- 神經模糊系統可以使用神經網路的標準學習演算法進行學習，包括後向傳遞演算法。專家的知識表示成語言變數和模糊規則的形式，可以包含進神經模糊系統的結構中。在獲取有代表性的可用例子後，神經模糊系統可以自動將其轉化成模糊 IF-THEN 規則集。
- 自適應神經模糊推理系統 ANFIS 對應於一階 Sugeno 模糊模型。ANFIS 用 6 層的神經網路表示：輸入層、模糊化層、模糊規則層、常規化層、解模糊化層和總結層。
- ANFIS 使用混合了最小平方法和梯度下降法的學習演算法。在前向傳遞中會出現輸入型樣的訓練集，神經元的輸出會一層一層地計算，其規則後項參數用最小平方法表示。在後向傳遞中，誤差信號後向傳遞，規則前項參數根據鍊鎖律更新。

- 基因演算法有助於最佳化權重並選擇神經網路的拓撲結構。
- 演化計算也可以用於在解決複雜的分類問題時選擇合適的模糊規則集。當使用多個模糊規則表根據數值資料產生完整的模糊 IF-THEN 規則後，可以用基因演算法選擇相當少但是分類能力相當高的模糊規則。

複習題

1. 什麼是混合智慧型系統？給出一個混合智慧型系統的例子。軟計算的核心是什麼？「軟」計算和「硬」計算有何區別？
2. 爲什麼神經專家系統能夠進行近似推理？畫出三類分類問題的神經知識庫，假設要將一個物件在蘋果、橘子和檸檬中進行分類。
3. 爲什麼說模糊系統和神經網路是建構智慧型系統的互補工具？畫出和 Sugeno 模糊推理模型對應的實作 AND 運算的神經模糊系統。假設系統有兩個輸入和一個輸出，每個變數用兩個語言值表示：Small 和 Large。
4. 描述神經模糊系統中每一層的功能。系統如何進行模糊化？模糊規則神經元如何將多個輸入合併？神經模糊系統中的解模糊化如何工作？
5. 神經模糊系統如何學習？在訓練中，要學習和調整什麼系統參數？神經模糊系統如何識別人類專家給出的錯誤規則？請舉例說明。
6. 描述 ANFIS 每一層的功能。在 Jang 的模型中，模糊化神經元使用的激勵函數是什麼？什麼是模糊規則激發強度的常規化？
7. ANFIS 如何學習？描述混合學習演算法。該演算法的優點是什麼？
8. 若需實作零階的 Sugeno 模糊模型，如何改變圖 8-10 所示的 ANFIS 架構？
9. 對應於 Mamdani 模糊推理模型的神經模糊系統及 ANFIS 有什麼不同？
10. 如何將神經網路的權重編碼進染色體中？舉例說明。描述最佳化神經網路權重的基因演算法。
11. 如何將神經網路拓撲編碼進染色體中？舉例說明。寫出最佳化神經網路拓撲的基本基因演算法的主要步驟。
12. 什麼是網格模糊分區？請舉例說明。爲什麼複雜的型樣分類問題需要多個模糊規則表？描述選擇模糊 IF-THEN 規則的基因演算法。

參考文獻

[1] Abraham, A. (2004). Meta learning evolutionary artificial neural networks, Neurocomputing, 56, 1–38.

[2] Affenzeller, M., Winkler, S., Wagner, S. and Beham, A. (2009). Genetic Algorithms and Genetic Programming: Modern Concepts and Practical Applications. Chapman & Hall/CRC Press, Boca Raton, FL.

[3] Castellano, G., Castiello, C., Fanelli, A.M. and Jain, L. (2007). Evolutionary neuro-fuzzy systems and applications, Advances in Evolutionary Computing for System Design, L.C. Jain, V. Palade and D. Srinivasan, eds, Springer-Verlag, Berlin, pp. 11–46.

[4] Fu, L.M. (1993). Knowledge-based connectionism for revising domain theories, IEEE Transactions on Systems, Man, and Cybernetics, 23(1), 173–182.

[5] Gallant, S.I. (1988). Connectionist expert systems, Communications of the ACM, 31(2), 152–169.

[6] Gallant, S.I. (1993). Neural Network Learning and Expert Systems. MIT Press, Cambridge, MA.

[7] Ishibuchi, H., Nozaki, K. and Tanaka, H. (1992). Distributed representation of fuzzy rules and its application to pattern classification, IEEE Transactions on Fuzzy Systems, 3(3), 260–270.

[8] Ishibuchi, H., Nozaki, K., Yamamoto, N. and Tanaka, H. (1995). Selecting fuzzy If-Then rules for classification problems using genetic algorithms, Fuzzy Sets and Systems, 52, 21–32.

[9] Jang, J.-S.R. (1993). ANFIS: Adaptive Network-based Fuzzy Inference Systems, IEEE Transactions on Systems, Man, and Cybernetics, 23(3), 665–685.

[10] Jang, J.-S.R., Sun, C.-T. and Mizutani, E. (1997). Neuro-Fuzzy and Soft Computing: A Computational Approach to Learning and Machine Intelligence. Prentice Hall, Englewood Cliffs, NJ.

[11] Kasabov, N. (2007). Evolving Connectionist Systems: The Knowledge Engineering Approach. Springer-Verlag, Berlin.

[12] Lin, C.T. and Lee, G. (1996). Neural Fuzzy Systems: A Neuro-Fuzzy Synergism to Intelligent Systems. Prentice Hall, Englewood Cliffs, NJ.

[13] Melin, P. and Castillo, O. (2005). Hybrid Intelligent Systems for Pattern Recognition Using Soft Computing: An Evolutionary Approach for Neural Networks and Fuzzy Systems. Springer-Verlag, Berlin.

[14] Mendivil, S.G., Castillo, O. and Melin, P. (2008). Optimization of artificial neural network architectures for time series prediction using parallel genetic algorithms, Soft Computing for Hybrid Intelligent Systems, O. Castillo, P. Melin J. Kacprzyk and W. Pedrycz, eds, Springer-Verlag, Berlin, pp. 387–400.

[15] Miller, G.F., Todd, P.M. and Hedge, S.U. (1989). Designing neural networks using genetic algorithms, Proceedings of the Third International Conference on Genetic Algorithms, J.D. Schaffer, ed., Morgan Kaufmann, San Mateo, CA, pp. 379–384.

[16] Montana, D.J. and Davis, L. (1989). Training feedforward networks using genetic algorithms, Proceedings of the 11th International Joint Conference on Artificial Intelligence, Morgan Kaufmann, San Mateo, CA, pp. 762–767.

[17] Nauck, D., Klawonn, F. and Kruse, R. (1997). Foundations of Neuro-Fuzzy Systems. John Wiley, Chichester.

[18] Nikolopoulos, C. (1997). Expert Systems: Introduction to First and Second Generation and Hybrid Knowledge Based Systems. Marcel Dekker, New York.

[19] Russell, S.J. and Norvig, P. (2009). Artificial Intelligence: A Modern Approach, 3rd edn. Prentice Hall, Upper Saddle River, NJ.

[20] Sestito, S. and Dillon, T. (1991). Using single layered neural networks for the extraction of conjunctive rules, Journal of Applied Intelligence, 1, 157–173.

[21] Skabar, A. (2003). A GA-based neural network weight optimization technique for semi-supervised classifier learning, Design and Application of Hybrid Intelligent Systems, A. Abraham, M. Koppen and K. Franke, eds, IOS Press, Amsterdam, pp. 139–146.

[22] Von Altrock, C. (1997). Fuzzy Logic and NeuroFuzzy Applications in Business and Finance. Prentice Hall, Upper Saddle River, NJ.

[23] Zadeh, L. (1996). Computing with words – a paradigm shift, Proceedings of the First International Conference on Fuzzy Logic and Management of Complexity, Sydney, Australia, 15–18 January, vol. 1, pp. 3–10.

知識工程 9

本章討論如何選擇正確的工具用於建構一智慧系統。

9.1 知識工程簡介

選擇正確的工具對於建構智慧系統而言是最關鍵的部分。到目前爲止，你對規則式庫和框架式庫的專家系統、模糊系統、人工神經網路、基因演算法、混合神經模糊系統以及模糊演化系統都已經很熟悉了。雖然利用這些工具可以很好地處理很多問題，但對某個問題選擇最合適的工具還是很難的。大衛斯定律(Davis's law)提到：「每個工具都有其最適合的任務」(Davis 和 King，1977)。但是，如果認爲每個任務都有最適合的工具，那就太樂觀了。在本章中，我們將討論爲給定的任務選擇合適工具的基本原則，考慮建構智慧系統的主要步驟並討論如何將資料轉化爲知識。

建構智慧系統的過程從理解問題域開始。首先要評估問題，確定可用的資料及解決問題需要什麼資訊。一旦理解了問題，就可以選擇合適的工具並用這個工具開發系統了。建構智慧知識庫系統的過程稱爲知識工程。它有 6 個基本階段(Waterman，1986；Durkin，1994)：

1. 評估問題。
2. 資料和知識擷取。
3. 開發原型系統。
4. 開發完整系統。
5. 評估和修訂系統。
6. 整合和維護系統。

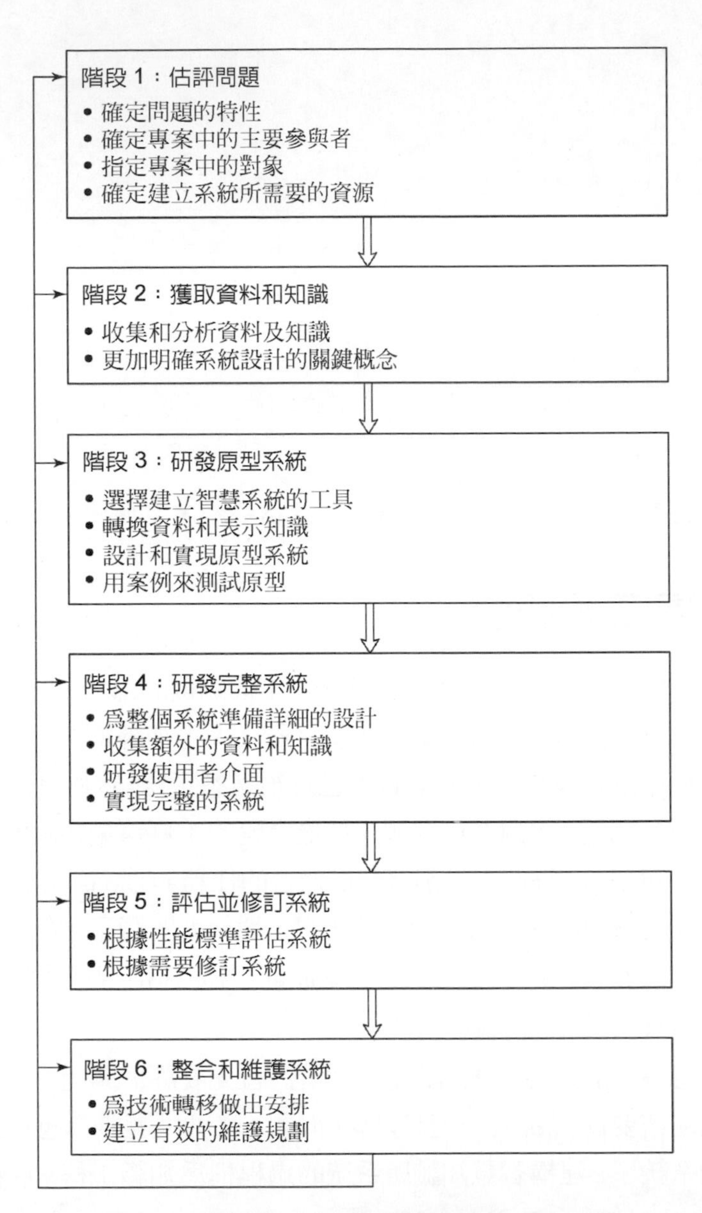

圖 9-1　知識工程的流程

知識工程的過程如圖 9-1 所示。知識工程，儘管名爲工程，但更像一門藝術，且開發智慧系統的實際過程不可能像圖 9-1 那樣清晰和簡潔。雖然各階段是按順序顯示，但實際過程中可能是有相當大的重疊。因過程本身高度疊代，遂在任何時候我們都可以參與到開發活動中。下面詳細說明過程的每個階段。

9.1.1　評估問題

在本階段中，我們要確定問題的特徵和專案的參與者，詳細說明專案的目標並確定建構系統所需的資源。

爲了辨別問題，我們要確定問題的類型、輸入和輸出變數及其內部的交互影響以及解決方案的形式和內容。

第一步是確定問題的類型。智慧系統要處理的典型問題如表 9-1 所示。它們包含診斷、選擇、預測、分類、分群、最佳化和控制。

問題的類型影響建構智慧系統時對工具的選擇。例如，假設要開發一個系統，用於檢測電路的故障，並引導使用者透過診斷過程。很明顯這個問題屬於診斷。這類問題的領域知識通常用產生式規則表示，因此最好選擇規則式庫的專家系統。

當然，建立工具的選擇還取決於解決方案的形式和內容。例如，用於診斷的系統通常需要解釋設備—判斷其解決方案的途徑。這樣的設備是任何專家系統必需的元件，但在神經網路中就無法使用。換言之，在分類或分群這樣的問題中，結果比理解系統的推理過程更重要，這時選擇神經網路就很合適。

評估問題的下一步是確定專案的參與者。任何知識工程專案都有兩個關鍵參與者，知識工程師(可以設計、建構和測試智慧系統的人)和領域專家(在特定的範圍和領域中，有能力解決問題的知識淵博的人)。

下面指定專案的目標，例如取得競爭力優勢、改善決策品質、減少人工成本、改進產品和服務的品質。

最後，決定建構系統所需的資源。通常包含電腦設備、開發軟體、知識和資料源(人類專家、教科書、操作手冊、網址、資料庫和例子)，當然還有資金。

表 9-1 智慧系統所要處理的典型問題

問題類型	描述
診斷	從物件的行爲來推理故障和提出解決方案
選擇	從可能的選項中提出最好的選項
預測	根據目標過去的行爲預測它將來的行爲
分類	將某個物件指定到定義好的類別
分群	把不同類的物件分成同類的子集
最佳化	提高解決方案的品質直到找到最佳化方案爲止
控制	控制目標的行爲來滿足即時的需求

9.1.2 資料和知識擷取

本階段透過蒐集和分析資料及知識，擷取對問題更進一步的理解，並使系統設計的關鍵觀念更加清晰。

智慧系統需要的資料通常是透過不同的管道蒐集而來的，因此其類型也有所不同。但是，用來建構智慧系統的某個工具需要相對應類型的資料。有一些工具可以處理連續變數，而其他一些工具可能要求將變數分割到幾個範圍中，或者需要常規化到某個小的範圍，例如 0 到 1 中。有一些工具可以處理字元(文本)資料，而有一些工具只能處理數值資料。有一些工具可以容忍不精確和有干擾的資料，而有一些工具必須使用定義良好的清晰資料。因此，資料必須轉換成某個工具可以使用的形式。但是，無論選擇什麼工具，在轉換資料前必須要解決三個重要的問題(Berry 和 Linoff, 2004)。

第一個問題是資料的不相容性。通常在我們想要分析的資料中，文本是用 EBCDIC 編碼的，數值爲組合式十進制數字的形式，但我們想要選擇的智慧系統的工具卻是使用 ASCII 碼儲存本文，數值使用單精確度或雙精度浮點數的形式表示。這個問題通常是用資料轉換工具，自動地爲需要轉換的資料產生編碼來解決的。

第二個問題是資料的不一致。相同的情況在不同資料庫中的表示可能不同。如果這些不同不能被及時發現和解決，那麼，我們可能發現，在分析碳酸飲料的銷售型樣時居然沒有包含可口可樂，僅僅因爲這些資料存在於另一個資料庫中。

第三個問題是資料的缺失。實際的資料記錄經常包含空白欄位。有時候我們可以丟棄這種不完整的記錄，但通常會嘗試從這種記錄中提取有用的資訊。大多數情況下，我們可以用最常見的值或平均值填到空白欄位中。有時候，某些欄位沒有填寫任何資料也能夠提供一些資訊。例如，如果在工作申請表中，公司電話號碼欄位的空白可能表示申請人目前失業。

選擇系統建構工具還取決於已獲得的資料。例如，根據房產的特點來估計其市場價值。這個問題可以使用專家系統或者神經網路技術來解決。因此，在確定使用哪個工具之前，應先研究一下現有的資料。例如，如果可以得到該地區所有房屋現在的銷售價格，就可以用銷售實例來訓練神經網路，而不是使用有經驗的鑑定者的知識來開發專家系統。

資料擷取和知識擷取是密切相關的。實際上，我們通常在擷取問題領域知識的同時蒐集資料。

知識擷取過程的步驟有哪些？

通常我們是從複習和問題域相關的文件、閱讀書籍、論文以及操作手冊開始的。在熟悉了問題之後，我們就可以藉由與領域專家的晤談而蒐集更多的知識了。然後再研究和分析已擷取的知識，並不斷地重複整個過程。因此知識擷取本質上是一個疊代的過程。

在晤談的時候，要求專家提供 4～5 個典型的案例，描述他如何解決每個案例，並解釋(或自言自語)每個解決方案背後的推理過程(Russell 和 Norvig，2009)。但是，從人類專家那裏抽取知識是一個很困難的過程，通常稱其爲「知識擷取的瓶頸」。絕大多數情況下，專家沒有意識到他們擁有什麼知識和解決問題時使用的是什麼策略，或者是沒有將其表達出來。專家還經常提供一些不相關、不完整和不一致的資訊。

理解問題域是建構智慧系統的關鍵。Donald Michie 給出了一個經典的例子(1982)。乳酪工廠裏有一位非常有經驗的乳酪檢查員，他快要退休了。工廠的經理決定用一個「智慧的機器」來代替這位檢查員。檢查員檢查乳酪時，會把手指按在乳酪上，確定是否「感覺良好」。因此假設機器也要做相同的事情—檢查乳酪的表面張力是否正確。但機器這樣做是沒有用的。最後，他們發現檢查員實際上是依靠乳酪的味道而不是表面張力來判斷乳酪好壞的，他用手指按乳酪，是爲了讓味道飄出來。

在知識工程的第二個階段獲得的資料和知識使我們能夠用最抽象的、概念化的方法描述解決問題的策略，並選擇建構原型系統的工具。但必須在評估原型系統前對問題進行詳細分析。

9.1.3 開發原型系統

這個過程實際上就是建立一個小型的智慧系統，並用一些測試案例進行測試。

什麼是原型？

原型系統實際上就是最終系統的縮小版本。它用來測試我們對問題的理解程度，換言之，確保解決問題的策略、建構系統的工具、表達資料和知識的技術對於解決問題而言是正確和足夠的。在很多時候，這也是一個機會，它可以說服持有懷疑態度的人，應該在開發系統時積極地僱佣領域專家。

在選擇好工具、轉換好資料、根據所選工具表示好擷取的知識後，就可以設計並實作系統的原型版本了。一旦建構好系統，我們就應透過測試案例檢查(通常是和領域專家一起)原型系統的性能。在測試系統時，領域專家產生了積極的作用，因此專家會更深入地參與到系統的開發中。

什麼是測試案例？

測試案例是過去已成功解決的問題，其輸入和輸出是已知的。在測試程序中，使用相同的輸入資料，比較系統的結果和案例原來的結果是否相同。

如果選錯了建構系統的工具，該怎麼辦？

此時應放棄已有的原型系統，重新從原型階段開始，任何嘗試把錯誤的工具強加至它不適合解決的問題時，都會導致系統開發延誤的時間更長。原型階段的主要目標是更好地理解問題，因此用新工具重新開始，並不會浪費任何時間和資金。

9.1.4 開發完整系統

一旦對原型的功能感到滿意，我們就可以確定開發完整系統時實際要包含的內容。首先要為完整系統開發制訂計劃、時間表和資金預算，並明確地定義系統性能的標準。

本階段的主要工作和增加系統的資料及知識有關。例如，想要開發診斷系統，就需要提供處理某種情況的更多的規則。如果要開發預測系統，就需要蒐集額外過去用過的資料，確保預測更加準確。

接下來的任務就是開發使用者介面—向使用者傳達資訊的方式。使用者介面應該儘量簡單，以便使用者可以很容易地得到想要的資訊。一些系統可能需要解釋其推理過程，證明其建議、分析或結果是正確的，也有一些系統需要將結果用圖形的方式表達出來。

智慧系統的開發過程實際上是一個演化的過程。在專案進行過程中，蒐集到新的資料和知識並加入到系統中後，系統的功能得到改善，原型系統就演化為最終的系統了。

9.1.5 評估和修訂系統

智慧系統和傳統的電腦程式不同，智慧系統是用來解決沒有明確認定「正確」和「錯誤」解決方案的問題。要評估智慧系統，就是確保系統的功能滿足使用者的需求。對系統正式的評估就是執行使用者選擇的一些測試案例。將系統得到的結果性能和性能標準作個比較，在原型階段結束時比較結果應該是一致的。

評估階段通常能夠發現系統的侷限性和缺點，因此需要重複相關的開發階段以便讓系統得到修正。

9.1.6 整合和維護系統

這是開發系統的最後階段。它包括將系統整合到它要執行的環境中，並建立有效的維護程式。

這裏「整合」的意思是將新的智慧系統和現有系統進行連接，並安排技術轉移。我們必須保證使用者知道如何使用和維護系統。智慧系統是知識庫的系統，而知識是不斷發展的，因此要保證系統能夠進行修改。

誰來維護系統？

一旦系統和執行環境整合在一起，知識工程師就從專案中撤出了。系統便交由使用者控制了。因此，在使用系統的機構中，應該有一位內部的專家來維護並修改系統。

應該使用什麼工具？

現在我們已經很清楚了，沒有一種工具能夠適合所有的任務。專家系統、神經網路、模糊系統和基因演算法都佔有一席之地，都得到了很多的應用。僅僅在 20 年前，爲了應用智慧系統(或者更準確說是專家系統)，首先必須找到一個「好」的問題，亦即有成功機會的問題。知識工程項目非常昂貴、艱苦且投資風險巨大。開發一個中等規模的專家系統時，花費通常在$250,000 和$500,000 之間(Simon，1987)。像 DENDRAL 和 MYCIN 這樣的經典專家系統，則花費了 20 至 40 人年才得以完成。幸運的是，最近幾年這種狀況得到了戲劇性的變化。今天，大多數智慧系統可以在幾個月(而不是幾年)內完成。我們可以使用商業化的專家系統框架、模糊、神經網路和演化計算的工具箱，並在標準的個人電腦上執行這些應用。最重要的是，採用新的智慧技術會變爲由問題所驅動的，而不像過去是好奇心驅動的。現在，企業已經能夠用合適的智慧工具來解決問題了。

在下面幾節中，我們將討論不同工具用於解決具體問題的應用。

9.2 專家系統可以解決的問題

案例 1 診斷專家系統

我想開發一個智慧系統能幫助我修理我的 Mac 電腦的故障。專家系統可以解決這樣的問題嗎？

對於專家系統最初的候選者，有個古老而又有用的測試方法。它稱為電話規則(Firebaugh，1988)，其內容是：「在 10～30 分鐘內透過電話專家可以解決的任何問題都可以開發成專家系統」。

診斷和故障排除問題(當然，電腦診斷也是其中之一)對專家系統技術而言，是很有吸引力的領域。你可能已經想起，醫療診斷是專家系統應用的第一批領域之一。自那之後，診斷專家系統又有了許多新的應用，特別是在工程和製造業中。

診斷專家系統相對容易開發—大多數診斷問題都有有限種可能的解決方案，包含有限個良好正規化的知識，人類專家僅需要很短的時間(一個小時之內)就可以解決這樣的問題。

要開發電腦診斷系統，就要擷取電腦故障排除的知識。我們可以尋找並諮詢硬體專家，但是對於一個小型的專家系統而言，使用故障排除手冊是較好的方法。它提供了檢測並排除各種故障的步驟。事實上，手冊中包含的知識非常簡潔，它們幾乎可以直接用在專家系統中。因此我們不需要諮詢相關專家，這也就避免了「知識擷取的瓶頸」。

電腦手冊通常包含故障排除部分，它考慮了在系統啓動、電腦/週邊設備(硬碟、鍵盤、顯示器、印表機)、磁碟機(軟碟、光碟)、檔案、網路和檔案共用中存在的問題。本例中，我們主要考慮 Mac 系統的啓動問題。然而，一旦原型專家系統開發完成，就可以輕鬆擴展專家系統。

階段 1：系統啓動	
問題	動作
1.1 系統不啓動	● 檢查電源線(以及電源末端) ● 檢查電源板 ● 檢查螢幕亮度 ● 檢查電話接頭 ● 檢查鍵盤接頭 ● 檢查接腳接頭
1.2 系統啓動然後停止	● 重啓 Mac ● 卸除所有的 SCSI 設備，重啓 Mac ● 按下 shift 鍵後重啓(關掉週邊設備) ● 移除所有的輸出裝置，然後再把它們一個一個加回去。每加一個輸出裝置重啓一次 Mac。如使用 System 7.5 或更高階者，應使用 Extensions Manager
1.3 帶有問題號誌的系統啓動	● 重啓 Mac ● 卸除所有的 SCSI 設備，重啓 Mac ● 按下 shift 鍵後重啓(關掉週邊設備) ● 移除 PRAM。如果起作用，分別開啓虛擬記憶體和快取記憶體(每次重啓電腦)。使快取記憶體變小或者降低虛擬記憶體 ● 啓動磁片工具，如果硬碟驅動器圖示出現，檢查是否存在兩個系統管理程式和(或者)兩個定位程式。如果硬碟驅動器圖示沒有出現，則呼叫 AV 修復 ● 執行 Disk First Aid、MacCheck，或者 Norton 的 Disk Doctor ● 重新安裝乾淨的系統
1.4 帶有 Sad Mac 的系統啓動	● 啓動磁片工具，重新安裝乾淨的系統 ● 執行 Disk First Aid、MacCheck，或者 Norton 的 DiskDoctor ● 啓動磁片工具，如果硬碟驅動器圖示不出現，則呼叫 AV 修復
1.5 系統啓動時有錯誤的「音樂」	● 檢查電纜

圖 9-2　Macintosh 電腦系統啓動的故障排除

圖 9-2 顯示了 Macintosh 電腦的故障排除過程。由此可見，故障是透過一系列可由視覺檢查或測試來發現的。首先蒐集最初的資訊(系統沒有啓動)，根據其作出推斷，蒐集另外的資訊(電源良好、電線沒有問題)，最終確定導致故障的原因。這在本質上是資料驅動的推理，而這種推理最好透過前向鏈結推理技術來實作。專家系統首先應要求使用者選擇某個任務，一旦確定了任務，系統就可以向使用者詢問另外的資訊，直到找到問題。

下面讓我們來開發一個通用的規則結構。在每一條規則中，要包含一個子句來標識目前的任務。由於原型系統侷限在 Mac 系統的啓動問題上，所有規則的第一個子句都標識這個任務。例如，

```
Rule: 1
if      task is 'system start-up'
then    ask problem

Rule: 2
if      task is 'system start-up'
and     problem is 'system does not start'
then    ask 'test power cords'

Rule: 3
if      task is 'system start-up'
and     problem is 'system does not start'
and     'test power cords' is ok
then    ask 'test Powerstrip'
```

所有其他的規則遵守這個結構。這一系列規則都是在 Mac 系統不啓動(用 Leonardo 碼)的情況下進行故障排除的，如圖 9-3 所示。

現在已經準備好建立原型了，也就是使用專家系統開發工具去實現最初的規則集。

如何選擇專家系統開發工具？

通常，應該使問題的特色和工具的功能相符。這些工具包含高階編譯語言如 LISP、PROLOG、OPS、C 和 Java，也包含專家系統框架。高階程式語言提供了更大的靈活性，可以滿足專案需求，但是要求有很高的程式設計技巧。換言之，框架雖然沒有程式語言那樣的靈活性，但是它提供了內建的推理引

擎、解釋設備和使用者介面。使用框架時不需要任何程式設計的技巧，只需將用英語編寫的規則輸入框架的知識庫中就可以了。因此框架對於快速建構原型特別有用。

```
/* Mac Troubleshooting Expert System

ask task

/***************************************************
/* Section 1. System Start-up
/***************************************************

Rule: 1
if     task is 'system start-up'
then ask problem

/***************************************************
/* Section 1.1. System does not start
/***************************************************

Rule: 1.1.
if     task is 'system start-up'
and  problem is 'system does not start'
then ask 'test power cords'

Rule: 1.2
if     task is 'system start-up'
and  problem is 'system does not start'
and  'test power cords' is ok
then ask 'test Powerstrip'

Rule: 1.3
if     task is 'system start-up'
and  problem is 'system does not start'
and  'test power cords' is not ok
then troubleshooting is done

Rule: 1.4
if     task is 'system start-up'
and  problem is 'system does not start'
and  'test Powerstrip' is ok
then ask 'test screen brightness'

Rule: 1.5
if     task is 'system start-up'
and  problem is 'system does not start'
and  'test Powerstrip' is not ok
then troubleshooting is done

Rule: 1.6
if     task is 'system start-up'
and  problem is 'system does not start'
and  'test screen brightness' is ok
then ask 'test phonet connectors'

Rule: 1.7
if     task is 'system start-up'
and  problem is 'system does not start'
and  'test screen brightness' is not ok
then troubleshooting is done

Rule: 1.8
if     task is 'system start-up'
and  problem is 'system does not start'
and  test 'phonet connectors' is ok
then ask 'test keyboard connectors'

Rule: 1.9
if     task is 'system start-up'
and  problem is 'system does not start'
and  'test phonet connectors' is not ok
then troubleshooting is done

Rule: 1.10
if     task is 'system start-up'
and  problem is 'system does not start'
and  'test keyboard connectors' is ok
then ask 'test pin connectors'

Rule: 1.11
if     task is 'system start-up'
and  problem is 'system does not start'
and  'test keyboard connectors' is not ok
then troubleshooting is done

Rule: 1.12
if     task is 'system start-up'
and  problem is 'system does not start'
and  'test pins connectors' is ok
then troubleshooting is 'Call AV Repair'

/*********************************************
/* The SEEK directive sets up the goal

seek troubleshooting
```

圖 9-3　Mac 故障排除專家系統原型的規則

那麼我們如何選擇框架？

附錄中將介紹一些目前市場上可用的商業專家系統框架。這有助於選擇合適的工具；但是，現在網際網路迅速成為最有價值的資訊來源。很多供應商都有網站，因此可以透過他們的網頁來評估他們的產品。

通常，選擇專家系統框架的時候，要考慮框架是如何表達知識的(規則或者結構)，它使用的推理機制(前向鏈結或者後向鏈結)是什麼，框架是否支援不確定推理及此時使用的技術是什麼(貝氏推理、確定因數或者模糊邏輯)，框架是否有「開放」的架構以允許使用外部的資料檔案和程式以及使用者如何和專家系統相互作用(圖形使用者介面或者超文字)。

今天，用不到$50 就可以購買一個專家系統框架，並在 PC 或 Mac 上執行。你也可以免費獲得專家系統命令解讀程式(例如 CLIPS)。但是，你必須清楚地瞭解你的授權義務，尤其是否有散佈授權以便在開發系統時允許每個終端使用者使用系統。

選擇工具的一個重要指標是提供工具的公司的穩定性。

公司穩定性的指標是什麼？

有一些重要的指標，例如，公司是哪年成立的、員工的人數、總收入、智慧系統產品的總收入、已售產品的數量等。類似的指標可以顯示某個產品的穩定性。產品什麼時候正式發佈的？已經發佈了幾個版本？已安裝了幾套？這些在產品的開發階段都是很重要的問題。

然而，評估產品和供應商穩定性最好的方法，就是能夠得到它的使用者成功應用案例以及安裝地點的表單。和工具的供應商電話聯絡，幾分鐘就可以知道產品及供應商的優點和弱點。

案例 2：分類專家系統

我想開發一個能夠幫助我將帆船分類的智慧系統，專家系統可以解決這樣的問題嗎？

這是一個經典的分類問題(辨識出帆船就意味著將它歸到指定的類別

中)，前面討論過，對於這樣的問題，專家系統和神經網路都可以處理得很好。如果你決定建構一個專家系統，應該先蒐集一些有關桅杆的結構和不同帆船的設計圖的資訊。例如，圖 9-4 顯示了帆船的八種類型。每種帆船都可以從帆船的設計圖唯一辨識。

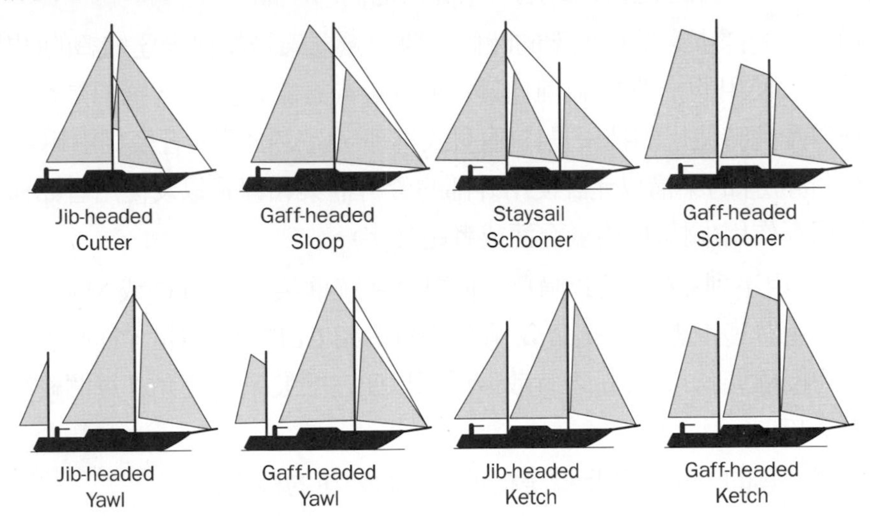

圖 9-4　帆船的 8 個類別

圖 9-5 所示爲將帆船分類的規則集(Leonardo 碼)。在和使用者對話的階段中，系統得到桅杆的數量、位置以及主帆形狀的資訊，然後辨識其爲圖 9-4 中唯一的一類。

如果天空湛藍、海面平靜，毫無疑問系統可以幫助我們識別帆船。但是實際情況卻不總是這樣。在大霧的時候，海面風大浪急，就很難甚至不可能看清楚主帆的形狀和桅杆的位置。儘管解決眞實世界的分類問題時經常會包含這樣不確定和不完整的資料，但還是可以使用專家系統的方法。但是，我們確實需要處理不確定性。所以在本問題中使用確定因數理論。

你可能已經回憶起這個理論，它可以管理逐漸增加擷取的證據，以及信任度不同的資訊。

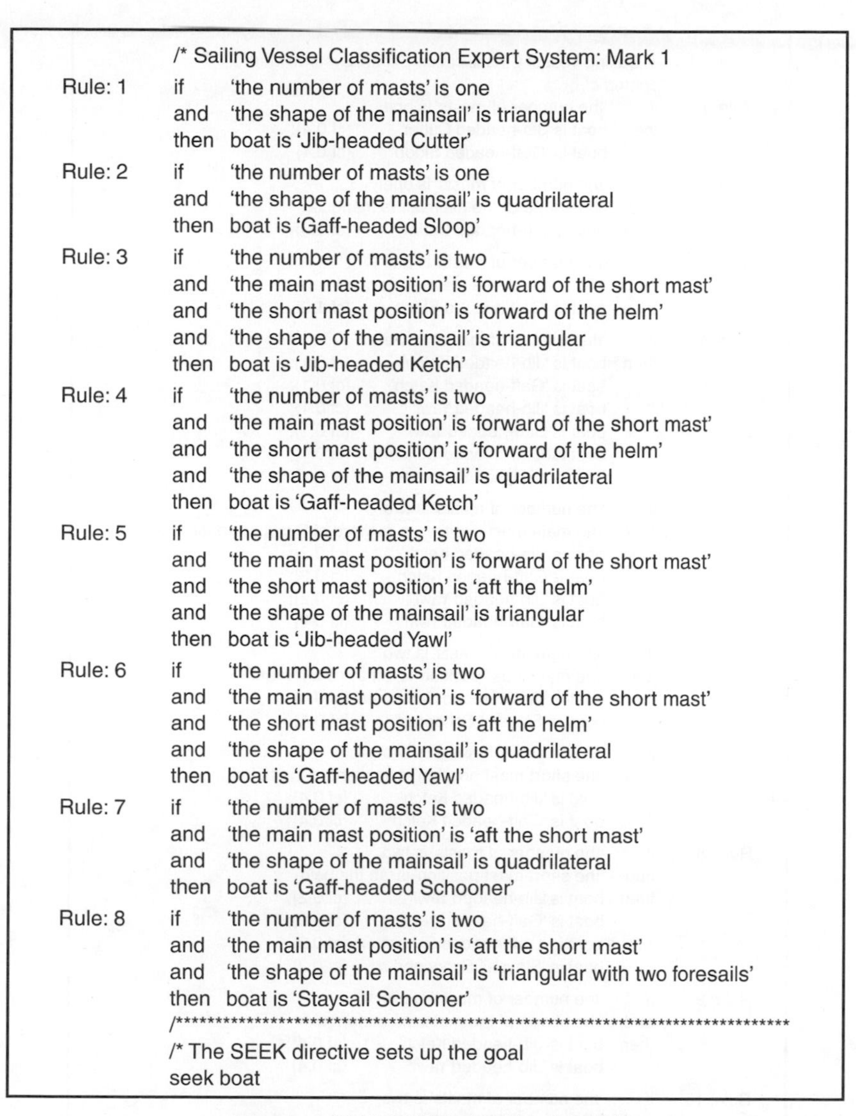

```
             /* Sailing Vessel Classification Expert System: Mark 1
Rule: 1      if     'the number of masts' is one
             and    'the shape of the mainsail' is triangular
             then   boat is 'Jib-headed Cutter'
Rule: 2      if     'the number of masts' is one
             and    'the shape of the mainsail' is quadrilateral
             then   boat is 'Gaff-headed Sloop'
Rule: 3      if     'the number of masts' is two
             and    'the main mast position' is 'forward of the short mast'
             and    'the short mast position' is 'forward of the helm'
             and    'the shape of the mainsail' is triangular
             then   boat is 'Jib-headed Ketch'
Rule: 4      if     'the number of masts' is two
             and    'the main mast position' is 'forward of the short mast'
             and    'the short mast position' is 'forward of the helm'
             and    'the shape of the mainsail' is quadrilateral
             then   boat is 'Gaff-headed Ketch'
Rule: 5      if     'the number of masts' is two
             and    'the main mast position' is 'forward of the short mast'
             and    'the short mast position' is 'aft the helm'
             and    'the shape of the mainsail' is triangular
             then   boat is 'Jib-headed Yawl'
Rule: 6      if     'the number of masts' is two
             and    'the main mast position' is 'forward of the short mast'
             and    'the short mast position' is 'aft the helm'
             and    'the shape of the mainsail' is quadrilateral
             then   boat is 'Gaff-headed Yawl'
Rule: 7      if     'the number of masts' is two
             and    'the main mast position' is 'aft the short mast'
             and    'the shape of the mainsail' is quadrilateral
             then   boat is 'Gaff-headed Schooner'
Rule: 8      if     'the number of masts' is two
             and    'the main mast position' is 'aft the short mast'
             and    'the shape of the mainsail' is 'triangular with two foresails'
             then   boat is 'Staysail Schooner'
             /**********************************************************************************
             /* The SEEK directive sets up the goal
             seek boat
```

圖 9-5 帆船分類專家系統的規則

```
                /* Sailing Vessel Classification Expert System: Mark 2
                control cf
Rule: 1         if    'the number of masts' is one
                then  boat is 'Jib-headed Cutter'        {cf 0.4};
                      boat is 'Gaff-headed Sloop'        {cf 0.4}
Rule: 2         if    'the number of masts' is one
                and   'the shape of the mainsail' is triangular
                then  boat is 'Jib-headed Cutter'        {cf 1.0}
Rule: 3         if    'the number of masts' is one
                and   'the shape of the mainsail' is quadrilateral
                then  boat is 'Gaff-headed Sloop'        {cf 1.0}
Rule: 4         if    'the number of masts' is two
                then  boat is 'Jib-headed Ketch'         {cf 0.1};
                      boat is 'Gaff-headed Ketch'        {cf 0.1};
                      boat is 'Jib-headed Yawl'          {cf 0.1};
                      boat is'Gaff-headed Yawl'          {cf 0.1};
                      boat is 'Gaff-headed Schooner'     {cf 0.1};
                      boat is ' Staysail Schooner'       {cf 0.1}
Rule: 5         if    'the number of masts' is two
                and   'the main mast position' is 'forward of the short mast'
                then  boat is 'Jib-headed Ketch'         {cf 0.2};
                      boat is'Gaff-headed Ketch'         {cf 0.2};
                      boat is 'Jib-headed Yawl'          {cf 0.2};
                      boat is 'Gaff-headed Yawl'         {cf 0.2}
Rule: 6         if    'the number of masts' is two
                and   'the main mast position' is 'aft the short mast'
                then  boat is 'Gaff-headed Schooner'     {cf 0.4};
                      boat is 'Staysail Schooner'        {cf 0.4}
Rule: 7         if    'the number of masts' is two
                and   'the short mast position' is 'forward of the helm'
                then  boat is 'Jib-headed Ketch'         {cf 0.4};
                      boat is 'Gaff-headed Ketch'        {cf 0.4}
Rule: 8         if    'the number of masts' is two
                and   'the short mast position' is 'aft the helm'
                then  boat is 'Jib-headed Yawl'          {cf 0.2};
                      boat is 'Gaff-headed Yawl'         {cf 0.2};
                      boat is 'Gaff-headed Schooner'     {cf 0.2};
                      boat is 'Staysail Schooner'        {cf 0.2}
Rule: 9         if    'the number of masts' is two
                and   'the shape of the mainsail' is triangular
                then  boat is 'Jib-headed Ketch'         {cf 0.4};
                      boat is 'Jib-headed Yawl'          {cf 0.4}
Rule: 10        if    'the number of masts' is two
                and   'the shape of the mainsail' is quadrilateral
                then  boat is 'Gaff-headed Ketch'        {cf 0.3};
                      boat is 'Gaff-headed Yawl'         {cf 0.3};
                      boat is 'Gaff-headed Schooner'     {cf 0.3}
Rule: 11        if    'the number of masts' is two
                and   'the shape of the mainsail' is 'triangular with two foresails'
                then  boat is 'Staysail Schooner'        {cf 1.0}
                seek boat
```

圖 9-6　帆船分類專家系統中的不確定性管理

圖 9-6 爲用於解決帆船分類問題包含確定因數的完整的規則集。專家系統需要將帆船分類，或易言之，爲多值物件 boat 建立確定因數。要應用證據推理技術，專家系統會提示使用者不僅要輸入物件的值，而且要輸入與該值相關的確定性。例如，使用 0 至 1 的 Leonardo 範圍，可以得到下面的對話(使用者的回答用箭頭標識，還要注意確定因數在規則集中的傳送)：

What is the number of masts?
⇒ **two**

To what degree do you believe that the number of masts is two? Enter a numeric certainty between 0 and 1.0 inclusive.
⇒ **0.9**

```
Rule: 4
if      'the number of masts' is two
then    boat is 'Jib-headed Ketch'          {cf 0.1};
        boat is 'Gaff-headed Ketch'         {cf 0.1};
        boat is 'Jib-headed Yawl'           {cf 0.1};
        boat is 'Gaff-headed Yawl'          {cf 0.1};
        boat is 'Gaff-headed Schooner'      {cf 0.1};
        boat is 'Staysail Schooner'         {cf 0.1}
```

cf (boat is 'Jib-headed Ketch') = cf ('number of masts' is two) × 0.1 = 0.9 × 0.1 = 0.09
cf (boat is 'Gaff-headed Ketch') = 0.9 × 0.1 = 0.09
cf (boat is 'Jib-headed Yawl') = 0.9 × 0.1 = 0.09
cf (boat is 'Gaff-headed Yawl') = 0.9 × 0.1 = 0.09
cf (boat is 'Gaff-headed Schooner') = 0.9 × 0.1 = 0.09
cf (boat is 'Staysail Schooner') = 0.9 × 0.1 = 0.09

```
boat is  Jib-headed Ketch         {cf 0.09}
         Gaff-headed Ketch        {cf 0.09}
         Jib-headed Yawl          {cf 0.09}
         Gaff-headed Yawl         {cf 0.09}
         Gaff-headed Schooner     {cf 0.09}
         Staysail Schooner        {cf 0.09}
```

What is the position of the main mast?
⇒ **aft the short mast**

To what degree do you believe that the main mast position is aft the short mast? Enter a numeric certainty between 0 and 1.0 inclusive.
⇒ **0.7**

```
Rule: 6
if      'the number of masts' is two
and     'the main mast position' is 'aft the short mast'
then    boat is 'Gaff-headed Schooner'      {cf 0.4};
        boat is 'Staysail Schooner'         {cf 0.4}
```

$cf_{Rule:6}$ (boat is 'Gaff-headed Schooner') = *min* [cf ('the number of masts' is two), cf ('the main mast position' is 'aft the short mast')] × 0.4
= *min* [0.9, 0.7] × 0.4 = 0.28

$cf_{Rule:6}$ (boat is 'Staysail Schooner') = *min* [0.9, 0.7] × 0.4 = 0.28

cf (boat is 'Gaff-headed Schooner') = $cf_{Rule:4} + cf_{Rule:6} \times (1 - cf_{Rule:4})$
= 0.09 + 0.28 × (1 − 0.09) = 0.34

cf (boat is 'Staysail Schooner') = 0.09 + 0.28 × (1 − 0.09) = 0.34

boat is	Gaff-headed Schooner	{cf 0.34}
	Staysail Schooner	{cf 0.34}
	Jib-headed Ketch	{cf 0.09}
	Gaff-headed Ketch	{cf 0.09}
	Jib-headed Yawl	{cf 0.09}
	Gaff-headed Yawl	{cf 0.09}

What is the position of the short mast?
⇒ **forward of the helm**

To what degree do you believe that the short mast position is forward of the helm? Enter a numeric certainty between 0 and 1.0 inclusive.
⇒ **0.6**

Rule: 7
if 'the number of masts' is two
and 'the short mast position' is 'forward of the helm'
then boat is 'Jib-headed Ketch' {cf 0.4};
boat is 'Gaff-headed Ketch' {cf 0.4}

$cf_{Rule:7}$ (boat is 'Jib-headed Ketch') = *min* [cf ('the number of masts' is two), cf ('the short mast position' is 'forward of the helm')] × 0.4
= *min* [0.9, 0.6] × 0.4 = 0.24

$cf_{Rule:7}$ (boat is 'Gaff-headed Ketch') = *min* [0.9, 0.6] × 0.4 = 0.24

cf (boat is 'Jib-headed Ketch') = $cf_{Rule:6} + cf_{Rule:7} \times (1 - cf_{Rule:6})$
= 0.09 + 0.24 × (1 − 0.09) = 0.30

cf (boat is 'Gaff-headed Ketch') = 0.09 + 0.24 × (1 − 0.09) = 0.30

boat is	Gaff-headed Schooner	{cf 0.34}
	Staysail Schooner	{cf 0.34}
	Jib-headed Ketch	{cf 0.30}
	Gaff-headed Ketch	{cf 0.30}
	Jib-headed Yawl	{cf 0.09}
	Gaff-headed Yawl	{cf 0.09}

What is the shape of the mainsail?
⇒ **triangular**

To what degree do you believe that the shape of the mainsail is triangular? Enter a numeric certainty between 0 and 1.0 inclusive.
⇒ **0.8**

Rule: 9
if 'the number of masts' is two
and 'the shape of the mainsail' is triangular
then boat is 'Jib-headed Ketch' {cf 0.4};
boat is 'Jib-headed Yawl' {cf 0.4}

$cf_{Rule:9}$ (boat is 'Jib-headed Ketch') $= min$ [cf ('the number of masts' is two), cf ('the shape of the mainsail' is triangular)] $\times$ 0.4
$= min$ [0.9, 0.8] $\times 0.4 = 0.32$

$cf_{Rule:9}$ (boat is 'Jib-headed Yawl') $= min$ [0.9, 0.8] $\times 0.4 = 0.32$

cf (boat is 'Jib-headed Ketch') $= cf_{Rule:7} + cf_{Rule:9} \times (1 - cf_{Rule:7})$
$= 0.30 + 0.32 \times (1 - 0.30) = 0.52$

cf (boat is 'Jib-headed Yawl') $= 0.09 + 0.32 \times (1 - 0.09) = 0.38$

boat is Jib-headed Ketch {cf 0.52}
Jib-headed Yawl {cf 0.38}
Gaff-headed Schooner {cf 0.34}
Staysail Schooner {cf 0.34}
Gaff-headed Ketch {cf 0.30}
Gaff-headed Yawl {cf 0.09}

現在可以得到結論，帆船應該是 Jib-headed Ketch 類，幾乎不可能是 Gaff-headed Ketch 類或 Gaff-headed Yawl 類。

9.3 模糊專家系統可以解決的問題

首先要確定模糊技術是否適合解決這類問題。如何確定其實很簡單：若你不能為每個可能的情況制訂出一個確切的規則集，那就使用模糊邏輯。確定因數和貝氏機率主要關注於適切定義的事件中的不明確結果，而模糊邏輯主要針對不明確的事件本身。換言之，若問題本身就不嚴密，則模糊技術是最好選擇。

模糊系統非常適合模擬人類的決策制訂過程。我們經常要依賴於常識，並使用模糊和不明確的術語來制訂重要決策。例如，是否要把一個手術後病人從康復區轉到普通病房，大夫並沒有一個十分精確的臨界值。由於術後的體溫是非常重要的指標，所以病人的體溫通常是醫生決策的關鍵因素，而患者血壓的穩定性、患者的感覺等因素也要考慮。醫生不是透過某一個能精確表示的參數(如體溫)來做決定，而是要同時評估幾個參數，並且有些參數只能用含糊的術語來表示(例如，患者自己想離開術後恢復區)。

雖然大多數情況下模糊技術還是應用在控制和工程領域，但更有潛力的領域應該是商業和金融業(Von Altrock，1997)。這些領域的決策通常基於直覺、常識和經驗，而不是可用的或確切的資料。商業和金融領域的決策制訂非常複雜且非常不確定，以致於不能用精確的分析方法。而模糊技術就可以處理商業和金融中常用的「軟標準」和「模糊資料」。

案例 3：決策支援模糊系統(Decision-support fuzzy system)

我想開發一個智慧系統來評估抵押申請，模糊專家系統能處理這樣的問題嗎？

抵押申請評估是決策支援模糊系統可以成功應用的典型問題(Von Altrock，1997)。

要開發解決這個問題的決策支援模糊系統，首先用模糊術語表達抵押申請評估中的基本概念，然後用合適的模糊工具在原型系統中實作這個概念，最後用選定的測試案例來測試和最佳化系統。

抵押申請的評估通常基於市場價和房產的位置、申請人的資產和收入和還款計畫，而這些都取決於申請人的收入和銀行的利率。

抵押貸款評估的歸屬函數和規則從哪裡來？

要定義歸屬函數並建構型樣化模糊規則，需要有經驗的抵押顧問和銀行經理的幫助，他們能列出抵押認可的方針。圖 9-7 到圖 9-14 爲本問題使用的語言變數的模糊集。三角形和梯形的歸屬函數可以充分地表示抵押專家的知識。

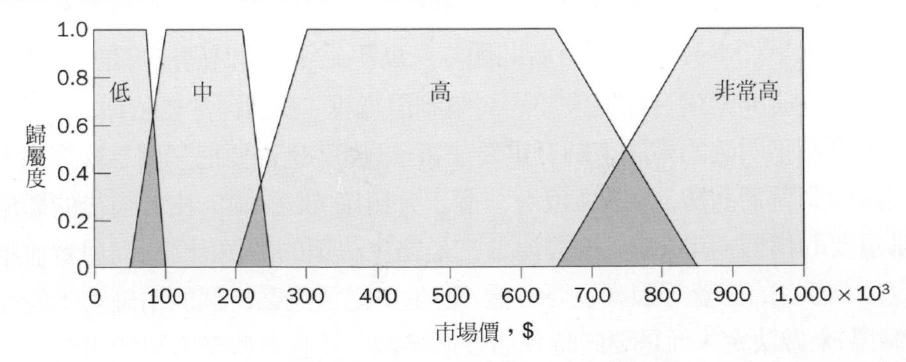

圖 9-7　語言變數 Market Value 的模糊集

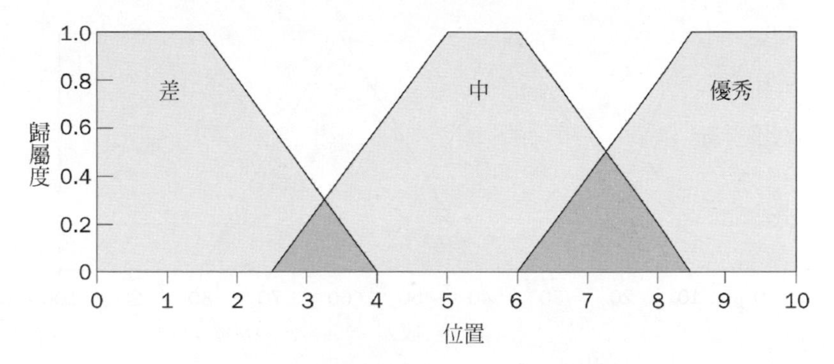

圖 9-8　語言變數 Location 的模糊集

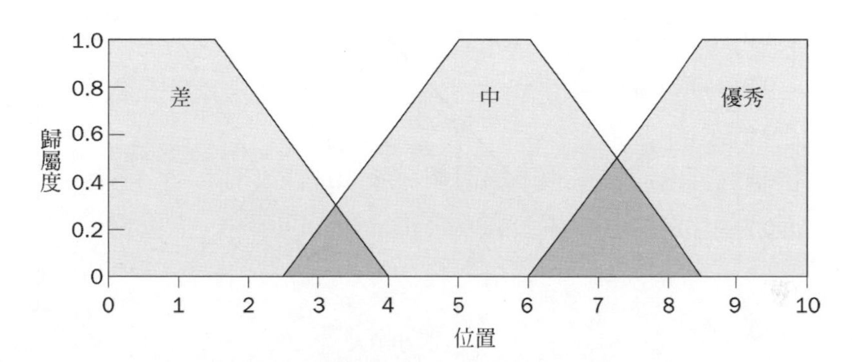

圖 9-9　語言變數 House 的模糊集

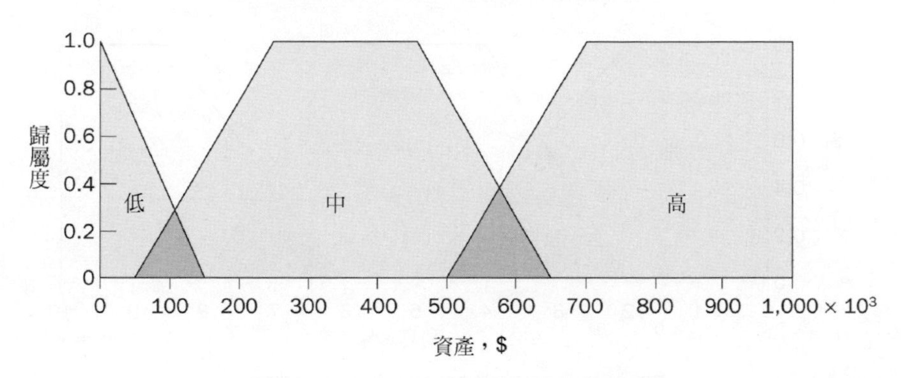

圖 9-10　語言變數 Asset 的模糊集

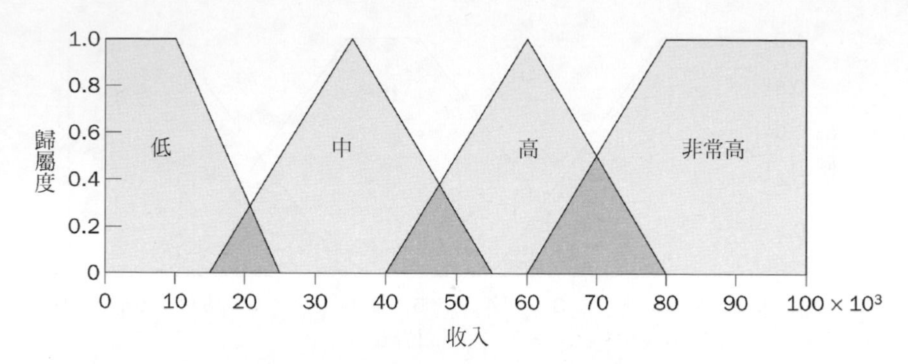

圖 9-11　語言變數 Income 的模糊集

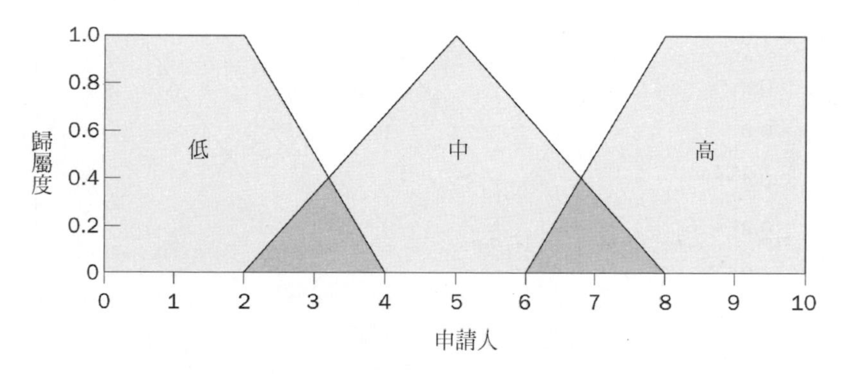

圖 9-12　語言變數 Applicant 的模糊集

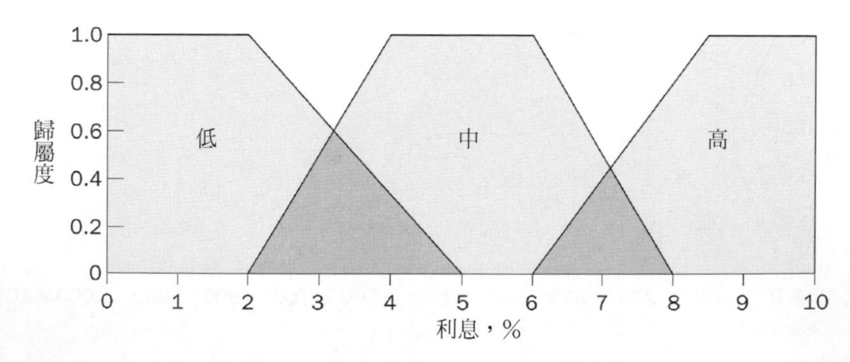

圖 9-13　語言變數 Interest 的模糊集

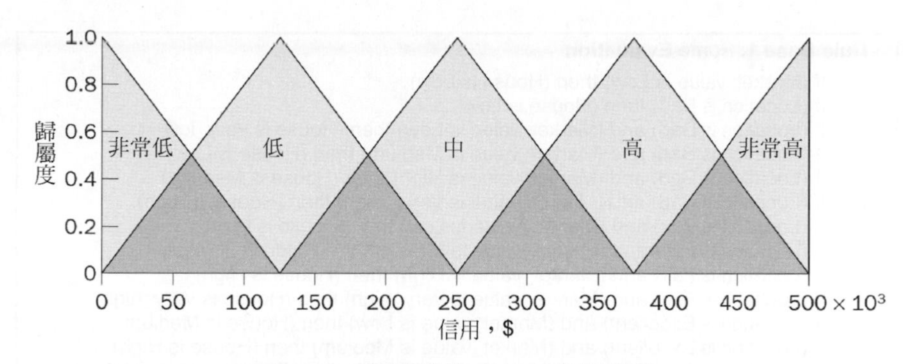

圖 9-14 語言變數 Credit 的模糊集

接下來擷取模糊規則。在本例中，我們只是借用 Von Altrock 在其抵押貸款評估模糊模型中使用的基本規則(Von Altrock，1997)。規則如圖 9-15 所示。

模糊系統中使用的所有變數間的複雜關係可用層次化結構來表示，如圖 9-16 所示。

我們使用 MATLAB Fuzzy Logic Toolbox 來建構系統，它是市場上最常用的模糊工具之一。

開發原型系統的最後一個階段是評估和測試。

要評估和分析模糊系統的性能，可以用 Fuzzy Logic Toolbox 提供的輸出表面顯示器。圖 9-17 和圖 9-18 爲抵押貸款評估模糊系統的三維圖。最後，抵押專家用一些測試案例來測試系統。

決策支援模糊系統可能包含幾十條，甚至上百條規則。例如，BMW 銀行和 Inform Software 開發的信用風險評估模糊系統中使用了 413 條規則(Güllich，1996)。大型的知識庫通常採用類似圖 9-16 所示的方式來將其分割成幾個模組。

儘管通常有大量的規則，但決策支援模糊系統可以相對快速地開發、測試和執行。例如，開發和實作一個信用風險評估模糊系統僅需要 2 人年。相比之下，開發 MYCIN 用了 40 人年。

Rule Base 1: Home Evaluation

1. If (Market_value is Low) then (House is Low)
2. If (Location is Bad) then (House is Low)
3. If (Location is Bad) and (Market_value is Low) then (House is Very_low)
4. If (Location is Bad) and (Market_value is Medium) then (House is Low)
5. If (Location is Bad) and (Market_value is High) then (House is Medium)
6. If (Location is Bad) and (Market_value is Very_ high) then (House is High)
7. If (Location is Fair) and (Market_value is Low) then (House is Low)
8. If (Location is Fair) and (Market_value is Medium) then (House is Medium)
9. If (Location is Fair) and (Market_value is High) then (House is High)
10. If (Location is Fair) and (Market_value is Very_high) then (House is Very_high)
11. If (Location is Excellent) and (Market_value is Low) then (House is Medium)
12. If (Location is Excellent) and (Market_value is Medium) then (House is High)
13. If (Location is Excellent) and (Market_value is High) then (House is Very_high)
14. If (Location is Excellent) and (Market_value is Very_high) then (House is Very_high)

Rule Base 2: Applicant Evaluation

1. If (Asset is Low) and (Income is Low) then (Applicant is Low)
2. If (Asset is Low) and (Income is Medium) then (Applicant is Low)
3. If (Asset is Low) and (Income is High) then (Applicant is Medium)
4. If (Asset is Low) and (Income is Very_high) then (Applicant is High)
5. If (Asset is Medium) and (Income is Low) then (Applicant is Low)
6. If (Asset is Medium) and (Income is Medium) then (Applicant is Medium)
7. If (Asset is Medium) and (Income is High) then (Applicant is High)
8. If (Asset is Medium) and (Income is Very_high) then (Applicant is High)
9. If (Asset is High) and (Income is Low) then (Applicant is Medium)
10. If (Asset is High) and (Income is Medium) then (Applicant is Medium)
11. If (Asset is High) and (Income is High) then (Applicant is High)
12. If (Asset is High) and (Income is Very_high) then (Applicant is High)

Rule Base 3: Credit Evaluation

1. If (Income is Low) and (Interest is Medium) then (Credit is Very_low)
2. If (Income is Low) and (Interest is High) then (Credit is Very_low)
3. If (Income is Medium) and (Interest is High) then (Credit is Low)
4. If (Applicant is Low) then (Credit is Very_low)
5. If (House is Very_low) then (Credit is Very_low)
6. If (Applicant is Medium) and (House is Very_low) then (Credit is Low)
7. If (Applicant is Medium) and (House is Low) then (Credit is Low)
8. If (Applicant is Medium) and (House is Medium) then (Credit is Medium)
9. If (Applicant is Medium) and (House is High) then (Credit is High)
10. If (Applicant is Medium) and (House is Very_high) then (Credit is High)
11. If (Applicant is High) and (House is Very_low) then (Credit is Low)
12. If (Applicant is High) and (House is Low) then (Credit is Medium)
13. If (Applicant is High) and (House is Medium) then (Credit is High)
14. If (Applicant is High) and (House is High) then (Credit is High)
15. If (Applicant is High) and (House is Very_high) then (Credit is Very_high)

圖 9-15　抵押貸款評估的規則

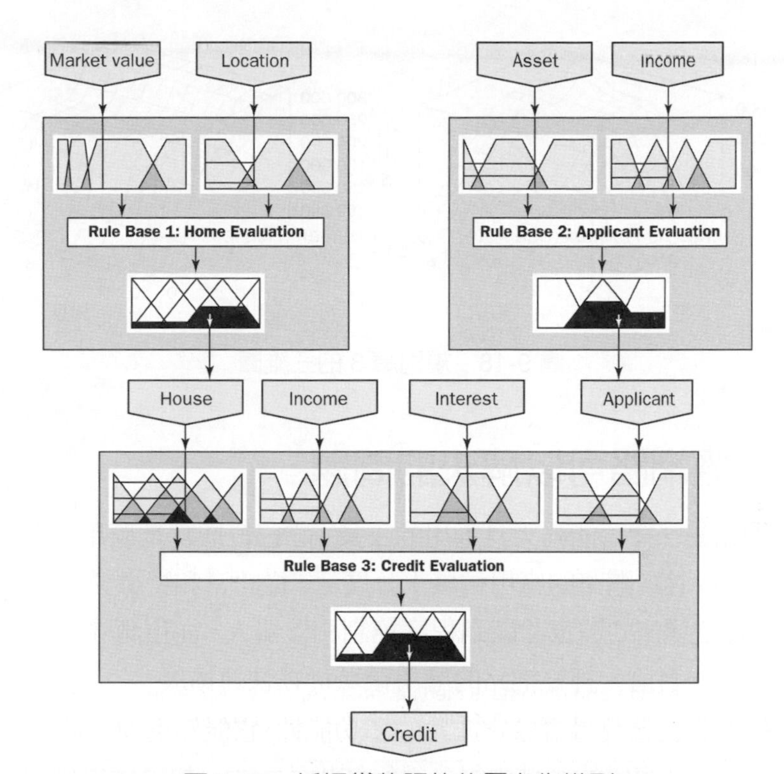

圖 9-16　抵押貸款評估的層次化模型

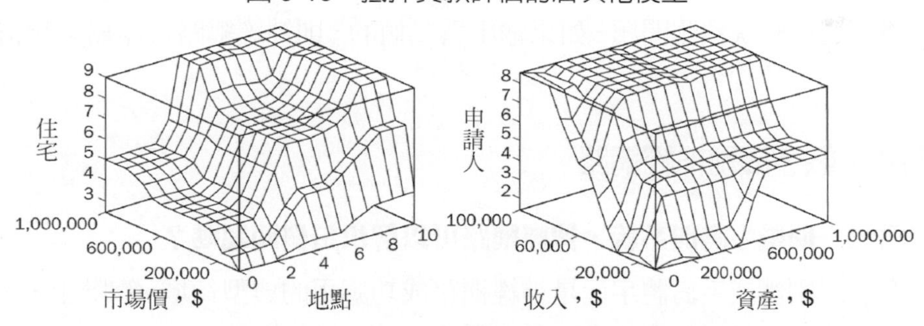

圖 9-17　規則庫 1 和規則庫 2 的三維圖

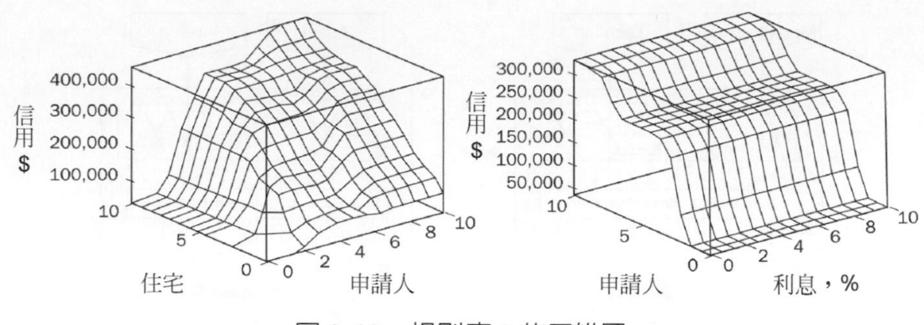

圖 9-18 規則庫 3 的三維圖

9.4 神經網路可以解決的問題

神經網路是一種功能強大且通用的工具，它已經成功地應用在預測、分類和分群問題中。神經網路的應用領域十分廣泛，從語音和特徵識別到欺詐性交易的檢測，從心臟病的醫療診斷到程序控制和機器人，從預測外幣匯率到識別雷達目標等等。目前，神經網路的應用領域仍在快速擴展。

神經網路得到普及得益於它非凡的多功能性，它能夠處理二值的或連續的資料，並且具有在複雜的領域中得到很好結果的能力。如果輸出是連續的，神經網路可用於解決預測問題，如果輸出為二值的，則神經網路可作為分類器使用。

案例 4：數字識別神經網路

我想開發一個數字識別系統，神經網路可以解決這個問題嗎？

識別印刷體或手寫體字元是神經網路成功應用的典型領域。實際上，光學字元識別系統是神經網路的第一個商業應用。

什麼是光學字元識別？

電腦使用特殊的軟體能夠把字元影像轉換成文字檔案。因此可以將原本印刷的文件轉為可編輯檔案，而不用再次輸入文件。

我們可以用掃描器得到字元影像。爲了完成這個任務，我們既可以用光敏感測器掃過發光的文稿表面，也可以用文稿經過感測器。掃描器把每英寸影像分割成上百個像素大小的小格，每個小格用 1(如果小格內是塡滿的)或 0(小格內爲空的)表示。最後得到的點矩陣叫做點陣圖。點陣圖可以用電腦儲存、顯示和列印，但不能用文書處理器編輯它，因爲點陣的型樣不能被電腦識別。而這就是神經網路的工作。

下面我們就透過識別列印字元的多層前饋網路來進行說明。爲了簡化這個問題，我們限制其僅識別數字 0 到 9。每個數字用圖 9-19 所示的 5×9 的點陣圖來表示。在商業應用中，爲了得到更好的解析度，通常使用 16×16 的點陣圖來表示(Zurada，1992)。

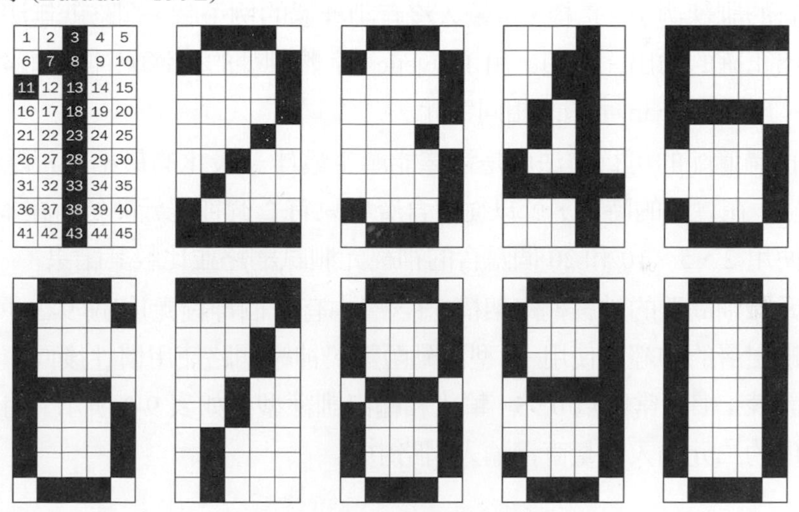

圖 9-19　數字識別點陣圖

如何選擇用於字元識別的神經網路架構

神經網路的架構和大小取決於問題的複雜程度。例如，手寫字元的識別通過相對複雜的多層網路來執行，它包括三層甚至四層隱含層和數百個神經元(Zurada，2006；Haykin，2008)。然而，對於印刷體數位識別的問題，包含一個隱含層的三層網路就可以提供足夠的精確性。

輸入層神經元的個數由點陣圖圖元的個數來決定。在本例中，點陣圖由45 個圖元組成，因此我們需要 45 個輸入神經元。輸出層有 10 個神經元—每個神經元用來識別一個數字。

如何確定隱含神經元的最佳個數？

模擬實驗顯示，隱含層神經元的數量能夠影響字元識別的精確度和訓練網路的速度。隱含神經元太少不能識別複雜的型樣，但是神經元太多又會大大地增加計算負擔。

另一個問題是過適配現象。隱含層神經元數量越多，神經網路識別已存在型樣的能力就越強。但是，如果隱含神經元的數量過多，則網路很有可能僅僅記住所有的訓練例子。這樣，當輸入沒有訓練過的例子時，網路就無法進行推廣或得出正確的輸出。例如，用 Helvetica 字體訓練的過適配神經網路無法識別 Times New Roman 字體的相同字元。

防止過適配的可行辦法就是選擇能產生最佳一般化的最小數量隱藏神經元。這樣，在實驗的時候，可以從隱含層裏只有 2 個神經元開始。在本例中，我們會使用 2、5、10 和 20 個隱含的神經元測試網路並比較其結果。

字元識別問題的神經網路架構(隱含層中有 5 個神經元)如圖 9-20 所示。隱含層和輸出層的神經元使用 S 型激勵函數。神經網路使用慣性後向傳遞演算法進行訓練；慣性常數爲 0.95。輸入和輸出訓練型樣如表 9-2 所示。用來表示各個數位的二元輸入向量直接輸入網路中。

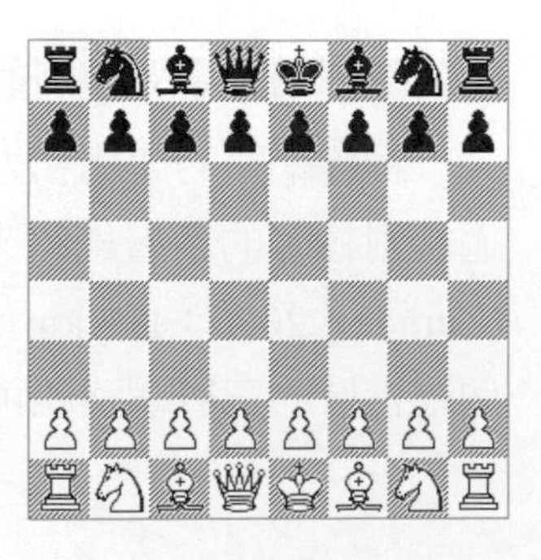

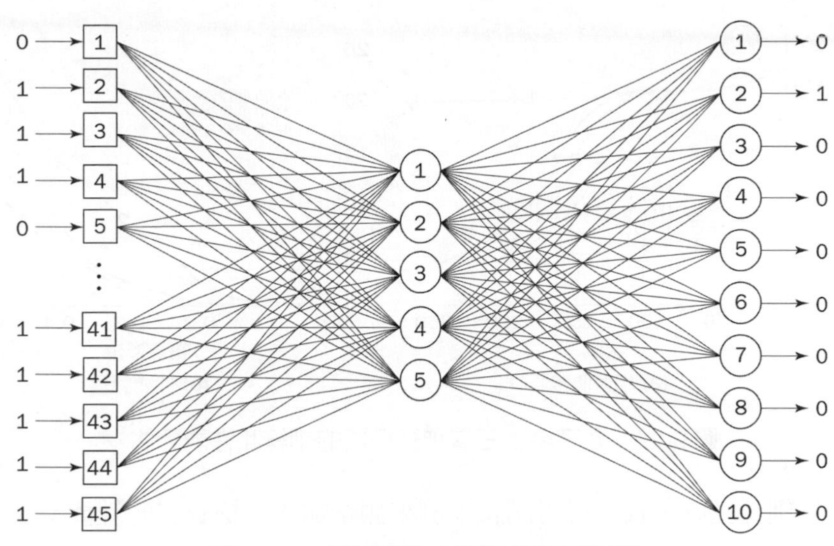

圖 9-20　印刷體數位識別的神經網路

表 9-2　數位識別神經網路的輸入和預期的輸出型樣

數字	輸入模式 像素矩陣中的行									預期的輸出模式
	1	**2**	**3**	**4**	**5**	**6**	**7**	**8**	**9**	
1	00100	01100	10100	00100	00100	00100	00100	00100	00100	1000000000
2	01110	10001	00001	00001	00010	00100	01000	10000	11111	0100000000
3	01110	10001	00001	00001	00010	00001	00001	10001	01110	0010000000
4	00010	00110	00110	01010	01010	10010	11111	00010	00010	0001000000
5	11111	10000	10000	11110	10001	00001	00001	10001	01110	0000100000
6	01110	10001	10000	10000	11110	10001	10001	10001	01110	0000010000
7	11111	00001	00010	00010	00100	00100	01000	01000	01000	0000001000
8	01110	10001	10001	10001	01110	10001	10001	10001	01110	0000000100
9	01110	10001	10001	10001	01111	00001	00001	10001	01110	0000000010
0	01110	10001	10001	10001	10001	10001	10001	10001	01110	0000000001

本案例中網路的性能透過誤差的平方和來測量。圖 9-21 爲其結果，從圖 9-21(a)中可以看出，隱含層中有 2 個神經元的神經網路不能得到輸出，而有 5、10、20 個隱含神經元的網路學習率則非常快。實際上，不到 250 次訓練網路就能正確收斂(每次訓練都使用全部的訓練例子)。注意，有 20 個隱含神經元的網路收斂更快。

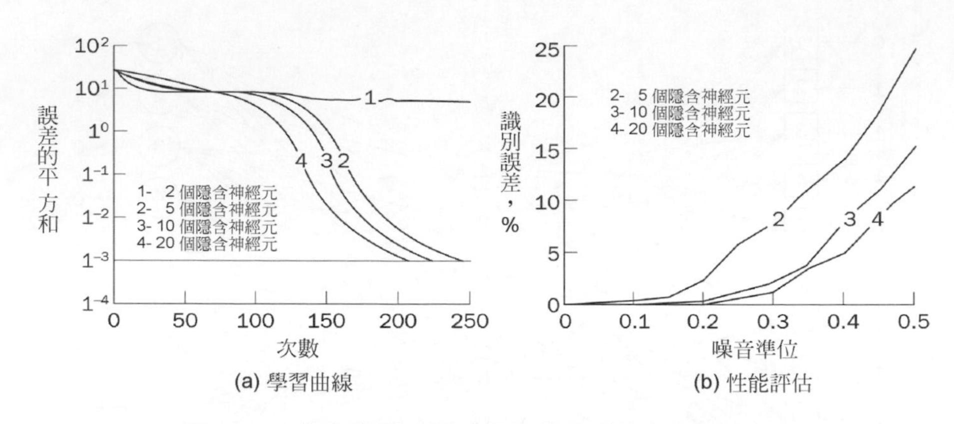

圖 9-21　數字識別三層神經網路的訓練和性能評估

一旦訓練完成，我們就用測試案例來測試網路，檢查它的性能。

字元識別的測試例子是什麼？它們和使用於神經網路訓練的例子一般無二嗎？

測試集合與訓練例子完全無關。因此，要測試字元識別網路，我們就應該用包含「雜訊」的例子—扭曲的輸入型樣。這扭曲，例如，可以加入一些從常態分佈中選出的小隨機值到代表 10 位數之點陣圖的二元輸入向量內製作出來。我們用 1000 個測試例子來評估列印數位識別網路的性能(每個數字 100 個測試例了)。結果如圖 9-21(b)所示。

雖然有 20 個隱含神經元的網路的平均識別誤差是很低的，但是結果並沒有證明有 10 個隱含神經元和有 20 個隱含神經元的網路之間存在顯著的差異。在不犧牲識別性能的情況下，兩個網路容納雜訊的水準相似。因此可以得出結論，在這裏描述的數字識別問題中，用 10 個隱含神經元就足夠了。

能夠改善字元識別神經網路的性能嗎？

神經網路的性能和訓練它的例子直接相關。因此利用數位 0～9 的「雜訊」實例，可以嘗試改善數位識別的性能。嘗試的結果如圖 9-22 所示。正如我們所料，用「雜訊」資料訓練數位識別網路，其性能確實得到了改善。

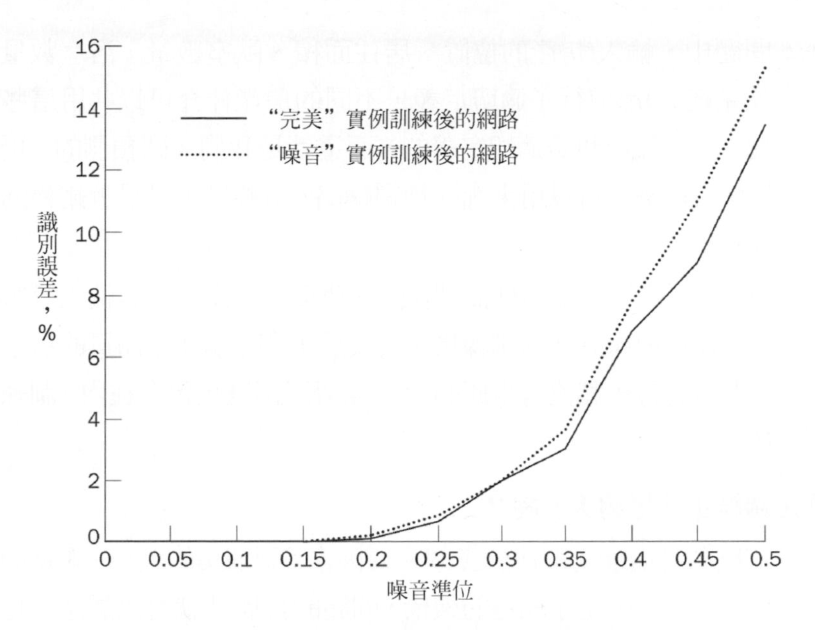

圖 9-22 「雜訊」實例訓練後的數字識別網路性能評估

研究案例得到了一個最通用的使用後向傳遞演算法訓練的多層神經網路。現在的字元識別系統能夠識別英文、法文、西班牙文、義大利文、荷蘭文和其他語言的不同字體，且準確度很高。光學字元識別常受到上班族、律師、保險業務員和記者—事實上任何想要把列印出的文件(或手稿)並將之載入電腦中作為可編輯檔的人所愛用。手寫數位識別系統廣泛應用在處理信封的郵遞區號方面(LeCun 等人，1990)。

案例 5：預測神經網路

我想開發一個房地產評估的智慧系統，神經網路可以解決這個問題嗎？

房地產評估是一個根據類似住房銷售價格的知識，預測給定房產的市場價的問題。前面提到過，專家系統和神經網路都可以解決這種問題。當然，如果選擇神經網路，我們就無法理解房產的估價是如何得出的—因為神經網路對使用者而言本質上是個黑盒子，且不容易從中提取規則。另一方面，準確估價也比理解系統是如何工作來的重要。

在本問題中，輸入(房產的位置、居住面積、臥室數量、浴室數量、土地大小、供熱系統等)都進行了適切定義，不同的房產仲介可以共用這些正規的房地產市場訊息。輸出也是適切定義的，而這就是我們試圖預測的。更加重要的是，我們有很多例子可以用來訓練神經網路。這些例子是最近銷售的房屋及其價格的特徵。

訓練例子的選擇是準確預測的關鍵。訓練集必須涵蓋所有輸入變數的全部範圍。因此，在房地產評估的訓練集中，大房子和小房子、昂貴的房子和便宜的房子、有車庫的房子和沒有車庫的房子等情況都應該包含在內。訓練集應該是足夠大的。

如何確定訓練集「足夠大」呢？

神經網路的推廣能力取決於三個主要因素：訓練集的大小、網路的架構和問題的複雜性。一旦確定了網路的架構，問題的推廣性就可以透過充足的訓練集來解決了。訓練例子的數量可以透過 Widrow 的經驗來估計，該規則建議，為了更好地推廣，要滿足下面的條件(Widrow 和 Stearns，1985；Haykin，2008)：

$$N = \frac{n_W}{e} \tag{9.1}$$

其中 N 是訓練例子的數量，n_W 是網路中突觸權重的數量，e 是測試允許的網路誤差。

因此，如果允許 10%的誤差，訓練例子的數量應該大約是網路中權重數量的 10 倍。

在解決預測問題，包括房地產評估時，我們經常需要融合不同類型的特徵。有些特徵(例如房子的條件和位置)可以確定在 1(沒有吸引力)到 10(很有吸引力)之間。一些特徵(例如居住面積、土地大小和銷售價格)由其實際物理量-平方米、美元來評估的。一些特徵表示數量(臥室的數量、浴室的數量等)，另一些則表示分類(供熱系統的類型)。

如果所有的輸入和輸出都在 0 至 1 之間變化，那麼神經網路的性能就很好，因此在用於神經網路模型前，所有的資料都要修改過。

如何轉換資料？

資料可以分爲三種類型：連續資料、離散資料和分類資料(Berry 和 Linoff，2004)，我們通常使用不同的技術來修改不同類型的資料。

連續資料介於兩個預先設定的值(最小值和最大值)之間，而且很容易對應(修改)到範圍 0 至 1 之間：

$$\text{修改後的資料} = \frac{\text{實際值} - \text{最小值}}{\text{最大值} - \text{最小值}} \tag{9.2}$$

例如，如果訓練例子中房產的居住面積介於 59 和 231 平方米之間，我們可以將最小值設爲 50，最大值設爲 250。任何低於最小值的值都對應爲最小值，大於最大值的值都對應爲最大值。因此，居住面積爲 121 平米的房子可以修改成：

$$\text{修改後的資料}_{121} = \frac{121-50}{250-50} = 0.355$$

這種方法適合於大多數情況。

離散資料，例如臥室的數量和浴室的數量，也有最大值和最小值。例如，臥室的數量範圍通常爲 0～4。修改離散資料很簡單，在範圍 0 至 1 中爲每個可能的取值指定一個相等的空間，如圖 9-23 所示。

神經網路現在可以把臥室數量這樣的特徵當做一個輸入來處理。例如，3 個臥室可以用輸入值 0.75 來表示。

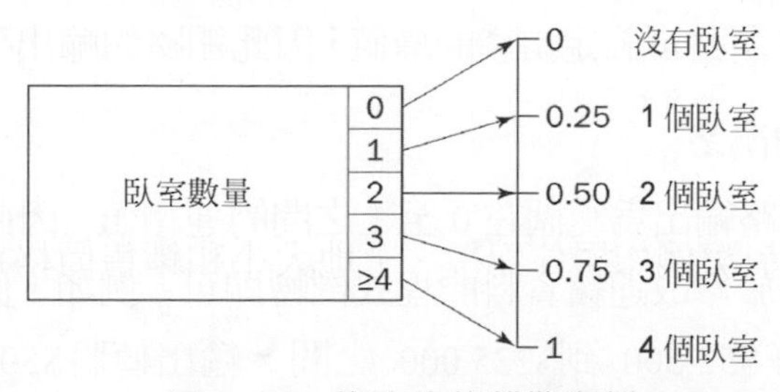

圖 9-23　修改後的離散資料

對於有一打可能值的離散特徵，這種方法可以滿足大部分應用的需求。但是，如果值超過一打，離散特徵就可以當作連續特徵了。

分類資料，例如性別和婚姻狀態，可以用 1/*N* 編碼來修改(Berry 和 Linoff，2004)。這種方法就是把每個分類資料當作單獨的輸入。例如，婚姻狀態可以是單身、離異、已婚和鰥寡，這可以用 4 種輸入來表示。每個輸入的取值非 0 即 1。因此，已婚的人可以用向量[0 0 1 0]來表示。

下面我們來建立一個房地產評估的前饋神經網路。圖 9-24 表示用最近在 Hobart 售出房屋的特徵來作爲訓練例子的一個簡單模型。

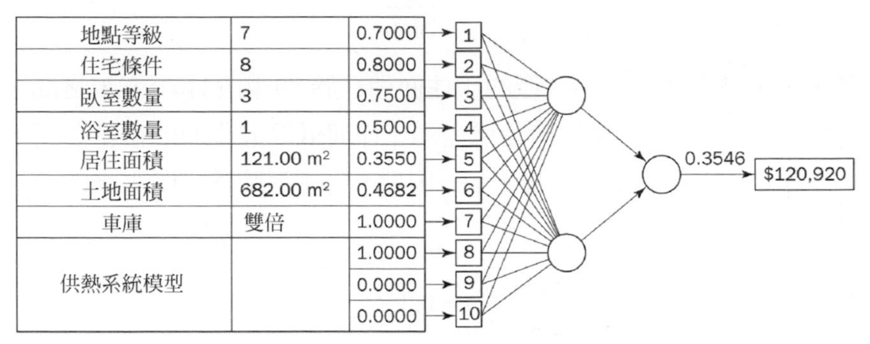

圖 9-24 房地產評估的前饋神經網路

在這個模型中，輸入層(有 10 個神經元)將修改後的輸入值傳到隱含層。所有的輸入特徵，除了 type of heating system，都當作單個輸入來處理。供熱系統的類型爲分類資料類型，用 1/*N* 來編碼。

隱含層包含兩個神經元，輸出層只有一個神經元。隱含層和輸出層的神經元使用 S 型激勵函數。

房產評估神經網路可確定房產的價值，因此網路的輸出可用美元來解釋。

如何解釋網路的輸出？

在本例中，網路輸出爲範圍在 0 至 1 之間的連續值。因此，要解釋這個結果，我們只需將用於修改連續資料的程式倒轉即可。例如，假設在訓練集中，銷售價格的範圍在$52,500 到$225,000 之間，輸出值將$50,000 對應爲 0，$250,000 對應爲 1。因此，如果網路的輸出是 0.3546，則可以計算實際值：

$$\text{實際值}_{0.3546} = 0.3546 \times (\$250{,}000 - \$50{,}000) + \$50{,}000 = \$120{,}920$$

如何驗證結果呢？

爲了驗證結果，我們使用網路沒有遇到過的例子集。在訓練前，將所有可用的資料隨機分成訓練集和測試集。一旦訓練階段完成，網路就會有推廣的能力，這可以透過測試集來測試。

神經網路是不透明的。因此我們看不到網路是如何得到結果的。但我們還是要把握神經網路輸入和它所產生的輸出之間的關係。雖然目前對從訓練的神經網路中提取規則的研究最終會帶來足夠的成果，但神經元的非線性特徵會阻止網路產生簡單和可以理解的規則。幸運的是，要理解某個輸入對網路輸出的重要性，我們不需要抽取規則。實際上，我們可以使用一種簡單的稱爲靈敏度分析的技術。

靈敏度分析可以確定模型的輸出對某個輸入的敏感程度。該技術可以用來理解不透明模型的內部關係，因此可以應用在神經網路中。透過將每個輸入設定成最小值，然後再設定成最大值，並測量網路的輸出來執行靈敏度分析。某些輸入的改變對網路的輸出影響很小，也就是說網路對這些輸入不敏感。某些輸入的改變可能對網路輸出的影響很大，即網路對這些輸入很敏感。網路輸出改變的大小表示了網路對相對應輸入的敏感程度。在很多情況下，靈敏度分析和從訓練的神經網路中抽取規則一樣好用。

案例 6：以競爭學習型神經網路來分類

我想開發一個能夠將鳶尾屬植物分類並且能夠指定鳶尾屬植物予這些類別之一的智慧系統。我有一個有多個變數的資料集，但不知道如何將它分類，因爲沒有找到資料的唯一或獨一無二的特徵。神經網路可以解決這個問題嗎？

神經網路可以發現輸入型樣中的重要特徵，並學習如何將資料分成不同的類。競爭學習的神經網路可以解決這類問題。

競爭學習規則允許單層神經網路將相似的輸入資料歸類。該過程稱爲分群。每個分群用一個輸出表示。實際上，分群可以定義成將輸入空間劃分成不同區域的過程，每個區域和某個輸出相關(Principe 等人，2000)。

在這個案例中，我們使用包含 3 類鳶尾屬植物的有 150 個元素的資料集，這 3 類爲：Iris setosa、Versicolor 和 Virginica(Fisher, 1950)。資料集中的每一類植物用四個變數描述：萼片長度、萼片寬度、花瓣長度和花瓣寬度。萼片長度的範圍是 4.3cm 至 7.9cm，萼片寬度的範圍是 2.0cm 至 4.4cm，花瓣長度的範圍是 1.0cm 至 6.9cm，花瓣寬度的範圍是 0.1cm 至 2.5cm。

在競爭神經網路中，每個輸入神經元對應一個的輸入，每個競爭神經元表示一個分群。因此，解決鳶尾屬植物分類問題的神經網路的輸入層中有 4 個神經元，競爭層有 3 個神經元。網路的架構如圖 9-25 所示。

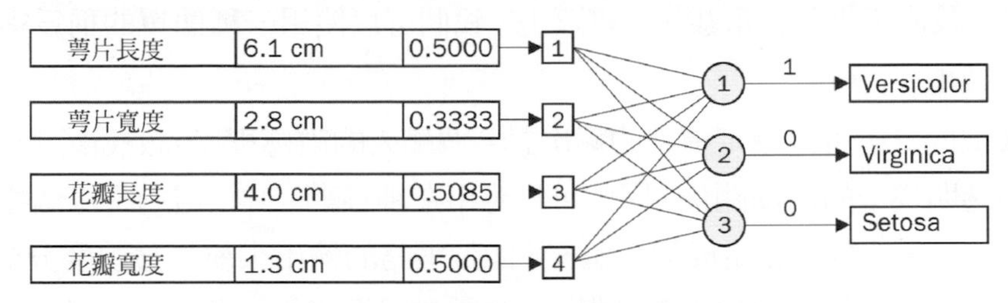

圖 9-25　鳶尾屬植物分類的神經網路

但是，在訓練網路前，必須對資料進行修改，並將其分爲訓練集和測試集。

鳶尾屬植物資料是連續的，且在最大値和最小値之間變化，因此可以很容易地用公式(9-2)將其修改到 0 至 1 之間。修改後的值可以當作神經網路的輸入。

下一步就是從可用資料中產生訓練集和測試集。150 個鳶尾屬植物資料隨機分成有 100 個資料的訓練集和有 50 個資料的測試集。

接下來就可以訓練競爭性神經網路將輸入向量分成 3 類。圖 9-26 描述了學習率爲 0.01 時的學習過程。黑點表示輸入型樣，三個球體表示競爭神經元的權重向量。每個球體的位置由四維輸入空間的神經元權重確定。

最初所有競爭神經元的權重都指定爲同一個値 0.5，因此只有一個球體出現在輸入空間的中心，如圖 9-26(a)所示。訓練後，權重向量和分群中心相對應，因此每個競爭神經元現在只對特定區域的輸入資料有回應。

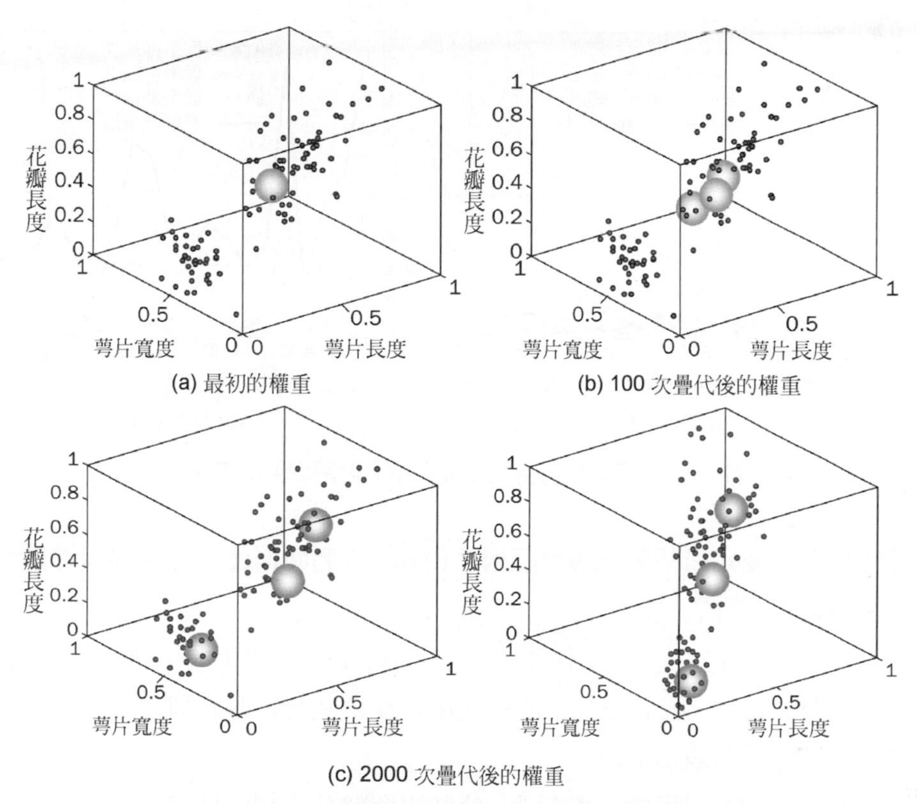

圖 9-26　鳶尾屬植物資料分類的競爭學習

我們如何知道學習過程是否完成了?

使用後向傳遞演算法訓練的多層感知器不同，在競爭神經網路中，沒有顯而易見的方法可以得知學習過程是否完成。我們不知道輸出的期望值是什麼，因此無法計算誤差的平方和—亦即後向傳遞演算法使用的準則。因此，我們應該使用歐幾里德距離的準則。如果競爭神經元的權重向量沒有明顯的變化，那麼就可以認爲網路已收斂。換言之，如果輸入空間中競爭神經元的運動在連續幾個週期中保持穩定，那麼就可以假設學習過程已經結束。

圖 9-27 爲鳶尾屬植物分類神經網路競爭神經元的動態學習過程。網路用兩個不同的學習率進行訓練。如圖 9-27(b)所示，如果學習率太高，競爭神經元的行爲就變得不穩定，網路可能無法收斂。但是，爲了加速學習，仍舊可以使用比較大的初始學習率，而在訓練過程中使學習率逐漸減小。

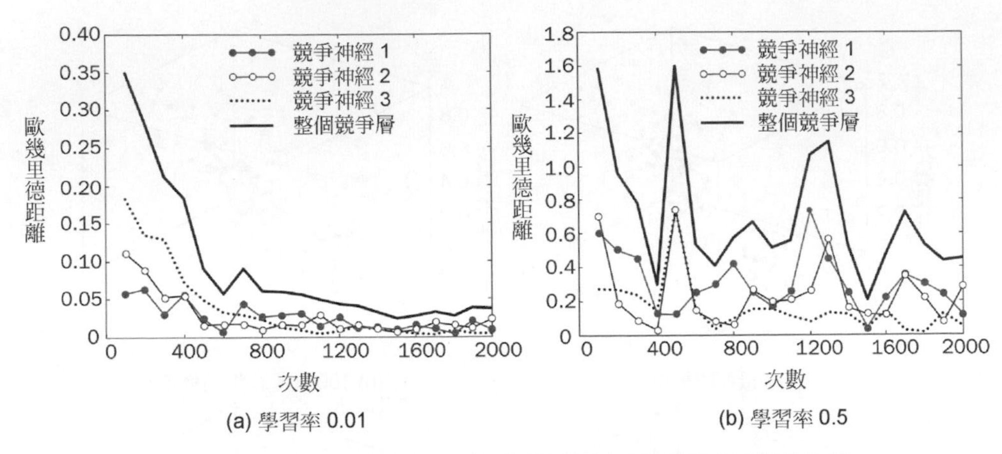

(a) 學習率 0.01　(b) 學習率 0.5

圖 9-27　鳶尾屬植物分類神經網路的競爭神經元的學習曲線

如何將輸出神經元和某個類關聯起來？例如，我們如何能夠得知競爭神經元 1 表示 Versicolor 類？

競爭類神經網路允許我們在輸入資料中辨識分群。但是，由於分群法是一個無人監督的過程，因此我們不能夠使用它來直接標記輸出神經元。實際上，分群法只是分類的最初階段。

在大多數實際應用中，屬於同一分群的資料分佈相當稠密，並且在不同的分群之間有自然的分界。因此，分群的中心的位置常常反映相對應類獨一無二的特徵。另一方面，訓練後的競爭神經元的權重向量向我們提供了輸入空間的中心的座標。因此，競爭神經元可以透過權重和某個類關聯起來。表 9-3 包含競爭神經元最終的權重，權重的解碼值和鳶尾屬植物的類。

如何將權重解碼爲鳶尾屬植物的尺寸？

要將競爭神經元的權重解碼爲鳶尾屬植物的尺寸，只要使用修改鳶尾屬植物資料的逆過程就可以了。舉例來說：

$$萼片長度\ W_{11} = 0.4355 \times (7.9 - 4.3) + 4.3 = 5.9\ \text{cm}$$

一旦權重被解碼，我們就可以請教鳶尾屬植物專家來標記輸出神經元。

表 9-3　標記競爭神經元

神經元	權重		鳶尾屬植物尺寸，cm		鳶尾屬植物所屬的類
1	W_{11}	0.4355	萼片長度	5.9	*Versicolor*
	W_{21}	0.3022	萼片寬度	2.7	
	W_{31}	0.5658	花瓣長度	4.4	
	W_{41}	0.5300	花瓣寬度	1.4	
2	W_{12}	0.6514	萼片長度	6.7	*Virginica*
	W_{22}	0.4348	萼片寬度	3.0	
	W_{32}	0.7620	花瓣長度	5.5	
	W_{42}	0.7882	花瓣寬度	2.0	
3	W_{13}	0.2060	萼片長度	5.0	*Setosa*
	W_{23}	0.6056	萼片寬度	3.5	
	W_{33}	0.0940	花瓣長度	1.6	
	W_{43}	0.0799	花瓣寬度	0.3	

是否可以不透過專家自動地標記競爭神經元？

可以使用測試資料集來自動標記競爭神經元。一旦神經網路的訓練完成後，用一些代表相同類(如 Versicolor 類)的輸入樣本輸入網路，在競爭中獲勝的輸出神經元會收到相對應類的標記。

雖然競爭網路只有一層競爭神經元，但它也可以將非線性分割的輸入型樣分類。在分類任務中，競爭網路的學習率比使用後向傳遞演算法訓練的多層感知器快得多，但結果的精確度要低一些。

案例 7：以自組織神經網路來分群

我想要開發一智慧系統，它可以識別出潛在的破產銀行。神經網路可以解決這個問題嗎？

在 2008 年，一系列銀行倒閉引發了金融危機。以任何歷史標準而言，這場危機是 20 世紀 30 年代大蕭條以來最嚴重的。危機的直接原因是美國房地產泡沫的破滅。接連著陷入低谷的房地產價格也影響了證券的價值觀，損害世界各地的金融機構。銀行破產和信用缺乏降低了投資者的信心，因此，股市暴跌。2009 年，全球經濟收縮 1.1%，而在發達國家，收縮達 3.4%。規模空前的中央銀行和政府干預後，全球經濟開始復甦。然而，全球金融體系仍處於危險之中。

如果我們能夠在銀行面臨償債能力和流動性危機之前，找出潛在的問題，各大銀行連鎖倒閉的危險將顯著減少。銀行倒閉的原因是多方面的。這些措施包括：採取高風險、利率波動、管理不善、會計準則的不足，並從非存款機構的競爭加劇。危機發生以來，銀行監管機構已越來越關注降低存款保險負債的規模。甚至有人建議，最好的監管政策是在銀行變成資本不足之前先關閉它們。因此，儘早識別出潛在瀕臨破產的銀行，對於避免另一場重大金融危機而言至關重要。

在過去的 30 年中的許多工具已經開發出來以識別出有問題的銀行。雖然早期的模型大多依賴統計技術(Abrams 與 Huang，1987；Booth 等，1989；Espahbodi，1991)，最近的發展是以模糊邏輯和神經網路爲主(Zhang 等，1999；Alam 等，2000；Ozkan-Gunay 與 Ozkan，2007 年)。這些模型大多使用二分法分類：破產與非破產。然而，在現實世界中，銀行的排名是以其破產的可能性來表示。監管機構眞正需要的是一個早期預警系統，可以「標記」可能瀕臨破產的銀行。一旦這些銀行被識別出來，針對每個銀行的具體需求之不同的預防方案便可以落實到位，從而避免了重大的銀行倒閉情事。

在這個案例，我們採用群聚分析法(cluster analysis)來「標記」可能倒閉的銀行。

什麼是群聚分析？

群聚分析是一項探索性數據分析技術，它將不同的物體分組，稱之爲群聚(clusters)，其方式爲如果兩個物件屬於同一群聚則他們之間的關聯度會被最大化，否則就被最小化。

「群聚分析」一詞最早是 70 多年前由 Robert Tryon(1939)提出。從那時以後，群聚分析已成功應用在許多領域，包括醫學、考古、天文等。在群聚分析中，並沒有預先定義好的類別，只會根據物件的相似性將它們分類。基於這個原因，群聚通常被稱爲非監督性分類。沒有自變數和應變數之間的區別，當發現群聚時，使用者必須解讀它們的含義。

使用於群聚分析的方法是什麼？

於群聚分析中我們可以看到使用了三種主要方法。這些方法都是基於統計、模糊邏輯和神經網路。在這個案例，我們將採用一自組性神經網路。

我們的目標是使用銀行財務數據來將它們分門別類。數據可從聯邦存款保險公司(FDIC)的年度報告獲得。FDIC 是一個獨立的機構，由美國國會所創建。它確保存款、檢查與監督金融機構以及安排接管事宜。要評估一家銀行的整體財務狀況，監理機關使用 CAMELS(資本充足率、資產、管理、盈利、流動性和市場風險的敏感度)評等制度。CAMELS 評等已運用在美國的 8500 家銀行。該系統也受到美國政府在 2008 年之資本化方案的遴選銀行過程中所採用。

在我們的案例中，選擇了 100 家銀行，並從聯邦存款保險公司去年的年度報告內取得它們的財務數據。我們以 CAMELS 系統爲基礎採用以下五個評等:

1. NITA：收入淨額除以資產總額。NITA 代表資產收益率。瀕臨破產的銀行的 NITA 非常低，甚至出現負值。
2. NLLAA：淨貸款除以調整後資產的損失。調整後資產的計算方法是總資產減去總貸款。瀕臨破產的銀行的 NLLAA 值通常較健全的銀行者更高。
3. NPLTA：不良貸款總額除以資產。不良貸款包括逾期 90 天的貸款以及非應計貸款。瀕臨破產的銀行的 NPLTA 值通常較健全的銀行者爲高。
4. NLLTL：淨貸款除以總貸款損失。瀕臨破產的銀行有更高的貸款損失，因爲它們往往提供貸款予高風險的借款人。因此，瀕臨破產的銀行的 NLLTL 高通常較健全的銀行者爲高。
5. NLLPLLNI：淨貸款損失與貸款損失準備之總和除以淨收入。NLLPLLNI 值越高，銀行的績效越差。

初步調查的統計數據顯示，有數家銀行可能會遇到相當程度的財政困難。群聚應該幫助我們識別出有類似問題的銀行群。

圖 9-28 顯示了一個自組織映射圖(SOM)其於 Kohonen 層中有一 5×5 陣列共 25 個神經元。請注意，於 Kohonen 層中的神經元呈六角形圖案排列。

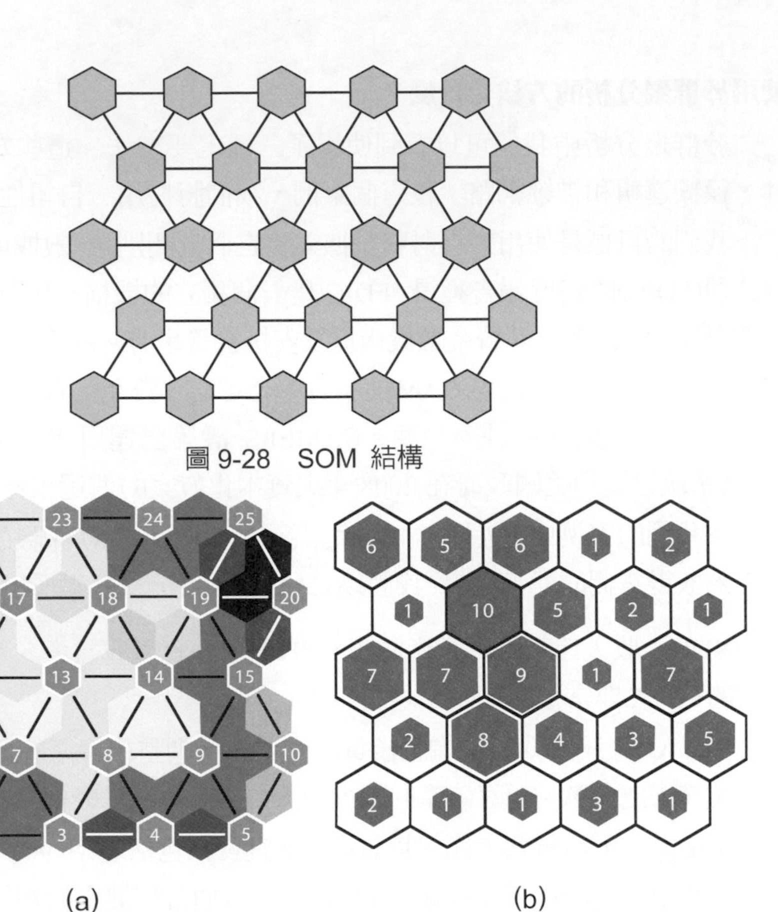

圖 9-29 訓練後的 5 × 5 SOM；(a) U-矩陣；(b) 樣本命中圖

輸入數據被正規化為 0 和 1 之間。該網路以學習率為 0.1 施以一萬次疊代來予以訓練。訓練完成後，第一次 SOM 形成一語義映射，類似的輸入向量被映射在一起，而不類似者則被分開。換句話說，類似的輸入向量傾向於激發相同的神經元或是那些位於 Kohonen 層上彼此緊靠在一起的神經元。這個 SOM 特性可以使用加權距離矩陣，又稱 U 矩陣，來進行視覺化。圖 9-29 展示該 U 矩陣以及銀行財務數據之 SOM 的樣本命中圖。在 U 矩陣，六邊形代表位於 Kohonen 層的神經元。鄰近神經元之間區域的色調表示它們之間的距離，色調越深距離越遠。SOM 樣本命中圖顯示有多少輸入向量受到 Kohonen 層之各個神經元的吸引。

通常情況下，SOM 標識群聚比基於 Kohonen 層中的神經元數量較少，因而吸引了一些密切鄰近神經元的輸入向量，事實上，可能代表相同的群集。例如，在圖 9-29(a)，我們可以觀察到神經元的 3 和 8、7 和 8、7 和 12、7 和 13、8 和 9、8 和 13、8 和 14、9 和 14、11 和 12、12 和 13、12 和 16、12 和 17、13 和 14、13 和 17、13 和 18、14 和 19、16 和 17、17 和 18、17 和 22、17 和 23、18 和 19、18 和 23、21 和 22 以及 22 和 23 之間的距離相對較短(在鄰近神經元之間地區的色調較淡，所以距離較短)。因此我們可合理假設，神經元 3、7、8、9、11、12、13、14、16、17、18、19、21、22 和 23 形成一個單一群聚。同時也應該注意，神經元 3 和 7 之間的距離遠遠大於神經元 3 和 8 以及神經元 7 和 8 之間的距離。因此，研究是什麼原因使得與神經元 3-關聯之輸入向量不同於神經元 7 所吸引者或許有其價值。表 9-4 展示群聚的結果。

這些群聚實際上是什麼意思呢？

如何詮釋每一個群聚的含義往往是項艱鉅的任務。不同於分類之類別數目是事先決定好的，在 SOM 型的群聚中類別的數目是未知的，並且賦予每個群集一個標籤或詮釋是需要一些先驗知識以及領域內的專業知識。

開始時，我們需要一種方法來比較不同的群聚。正如我們於案例 6 討論過的，一群聚的中心往往透露出將群聚與另一個群聚分隔的功能。因此，判斷出一群聚的平均成員應該使我們能夠詮釋整個群聚的含義。表 9-4 中含有在這項研究所使用之 CAMELS 評等值的平均數，中位數和標準差(SD)。使用這些值，一位專家可以識別出有類似行爲模式或遇到類似問題的某些銀行群。

讓我們從找出資產報酬爲負的問題銀行來開始我們的分析。從表 9-4 中可以看出，三個群聚，E、F 和 G，有負的 NITA 值。例如，在群聚 E 內之銀行具有平均總資產 0.06%的淨虧損。另一方面，健全的銀行通常其資產報酬爲正。因此，群聚 A 內的銀行，擁有最高 NITA 值者，可以被視爲是健全的。

表 9-4　5 × 5 SOM 的群聚結果

Cluster	Size	Neuron number	Financial profile of the cluster														
			NITA			NLLAA			NPLTA			NLLTL			NLLPLLNI		
			Mean	Median	SD	Mean	Median	SD	Mean	Median	SD	Mean	Median	SD	Mean	Median	SD
A	4	1,6	0.0369	0.0369	0.0043	−0.1793	−0.1340	0.2516	0.0125	0.0100	0.0055	0.0050	0.0057	0.0036	0.2839	0.2839	0.0164
B	1	2	0.0121	0.0121	0	−0.4954	−0.4954	0	0.0323	0.0323	0	0.0006	0.0006	0	1.1522	1.1522	0
C	75	3,7,8,9, 11,12,13, 14,16,17, 18,19,21, 22,23	0.0101	0.0094	0.0097	−0.0899	−0.0701	0.1646	0.0153	0.0144	0.0102	0.0143	0.0121	0.0093	0.8399	0.6973	0.7252
D	3	4	0.0066	0.0041	0.0064	0.4448	0.4528	0.0672	0.0190	0.0185	0.0058	0.0133	0.0145	0.0068	0.1894	0.1676	0.1617
E	13	5,10,15	−0.0006	−0.0010	0.0044	0.0363	0.0357	0.0257	0.0205	0.0166	0.0144	0.0388	0.0376	0.0108	8.0965	7.1786	3.9200
F	1	20	−0.0092	−0.0092	0	0.0089	0.0089	0	0.0215	0.0215	0	0.0055	0.0055	0	9.4091	9.4091	0
G	1	24	−0.0060	−0.0060	0	0.0199	0.0199	0	0.0198	0.0198	0	0.0662	0.0662	0	0.3612	0.3612	0
H	2	25	0.0014	0.0015	0.0019	0.0225	0.0225	0.0048	0.0164	0.0164	0.0029	0.0740	0.0740	0.0052	10.9785	10.9785	1.2720

關於 NLLAA 評等，群聚 D 具有比群聚 E 以外的最高平均值。請注意，雖然銀行在群聚 E 內屬於有問題的銀行，其 NLLAA 值至少較群聚 D 者低 12 倍以上(平均 3.63%相對於 44.48%)。這可能是與群聚 D 相關的這三家銀行之貸款遭逢嚴重困難的清楚跡證(即使他們的資產報酬爲正)。在群聚中的 A、B 和 C 的銀行顯示負 NLLAA 值，這是正常健全的銀行。

群聚 B 的 NPLTA 值最高，其次是群聚 E、F 和 G 內的問題銀行，這可能顯示群聚 B(群聚 B 是一個孤立的群聚)內的銀行在收回貸款方面遇到困難。事實上，這個特殊的銀行的處境可能比與群聚 E、F 和 G 有關聯之問題銀行更差

最後，於群聚 H 中的兩家銀行有最高的 NLLTL 和 NLLPLLNI 值，其次是問題銀行。因爲 NLLTL 值越高顯示貸款損失越多，我們會發現，群聚 H 中的銀行涉及提供貸款予高風險借款人。高風險同時也導致這些銀行的業績不佳，高 NLLPLLNI 值反映了這項事實。

群聚分析的一個重要部分，是要找出孤群(outliers)，即天生不會被歸類到任何較大群聚的那些對象。在表 9-4 中可以看到，有三個銀行視爲孤群，群聚 B、F 和 G。這些銀行都屬於孤群，它們都具有獨特的財務狀況。雖然傳統的群聚演算法，如 K-means 群聚法，不會處理孤群的問題，SOM 則是可以輕鬆地識別出它們。

需要多少群聚？

很難決定於一多維數據集中的群聚數。事實上，當一個群聚演算法試圖創造更大的群聚，孤群往往被迫加入到這些群聚。這不僅可能得出較差的群聚，而且，更糟糕的是，無法區分出獨特的對象。

舉個例子，讓我們使用 2×2 SOM 將同一組銀行集爲一群。SOM 是經過 1000 次疊代予以訓練。圖 9-30 顯示 U-矩陣和 SOM 樣本命中圖。顯然，我們現在只有四個群聚。進一步的調查結果顯示，根據它們的平均值，與神經元 1，2 和 3 相關聯的銀行可以被歸類爲健全，而由神經元 4 吸引的 13 家銀行則是倒閉的。瀕臨破產的銀行和先前由 5 × 5 SOM 所識別出有不尋常高 NLLPLLNI 值的兩家銀行現在被吸收到「健全」的群聚。

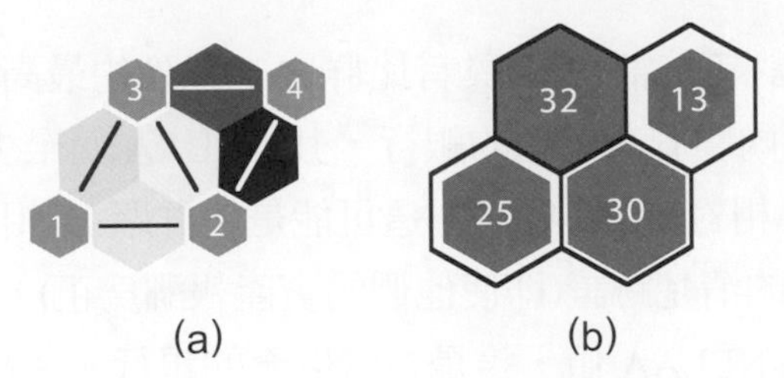

圖 9-30 訓練之後的 2 × 2 SOM：(a) U 矩陣，(b) 樣本命中圖

我們怎樣才能測試 SOM 的表現呢？

爲了測試一個神經網路，包括 SOM，我們需要一個測試集。從 FDIC 的年度報告中，我們可以得到一份倒閉銀行的名單，並收集相應的財務報表數據。一些銀行倒閉的研究指出倒閉的銀行可以在償債通知前 6 至 12 個月，並且在某些情況下，在銀行倒閉的前四年就可以被偵測出來(Alam 等，2000；Eichengreen，2002)。雖然償付能力和流動性是一償債通知逼近時倒閉與否的最重要預測指標，資產品質、盈利和管理在倒閉增加之前日益重要。要測試的 SOM 性能，我們選擇去年倒閉的 10 家銀行，並收集他們一年之前的財務報表數據。表 9-5 中包含它們之 CAMELS 評等值的平均數、中位數和標準差(SD)。現在我們可以應用 10 個輸入向量，看看 SOM 的回應。

正如預期的那樣，於 2 × 2 SOM，所有 10 個輸入向量都受到神經元 4 吸引。在 5 × 5 SOM，情況比較複雜。6 個輸入向量受到神經元 5，兩個受到神經元 10，一個受到神經元 20 和兩個受到神經元 24 的吸引。因此，在這兩種情況下，瀕臨破產的銀行被正確的集合在一起。

最後提出一些忠告。雖然 SOM 是一個強大的群聚工具，每個群聚的確切含義並非總是很清楚，通常需要領域專家解釋結果。同時 SOM 也是一個神經網路，任何神經網路的好壞與輸入之數據有關。在這個案例，我們只使用到五個金融變數。然而，要提前成功地識別出有問題的銀行之前，我們可能需要更多的變數，來存放有關銀行業績方面的額外數據(業界的研究人員根據 CAMELS 評等系統使用多達 29 個金融變數)。

表 9-5　倒閉銀行的財務狀況

NITA			NLLAA			NPLTA			NLLTL			NLLPLLNI		
Mean	**Median**	**SD**	**Mean**	**Median**	**SD**	**Mean**	**Median**	**SD**	**Mean**	**Median**	**SD**	**Mean**	**Median**	**SD**
−0.0625	−0.0616	0.0085	0.0642	0.0610	0.0234	0.0261	0.0273	0.0065	0.0341	0.0339	0.0092	7.3467	6.9641	3.8461

Berry 和 Linoff(2004)提出了一個關於群聚有挑戰性的好例子。一家大型銀行決定增加其在房屋淨值貸款的市占率。它收集了 5000 名有房屋淨值貸款和 5000 名沒有房屋淨值貸款之客戶的數據。這些數據包括房屋的評估價值，可用的信用額度、授予信用額度、客戶年齡、婚姻狀況、子女數目和家庭收入。然後用這些數據來訓練 SOM。它識別出五個群聚。其中一個群聚特別令人感到興趣。它包含了那些申辦房屋淨值貸款的客戶。這些客戶爲 40 歲、已婚、有後青少年期的兒女。銀行假設他們申辦貸款是爲了支付子女的大學學費。因此，銀行籌辦行銷活動來提供房屋淨值貸款爲支付大專學費的方法。然而，活動的結果令人失望。

進一步調查發現，問題出在對於 SOM 識別出之群聚所做的詮釋。因此，該銀行決定納入更多有關其客戶的訊息，如帳戶類型、存款系統、信用卡系統等。重新訓練 SOM 後發現申辦房屋淨值貸款者中爲 40 歲且育有大學適齡兒女之客戶往往也有企業帳戶。因此，銀行認爲，當孩子離開家去上大學，父母會取出房屋淨值貸款來開辦新的企業。該銀行針對這一群的潛在客戶籌辦一個新的行銷活動，而這次的活動是成功的。

9.5 基因演算法可以解決的問題

基因演算法可以用於很多最佳化問題(Haupt 和 Haupt，2004)。最佳化是爲問題尋找較好解決方法的基本過程。這就說明問題可能有多於一個的解決方案，而這些解決方案品質不同。基因演算法產生候選解決方案的種群，然後透過自然選擇使這些解決方案演化—不好的解決方案趨向於淘汰，好的解決方案存活並繼續繁殖。不斷重複這個過程，基因演算法就得到了最佳解。

案例 8：旅行推銷員問題

我想開發一個可以產生最佳化路線的智慧系統。我想開車旅行並參觀歐洲中部和西部的主要城市然後再回家。基因演算法可以解決這個問題嗎？

這就是著名的旅行推銷員問題(TSP)。給定有限個城市 N，以及每兩個城市之間旅行的費用(或距離)，我們要找出花費最少(或路程最短)的路線，而每個城市都能到達且僅到達一次後回到出發點。

雖然 TSP 早在 18 世紀就已經很著名了，但直到 20 世紀 40 年代後期和 50 年代早期才被認眞研究，並被當作典型的 NP-hard 問題(Dantzig 等人，1954；Flood，1955)。這樣的問題很難透過組合搜尋技術來解決。TSP 問題的搜尋空間包含 N 個城市的所有可能組合，因此搜尋空間的大小爲 N！(即城市數目的階乘)。因爲城市的數量可能很大，因此逐條路徑地檢查是不可行的。

TSP 問題通常出現在運輸和後勤應用中，例如，在學校所屬區域內爲接送孩子的校車安排路線，給回家的人送飯，爲倉庫中的塔式起重機安排計畫，安排收取郵件的車輛路線等。TSP 的經典例子是機器如何在電路板上鑽孔。在本例中，孔就是城市，旅行的花費就是鑽頭從一個洞挪到另一個洞所需的時間。

最近幾年，TSP 問題的規模不斷擴大，從尋找 49 個城市旅行的解決方案(Dantzig 等人，1954)發展到了尋找 15,112 個城市旅行的解決方案(Applegate 等人，2001)。

研究人員使用不同的技術來解決這個問題。這些技術包括模擬退火(Laarhoven 和 Aarts，2009)、離散線性程式設計(Lawler 等人，1985)、神經網路(Hopfield 和 Tank, 1985)、分支定界演算法(branch-and-bound，Tschoke 等人，1995)、馬可夫鏈(Martin 等，1991)和基因演算法(Potvin，1996)。基因演算法特別適合解決 TSP 問題，因爲這種演算法能夠快速直接地在搜尋空間中搜尋可行的區域。

基因演算法是如何解決 TSP 問題的？

首先，要決定如何表達推銷員的路線。最自然的表示方式是路徑表示法(Michalewicz，1996)。每個城市用字母或數值命名，城市間的路線用染色體來表示，用合適的遺傳操作來產生新的路線。

假設現在有 9 個城市，用 1 至 9 來表示。在一個染色體中，整數的順序表示推銷員參觀城市的順序。例如，一個染色體

1	6	5	3	2	8	4	9	7

代表如圖 9-31 所示的路線。銷售員從城市 1 出發，到所有的其他城市參觀一次並回到出發點。

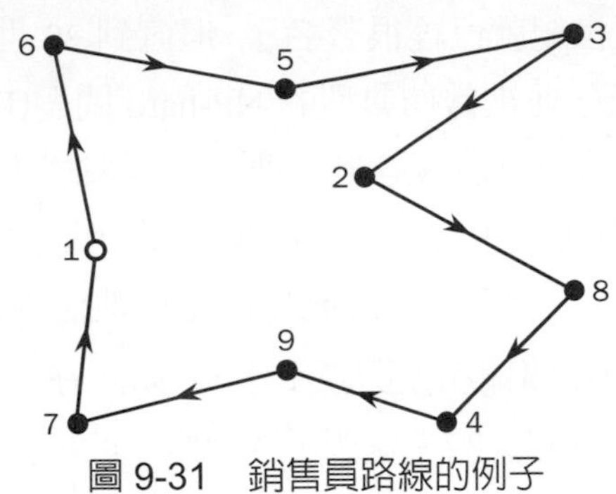

圖 9-31　銷售員路線的例子

TSP 中的交配運算如何進行？

傳統形式的交配運算不能直接在 TSP 問題中使用。簡單交換兩個親代某一部分方法會產生不符合規定的路線，可能包含重複路線，也可能遺漏路線。意即，有些城市可能去了兩次，而有些城市可能沒有到達。例如，交換下面兩個親代染色體的相對應部分

Parent 1: 1 6 5 3 | 2 8 4 9 7　*Parent* 2: 3 7 6 1 | 9 4 8 2 5

交換下面兩個親代染色體的相對應部分會產生一條去了城市 5 兩次，而沒有去過城市 7 的路線，另一條去了城市 7 兩次，而沒有去過城市 5 的路線。

Child 1: 1 6 5 3 | 9 4 8 2 5　*Child* 2: 3 7 6 1 | 2 8 4 9 7

很明顯，傳統的單交配點的交配運算不適用於 TSP 問題。為了解決這個問題，出現了很多兩交配點的交配運算(Goldberg，1989)。例如，Goldberg 和 Lingle(1985)建議用部分對應交配法，Davis(1985)建議使用順序交配法。但是，大多數運算的基礎是透過選擇一個親代的部分路線，並保持另一個親代的城市順序來建立子代。圖 9-32 表示了交配運算的過程。

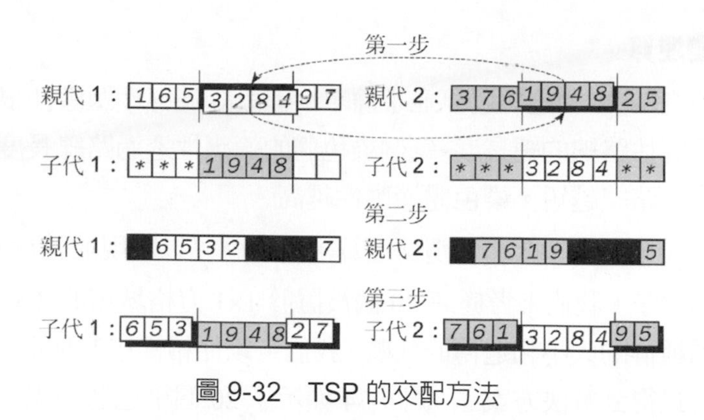

圖 9-32　TSP 的交配方法

首先，在兩個親代染色體中統一隨機地選擇兩個交配點(用垂直線符號「|」標記)。在兩個交配點之間的部分就是交換部分。透過交換親代染色體的交換部分得到兩個子代染色體，圖 9-32 的星號表示還未決定的城市。接下來，將親代染色體最初的城市按照最初的順序排列，忽略另一個染色體中交換部分的城市。例如，1、9、4 和 8，它們出現在第二個親代的交換部分，要將其從第一個親代中去除。再將剩餘的染色體放入子代中，並保持它們的最初位置。因此，子代表示的路徑在一定程度上是由兩個親代確定的。

TSP 突變運算如何進行？

有兩種突變運算：倒數交換和倒置(Michalewicz，1996)。圖 9-33 的(a)和(b)顯示了這種方法是如何工作的。倒數交換運算簡單地互換染色體中隨機選擇的兩個城市。而倒置運算在染色體中選擇兩個隨機的點，然後倒序排列兩點間的城市。

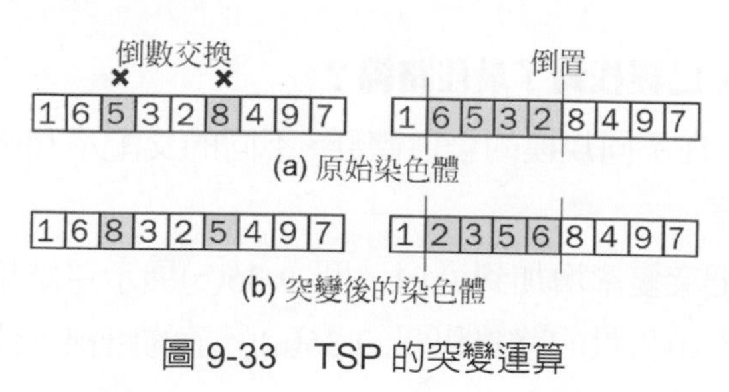

圖 9-33　TSP 的突變運算

TSP 的突變運算

雖然建立 TSP 的遺傳運算並不簡單，但設計適應性函數卻很簡單—我們要做的就是評估路線的總長度。每個染色體的適應性透過路線長度的倒數來確定。換言之，路線越短，染色體適應性越高。

一旦定義了適應性函數和遺傳運算，我們就可以實現並執行 GA 了。

當作個例子，我們來考慮有 20 個被置於 1×1 方格城市的 TSP 問題。首先選擇染色體種群的大小和遺傳的代數。我們可以從相當小的種群開始，這樣在幾代後就可以得到解決方案了。圖 9-34 顯示了 20 個染色體經過 100 代後的最佳路線。可以看到，這個路線不是最佳的，它還有改善的餘地。下面增加染色體種群的大小再執行 GA。圖 9-35(a)爲其結果。路線的總長度減少了 20%，這是很大的改善。

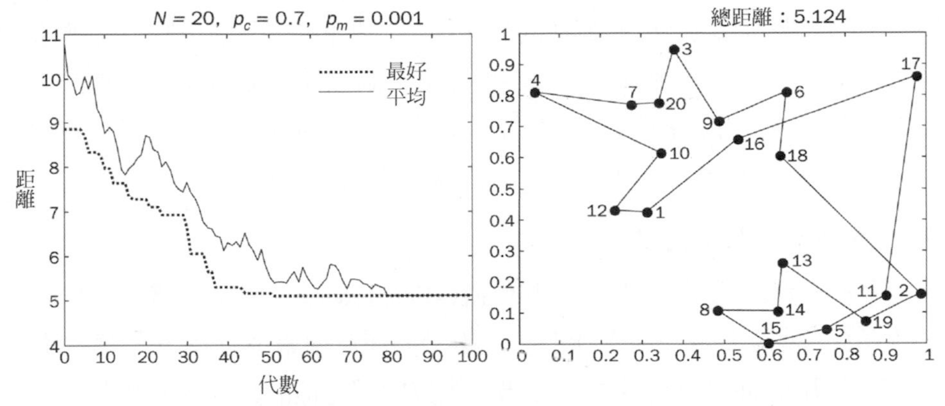

圖 9-34　20 個染色體經過 100 代後得到的性能圖和銷售員最佳路徑

我們如何得知 GA 已經找到了最佳路線？

事實是，只有在不同規模的染色體群、不同的交配率和突變率做更多的測試，才能給出答案。

例如，如果把突變率增加到 0.01。圖 9-35(b)展示這結果。雖然總距離只有很少的減小，但銷售員的路線和圖 9-35(a)所示的路線一致。也許可以繼續增加染色體種群數量並重新執行 GA。

但是，這也不太可能得到一個非常好的解決方案。那麼是否可以確定這就是最佳路線呢？當然，我們不能就此賭注它是最佳路線。但是，執行了幾次之後，我們幾乎可以確定這就是最佳的路線。

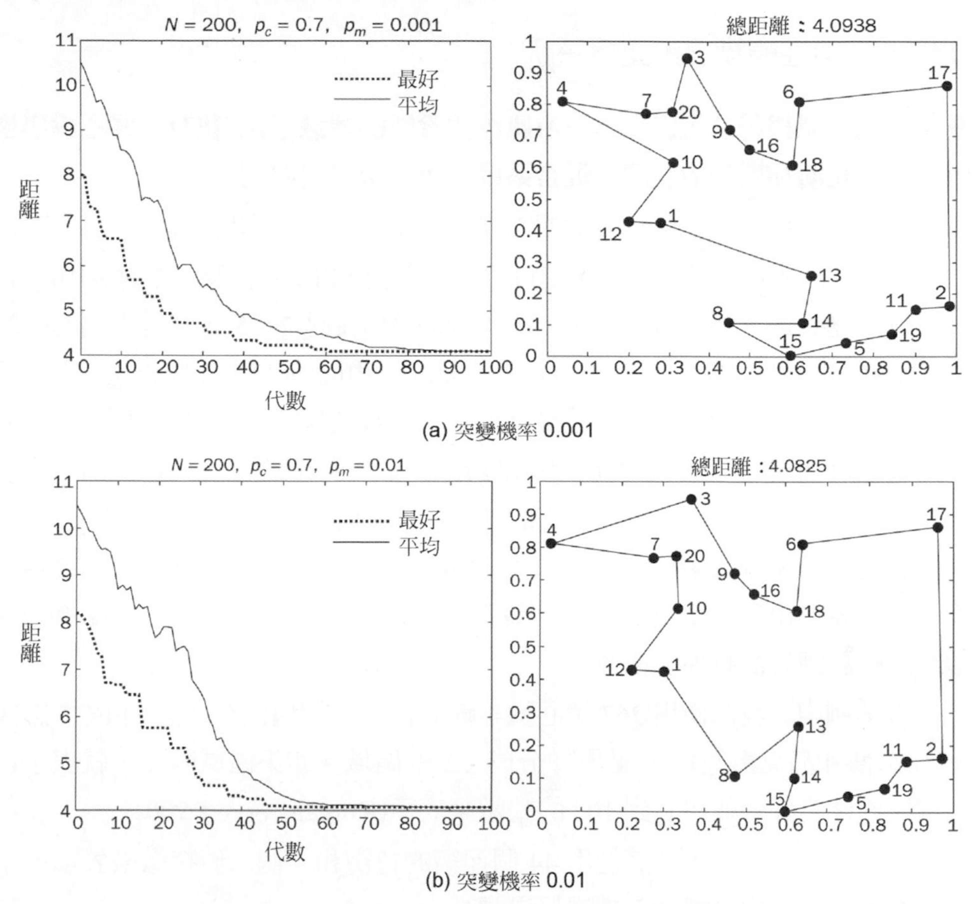

圖 9-35　200 個染色體得到的性能圖和最佳路線

9.6　混合智慧系統可以解決的問題

要解決現實世界中複雜的應用問題，需要融合專家系統、模糊邏輯、神經網路和演化計算這些方法的優點的複雜智慧系統。這些系統可以結合某個領域專家的意見，並且具有學習能力，能夠快速適應變化的環境。

雖然混合智慧系統還在發展中，大部分混合工具還不是非常有效，但神經模糊系統已經發展成熟，並在許多領域都有成功應用。其中神經網路可以從資料中進行學習，模糊邏輯最重要的優勢是模擬人類制訂決策的能力。

案例 9：神經模糊決策支援系統

我想開發一個根據心臟影像進行心肌灌注診斷的智慧系統。我有一些心臟影像以及臨床說明和醫生的註解。混合系統可以解決這個問題嗎？

現代心臟內科學診斷的基礎是分析 SPECT(單光子發射電腦斷層影像)影像。給患者注入放射性顯影劑，就可以獲得兩套 SPECT 影像：注射後 10～15 分鐘負荷達到最大時的負荷影像(stress image)和注射 2～5 小時後得到的靜息影像(rest image)。放射性顯影劑在心肌中的分佈和心肌的灌注成正比。因此透過比較負荷影像和靜息影像，心臟科專家就可以發現心臟功能的異常。

SPECT 影像是一種有 256 個灰階級別的高解析度的二維黑白影像。影像中比較明亮的地方和心肌灌注良好的部分對應，較暗的地方可能就表示缺血。遺憾的是，透過視覺來檢查 SPECT 影像是十分主觀的，因此醫生的解釋通常不一致且容易出現錯誤。很明顯，智慧系統在幫助心臟科專家透過心臟 SPECT 影像進行診斷方面有很大價值。

本案例中，我們使用 267 個心臟診斷病例。每個病例有 2 個 SPECT 影像(負荷影像和靜息影像)，每個影像分成 22 個區域。如果區域明亮，就表示這個區域灌注良好，並用 0 到 100 的整數來表示(Kurgan 等人，2001)。

因此，每個心臟診斷病例用 44 個連續的特徵和一個二值特徵來表示，二值特徵表示最後的診斷—正常還是異常。

整個 SPECT 的資料集有 55 個正常病例(陽性病例)和 212 個異常病例(陰性病例)。資料集被分成訓練集和測試集。訓練集有 40 個陽性病例和 40 個陰性病例。測試集有 15 個陽性病例和 172 個陰性病例。

可以訓練後向傳遞神經網路來將 SPECT 影像分成正常影像和異常影像嗎？

後向傳遞神經網路確實可以用於分類 SPECT 影像，因為訓練集是足夠大的，則網路就可以完成分類。輸入層中的神經元個數由負荷影像和靜息影像中區域的總數確定。本例中，每個影像分成 22 個區域，因此需要 44 個輸入神經元。因為 SPECT 影像被分類為正常或者異常，所以應該使用兩個輸出神經元。實驗測試顯示，在隱含層有 5 至 7 個神經元就可以得到很好的推廣能力。後向傳遞的網路的學習率很快，可以很快達到收斂，得到解決方案。

但是，在使用測試集進行測試時，我們發現網路的性能很差—大概 25% 的正常心臟診斷病例被誤分類為異常，而超過 35%的異常病例被分類為正常，診斷誤差總共達到了 33%。這就表示訓練集中缺少一些重要的病例(網路的性能和訓練資料有很大關係)。儘管如此，我們還是可以大幅度地提高診斷的準確性。

首先，我們需重新定義問題。為了訓練網路，我們使用相同數量的正常病例和異常病例。而在實際臨床病例中，SPECT 影像正常和異常的比例是不同的，對異常病例誤分類的後果要比對正常病例誤分類的後果嚴重得多。因此，要減少異常 SPECT 影像的誤分類，就要允許增加正常影像的誤分類的比例。

神經網路產生兩種輸出。第一種輸出為 SPECT 影像屬於 normal 類(正常)的機率，第二種的是 SPECT 影像屬於 adnormal 類(異常)的機率。例如，若第一個(正常)輸出是 0.92，第二個(異常)輸出是 0.16，SPECT 影像便被歸為正常類，我們可以得出結論，該患者心臟病發作的機率很小。另一方面，如果 normal 輸出很小，為 0.17，abnormal 輸出較大，為 0.51，則該 SPECT 影像歸為異常類，這說明該患者心臟病發作的機率很高。但是，如果兩個輸出很接近，假設 normal 輸出是 0.51，abnormal 輸出是 0.49，那我們就不能夠準確地分類了。

可以在醫學診斷的決策制訂中使用模糊邏輯嗎？

醫生在分類 SPECT 影像時並沒有一個精確的臨界值。心臟病專家檢查診斷影像所有區域的灌注情況，比較負荷和靜息兩種影像相對應區域的明暗程度。實際上，醫生通常依賴於本身的經驗和直覺來發現心肌的異常情況。模糊邏輯就是一種模擬心臟病專家評估心臟病發作風險的方法。

要建構型樣化模糊系統，首先要確定輸入和輸出變數、定義模糊集、建構型樣化模糊規則。在本問題中，有兩個輸入(NN output 1 和 NN output 2)，一個輸出(心臟病發作的風險)。輸入變數被正規化到範圍[0, 1]之間，輸出變數在 0 至 100%之間變動。圖 9-36、圖 9-37 和圖 9-38 說明了模糊系統中使用的語言變數的模糊集。模糊規則如圖 9-39 所示。

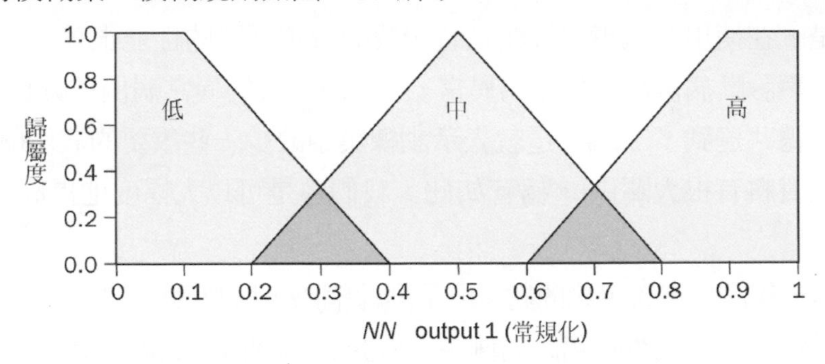

圖 9-36　神經網路輸出 normal 的模糊集

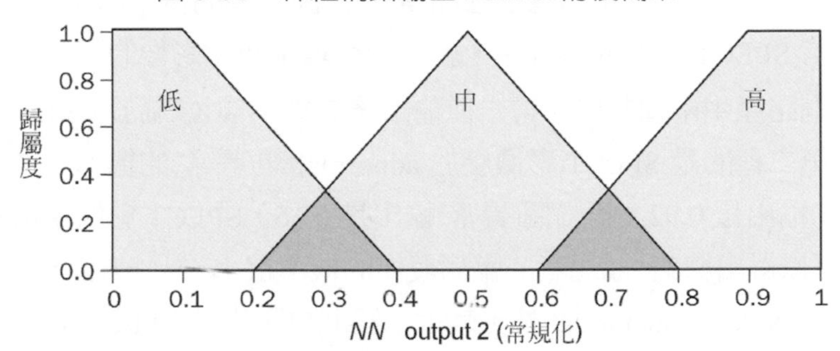

圖 9-37　神經網路輸出 abnormal 的模糊集

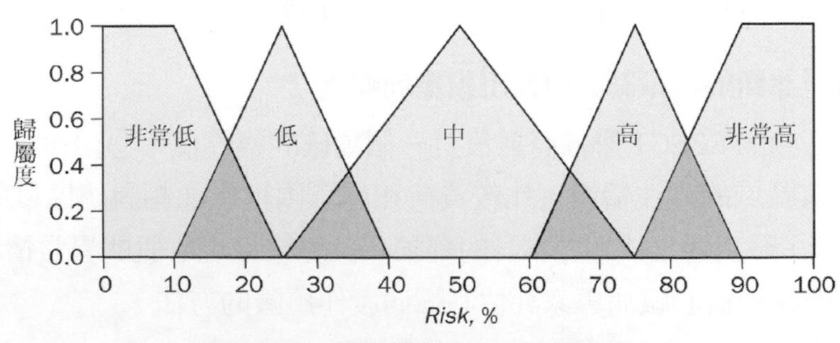

圖 9-38　語言變數 Risk 的模糊集

1. If (NN_output1 is Low) and (NN_output2 is Low) then (Risk is Moderate)
2. If (NN_output1 is Low) and (NN_output2 is Medium) then (Risk is High)
3. If (NN_output1 is Low) and (NN_output2 is High) then (Risk is Very_high)
4. If (NN_output1 is Medium) and (NN_output2 is Low) then (Risk is Low)
5. If (NN_output1 is Medium) and (NN_output2 is Medium) then (Risk is Moderate)
6. If (NN_output1 is Medium) and (NN_output2 is High) then (Risk is High)
7. If (NN_output1 is High) and (NN_output2 is Low) then (Risk is Very_low)
8. If (NN_output1 is High) and (NN_output2 is Medium) then (Risk is Low)
9. If (NN_output1 is High) and (NN_output2 is High) then (Risk is Moderate)

圖 9-39　評估心臟病風險的模糊規則

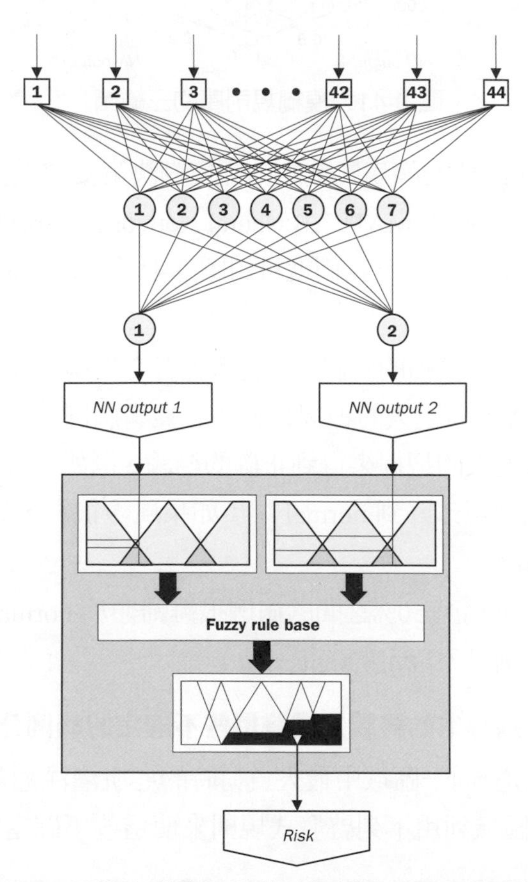

圖 9-40　評估心臟病風險的神經模糊系統的層次結構

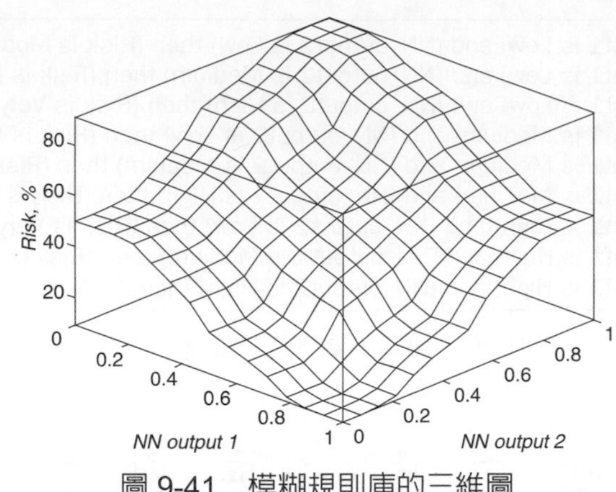

圖 9-41　模糊規則庫的三維圖

圖 9-40 顯示了評估心臟病風險的神經模糊決策支援系統的完整結構。要建構這樣的系統，可以使用 MATLAB Neural Network 和 MATLAB Fuzzy Logic Toolbox。一旦系統開發完成，我們就可用圖 9-41 所示的三維圖來研究和分析系統的行爲了。

系統的輸出是一個清晰的資料，它表示患者心臟病發作的風險。基於這個資料，心臟病專家可以有更大的把握來分類心臟病病例—一旦風險被量化，決策制訂人就可以有更大的把握來得到正確的結論。例如，如果風險很低，假設小於 30%，該病例就可以歸到 normal 類；如果風險很高，如大於 50%，就可以歸於 abnormal 類。

但是，風險在 30%至 50%之間的病例很難歸類爲 normal 或 abnormal，確切地說，這樣的病例是不確定的(uncertain)。

我們可以利用心臟病專家的經驗知識將這些不確定的病例分類嗎？

心臟病專家知道，同一區域中最大負荷時的心肌灌注通常高於靜息時的灌注。因此可對所有區域利用下列啓發式規則來使這些不確定的病例變得確切：

1. 若區域 i 在負荷時的灌注高於靜息時的灌注，則心臟病的風險應減少。
2. 若區域 i 在負荷時的灌注不高於靜息時的灌注，則心臟病的風險應增加。

這些啓發式規則可在如下的診斷系統中實現：

步驟 1

將心臟病病例輸入神經模糊系統。

步驟 2

如果系統的輸出小於 30%，那麼將病例歸爲 normal 類並結束。如果輸出大於 50%，則將病例歸爲 abnormal 類並結束。否則，到步驟 3。

步驟 3

對於區域 1，從負荷灌注中減去靜息灌注。如果結果爲正，則將結果乘以 0.99 以減少目前的風險。否則將結果乘以 1.01 來增加目前的風險。重複這個過程，直至 22 個區域都計算完爲止然後到步驟 4。

步驟 4

如果新的風險值小於 30%，那麼就歸到 normal 類，如果值大於 50%，則歸到 abnormal 類，否則，就認爲是 uncertain 類。

當我們將測試集應用於神經模糊系統時,我們發現分類的準確性得到了很大的提高：總體診斷誤差不超過 5%，僅有不到 3%的異常的病例誤歸於正常類。雖然系統在判斷正常病例方面的性能沒有提高(仍有超過 30%的正常病例誤歸到異常類中)，並且接近 20%的病例歸類爲不確定，但神經模糊網路在分類 SPECT 影像方面實際上已經優於心臟病專家的分類結果了。更重要的是，對識別異常 SPECT 影像的準確性更高。

本例中,神經模糊系統是異質結構—神經網路和模糊系統是相互獨立的組成部分(雖然在解決問題時需要它們合作)。一旦新的病例輸入診斷系統，經過訓練的神經網路就會確定模糊系統的輸入。模糊系統使用預先定義的模糊集和模糊規則將給定輸入對應到輸出，得到心臟病發作的風險值。

是否有成功使用同質結構的神經模糊系統？

同質結構的神經模糊系統的典型例子是自適應神經模糊推理系統(ANFIS)。這種系統不能夠分成兩個獨立和清晰的部分。實際上，ANFIS 是執行模糊推理的多層次神經網路。

案例 10：時間串列預測

我想開發一個工具可用來預測飛機著陸於航空母艦時的飛行航道。我有一個不同飛行員駕駛不同飛行器的著陸軌道資料庫，也可以使用雷達數值資料，它提供了著陸時即時的軌道資料。我的目標是基於飛行器目前的位置，至少提前 2 秒預測其軌道。神經模糊系統可以解決這個問題嗎？

飛行器著陸(特別是航空母艦上的飛行器)是一個相當複雜的過程。它受到很多因素的影響，例如，航空母艦的飛行甲板的空間限制、它的運動情況(包括傾斜程度和搖擺程度)、飛行條例和裝載的燃油、機械準備，最關鍵的是時間限制。航空母艦有大概 10 英呎的上下位移，因此甲板有總共 20 英呎的位移。另外，在晚間和風雨天很難看到接近的飛行器。

負責飛行器最終接近和著陸職責的是著陸信號指揮官(LSO)。實際上，是 LSO 而不是飛行員對重飛作出重要的決定在飛行器距離著陸甲板 1 海哩時，大概相當於 60 秒的時間，就會對其進行仔細的觀察和指導。在這段關鍵的時間中，LSO 要至少提前 2 秒預測飛行器的位置。這樣的問題就是數學中的時間串列預測問題。

什麼是時間串列？

時間串列可以定義為一系列的觀測，在某個時間記錄一次觀測。例如，可以透過記錄某個時間間隔(飛行器著陸前 60 秒)內飛行器的位置得到時間串列。在現實世界中，時間串列的問題是非線性的，經常存在混亂的行為，很難對其型樣化。

對飛行器著陸軌道的預測主要取決於 LSO 的經驗(所有的 LSO 都是經過訓練的飛行員)。自動預測系統可以使用航空母艦上的雷達提供的飛行器位置的資料，以及以前飛行員駕駛不同飛行器著陸的資料記錄(Richards, 2002)。系統用過去的資料進行離線訓練。然後線上輸入目前的動作資訊，來預測接下來幾秒飛行器的動作。飛行器軌道的時間串列預測結果如圖 9-42 所示。

要線上預測飛行器的位置，我們會使用 ANFIS。它可以學習給定的著陸軌跡的時間串列資料，從而確定歸屬函數的允許系統追蹤飛行器的最佳參數。

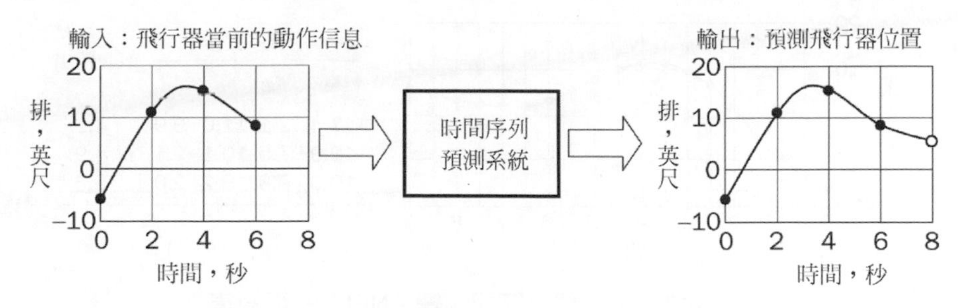

圖 9-42　飛行器軌道的線上時間串列預測

ANFIS 的輸入是什麼？

要預測時間串列的未來值，我們使用已知的值。例如，要提前 2 秒預測飛行器的位置，我們可以使用目前的位置資料記錄以及目前位置以前 2、4 和 6 秒的資料記錄。這四個已知的資料就可以作爲一個輸入型樣—一個如下所示的 4 維向量：

$$\mathbf{x} = [x(t-6)\ x(t-4)\ x(t-2)\ x(t)]$$

其中 $x(t)$是時間 t 處的飛行器位置。

ANFIS 輸出就是飛行器軌道的預測：2 秒後飛行器的位置 $x(t+2)$。

在本例中，使用 10 個飛行器的著陸軌跡，其中 5 個用來訓練，另外 5 個用來測試。每個軌跡是一個在著陸前 60 秒內，每半秒記錄一次飛行器的位置而得到的時間串列。因此，每個飛行軌跡的資料集包含 121 個值。

如何建構訓練 ANFIS 的資料集？

考慮圖 9-43，它顯示了飛行器的軌跡和 35×5 的訓練資料集，該資料集來自軌道資料每 2 秒一次的取樣。輸入變數 $x1$、$x2$、$x3$ 和 $x4$ 分別對應於時間$(t-6)$、$(t-4)$、$(t-2)$和 t 處飛行器的位置。所想要的輸出值爲提前 2 秒的預測 $x(t+2)$。圖 9-43 所示的訓練資料集是在 t 爲 6 秒(第一行)、6.5 秒(第二行)和 7 秒(第三行)時建構的。

在 60 秒的時間間隔上對飛行器著陸軌跡使用相同的過程，可以得到用 105×5 矩陣表示的 105 個訓練樣本。因此，用來訓練 ANFIS 的整個資料集可表示爲 525×5 的矩陣。

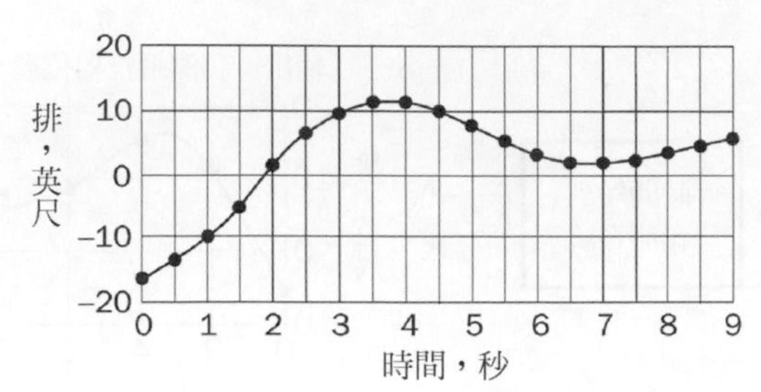

輸入				預期輸出
x_1	x_2	x_3	x_4	
−17.4	2.1	11.0	3.9	4.2
−12.9	7.5	10.1	2.1	4.9
−10.0	9.8	8.2	2.0	5.3

圖 9-43　飛行器軌跡和訓練 ANFIS 的資料集

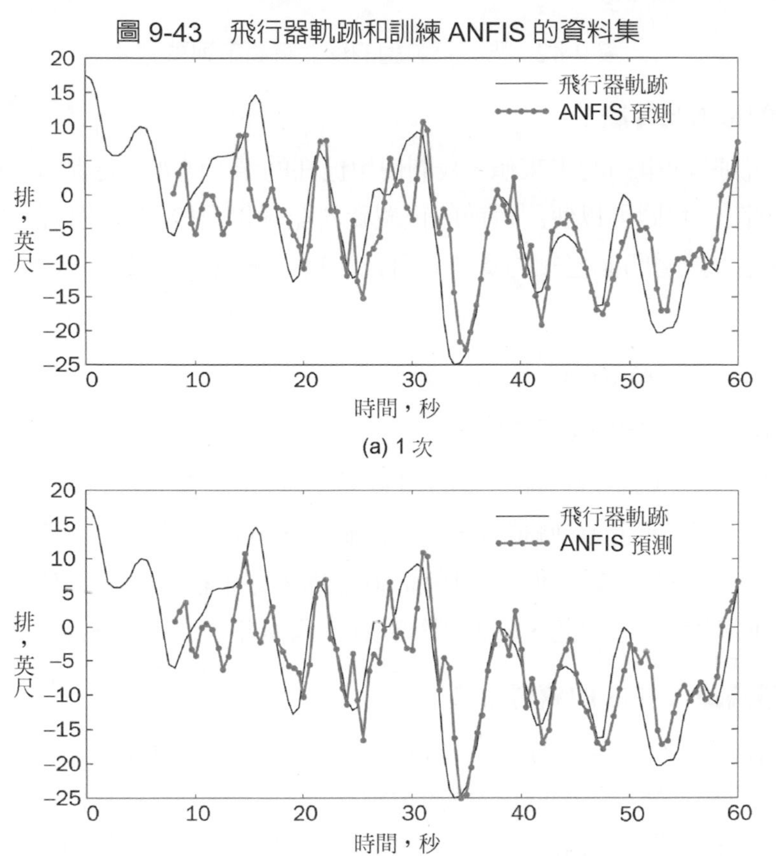

圖 9-44　帶有四個輸入和每個輸入指定兩個歸屬函數的 ANFIS 的性能

需要給每個輸入變數指定幾個歸屬函數？

一個實用的方法是指定最少的歸屬函數。因此，我們可以從指派給每個輸入變數的兩個歸屬函數開始。

圖 9-44 顯示了實際的飛行軌跡和經過 1 和 100 次訓練後 ANFIS 的輸出。如圖所示，即使在訓練 100 次後，ANFIS 的性能依舊令人不滿意。我們也可以看出，增加訓練的次數並沒有顯著改善性能。

如何才能改善 ANFIS 的性能？

為每個輸入變數指定三個歸屬函數可以顯著改善 ANFIS 的性能。圖 9-45 證明了這一點；僅在一次訓練後，ANFIS 預測飛行器的軌跡就比之前已經訓練了 100 次後預測的還要準確。

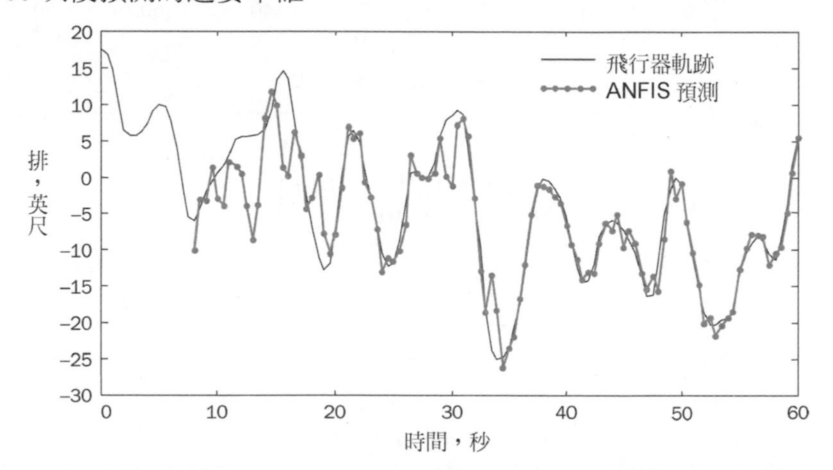

圖 9-45　帶有四個輸入的 ANFIS 性能和每個輸入指定了三個歸屬函數的 ANFIS 在經過一次訓練後的性能

另一個改善時間串列預測性能的方法是增加輸入變數的個數。舉例來說，讓我們檢視一個具有 6 個輸入的 ANFIS，每個輸入分別相應於飛機在(t–5)、(t–4)、(t–3)、(t–2)、(t–1)和 t 時的位置。ANFIS 輸出仍舊是提前 2 秒的預測。這訓練資料集現在以 535×7 的矩陣來代表。

一旦為每個輸入變數指定了最小數目的歸屬函數，我們就可以訓練一次 ANFIS，並在測試軌道上觀察它的性能。圖 9-46 展示該結果。有 6 個輸入的 ANFIS 的性能要勝過有 4 個輸入的 ANFIS，它在一次訓練後就能提供滿意的預測。

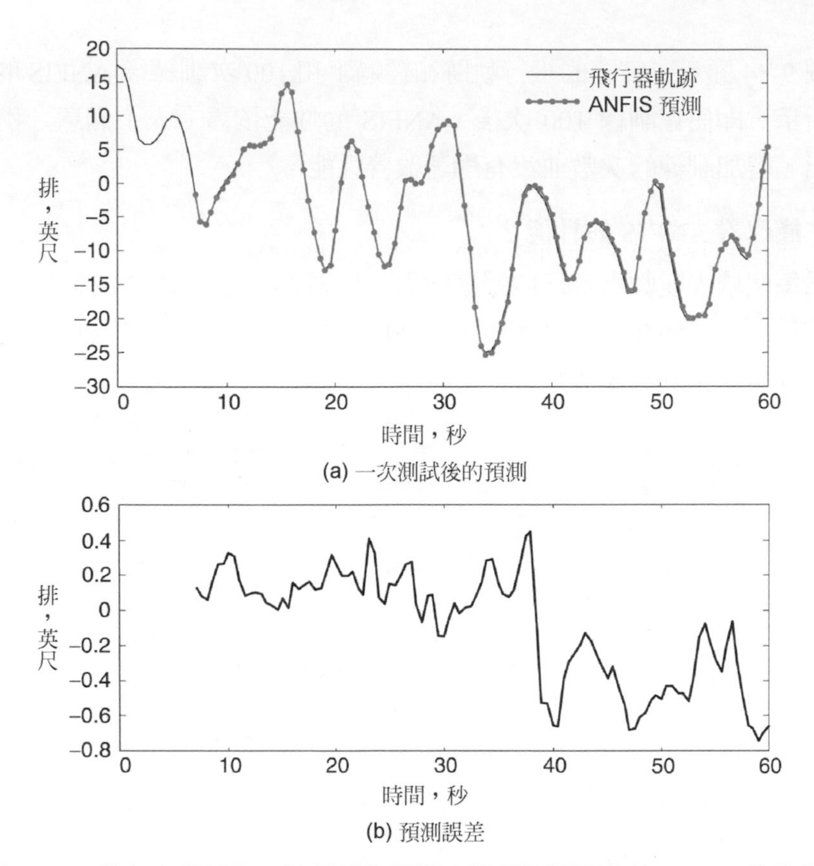

(a) 一次測試後的預測

(b) 預測誤差

圖 9-46　帶有六個輸入，每個輸入都指定兩個歸屬函數的 ANFIS 的性能

9.7 總結

本章主要研究知識工程。首先，我們討論了什麼樣的問題可以用智慧系統來解決，其次介紹了知識工程過程的六個步驟。接下來，我們研究的專家系統、模糊系統、神經網路和遺傳演算法的典型應用。我們展示了如何構建智慧系統來解決診斷、篩選、預測、分類、分群和最佳化問題。最後，我們討論了決策支援和時間序列預測之混合模糊神經系統的應用。

本章的主要內容有：

- 知識工程是建構智慧的知識系統的過程。它包括六個主要的步驟：評估問題、擷取資料和知識、開發原型系統、開發完整系統、評估並修正系統以及整合和維護系統。
- 智慧系統主要用於診斷、選擇、預測、分類、分群、最佳化和控制。選擇建構智慧系統的工具主要取決於問題的類型、資料的可用性和專家意見、解決方案的形式和內容。
- 理解問題域是建構智慧系統的關鍵。開發原型系統可以幫助我們測試對問題的理解程度，確保解決問題的策略、建構系統的工具和表達擷取的資料和知識的技術能夠用於完成任務。
- 智慧系統和傳統的電腦程式不同，智慧系統是用來解決沒有明確認定「正確」和「錯誤」解決方案的問題。因此，系統要用使用者選擇的測試案例來評估。
- 對於專家系統而言，診斷和故障排除問題是其所擅長的。診斷專家系統非常易於開發，因爲大多數診斷問題的可能解是有限的，它包含有限數量形式良好的知識，通常人類的專家用很短的時間就可以解決。
- 眞實世界的分類問題常包含不確定性和不完整的資料。專家系統透過使用逐漸增加的證據以及具有不同可信度的資訊便能夠處理這樣的資料。
- 模糊系統很適合模擬人類的決策制訂過程。重要決策通常基於人們的直覺、常識和經驗，而不是基於資料的可用性和精確性。模糊技術提供了一種處理「軟標準」和「模糊資料」的方法。雖然決策支援模糊系統可能包含幾十個甚至上百個規則，但是它可以很快地被開發、測試和實作。
- 神經網路是一類有多種用途的工具，它在預測、分類和分群問題中得到成功應用。使用神經網路的領域有語音和字元識別、醫學診斷、程序控制和機器人技術、識別雷達目標、預測匯率以及檢測詐欺交易。神經網路的應用發展得很快。
- 多層神經網路反向傳播，在解決預測和分類問題上特別有用。然而，如何選擇訓練的例子才是關鍵—訓練集必須涵蓋所有輸入值的全部範圍。只有輸入有用的數據，神經網路才能發揮作用。

- 具有競爭力學習之神經網路適合解決群聚和分類問題。在一競爭型神經網路，每一個競爭神經元都與單一個群聚有所關聯。但是，由於分群法是一個無人監督的過程，因此我們不能夠使用它來直接標記輸出神經元。在大多數實際的應用中，需要領域專家來詮釋每個群聚的含義。
- 遺傳演算法適用於複雜的最佳化問題。遺傳演算法產生一群可能的解決方案，使他們透過物競天擇的過程演進。要確保找到最佳的解決方案，我們需要針對各種尺寸，具有不同的交配和突變的染色體群執行遺傳演算法。
- 解決複雜的現實世界問題，往往需要應用一個複雜的智慧系統，其能夠具有學習能力地整合特定領域之似人類的專業知識。雖然混合智慧系統還在發展中，神經模糊系統已經在決策支援領域有為數甚多的應用。

複習題

1. 什麼是知識工程？描述知識工程的主要步驟。為什麼說選擇合適的工具是建構智慧系統的關鍵步驟？
2. 知識擷取過程的步驟有哪些？為什麼知識擷取總是稱作知識工程的瓶頸？擷取的資料如何影響我們對建構系統工具的選擇？
3. 什麼是原型？什麼是測試案例？如何測試智慧系統？如果選錯建構系統的工具該怎麼辦？
4. 為什麼現在新的智慧技術變成了問題驅動，而不是過去經常出現的好奇心驅動？
5. 為什麼說對於診斷和故障排除問題而言，專家系統是很好的選擇？什麼是打電話規則？
6. 開發專家系統時如何選擇工具？專家系統框架的優點是什麼？在建構智慧系統時如何選擇專家系統框架？
7. 開發一個規則導向專家系統，用於診斷空調系統。空調系統是一個複雜的設備，一個未經訓練的人難以接近其中的許多區域和零件。儘管如此，幾件事情可以送修之前先予以檢查。這個專家系統診斷一些你可能能夠自行修復的簡單問題，從而避免不必要的送修。

空調系統可能有以下幾個問題：裝置凍結、漏水、不冷、不運轉：請參閱故障排除手冊了解有關的細節。你還可以在以下網站找到一些有用的訊息：http://www.accheckup.com/ trouble.htm

8. 一套如下所示的規則使用貝式證據累積(Bayesian accumulation of evidence)來評估胸痛病人的投訴。評估這個系統並提供一個完整的推理追蹤過程。如果病人患有胸痛且他或她的心電圖是陽性的，請判斷其罹患心臟疾病的機率。

```
control bayes

Rule: 1
if    chest_pain is true {LS 0.2 LN 0.01}
then heart_disease is true {prior 0.1}

Rule: 2
if    chest_pain is true
and electrocardiogram is positive {LS 95 LN 5}
then heart_disease is true

/*The SEEK directive sets up the goal of the rule set
seek heart_disease
```

9. 一套如下所示的規則使用確定性因子來評估胸痛投訴。如果病人患有胸痛且他或她的心電圖是陽性的，請判斷其罹患心臟疾病的確定性。請提供一個完整的推理過程。

```
control cf

Rule: 1
if    chest_pain is true
then heart_disease is true {cf 0.1}

Rule: 2
if    electrocardiogram is positive
then heart_disease is true  {cf 0.7}

Rule: 3
if    electrocardiogram is negative
then heart_disease is true  {cf 0.05}

/*The SEEK directive sets up the goal of the rule set
seek heart_disease
```

10. 為什麼說模糊專家系統特別適合於模擬人類決策制訂的過程？為什麼模糊技術在商業和金融領域很有潛力？

11. 開發一個直銷的模糊系統：假設目標群體定義爲「父親主要工作年收入高於平均水平者」。「主要工作年齡」組定義爲 40 至 55 歲，平均收入是$ 45,000。確認你的模糊系統能鎖定有兩個孩子又高收入的近四十歲男人。
12. 開發模糊專家系統用於偵測詐領家庭保險金情事。假設以下七個輸入變數：在過去 12 個月內，索賠人提出的索賠的數目、目前索賠的金額，索賠人與目前保險公司往來時間、過去 12 個月所有帳戶的平均餘額、過去 12 個月透支、索賠人的年收入，以及在過去 4 個月內索賠人的生活是否發生了根本性的變化(例如，他或她結婚或離婚、失去工作或成爲人父)。假設一個模糊系統的輸出是詐領的可能性(0 和 1 之間，0 意指無詐領保險行爲，以及 1 意指詐領的可能性非常高)。使用一個階層式模糊模型化方法(hierarchical fuzzy modelling approach)。首先，評估保險歷史(使用前三個輸入變數)、與銀行往來的歷史(使用第四個和第五個輸入變數)，以及索賠的狀態(使用最後兩個輸入變數)。然後，使用保險的歷史、與銀行往來的歷史和索賠狀態來評估詐欺的可能性。
13. 神經網路普及的基礎是什麼？神經網路最成功地適用於哪些領域？解釋原因並舉例說明。
14. 爲什麼在用於神經網路模型前要將慣性資料進行轉換？如何轉換資料？舉例說明如何轉換連續和離散資料。什麼是 1/*N* 編碼？
15. 開發一個後向傳遞神經網路，使用五個解剖測量值(單位：mm)將方蟹分類爲雄性和雌性：額葉大小、後寬度、外表長度、外表寬度和身體深度：資料集包含 100 個樣本，50 個雄性和 50 個雌性。該資料集位於本書的網站：http://www.booksites.net/negnevitsky
16. 開發一個後向傳播神經網路可依據一胸塊被數位化之細針抽取物(Fine needle aspirate, FNA)的影像所計算出之特徵來診斷乳癌。該資料集包含 150 個案例。各案例依據數 10 種實際值的特徵予以診斷爲惡性或良好：半徑、紋路、周長、面積、平整度、壓實度、凹陷度、凹點、對稱性及影像塊的尺寸。資料集位於本書網站：http://www.booksites.net/negnevitsky。解釋你的診斷神經網路的困難點與侷限性。

17. 針對問題 16 中描述的問題開發一異質結構的神經模糊網路系統。請注意，首先你要重新定義問題，以便系統輸出變成是乳癌風險估計。
18. 將自組織神經網路用於廢水處理廠資料的群聚分析。資料集包含 527 實例。每個實例有 38 個屬性。該資料集放在 UCI 機器學習資料庫網站：http://archive.ics.uci.edu/ml/datasets/Water+Treatment+Plant
19. 開發一個遺傳算法以最佳化應急救處理單位的所在位置，使某個城市醫療急救的反應時間能盡量縮減。這城市被對應到一 7 km × 7 km 的格子，顯示於圖 9-47。格子每個地段的數字代表一已知地段每年緊急情況的平均數：

    一種差值函數可被定義爲一經過緊急事件率加權之距離的總和的倒數：

$$f(x,y)=\sum_{n=1}^{49}\lambda_n\sqrt{(x_n-x_{eru})^2+(y_n-y_{eru})^2}$$

其中 λ_n 是於路段 n 的緊急事件發生率；(x_n, y_n)是路段 n 的中心座標；(x_{eru}, y_{eru})是緊急應變中心的位置座標。我們可以假設緊急應變中心就位於一路段的中心。

3	4	1	2	1	3	8
2	1	3	1	3	9	7
5	1	2	4	4	9	8
4	2	1	1	2	5	9
8	9	6	3	2	8	7
9	8	5	2	1	7	9
8	9	6	1	1	8	9

y
x

圖 9-47　一個 7 km × 7 km 城市的格子圖

20. 針對描述於問題 19 的的問題，開發一遺傳演算法，於此假設有一條河將城市分爲兩個部分，西及東，$x = 5$ 公里。東西方藉由一座位於 $x = 5$ 公里和 $y = 5.5$ 公里的橋相連，如圖 9-48 中所示。請找出緊急應變中心的最佳位置並將它與問題 19 得出之答案做比較。

3	4	1	2	1	3	8
2	1	3	1	3	9	7
5	1	2	4	4	9	8
4	2	1	1	2	5	9
8	9	6	3	2	8	7
9	8	5	2	1	7	9
8	9	6	1	1	8	9

y
x

圖 9-48　一個被河分隔之 7 km × 7 km 城市格子圖

參考資料

[1] Abrams, B.A . and Huang, C.J .(1987). Predicting bank failures:the role of structure in affecting recent failure experiences in the USA, Applied Economics, 19, 1291–1302 .

[2] Alam, P., Booth, D., Lee, K. and Thordarson, T. (2000).The use of fuzzy clustering algorithm and self-organizing neural networks for identifying potentially failing banks:an experimental study, Expert Systems with Applications, 18(3), 185–199 .

[3] Applegate, D., Bixby, R., Chva´tal, V. and Cook, W. (2001).TSP cuts which do not conform to the template paradigm, Computational Combinatorial Optimization,

[4] M. Junger and D. Naddef, eds, Springer-Verlag, Berlin, pp.261–304 . Berry, M. and Linoff, G. (2004).Data Mining Techniques for Marketing, Sales, and Customer Relationship Management, 2nd edn .John Wiley, New York.

[5] Booth, D.E., Alam, P., Ahkam, S.N . and Osyk, B. (1989).A robust multivariate procedure for the identification of problem savings and loan institutions, Decision Sciences, 20, 320–333 .

[6] Dantzig, G., Fulkerson, R. and Johnson, S. (1954).Solution of a large-scale traveling salesman problem, Operations Research, 2, 393–410 .

[7] Davis, L. (1985).Applying adaptive algorithms to epistatic domains, Proceedings of the 9th International Joint Conference on Artificial Intelligence, A. Joshi, ed., Morgan Kaufmann, Los Angeles, pp. 162–164 .

[8] Davis, R. and King, J. (1977).An overview of production systems, Machine Intelligence, 8, 300–322 .

[9] Durkin, J. (1994).Expert systemDesign and Development.Prentice Hall, Englewood Cliffs, NJ.

[10] Eichengreen, B. (2002).Financial Crises and What to Do About Them, Oxford University Press, Oxford.

[11] Espahbodi, P. (1991).Identification of problem banks and binary choice models, Journal of Banking and Finance, 15(1), 53–71 .

[12] Firebaugh, M. (1988).Artificial Intelligence:A Knowledge-Based Approach.Boyd & Fraser, Boston, MA.

[13] Fisher, R.A .(1950). Contributions to Mathematical Statistics.John Wiley, New York.

[14] Flood, M.M .(1955). The traveling salesman problem, Operations Research, 4, 61–75 .

[15] Goldberg, D.E .(1989). Genetic Algorithms in Search Optimization and Machine Learning.Addison-Wesley, Reading, MA.

[16] Goldberg, D.E . and Lingle, R. (1985).Alleles, loci and the traveling salesman problem, Proceedings of the 1st International Conference on Genetic Algorithms, J.J .Grefenstette, ed., Lawrence Erlbaum Associates, Pittsburgh, PA, pp. 154–159 .

[17] Gu¨lllich, H.-P. (1996).Fuzzy logic decision support system for credit risk evaluation, EUFIT Fourth European Congress on Intelligent Techniques and Soft Computing, Aachen, pp. 2219–2223 .

[18] Haupt, R.L . and Haupt, S.E .(2004). Practical Genetic Algorithms, 2nd edn .John Wiley, New York.

[19] Haykin, S. (2008).Neural Networks and Learning Machines, 3rd edn .Prentice Hall, Englewood Cliffs, NJ.

[20] Hopfield, J.J . and Tank, D.W .(1985). Neural computation of decisions in optimization problems, Biological Cybernetics, 52, 141–152 .

[21] Kurgan, L.A., Cios, K.J., Tadeusiewicz, R., Ogiela, M. and Goodenday, L. (2001).Knowledge discovery approach to automated cardiac SPECT diagnosis, Artificial Intelligence in Medicine, 23(2), 149–169 .

[22] Laarhoven, P.J.M. and Aarts, E.H.L. (2009).Simulated Annealing:Theory and Applications.Springer Netherlands, Dordrecht.

[23] Lawler, E.L., Lenstra, J.K., Rinnooy Kan, A.H.G. and Shmoys, D.B .(1985). The Traveling Salesman Problem:A Guided Tour of Combinatorial Optimization.John Wiley, Chichester.

[24] LeCun, Y., Boser, B., Denker, J.S., Henderson, D., Howard, R.E., Hubbard, W. and Jackel, L.D .(1990). Handwritten digit recognition with a back-propagation network, Advances in Neural Information Processing Systems, D.S .Touretzky, ed., Morgan Kaufmann, San Mateo, CA, vol .2, pp. 396–404 .

[25] Martin, O., Otto, S.W . and Felten, E.W .(1991). Large-step Markov chains for the traveling salesman problem, Complex Systems, 5(3), 299–326 .

[26] Michalewicz, Z. (1996).Genetic Algorithms þData Structures ¼Evolutionary Programs, 3rd edn .Springer-Verlag, New York.

[27] Michie, D. (1982).The state of the art in machine learning, Introductory Readings in Expert Systems, Gordon and Breach, New York, pp. 209–229 .

[28] Ozkan-Gunay, E.N . and Ozkan, M. (2007).Prediction of bank failures in emerging financial markets:an ANN approach, Journal of Risk Finance, 8(5), 465–480 .

[29] Potvin, J.V .(1996). Genetic algorithms for the traveling salesman problem, Annals of Operations Research, 63, 339–370 .

[30] Principe, J.C., Euliano, N.R . and Lefebvre, W.C .(2000). Neural and Adaptive Systems:Fundamentals Through Simulations.John Wiley, New York.

[31] Richards, R. (2002).Application of multiple artificial intelligence techniques for an aircraft carrier landing decision support tool, Proceedings of the IEEE International Conference on Fuzzy Systems, FUZZ-IEEE'02, Honolulu, Hawaii.

[32] Russell, S.J . and Norvig, P. (2009).Artificial Intelligence:A Modern Approach, 3rd edn .Prentice Hall, Upper Saddle River, NJ.

[33] Simon, R. (1987).The morning after, Forbes, October 19, pp. 164–168 .

[34] Tryon, R.C .(1939). Cluster Analysis, McGraw-Hill, New York.

[35] Tschoke, S., Lubling, R. and Monien, B. (1995).Solving the traveling salesman problem with a distributed branch-and-bound algorithm on a 1024 processor network, Proceedings of the 9th IEEE International Parallel Processing Symposium, Santa Barbara, CA, pp. 182–189 .

[36] Von Altrock, C. (1997).Fuzzy Logic and NeuroFuzzy Applications in Business and Finance.Prentice Hall, Upper Saddle River, NJ.

[37] Waterman, D.A .(1986). A Guide to Expert Systems.Addison-Wesley, Reading, MA.

[38] Widrow, B. and Stearns, S.D .(1985). Adaptive Signal Processing.Prentice Hall, Englewood Cliffs, NJ.

[39] Zhang, G., Hu, M.Y., Patuwo, B.E . and Indro, D.C .(1999). Artificial neural networks in bankruptcy prediction:general framework and cross-validation analysis, European Journal of Operation Research, 116, 16–32 .

[40] Zurada, J.M .(2006). Introduction to Artificial Neural Systems, 2nd edn .Jaico, Mumbai.

資料探勘與知識發掘　10

本章我們引進資料探勘當作在大型資料庫中發掘知識的整合部分，並思考轉換資料為知識的主要技術與工具。

10.1　前言，或者什麼是資料探勘

如果你覺得資訊量逐漸不勝負荷，你的感覺是正確的！你和你週遭的每個人都淹沒在資訊洪流了。儲存在電腦硬碟的新資料數量每年成倍地增加，而現在是以兆位元組、千兆位元組(1000 兆位元組，或 10^{15} 位元組)甚至艾位元組(1,000,000 兆位元組，或 10^{18} 位元組)來計算。一千百萬位元組相當於二百萬本書。美國國會圖書館內的一千九百萬本書大約包含了 10 兆位元組的資訊量。IDC 的白皮書指出「在經濟呈現萎縮的當頭，數位宇宙猶擴張不已」，在 2008 年，數位宇宙(以數位型式被建立、擷取或複製的資訊)是 487 艾位元組(Gantz 和 Reinsel，2009)。到了 2012 年，數位資訊的數量預料將達到 2500 艾位元組。如果將之轉換成頁數並集結成書，這數位宇宙的長度足以往返冥王星 50 次。而這驚人書堆的高度每年幾乎加倍！以目前的增長率計算，它上升的速度 20 倍於火箭者。AtlasV 花了 13 個月的時間才抵達冥王星，但是這不斷增高的書堆僅需歷時三星期。

我們真的生活在一個迅速膨脹的資訊宇宙，但是要從大量的資料中篩選出我們需要的資訊往往碰到很大的困難。例如，NASA 擁有的資料遠遠超出它的分析能力。人類基因組計畫的研究人員，必須爲組成人類基因組的 30 億個 DNA 中的每一個保存和處理上千位元組。每天在網際網路上有幾百兆的資料在流動，因此我們需要有個能夠幫助我們從它們中擷取有意義的資訊和知識的方法。

現代的社會建立在資訊之上。然而，大部分儲存在我們電腦的資訊多以它的原始形式如事實、觀察和測量值等形式出現。這些事實、觀察與量測構成了資料。資料就是我們蒐集和保存的東西。隨著計算能力的成本不斷下降，資料量正以指數級的速度累積。問題是所有這些寶貴的資源能做什麼用。畢竟，我們所需要的是知識。知識是那些能夠幫助我們做出有根據的決定。

雖然傳統的資料庫擅長於儲存以及提供資料取用的方式，但是它們在執行有意義的資料分析方面就相形見絀。這正是資料探勘，或也稱爲資料庫知識發掘(KDD)，能派上用場之處。

「資料探勘」一語通常與從資料中擷取知識一事是密不可分的。資料探勘也可以定義成在大量資料中進行探索和分析，以便發現有意義的型樣和規則(Berry 和 Linoff，2004)。資料探勘的最終目標是發掘知識。

資料探勘可以被視爲電腦化之資料庫的自然進化。雖然傳統的資料庫管理工具幫助使用者從資料庫中擷取特定的資料，但是資料探勘有利於尋找儲存於資料庫之資料內隱而未現的樣式(關聯、趨勢、異常和群聚)，並對新的資料作出預測。傳統的工具通常期望由使用者對出現在資料庫的關係形成假設。然後這假設會透過一系列的資料查詢予以驗證或反證。來看一個例子。假設我們獲得了高血壓研究的資料。這樣的資料通常包含每個患者的年齡、性別、體重和身高、運動愛好以及吸煙飲酒習慣等資訊。使用查詢工具，使用者可以選擇會影響結果(在本例中是血壓)的具體的變數(例如吸煙)。使用者的目標是比較高血壓人群中吸煙和不吸煙者的數量。經由選擇這個變數，使用者做出一個高血壓和吸煙之間的關係是非常密切的假設。

使用資料探勘工具，我們不需要假設資料集中變數之間的相互關係(並且每次研究其中的一個關係)，就可以確定影響結果的最重要因素。因此，不需要假設高血壓和吸煙之間的關係，就可以自動識別出最重要的風險因素。我們也可以檢查高血壓病人的不同組(或分群)。資料探勘不需任何假設—它可以自動地發現隱含的關係和型樣。

資料探勘通常比擬為挖金礦。在提煉出金子以前，要處理大量的礦石。資料探勘可以幫助我們從大量的原始資料中找到「隱藏的黃金」—知識。

資料探勘通常開始於原始資料，而完成於所擷取出的知識。將原始資料變成知識的整個過程示如圖 10-1。這個過程包括五個資料轉換步驟。

第一個步驟是當與分析有關的資料已經決定而且數個資料來源也已確認的時候，我們該如何選擇資料。因為我們所需要的資料可能以好些個不同的格式如文字文件、關聯表格和試算表被儲存，且經常分散到許多不同的資料庫，這個步驟也許是整個資料探勘過程中最耗費時間者。

第二個步驟包括資料的融合和資料的清理(也稱為資料清洗)。在這個階段，所有相關的資料都會從目標資料庫中被擷取出來，並整合到同一個資料源。累贅的資料以及不一致的資料都會從所蒐集的資料中被剔除。

第三個步驟是資料的轉換，也稱為資料整合。這個階段是將清理過的資料予以轉換成適用於資料探勘的形式。

這三個步驟在資料探勘的過程中往往被組合在一起並視為一預處理工作。預處理的目的是將原始資料轉換為適用於後續資料探勘需用的格式。

第四個步驟是資料探勘本身，這是運用各式各樣的資料探勘技術擷取出潛在有用的資訊予使用者的重要階段。

第五個步驟，也是最後一個步驟，是結果的解讀，本階段是將發掘出的知識以使用者易於了解與使用的形式呈現出來。這最後的階段常常與整合資料探勘過程到決策支援系統的過程關聯在一起。

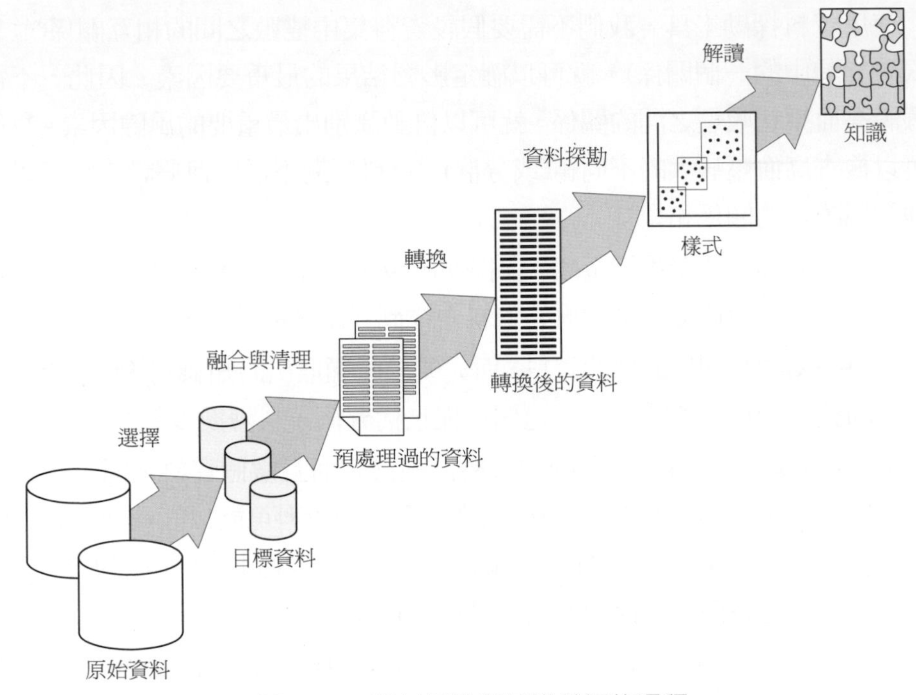

圖 10-1　資料探勘與知識發掘的過程

資料探勘如何使用於實務？

雖然資料探勘還是一個新的不斷發展的領域，但是它在銀行、金融、營銷和電信領域已經有了大量的應用。現在，很多公司已在使用資料探勘，但拒絕談論它。

一些基於策略利益而使用資料探勘的領域，如直銷、趨勢分析和詐欺識別(Groth，2001；Cabena 等人，2005)。在直銷中，資料探勘用來發現最有可能購買某個產品和服務的目標人群。在趨勢分析中，資料探勘用來確定市場的趨勢，例如，模擬股票市場。在詐欺檢測中，資料探勘用來識別保險索賠、行動電話和信用卡消費等最有可能出現詐欺的領域。

在大多數應用情況，資料探勘是用來找出並記述存在於資料內的結構性的樣式、一般化、並作出準確的預測。資料探勘的典型應用是小企業貸款的信用分析。銀行留存他們的貸款記錄，不論是目前的還是以前的。除了貸款細節，包括貸款是否按時償還之外，貸款記錄還包含一些次要的資訊。這包括近期的營業利潤和企業的未償還債務、業主的信用記錄等。爲了降低「不良」或不履行貸款的風險，銀行經理會試圖翻找銀行的記錄，希望能找到一些有意義的行爲樣式。換句話說，銀行經理試圖學習新貸款申請案件的決策標準。這裡的目標是建立某些樣式，也就是從「不良的」或是未履行的貸款中分辨出「良好的」或準時償還貸款案例的樣式。資料探勘技術可以自動地找出這些樣式，並因此對於後來的貸款申請案作出更準確的風險評估。

什麼是資料探勘技術？

資料探勘是個實用的學門，因此常會到使用任何有助於從現有資料中擷取知識的技術。事實上，資料探勘往往被視爲一個「大雜燴」，它使用任何技術，從統計方法和查詢工具到複雜的機器學習技術。大多數使用於資料探勘的人工智慧技術已經在本書討論過了。資料探勘與其說是一個單一方法，到不如說是一個不同的工具與技術的異質結構體。這個結構體包括如下的內容：

- 統計方法和資料視覺化工具。
- 查詢工具。
- 線上分析處理(On-Line Analytical Processing，OLAP)。
- 決策樹和關聯規則。
- 類神經網和神經模糊系統。

資料探勘成功與否往往與所選擇的資料探勘工具有密切的關係。資料的預備的過程可以協助我們了解它目前的具體特徵，從而選擇一個合適的資料分析技術。這個預備的過程稱爲資料爆炸。資料爆炸包括彙總統計、視覺化、主成份分析，查詢工具和 OLAP(Witten 和 Frank，2005；Tan 等人，2006)。

10.2　統計方法和資料視覺化

視覺化是一個用於發掘資料集合內樣式非常有用的資料爆炸技術。資料視覺化可以被定義爲以圖形或表格形式來表示資訊的方法(Tan 等人，2006)。一且資訊被視覺化之後，我們就能解讀並了解它。在日常生活中，我們經常使用資料視覺化工具如曲線圖、直方圖和圖表來展示選舉的結果或股市的變動。人類能快速又容易地吸收視覺性的資訊，因爲大腦經過數百萬年的演變具有非常強大的圖形處理能力。視覺化在資料爆炸的開始階段尤其重要。

視覺化屬於一種以資料驅動的資料探勘技術。將資料視覺化以便顯露出隱藏在資料內的樣式、關係和趨勢，並以資料內所發現到的樣式來產生一個假設。

什麼樣的套裝軟體可用於資料視覺化？

某些套裝軟體可用於個人電腦和大型主機。其中最常用的套裝軟體爲統計分析系統(Statistical Analysis System，SAS)、STATGRAPHICS、Minitab 和 MATLAB 統計工具箱。這些套裝軟體具有廣泛的基本和高級的統計分析與視覺化功能。

許多的圖形資料爆炸技術依賴彙總統計(summary statistics)。彙總統計可以被定義爲一組可以代表資料特徵的各種值如平均數、中位數、模式、範圍和標準差(Montgomery 等人，2001)。不過，我們應該注意，雖然彙總統計提供了有關於資料的有用情報，但是對於它的侷限性必須先有充分的認識。一個典型的例子是平均收入。一群人的平均收入可能會讓我們相信，它就是多數人的收入。不過，事實上，因爲高收入者，那些遠離群體者，如比爾蓋茲，的影響，平均收入其實比大多數人的收入高出許多。要辨識出這樣的孤群，往往需要使用資料視覺化技術。

圖形資料表示的方法包括點狀散佈圖、莖葉圖、直方圖和盒形圖(Hand 等人，2001)。不過，最常使用於統計分析的視覺化技術是散佈圖。散佈圖(也稱爲散點圖)是一用於代表兩個變數之間的關聯程度的二維圖形。資料是以一群點來表現。每個點的水平坐標軸位置是由一個變數所決定，而垂直坐標軸位置則由另一個變數所決定(Utts 2004)。舉例來說，要表現一個人的高度(第一個變數)和他的體重(第二個變數)之間的關聯程度，我們首先選擇一群人(一個樣本集合)，測量他們的高度和重量，然後將每個人的資料畫在一個二維坐標系統，其中指定「高度」爲 x 坐標軸，而「重量」爲 y 坐標軸。

散佈圖可以透露出不同類型的關聯。如果點是由左下角朝向右上角分佈，則是一種正相關(positive correlation)，但如果它們是由左上角朝向右下角分佈，則是一種負相關(negative correlation)。可以畫出一條最佳插值直線來研究這類的關聯性。不過，一張散佈圖也會顯示所研究的兩個變數之間並沒有關聯(或稱零相關(null correlation))。圖 10-2 展示一散佈圖的例子。

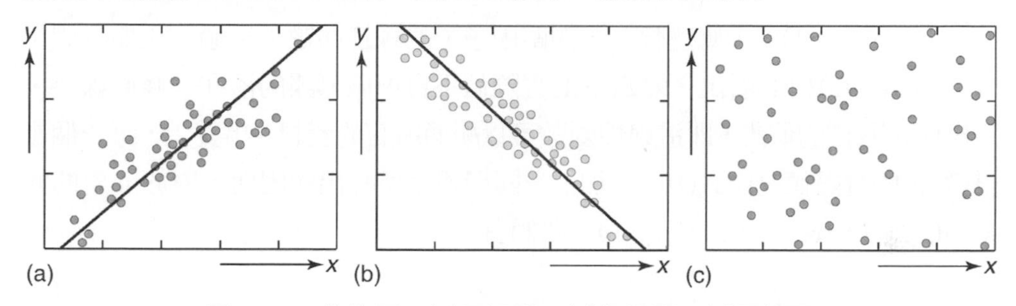

圖 10-2 散佈圖：(a)正相關，(b)負相關，(c)零相關

當我們處理大量資料點的時候，散佈圖尤其有用。在資料的準備工作中，散佈圖經常幫助我們揭露變數之間複雜的關係，並發掘其中的樣式和遠離群體者。

讓我們現在更徹底檢視圖 10-2(a)及(b)所示的圖形。這兩張圖顯示出絕大部分的點是隨機性地散佈在直線的兩旁。這些直線可以用如下形式的線性方程式來表示

$$y = \beta_0 + \beta_1 x \tag{10-1}$$

其中 x 是自變數(也稱爲輸入變數或迴歸因子)—它是受到操控的變數，y 是應變數(也稱爲輸出變數)—它是自變數受操控後所觀察到的結果; 經由迴歸過程所獲得的 β_0 和 β_1，被稱爲迴歸係數。

「迴歸」一詞是在 19 世紀由 Francis Galton 爵士，一名維多利亞時代的人類學家和優生學家，所引進的。他是第一位運用統計方法來研究不同人種在人類學上的差異。在他的研究中，Galton 表露出祖先身高很高的後代，其身高度往往朝向平均值降低(Galton，1877)。後來他的研究成果擴展到更一般的統計範圍。

於資料探勘中，迴歸被定義爲一個用以尋找一個最能配適資料之數學方程式的統計技術。最簡單的迴歸形式是線性迴歸-它採用的是直線來配適資料。因此，式(10-1)根據所給定的 x 值以計算出適當的 0 和 1 值來預測 y 值。更複雜的迴歸模型，如多元迴歸，可以使用好幾個輸入變數，並允許以非線性方程式配適，包括指數、對數、二次和高斯函數(Seber 和 Wild，1989)。

方程式(10-1)展示應變數 y 爲迴歸因子 x 的線性函數。不過，正如我們可以從圖 10-2(a)和(b)看出，變數 y 的實際值不會準確無誤的落在一條直線上，這僅僅是我們的假設，即這線性函數可以配適所有的資料。事實上，每一個應變數 y 的實際值是由式(10-1) 加上一隨機誤差所算出。因而，對於 n 對的觀察值(x_1, y_1)，(x_2, y_2)，...，(x_n, y_n)，我們有

$$y_i = \beta_0 + \beta_1 x_i + \varepsilon_i \tag{10-2}$$

β_0 與 β_1 是未知的迴歸係數，而 ε_i 是一平均值爲零且變異數爲 σ^2 之隨機誤差。

我們該如何計算出迴歸係數？

對於一個線性迴歸模型，正確的迴歸係數應該會得出一「最配適」該資料之直線。「最配適」與否的標準是根據最小平方法來評斷。最小平方法估算該直線之截距 $\hat{\beta}_0$ 及斜率 $\hat{\beta}_1$ 的算法爲

$$\hat{\beta}_1 = \frac{\sum_{i=1}^{n} y_i x_i - \left[\left(\sum_{i=1}^{n} y_i\right)\left(\sum_{i=1}^{n} x_i\right) \big/ n\right]}{\sum_{i=1}^{n} x_i^2 - \left[\left(\sum_{i=1}^{n} x_i\right)^2 \big/ n\right]} \tag{10-3}$$

以及

$$\hat{\beta}_0 = \overline{y} - \hat{\beta}_1 \overline{x} \tag{10-4}$$

其中

$$\overline{y} = \frac{\sum_{i=1}^{n} y_i}{n} \quad 及 \quad \overline{x} = \frac{\sum_{i=1}^{n} x_i}{n}$$

因此，所配適之迴歸直線被定義爲

$$\hat{y} - \hat{\beta}_0 + \hat{\beta}_1 x \tag{10-5}$$

現在，我們可以以下面的形式改寫式(10-2)：

$$y_i = \hat{\beta}_0 + \hat{\beta}_1 x_i + e_i \,, \quad i = 1, 2, \ldots, n \tag{10-6}$$

其中，$e_i = y_i - \hat{y}_i$ 被稱為殘差(residual)。殘差代表模型配適值與實際資料值之間的誤差，從而，提供了一個模型準確與否的觀察指標。

孤群資料對線性迴歸模型有何影響？

孤群資料，特別是那些遠離大部分的資料者，會明顯改變迴歸線的位置(最小平方估計值會被拉往孤群所在位置)。例如，我們考慮表 10-1 的資料集(Daniel 和 Wood，1999)。量測值取自一間化工廠，且該資料集含有 20 個樣本。自變數 x 是由滴定法所得到的某化學物的酸值，而應變數 y 是經由萃取和稱重所得到的有機酸含量。在這裡我們的目的是判斷那些經由相對便宜的滴定法所得到的值是否能用來估算那些原應由更昂貴的萃取和稱重技術所得到的值。

表 10-1　試點工廠資料(Daniel 和 Wood，1999)

觀察	自變數：酸度	應變數：有機酸含量
1	123	76
2	109	70
3	62	55
4	104	71
5	57	55
6	37	48
7	44	50
8	100	66
9	16	41
10	28	43
11	138	82
12	105	68
13	159	88
14	75	58
15	88	64
16	164	88
17	169	89
18	167	88
19	149	84
20	167	88

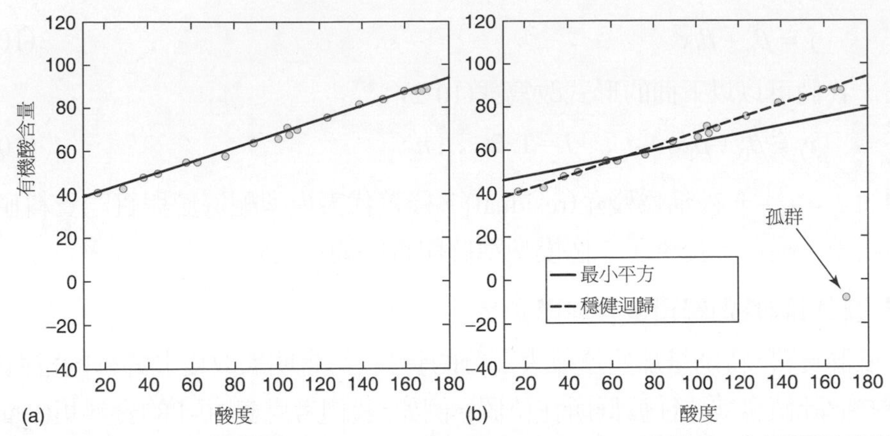

圖 10-3　孤群資料對迴歸線的影響：(a)原始資料和最小平方迴歸線；(b)孤群資料的影響

圖 10-3(a)的散佈圖告訴我們，由滴定法所得之酸度和萃取和稱重所得之有機酸含量兩者之間有強烈的統計性關聯性。因而，我們可以合理地假設一個線性模型，再計算最小平方估計值，$\hat{\beta}_0$ 與 $\hat{\beta}_1$，然後將所得的值代入配適迴歸線方程式(10-5)：

$$\hat{y} = 35.4583 + 0.3216x$$

使用這個迴歸模型，我們能根據酸度來預測有機酸含量。舉例來說，如果酸度是 $x = 150$，那麼有機酸含量的估計值是

$$\hat{y} = 35.4583 + 0.3216 \times 150 = 83.6983$$

儘管這個估計是，當然，不免有誤差，不過最小平方法確實為我們提供一個合理的預測模型。

現在假設觀察值之一被錯誤地記錄下來。例如，17 日觀測的 y 值被寫成 8，而不是 89。這誤差顯著地影響迴歸線的位置，這可以從圖 10-3(b)看出。最小平方迴歸線現在以下述的方程式來定義：

$$\hat{y} = 44.0528 + 0.1911x$$

我們如何挑出孤群的問題？

孤群常起源於有雜訊的資料，所以統計人員常會嘗試檢查資料，並刪除所檢測到的孤群。在簡單的線性迴歸模型中，也有可能以視覺的方法查看孤群。

儘管孤群大大地影響了迴歸，我們仍然能採用所謂的穩健迴歸(robust regression)來降低它們的影響。穩健迴歸使用最小中位數平方，而不是最小平方(Rousseeuw 和 Leroy，2003)。由定義中位數平方的方法，其迴歸線如圖 10-3(b)所示。擬合迴歸模型由以下方程式來表示：

$$\hat{y} = 35.3950 + 0.3226x$$

這裡的迴歸係數值非常接近那些由原始資料集計算所得的結果。很明顯，穩健迴歸確實可以顯著地降低孤群的影響。

不過，伴隨孤群而來的最嚴重的問題是，從來沒弄清楚孤群只是個誤差或是個雖不尋常但卻是正確的值。因此，僅僅爲了從一個資料集中刪除孤群，我們卻可能無意間地「因小失大」。儘管在統計迴歸上很明顯的一個情形是，舉例來說，如果一條直線配適一條鐘形曲線的資料，大多數的問題不容易被視覺化。通常可以運用好幾個不同的學習技術來篩選資料而找到一個解決方案。由篩選條件所檢測出的異常資料可以借助人類專家來檢視。

最後，我們應該注意，雖然兩個甚至三個變數之間的關係可以視覺化，但高維度資料的圖形式探勘方法卻是個眞正的挑戰。一個處理多維度資料的方法是縮減維度的數目。

我們如何才能縮減資料的維度，而不會錯失重要的資訊？

對於多維度資料，常常會發現某些變數彼此間是高度牽連的。換句話說，這些變數提供的資訊中可能存在相當大的冗餘性。於兩個完全關聯之變數的極端情況，譬如 x 和 y，其中之一是多餘的，因爲如果我們知道 x 的值，則 y 的值可以很容易地被算出。將相關聯的多數變數轉換到一個非關聯的少數變數的數學程序稱之爲主成份分析(PCA)。PCA 可以縮減資料的維度而不至於過度的漏失重要的資訊。PCA 適用於臉部識別和圖像壓縮等領域。這也是一個在大型多維度資料集中從事資料探勘來發掘樣式的常見技術。

10.3 主成份分析

PCA 是一個統計上用於最大化高維度資料之資訊內容的常見方法(Jolliffe，2002)。它是一個世紀前由 Karl Pearson 首先倡議的(Pearson，1901)。以數學的用語，PCA 於資料空間找出一組代表最大的變異數的 m 個正交向量，然後將資料從它的原 n 維空間投影到 m 維子空間，其中 $m \ll n$，從而縮減了資料的維度。換句話說，相關聯的多數變數都轉換成非關聯的少數，即所謂主成分的變數。於資料探勘中，PCA 常常被使用爲資料預處理的技術。

舉個例子，讓我們考慮圖 10-4 的二維(二元)資料集。圖 10-4(a)代表在水平 *X*1 坐標軸和垂直 *Y*1 坐標軸間的集合。資料點投影到兩個坐標軸的每一個坐標軸，我們獲得密度圖。圖 10-4(b)展示同樣的資料集於應用 PCA 到這集合後所得之旋轉坐標軸 *X*2 和 *Y*2 之內。我們看到投影資料點到坐標軸 *X*2 時，我們得知資料集是雙模式(具有兩個尖峰值)的事實。相較之下，被投影到坐標軸 *Y*2 的時候，這個資料集的雙模性質是完全看不到的。沿高變異數方向(坐標軸 *X*2)投影資料時，比起沿低變異數方向(坐標軸 *Y*2)所獲得的結果，群聚資料更容易被分辨出來。透過沿高變異數方向投影資料的方式，我們能夠保留大部分的資訊，並得以縮減資料維度。

在這個例子中，資料集的群聚結構從一開始就很明顯。不過，在高維度資料集中，資料的內在本質通常是是隱蔽的，我們必須執行 PCA 來揭露它。

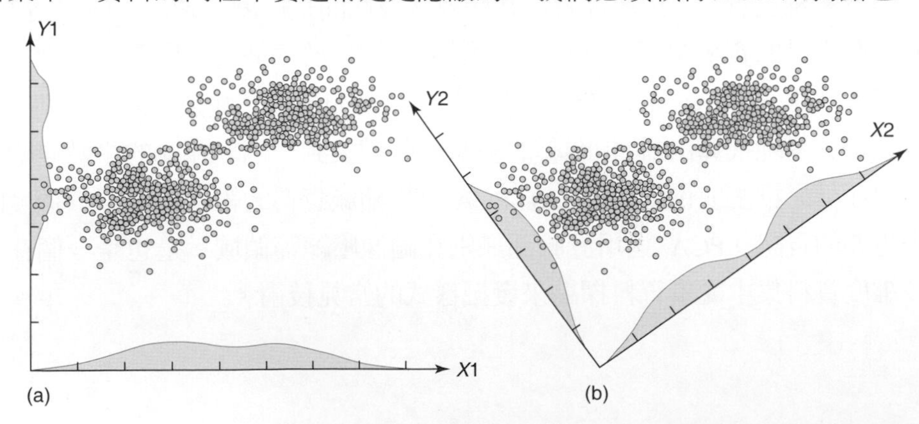

圖 10-4　PCA 的應用：(a)將資料投影到坐標軸 X1 與 Y1；(b)將資料投影到坐標軸 X2 與 Y2

PCA 如何發揮功用？

首先，我們計算在原始坐標下代表資料的共變異數矩陣。然後，我們計算出共變異數矩陣的特徵值和特徵向量。特徵向量代表轉換後的空間坐標軸，其依特徵值的大小順序儲存。每個特徵值沿它的坐標軸展示變異數—變異數越大，沿這軸上的資訊被保留的更多。最後，我們將原始資料投影到由最大特徵值之特徵向量所構成的轉換空間。

讓我們展示一個 PCA 如何發揮作用的簡單例子。我們將使用二維資料集並顯示出在每個步驟 PCA 都做了哪些事。

步驟 1：取得資料並減去平均值

在這個例子中，我們將使用表 10-1 的資料集。對於 PCA，我們需要將這個維度內每個資料值減去該資料維度的平均值。在我們的例子中，$\overline{x} = 103.05$ 和 $\overline{y} = 68.60$。表 10-2 展示了減去平均值的正規化資料集。

表 10-2　原始資料和已減去其平均值的資料

x	y	$x-\overline{x}$	$y-\overline{y}$
123	79	19.95	7.40
109	70	5.95	1.40
62	55	–41.05	–13.60
104	71	0.95	2.40
57	55	–46.05	–13.60
37	48	–66.05	–20.60
44	50	–59.05	–18.60
100	66	–3.05	–2.60
16	41	–87.05	–27.60
28	43	–75.05	–25.60
138	82	34.95	13.40
105	68	1.95	–0.60
159	88	55.95	19.40
75	58	–28.05	–10.60
88	64	–15.05	–4.60
164	88	60.95	19.40
169	89	65.95	20.40
167	88	63.95	19.40
149	84	45.95	15.40
167	88	63.95	19.40

步驟 2：計算共變異數矩陣

共變異數是兩個變數之間線性關係的量度。變異數僅適用於單變數，而共變異數則是量測兩個變數。舉例來說，對於一個三維的資料集，我們能測量在 x 和 y 維度、x 和 z 維度以及 y 和 z 維度之間的共變異數。變異數和共變異數是彼此緊密關聯的。變異數的方程式可表示為

$$\mathrm{var}(x) = \frac{\sum_{i=1}^{n}(x_i - \overline{x})^2}{n} = \frac{\sum_{i=1}^{n}(x_i - \overline{x})(x_i - \overline{x})}{n} \tag{10-7}$$

然後我們能以 $(y_i - \overline{y})$ 取代第二組括號，獲得共變異數的方程式：

$$\mathrm{cov}(x, y) = \frac{\sum_{i=1}^{n}(x_i - \overline{x})(y_i - \overline{y})}{n} \tag{10-8}$$

需要注意的是任何變數與其本身的共變異數等於該變數的變異數：

$$\mathrm{cov}(x, x) = \frac{\sum_{i=1}^{n}(x_i - \overline{x})(x_i - \overline{x})}{n} = \frac{\sum_{i=1}^{n}(x_i - \overline{x})^2}{n} = \mathrm{var}(x) \tag{10-9}$$

正的共變異數表示兩個變數是呈正相關。同樣地，負的值意味著兩個變數是呈負相關。零共變異數意指兩個變數是相互獨立，或非關聯的。共變異數的絕對值也被用來當做資料冗餘程度的量度。

常見的是將一已知多維資料集的所有可能資料對的共變異數表示為一個方陣，稱為共變異數矩陣。共變異數矩陣是沿主對角線對稱的。對角線元素是特別維度內的變異數，而非對角線元素是維度間的變異數。由於我們例子中使用的資料是二維的，其共變異數矩陣是一個 2×2 矩陣：

$$\mathrm{C} = \begin{bmatrix} \mathrm{cov}(x,x) & \mathrm{cov}(x,y) \\ \mathrm{cov}(y,x) & \mathrm{cov}(y,y) \end{bmatrix} = \begin{bmatrix} \mathrm{var}(x) & \mathrm{cov}(x,y) \\ \mathrm{cov}(y,x) & \mathrm{var}(y) \end{bmatrix}$$

$$= \begin{bmatrix} 2580.7 & 830.0 \\ 830.0 & 268.4 \end{bmatrix}$$

這個矩陣的非對角線元素是正的，表示這兩個變數 x 和 y 遵循相同的趨勢。

步驟 3：計算共變異數矩陣的特徵值和特徵向量

特徵值和特徵向量是方陣的屬性。令 A 是一正定(positive definite)的對稱方陣。然後，可以利用相互垂直之特徵向量的矩陣將 A 對角化

$$\mathbf{A} = \mathbf{E}\mathbf{\Lambda}\mathbf{E}^T \tag{10-10}$$

其中 **E** 是一個 $n \times n$ 正交矩陣，T 表示轉置矩陣，而 $\mathbf{\Lambda}$ 是一由特徵值所定義的 $n \times n$ 對角矩陣

$$\mathbf{\Lambda} = \begin{bmatrix} \lambda_1 & 0 & \dots & 0 \\ 0 & \lambda_2 & \dots & 0 \\ \vdots & \vdots & \ddots & \vdots \\ 0 & 0 & \dots & \lambda_n \end{bmatrix} \tag{10-11}$$

相關聯之特徵向量構成矩陣 **E** 的列：

$$\mathbf{E} = [\boldsymbol{e}_1\ \boldsymbol{e}_2\ \dots\ \boldsymbol{e}_n] \tag{10-12}$$

從式(10-10)，得知

$$\mathbf{AE} = \mathbf{E\Lambda} \tag{10-13}$$

或者，換句話說，

$$\mathbf{A}\boldsymbol{e}_i = \lambda_i \boldsymbol{e}_i \qquad i = 1, 2, \dots, n \tag{10-14}$$

其中，$\boldsymbol{e}_i$ 是與第 i 個特徵值 λ_i 相關之第 i 個特徵向量。

如果我們以遞減順序排序特徵值使得

$$\lambda_1 > \lambda_2 > \dots > \lambda_i > \dots > \lambda_n$$

相關聯之特徵向量會以它們影響性的強弱來顯露主成分的方向。因此，向量 $\boldsymbol{e}_1$ 就代表多維度資料有最高變異數的坐標軸。

我們如何算出特徵值？

如果一個方陣 **A** 很小(不大於 4×4)，我們可以算出行列式值

$$\det(\mathbf{A} - \lambda\mathbf{I}) = 0 \tag{10-15}$$

然後將它展開成一個特徵多項式。找到這個特徵多項式的根，我們可以算出矩陣 **A** 的特徵值：不過，我們不能以有限的代數運算步驟來解出 4 次以上的多項式，因此，通常會採用疊代方法(Wilkinson，1988)。

現在讓我們計算稍早算出的共變異數矩陣 C 的特徵值和特徵向量(我們使用 MATLAB 來進行計算)。特徵值及與其關聯的特徵向量是以遞減順序的方式排列

$$\text{特徵值} = \begin{bmatrix} 2847.7 \\ 1.3 \end{bmatrix}\text{；特徵向量} = \begin{bmatrix} -0.9519 & 0.3063 \\ -0.3063 & -0.9519 \end{bmatrix}$$

因此，

$$\lambda_1 = 2847.7 \text{ 及 } \boldsymbol{e}_1 = \begin{bmatrix} -0.9519 \\ -0.3063 \end{bmatrix}\text{；}\lambda_2 = 1.3 \text{ 及 } \boldsymbol{e}_2 = \begin{bmatrix} 0.3063 \\ -0.9519 \end{bmatrix}$$

圖 10-5 代表一於特徵向量 $\boldsymbol{e}_1$ 和 $\boldsymbol{e}_2$ 所構成之坐標軸內正規化後的試點工廠資料(已減去平均值)的圖形。我們可以看到特徵向量之一，$\boldsymbol{e}_1$，代表一條最佳配適線。這個特徵向量透露出資料中最重要的樣式。第二特徵向量 $\boldsymbol{e}_2$ 顯示另一個較不重要的樣式，因為所有的點都位於稍微偏離最佳配適線的地方。

共變異數矩陣的特徵向量是轉換後之空間的坐標軸。現在我們需要以這些特徵向量來表示我們的資料。

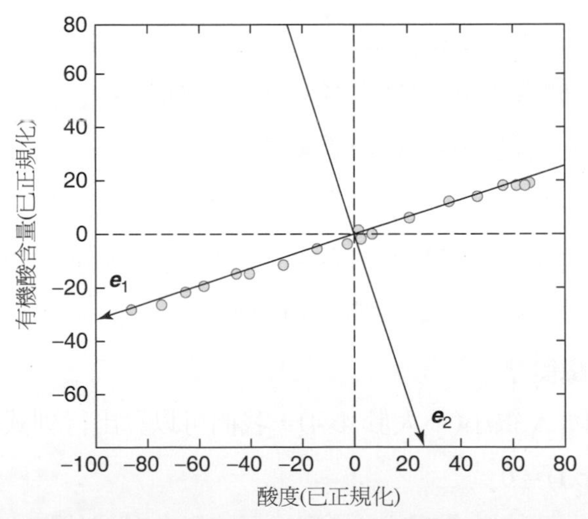

圖 10-5　一張位於由特徵向量 $\boldsymbol{e}_1$ 與 $\boldsymbol{e}_2$ 構成之坐標軸內的正規化試點工廠資料圖

步驟 4：選擇成份並推導出一個新的資料集

一旦計算出一組特徵值，並以遞減順序予以排序，我們可以忽略不計意義較不重要的特徵值，從而縮減原始資料集的維度。舉例來說，如果原始資料集是 n 維，所以我們會得到 n 個特徵值，我們可以決定只保留最大的 m 個特徵值。這 m 個相關聯的特徵向量會構成一個矩陣的列，稱爲特徵向量列。然後，我們可以將原始資料投影到特徵向量所形成的特徵空間，並因此轉換原 n 維度的資料到 m 維度。要將資料集到投影特徵空間，我們只需將正規化的原始資料集乘以特徵向量。這種資料轉換的方法稱爲子空間分解(Oja，1983)。

如果比較我們例子中所獲得的特徵值，我們能看到它們是非常不同的。由於 $\lambda_1 \gg \lambda_2$，第二個特徵值可能會被捨棄，於是我們的資料集可以成爲一維。

現在讓我們評估兩種資料轉換的可能情況：當我們保留兩個特徵值的時候以及當只有最大的特徵值被使用的時候。在第一個情況，我們獲得如圖 10-6(a) 所示的圖。因爲沒有任何資訊在這個轉換中被漏失，這圖代表位於旋轉之坐標軸 $\mathbf{e}_1$ 和 $\mathbf{e}_2$ 內的正規化原始資料。事實上，我們發現同樣的結果如圖 10-5 所示。在第二個情況，當我們只保留第一個最大特徵值的時候，我們獲得圖 10-6(b) 的結果。我們能看到，這實際上是一張一維圖—所有由第二個特徵向量造成的資料變異數已經被移除。

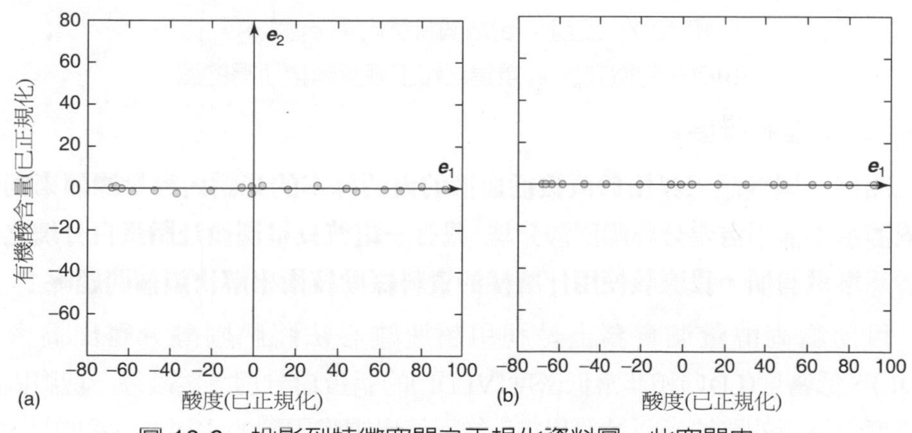

圖 10-6　投影到特徵空間之正規化資料圖，此空間由：
(a)兩特徵向量 $\mathbf{e}_1$ 與 $\mathbf{e}_2$；(b)一特徵向量 $\mathbf{e}_1$ 形成

我們如何挽回原始資料？

我們必須記住，隨著較不具意義的主成分被移除，我們會漏失一些資訊。所以，除非在我們的轉換過程中保留所有的特徵向量，否則我們無法絲毫不差的得回原始資料—會遺失一些資訊。

在一般情況下，將轉換後的 m 維資料乘以 m 維特徵向量之轉置並將該資料維度之平均值加到於這維度內的每個資料來重建原 n 維度資料集。圖 10-7(a)展示一張由整個特徵向量所重建之資料的圖。正如預期，我們得到與圖 10-3(a)相同的圖。圖 10-7(b)展示減少特徵向量後所造成的影響。我們注意到沿著主特徵向量 $\boldsymbol{e}_1$ 的資料的變動值被保留了，而沿特徵向量 $\boldsymbol{e}_2$ 的變動值已經不見了。

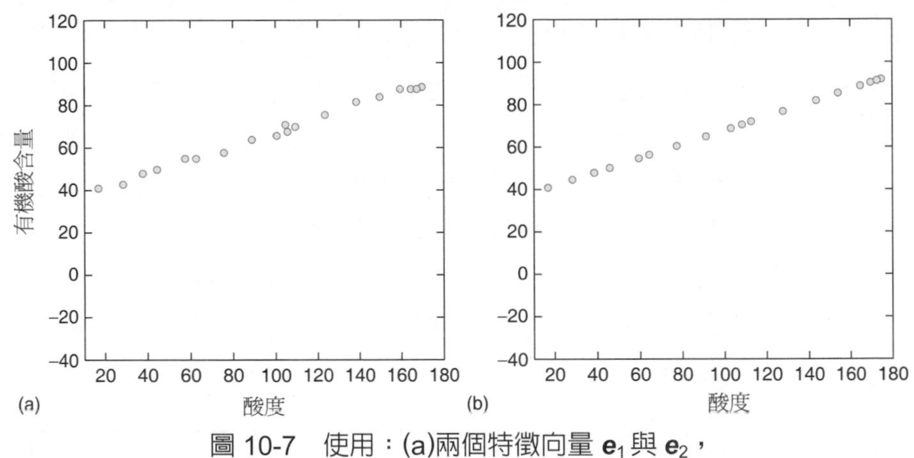

圖 10-7 使用：(a)兩個特徵向量 $\mathbf{e}_1$ 與 $\mathbf{e}_2$，(b)單一特徵向量 $\mathbf{e}_1$ 重建試點工廠資料後所得的圖

案例 11：縮減維度

我想開發一個智慧工具用於直接從血液的血清樣本的光譜內容量測值來判斷膽固醇水平而不需要分離膽固醇分塊。我有一組波長量測值及脂蛋白分塊之膽固醇基準量測值。我應該使用什麼樣的資料探勘技術來解決這個問題呢？

目前膽固醇量測實務上是利用超速離心法將膽固醇分離出高密度(HDL)、低密度(LDL)和非常低密度(VLDL)的脂蛋白分塊。然後每一塊膽固醇的濃度以解析的方法予以計算出來，從而算出總膽固醇的水平。不幸的是，超速離心法很昂貴而且耗時。

不過，有人建議膽固醇的水平可以直接採用一種誘導化反應來測量，於此反應會產生混合的產物，其中不同脂蛋白成分被塗以不同的顏色(Purdie 等人，1992 年)。然後該混合物可直接使用原子吸光光度測定技術來分析高密度脂蛋白膽固醇、低密度與極低密度脂蛋白分塊。因此，將膽固醇分離成分塊就變得不必要，從而不再需要使用昂貴的超速離心法。

在這個案例，我們有 264 名患者頻譜的 21 個波長測量值。對於同一患者，我們也擁有透過標準餾分分離方法所獲得之高密度脂蛋白、低密度脂蛋白與極低密度脂蛋白分塊的基準量測值。顯然，一個後向傳播神經網路可以被訓練來預測 21 個波長的量測值所提供之高密度脂蛋白、低密度與極低密度脂蛋白分塊的膽固醇水平。

整個資料集(264 個案例)隨機地被劃分爲訓練(60%)、驗證(20%)和測試(20%)組。一驗證組可用於早期地停止訓練，亦即將網路用資料予以訓練，直到它於驗證資料的性能於連續數個學習回合無法再改進爲止。這顯示一般化工作已經到頂，訓練必須被停止下來，以免資料過適(overfitting)。測試資料則是提供了一個完全獨立的網路性能測試。

在這個案例中，我們創造一個三層網路，其中於隱藏層內具有一 S 形作用函數(sigmoid activation function)，而在輸出層有一線性作用函數(linear activation function)。輸入層的神經元的數量是由頻譜之波長決定的，所以我們需要 21 個輸入神經元。我們想要預測三個值(高密度脂蛋白，低密度脂蛋白與極低密度脂蛋白)，因此於輸出層我們應該有三個神經元。試驗顯示了一個好的一般化只需於隱藏層內用七個神經元就可以達成。圖 10-8 代表學習曲線。可以看出，驗證誤差在第 5 個學習回合達到最小，因爲稍後在所指定的學習回合數，它沒有進一步改進，訓練因此被終止。這學習曲線顯示該網路已成功地訓練完成且避免了過適現象。

現在讓我們檢視網路性能，並以測試資料呈現它，然後在想要的網路輸出和實際的網路輸出之間執行迴歸分析。圖 10-9 展示其結果。

r 值出現在每張散佈圖的上方，是 Pearson 的關聯係數(Pearson's *r*)—一個兩個變數之間關聯性的量度值—*X*(想要的輸出)和 *Y*(實際的輸出)。關聯係數的

範圍可以從+1(完全正相關)到–1(完全負相關)。r 值越大，兩個變數之間的關聯越強，且我們預測的高密度脂蛋白、低密度與極低密度脂蛋白值越準確。正如我們看到的，前兩個輸出(HDL 和 LDL)相當接近想要的輸出(r 值超過 0.9)，但第三個輸出(VLDL)則與想要的輸出不甚契合。

當然，我們可以藉由修改它的架構或增加訓練回數來嘗試改進 ANN 的準確度，但我們會發現，儘管我們投入更多的氣力，極低密度脂蛋白的 r 值並不會因此有顯著地改進。

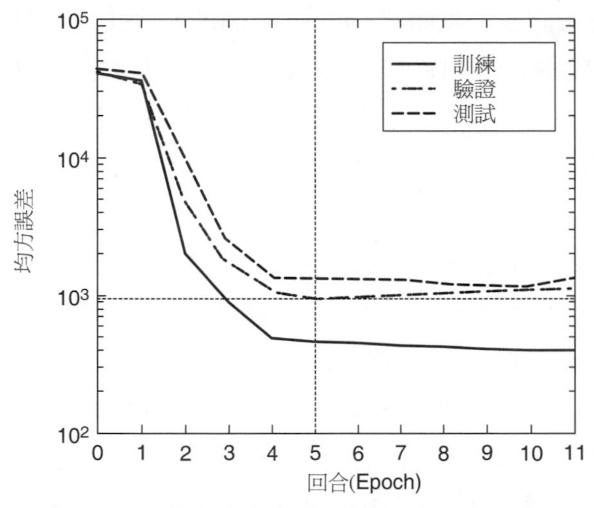

圖 10-8　膽固醇水平預測的 ANN 學習曲線

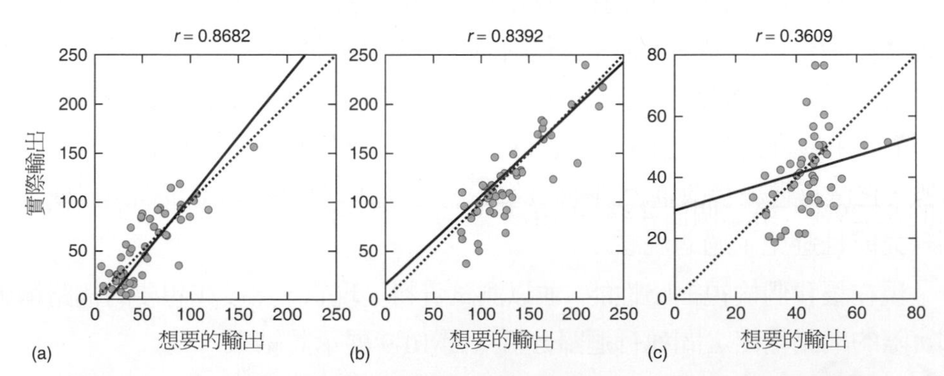

圖 10-9　ANN 輸出散佈圖相對於目標：(a) HDL；(b) LDL；(c) VLDL

我們可以使用 ANFIS 改進膽固醇水平預測的準確度嗎？

ANFIS 有個複雜的混合學習演算法，確實展現比傳統的後向傳播技術更好的性能。不過，它需要大量的參數，這在訓練過程中會被最佳化。因此，MATLAB在試圖調整參數的Sugeno型模糊推理系統時很容易就出現記憶體不足的現象，即使輸入的數目很少也是如此。我們也應該記住，如果訓練資料的數量數倍於要被最佳化之參數的數目，ANFIS 可以完成不錯的一般化。因此，在我們能應用 ANFIS 的模型來預測膽固醇水平之前，我們需要以減少輸入的數目。這個工作可以經由 PCA 完成。

我們正規化輸入資料、計算共變異數矩陣並得出特徵值和特徵向量。表 10-3 包含特徵值(主成分)以遞減順序顯示。僅展示前七個主成分，因爲後續成分的值可忽略不計。現在我們需要決定該保留多少主成分以便捕捉輸入資料中大部分的變化性。

表 10-3　由主成分解釋總變異量

成分編號	1	2	3	4	5	6	7
特徵值	0.225947	0.010530	0.000356	0.000175	0.000046	0.000031	0.000021
總變異量比率%	95.2883	4.4406	0.1500	0.0737	0.0193	0.0131	0.0088

一個簡單的解決方法是將相對重要的主成分予以視覺化。將資料總變異數的比率依主成分展示的線段圖稱爲陡坡圖，如圖 10-10 所示。正如你可以看到，這圖看起來像一座山，其中「碎石坡」指的是堆積在山麓下的鬆散岩石的斜坡。我們能忽略位在山底的主成分，因爲圖上的陡坡顯示其後的成份對整體資料變異數的貢獻不大。圖 10-10 中，第一個主成份約佔 21 個變數之總變異數的 95.29%，第二個佔 4.44%而第三個佔 0.15%，同時間其餘 18 個成份只佔總變異數的 0.12%。這張圖強烈的顯示，於輸入資料中只有前兩個特徵值代表有意義的變異數，共佔了 99%以上的變化性。因此，輸入向量的維度可以從 21 減少至 2。

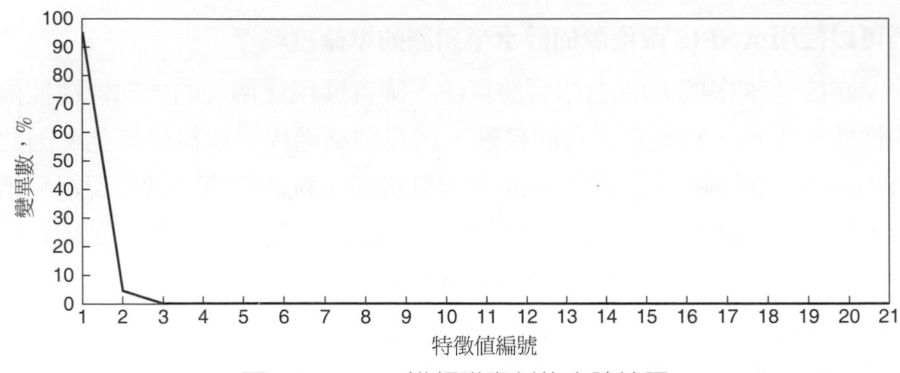

圖 10-10　21 維頻譜資料集之陡坡圖

現在我們能轉換原有的 21 維資料集到一個二維資料集，訓練一 ANFIS 並與 ANN 比較它的性能。因為輸入向量變成二維，我們在輸入層使用有兩個神經元的 ANFIS。我們應該選擇最小數目的歸屬函數，因此我們分配兩個具有鐘型作用函數之模糊化神經元給每個輸入變數。因此 ANFIS 將會包含四模糊規則。由於 ANFIS 的架構只允許一個輸出，我們將使用三個完全一樣的模型，每個模型預測一種脂蛋白分塊內的膽固醇。

在每個 ANFIS 的模型輸入和輸出參數總數是 24 個，12 個輸入參數(兩個輸入，每個輸入有兩個鐘型作用函數，每個函數有三個參數)以及 12 輸出參數(四條規則，每條規則由三個參數所定義)。

在這項研究中，我們隨機地將轉換後的資料分成兩組：訓練(80%)與測試(20%)。因此，參數的數目與呈現於每個 ANFIS 之訓練案例的數目之間的比值約 1 到 8，從而保證一般化的結果是好的。

圖 10-11 展示 ANFIS 的輸出相對於目標的散佈圖。所有的三個 ANFIS 模型分別以相同的訓練資料集予以訓練 10 回合，然後在相同的測試集進行測試。正如我們看到的，ANFIS 模型的執行結果比 ANN 更好，即使前者是以減少過的二維資料集來進行訓練。

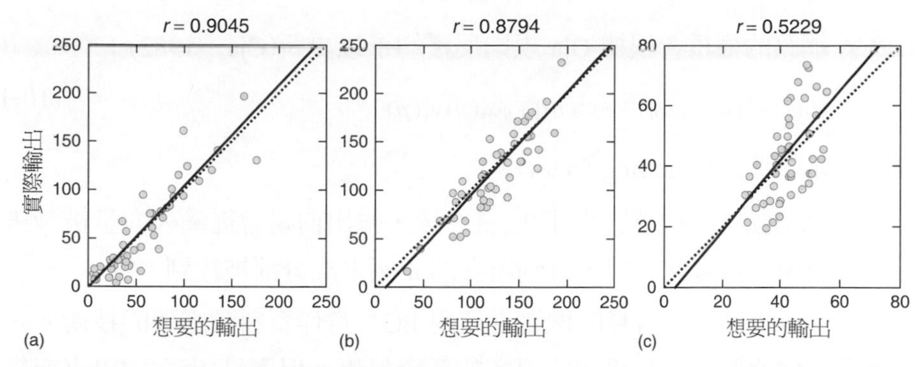

圖 10-11　ANFIS 輸出相對於目標之散佈圖：(a) HDL；(b) LDL；(c) VLDL

我們能於神經網路中實施 PCA 嗎？

許多專業類神經網和學習演算法已經用於執行 PCA，所以上述問題的答案是肯定的，舉例來說，使用一個兩層前向式網路，其中具有 n 個神經元之輸入層代表 n 維空間而具有 m 個神經元之輸出層會抽出 m 個主成分。這種網路被稱為 PCA 網路，如圖 10-12 所示。

訓練一個 PCA 神經網路產生一個等於最大的特徵向量 $\boldsymbol{e}_1$ 之加權向量 w，讓以下的條件能被滿足：

$$\mathbf{A}\boldsymbol{e}_1 = \lambda_1 \boldsymbol{e}_1 \tag{10-16}$$

其中 **A** 是輸入自相關聯矩陣(input autocorrelation matrix)。

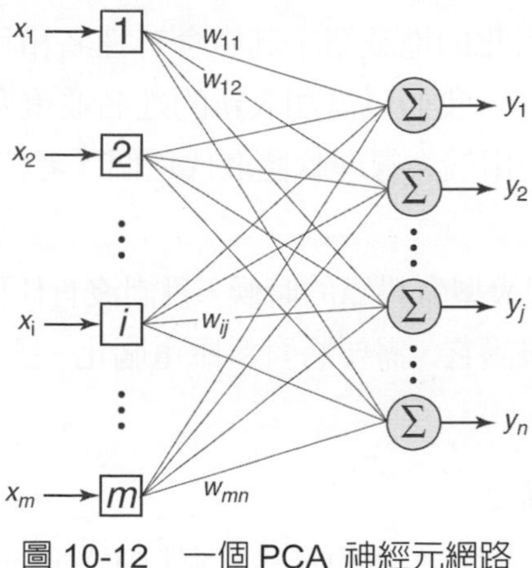

圖 10-12　一個 PCA 神經元網路

PCA 網路的權重會根據 Oja 規則反覆的予以更新(Oja，1982)：

$$w_{ij}(P+1) = w_{ij}(p)[1-\phi y_j^2(p)] + \phi x_i(p) y_j(p) \tag{10-17}$$

其中 ϕ 是遺忘因子(forgetting factor)。

當 PCA 網路收斂於最大特徵向量之後，輸出向量會從輸入向量被減去並重新開始訓練。重複此過程，直到所有的 n 個主成分都被找到。

進行資料探勘時，常見的做法是使用 PCA 當作資料預處理的技術。它讓我們獲得一個比原來資料集小的很多的新資料集，但還是能產生相同(或幾乎相同)的分析結果。

雖然包括 PCA 在內的統計方法常常被用作資料爆炸的第一步，資料庫查詢和 OLAP 則代表了更複雜的工具，特別地開發用來處理現代組織中累積的龐大資料量。

10.4 關聯資料庫及資料庫查詢

許多的組織收集和儲存大量的資料，他們需要迅速地取用資料，以便針對市場上的任何變化及時地作出反應。

現代組織如何維護大型資料庫？

資料庫可以以人工的方式維護，但也可以予以電腦化。舉例來說，我們經常以人工方式維護索引化的地址簿，其中含有姓名和我們朋友的詳細聯繫方式—當內容改變的時候，我們只需加入新的姓名並重寫現有的地址與電話號碼。當然，我們可以使用個人管理軟體取代這個「老技術」，進而電腦化為我們的個人資料庫。

不過，當我們處理大型資料庫的時候，我們沒有任何可替代的方式—我們根本無法以人工方式維護它，需要將資料庫電腦化。換句話說，我們需要一個資料庫管理系統。

什麼是資料庫管理系統？

讓我們先回到我們對資料庫的定義。資料庫是收集相關的資料(以資料庫用語，前後文通常決定了所說的「資料」是單數或是複數)。事實上，這個定義相當廣泛。舉例來說，我們可以把組成這一章的用字看成是一個資料庫。不過，「資料庫」通常與下述的隱藏的特性有關(Elmasri Navathe，2010)：

- 資料庫代表現實世界中一些實際的事件；
- 資料庫是一個邏輯的集合與一些特定含義的資料；
- 資料庫是專爲某些目的之應用而建立，因此有一群特定的使用者。

資料庫必須是有組織且受到管理的，讓使用者可以更新在資料庫中的資料以及搜尋並擷取所需的一部份資料。一套可以讓使用者建立和維護資料庫的程式稱爲資料庫管理系統(DBMS)。DBMS 使得建立、移轉、操作以及於各種使用者和應用軟體之間共享資料庫變得可能。建立一資料庫涉及到定義該資料庫結構，並指定被儲存資料的類型。移轉資料庫意指輸入資料到資料庫並將之儲存於儲存介質上。操作一資料庫通常包括諸如更新資料庫，查詢一些特定的資料，以及產生報表這類的函數。共享資料庫意指多名使用者同時間取用資料庫。

爲了能作出明智的決定，資料庫的使用者需要快速地取用大量的資料。在組織內，資料經常以一群表格和試算表的形式被儲存。因此，一組正式描述的表格可以被取用或重新組合而不必重新組織時，該表格本身稱爲關聯資料庫。關聯資料庫模型首先由 IBM 公司的 Ted Codd 在 1970 年提出，見於他的文章 "A relational model of data for large shared data banks" (Codd，1970)。20 世紀 80 年代初以來，該模型已用於許多商業型資料庫管理系統如 Oracle 和 Rdb(甲骨文)，Informix Dynamic Server (IBM)和 SQL Server 和 Access(微軟)。

在關聯資料庫中，每張表格(稱爲關係)被指派到一個獨一無二的名稱。所有的表格被分隔爲欄和行。欄(或欄位)定義了表格的屬性，而列(稱爲組合)儲存這些屬性的值。當建立一個表格的時候，使用者必須正式地描述每個欄的資料類型。典型的資料類型包括：字元(儲存一串字母、數字和一長度固定或可變的特殊字元，如「DC086421」)、整數(儲存整數如 '2010-10-22')以及時間(儲存時間如 '11:52:12')等。

關聯資料庫較易於建立和存取，但更重要的是，擴增它也很容易。原始資料庫被建立後，一個新的資料屬性可被加入而不需修改任何現有的應用程式。

考慮一個簡單的例子。圖 10-13 展示關聯資料庫 Department_store 之 Item、Customer、Employee 和 Transcation 關係的片段。表格 Item 擁有 Item_ID、Category、Brand、Model、Desprition、Price 和 Stock 等欄。此處屬性 Item_ID 的資料類型爲 CHAR(8)，所以欄 Item_ID 會儲存一固定長度各八字元的字串。Category 的資料類型爲 varchar(15)，所以它會儲存一個長度可變但最大爲 15 個字元的字串。Price 的資料類型是十進制(6, 2)，因此會儲存十進制數字，每個數字最大可達六位數以及兩位小數。Stock 的資料類型是 int(4)，因此可儲存最大達四位數的整數。與此類似地，我們宣告 Customer，Employee 和 Transcation 等表格內所有其他屬性的資料類型。

在關聯資料庫中，表格是互相「關聯的」。這可確保資料可以跨表格地連結而不需要在每一個表格重複所有的資料。在我們的例子中，表格 Transcation 包括 Item_ID，Customer_ID 和 Employee_ID 等屬性，它們也分別是表格 Item、Customer 和 Employee 的屬性。

不過，對於有效率的資料管理，僅僅描述一關聯資料庫的資料結構並且以資料建立它的關係仍嫌不足。我們也需要能夠從資料庫指定、存取和擷取任何資料的子集合作進一步分析。

Item

Item_ID	Category	Brand	Model	Description	Price	Stock
DC086421	Digital Camera	Canon	Rebel Xsi	12.2 MP/18-55 mm	899.84	121
DC086532	Digital Camera	Nikon	D80	10.2 MP/18-135 mm	1074.84	64
…	…	…	…	…	…	…

Customer

Customer_ID	Name	Age	ZIP_code	State	Address	Income
016745	Smith, Alex	56	4851	NY	106 1st Ave, New York	95000
016749	Green, Jane	19	1419	NY	7 Lake Ave, Rochester	32000
…	…	…	…	…	…	…

Employee

Employee_ID	Name	Age	Department	Job_category	Salary	Commission
032E	Jones, Mary	26	Electronics	Sales	37500	3
037H	Brown, Mark	21	Hardware	Sales	29500	2
…	…	…	…	…	…	…

圖 10-13　關聯資料庫 Department_store 之關係的部份內容

我們如何從關聯資料庫中擷取資料？

在關聯資料內的資料可以使用資料庫查詢來存取。這些查詢都以結構化查詢語言(SQL)寫成。SQL 是由一個命令語言所構成，提供檢索、插入、更新以及刪除資料等用途。SQL 同時是 ANSI(美國國家標準學會)和 ISO(國際標準化組織)用於存取和操作資料庫系統的標準電腦語言。

SQL 的第一版，稱為 SEQUEL，是由 IBM 的 Donald Chamberlin 與 Raymond Boyce (Chamberlin 和 Boyce，1974)在 1970 年代初期研發出來的。它是專為 IBM 的 System R(關聯資料庫系統的第一個原型)所設計的。稍後 SQL 正式由 ANSI 標準化，自那時以來已成為大多數商用資料庫管理系統的重要組成部分。儘管現在有許多的不同的 SQL 版本，它們都支持相同的主要關鍵語(如 SELECT、FROM，WHERE、UPDATE、DELETE、INSERT、AND、OR 和 NOT)。

在下面的例子中，我們將使用 MySQL 資料庫系統(Forta，2005 年；DuBois，2008)。MySQL 軟體使用的方式可以是開放源碼產品(最流行的開放源碼資料庫系統)，或以標準商業授權的方式購買。該程式是以伺服器的方式運行，可供多位使用者同時存取資料庫。

```
SELECT * FROM Item
WHERE Category = 'Digital Camera' AND Brand = 'Nikon'
```

Item_ID	Category	Brand	Model	Description	Price	Stock
DC086527	Digital Camera	Nikon	L18	8.0 MP/3 × Zoom	139.84	186
DC086532	Digital Camera	Nikon	D80	10.2 MP/18-135 mm	1074.84	64
…	…	…	…	…	…	…

圖 10-14　一個執行於單一表格的 SQL 查詢例子

利用 SQL，可以查詢關聯資料庫，並擷取所指定資料的子集合。假設一個門市經理要檢查 Nikon 數位相機目前的庫存量。該經理可以使用一個簡單的查詢來存取資料庫，如圖 10-14 所示，從而獲得所需之資料的子集合。在這個查詢中，我們看到兩個關鍵字 SELECT 和 FROM。事實上，最基本的 SQL 查詢看起來如下：

```
SELECT column_name FROM table_name
```

該查詢從名爲 table_name 的表格選擇名爲 column_name 之欄的內容。請注意，這裡可以同時使用多個欄名與多個表格名稱。其結果被儲存於一個結果表格(稱之爲資料結果集(result-set))。

在圖 10-14 所示的查詢，我們未使用欄名，而是使用符號 * 來選擇表格 Items 內所有的欄位。不過，門市經理只要擷取 Nikon 數位相機的庫存資料。要做到這一點，WHERE 查詢子句被加入 SELECT 語句。該查詢會傳回表格 Item 中所有的記錄，其中屬性 Category 的值是「Digital Camera」而屬性 Brand 的值是「Nikon」。請注意，用於 WHERE 查詢子句的選擇條件可以使用關鍵字 AND、OR 和 NOT 分隔開來。這個例子展示以一個關聯查詢作爲過濾條件，可以讓使用者藉由指定所選擇之屬性的限制來擷取資料的子集合。

不過，在大多數情況下，我們需要從兩個或多個表格中擷取資料。假設門市經理需要看到 VistaQuest 輕巧型數位相機最近一次促銷的結果。這項資訊是擷取自兩張表格，Item 和 Transaction。正如我們從圖 10-13 看到的，這兩張表格有一個共同的屬性，Item_ID，因此我們可以藉由匹配它們的 Item_ID 欄後，從兩個表格內擷取資料。圖 10-15 展示 SQL 查詢以及取得的資料結果集。在這個查詢中，FROM 子句是用來結合表格。因爲相同的欄名可能會出現在不同的表格，所以當指定欄名的時候，我們也必須指出我們指的是哪一個表格。這可以以表格名稱做前置詞，再接句號以及欄名，如同這個查詢的 SELECT 子句所看到的。WHERE 查詢子句指明這兩張表格它們各自 Item_ID 屬性必須匹配。BETWEEN...AND 運算子是用來選擇從日期 2010-10-23 到目前日期範圍之間的資料。

該查詢傳回一張 VistaQuest 照相機從促銷活動開始以來的銷售清單。事實上，這結果表格可能包括數百甚至數千行。不幸的是，這樣的一張表格可能並非有用，因爲該經理實際上需要的是彙總表，其中有照相機的銷售總數。這可以透過 SQL 內建的彙總函數來完成計數和計算工作，例如 AVG(傳回一個欄的平均值)，COUNT(傳回一個欄的行數)，MAX(傳回一個欄的最大值)，MIN(傳回一個欄的最小值)以及 SUM(傳回一個欄的總和)。圖 10-16 展示使用 COUNT 和 SUM 函數的 SQL 查詢。GROUP BY 子句被加進來以指明 SUM 函數須執行於每個不同的 Model 值。使用回傳的資料結果集，門市經理現在可以比較 VistaQuest 照相機目前的銷售量與促銷開始之前的銷售量來檢視促銷活動的成果。

```
SELECT Item.Brand, Item.Model, Item.Price, Transaction.Date
FROM Item, Transaction
WHERE Transaction.Item_ID=Item.Item_ID
AND Item.Brand='VistaQuest'
AND Transaction.Date between '2010-10-23' and curdate()
```

Brand	Model	Price	Date
VistaQuest	VQ-7024	69.84	2010-10-23
VistaQuest	VQ-5115 Pink	54.84	2010-10-23
VistaQuest	VQ-5015 Silver	54.84	2010-10-23
VistaQuest	VQ-7024	69.84	2010-10-23
VistaQuest	VQ-5115 Blue	54.84	2010-10-24
VistaQuest	VQ-7024	69.84	2010-10-24
…	…	…	…

圖 10-15　一個執行於數個表格的 SQL 查詢例子

```
SELECT Item.Brand, Item.Model, COUNT(Item.Model), SUM(Item.Price
FROM Item, Transaction
WHERE Transaction.Item_ID=Item.Item_ID
AND Item.brand='VistaQuest'
AND Transaction.Date between '2010-10-23' and curdate()
GROUP BY Model
```

Brand	Model	COUNT(Item.Model)	SUM(Item.Price)
VistaQuest	VQ-5015 Silver	34	1864.56
VistaQuest	VQ-5115 Blue	42	2303.28
VistaQuest	VQ-5115 Pink	39	2138.76
VistaQuest	VQ-7024	93	6495.12
…	…	…	…

圖 10-16　一個具有彙總函數的 SQL 查詢例子

資料庫查詢和資料探勘有什麼不同？

資料庫查詢可以視爲資料探勘的基本形式。查詢確實提供使用者向關聯資料庫提問以及根據指定的條件擷取資料子集合的機會。舉例來說，使用關聯查詢，我們可擷取的資訊如上個月銷售之所有項目的清單；按類別、品牌或型號的分組總銷售額；一份過去 12 個月花費超過 1000 元的消費者名單，或上個月銷售額超過 10,000 美元的員工名單。事實上我們能做的更多。

假設我們想要進行一特定活動以推廣某個新產品。一個促銷活動若要成功，我們需要了解潛在消費者的主要的特點如年齡、收入、婚姻狀況、市郊、房屋所有權、債務等等。當然，我們能使用我們的資料庫，從中找出在過去一段期間曾購買類似產品的消費者的名單。使用 SQL 彙總函數，我們可以計算一位潛在消費者的平均年齡、平均收入和平均債務。如果資料結果集不是非常大，我們也可以找出我們潛在消費者的一些共同特點，舉例來說，房屋所有權。不過，所有這資訊可能無助於找出我們實際想要找到的那群人，因為高收入且高債務的年輕人可能也對低收入低債務的老年人所感興趣的產品同樣感到興趣。資料探勘則可以自動地發掘這些隱藏的群體。

資料庫查詢是建立於一個假設之上，即使用者必須詢問正確的問題。相較於查詢，資料探勘自動地建構一個資料模型；它可以發掘資料的樣式、搜索趨勢、一般化並做出預測。資料探勘通常使用關聯資料庫，因為它們代表了最常用又豐富的資料礦藏。

10.5 資料倉儲和多維度資料分析

關聯資料庫技術在 1980 年代成熟。這引發應用資料管理系統和商業營運自動化的風潮。

不過，一個新的挑戰出現了—如何橫跨整個組織或企業以獲得更寬廣的視野。這項挑戰在 1980 年代末和 1990 年代初當第一個企業級資料倉儲被建成的時候得到解答。資料是從許多倉儲匯聚而來，以便提供該組織的經理人一個企業層次的視野。

什麼是資料倉儲？

「資料倉儲」一詞是由 Bill Inmon，「資料倉儲之父」，在 1990 年代初提出。他定義資料倉儲為「一主題導向的、整合性的、長期性的以及少變性的資料蒐集」(Inmon，1992)。資料倉儲是一個大型整合性的資料庫，其設計和建構的主要目的是用於決策支援方面的應用。

資料倉儲有哪些特徵？

資料倉儲的主要特徵是它的規模。資料倉儲很大，它包含數百萬甚至是數十億筆記錄。不過，這還不是全部。在他的定義中，Bill Inmon 指出資料倉儲的四個主要特點：主題導向(subject orientation)、整合性(integration)，長期性(time variance)和少變性(non-volatility)。

主題導向代表營運資料庫和一資料倉儲之間的根本差異之處。營運資料庫是用來支援具體的日常性的商業營運，而資料倉儲則被開發用來分析特殊的主題。舉例來說，銀行的營運資料庫包含獨立的消費者存款、貸款和其他交易的記錄；資料倉儲將這些資料一體抽出以提供特定的金融資訊，諸如費用、利潤和損失。與決策無關的資料都會從資料倉儲中被排除。

整合性指的是將資料從各種不同的資料庫，包括線上營運資料庫、關聯資料庫和一般文件，蒐集到資料倉儲。資料被整理並合併成一個格式一致的資料庫。

長期性則反映了在資料倉儲內資料於某段特別期間所得到的事實。使用者可以在指定的時間間隔做成報告，從而觀察資料隨著時間推移的變化情形。

少變性意指於資料倉儲內的資料是穩定且長期不變的。資料倉儲通常包含了長達數年的資料(相較之下，典型的營運資料庫有 60 到 90 天的時間長度)。事實上，資料倉儲通常不需要最新的業務資料—亦即資料倉儲內的資料並非即時的。

爲了要作出業務決策，經理人經常需要採取更寬廣的企業層次視野，不用顧及日常性活動的具體細節。資料倉儲可以讓使用者檢視一特別的值是如何的隨時間而變化，因此發掘出該資料的趨勢。查詢通常以互動的方式執行，使得一查詢的結果會引導出下一個查詢。

資料倉儲可以視爲一個獨立的關聯資料庫系統，其中儲存了來自營運資料庫系統的資料副本。

爲什麼我們需要將資料從一個系統複製到另一個系統？爲什麼我們需要有一個獨立的資料倉儲？

營運資料庫管理系統的設計和建造主要用於自動化某項業務的營運面。舉例來說，當百貨部門完成一筆銷售的時候，一筆新的資料記錄會自動地插入到交易表格，且所有相關的記錄(如庫存，員工和消費者)會相應的更新。營運資料庫系統所關心的是日常性的營運—沒有保留歷史資料的需要。另一方面，如果我們想要使用一個營運資料庫系統來進行業務決策，我們就會需要保留很長一段時間的資料，往往長達 10 年。如果我們試圖執行決策支援方面的查詢，系統的性能會因而衰減、慢如蝸行，甚至每當我們執行查詢時都會使之停擺。

更糟的是，不同的營運資料庫系統通常運行於不同的硬體平台，並使用不同的作業系統。有些應用程式也可能是由組織內部自行開發的。因此，運行在不同的機器、不同的地理位置的分散式資料庫系統可能是不相容的。

這也就是爲什麼需要複製來自營運系統的資料，並以相同的格式儲存在稱爲資料倉儲的獨立資料庫。

我們如何設計一個資料倉儲？

資料倉儲是一個不同類型的資料庫，它有不同的設計。資料倉儲包含一個規模更大的資料量且它支援複雜的業務類型查詢。不過，由於資料庫越龐大，就越難查詢它。

關聯資料庫建立在一個關聯資料模型上。該模型代表無數關聯表格之間的互動。雖然這個模型是非常適合用於 SQL 查詢，但是它只能提供一個扁平的二維的業務視野，這不足作爲支援決策方面的工作。

另一種方法是使用多維度資料模型(multidimensional data model)。與其研究個別的關係，如 Item、Customer 或 Transaction，以及它們之間的關係，多維度模型將資料視爲一資料方塊(data cube)。

什麼是資料方塊？

資料方塊提供一種從數個不同的角度來檢視資料的方法。舉例來說，一家大型公司如沃爾瑪的經理，他經營連鎖百貨公司，可以找出位在紐約州的門市的業績是否優於加州的門市。也可以詢問某些門市本季的業績是否優於上一季。電玩軟體的銷售量比手機還好嗎？資料方塊也可讓經理發現新的趨勢。

資料方塊可以被定義爲多維度彙總資料的表示方法。資料方塊，或多維資料模型，使用了維度和事實來描述資料(Gray 等人，1996，1998 年)。

維度代表有哪些個體供我們儲存紀錄並產生資料倉儲查詢。舉例來說，一家零售商建立一資料倉儲來保存有關於 Time(交易發生的時間)，Item(賣什麼)，Employee(誰完成銷售)和消費者(誰購買該品項)的門市銷售記錄。如果資料倉儲是爲某間公司而建立，該公司經營的連鎖門市，我們也需要將 Store 維度(交易發生之處)加進去。一個維度可以被定義如同一群邏輯相關之屬性。例如，Time 維度通常包括日期、星期、月、季和年，而 Itme 維度可能有屬性如 Item_ID、型號、品牌、類別和部門等等。每個維度有一個與之關聯的表格。此表格稱爲一維表格。

資料方塊圍繞一個中心主題來組織，例如：零售資料倉儲通常以 Sales 爲其中心主題。此主題是以事實來代表，儲存於倉儲的特定資料。事實是以量測來代表，諸如以美元計算的銷售金額與項目的售出數字。事實被儲存於事實表格。事實表格是資料倉儲中的最大表格—它擁有我們門市所有銷售的數值細節。因此，如果我們想要保存某段有歷史性意義時間(年，而不是幾天)的銷售記錄，這事實表格可能變得非常龐大，達億萬行資料行。幸運的是，儲存於該事實表格內的資料並非一定要達到鉅細靡遺的程度，而是應該留存摘要，諸如每個項目的每日總銷售額。對於制定決策，我們不需要每筆交易的具體細節。

事實表格包含數値資料並定期更新(通常只限於增補)，維度表格包含執行查詢時候分組資料所需的屬性。這些屬性很少更新，儘管它們確實會隨著時間而更動。舉例來說，員工或消費者可能會改變他們的地址，或是一個新的項目類別必須被加進來。這種現象被稱爲漸變維度(slowly changing dimensions)(Kimball 和 Ross，2002)。

儘管幾何上一資料方塊有三個維度，但在資料倉儲中的一個方塊，或者更確切地說資料方塊，則是多維度的。資料方塊可以被視爲一個多角星星，如圖 10-17 所示。星星的中心對應於事實表格，而星角代表維度。每個維度有一層結構，其中可能包括好幾個抽象層。例如，Time 維度有五個層次：日期、星期、月、季和年。整個星星的結構稱爲星網(starnet)模型(Han 和 Kamber，2006)。

星網模型使用傳統的父-子階層關係。例如，週是月的子嗣，月是季的子嗣等等。一父層會儲存它的子層資料的累積總和，或稱彙總。一個星網模型可以讓使用者橫跨任何數目的維度來瀏覽資料。使用者可以上捲(例如，沿 Time 維度從月到季，從季到年)或下鑽(沿 Store 維度從國家到城市，從城市到 store_ID)。因此，我們可能想要查詢某個特別項目的總銷售額(例如，一個新的任天堂電玩)或一個在過去一周(月或季)某個特別的城市(例如 Trenton)或州(紐澤西)購買的物品類別(照相機，手機，電腦，電視或電玩)。我們也可能將這些數字與上年度在相同期間的銷售額做比較。畢竟，銷售量的增加是業務增長的好現象。所有的這樣的查詢會取用來自於三個不同維度在不同階層的資料：Item、Store 與 Time。

資料方塊模型類似的魔術方塊—使用者可以很容易地將某維度的組合轉換爲另一種組合。當我們建立多維資料集的時候，我們採用來自事實表格(數值資料)的事實並將它們依門市、季、門市和季，以及其他任何可能的維度組合以及它們的階層予以堆積起來。

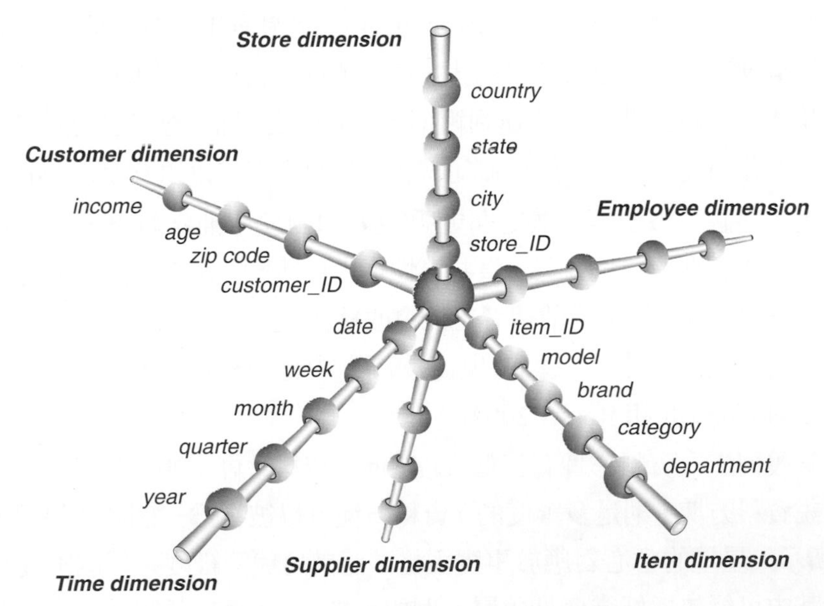

圖 10-17 以星網模型表示資料方塊表格

資料方塊是如何發揮功用？

要了解資料方塊如何發揮功用，我們以一個簡單的二維的多維資料集開始。這二維方塊，事實上，以單一表格來代表，如圖 10-18 所示。此表格儲存了電子部門的銷售資料。資料以 Time、Item 維度等方面來顯示。請注意，這表格包括一個欄和一個行，它們分別顯示整行和整欄的總和值。這些總和通常被稱爲「旁注」，因爲它們出現在表格的「邊緣」。這旁注可以被推算得出的，因此不一定會存在該資料庫內。不過，在大型的資料集中，一一爲每一個查詢計算旁注是沒有效率的做法。

Time.month between MonthName (1, true) and MonthName (3, true)
Item.department = 'Electronics'

	Audio	Cameras	Cell phones	Computers	TVs	Video games	Total
Jan	$532,211	$612,765	$227,482	$871,043	$692,015	$314,806	$3,250,322
Feb	$529,654	$603,187	$211,285	$854,106	$691,892	$306,021	$3,196,145
Mar	$561,290	$618,951	$218,572	$896,202	$712,020	$369,142	$3,376,177
Total	$1,623,155	$1,834,903	$657,339	$2,621,351	$2,095,927	$989,969	$9,822,644

圖 10-18　二維資料方塊的表格形式

Time.month between MonthName (1, true) and MonthName (3, true)
Item.department = 'Electronics'
Store.state = 'NJ'

	Trenton, NJ						
	Audio	Cameras	Cell phones	Computers	TVs	Video games	Total
Jan	$204,518	$213,107	$80,522	$318,582	$214,328	$86,232	$1,117,289
Feb	$201,386	$208,425	$76,341	$317,374	$212,230	$82,349	$1,098,105
Mar	$206,651	$214,931	$83,711	$323,485	$215,234	$87,027	$1,131,039
Total	$612,555	$636,463	$240,574	$959,441	$641,792	$255,608	$3,346,433

...　...　...

	Saddle Brook, NJ						
	Audio	Cameras	Cell phones	Computers	TVs	Video games	Total
Jan	$164,460	$142,097	$64,292	$213,487	$132,348	$63,927	$780,611
Feb	$161,507	$136,374	$56,348	$243,970	$134,082	$61,402	$793,683
Mar	$167,934	$143,983	$61,323	$245,092	$134,961	$64,920	$818,213
Total	$493,901	$422,454	$181,963	$702,549	$401,391	$190,249	$2,392,507

...　...　...

圖 10-19　三維資料方塊的表格形式

因此，通常資料會被彙總並被儲存起來，讓原本需要複雜計算的高階報表能如同簡單的選擇程序及時地製作出來。

讓我們現在加進第三個維度到二維資料方塊。例如，我們可加進 Store 維度來查看位於紐澤西州門市的電子產品銷售額。圖 10-19 展示三維資料方塊的表格形式。可以看出它包含了一系列的表格。

三維資料方塊也可以用多維資料集來表示，如圖 10-20。三個維度 Time，Item 與 Store 構成多維資料集的坐標軸。事實被儲存於方塊的儲存格。各個儲存格出現於每個維度內單一成員的交會點。舉例來說，成員 Jan，Audio 和 Trenton 指出儲存新澤西州 Trenton 元月份的音響銷售額($204,518)的儲存格。彙總資料出現在方塊的兩側、邊緣和角落。

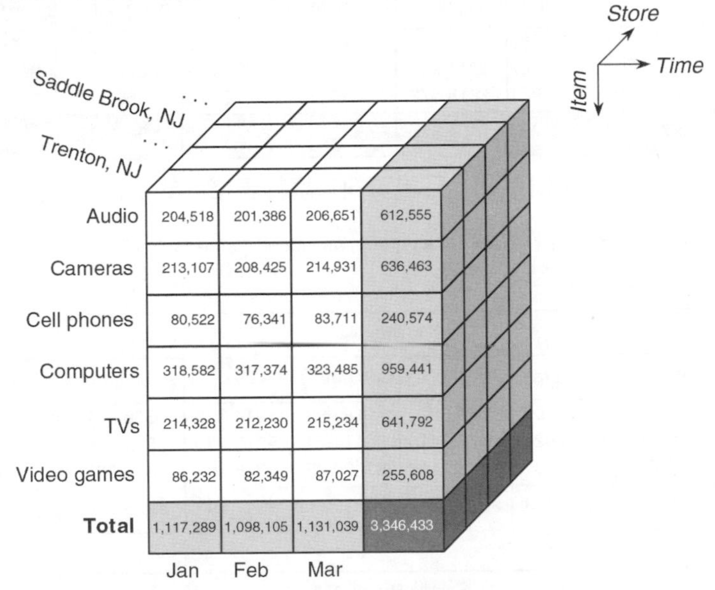

圖 10-20　以 Time，Item 與 Store 為維度的三維資料方塊表示法

雖然三個維度以上時資料不易閱讀，仍能以一系列的$(n-1)$維資料方塊來顯示任何 n 維資料方塊。因此若加進第四個維度到我們的資料方塊，如 Customer 維度，我們能得到一系列的三維方塊，如圖 10-21 所示。但我們應該記住「資料方塊」這個詞只是一個比喻，它僅用於傳達多維資料模型的概念。在現實中，資料方塊是以試算表格，圖表格和圖形等「正常」的格式被呈現。

因爲在資料方塊中包含了彙總形式的資料，它似乎甚至在我們提出某個問題之前就已經知道答案了。舉例來說，如果我們詢問每年每個城市的銷售總額，這些數字其實早已準備好了。如果我們詢問每季、每類別和美供應商的總銷售額，這些數字也已經隨手可得。這也就是資料方塊的不平凡之處。你可以問任何問題，並立刻會收到答案，通常不到一秒鐘。

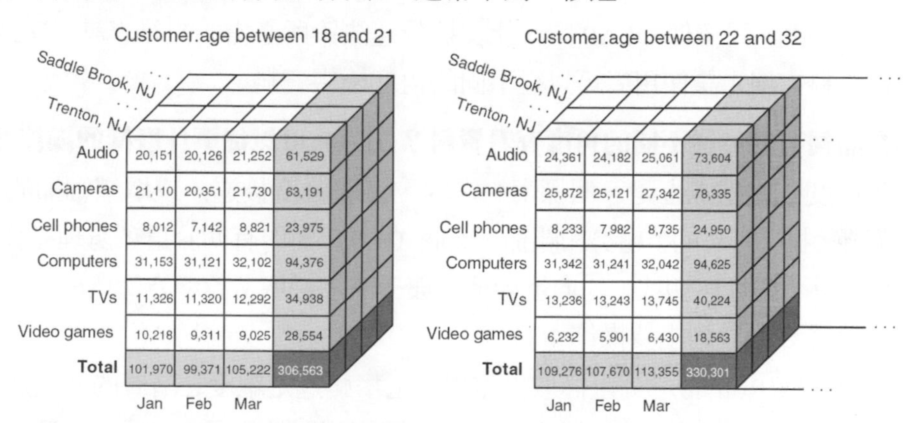

圖 10-21 以 Time，Item，Store 與 Customer 為維度之四維資料方塊表示法

我們如何建立並管理自己的資料方塊？

支援多維度景觀以及快速存取大型資料量的軟體技術稱爲線上分析處理(OLAP)。OLAP 的需求首先見諸於 Codd 和 Associates 的白皮書(Codd 等人，1993)。OLAP 讓我們能夠透過建構和執行我們自己的資料方塊來有效地分析倉儲內的資料。

「OLAP」一詞最初創設的目的是與傳統資料庫用語 OLTP(線上交易處理)相區隔，用以強調 OLAP 的分析能力。

OLTP 系統可以與大量含有多個且複雜關係的關聯表格一起運作。它們更新和刪除一大群記錄的速度非常快。不過，這項可以讓 OLTP 系統快速又準確地執行交易動作的設計確實讓它們難以用於資料分析方面。儘管 OLTP 可以使用 SQL 執行簡單的查詢，這些查詢只利用了少部份的資料。對於分析處理(例如按類別、州和季等組別來尋找銷售總額)，我們需要擷取非常大量的資料，並執行所謂的「預儲程序」—一群事先被編譯成一執行計劃的 SQL 敘述。這些程序執行起來可能耗時達數小時。更有甚者，它們會明顯地減慢甚至癱瘓 OLTP 系統本身。

OLTP 系統被開發用來管理營運資料庫，OLAP 系統則是專爲分析處理儲存於資料倉儲的資料。建立一資料倉儲以便將 OLAP 資料庫自 OLTP 資料庫分出來。將資料從營運資料庫複製到資料倉儲讓 OLTP 系統繼續有效的運作，而在同一時間，可確保 OLAP 系統能支援營運決策所必需的複雜查詢。OLAP 執行在資料方塊上讓使用者可以從不同的角度檢視資料。

OLAP 如何有助於從不同的角度查看資料？OLAP 可以從事什麼樣的操作？

多維度查詢基本上是一個探索的過程，沿著維度梭巡，或增減細節的程度，從而發掘「有趣的」趨勢和關係。幾個 OLAP 操作有助於這項處理工作。OLAP 可以「切片與切塊」、「向下擷取」與「向上擷取」資料方塊內的資料。讓我們考慮 OLAP 的主要操作：

- 向上擷取(Roll up)。向上擷取操作以往上攀爬選定維度之階層的方式加總資料方塊內的資料。舉例來說，從城市層到州層然後是國家層，以遞增方式排序圖 10-17 之資料方塊的 Store 維度，我們依州和國家分別彙總資料。

  當一或多個維度從給定的方塊被移除的時候，向上擷取操作也可以縮減維度的方式執行。舉例來說，如果我們有一具有 Time、Item 與 Store 維度的三維方塊(如圖 10-20)，向上擷取操作可以藉由移除如 Item 維度來達成。由此產生的二維方塊代表依 Store 與 Time 分組的銷售總額。

- 向下擷取(Drill down)。向下擷取操作就是向上擷取操作的反向操作。它工作的方式是沿著一個所選之維度階層下降或加入新的維度到給定的資料方塊。向下擷取操作可爲我們提供更詳細的資料。

- 切片(Slice)。切片操作會以選取所選之方塊維度之階層的單一成員構成一個子方塊。舉例來說，如果我們選擇圖 10-20 三維方塊之 Store 維度上城市層的成員 Trenton，我們得到一二維子方塊。事實上，資料方塊的「片」代表交叉分析表報表，其類似於圖 10-19 的例子。

- 切塊(Dicc)。切塊操作的工作原理類似切片操作，但選擇的對象是兩個或多個成員。這個操作透過限制給定之方塊的所有維度的方式來定義一個子方塊。舉例來說，限制圖 10-20 中三維方塊的兩個維度為

  Time.month between MonthName (1, true) and MonthName (2, true)

  AND (Item.category = 'Audio' or Item.category = 'Cameras')

  我們得到示如圖 10-22 的子方塊(仍是三維)。
- 旋轉(Pivot)。旋轉操作更改報表或頁面的坐標軸方向。例如，我們能對調圖 10-18 報表的行和欄。原本的報表中，Item 維度的成員為欄且 Time 維度的成員為行；旋轉操作提供了一份以月為欄且以項目為行的報表。

資料方塊可使用 SQL 查詢語言進行建立(或定義)(Bulos 和 Forsman，2006 年；Celko，2006)。為了有助於 OLAP 的查詢 SQL 語言已經被擴充了。例如，Oracle 資料庫 10g 版本提供更多的函數，如：排名次、移動式時間視窗彙總、期間比較、統計函數、直方圖和假設次序與分佈(Hobbs 等人，2005)。

OLAP 是資料探勘嗎？

OLAP 是一個強大的分析的工具。它支援資料倉儲內資料多維度的檢視。OLAP 允許透過「切片和切塊」、「向下擷取」和「旋轉」等操作做互動式使用者導向的資料分析。事實上，這些資料探勘操作(雖然是有限度的)確實可以讓我們從資料中發掘新的知識。不過，資料探勘代表更廣義的資料分析觀點。它不僅可以執行資料彙總和比較工作，而且也著重複雜的機器學習問題，包括分類、預測、群聚、關聯和時間序列分析。

雖然 OLAP 是一個使用者導向的資料分析工具，但它需要使用者主動的參與，資料探勘通常與自動從資料中擷取知識有關—它有助於發掘隱藏在資料庫內資料的樣式，並自動地預測新的資料。使用 OLAP 工具時，我們通常以一個假設來開始我們的分析，然後再查詢資料倉儲以證明或反證它。有了資料探勘工具，提出正確問題的責任便轉移到電腦身上。

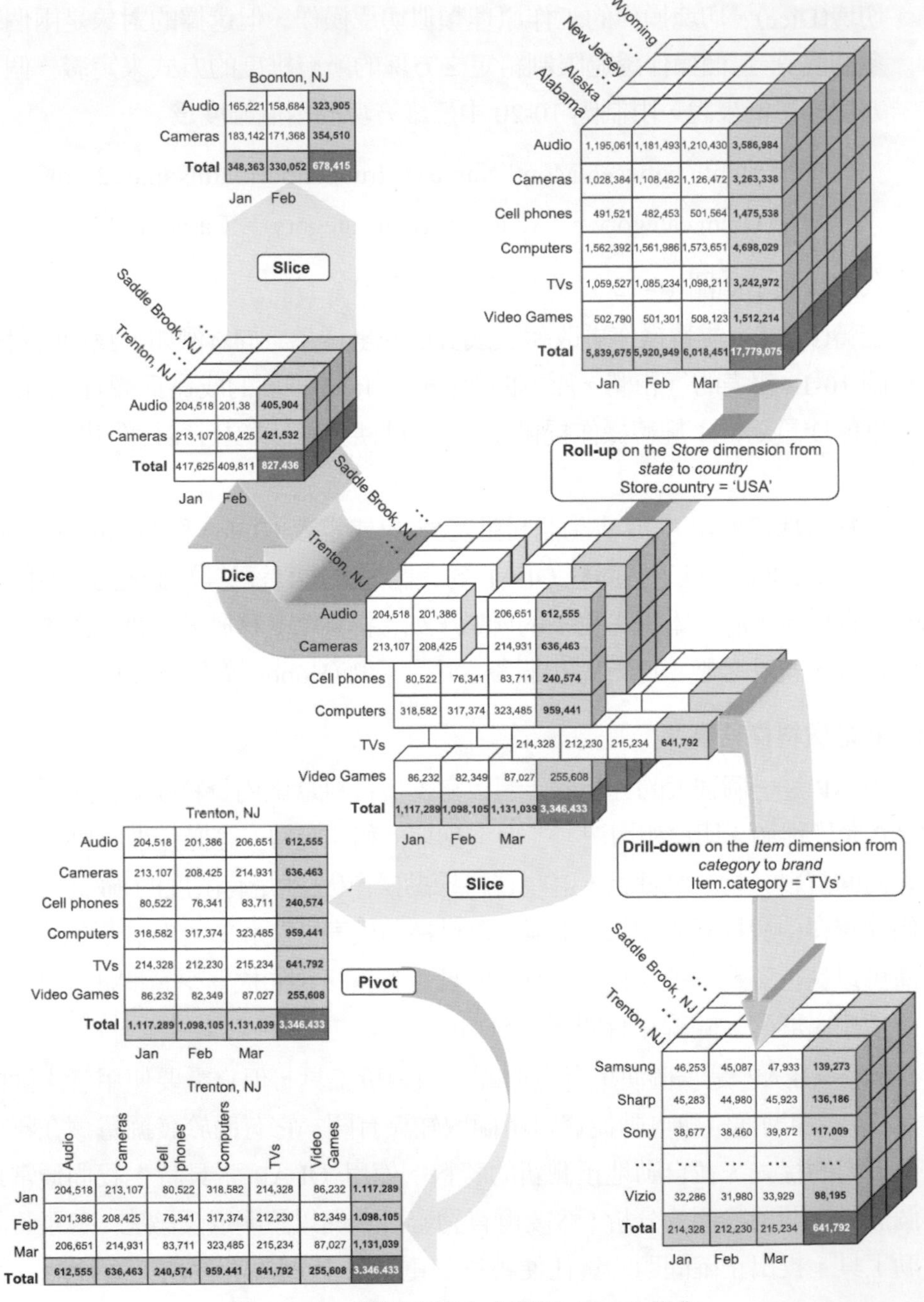

圖 10-22 資料方塊上主要的 OLAP 操作

不過，有趣的是，資料探勘功能如分類、預測和關聯都已經被納入現代的OLAP系統。舉例來說，微軟SQL Server和Oracle資料庫不僅讓使用者取用資料方塊，也允許他們使用資料探勘工具(Hobbs等人，2005；Han和Kamber，2006)。

儘管資料探勘往往仰賴如類神經網路和神經模糊系統的人工智慧技術，最流行的工具則是決策樹和購物籃分析。

10.6 決策樹

決策樹可以定義爲推理過程的圖。它透過樹形結構來表示資料集。決策樹特別適合解決分類的問題。

圖10-23顯示了一個發現最有可能對新的消費類產品(例如新的銀行服務)宣傳感興趣的家庭的決策樹。通常，透過確定過去對類似產品的宣傳感興趣的家庭的人口統計學特徵來執行該任務。家庭用產權、收入、銀行存款類型等來描述。資料庫中的一個欄位(名爲 Household)顯示了該家庭是否對以前的宣傳活動感興趣。

一個決策樹包括節點、分支和葉子。在圖10-23中，每個框表示一個節點。頂端的節點爲根節點。樹恆從根節點開始向下生長，在每一層分割資料以產生新的節點。根節點包含整個資料集(所有的資料記錄)，子節點包含各自的資料子集。所有的節點透過分支相連。位於分支末端的節點稱爲終端節點，或葉子。

各節點包含該節點上資料記錄總數的資訊，也包含應變數取值的分佈資訊。

什麼是應變數？

應變數決定研究的目標，它是由使用者選擇的。在本例中，Household 被設定成應變數，取值可以是 responded 或 not responded 兩種。

在根節點下面是樹的下一層。樹選擇了變數 Homeownership 作爲應變數的預測器，並將所有的家庭按照預測器的值進行拆分。資料的拆分也叫分割。實際上，Homeownership 只是資料庫中的一個欄位。

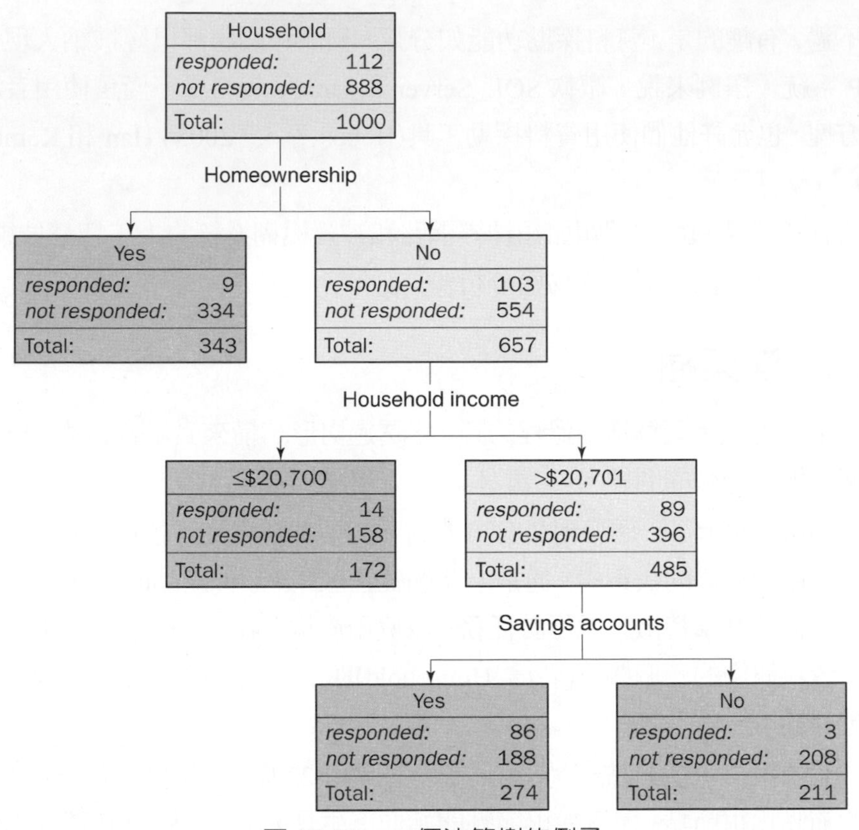

圖 10-23 一個決策樹的例子

決策樹如何選擇某個分割？

決策樹的分割對應於具有最大拆分能力的預測器。換言之，最佳分割最適用於建立某一類佔主導地位的節點。

在本例中，Homeownership 將那些對以前的促銷宣傳有回應的家庭和沒有回應的家庭進行最佳的分割。從圖 10-23 中可以看出，只有 11.2%的家庭有回應，而大部分都不擁有產權。

有幾種方法可以計算預測器分割資料的能力。其中之一最好的方法是基於基尼不均等係數(Gini coefficient of inequality)。

什麼是基尼係數？

本質上，基尼係數是評估預測器分割親代節點中所包含類別好壞的一種測量方法。

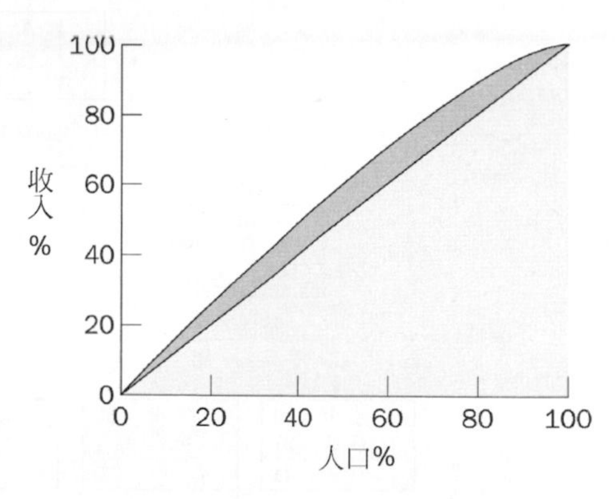

圖 10-24　計算不均等之基尼係數

Corrado Gini 是義大利的經濟學家，他提出了一種量測國家收入分配不均等數量的大致方法。基尼係數的計算如圖 10-24 所示·圖中對角線和財富絕對均等分配相對應，上面的曲線爲眞實的經濟情況，其中在收入分配上總是存在一些不均等性。曲線資料是按照社會上從最富有到最貧窮的人數排序。基尼係數就是用曲線和對角線之間的面積除以對角線下方的總面積所得到的。如果財富是絕對均等分配的，那麼基尼係數應該爲 0。如果是完全不均等的分配，亦即一個人擁有全部的財富，那麼基尼係數爲 1。

分類和迴歸樹(CART)在選擇分割時使用基尼不均等測量(Breiman 等，1984)。比較一下圖 10-25 中兩棵可選擇的樹。假設在根節點，我們有兩個類別，A 類別和 B 類別。一決策樹努力隔離出最大的一類別；也就是說，從類別 A 抽出資料記錄到一單節點。然而這個理想幾乎不可能達到，在大多數情況下，不存在一個可以把一個類別和另一個類別明確分割開的資料庫欄位。因此，需要在幾個分割中進行選擇。

圖 10-25(a)所示的樹可以用基尼不均等測量選擇的分割自動地生長。圖 10-25(b)中使用我們自己的判斷或按照經驗進行猜測來分割。兩種分割結果用圖 10-26 的增益圖(也叫做升降圖)來表示。這個圖可以將終端節點類別 A 實例的累積百分數對應到相同節點的總體累積百分數上。對角線表示每一個終端節點都包含總體的隨機抽樣的結果。升降圖清楚地顯示，用基尼分割建構的樹有明顯的優勢。

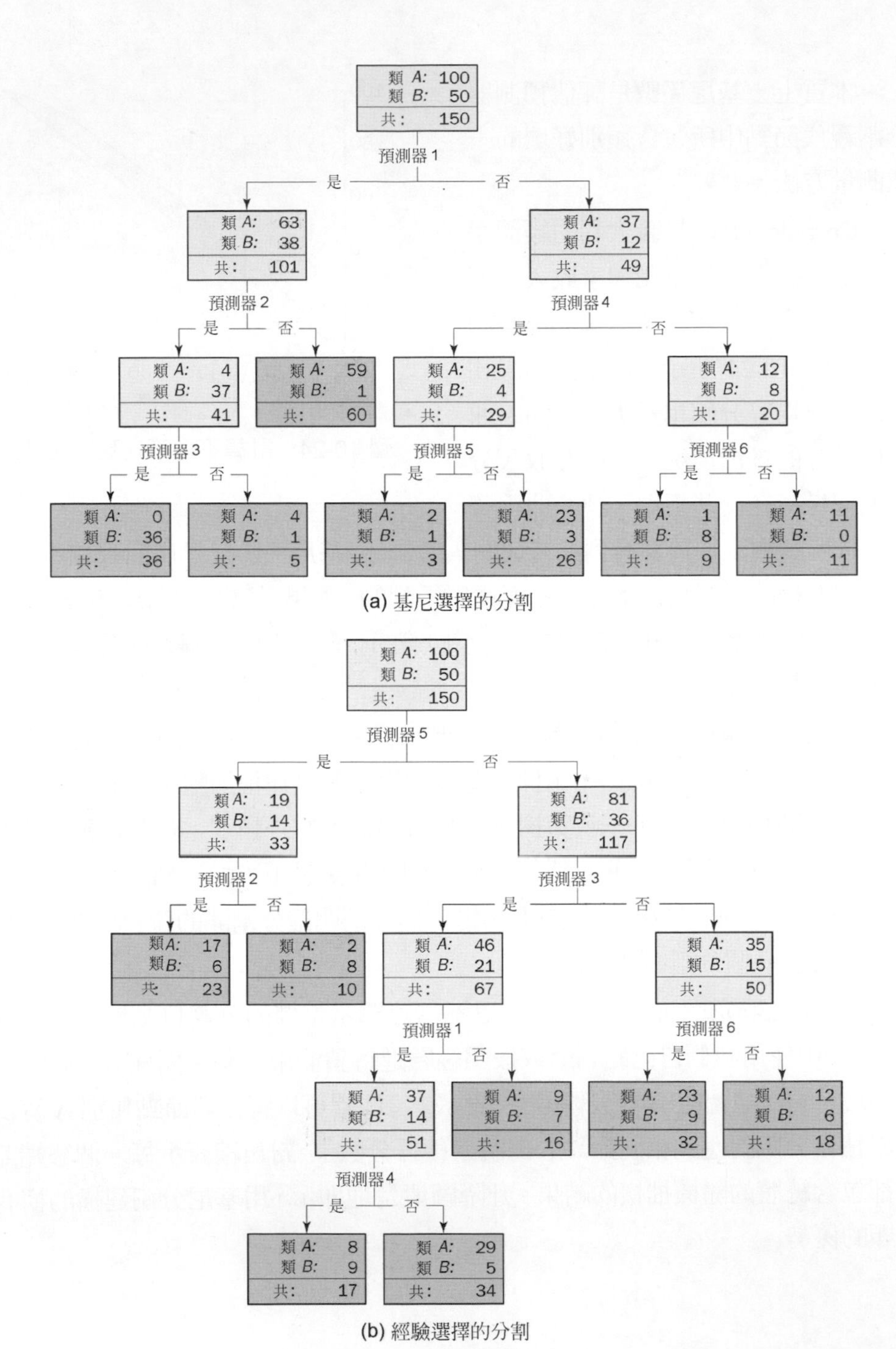

(a) 基尼選擇的分割

(b) 經驗選擇的分割

圖 10-25 選擇最佳決策樹

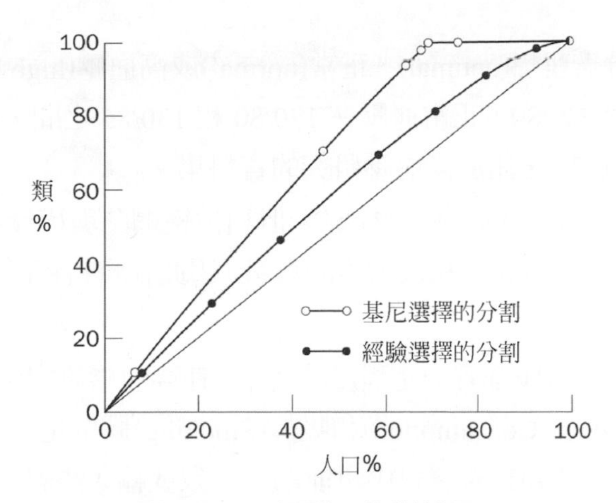

圖 10-26　類別 *A* 的增益圖

可以從決策樹中提取規則嗎？

從根節點到底端葉節點的路徑就是決策規則。例如，圖 10-25(a)中右下方葉節點的規則可以表示為：

if	(Predictor 1 =no)
and	(Predictor 4 =no)
and	(Predictor 6 =no)
then	class =Class A

案例 12：用於資料探勘之決策樹

我有一份公衆健康調查的結果，我想知道哪些人有罹患高血壓的風險。決策樹可以解決這個問題嗎？

決策樹的典型任務是確定導致某種結果的條件。因此用決策樹來勾勒患有高血壓的人群是很好的選擇，而且公眾健康調查可以提供必要的資料。

高血壓通常在身體血管變得窄小時發生，這就導致心臟的工作強度增加來維持血壓，雖然身體可以在幾個月甚至一年中忍受血壓的增高，但最後會導致心臟衰竭。

血壓可以分爲理想(optimal)、正常(normal)或高血壓(high blood pressure)。理想的血壓低於 120/80，正常血壓在 120/80 和 130/85 之間，高血壓指血壓高於 140/90。圖 10-27 是用於高血壓研究的資料集。

決策樹和它要表達的資料一樣好。但和神經網路與模糊系統不同之處在於，決策樹不能處理有雜訊和被污染的資料。因此在資料探勘之前必須保證資料是乾淨的。

幾乎所有的資料庫都有一定程度的污染。在高血壓研究中，我們會發現在酒精消耗量(Alcohol Consumption)和吸煙(Smoking)欄位是空白的或包含不正確的資訊。我們必須要檢查資料中可能的不一致或輸入錯誤。但是，不管多努力，還是不太可能把所有的污染提前去掉，某些異常資料只能在資料探勘的過程中才會發現。

我們還有可能要增加資料・例如，加入體重(weight)和身高(height)這樣的變數，從這兩個變數可以推出一個新的變數，即肥胖(obesity)。該變數是採用身體質量指數(BMI)予以計算：也就是說，以公斤爲單位的體重值除以以公尺爲單位之身高値的平方。BMI 高於 27.8 的男性以及高於 27.3 的女性就可以歸爲肥胖。

一旦準備好高血壓研究的資料，我們就可以選擇決策樹工具了。在本案例研究中，使用 Angoss 的 KnowledgeSEEKER 來建構分類樹的綜合工具。

KnowledgeSEEKER 用應變數血壓(Blood Pressure)作爲根節點開始建構決策樹，並將所有的答卷人分爲 3 類：理想、正常和高血壓。在本案例研究中，319 人(32%)爲理想，528 人(53%)爲正常，153 人(15%)爲高血壓。

KnowledgeSEEKER 確定每個變數對血壓的影響，並將最重要的變數排序。在本案例研究中，年齡(age)出現在本表格的頂端，KnowledgeSEEKER 用年齡來分割答卷人從而建立決策樹的下一層，如圖 10-28 所示。可以看出，高血壓的風險隨著年齡的增加而增加。在 50 歲以後，高血壓更是普遍。

公會健康調查，高血壓研究 (California, USA)	
性別	☑ 男性 ☐ 女性
年齡	☐ 18-34 歲 ☐ 35-50 歲 ☑ 51-64 歲 ☐ 65 歲及以上
種族	☑ 白種人 ☐ 非裔美國人 ☐ 拉丁美洲 ☐ 亞洲
婚姻狀況	☐ 已婚 ☐ 分居 ☑ 離婚 ☐ 喪偶 ☐ 未婚
家庭收入	☐ 低於$20,700 ☐ $20,701-$45,000 ☑ $45,001-$75,000 ☐ $75,000 及以上
喝酒狀況	☐ 不喝酒 ☐ 偶爾(每個月喝一點) ☑ 有規律的(每天一次或者二次) ☐ 喝酒(每天三次以上)
吸煙	☐ 不吸煙 ☐ 每天 1-10 根煙 ☑ 每 11-20 根煙 ☐ 一天超過一包
咖啡因攝取	☐ 不喝咖啡 ☑ 一天一杯或兩杯 ☐ 一天三杯以上
鹽攝取	☐ 低鹽食物 ☑ 中鹼度食物 ☐ 高鹼度食物
身體活動	☐ 不活動 ☑ 一週一次或者兩次 ☐ 一週三次以上
身高 體重	178 cm 93 kg
血壓	☐ 理想 ☐ 正常 ☑ 高血壓

肥胖	☑ 肥胖 ☐ 不肥胖

圖 10-27 高血壓研究的資料集

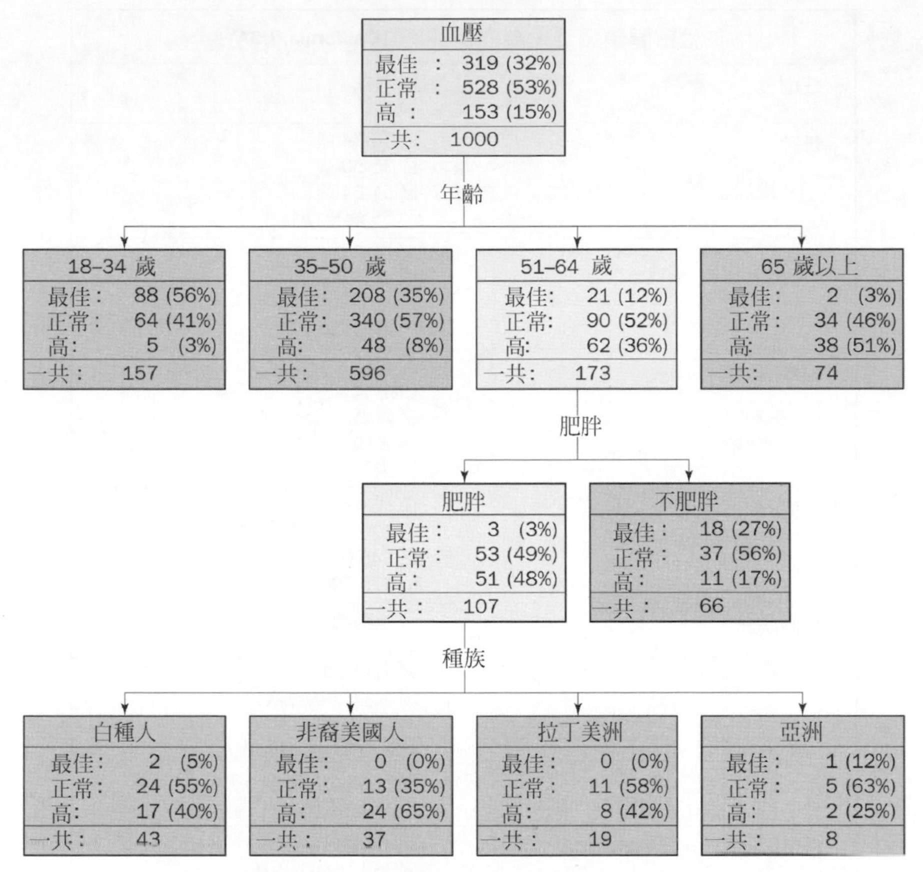

圖 10-28 高血壓研究：決策樹的生長

我們透過建立新的分割來讓樹生長。例如，第二層的節點表示年齡在 51 到 64 歲之間，KnowledgeSEEKER 根據肥胖對其進行分割。這是因爲在本例中，我們發現在 51 到 64 歲的人中，肥胖是高血壓的關鍵因素。從圖 10-28 中可以看出，該組有 48%的人有高血壓。實際上，在上了年紀的人中，高血壓主要取決於是否肥胖。

隨著節點的增加，樹不斷增長，我們會發現非裔美國人患高血壓的風險遠遠高於其他的組，吸煙和嗜酒更增加了這種風險。

可以研究某個分割嗎？

決策樹工具(包括 KnowledgeSEEKER)允許我們研究任何分割。圖 10-29 爲 Gender 用年齡組 35 到 50 和 51 到 64 建立的分割。可以看出在 51 歲以前，男性患高血壓的比例較大，但在 51 歲後則正好相反，女性更容易得高血壓。

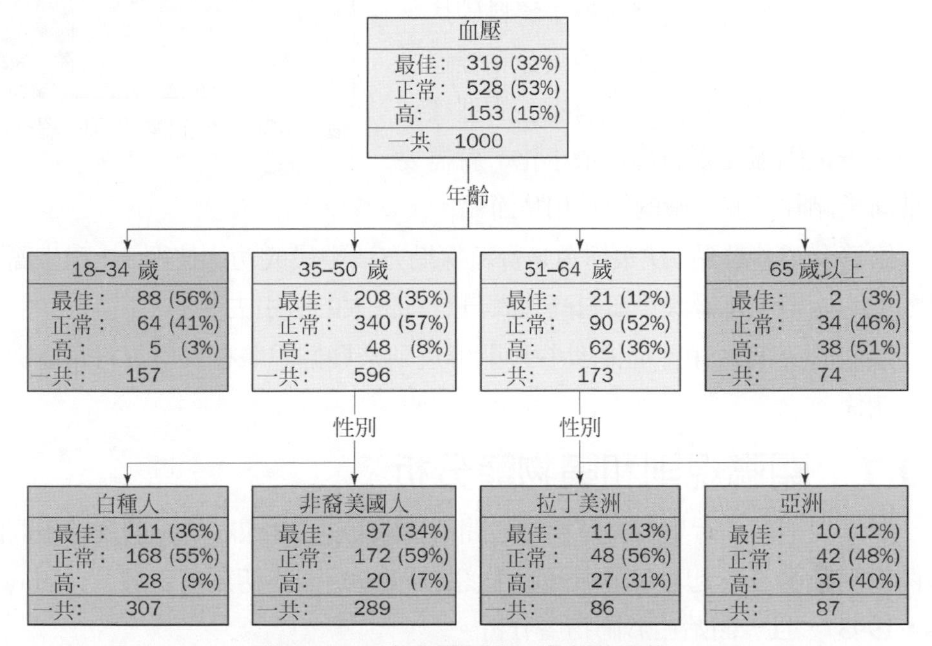

圖 10-29　高血壓研究：分類的深化

對資料探勘來說，決策樹的主要優點是它能使問題的解決方案視覺化，並且在樹中很容易跟蹤某條路徑。決策樹發現的關係可以用規則集表示，這些規則可以用於開發專家系統。

但是決策樹也有幾個缺點。必須按範圍將連續資料(如年齡、收入)進行分組，這就可能隱藏重要的型樣。

另一個問題是無法處理有缺失和不一致的資料，決策樹必須用「乾淨」的資料才能得到可靠的結論。

但決策樹最重要的限制是每次處理的變數不能超過一個。這就使其僅能解決那些可將解空間分割成幾個連續矩形的問題。圖 10-30 證明了這一點。高血壓研究的解空間首先按年齡分成 4 個矩形，然後年齡在 51 到 64 歲的那組再進一步分成超重和不超重的組。最後，肥胖組的人群又按種族劃分。這種「矩形」分割可能和實際的資料分佈不相符。這就導致了資料碎片，當樹變得很大時，從根節點到葉節點經過的資料會越來越少，使得發現有意義的型樣和規則變得很困難。要將碎片最小化，就需要經常向後刪除一些下層的節點和葉節點。

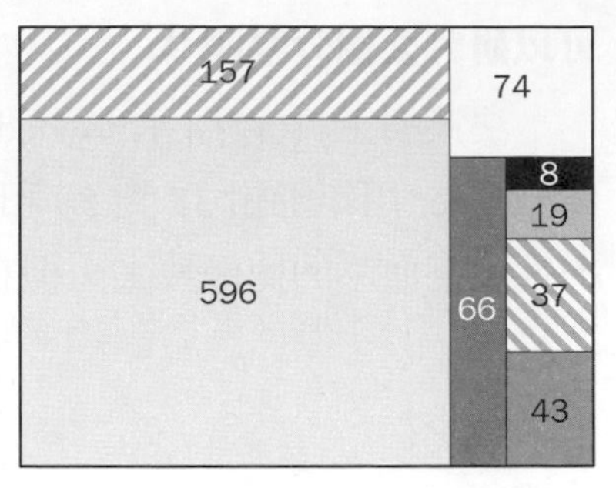

圖 10-30　高血壓研究的解空間

儘管有這些缺點，決策樹還是資料探勘方法中最成功的技術。能產生簡明規則集的能力，使得決策樹對商務人員具有很大的吸引力。

類似於決策樹，我們能借助探勘關聯規則來發掘隱藏在大型資料庫變數之間的關係。

10.7　關聯規則和購物籃分析

關聯規則表示大型資料庫物件之間稱為關聯的並行關係。它們表示不同的物件如何組合在一起。關聯規則的概念於 1990 年代初期首次發表(Agrawal 等，1993)，且一開始用於購物籃分析。

什麼是購物籃分析？

假設我們觀察超級市場內一位消費者。消費者的購物籃內已充滿各種物品，如蘋果、香蕉、柳橙汁、洗滌劑、牛奶等等。一個購物籃告訴我們一位消費者的消費資訊，但它無法透露任何項目之間有用的關聯。不過，許多的籃子(或者更確切地說，關於許多消費者購買項目的資訊)確實可以告訴我們有哪些項目是經常被一起購買的。舉例來說，一間雜貨店的經理可能會發現義大利麵往往是與麵醬一起被購買。這資訊代表一個共同發生事件的關聯規則。購物籃分析可用來回答下列的類似問題：「如果一個消費者購買項目 A，他或她也會買項目 B 的機會是多少？」以及「如果一個消費者購買項目 A 和 B，他或她更有可能購買的其他項目是什麼？」

購物籃分析可以供雜貨店經理用於樓面佈置、庫存控制、行銷和廣告促銷。最有可能的，如果你使用 amazon.com，你其實已經熟悉購物籃分析與關聯規則。當你購買一本書，比方說，Michael Negnevitsky 寫的「人工智慧：智慧系統指南」，amazon.com 還會建議你有哪些書也經常被一起購買。這項建議就是建立於一個簡單的關聯規則：「買書 A 的消費者也可能會購買書 B」。

購物籃分析如何發揮作用？

購物籃分析總是以交易起頭。每個交易包含每次購買的單一項目或一群項目。請注意，我們通常對項目的數量或它的價格不感興趣。表 10-4 代表一組七個交易。它顯示 Sauce、Spaghetti 可能會一起購買，因此，我們可以寫出如下的關聯規則：「如果一個客戶購買 Sauce，那麼客戶也會購買 Spaghetti」。這規則可以用更一般的形式予以改寫：

$$\{Sauce\} \rightarrow \{Spaghetti\}[support = 57\%, confidence = 80\%]$$

這規則說 57%的消費者同時購買 Sauce 與 Spaghetti，而那些購買 Sauce 的消費者之中 80%也會購買 Spaghetti。支持度和信心度被用來選取有效的關聯規則。

表 10-4　雜貨交易

交易	項目
1	Beef，Milk，Sauce，Spaghetti
2	Sauce，Spaghetti
3	Bread，Sauce，Spaghetti
4	Cheese，Detergent，Sauce
5	Bread，Detergent，Milk
6	Beef，Cheese，Chicken，Milk
7	Milk，Sauce，Spaghetti

我們如何定義關聯規則的支持度和信心度？

讓我們首先以數學的用語來定義探勘關聯規則的問題。設 $\mathbf{I} = \{I_1, I_2, ..., I_m\}$ 是一組項目，而 $\mathbf{T} = \{T_1, T_2, ..., T_m\}$ 是一組交易，其中每個交易 $T_i \subseteq \mathbf{I}$。然後關聯規則可以被改寫成

$$X \rightarrow Y$$

其中 X 與 Y 是項目的集合，稱爲項目集(itemsets)，$X \subset \mathbf{I}$，$Y \subset \mathbf{I}$ 與 $X \cap Y = \varnothing$。

我們稱交易 T_i 包含一項目集 X，如果 X 是 T_i 的子集合，也就是說 $X \subset T_i$。舉例來說，交易{Bread, Sauce, Spaghetti}包含七個項目集：{Bread}，{Sauce}，{Spaghetti}，{Bread, Sauce}，{Bread, Spaghetti}，{Sauce, Spaghetti}與{Bread, Sauce, Spaghetti}本身。

關聯規則 $X \rightarrow Y$ 的支持度被定義為這兩個項目集 X 與 Y 的聯集出現於交易集 **T** 的機率：

$$suppport(X \rightarrow Y) = p_{X \cup Y} = \frac{n_{X \cup Y}}{n} \tag{10-18}$$

其中 $n_{X \cup Y}$ 是交易集 **T** 中包含兩個項目集 X 和 Y 的聯集的交易數目，而 n 是集合 **T** 的總交易數。

如果支持度太低，表示該規則可能只是不經意的出現。在我們的例子中，七位中有四位會同時購買麵醬與意大利麵，所以這規則的支持度是 57%。

關聯規則 $X \rightarrow Y$ 的信心度(confidence)被定義為，在項目集 X 已經出現於同一個交易的情況下，項目集 Y 出現於該交易的條件概率：

$$confidence(X \rightarrow Y) = p(Y \mid X) = \frac{n_{X \cup Y}}{n_X} \tag{10-19}$$

其中 n_X 是在交易集 **T** 中含有項目集 X 的交易數目。

信心度是規則準確與否的量度。在我們的例子中，五位中有四位消費者中購買麵醬的人也購買了意大利麵。因此，規則的信心度是 80%。通常，我們會選擇具有較高信心度和較低支持度的關聯規則。

探勘關聯規則的目標是發掘所有在交易集 T 中支持度和信心度分別大於或等於使用者指定的最小的支持度和最小信心度值的關聯規則。舉例來說，如果我們指定最小支持度=25%，最小信心度=75%，我們會獲得以下有效的規則：

規則 1：{Sauce} → {Spaghetti}　　[支持度=57%, 信心度=80%]
規則 2：{Spaghetti} → {Sauce}　　[支持度=57%, 信心度=100%]
規則 3：{Beef } → {Milk}　　[支持度=29%, 信心度=100%]

顯然地，我們能產生更多的關聯規則。在一般情況下，規則的數量隨著項目的數目呈現指數等級增長。給定項目的數目 m，我們可以計算可能的關聯規則的總數，R(Tan 等人，2006)：

$$R = 3^m - 2^{m+1} + 1 \tag{10-20}$$

因此，對於在我們的例子中使用八個項目，我們能產生 6050 條規則。考慮一家典型的超級市場大約有 20000 不同的庫存項目，探勘關聯規則的問題變得很龐大。毫無疑問的，要產生所有關聯規則的組合是不可能的。不過，事實上，我們並不需要產生一套完整的規則，其中大部分的支持度和信心度都非常低。我們需要一個強大的演算法，足以縮減關聯規則的數量到可控制的程度。Apriori 演算法就是這類型演算法的典範(Berry 和 Linoff，2004，Tan 等人，2006)。大多數商業產品都是採用此演算法於探勘關聯規則。

什麼是 Apriori 演算法？

Apriori 演算法是第一個著重於關聯規則數目呈現指數成長之問題而開發的演算法。不過，在討論 Apriori 演算法之前，我們需要考慮頻繁(也稱爲大型)項目集(frequent itemset)。

一個 m 項目的資料集可以產生 $2^m - 1$ 個項目集。在大多數實際應用中，m 確實是非常大的，因此項目集的搜尋空間可以變得難以掌控。因此，我們需要一個修剪搜尋空間的策略。這個策略建立於頻繁項目集的概念。我們說一項目集是頻繁的，是指交易資料集中它的出現次數超過某個事先指定的最小支持度值。如果一項目集是頻繁的，那麼所有它的子集也是頻繁的。這稱爲 Apriori 原理。反過來說，若某項目集很罕見，那麼它所有的超集合也必定罕見。

爲了說明頻繁項目集的概念，我們考慮圖 10-31 的項目集格子。在這裡，四層的階層格子(空的項目集可以被移除)是由項目集{A, B, C, D}所建構出來。單項目之項目集的格子位於頂層而最大的，四項目之項目集位在底部。線條代表集合與子集的關係。如果一項目集屬於頻繁的，那麼任何沿一條於其上方的路徑上的子集也是頻繁的。舉例來說，如果項目集{A, B, C}是頻繁的，那麼所有的它的子集{A, B}，{A, C}，{B, C}，{A}，{B}，{C}也必爲頻繁。這稱爲支持度的單調(或向上封閉的)屬性。

但若一個項目集是罕見的，則位於它下面的路徑上的任何一個超集合也是罕見的。這稱爲支持度的反單調(或向下封閉的)屬性。可以從圖 10-31 看出，一旦項目集被發現是罕見，則整個子圖可以予以修剪。這稱爲基於支持度的修剪。基於支持度的修剪的 Apriori 演算法使用控制項目集的搜尋空間的增長。

關聯規則的探勘分兩個階段進行。在第一階段，Apriori 演算法找出所有的頻繁項目集，在第二階段它從第一階段中找到的頻繁項目集中來產生高信心度的規則。

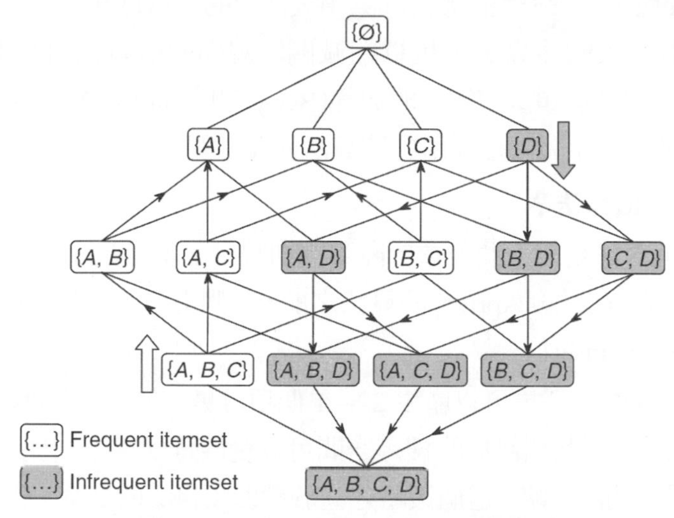

圖 10-31 {A, B, C, D}之項目集格子

爲了展示 Apriori 演算法如何發揮作用，我們參考表 10-4 並計算所有非空項目集的支持度。其結果呈現於表 10-5。所有在子集的項目會依其在字典內的順序儲存起來。

頻繁項目集之產生是建立於多次傳遞交易資料集 **T**，於第一次傳遞，Apriori 演算法產生所有單一項目的候選集合；{Beef}，{Bread}，{Cheese}，{Chicken}，{Detergent}，{Milk}，{Sauce}與{Spaghetti}。計算每一個項目集的支持度後，項目集{Chicken}被捨棄，因爲它的支持度低於指定的最小值 25%。

表 10-5　所有包含於表 10-4 之非空項目集的支援度

項目集	支持度	項目集	支持度
{Beef}	29%	{Chicken, Milk}	14%
{Bread}	29%	{Detergent, Milk}	14%
{Cheese}	29%	{Detergent, Sauce}	14%
{Chicken}	14%	{Milk, Sauce}	29%
{Detergent}	29%	{Milk, Spaghetti}	29%
{Milk}	57%	{Sauce, Spaghetti}	57%
{Sauce}	71%		
{Spaghetti}	57%	{Beef, Cheese, Chicken}	14%
		{Beef, Cheese, Milk}	14%
{Beef, Cheese}	14%	{Beef, Chicken, Milk}	14%
{Beef, Chicken}	14%	{Beef, Milk, Sauce}	14%
{Beef, Milk}	29%	{Beef, Milk, Spaghetti}	14%
{Beef, Sauce}	14%	{Beef, Sauce, Spaghetti}	14%
{Beef, Spaghetti}	14%	{Bread, Detergent, Milk}	14%
{Bread, Detergent}	14%	{Bread, Sauce, Spaghetti}	14%
{Bread, Milk}	14%	{Cheese, Chicken, Milk}	14%
{Bread, Sauce}	14%	{Cheese, Detergent, Sauce}	14%
{Bread, Spaghetti}	14%	{Milk, Sauce, Spaghetti}	29%
{Cheese, Chicken}	14%		
{Cheese, Detergent}	14%	{Beef, Cheese, Chicken, Milk}	14%
{Cheese, Milk}	14%	{Beef, Milk, Sauce, Spaghetti}	14%
{Cheese, Sauce}	14%		

在第二次傳遞，Apriori 演算法使用一個種子集(在前一個傳遞所發現的一組頻繁項目集)來產生兩個項目的項目候選集。每個候選項目集是結合種子集的兩個項目集所產生。在我們的例子中，產生下列雙項目的候選集：

{Beef, Bread}, {Beef, Cheese}, {Beef, Detergent}, {Beef, Milk},
{Beef, Sauce}, {Beef, Spaghetti}, {Bread, Cheese}, {Bread, Detergent},
{Bread, Milk}, {Bread, Sauce}, {Bread, Spaghetti}, {Cheese, Detergent},
{Cheese, Milk}, {Cheese, Sauce}, {Cheese, Spaghetti},
{Detergent, Milk}, {Detergent, Sauce}, {Detergent, Spaghetti},
{Milk, Sauce}, {Milk, Spaghetti}, {Sauce, Spaghetti}

我們共獲得 21 個候選集；不過，其中只有四個是頻繁的：

{Beef, Milk}, {Milk, Sauce}, {Milk, Spaghetti}, {Sauce, Spaghetti}

在第三個和所有其後的傳遞，如果它們恰好有一個之外的項目爲相同，Apriori 演算法會結合這兩個項目集。舉例來說，{Beef，Milk}與其他具有 Beef 或是 Milk 之雙項目項目集相結合。因此，我們得到下列三項目的候選集：

{Beef, Milk, Sauce}, {Beef, Milk, Spaghetti}, {Milk, Sauce, Spaghetti}

並非所有的來自這集合之候選者都是頻繁的。事實上，只有所有候選集的子集都屬於前一次傳遞所形成之種子集合內的情況下，候選集才是頻繁的。因爲第一個候選集的子集{Beef, Sauce}和第二候選集的子集{Beef, Spaghetti}不是種子集合，這些候選都會被捨棄。因此，經過第三次傳遞之後，只有一個三項目之頻繁項目集：

{Milk, Sauce, Spaghetti}

請注意傳遞交易資料的數目等於最大項目集的項目數。實務上，我們常限制它的項目數爲只有幾個項目，因爲冗長的關聯規則很難被人理解和使用。

Apriori 演算法如何產生關聯規則？

一旦找到了所有頻繁項目集，關聯規則的產生就變得很簡單。

任何包含至少兩個項目的頻繁項目集 Y 可以被分割爲兩個非空子集合，X 與$(Y-X)$。如果集合 Y 之支持度與子集合 X $(X \subset Y)$之支持度的比值大於或等於使用者指定的最小信心度值，規則 $X \rightarrow (Y-X)$就會被產生：

$$\text{IF } \frac{support(Y)}{support(X)} \geq \text{最小信心度，THEN } X \rightarrow (Y-X) \tag{10-21}$$

請注意因爲兩個項目集 Y 與 X 的支持度已經在頻繁項目集的產生階段期間被找到，所以並不需要再一次掃描交易資料集。

爲了說明關聯規則是如何產生的，我們考慮一雙項目的頻繁項目集，Y = {Beef, Milk}，假設最小信心度是 75%。頻繁項目集 Y 包括兩個非空子集合：$X1$ = {Beef}及 $X2$ ={Milk}。對於子集 $X1$ 我們得到

$$\frac{support(Y)}{support(X1)}=\frac{support(\{\text{Bccf},\text{Milk}\})}{support(\{\text{Beef}\})}=\frac{29}{29}=1$$

這意指該關聯規則的信心度，

$X1 \to (Y-X1)$ 或是 $\{\text{Beef}\} \to \{\text{Milk}\}$

是 100%，如同用式(10-19)計算所得結果。同樣，對於第二個子集 $X2$，我們有

$$\frac{support(Y)}{support(X2)}=\frac{support(\{\text{Beef},\text{Milk}\})}{support(\{\text{Milk}\})}=\frac{29}{57}=0.5$$

這意指該關聯規則的信心度

$X2 \to (Y-X2)$ 或是 $\{\text{Beef}\} \to \{\text{Milk}\}$

是只有 50%，而且，因此，這不是一個有效的(高信心度)規則，並被捨棄。

一個完整的關聯規則集合展示於表 10.6。檢視這些規則會發現，不同於支持度，信心度不會有單調的屬性；也就是說，規則 $X \to Y$ 的係數可以大於、等於、或是小於另一個規則 $x \to y$ 的信心度，其中 $x \subseteq X$ 與 $y \subseteq Y$。舉例來說，{Milk, Sauce}→{Spaghetti}是一高信心度的規則，但規則{Milk} → {Spaghetti}有低信心度；{Sauce} → {Milk, Spaghetti}是一低信心度規則，但是規則{Sauce} → {Spaghetti}則有高度信心度。

表 10.6　從雜貨交易產生的關聯規則

大型項目集	關聯規則	信心度
{Beef, Milk}	{Beef}→{Milk }	100%
	{Milk}→{Beef }	50%
{Milk, Sauce}	{Milk}→{Sauce}	50%
	{Sauce}→{Milk}	40%
{Milk, Spaghetti}	{Milk}→{Spaghetti }	50%
	{Spaghetti}→{Milk}	50%
{Sauce, Spaghetti}	{Sauce}→{Spaghetti }	80%
	{Spaghetti }→{Sauce}	100%
{Milk, Sauce, Spaghetti}	{Milk, Sauce}→{Spaghetti }	100%
	{Milk, Spaghetti }→{Sauce}	100%
	{Sauce, Spaghetti }→{Milk}	50%
	{Milk}→{Sauce, Spaghetti }	50%
	{Sauce}→{Milk, Spaghetti }	40%
	{Spaghetti }→{Milk, Sauce}	50%

另一方面，從相同的頻繁項目集所產生的規則確實有信心度反單調的特性；也就是說，如果該規則 $X \rightarrow (Y - X)$不符合信心度的要求，那麼任何規則 $x \rightarrow (Y - x)$，其中 x 是 X 的一個子集，也不符合這一要求。例如，若規則{Sauce, Spaghetti}→{Mil*k*} 是一個低信心度規則，則規則 {Sauce}→{Mil*k*} 和 {Spaghetti}→{Mil*k*}也有低信心度。事實上，這是一個任何從相同的頻繁項目集所產生之關聯規則集合的共同定律。我們可以很容易地證明這一點(Tan 等人，2006)。讓我們將規則的信心度表示成

$$confidence(X \rightarrow \{Y - X\}) = \frac{support(Y)}{support(X)}$$

與

$$confidence(x \rightarrow \{Y - x\}) = \frac{support(Y)}{support(x)}$$

因爲 x 是 X 的子集合，$support\,(x) \geq support\,(X)$，因此

$$confidence(x \rightarrow \{Y - x\}) \leq confidence(X \rightarrow \{Y - X\})$$

在一般情況下，每個大 k-項目集可產生 $2^k–2$ 條關聯規則。舉例來說，一個四項目集{A, B, C, D}產生 14 條關聯規則。這些規則可以表示成如圖 10-32 所示的格子。可以看出，這格子有五(k+1)層。第 0 級有一個單一規則，此規則之前提有四(k)個項目與一個空結論。第 1 層由結論有一個項目，第 2 層有兩個項目，而第三層具有三個項目之規則所組成。最後一層，第 4 層，有個單一規則，它具有空前提與有四(k)個項目的結論。

根據信心度的反單調特性，如果格子中的任何規則有低信心度，我們能移除橫跨這規則的整張子圖。舉例來說，如果我們發現規則{A, B}→{C, D}有低信心度，所有於它們結果中包含項目集{C, D}的規則也有低信心度並可以捨棄示如圖 10-32。

Apriori 演算法從產生結果規則中有單一項目之所有候選規則開始，計算每條規則的信心度且具有低信心度的規則都將被移除。高信心度規則用於產生新的候選規則。此一產生-測試程序是簡單而有效率的。

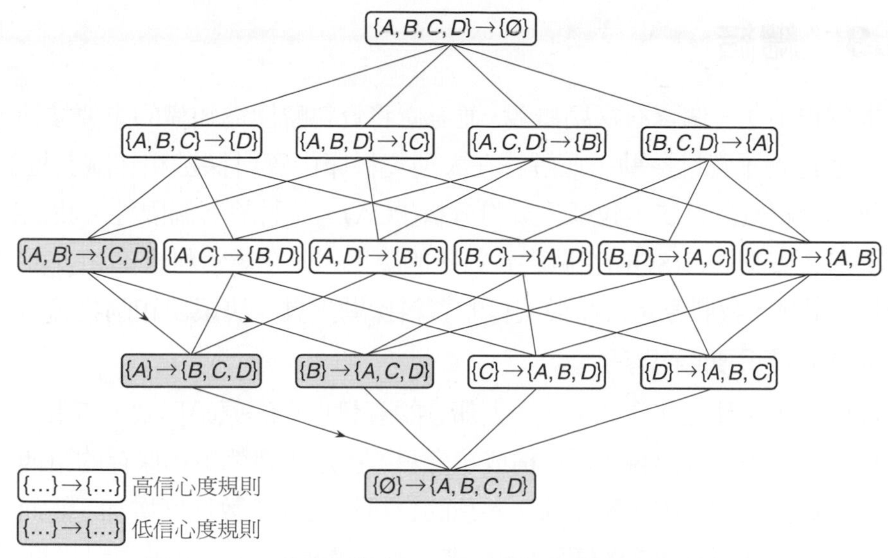

圖 10-32　自項目集{*A*, *B*, *C*, *D*}產生的關聯規則格子

最後一個忠告:購物籃分析的主要困難點在於我們會找到許多實際價值非常低的瑣碎規則。因此，選擇正確的項目集是最重要的事。

超級市場中所有的項目可依產品代碼所形成之分類、階層目錄予以歸類。分類法必定是從最一般的產品開始並朝向增加細節程度的方向移動。因此，只要使用更高階層的分類，頻繁項目集的數量就會明顯的減少，舉例來說使用「冷凍蔬菜」而不是使用「冷凍豌豆」、「冷凍胡蘿蔔」等等。此外，一般化的項目集通常有足夠的支持度，因爲他們經常出現在許多的交易。那麼，什麼才是正確的一般化層級？根據該項目所產生可操作結果之重要性而定。常用的做法是一般化一切項目，除了特別感興趣的項目之外。

購物籃分析是一種對於無向資料探勘非常有用的技術，特別對零售業。購物籃分析吸引人之處在於它產生的關聯規則非常簡潔。而現在關聯規則也應用於許多其他領域，包括網站使用探勘(Web usage mining)(Liu，2007；Markov and Larose，2007)。

10.8 總結

本章提出了一個資料探勘概觀，並考慮將資料轉換為知識的主要技術。首先約略地定義了資料探勘，並解釋在大型資料庫中資料探勘和知識發掘的過程。我們介紹統計方法，包括主成份分析(PCA)，並討論其侷限性。我們接著研究結構化查詢語言(SQL)在關聯資料庫的應用，並介紹資料倉儲和多維度資料分析。最後，我們考慮目前最流行的資料探勘工具—決策樹和購物籃分析。

本章的最重要的內容是：

- 現代社會是建立在資訊之上。大部分的資訊以它的原始形式，如事實、觀察和量測等面貌出現。這些構成了資料，它是我們蒐集和保存的東西。隨著計算能力的成本不斷下降，累積的資料量正以指數速度增加。然而，傳統的資料庫設計上並沒有對資料進行有意義的分析—這是資料探勘最能發揮作用之處。
- 資料探勘是從資料中提取知識。它也可以定義成研究和分析大量的資料，以便發現有意義的型樣和規則。資料探勘的最終目標是發掘知識。
- 資料探勘是個實用的學門，因此常會到使用任何有助於從現有資料中擷取知識的技術。資料探勘與其說是一個單一方法，到不如說是一個不同的工具與技術所形成的異質群組，包括統計方法和資料視覺化工具、查詢工具、線上分析處理、決策樹、關聯規則、類神經網路和神經模糊系統。
- 雖然資料探勘還是一個不斷發展的領域，但是它已經有了大量的應用。在直銷中，資料探勘用來發現最有可能購買某個產品和服務的目標人群。在趨勢分析中，資料探勘用來識別市場的趨勢，例如：模擬股票市場。在詐欺檢測中，資料探勘用來識別保險索賠、行動電話和信用卡消費等最有可能出現詐欺的領域。
- 成功的資料探勘往往取決於資料探勘工具的選擇。準備的工作可以協助我們了解資料的具體特徵，並因此選擇一個合適的資料分析技術。這個初步處理過程稱為資料爆炸，包括彙總統計、視覺化、主成份分析、查詢工具和 OLAP。

- 資料視覺化的的定義是以圖形或表格形式來表示資訊。一旦資被視覺化，我們就能解釋和了解它。視覺化在資料爆炸的初始階段特別重要。圖形資料表示的方法包括：點狀分佈圖、莖葉圖、直方圖、盒形圖和散佈圖。
- 儘管資料視覺化顯然很有吸引力，在高維度資料做圖形探勘卻不容易地達成。一個處理多維度資料的方法是縮減維度的數目。
- 主成份分析可以縮減資料的維度而沒有明顯的漏失資訊。PCA 是一個數學的程序，將大量互相關聯的變數轉換到一個數量較少的非關聯變數。在資料探勘中，PCA 常常被使用爲一個資料預處理技術。它讓我們獲得一個比原來的小很多的新資料集，但產生相同(或幾乎相同)的分析結果。
- 雖然包括 PCA 在內的統計方法在資料爆炸時常常當做第一個步驟，資料庫查詢和 OLAP 則表示更複雜的工具，它們特別被開發用來處理現代組織中累積的大量資料。
- 資料庫查詢可以被視爲基本形式的資料探勘。查詢提供使用者向資料庫提問的機會，並根據指定的條件擷取資料的子集合。不過，資料庫查詢是建立於假設之上—使用者必須詢問正確的問題。
- OLAP 讓我們來分析儲存於一資料倉儲內的資料。OLAP 系統藉由執行資料方塊來支援複雜的多維度查詢，讓使用者可以增加或減少細部的程度以及從不同的角度觀察資料。OLAP 是一個使用者導向的分析工具—它需要使用者的主動參與。
- 最常用於資料探勘的工具之一是決策樹，一個以樹狀結構來描述資料的工具。決策樹是特別適用於解決分類問題—可沿樹的任何枝幹來解決問題。以產生簡明規則集合的能力，使得決策樹對商務人員具有很大的吸引力。
- 另一種流行的資料探勘工具是購物籃分析。購物籃分析可回答如下列的問題：「若一個消費者購買項目 A，他或她也會買項目 B 的機會爲何？」以及「若一個消費者購買項目 A 和 B，他或她更有可能購買的其他項目爲何？」購物籃分析吸引人之處在於它產生的關聯規則非常簡潔。購物籃分析是一種對於無向資料探勘非常有用的技術，特別對零售業。

複習題

1. 什麼是資料探勘？請說明整體資料探勘和知識發掘的過程。資料探勘在實踐中如何使用？舉例說明。什麼是資料探勘工具？
2. 什麼是資料探索？請定義資料視覺化。請提供圖形化資料表示方法以及它們在日常生活的應用的例子。
3. 什麼是散佈圖？我們如何定義線性迴歸模型並計算出迴歸係數？請解釋孤群對線性迴歸模型的影響。什麼是穩健迴歸？
4. 什麼是主成份分析？PCA 如何發揮功用？請舉個例子。我們如何決定我們應該保留多少主成分以留存住所給定資料集內含的資訊？
5. 什麼是資料庫管理系統？什麼是關聯資料庫？定義關聯資料庫 Travel_agency 的表格。
6. 什麼是查詢？提供一個基本的 SQL 查詢例子。資料庫查詢和資料探勘有什麼不同？
7. 什麼是資料倉儲？它的主要特點是什麼？爲什麼需要將資料從營運資料庫管理系統複製到資料倉儲？

表 10.7 一個購物籃交易的例子

交易	項目
1	Bread, Cheese, Orange Juice, Sugar
2	Bread, Milk
3	Beef, Cheese, Milk, Orange Juice
4	Bread, Cheese, Milk, Orange Juice
5	Beef, Bread, Cheese, Milk

8. 什麼是資料方塊與星網模型？提供一個三維資料方塊的例子並以表格形式呈現此方塊。
9. 什麼是線上分析處理？OLAP 如何有助於從不同的角度查看資料？OLAP 可以執行哪些操作？
10. 什麼是決策樹？什麼是應變數和預測器？什麼是基尼係數？決策樹如何選擇預測器？

11. 資料採勘的決策樹方法的優缺點是什麼？爲什麼決策樹對於專業人員有很大吸引力？
12. 什麼是購物籃分析？什麼是關聯規則？提供一個關聯規則的例子。請定義的支持度和信心度。
13. 什麼是頻繁項目集？爲項目集$\{A, B, C, D, E\}$建構一個項目集格子，並解釋支持度的單調和反單調屬性概念。
14. 考慮於表 10-7 所示的五個交易的集合。使用 Apriori 演算法找出頻繁項目集，並產生關聯規則。假設最小支持度是 60%，最小信心度是 80%。

參考文獻

[1] Abramowicz, W. and Zurada, J. (2001).Knowledge Discovery for Business Information Systems.Kluwer Academic Publishers, Norwell, MA.

[2] Agrawal, R., Imielinski, T. and Swami, A. (1993).Mining association rules between sets of items in large databases, Proceedings of the 1993 International Conference on Management of Data (SIGMOD 93), pp. 207–216.

[3] Berry, M. and Linoff, G. (2004).Data Mining Techniques for Marketing, Sales, and Customer Relationship Management, 2nd edn.John Wiley, New York.

[4] Breiman, L., Friedman, J.H., Olshen, R.A. and Stone, C.J. (1984).Classification and Regression Trees, Wadsworth, Belmont, CA.

[5] Bulos, D. and Forsman, S. (2006).Olap Database Design:Delivering on the Promise of the Data Warehouse, Elsevier, Amsterdam.

[6] Celko, J. (2006).Joe Celko's Analytics and OLAP in SQL, The Morgan Kaufmann Series in Data Management Systems, Elsevier, San Francisco.

[7] Chamberlin, D.D. and Boyce, R.F. (1974).SEQUEL:A Structured English Query Language, Proceedings of the 1974 ACM SIGFIDET Workshop on Data Description, Access and Control, Ann Arbor, MI, pp. 249–264.

[8] Codd, E.F. (1970).A relational model of data for large shared data banks, Communications of the ACM, 13(6), 377–387.

[9] Codd, E.F., Codd, S.B. and Salley, C.T. (1993).Providing OLAP (on-line analytical processing) to user-analysts:An IT mandate.Technical Report, E.F. Codd and Associates.

[10] Daniel, C. and Wood, F.S. (1999).Fitting Equations to Data:Computer Analysis of Multifactor Data, 2nd edn.John Wiley, New York.

[11] DuBois, P. (2008).MySQL:Developer's Library, 4th edn.Addison-Wesley Professional, Reading, MA.

[12] Elmasri, R. and Navathe, S.B. (2010).Fundamentals of Database Systems, 6th edn.Pearson Education, Boston, MA.

[13] Forta, B. (2005).MySQL:Crash Course.Sams Publishing, Indianapolis.

[14] Galton, F. (1877).Typical laws of heredity, Nature, 15 .

[15] Gantz, J. and Reinsel, D. (2009).As the economy contracts, the digital universe expands, An IDC White Paper – sponsored by EMC Corporation, IDC, May.

[16] Gray, J., Bosworth, A., Layman, A. and Pirahesh, H. (1996).Data cube:a relational aggregation operator generalizing group-by, cross-tab, and sub-total, Proceedings of the 12th International Conference on Data Engineering (ICDE), New Orleans, pp. 152–159.

[17] Gray, J., Chaudhuri, S., Bosworth, A., Layman, A., Reichart, D., Venkatrao, M., Pellow, F. and Pirahesh, H. (1998).Data cube:a relational aggregation operator generalizing group-by, cross-tab, and sub-totals, Readings in Database Systems, 3rd edn.Morgan Kaufmann, San Francisco, pp. 555–567.

[18] Han, J. and Kamber, M. (2006).Data miningConcepts and Techniques, 2nd edn.Elsevier, Amsterdam.

[19] Hand, D., Mannila, H. and Smyth, P. (2001).Principles of Data Mining.MIT Press, Cambridge, MA.

[20] Hobbs, L., Hillson, S., Lawande, S. and Smith, P. (2005).Oracle Database 10g Data Warehousing.Elsevier, Amsterdam.

[21] Inmon, W.H. (1992).Building the Data Warehouse.John Wiley, New York.

[22] Jolliffe, I.T. (2002).Principal Component Analysis, 2nd edn.Springer-Verlag, New York.

[23] Kimball, R. and Ross, M. (2002).The Data Warehouse Toolkit:The Complete Guide to Dimensional Modeling, 2nd edn.John Wiley, New York.

[24] Liu, B. (2007).Web Data Mining:Exploring Hyperlinks, Contents, and Usage Data.Springer-Verlag, Berlin.

[25] Markov, Z. and Larose, D.T. (2007).Data Mining the Web:Uncovering Patterns in Web Content, Structure, and Usage.John Wiley, Hoboken, NJ.

[26] Montgomery, D.C., Runger, G.C. and Hubele, N.F. (2001).Engineering Statistics, 2nd edn.John Wiley, New York.

[27] Oja, E. (1982).A simplified neural model as a principal component analyzer, Journal of Mathematical Biology, 15, 239–245.

[28] Oja, E. (1983).Subspace Methods of Pattern Recognition.Research Studies Press, Letchworth, Herts.

[29] Pearson, K. (1901).On lines and planes of closest fit to systems of points in space, Philosophical Magazine, 2, 559–572.

[30] Purdie, N., Lucas, E.A. and Talley, M. (1992).Direct measure of total cholesterol and its distribution among major serum lipoproteins, Clinical Chemistry, 38(9), 1645–1646.

[31] Rousseeuw, R.J. and Leroy, A.M. (2003).Robust Regression and Outlier Detection.John Wiley, Hoboken, NJ.

[32] Seber, G.A.F. and Wild, C.J. (1989).Nonlinear Regression.John Wiley, New York.

[33] Tan, P.N., Steinbach, M. and Kumar, V. (2006).Introduction to Data Mining.Addison-Wesley, Boston, MA.

[34] Utts, J.M. (2004).Seeing Through Statistics, 3rd edn.Duxbury Press, Pacific Grove, CA.

[35] Wilkinson, J.H. (1988).The Algebraic Eigenvalue Problem.Oxford University Press, New York.

[36] Witten, I.H. and Frank, E. (2005).Data miningPractical Machine Learning Tools and Techniques, 2nd edn.Elsevier, Amsterdam.

術語表

術語條目使用下列縮寫進行編碼：

es = 專家系統(expert system)

fl = 模糊邏輯(fuzzy logic)

nn = 神經網路(neural network)

ec = 演化計算(evolutionary computation)

dm = 資料探勘(data mining)

ke = 知識工程(knowledge engineering)

動作電位(Action potential)

生物神經元透過長距離的傳遞也不會減弱強度的輸出信號(也稱作神經脈衝)。當出現動作電位時，我們說該神經元「發送一個脈衝」。[nn]

激勵函數(Activation function)

將神經元的淨輸入對應到輸出的數學函數。通常使用的激勵函數有：步階、信號、線性和 S 型函數。參見轉移函數(Transfer function)。[nn]

自適應學習率(Adaptive learning rate)

根據訓練中的誤差的變化而調節的學習率。如果本次誤差大於前一次的值的預先指定的倍數，學習率將會降低。但是如果小於前一次的值，學習率則會增加。使用自適應學習率使多層感知器的學習率加快。[nn]

聚合集(Aggregate set)

透過聚合獲得的模糊集。[fl]

彙總(Aggregation)

模糊推理的第三步;把已切割或縮放的所有模糊規則後項的隸屬函數合併進一個模糊集以用於每個輸出變數的過程。[fl]

演算法(Algorithm)

用於解決問題的一組逐步指令的集合。

AND

邏輯運算符，在產生式規則中使用時，表示所有用 AND 連接的前項均爲真時，規則後項才爲真。[es]

前提(Antecedent)

規則 IF 部分的條件陳述。也簡稱爲前提。[es]

a-part-of

一連接代表元件的子類和代表整體的父類的弧(也稱作「部分-整體」)。例如，引擎是一輛車的一部份(a-part-of)。[es]

近似推理(Approximate reasoning)

不需要產生式規則的 IF 部分與資料庫中的資料精確匹配的推理。[es]

Apriori 演算法(Apriori algorithm)

一種用於學習關聯規則的演算法。它執行於存放交易資料(例如由消費者購買之項目的集合)之大型資料庫。[dm]

弧(Arc)

在表示相鄰節點連接特點的語意網路中,節點之間帶方向標識的標識的連接。最常見的弧就是 is-a 和 a-part-of。[es]

體系結構(Architecture)

見拓撲(Topology)。[nn]

人工智慧(Artificial intelligence, AI)

資訊科學的一個領域，該領域關注智慧型機器的開發，如果機器的行爲在人類身上也能觀察到，就認爲該機器是智慧的。

人工神經網路(Artificial neural network, ANN)

一個資訊處理範例，它受人腦的結構和功能的啓發而產生。ANN 包括大量稱作神經元的簡單而高度互連的處理器，它類似於大腦的生物神經元。神經元透過，把信號從一個神經元傳遞到另一個神經元的有權重的連結相連。在一個生物神經網路中，學習涉及調整突觸，ANN 透過不斷調整權重來學習。這些權重儲存了解決某個問題所需的知識。[nn]

斷言(Assertion)

在推理中得出的事實。[es]

關聯規則(Association rule)

一表示大型資料庫內各項目之間稱爲關聯的並行關係的規則。它指出不同的項目如何傾向結合在一起。關聯規則被使用於購物籃分析。[dm]

相關記憶(Associative memory)

記憶的一個類型，允許我們把事物關聯起來。例如，當我們聽到一段音樂時，我們能回想起一個完整的感覺體驗，包括聲音和情景。我們甚至能在不熟悉的環境中認出熟悉的臉。當輸入一個相似的模式時，相關 ANN 會回想起最爲接近的已儲存的訓練模式。Hopfield 網路就是一個關聯性 ANN 的例子。[nn]

屬性(Attribute)

物件的特性。例如，電腦物件可能有模型、處理器、記憶體和成本等屬性。[es]

軸突(Axon)

生物神經元的一根很長的枝，它能從細胞中輸出信號(動作電位)。一個軸突可能長達一米。在 ANN 中，軸突由神經元輸出來模擬。[nn]

後向傳送(Back-propagation)

見後向傳送演算法。[nn]

後向傳送演算法(Back-propagation algorithm)

監督學習最常用的方法。該演算法有兩個階段。首先，向輸入層輸入一個訓練輸入模式。這網路層層將輸入樣式傳播直到輸出層產生輸出樣式。如果這樣式與所要的輸出不同,誤差會被計算出來然後透過網路從輸出層倒傳回輸入層。在傳送誤差時調整權重的值。參見後向傳送。[nn]

後向連結(Backward chaining)

一個推理技術，從假設結論(一個目標)開始向後推理，將規則庫中的規則和資料庫中的事實相符直到目標被證實或證明爲錯誤爲止。也被稱作爲目標驅動推理。[es]

貝氏推理(Bayesian reasoning)

專家系統中不確定性管理的一種統計方法,它基於證據的貝氏規則在系統中傳送不確定性。[es]

貝氏規則(Bayesian rule)

一種統計方法，根據新的證據來更新與某些事實相關的機率。[es]

雙向相關記憶(Bidirectional associative memory, BAM)

模擬相關記憶的特徵的一種神經網路，由 Bart Kosko 在 20 世紀 80 年代提出。BAM 把不同集合中的模式相關起來，反之亦然。它的基本體系結構包括兩個完全連接的層—輸入層和輸出層。[nn]

位元(Bit)

二進制數字。資訊的最小單位。儲存在電腦裏的資料由位元組成。[ke]

點陣圖(Bit map)

對行列的點組成的圖的描述。點陣圖可以在電腦中儲存、顯示和列印。光學掃描器可以把紙上的文本和圖片轉換成點陣圖。掃描器將影像分割成每英寸數百個像素，並且以 0 或者 1 代表每個像素。

黑盒(Black-box)

對使用者來說是不透明的模型，儘管模型能得出正確的結果，但並不知道它的內部聯繫。一個黑箱的例子是神經網路。若要瞭解黑框的輸出和輸入之間的關係，可以使用敏感性分析。[ke]

布林邏輯(Boolean logic)

基於布林代數的邏輯系統，以 George Boole 的名字命名。它處理兩個眞假值：「眞」和「假」。布林條件的眞假經常用 0 和 1 表示，0 代表假，1 代表「眞」。

分支(Branch)

決策樹中節點間的連接。[dm]

構造塊(Building block)

給染色體高度適應性的一組基因。根據構造塊假設，在一個染色體上結合幾個構造塊可以找到最佳解決方案。[ec]

位元組(Byte)

一組 8 位元數字，其代表現代電腦中資訊最小的可定址項目。一位元組資訊相當於一個單詞中的一個字母。1G 大約相當於 1,000,000,000(230 或者 1,073,741,824)個位元組，也大約相當於 1,000 本小說。[ke]

C

一個多用途的程式語言，原由 Bell 實驗室隨同 UNIX 作業系統所開發的。

C++

C 語言的物件導向的擴展。

分類和回歸樹(Classification and Regression Trees, CART)

使用決策樹的資料探勘工具。CART 提供一組能夠將新資料用於預測結果的規則。CART 透過產生二元分割來給資料記錄分段。[dm]

分類資料(Categorical data)

適合少量離散類別的資料。例如，性別(男或女)或者婚姻狀況(單身、離異、已婚或者喪偶)。[ke]

質心技術(Centroid technique)

找到稱作質心或者重心的點的逆模糊化方法，而在該點的垂線能將聚合集分割成兩個相等的部分。[fl]

確定因數(Certainty factor)

賦予事實或者規則的數字，表示事實或者規則有效的可信度或者置信水準。參見置信因數。[es]

確定理論(Certainty theory)

在基於不精確推理的專家系統中，管理不確定性的理論。它使用確定因數表示觀察到某個事件的假設的可信程度。[es]

子代(Child)

參見後代(Offspring)[ec]

子節點(Child)

在決策樹中，子節點就是由樹中的上一層節點透過分割產生的節點。一個子節點包含其父節點中資料的子集。[dm]

染色體(Chromosome)

代表一個個體的基因序列。[ec]

類別(Class)

有共同屬性的物件集。animal、person、car 和 computer 都是類別。[es]

類框架(Class-frame)

代表一個類別的框架。[es]

剪切(Clipping)

把模糊規則的後項和前項的眞值相聯繫的常用方法。這個方法基於在前項眞值水準上裁剪後項隸屬函數。因爲從隸屬函數的頂部分段，被剪切的模糊集會去除一些資訊。[fl]

複製(Cloning)

產生一個將其親代的完全複製的子代。[ec]

分群(Clustering)

把不同種類的物件群劃分成同類子集群的過程。分群演算法可用於尋找在某些方面相似的類。例如，保險公司可以用分群演算法根據客戶的年齡、資產、收入和預先的要求對他們進行分組。[ke]

編碼(Coding)

將資訊從一種表示法轉化到另一種表示法的過程。[ec]

認知科學(Cognitive science)

如何獲得和使用知識的跨學科領域研究。它貢獻的學科包括人工智慧、心理學、語言學、哲學、神經科學和教育學。也就是，關於用計算模擬智慧行爲的智慧和智慧系統的研究。

常識(Common-sense)

如何解決現實世界中的問題的普遍知識，通常透過實際經驗獲得。[ke]

競爭學習(Competitive learning)

是一種無監督的學習，神經元之間彼此競爭，以致於只有一個神經元能夠反應某個輸入模式。在競爭中獲勝的神經元稱爲勝者通吃神經元。Kohonen 自我組織特徵圖是具有競爭學習的 ANN 的一個例子。[nn]

補集(Complement)

在典型的集合理論，A 集合的補集是一不隸屬於 A 之元素所形成的集合，在模糊集理論，一集合之補集是這集合的對立面。[fl]

置信因數(Confidence factor)

見確定因數(Certainty factor)。[es]

衝突(Conflict)

兩個或者多個產生式規則與資料庫中的資料匹配，但是只能有一個規則在給定的迴圈中被激發。[es]

衝突解決方案(Conflict resolution)

當有多個規則可以在給定的迴圈中被激發時，選擇其中一個作爲被激發規則的方法。[es]

合取(Conjunction)

邏輯運算符號 AND，能連接兩個產生式規則中的前項。[es]

連接(Connection)

神經元之間傳遞信號的連結。也稱作突觸，它通常與決定傳遞信號的強度的權重相關聯。[nn]

後項(Consequent)

規則中 IF 部分的結論或者動作。[es]

連續資料(Continuous data)

在某個間隔中有無限個可能取值的資料。例如，長度、重量、家庭收入和房子居住面積都是連續資料。連續變數通常都是可測量的，但並不一定是整數。[ke]

收斂(Convergence)

當誤差達到預設的臨界值，顯示網路已經學會了該任務的時候，就說 ANN 網路是收斂的。[nn]

收斂(Convergence)

種群中的個體有達到一致的趨勢。當已獲得一個解決方案時，稱基因演算法收斂。[ec]

交配(Crossover)

透過交換兩個現有染色體的部分來產生新染色體的繁殖運算。[ec]

交配機率(Crossover probability)

介於 0 到 1 的數，表示兩個染色體交叉的機率。[ec]

達爾文主義(Darwinism)

達爾文的學說，指出透過自然選擇得到演化，同時會有遺傳特性的隨機變化。[ec]

資料(Data)

事實、量測值或者觀察值。也是，事實、測量值或者觀察值的符號表示法。資料就是我們蒐集和保存的東西。

資料清理(Data cleaning)

探測和更正明顯的誤差並替換資料庫中遺失資料的過程。也稱作資料清潔(Data cleansing)。[dm]

資料清潔(Data cleansing)

見資料清理。[dm]

資料方塊(Data cube)

表示多維度彙總資料的方法。它提供了一種從不同角度查看資料的方法。資料方塊類似於魔術方塊，使用者可以很容易地轉換到另一種維度組合。[dm]

資料驅動推理(Data-driven reasoning)

見前向連結(Forward chaining)。[es]

資料探勘(Data mining)

資料中知識的提取。也就是為了發掘有用的模式和規則，對大量資料的研究和分析。資料探勘的最終目標是發現知識。[dm]

資料記錄(Data record)

與單一物件的屬性相對應的一系列值。一個資料記錄是資料庫中的一行。參見記錄。[dm]

資料視覺化(Data visualisation)

資料的圖形化表示，能幫助使用者理解資料中資訊的含義和結構。參見視覺化。[dm]

資料倉庫(Data warehouse)

一種大型的資料庫，其中包含了上百萬條，甚至是上十億條的資料記錄，被設計用來支援組織制訂決策。它是結構化的，能快速線上查詢和管理摘要。[dm]

資料庫(Database)

結構化資料的集合。資料庫是一專家系統的基本組成部分。[es]

資料庫管理系統(Database management system, DBMS)

一套讓使用者能夠建立與維護資料庫的程式。[dm]

決策支援系統(Decision-support system)

一個互動性的電腦化系統，設計用來幫助個人或者組織在某個領域進行決策。[es]

決策樹(Decision tree)

一個資料集的圖形化表示法，以樹狀結構描述資料。一個決策樹包括節點、分支和葉子。樹總是從根節點開始向下生長，在每一層分割資料中產生新的節點。決策樹特別適合解決分類的問題。它主要的優點是資料視覺化。[dm]

演繹推理(Deductive reasoning)

從一般到特殊的推理。[es]

解模糊化(Defuzzification)

模糊推理的最後一步；將結合的模糊規則的輸出轉化爲明確(以數字表示的)數值的過程。解模糊化過程的輸入是聚合集，輸出是單一數字。[fl]

隸屬度(Degree of membership)

一介於 0 到 1 之間的數值代表一元素隸屬於某個別集合的程度。參見成員值(Membership value)。[fl]

Delta 規則(Delta rule)

在訓練過程中更新感知器權重的過程。Delta 規則透過將神經元輸入乘以誤差和學習率來決定權重的校正值。[nn]

守護程式(Demon)

與一個槽相關的程式，當槽值發生變化或被請求時執行此程式。守護程式通常有 IF-THEN 結構。方法和守護程式通常作爲同義詞使用。[es]

DENDRAL

1960 年代末期史丹佛大學開發的規則型專家系統，根據質譜儀所提供的質譜資料來分析化學產品。DENDRAL 標誌著人工智慧領域重要的「典範轉移」：從廣義知識稀少的方法轉向針對特定領域的知識密集型的技術。[es]

樹突(Dendrite)

一個生物神經元分支，它會將訊息從細胞的一部分傳送到另一部分。樹突通常負責細胞輸入的功能，儘管很多樹突也有輸出的功能。在 ANN 中，樹突被模擬成神經元的輸入。[nn]

確定性模型(Deterministic model)

一個數學模型，它能假定物件之間準確的關係(沒有隨機變數)。給定一個輸入資料集，確定性模型決定了它的輸出也是完全確定的。[es]

離散資料(Discrete data)

只能為有限個數值之資料。離散資料可以用整數或分數來表示。例如，家庭中孩子的數量、臥室的數量、帆船的桅杆數量等都是屬於離散資料。[ke]

析取(Disjunction)

邏輯運算符號 OR，連接產生式規則的前兩個項。[es]

域(Domain)

相對狹窄的問題範圍。例如，在醫學診斷領域診斷血液病。專家系統就是關注特定領域的。[es]

領域專家(Domain expert)

參見專家(Expert)。[es]

EMYCIN

Empty MYCIN，一個史丹佛大學在 1970 年代後期開發的專家系統。它擁有 MYCIN 系統的所有特色，除了傳染性血液病方面的知識外。EMYCIN 用來開發診斷專家系統。[es]

終端使用者(End-user)

參見使用者(User)[es]

週期(Epoch)

在訓練中，把整個訓練集輸入給 ANN 的過程。[nn]

誤差(Error)

在監督學習的 ANN 中，實際輸出和預期輸出之間的差。[nn]

歐幾里德距離(Euclidean distance)

空間中兩點之間的最短距離。在直角坐標系中，兩點(x_1, y_1)和(x_2, y_2)之間的距離可由畢氏定理 $\sqrt{(x_1 - x_2)^2 + (y_1 - y_2)^2}$ 算出。

演化(Evolution)

一個活的生物獲得區別於其他生物的特徵的一系列基因變化。[ec]

演化策略(Evolution strategy)

一類似於蒙地卡羅搜尋的數值最佳化程序。與基因演算法不同，演化策略只使用突變運算，並不要求以編碼形式描述一個問題。當沒有解析的目標函數可用時，也沒有傳統的最佳化方法存在時，演化策略用來解決技術最佳化問題。[ec]

演化計算(Evolutionary computation)

在電腦上模擬演化的計算模型。演化計算的領域包括基因演算法、演化策略和遺傳程式設計。[ec]

窮舉搜尋(Exhaustive search)

一種問題解決技術，即測試每一種可能的方法，直到找到一種可用的方法爲止。[es]

專家(Expert)

在某個領域有淵博的知識(以事實和規則的形式表示)和豐富經驗的人。參見領域專家。[es]

專家系統(Expert system)

在較小的領域中能夠以人類專家水準執行的電腦程式。專家系統有五個基本元件：知識庫、資料庫、推理引擎、解讀工具和使用者介面。[es]

專家系統框架(Expert system shell)

去除知識後的專家系統。參見框架。[es]

解釋工具(Explanation facility)

專家系統的一個基本組成部分。它有助於使用者查詢專家系統是如何得到某個結論以及爲什麼需要特定的事實來得到結論。[es]

片面(Facet)

爲框架的屬性提供知識擴展的一種方法。片面用來建立屬性值，控制使用者查詢，並告知推理引擎如何處理屬性。[es]

事實(Fact)

具有正確或錯誤的屬性的語句。[es]

回授神經網路(Feedback neural network)

ANN 的一種拓撲，它的神經元帶有從輸出到輸入的回授迴路。回授神經網路的一個例子就是 Hopfield 網路。參見迴圈網路。[nn]

前饋神經網路(Feedforward neural network)

ANN 的一種拓撲，它的某一層的神經元和下一層的神經元連接在一起。輸入信號一層一層向前傳遞。前饋神經網路的一個例子是多層感知器。[nn]

欄位(Field)

資料庫中爲某個屬性分配的空間。(在試算表單中，欄位叫做單元。例如，納稅申報表格有很多欄位：你的姓名和地址、稅務檔案號碼、應稅所得額等等。資料庫中的每個欄位都有個名字，稱爲欄位名。[dm]

激發規則(Firing a rule)

執行一生產規則的過程，或者更準確地說，當 IF 部分爲眞的時候，就執行規則之 THEN 的部分。[es]

適應性(Fitness)

活的生物體在特殊環境中生存和繁殖的能力。也就是一個與染色體相關的值，它把一個相對測量值賦給該染色體。[ec]

適應性函數(Fitness function)

一個用來計算染色體適應性的數學函數。[ec]

前向連結(Forward chaining)

一種推理技術，推理從已知的資料開始，向前進行處理，把資料庫中的事實和規則庫中的產生式規則進行匹配，直到沒有新的規則被激發為止。參見資料驅動的推理。[es]

框架(Frame)

帶有某個特別物件典型知識的資料結構。框架用於在基於框架的專家系統中表示知識。[es]

基於框架的專家系統(Frame-based expert system)

框架代表主要的知識來源，而方法和守護程式都用來添加動作到專家系統中。在基於框架的系統中，產生式規則扮演輔助的角色。[es]

模糊化(Fuzzification)

模糊推理中的第一步，把清晰(數字)輸入對應到確定每個輸入屬於合適模糊集程度的過程。[fl]

模糊專家系統(Fuzzy expert system)

使用模糊邏輯而不是布林邏輯的專家系統。模糊專家系統是由模糊規則和有關資料推理的成員函數組成的。與傳統專家系統使用符號推理不同，模糊專家系統傾向數值處理。[fl]

模糊推理(Fuzzy inference)

基於模糊邏輯的推理過程。模糊推理包括四個步驟：輸入變數的模糊化、規則評估、規則輸出的聚合以及解模糊化。[fl]

模糊邏輯(Fuzzy logic)

一邏輯系統用來描述那些不能簡單地用「眞」或「假」這種二分法的條件。這概念是由 Lotfi Zadeh 於 1965 年提出。與布林邏輯不同的是，模糊邏輯是多值的，它用來處理局部為眞的概念(介於「完全為眞」與「完全為假」之間的眞值)參見模糊集理論。[fl]

模糊規則(Fuzzy rule)

一種形式如 IF x is A THEN y is B 的條件句，其中 x 和 y 是語言變數，且 A 和 B 是由模糊集決定的語言值。[fl]

模糊集(Fuzzy set)

有模糊邊界的集合，如用矮、平均或者高來描述人的身高。爲了在電腦上表示模糊集，我們使用函數來表示它，然後再把集合的元素對應到其成員的程度上。[fl]

模糊集理論(Fuzzy set theory)

參見模糊邏輯。[fl]

模糊單態模式(Fuzzy singleton)

一種具有隸屬函數的模糊集，在論域中的某一點函數值爲 1，在任何其他情況下則爲零。參見單一事例。[fl]

模糊變數(Fuzzy variable)

用來量化語言值的程度。例如，模糊變數「溫度」可能有「熱」、「中溫」和「冷」等值。[fl]

基因(Gene)

染色體的一個基本單元，它控制著生物體某個特徵的發展。在 Holland 的染色體中，基因是用 0 或者 1 來代表。

通用問題解決方案(General Problem Solver, GPS)

早期人工智慧系統，它試圖模擬人類解決問題的方法。通用問題解決方案首先試圖把問題的解決技術與資料分開。然而，程式是以通用搜尋機制爲主。該方法現在被認爲是弱方法，它運用了問題域中的弱資訊，這導致在解決現實世界的問題時程式性能不佳。[es]

一般化(Generalisation)

ANN 利用沒有訓練過的資料來產生正確結果的能力。[nn]

代(Generation)

基因演算法的一次疊代。[ec]

基因演算法(Genetic algorithm)

一種演化計算法，其靈感來自於達爾文的進化理。基因演算法產生許多可能用染色體編碼的解決方案人口，估計它們的適應性，同時應用遺傳運算(如交叉、突變)建立新的種群。在許多代裏重複這個過程，基因演算法爲解決問題提供了一種最佳的解決方案。[ec]

遺傳運算(Genetic operator)

基因演算法或遺傳程式設計中的一種運算，它對染色體進行運算，從而產生新的個體。遺傳運算包括交叉和突變。[ec]

遺傳程式設計(Genetic programming)

基因演算法在電腦程式中的應用。由於程式語言允許程式像資料一樣被操縱以及新產生的資料像程式一樣被執行時，使用遺傳程式設計最容易被實作出來。這也許是 LISP 作爲遺傳程式設計最主要語言的原因之一。[ec]

全域最小化(Global minimum)

所有輸入參數在其整個範圍內的最小函數值。在訓練中，ANN 的權重會進行調整以尋找誤差函數的全域最小值。[nn]

全域最佳化(Global optimisation)

在整個搜尋空間中尋找最佳的值。[ec]

目標(Goal)

專家系統試圖證明的一個假設。[es]

目標驅動推理(Goal-driven reasoning)

參見後向連結(Backward chaining)。[es]

硬極限激勵函數(Hard limit activation function)

用步階函數和符號函數表示的一種激勵函數。參見限幅器。[nn]

硬限幅器(Hard limiter)

參見限幅激勵函數。[nn]

Hebb 定律(Hebb's Law)

本學習定律是由 Donald Hebb 於 1940 年代後期所提出，它說如果神經元 i 近的足以激發神經元 j 且反覆地參與它的激發，那麼這兩個神經元之間的突觸連結就會加強，而神經元 j 對來自神經元 i 的刺激就會更加的敏感。這個定律提供了非監督式學習的基礎。[nn]

Hebbian 學習(Hebbian learning)

把一對神經元之間的突觸連結權重的變化與產生輸入和輸出信號關聯起來的無監督學習。[nn]

模糊限制語(Hedge)

可以修改模糊集形狀的模糊集修飾語。它包含 very、somewhat、quite、more or less 和 slightly 這樣的副詞。它們的數學運算有的以降低模糊元素之隸屬度(如非常高大的男人)的方式來集中，有的以提高隸屬度(如不高不矮的男人)的方式來擴張，以及以對於 0.5 以上者增加隸屬度且對於 0.5 以下者降低隸屬度(如確實很高的男人)來強化。[fl]

啓發式(Heuristic)

一種能應用於複雜問題的策略，它通常(但不總是)能得出正確的解決方案。啓發式是從多年的經驗發展出來的，經常被用來簡化複雜問題的解決方式成為根據判斷的更簡單運算。啓發式常被表示為經驗定律。[es]

啓發式搜尋(Heuristic search)

應用啓發式來指導推理，從而減少求解之搜尋空間的搜尋技術。[es]

隱含層(Hidden layer)

介於輸入層和輸出層之間的神經元層，之所以叫做「隱含」，是因為這一層中的神經元不能透過神經網路的輸入/輸出行為來觀察到。沒有明顯的方法可以知道隱含層的預期輸出應該是什麼。[nn]

隱含神經元(Hidden neuron)

隱含層中的神經元。[nn]

Hopfield 網路(Hopfield network)

單層回授神經網路。在 Hopfield 網路中，每個神經元的輸出回授給其他所有神經元的輸入(其中沒有自我回授)。Hopfield 網路經常用帶有符號激勵函數的 McCulloch 和 Pitts 神經元。Hopfield 網路試圖模擬相關記憶的特徵。[nn]

混合系統(Hybrid system)

至少結合了兩種智慧技術的系統。例如，結合了神經網路和模糊系統的混合神經模糊系統。[ke]

假設(Hypothesis)

有待證明的語句。也指專家系統中使用後向連結的目標。[es]

個體(Individual)

種群中的單個成員。[ec]

歸納推理(Inductive reasoning)

從特殊到一般化的推理過程。[es]

推理鏈(Inference chain)

指出專家系統如何應用規則庫中的規則來得到結論的一系列步驟。[es]

推理引擎(Inference engine)

專家系統的一個基本組成部分，用來執行推理，以便從專家系統得到解決方案。推理引擎將規則庫中的規則和資料庫中的事實匹配起來。參見解釋器。[es]

推理技術(Inference technique)

在專家系統中推理引擎用來直接搜尋和推理的技術。有兩種主要技術：前向連結和後向連結。[es]

繼承(Inheritance)

類別框架的所有特徵由實例框架接受的過程。繼承是基於框架系統的一個基本特徵。繼承的常規用法是把預設的屬性強加到所有的實例框架上。[es]

初始化(Initialisation)

訓練演算法的第一步，設定權重和臨界值的初始值。[nn]

輸入層(Input layer)

ANN 網路中第一層神經元。輸入層從外界接收輸入信號，然後重新將信號發送給下一層的神經元。輸入層很少包含計算神經元，因此不處理輸入的模式。[nn]

輸入神經元(Input neuron)

輸入層中的神經元。[nn]

實例(Instance)

類別的一個具體物件。例如，Computer 類別可能有 IBM Aptiva S35 和 IBM Aptiva S9C 兩個實例。在基於框架的專家系統中，類別的所有特徵被它的實例所繼承。[es]

實例(Instance)

模式的一個成員。例如，染色體 1110 與 1010 是模式 1**0 的實例。[ec]

實例框架(Instance-frame)

表示實例的框架。[es]

實例化(Instantiation)

把特定值分配給一個變數的過程。例如，August 是物件 month 的一個實例化。[es]

智慧(Intelligence)

爲了解決問題和制訂決策而學習與理解的能力。如果機器在某些認知任務中能夠達到人類等級的表現，就被視爲是具有智慧的。

解釋器(Interpreter)

見推理引擎。[es]

交集(Intersection)

在經典集合論中，兩個集合的交集包含兩個集合所共有的元素。例如，高大的男人和肥胖的男人的交集包含了所有既高又胖的男人。在模糊集理論中，一個元素可能部分地屬於兩個集合，則交集是兩個集合中隸屬值最低的元素。[fl]

is-a

在基於框架的專家系統中，把超類別和子類別聯在一起的一個弧。例如，如果 car is-a vehicle，那麼 car 是更通用的超類別 vehicle 的子類別。每個子類別從其超類別中繼承所有的特性。[es]

知識(Knowledge)

對某個主題在理論上或實踐上的理解。知識幫助我們做出正式的決定。

知識擷取(Knowledge acquisition)

擷取、研究和組織知識的過程，因此它可以用於知識系統中。[ke]

知識庫(Knowledge base)

專家系統的一個基本組成部分，它包含特定領域的知識。[es]

基於知識的系統(Knowledge-based system)

系統使用預先儲存好的知識以解決某特定領域的問題。一知識系統表現的好壞與否通常是與人類專家的表現互相比較來評估。[es]

知識工程師(Knowledge engineer)

設計、建構並測試基於知識的系統的人。知識工程師從領域專家那裏獲得知識，然後建立推理方法和選擇開發軟體。[ke]

知識工程(Knowledge engineering)

建立知識系統的過程。有六個主要的步驟：評估問題、擷取資料和知識、開發原型系統、開發完整系統、評估並修改系統、整合和維護系統。[ke]

知識表達(Knowledge representation)

組織知識，並把它存入知識系統的過程，在人工智慧中，產生式規則是知識表達最常用的類型。[ke]

Kohonen 自組織特徵對應(Kohonen self-organising feature maps)

Teuvo Kohonen 於 20 世紀 80 年代晚期提出的具備競爭學習的一種特殊的 ANN。Kohonen 地圖由一層計算神經元所組成，其中有兩種類型的連接方式。這兩個連接是從輸入層的神經元到輸出層的神經元的前向連接，以及輸出層的神經元之間的橫向連接。橫向連結用來在神經元之間產生競爭。神經元透過把它的權重從非活動連結變爲活動連結來學習。只有獲勝的神經元和它的鄰近神經元可以學習。[nn]

層(Layer)

具有特殊功能，並且可作爲一個整體處理的一組神經元。例如，一多層感知器至少有三層：輸入層、輸出層以及一個或多個隱含層。[nn]

葉(Leaf)

決策樹中最底端的節點，它沒有孩子。參見終端節點。[dm]

學習(Learning)

學習(Learning)在 ANN 中是爲了達到網路的某些預期行爲而調整權重的過程。參見訓練。[nn]

學習率(Learning rate)

小於單位 1 的正數，它控制 ANN 中從某個疊代到下一次疊代之權重的變化量。學習率直接影響網路訓練的速度。[nn]

學習規則(Learning rule)

在訓練 ANN 時，修改權重的過程。[nn]

線性激勵函數(Linear activation function)

產生的輸出和神經元的淨輸入相等的激勵函數。具有線性激勵函數的神經元一般用在線性近似中。[nn]

語言值(Linguistic value)

模糊變數能接受的語言元素。例如：模糊變數 income 可以接受 very low、low、medium、high 和 very high 這樣的語言值。語言值透過隸屬函數來定義。[fl]

語言變數(Linguistic variable)

有語言元素值的變數，如單字和片語。在模糊邏輯中，術語語言變數和模糊變數是同義的。[fl]

LISP(LISt Processor)

最早的高階程式語言之一。LISP 由 John McCarthy 於 20 世紀 50 年代後期發明，已成爲人工智慧的標準語言。

局部最小化(Local minimum)

輸入參數在其有限的取值範圍內的最小函數值。如果在訓練中遇到局部最小化，將永遠不會達到 ANN 的預期行爲。去除局部最小化的常用方法就是利用隨機權重並繼續訓練。[nn]

機器學習(Machine learning)

使電腦能夠透過經驗、例子和模擬進行學習的自我適應機制。學習能力可以改善智慧系統的性能。機器學習是自我適應系統的基礎。機器學習最常見的方法是人工神經網路和基因演算法。

購物籃分析(Market basket analysis)

一發掘項目之間非顯而易見的統計關係的資料探勘技術，其方法為尋找同一範圍內常常出現的兩個或兩個以上的項目。購物籃分析等回答問題如「如果顧客購買項目 A，他或她還將購買 B 項目的機會多少？」以及「如果一個消費者購買項目 A 和 B，他或她更可能購買的其他項目是什麼？」[dm]

修改資料(Massaging data)

在資料被套用於 ANN 輸入層之前的修改資料過程。[nn]

McCulloch 及 Pitts 神經元模型(McCulloch and Pitts neuron model)

由 Warren McCulloch 和 Walter Pitts 於 1943 年提出的神經元模型，至今還是大多數人工神經網路的基礎。這個模型由一個限幅器跟一個線性組合器組成。淨輸入被施加於限幅器，當輸入是正的輸出就是+1，當輸入是負的輸出就是–1。[nn]

隸屬函數(Membership function)

在論域中定義模糊集的數學函數。在模糊專家系統中使用的典型隸屬函數有三角形函數和梯形函數。[fl]

成員值(Membership value)

見隸屬程度。[fl]

元知識(MetaKnowledge)

關於知識的知識，元知識是在專家系統中使用和控制領域知識的知識。[es]

元規則(Metarule)

描述元知識的規則。元規則決定了在專家系統中使用特殊任務規則的策略。[es]

方法(Method)

方法是和框架屬性相關的過程。方法決定屬性值或在屬性值發生變化時，需要執行的一系列動作。大多數框架型專家系統有兩種類型的方法：WHEN CHANGED 和 WHEN NEEDED。方法和守護程式通常作為同義詞使用。[es]

慣性常數(Momentum constant)

delta 規則中小於單位 1 的正常數。慣性的使用加快了在多層感知器裏的學習率，也有助於避免陷到局部最小化。[nn]

多層感知器(Multilayer perceptron)

ANN 最普通的拓撲，其中感知器被連接起來成為單獨的層。多層感知器有輸入層、至少一個隱含層以及輸出層。多層感知器最常用的運算方法是後向傳送。[nn]

多重繼承(Multiple inheritance)

一個物件或者框架能夠從多重超類別中繼承資訊的能力。[es]

突變(Mutation)

隨機改變染色體中基因值的遺傳運算。[ec]

突變機率(Mutation probability)

在單個基因中發生突變的可能性為一個 0 到 1 之間的數值。[ec]

MYCIN

MYCIN 是一個於 20 世紀 70 年代提出用以診斷傳染性血液疾病的一個典型的基於規則的專家系統。這個系統使用確定因數來管理與醫學診斷知識有關的不確定性。[es]

自然選擇(Natural selection)

指適應性最強的個體有較佳的配對和繁殖機會，從而將它們的基因物質傳遞給下一代的過程。[ec]

神經計算(Neural computing)

模擬人腦的計算方法，它依靠連接大量簡單的處理器來產生複雜的行為。神經計算能夠在專用的硬體或使用稱為人工神經網路的軟體上實作，人工神經網路在傳統電腦上模擬人腦的結構和功能。[nn]

神經網路(Neural network)

把處理元素(稱為神經元)連接在一起形成網路的系統。生物學神經網路的基本和本質的特徵是學習的能力。人工神經網路也有這種能力，它們沒有被規劃過，但是可以從範例中透過重複地調整權重來進行學習。[nn]

神經元(Neuron)

能夠處理資訊的細胞。一個典型的神經元有許多輸入(樹突)和一個輸出(軸突)。人腦大概有 10^{12} 個神經元。同時，它也是 ANN 的一個基本處理元素，用於計算輸入信號的權重和，並且把結果透過激勵函數來產生輸出。[nn]

節點(Node)

決策樹上的一個決策點。[dm]

雜訊(Noise)

影響傳輸信號的一個隨機外部干擾。雜訊資料包含那些與資料取樣、測量和解讀方法有關的誤差。[dm]

NOT

表示語句反面的一個邏輯操作。[es]

物件(Object)

一個概念、抽象或事物，能被單獨選擇和運算，且它對手邊問題而言是有意義的。所有物件都有本質特徵，可被清晰地區分開來。Michael Black、Audi 5000 Turbo 和 IBM Aptiva S35 就是物件的例子。在物件導向的程式設計中，物件是一個自我包含的實體，它包括資料和處理資料的程序。[es]

物件導向程式設計(Object-oriented programming)

把物件作爲分析、設計和實作的基礎的一種程式設計方法。[es]

後代(Offspring)

透過繁殖產生的個體。參見子代。[ec]

線上分析處理(On-line analytical processing, OLAP)

一個支援多維度檢視和快速取用大量資料的軟體技術。OLAP 可以「切片與切塊」,「向下擷取」與「向上擷取」資料方塊內的資料。[dm]

運算資料庫(Operational database)

用於企業日常運算的資料庫。運算資料庫中的資料會進行有規律地更新。[dm]

OPS

起源於 LISP,用於開發基於規則的專家系統的一種高階程式語言。[es]

最佳化(Optimisation)

利用特殊的物件函數來疊代改進問題解決方案的過程。[ec]

OR

一個邏輯運算符號,當運用在產生式規則中時,它意味著如果和 OR 連在一起的任何一個前項爲眞的話,那麼規則的後項也爲眞。[es]

孤群(Outlier)

一個在數值上明顯的別於其他資料之值。[dm]

輸出層(Output layer)

ANN 中神經元的最後一層。輸出層產生整個網路的輸出模式。[nn]

輸出神經元(Output neuron)

輸出層中的神經元。[nn]

過適配(Overfitting)

ANN 能記住所有的訓練例子但是不能進行一般化的現象。如果隱藏的神經元的數目太多，就會發生過適配。防止過適配的實際辦法是選擇能產生最佳一般化之最小數量的隱藏神經元。參見過訓練。[nn]

過訓練(Over-training)

參見過適配。[nn]

平行處理(Parallel processing)

同時處理多個任務的計算技術。人腦就是一個平行資訊處理系統的例子。它在整個生物神經網路中(而不是在特殊的地方)同時儲存和處理資訊。[nn]

父代(Parent)

能產生一個或者多個個體(後代或子代)的個體。[ec]

父節點(Parent)

在決策樹中，父節點是把它的資料分割到該樹的下一層節點的節點。父節點包含整個資料集，而子節點只包含整個資料集的子集。[dm]

型樣識別(Pattern recognition)

電腦可識別的視訊或音頻型樣。型樣識別包括把型樣轉化爲數位信號，然後把這些數位信號與儲存在記憶體中的型樣進行比較。人工神經網路成功應用於型樣識別，特別是聲音和特徵的識別、雷達目標的辨別和機器人學更爲常用。[nn]

感知器(Perceptron)

由 Frank Rosenblatt 提出之最簡單的神經網路形式。感知器的運算基於 McCulloch 和 Pitts 的神經模型。它由一個帶有可調整突觸權重的神經元和一個限幅器組成。感知器透過細微地調整權重來減少實際輸出和預期輸出之間的差值來進行學習。初始權重是隨機設定的，接著更新初始值來擷取和訓練出與例子一致的輸出值。[nn]

性能(Performance)

適應性的統計評估。[ec]

性能圖(Performance graph)

揭示整個種群的平均性能和種群中最佳個體的性能經過指定代數後性能的圖。[ec]

像素(Pixel)

圖像的基本組成，一幅影像中的單一點。電腦顯示器透過把螢幕切割爲成千上萬(或幾百萬個)按行和列組織的像素來顯示圖片。因爲像素之間靠得很近，因此它們看起來像一整張影像。[ke]

種群(Population)

在一起生活的一群個體。[ec]

前提(Premise)

參見前項。[es]

主成份分析(Principal component analysis，PCA)

一個將大量彼此關聯的變數轉換成少量互不關聯的變數的數學過程。[dm]

機率(Probability)

某個事件的發生可能性的定量描述。機率在數學上定義爲一個在 0(絕對不可能)和 1(絕對肯定)之間的一個數值。[es]

程序(Procedure)

電腦程式碼中自我包含的一段完整程式碼。[es]

產生式(Production)

認知心理學家用來描述規則的常用術語。[es]

產生式規則(Production rule)

IF(前項)-THEN(後項)形式的語句。如果前項是眞，那麼後項也是眞。參見規則。[es]

PROLOG

一種高階程式語言，由 Marseilles 大學於 1970 年代所開發的，當作一個邏輯程式設計的工具，也是常用於人工智慧的語言。

PROSPECTOR

20 世紀 70 年代後期由 Stanford 研究所提出的用於礦藏勘探的專家系統。爲了描述知識，PROSPECTOR 使用包括產生式規則和語意網路的組合結構。[es]

查詢工具(Query tool)

允許使用者建立並向資料庫提出特定問題的軟體。查詢工具提供了從資料庫擷取所需資訊的方法。[dm]

推理(Reasoning)

得出結論或透過觀察結果、事實或假設進行推導的過程。[es]

記錄(Record)

參見資料記錄。[dm]

回授網路(Recurrent network)

參見回授神經網路。[nn]

迴歸分析(Regression analysis)

一種尋找最配適資料之數學方程的統計技術。[dm]

關聯資料庫(Relational database)

一組正規描述的表格，由此資料可以被取用或重新組合，而不必重新組織表格本身。[dm]

繁殖(Reproduction)

親代建立子代的過程。[ec]

根(Root)

參見根節點。[dm]

根節點(Root node)

決策樹最頂端的節點。樹總是從根節點開始向下生長，在每一層分割資料以產生新的節點。根節點包含整個的資料集(所有的資料記錄)，子節點包含該集合的子集。參見根。[dm]

輪盤選擇(Roulette wheel selection)

一種從種群中選出某個個體作爲親代的方法，其機率等於它的適應性除以該群的總適應性。[ec]

規則(Rule)

參見產生式規則。[es]

規則庫(Rule base)

包含一組產生式規則的知識庫。[es]

基於規則的專家系統(Rule-based expert system)

其知識庫包含一系列產生式規則的專家系統。[es]

規則評估(Rule evaluation)

模糊推理的第二步。把模糊輸入應用於模糊規則的前項，以及決定每個規則前項眞値的過程。如果給定的規則有多個前項，則使用模糊運算(交或者並)來得到一個的數値，該數値代表前項評估的結果。[fl]

經驗法則(Rule of thumb)

表達啓發式的規則。[es]

縮放(Scaling)

把模糊規則的後項和前項的眞値聯繫在一起的方法。它是基於規則後項的初始成員函數乘以規則前項的眞値來調整初始成員的函數。縮放用來保存模糊集的原始形狀。[fl]

散佈圖(Scatter plot)

一個二維圖形表示兩個變數之間的關聯程度。資料以一群點來表示。每個點在水平坐標軸上的位置是由一個變數所決定，而在垂直坐標軸的位置則是由另一個變數所決定。[dm]

模式(Schema)

一串 0、1 和星號的字串，其中每個星號可以假設為 1 或 0。例如，模式 1**0 代表示一組從 1 開始以 0 結尾的 4 位元字串。[ec]

模式定理(Schema theorem)

下一代中給定模式實例的數量與這一代中模式的適應性以及染色體的平均適應性關聯起來的理論。這個理論顯示，高於平均適應性的模式容易在下一代中頻繁發生。[ec]

搜尋(Search)

透過檢查解決問題的一系列可能的解決方案來找出可以接受的解決方案的過程。[es]

搜尋空間(Search space)

某個給定問題所有可能的解決方案集合。[es]

選擇(Selection)

根據適應性來選擇用於繁殖的親代的過程。[ec]

自組織學習(Self-organised learning)

參見無監督學習。[nn]

語意網路(Semantic network)

透過一個由帶標記的節點和弧構成的圖來表達知識的方法，圖中的節點表示物件，弧表示這些物件之間的關係。[es]

靈敏度分析(Sensitivity analysis)

決定模型的輸出對某個輸入的敏感程度的技術。該技術可以用來理解不透明模型的內部關係，因此可以應用在神經網路中。透過將每個輸入設定成最小值，然後再設定成最大值，並測量網路的輸出來執行靈敏度分析。[ke]

集(Set)

元素(或者說成員)的集合。

集合論(Set theory)

對物件的類或者集合的研究。集合是數學的基本單元。經典集合理論並不承認模糊集，模糊集的元素在某些程度上可以屬於很多個集合。典型的集合論是二元的：表示元素屬於或不屬於某個特別的集合。也就是說，經典集合理論對集合中的每個元素所賦予的值爲 1，對不屬於那個集合的所有元素賦予的值爲 0。

框架(Shell)

參見專家系統框架。[es]

S 形激勵函數(Sigmoid activation function)

一種激勵函數，其將一個介於正無窮大和負無窮大之間的輸入值轉變爲 0 和 1 之間的合理值。具有這個函數的神經元被使用於多層感知器。[nn]

符號激勵函數(Sign activation function)

一種限幅激勵函數，如果輸入是正的那麼它的輸出是+1；如果輸入是負的那麼它的輸出是−1。[nn]

單態模式(Singleton)

參見模糊單態模式。[fl]

槽(Slot)

基於框架系統的一個框架組成部分，它描述框架的某個屬性。例如，框架 Computer 會有 model 這個屬性的一個槽。[es]

細胞體(Soma)

生物神經元的身體部位。[nn]

步階激勵函數(Step activation function)

一種限幅激勵函數，如果輸入是正的那麼它的輸出是 +1；如果輸入是負的那麼它的輸出是 0。[nn]

結構化查詢語言(SQL)

一種指令語言，可供擷取、插入、更新和刪除資料之用。第一版的 SQL，稱爲 SEQUEL，由 Donald Chamberlin 和 IBM 的 Raymond Boyce 於 1970 年代初期所研發出來。[dm]

彙總統計(Summary statistics)

一組代表各種資料特徵的值，如平均數、中位數、模式、範圍和標準差。[dm]

監督學習(Supervised learning)

需要一個能提供一系列訓練例子給 ANN 外部教師的學習類型。每個例子都包含輸入模式和由網路產生的預期輸出模式。這個網路決定了實際的輸出，並且把它與訓練例子的預期輸出進行比較。如果從網路得到的輸出和訓練例子的預期輸出不同，那麼網路權重將被修改。監督學習的最常用的方法是後向傳送。[nn]

適者生存(Survival of the fittest)

只有適應性最強的個體才能夠生存下來，並把它們的基因傳給下一代的理論。[ec]

符號(Symbol)

描述一些物件的字元或字串。[es]

符號推理(Symbolic reasoning)

用符號來進行推理。[es]

突觸(Synapse)

生物神經網路中兩個神經元的化學媒介連接，因此一個細胞的狀態會影響另一個細胞的狀態。雖然還有許多其他的排列方法，但是突觸經常出現在軸突和樹突之間。參見連接。[nn]

突觸權重(Synaptic weight)

參見權重。[nn]

終端節點(Terminal node)

參見葉子。[dm]

測試集(Test set)

用來測試一個 ANN 一般化能力的資料集。測試資料集是嚴格獨立於訓練集的，它包括在網路中從來沒有出現的一些例子。一旦訓練完成，網路會用測試集來進行驗證。[nn]

臨界值(Threshold)

在神經元的輸出產生之前必須超出的特定值。例如，在 McCulloch 和 Pitts 神經元模型，如果淨輸入小於起始值，神經元的輸出爲–1。但是，如果淨輸入大於或等於起始值，神經元變得活動起來，其輸出必須達到+1。參見極限值。[nn]

極限值(Threshold value)

見臨界值。[nn]

拓撲(Topology)

一種神經網路的結構，指的是神經網路內的層數、每層內的神經元個數以及神經元之間的連接數。參見體系結構。[nn]

玩具問題(Toy problem)

人造問題，如遊戲。也指一個複雜問題在非現實上的運用。[es]

訓練(Training)

參見學習。[nn]

訓練集(Training set)

用於訓練 ANN 的資料集。[nn]

轉移函數(Transfer function)

參見激勵函數。[nn]

真值(Truth value)

一般而言，術語眞値與成員値是同義詞。眞値反映模糊語句的眞實性。例如，模糊命題 x is $A(0.7)$表示元素 x 是模糊集 A 成員的程度是 0.7。這個數字表示命題的眞實性。[fl]

圖靈測試(Turing test)

用於決定一個機器是否能夠通過智慧行爲的測試。圖靈把電腦的智慧行爲定義爲在某個認知任務中能夠達到人類水準的能力。在測試當中，某人透過神經介質(如遠端終端)來詢問某人或某物。如果提問者不能把人和機器區分開，那麼該電腦就通過了這個測試。

聯集(Union)

在經典集合理論中，兩個集合的聯集由屬於兩個集合的所有元素組成。例如，高大男人和肥胖男人的聯集包含所有非高即胖的男人。在模糊集合理論中，聯集是交集的逆運算，也就是說，聯集是任一集合內之元素的最大成員値。[fl]

論域(Universe of discourse)

某一給定變數的所有可能値範圍。[fl]

無監督學習(Unsupervised learning)

不需要額外教師的一種學習類型。在學習中，ANN 接收一些不同的輸入模式，發現這些模式中的重要特徵，並學會怎樣把輸入資料放入合適的類別中。參見自組織學習。[nn]

使用者(User)

使用知識系統的人。例如，使用者有可能是一判斷分子結構的分析化學家，一診斷傳染性血液疾病的資淺醫生，一位試圖發現新礦藏的地質探勘學家，或者在緊急情況下想聽聽建議的電力系統操作人員。參見終端使用者。[es]

使用者介面(User interface)

使用者和機器之間交流的方式。[es]

視覺化(Visualisation)

參見資料視覺化。[dm]

權重(Weight)

在 ANN 中與兩個神經元連接有關的值。這個值決定了連接的強度，也表示了一個神經元有多少輸出被傳送給了另一個神經元的輸入。參見突觸權重。[nn]

WHEN CHANGED 方法(WHEN CHANGED method)

在基於框架的專家系統中，與框架的槽有關的程序。當新的資訊被放入槽中時，WHEN CHANGED 方法會被執行。[es]

WHEN NEEDED 方法(WHEN NEEDED method)

在框架型專家系統中，與框架的槽有關的程序。WHEN NEEDED 方法執行於當需要某個資訊來解決問題，但該資訊的槽值卻未被指明的情況。[es]

AI工具和廠商

專家系統框架

ACQUIRE

一個知識擷取和專家系統開發的工具。知識係以生產規則和樣式型動作表來表示。ACQUIRE 在建立專家系統時不需要進行特殊的訓練。領域專家能夠獨立建立一個知識庫並且開發應用程式，而不需要借助知識工程師。

Acquired Intelligence Inc.
205 -1095 McKenzie Avenue
Victoria, BC, Canada, V8P 2L5
Phone: +1 (250) 479-8646
Fax: +1 (250) 479-0764
http://www.aiinc.ca/acquire/acquire.shtml

Exsys Corvid

一種用於建置專家系統的 Java 型工具。決策步驟是透過建立邏輯圖和規則來描述。Exsys Corvid 可以使用 Corvid Servlet Runtime 以網頁的形式提供服務，它可以動態地產生 HTML 網頁的使用者介面，或者透過 Java Applet Runtime 將它們顯示在使用者的電腦上。系統可以透過標準的 ODBC/JDBC 介面以及 SQL 指令與資料庫互通訊息。Exsys Corvid 也可以當作獨立的應用軟體，讓它整合到其他的資訊架構中一起運作。

EXSYS
6301 Indian School Rd. NE, Suite 700

Albuquerque, NM 87110, USA
Phone: +1 (505) 888-9494
Fax: +1 (505) 888-9509
http://www.exsys.com/

FICO Blaze Advisor

一個開發規則型物件導向專家系統的複雜工具。有多種方法可用於建立和管理規則。這些方法包括決策樹、記分卡、決策表、公式產生器、圖形式決策流程以及自訂範本。BlazeAdvisor 透過所取得的使用者定義事件來監視商業績效。本系統具有開放式架構，可以很方便地與任何計算環境整合，接受來自多個資料庫、XML 文件、Java 物件、.NET/COM 物件和 COBOL 抄錄表格等形式的輸入。

Fair Isaac Corporation
901 Marquette Avenue, Suite 3200
Minneapolis, MN 55402, USA
Phone: +1 (612) 758-5200
Phone: +1 (415) 472-2211
Fax: +1 (612) 758 5201
http://www.fico.com/en/Products/Pages/default.aspx

Flex

一種框架型專家系統的工具包。支援框架型推理，具有繼承、規則型程式設計和資料驅動程序。Flex 自己有類似英語的知識規格語言(KSL)。Flex 的主要結構是供組織物件用的框架和帶有槽的實例，用於存放資料的預設值和目前值，爲槽值增加功能的守護程式和限制，表達知識和專門技術的規則和聯繫，定義必要過程的函數和動作，以及對終端使用者交互問題的解答。KSL 支援數學運算式、布林運算式和條件運算式。

Logic Programming Associates Ltd
Studio 30，Royal Victoria Patriotic Building
Trinity Road, London SW18 3SX, UK

Phone: +44 (0)20 8871-2016
Fax: +44 (0)20 8874-0449
http://www.lpa.co.uk/flx.htm

G2 Rule Engine Platform

一種物件導向的互動式、圖形化環境，用於開發和線上部署智慧系統。物件透過多重繼承被有層次地組織於類中。開發者可以透過圖形化的表示和連接物件來模擬應用程式。專家知識則是透過規則來表達。G2 可即時有效率地運作且事件都有時間戳記。G2 可執行於微軟視窗、Red Hat Linux 和 LinuxEnterprise、Sun Solaris SPARC、IBM AIX、HP-UX 和 Compaq Tru64 UNIX 系統。

Gensym Corporation
6011 West Courtyard Drive, Suite 300
Austin, TX 78730, USA
Phone: +1 (512) 377-9700
e-mail:info@gensym.com
http://www.gensym.com

Intellix

一種結合了神經網路和專家系統技術而開發出的綜合性工具。這個工具提供了一個不需要任何程式設計技巧的友好使用者環境。領域知識由產生式規則和例子來表示。這個系統使用了神經網路中的模式匹配來結合規則解釋的技術，它能夠進行即時學習。

Intellix Denmark
Nikolaj Plads 32, 2
DK-1067 Copenhagen K, Denmark
Phone: +45 3314-8100
Fax: +45 3314-8130
e-mail:info@intellix.com
http://www.intellix.com/products/designer/designer.html

JESS

JESS(Java Expert System Shell)是能夠從 Sandia 國家實驗室免費下載的工具(包括其完整的 Java 原始碼)。JESS 是從 CLIPS(C Language Integrated Production System)中得到啓發的，但是卻發展成了一個擁有自己特點的完整工具。JESS 語言仍然可以和 CLIPS 相容，即 JESS 腳本也是有效的 CLIPS 腳本，反之亦然。JESS 爲 CLIPS 增加了許多特性，包括後向連結以及操作和直接推理 Java 物件的能力。儘管用 Java 實作，但是 JESS 比 CLIPS 的運行速度更快。

Sandia National Laboratories, California
PO Box 969
Livermore, CA 94551-0969, USA
e-mail:ejfried@sandia.gov
http://herzberg.ca.sandia.gov/jess

Vanguard Knowledge Automation System

一個特別針對 Web 整合應用軟體所開發的完整工具。它包括 Vanguard Studio、Vanguard Server、Web 開發增益集以及內容管理系統(CMS)。CMS 是一個適用於非程式設計人員使用的 Web 專家系統開發工具。它使用視覺型的編輯器以及一個視覺型的邏輯畫面，可以協助業務人員自動化其專業知識並且只需使用 Web 瀏覽器就可彼此協力工作。Vanguard Studio 使用 Web 開發增益集，讓使用者控制模型的外觀以及在 Web 環境的行爲。

Vanguard Software Corporation
1100 Crescent Green
Cary, NC 27518, USA
Phone: +1 (919) 859-4101
Fax: +1 (919) 851-9457
e-mail:info@vanguardsw.com
http://www.vanguardsw.com/products/knowledge-automation-system/

VisiRule

一個規則型的圖形化工具，以繪製決策邏輯的方式來開發並遞交營運規則的系統及元件。被辨識出的營運邏輯以一系列圖形化圖像與連結來表示。底層的邏輯推理引擎保證其高符合性和準確性。VisiRule 適用於建置法規遵循系統、財務決策系統以及驗證系統。它支援多個連結的圖表。VisiRule 圖表可以在 Windows 環境下呈現或使用 LPA Intelligence Server 工具將之嵌入到 Java、VB、Delphi、C/C++、.NET 和 C#。也可以在 Web 上發佈圖表。

Logic Programming Associates Ltd
Studio 30, Royal Victoria Patriotic Building
Trinity Road, London SW18 3SX, UK
Phone: +44 (0)20 8871-2016
Fax: +44 (0)20 8874-0449
http://www.lpa.co.uk/

Visual Rules

Visual Rules 以圖形建模方法為基礎。它提供受到資訊界採用而具有適合商業人士使用之商業邏輯的統一建模語言(UML)。程式碼可自動產生且符合標準。

Innovations
Software Technology Corp.
161 N. Clark Street
Chicago, Illinois 60601, USA
Phone: +1 (312) 523-2176
Fax: +1 (312) 268-6286
e-mail:info@innovations-software.com
http://www.innovations-software.com

XMaster

這個系統由兩個基本套裝軟體所組成：XMaster Developer 及 MXMaster User。有了 XMaster Developer，使用者只需要建立一份可能的假設和證據項目清單就可以建立一個知識庫。證據項目會被關聯到相關的假設。XMaster 也讓使用者能夠將不確定或近似的關係納入知識庫。它使用貝式推理(Bayesian reasoning)來管理這些不確定性。

Chris Naylor Research Limited
14 Castle Gardens
Scarborough, North Yorkshire
YO11 1QU, UK
Phone: +44 (1)723 354590
e-mail:ChrisNaylor@ChrisNaylor.co.uk
http://www.chrisnaylor.co.uk/

XpertRule

一種用於開發規則型專家系統的工具。領域知識是透過決策樹、例子、眞值表和異常樹來表示。決策樹是知識表達的主要方法。例子將結果與屬性關聯起來。眞值表則是例子的延伸，它表示涵蓋了各種可能組合的例子集。例如：眞值表和異常樹，XpertRule 會自動產生決策樹。XpertRule 也運用了模糊推理，模糊推理整合了清晰推理和基因演算法最佳化。

XpertRule Software
Innovation Forum, Innovation Park
51 Frederick Road
Salford M6 6FP, UK
Phone: +44 (0)870 60-60-870
Fax: +44 (0)870 60-40-156
e-mail:info@xpertrule.com
http://www.xpertrule.com/

模糊邏輯工具

FLINT

FLINT(Fuzzy Logic INferencing Toolkit)是一個通用的模糊邏輯推理系統，它讓模糊規則可用於複雜的程式設計環境中。FLINT 支援模糊變數、模糊限定符號和模糊修飾符號(語言模糊限制語)概念。它用簡單的、完整的語法來表達模糊規則。而且它們被放入矩陣中，這通常叫做模糊相關記憶(FAM)。FLINT 為在所有支援 LPA 的硬體和軟體平臺上建構模糊專家系統和制訂支援決策應用程式的程式設計師提供了一個綜合的工具集。

Logic Programming Associates Ltd
Studio 30, Royal Victoria Patriotic Building
Trinity Road, London SW18 3SX, UK
Phone: +44 (0)20 8871-2016
Fax: +44 (0)20 8874-0449
e-mail:tech_team@lpa.co.uk
http://www.lpa.co.uk/fln.htm

Fuzzy Control Manager

Fuzzy Control Manager(FCM)提供了允許使用者在開發、除錯和最佳化模糊系統時，顯示相關資料的圖形使用者介面(GUI)，還提供了可以點擊規則的編輯器和隸屬函數的圖形化編輯器。它使使用者在 C 編譯器中產生原始碼或二進位碼。

TransferTech GmbH
Eichendorffstr. 1
D-38110 Braunschweig, Germany
Phone: +49 5307-490-9160
Fax: +49 5307-490-9161
e-mail:info@transfertech.de
http://www.transfertech.de/wwwe/fcm/fcme_gen.htm

Fuzzy Query

一個執行於 Win32 的應用軟體。它可以讓使用者以結構化查詢語言所具有的強大能力和語意靈活性來查詢資料庫。它提供的資訊不受布林邏輯的嚴密制約。使用者不僅能看見最符合所指定條件的候選者，而且也包括能觀察到幾乎錯過該條件的候選者。Fuzzy Query 傳回的每一個記錄都按照符合特定標準的程度來排序顯示。

Fuzzy Systems Solutions
Sonalysts Inc .
215 Parkway North
Waterford, CT 06385, USA
Phone: +1 (860) 526-8091
Fax: +1 (860) 447-8883
e-mail:FuzzyQuery@Sonalysts.com
http://fuzzy.sonalysts.com/

FuzzyJ Toolkit

一組提供處理模糊推理功能的 Java 類別。對於在 Java 環境中開發模糊邏輯，它是非常有用的。它是根據早期擴展 CLIPS 專家系統框架得到 FuzzyCLIPS 的經驗而得到的。它可以單獨地用來建立模糊規則和進行推理。它也可以搭配來自 Sandia 國家實險室的 Expert System Shell 的 JESS 一起使用。FuzzyJ 是可以免費下載的。

Integrated Reasoning Group
NRC Institute for Information Technology
1200 Montreal Road, Building M-50
Ottawa, ON, Canada, K1A 0R6
Phone: +1 (613) 993-9101
Fax: +1 (613) 952-9907
e-mail:info@nrc-cnrc.gc.ca
http://www.nrc-cnrc.gc.ca/eng/ibp/iit/past-projects/fuzzyj-toolkit.html

fuzzyTECH

fuzzyTECH 是世界首屈一指的模糊邏輯和神經模糊解決方案軟體開發工具組合。它提供了兩個基本的產品：應用於技術的 Editions 和應用於財務與商業的 Business。樹狀圖以相同於 Windows Explorer 讓使用者瀏覽個人電腦結構的方式，結構化的存取設計中的模糊邏輯系統內的所有元件。可以讓模糊系統的每個元件以圖形方式進行設計。

Inform Software Corporation
525 West Monroe Street, Suite 2360
Chicago, IL 60661, USA
Phone:+1 (312) 575-0578
Fax:+1 (312) 575-0581
e-mail:office@informusa.com
http://www.fuzzytech.com/

INFORM GmbH
Pascalstrasse 23
D-52076 Aachen, Germany
Phone: +49 2408-9456-5000
Fax: +49 2408-9456-5001
e-mail:hotline@inform-ac.com

jFuzzyLogic

用 Java 編寫的一個模糊邏輯工具。它採用 Fuzzy Control Language (FCL) 規格(IEC 1131p7)。參數最佳化演算法包括衍生法、梯度下降法和跳躍法。成員函數能以連續的方式(GenBell、Sigmoidal、Trapetzoidal、Gaussian、PieceWiseLinear、Triangular、Cosing and Dsigm)，離散的方式(Singleton、GenericSingleton)以及使用者自訂的方式實作。jFuzzyLogic 可免費下載。

Pablo Cingolani
e-mail:pcingola@users.sourceforge.net
http://jfuzzylogic.sourceforge.net/html/index.html

Mathematica Fuzzy Logic Package

這個套裝軟體包括有助於定義輸入和輸出、建立模糊集、操作和合併模糊集及關係、運用模糊推理函數以及整合解模糊化路徑等內建函數。有經驗的模糊邏輯設計者會發現這個套裝軟體很易於使用來研究、模擬、測試和視覺化非常複雜的系統。Fuzzy Logic 需要 Mathematica 5.0-5.2 且可用於 Windows、Mac OS、Linux x86 和 Sun Solaris 平臺。

Wolfram Research, Inc .
100 Trade Center Drive
Champaign, IL 61820-7237, USA
Phone: +1 (217) 398-0700
Fax: +1 (217) 398-0747
http://www.wolfram.com/products/applications/fuzzylogic/

MATLAB Fuzzy Logic Toolbox

具有簡單的點擊介面，能引導使用者完成模糊設計的每個步驟(從設定到診斷)。它針對最新的模糊邏輯方法，如模糊群集和自適應模糊神經學習提供了內嵌支援。工具箱的互動式圖形介面能讓使用者看到並精確調整系統的行為。

The MathWorks, Inc .
3 Apple Hill Drive
Natick, MA 01760-2098, USA
Phone: +1 (508) 647-7000
Fax: +1 (508) 647-7001
http://www.mathworks.com/products/fuzzylogic/

rFLASH

rFLASH(Rigel 的 Fuzzy Logic Applications Software Helper)是一種程式碼產生器，它用 MCS-51 組合語言產生一套子程式和表格來實作 FLC 應用程式。它產生的程式碼可以在 8051 系列微處理器上執行。rFLASH 軟體包括一個程式碼產生器和一個模擬器。程式碼產生器可以直接從一個高階控制任務描述檔(CTDF)中建立 FLC 程式碼。模擬器可以用給定的輸入在 PC 上產生輸出。這種模擬器可以測試幾種輸入和定義好的術語或定義好的規則。

Rigel Corporation
PO Box 90040
Gainesville, FL 32607, USA
Phone: +1 (352) 384-3766
e-mail:techsupport@rigelcorp.com
http://www.rigelcorp.com/flash.htm

Right Rule

一個實作模糊邏輯推理引擎的獨立程式庫。這程式庫在嵌入式系統上是以 C++類別庫的形式提供使用，在桌上型電腦/伺服器應用程式則以 C#模組形式提供使用。模糊邏輯推理引擎被設計用於微軟的.NET Micro Framework，以及研發週期短且靈活性高之嵌入式控制系統。

BLUEdev Ltd
Ap.Melaxrinou 24
Patras 26442, Greece
Phone: +30 2610-4546-00
Fax: +30 2610-4546-01
e-mail:support@bluedev.eu
http://www.bluedev.eu/t2c/

神經網路工具

BrainMaker

這是一個用於商業和市場預測，股票、債券、商品和期貨預測、模式識別以及醫療診斷等，任何使用者需要專業分析的領域的神經網路軟體。使用者不需要任何特殊的程式設計或電腦技巧。BrainMaker 使用後向傳播演算法。它可在 Mac 或 PC 上執行。

California Scientific
4011 Seaport

West Sacramento, CA 95691, USA
Phone: +1 (916) 372-6800
美國免付費電話：1-800-284-8112
e-mail:sales@calsci.com
http://www.calsci.com/BrainIndex.html

EasyNN-plus

一適用於微軟視窗之神經網路軟體系統。它能夠利用導入的檔產生多層次神經網路。數值資料、文字或者影像可以用來建立神經網路。神經網路可以被訓練、驗證和查詢。所有神經網路產生或使用的圖表、影像和輸入/輸出資料都可被顯示出來。影像、表格和網路圖表都會及時地更新，因此使用者可以看到它們都是怎麼工作的。神經網路可以用來對資料進行分析、預報、預測、分類和時間串列預測。

Neural Planner Software Ltd
18 Seymour Road
Cheadle Hulme
Cheshire, SK8 6LR, UK
Phone: +44 7817-680-689
Fax: +44 8700-518-079
e-mail:support@easynn.com
http://www.easynn.com

G2 NeurOn-Line

建構於 Gensym 的 G2 即時規則引擎平臺，G2 NeurOn-Line 結合神經網路和規則型技術可即時管理變化性。它的神經網路模型的作用有如軟式感應器，能分析線上營運資料並估計和預測那些不適於即時測量之重要的程序變數。其神經網路也可以使用歷史或即時性的資料。G2 的 NeurOn-Line 的預測考慮到變化性以便推動那些能促使程序生效之設定的決策。

Gensym Corporation
6011 West Courtyard Drive, Suite 300

Austin, TX 78730, USA
Phone: +1 (512) 377-9700
e-mail:info@gensym.com
http://www.gensym.com

MATLAB Neural Network Toolbox

一個在 MATLAB 的完整神經網路工程環境。它是一個模組化的、開放的、可擴展的設計，對許多已經證明的網路範例提供了全面的支援，如有後向傳送學習功能的多層感知器、迴圈網路、競爭層和自組織圖等。這個工具箱有一圖形使用者介面可供設計和管理網路之用。

The MathWorks, Inc .
3 Apple Hill Drive
Natick, MA 01760-2098, USA
Phone: +1 (508) 647-7000
Fax: +1 (508) 647-7001
http://www.mathworks.com/products/neuralnet/

NeuNet Pro

一個用於樣式識別、資料探勘、利用神經網路建模與預測的通用型軟體工具。它是一個功能強大、易於使用、隨點即選，圖形化的開發環境。NeuNet Pro 可以直接從 MDB 資料庫檔案中存取資料，資料最多可包含 255 個欄位。它提供完整準確性預測之圖形式報表，包括混淆矩陣，散佈圖和時間序列圖。

CorMac Technologies Inc .
28 North Cumberland Street
Thunder Bay, ON, Canada, P7A 4K9
Phone: +1 (807) 345-7114
Fax: +1 (613) 822-5625
e-mail:douglas@cormactech.com
http://www.cormactech.com/

NeuralWorks Predict

一個整合且先進的工具，可用於建立、部署預測和分類等應用程式。Predict把神經網路技術和一般的基因演算法、統計學和模糊邏輯結合在一起，協助多種問題自動地尋找最佳或者接近最佳的解決方案。Predict 不需要任何神經網路方面的知識。對於高級使用者，Predict 還允許他們直接存取所有關鍵的訓練和網路參數。在 Microsoft Windows 環境中，Predict 既可以作爲 Microsoft Excel 的增益集以利用 Excel 的資料處理能力，也可以作爲一個命令列程式。在 Unix 和 Linux 環境中，NeuralWorks Predict 以命令列程式的形式被執行。

NeuralWare
230 East Main Street, Suite 200
Carnegie, PA 15106-2700, USA
Phone: +1 (412) 278-6280
Fax: +1 (412) 278-6289
e-mail:info@neuralware.com
http://www.neuralware.com/products.jsp

NeuroCoM

NeuroCoM(Neuro Control Manager)是一個用於開發和測試神經網路的高性能工具。NeuroCoM 有一個視窗導向的使用者圖形介面，它有助於神經網路的訓練及分析。這個介面有助於神經網路體系結構、傳遞函數和學習過程的視覺化。NeuroCoM 能夠產生 C 語言的原始碼。

TransferTech GmbH
Eichendorffstr 1
D-38110 Braunschweig, Germany
Phone: +49 (05307) 490-91-60
Fax: +49 (05307) 490-91-61
Phone: +49 (531) 890-255
Fax: +49 (531) 890-355

e-mail:info@transfertech.de

http://www.transfertech.de/wwwe/ncm/ncme_scr.htm

NeuroModel

建立特別適用於製程工業所需的模型。模型可使用製程數據記錄來建立，然後用於分析製程。NeuroModel 可以對應多達 255 個連續變數，使得具有數百個變數的複雜製程也可以被視覺化和模型化。

atlan-tec Systems GmbH

CEO:Dipl.-Ing. Thomas Froese

Hanns-Martin-Schleyer-Str.18 a

Haus 3/ 1. Obergeschoss

47877 Willich-Mu¨nchheide II, Germany

Phone: +49 2154-9248-0

Fax: +49 2154-9248-100

e-mail:info@atlan-tec.com

http://www.atlan-tec.com/neuromodel_en.html

NeuroShell 2

它有功能強大的神經網路架構，它的使用者介面採用的是 Microsoft Windows 的圖示，有豐富的工具和流行的選項，給使用者提供最終的神經網路實驗環境。它適用於從事理論研究的使用者或者那些對典型神經網路範例(如後向傳送)感興趣的使用者。對於有意解決實際問題人而言，應該考慮 AI 的三個主要軟體：NeuroShell Predictor、NeuroShell Classifier 與 GeneHunter。

Ward Systems Group, Inc .

Executive Park West

5 Hillcrest Drive

Frederick, MD 21703, USA

Phone: +1 (301) 662-7950

Fax: +1 (301) 663-9920

e-mail:sales@wardsystems.com
http://www.wardsystems.com/neuroshell2.asp

NeuroSolutions

這個軟體將模組化的圖示網路設計介面和學習過程的實作(如迴圈後向傳送和透過時間後向傳送)相結合。其他特點包括圖形使用者介面和產生C++原始碼。NeuroSolutions 有三個等級：Educator(設計爲要學習神經網路的初學者)、User(透過許多用於靜態模式識別應用的神經模型擴展了 Educator 級別)、Consultants(爲動態模式識別、時間串列預測和行程控制提供增強的模型)。

NeuroDimension, Inc .
3701 NW 40th Terrace, Suite 1
Gainesville, FL 32606, USA
Phone: +1 (352) 377-5144
美國免付費電話：1-800-634-3327
Fax: +1 (352) 377-9009
e-mail:info@nd.com
http://www.neurosolutions.com/products/ns

STATISTICA Automated Neural Networks

STATISTICA Automated Neural Networks(SANN)是市場上最先進且執行性能最好的神經網路應用軟體之一。它會引導使用者完成建立神經網路的過程，並提供整合的預處理和後處理，包括資料選擇、標稱值編碼、縮放，正規化和遺漏值之替換。SANN 可以結合不同的神經網路和網路架構使之融爲一體。它會自動執行 Microsoft Excel 試算表中的神經網路分析，或採用客製應用軟體內以 C、C++、C#、JAVA 等語言所開發的神經網路程序。

StatSoft, Inc.
2300 East 14th Street
Tulsa, OK 74104, USA
Phone: +1 (918) 749-1119

Fax: +1 (918) 749-2217
e-mail:info@statsoft.com
http://www.statsoft.com/products/statistica-automated-neural-networks

Trajan 6.0 Professional

一個複雜的神經網路模擬套裝軟體，可用於資料探勘、推理、建模和預測。Trajan 的主要特徵之一是 Intelligent Problem Solver，它能簡化整個神經的設計過程。Intelligent Problem Solver 處理模型類型和複雜的探索性選擇、變數的選擇和訓練程序。Trajan 支援多層感知器、Kohonen 網路、輻狀基底類神經網路、線性模型、機率和一般化回歸類神經網路。訓練用的演算法包括後向傳播、Levenburg–Marquardt 和共軛梯度下降演算法。還包括誤差圖、自動交叉驗證，以及各種停止條件。

Trajan Software Ltd
The Old Rectory, Low Toynton,
Horncastle, Lincs, LN9 6JU, UK
Phone: +44 1507 524-077
Fax: +44 8700 515-931
e-mail:sales@trajan-software.demon.co.uk
http://www.trajan-software.demon.co.uk/

演化計算工具

Evolutionary Optimizer

Evolutionary Optimizer(EVO)是一個由數值參數確定最佳化系統特性的基本工具。這個系統提供了圖形化的友好的使用者介面，它不需要任何程式設計知識。

TransferTech GmbH
Eichendorffstr. 1
D-38110 Braunschweig, Germany

Phone: +49 5307-490-9160

Fax: +49 5307-490-9161

e-mail:info@transfertech.de

http://www.transfertech.de/wwwe/evo/evoe_gen.htm

Evolver

一個用於 Microsoft Excel 之遺傳演算法的增益集。它使用創新的基因演算法來快速地解決金融、配銷、排程、資源分配、製造、預算、工程等領域的最佳化問題。事實上，任何一個可以用 Excel 模式化的問題，Evolver 都可以解決。它的遺傳演算法得出一個問題的最佳"全域性"解答。它不需要任何程式設計或基因演算法理論方面的知識，它帶有插圖豐富的參考手冊、幾個例子和免費的、無限的技術支援。

Palisade Corporation

798 Cascadilla Street

Ithaca, NY 14850, USA

Phone: +1 (607) 277-8000

美國/加拿大免付費：1-800-432-7475

Fax: +1 (607) 277-8001

e-mail:sales@palisade.com

http://www.palisade.com/evolver/

GEATbx

GEATbx(Genetic and Evolutionary Algorithm Toolbox)和 MATLAB 的結合使用是演化演算法在 MATLAB 上最完整的實作。大量的操作完全被嵌入到這個環境中，這個環境構成一個功能強大且適用於解決各種問題的最佳化工具。

Hartmut Pohlheim

Charlottenstr. 23, 13156 Berlin, Germany

Phone: +49 700 7645-4346

Fax: +49 700 7645-4346

e-mail:support@geatbx.com
http://www.geatbx.com/

GeneHunter

它是解決最佳化問題且功能強大的解決方案。GeneHunter 包括一個 Excel 增益集，它可以讓使用者從 Excel 執行一最佳化問題，以及一基因演算法函數的動態連結程式庫，它可以從如 Microsoft Visual Basic 或者 C 等程式語言來呼叫使用。

Ward Systems Group, Inc .
Executive Park West
5 Hillcrest Drive
Frederick, MD 21703, USA
Phone: +1 (301) 662-7950
Fax: +1 (301) 663-9920
e-mail:sales@wardsystems.com
http://www.wardsystems.com/genehunter.asp

GenSheet

將基因演算法以 C 語言實作為快速的動態連結程式庫。GenSheet 支援用於二進位、整數、實數和互換表示的遺傳運算，還包括用於受限制的非線性最佳化、遺傳分類器、工作時間安排和計算最小變數組合的特殊命令。GenSheet 需要 Microsoft Excel 軟體。所有的 GenSheet 命令都被配置在容易使用的 Excel 功能表欄中。GenSheet 提供了互動式的協助和自學教材。

Inductive Solutions, Inc .
380 Rector Place, Suite 4A
New York, NY 10280, USA
Phone: +1 (212) 945-0630
Fax: +1 (212) 945-0367
e-mail:roy@inductive.com
http://www.inductive.com/softgen.htm

MATLAB Global Optimization Toolbox

Global Optimization Toolbox 提供了可針對具有多個極大或極小值之問題來搜索全域性解答的方法。自訂的遺傳演算法可以透過修改初始個體數以及適應度調整選項的方式，或是透過定義父母選擇、交配和突變功能的方式予以建立起來。搜索模式可透過定義輪詢、搜索以及其他功能的方式予以客製化。該工具箱有一圖形使用者介面可供設計和管理遺傳演算法之用。

The MathWorks, Inc .
3 Apple Hill Drive
Natick, MA 01760-2098, USA
Phone: +1 (508) 647-7000
Fax: +1 (508) 647-7001
http://www.mathworks.com/products/global-optimization/

OptiGen Library

OptiGen 程式庫是一個物件導向的程式介面。它結合單目標和多目標遺傳演算法的優點，先進的屬性選擇演算法和其他最佳化策略如模擬退火而變成一個共同的物件導向介面。OptiGen 程式庫支援所有 .NET 語言、Visual Studio C++ 以及支援 ActiveX(COM)的語言，包括 Microsoft Office 產品中的 VBA。

NeuroDimension, Inc .
3701 NW 40th Terrace, Suite 1
Gainesville, FL 32606, USA
Phone: +1 (352) 377-5144
美國免付費電話：1-800-634-3327
Fax: +1 (352) 377-9009
e-mail:info@nd.com
http://www.nd.com/genetic/

xl bit

一用於 Microsoft Excel 的增益集。它不需要任何編寫程式方面的知識。本系統允許最多達 500 個染色體、多個適應度調整功能、四種變數類型(二進位、整數、非整數和排列)、三個交配方法選項，並提供一個使用者友善的圖形介面。

XLPert Enterprise
e-mail:sales@xlpert.com
http://www.xlpert.com/

資料探勘

Angoss KnowledgeSEEKER

一個強大的資料探勘解決方案，它提供資料格式比對，先進的資料視覺化和決策樹等能力。它廣泛應用在市場行銷、銷售和風險功能。KnowledgeSEEKER 可以透過 SAS、SPSS 驅動程式以及使用文字和 ODBC 從大部份的資料來源輸入資料，包括統計文件、檔案伺服器和資料庫。它還允許在資料倉儲中進行計算，省去資料於軟體間往返，從而延遲了回應時間。

Angoss Software Corporation
111 George Street, Suite 200
Toronto, ON, Canada, M5A 2N4
Phone: +1 (416) 593-1122
Fax: +1 (416) 593-5077
http://www.angoss.com/

BLIASoft Knowledge Discovery

BLIASoftKnowledge Discovery 是一個決策支援工具。它從資料中擷取出模型。訓練資料可以是定性的或定量的。BLIASoft 知識發掘可以使用不完整的、不確定的，甚至是相互矛盾的資料。它易於使用且不需要任何特別的資料處理技能。

BLIA Solutions
1，rue du Pont Guilhemery
31 000 Toulouse, France
e-mail:support@bliasolutions.com
http://www.bliasoft.com

FICO Model Builder for Decision Trees

一個圖形化開發工具，它能快速地將資料驅動分析與人類的專業知識結合起來建立容易查看、可編輯的決策樹。本軟體檢視並分割策略區隔以製造分枝去隔離雷同的目標群體。然後，使用者可以根據性能指標選出代表最有效之區隔變數。它可以立刻比較策略而不需要編寫程式碼。

Fair Isaac Corporation
901 Marquette Avenue, Suite 3200
Minneapolis, MN 55402, USA
Phone: +1 (612) 758 5200
Fax: +1 (612) 758 5201
http://www.fico.com/en/Products/Pages/default.aspx

IBM DB2 Data Warehouse Edition

DB2Data Warehouse Edition(DWE)是一套提供完整商業智慧平台的產品。使用者可以建立一個完整的資料倉儲解決方案，包括一個高延展性的關聯資料庫、資料存取功能、業務智慧分析和前端分析工具。DB2 Data Warehouse 標準版包括以下產品：DB2 Universal Database Workgroup Server, DB2 Cube Views, DB2 Intelligent Miner 以及 DB2 Office Connect。

IBM Corporation
1 New Orchard Road
Armonk, NY 10504-1722, USA
Phone: +1 877-426-6006
Fax: +1 800-314-1092
http://www-01.ibm.com/software/data/iminer/

Investigator II

Investigator II 提供一個易於使用的工具可供分析、預報和監督業務績效之用。它轉換資料成為可支援決策的報表和圖表。它可以讓使用者以單一畫面的形式來監測、回報和比較任何與產品和市場以及與績效指標有關的事實分組，其範圍遍及過去、現在和未來。Investigator II 支援貝氏分類器、案例式推理、決策樹、C means 群聚法、資料融合、K means、Kohonen 群聚法，神經網路和主成份分析。

Solutions4Planning Ltd
Garrick House
138 London Road
Gloucester GL1 3PL, UK
Phone: +44 1276-485-711
http://www.solutions4planning.com/investigator-2.html

KXEN Analytic Framework

提供分類、迴歸、屬性重要性、群聚(也稱為區隔)、預測和購物籃分析等解決方案。它找出個體的群聚或是個體群聚的自然分組或共同行為，並提供每個群聚相應的描述，產生能辨識交易資料內樣式的規則，並用以描述哪些事件最有可能一起發生，使用按時間順序排序的資料來預測在資料中有意義的樣式和趨勢以預測下一段時間的結果。不同於傳統的資料探勘工具，KXENAnalytic Framework 可以處理非常大量的輸入屬性數量(10,000 個以上)。

KXEN, Inc .
201 Mission Street, Suite 1950
San Francisco, CA 94105-1831, USA
Phone: +1 (415) 904-4160
Fax: +1 (415) 904-9041
e-mail:sales-us@kxen.com
http://www.kxen.com/

Oracle Data Mining

OracleData Mining(ODM)是一個 Oracle Database 11g 企業版的付費選購項目。它讓使用者能夠建構和部署能提供預測分析的應用程式。應用程式可以使用 SQL 和 Java API 建置來自動地探勘 Oracle 資料並立刻部署所得到的結果。因爲資料、模型和結果仍然保留在 Oracle 資料庫，因此免於往來移動資料，而得到最大的安全性與最小的訊息延遲。ODM 模型可以包含在 SQL 查詢，並內嵌於應用程式中。ODM 可以執行分類、迴歸分析、異常檢測、群聚、購物籃分析和特徵擷取。

Oracle Corporation
500 Oracle Parkway
Redwood Shores, CA 94065, USA
Phone:+1 (650) 506-7000 or +1 800-392-2999
e-mail:oraclesales_us@oracle.com
http://www.oracle.com/technology/products/bi/odm/index.html

Partek Discovery Suite

Partek Discovery Suite 將資料分析與視覺化的方法與古典統計整合在一起,使研究人員能夠迅速針對許多不同的樣式分析和識別問題找到解決方案。它沒有任何行數或列數方面的限制，因此，可以輕鬆實現分析、編輯和處理大型資料集的目的。也有助於將高維度資料對應到低維度資料供視覺化、分析或模型化之用。

Partek Incorporated
12747 Olive Blvd., Suite 205
St. Louis, MO 63141, USA
Phone: +1 (314) 878-2329
Fax: +1 (314) 275-8453
e-mail:inquire@partek.com
http://www.partek.com/partekds

Portrait Customer Analytics

一個功能強大，易於使用，預測式分析解決方案，其中加入強大的三維資料視覺化功能，可拓展現有的行銷和分析環境。一個易於使用的介面可將資料轉換成為視覺訊息。Portrait Customer Analytics 針對顧客流失/損耗、活動反應、交叉銷售/追加銷售、風險/違約、顧客終身價值和獲利率等方面提供快速地自動建模。預先提供的建模技術有決策樹、迴歸、加成記分卡和群聚等。

Portrait Software
The Smith Centre
The Fairmile
Henley-on-Thames
RG9 6AB, UK
Phone: +44 1491-416-600
Fax: +44 1491-416-601
http://www.portraitsoftware.com/

SAS Enterprise Miner

SAS 採用一系列收集、分類、分析和解讀數據的技術以揭露樣式、異常、主要變數和關係。SAS Enterprise Miner 提供最完整的先進預測性和描述性建模演算法，包括購物籃分析、決策樹、梯度逼近，最小角迴歸線(least angular regression splines)、神經網路、線性和邏輯斯迴歸、淨最小平方迴歸以及更多其他的演算法。

SAS Institute Inc .
100 SAS Campus Drive
Cary, NC 27513-2414, USA
Phone: +1 (919) 677-8000
Fax: +1 (919) 677-4444
http://www.sas.com/technologies/analytics/datamining/miner/

TIBCO Spotfire Miner

一個資料探勘和視覺化程式設計的產品，可使企業洞悉隱藏在他們所收集到資料內的樣式、趨勢和關係。它具有一個專爲統計人員和業務分析師所設計的友善使用介面。Spotfire Miner 的視覺型工作流程圖記錄了應用程式的每一步，讓複製結果變得更容易。Spotfire Miner 提供資料處理節點以支援每一個資料探勘過程步驟，包括資料取用(文件和資料庫)、發掘和轉換；資料清理、模型建立、邏輯斯迴歸和線性迴歸、分類和迴歸樹、神經網路、單純貝氏、K-means 群聚、主成份分析、關聯規則和 Cox 迴歸模型評估以及資料輸出。

TIBCO Spotfire Main Office
212 Elm Street
Somerville, MA 02144, USA
Phone: +1 (617) 702-1600
Fax: +1 (617) 702-1700
e-mail:mds@tibco.com
http://spotfire.tibco.com/products/data-mining-applications.aspx

Vanguard Decision Tree

Vanguard Decision Tree Suite 是一個整合式應用軟體，它包括 Vanguard Studio 與 Decision Tree Analysis 增益元件。這讓使用者得以執行傳統的決策樹分析和 Markov 模擬。

Vanguard Software Corporation
1100 Crescent Green
Cary, NC 27518, USA
Phone: +1 (919) 859-4101
Fax: +1 (919) 851-9457
e-mail:info@vanguardsw.com
http://www.vanguardsw.com/products/decision-tree-suite/

Viscovery SOMine

Viscovery SOMine 是一個桌面應用程式，可於一個直覺的工作流程環境中從事探索性資料探勘、視覺型群聚分析、統計輪廓、根據自組織映射網路和古典統計所做之市場區隔和分類。自 1996 年首次發行以來，Viscovery SOMine 已成爲 SOM 型商用資料探勘的標準。它提供探索性資料探勘、群聚定義、特徵擷取/區隔以及好用的統計功能，如 Ward 群聚法、分組特徵和描述性統計等方面的建模工具。Viscovery SOMine 使用已標準化軟體，不需要特別的訂製、安裝、硬體設施或系統維護。

Viscovery Software GmbH
Kupelwiesergasse 27
A-1130 Vienna, Austria
Phone: +43 1 532-05-70
Fax: +43 1 532-05-70-33
e-mail:inquire@partek.com
http://www.eudaptics.co.at/

VisiRex

Visual Rule Extraction(VisiRex)是一個通用的軟體工具可用於執行資料探勘、資料預測和使用歸納式規則擷取法進行知識發掘。它發掘在資料庫中有趣和有用的樣式和規則，產生成完整的統計報表，建立彩色化的決策樹來修剪並區隔資料爲不同的群聚。VisiRex 還可以讓使用者使用一部分資料來建立預測模型，然後用另一部分資料來測試模型。

CorMac Technologies Inc .
28 North Cumberland Street
Thunder Bay, ON, Canada, P7A 4K9
Phone: +1 (807) 345-7114
Fax: +1 (613) 822-5625
e-mail:douglas@cormactech.com
http://cormactech.com/visirex/

Viscovery SOMine

[illegible]

Viscovery Software GmbH

[illegible]

國家圖書館出版品預行編目資料

人工智慧：智慧型系統導論 / Michael Negnevitsky 原著；
謝政勳, 廖珗洲, 李聯旺 編譯. -- 初版. --
臺北市：臺灣培生教育, 2012.03
面 ； 公分
譯自 ： Artificial intelligence:
a guide to intelligent systems, 3rd ed.
ISBN 978-986-280-095-9 (平裝)
1. 人工智慧 2. 專家系統

312.83 100026706

人工智慧：智慧型系統導論(第三版)

ARTIFICIAL INTELLIGENCE: A GUIDE TO INTELLIGENT SYSTEMS, 3/E

原著 / Michael Negnevitsky
編譯 / 謝政勳、廖珗洲、李聯旺
執行編輯 / 劉暐承
發行人 / 陳本源
發行所暨總代理 / 全華圖書股份有限公司
郵政帳號 / 0100836-1 號
印刷者 / 宏懋打字印刷股份有限公司
圖書編號 / 0599001
初版七刷 / 2023 年 09 月
定價 / 新台幣 590 元
ISBN / 978-986-280-095-9
全華圖書 / www.chwa.com.tw
全華網路書店 Open Tech / www.opentech.com.tw
若您對書籍內容、排版印刷有任何問題，歡迎來信指導 book@chwa.com.tw

臺北總公司(北區營業處)
地址：23671 新北市土城區忠義路 21 號
電話：(02) 2262-5666
傳真：(02) 6637-3695、6637-3696

南區營業處
地址：80769 高雄市三民區應安街 12 號
電話：(07) 381-1377
傳真：(07) 862-5562

中區營業處
地址：40256 臺中市南區樹義一巷 26 號
電話：(04) 2261-8485
傳真：(04) 3600-9806(高中職)
(04) 3601-8600(大專)

免費訂書專線 / 0800021551

Note 心得筆記

最有希望的成功者，

不一定有很大的才幹，

卻是最能善用每一時機去開拓的人。

Note 心得筆記

最有希望的成功者，

不一定有很大的才幹，

卻是最能善用每一時機去開拓的人。

Note 心得筆記

最有希望的成功者，

不一定有很大的才幹，

卻是最能善用每一時機去開拓的人。

Note 心得筆記

最有希望的成功者，

不一定有很大的才幹，

卻是最能善用每一時機去開拓的人。